21世纪高等院校教材

固体物理学

（第二版）

陈长乐　编著

科 学 出 版 社

北　京

内 容 简 介

本书以简明的方式，系统地介绍了固体物理学的基础理论及若干专题. 全书可分为两部分，第一部分是固体物理学的基础内容，含第 1～6 章，包括晶体结构、晶体结合、晶格振动与晶体的热学性质、能带理论、金属电子论和晶体的缺陷与相图等. 第二部分为专题概述，含第 7～12 章，介绍近几十年来固体物理学的前沿进展，内容包括半导体、固体磁性、超导电性、固体中的电子关联、非晶态固体与无序体系、介观体系与纳米固体等.

本书物理图像清晰，论述深入浅出、取材新颖. 基础部分可作为理、工科高等学校应用物理、物理专业以及相关专业本科生教材，专题部分可作为硕士研究生和高年级本科生选修课教材.

图书在版编目(CIP)数据

固体物理学/陈长乐编著. —2 版. —北京：科学出版社，2007

21 世纪高等院校教材
ISBN 978-7-03-018540-2

Ⅰ. 固…　Ⅱ. 陈…　Ⅲ. 固体物理学-高等学校-教材　Ⅳ. O48

中国版本图书馆 CIP 数据核字(2007)第 018857 号

责任编辑：昌　盛　贾　杨 / 责任校对：邹慧卿
责任印制：张　伟 / 封面设计：卢秋红

科学出版社 出版
北京东黄城根北街 16 号
邮政编码：100717
http://www.sciencep.com

北京厚诚则铭印刷科技有限公司 印刷

科学出版社发行　各地新华书店经销

*

1998 年 9 月西北工业大学出版社第一版
2007 年 2 月第　二　版　开本：720×1000 1/16
2023 年 8 月第十六次印刷　印张：26
字数：500 000

定价：59.00 元

（如有印装质量问题，我社负责调换）

前　　言

从 1987 年起，作者在西北工业大学为应用物理系、材料学院的本科生和研究生开设“固体物理学”课程，本书是根据作者的课程讲义，经过教学实践，多次修改、补充而成的，并于 1998 年由西北工业大学出版社出版，多年来受到同行老师和学生的厚爱，多次重印.

近年来，固体物理学科的研究工作取得了突飞猛进的发展，新现象、新概念和新技术层出不穷，研究领域不断扩大，人们对其认识也在不断的深化，因而在教学中必须不断的更新内容，吸收最新研究成果，以扩大学生视野，使之尽早了解、接触学科前沿. 为了满足固体物理学日新月异发展对教学提出的要求，作者对原书内容和安排进行了较大的补充和改动，并由科学出版社再版.

本书包括两大部分，第 1～6 章讲述固体物理学的基础内容，包括晶体结构与结合、晶格振动、晶体电子论和晶体缺陷等. 其内容可在 60 学时左右讲授完毕；后 6 章概述了几个专题以及反映现代固体物理学发展前沿的新领域，如无序与非晶态物质、高温超导、超巨磁电阻、量子霍尔效应以及介观与纳米固体等. 可作硕士研究生和高年级本科生进一步学习现代固体物理学选用.

本书力求深入浅出，以简明的方式，完整、准确地讲解固体物理学的基本概念、基本规律和基本方法. 对繁杂的研究对象和内容进行系统化，帮助学生尽快掌握课程体系和理论框架，降低教学难度. 作者深感自身学识浅薄，加之在编写过程中教学、科研任务繁重，实有力不从心之感. 因而本书肯定存在很多错误和不妥之处，恳切希望读者批评指正.

本书的出版得到科学出版社、西北工业大学理学院和西北工业大学教材科的大力支持. 西北工业大学应用物理系历届学生在使用过程中对本教材印刷错误和疏漏提出更正. 西北工业大学理学院“凝聚态结构与性质”陕西省重点实验室的博士和硕士研究生在书稿校正、插图绘制等方面作了大量工作，西安交通大学李普选高工绘制、修正了部分插图，作者在此一并表示衷心感谢.

作　　者

2006 年 5 月

目　录

第一部分

第二部分

第一部分

第1章 晶体结构

固体材料是由大量原子或分子、离子按一定方式排列而成的，这种微观粒子的排列方式称为固体的微结构.

固体按其微结构的有序程度可分为晶体和非晶体. 如果构成固体的原子、分子在微米量级以上是排列有序的称为长程有序（长程序），该固体为**晶体**，否则为**非晶体**.

晶体又可分为单晶体和多晶体. **单晶体**中分子在整个固体中排列有序，如岩盐、金刚石、锗和硅单晶等. **多晶体**中分子在微米量级范围内排列有序，整个晶体是由这些排列有序的晶粒随机地堆砌而成. 一般金属和合金都是多晶体. 若晶粒的线度小到纳米数量级时则称为微晶. 例如，磁记录材料 $r\text{-}Fc_2O_3$ 磁粉、碳黑颗粒等.

晶体分子排列的长程有序决定了单晶体具有以下性质：①具有规则的几何外形. ②物理性质是各向异性的. ③具有确定的熔点. 多晶体由于晶粒堆积的无规则性，因而不具有规则的外形，不表现出各向异性.

对于非晶体，原子排列不具有长程序. 但在原子间距量级10^{-10} m 的范围内原子排列是有序的，称为短程有序（短程序），即近邻原子的数目和种类，近邻原子的间距（键长）及近邻原子配置的几何方向（键角）都与晶体具有一样的规律性. **非晶体**仅具有短程序. 例如，玻璃、橡胶、石蜡等都是典型的非晶体.

除了上述两类常见的固体材料外，还有一类既不同于晶体也不同于非晶体的固体材料，称为**准晶体**. 准晶体是固体结构研究的一个新领域.

至今，人们仅对晶体的性质及描述方法有了深入的认识. 晶体物理学与其他材料物理学相比已经发展到了成熟的阶段. 在本书中若不特别指出，则只讨论晶体，而且是单晶体. 本章介绍晶体中原子排列的几何规律性.

1.1 晶体结构的周期性

晶体中原子的规律排列可看成是由一“基本结构单元”在空间重复堆砌而成，我们称之为晶体结构的周期性. 本节介绍描述晶体结构周期性的方法和基本概念.

1. 基元、格点（基点）

构成晶体的基本单元称为基元. 它由一种原子或多种原子（离子）组成的原子团构成. 例如，NaCl 晶体的基元就是由 Na^+ 离子和 Cl^- 离子组成的分子. 基元在晶格中的位置可用基元中任一点（如重心）代表，此代表点称为基点或格点.

2. 晶格

基元在空间 3 个不同方向上作周期性排列就形成晶体. 这 3 个方向不必正交,各个方向上的周期大小不一定相同. 显然,由于基元的周期性排列其格点也一定作相同的周期性排列. 这些点和它们之间的间距所形成的空间点阵称之为晶格. 因此,我们看到把基元以同样的方式放置在晶格的每个格点上就得到实际晶体.

3. 布拉维格子

由基元的代表点(格点)形成的晶格称为布拉维格子或布拉维点阵. 它的特征是每个格点周围的情况(包括周围的格点数和格点位置的几何方位等)完全相同.

4. 基矢(初基平移矢量)

晶体可以看成由格点沿空间 3 个不同方向上各按一定长度周期性地平移而构成,每一个平移距离称为周期. 我们令 $\boldsymbol{a}_1$、$\boldsymbol{a}_2$、$\boldsymbol{a}_3$ 的模代表空间 3 个方向上的最小平移距离(即 a_i 表示 i 方向上相邻两格点的距离,$i=1,2,3$),并称 $\boldsymbol{a}_i$ 为基矢. 这是因为,如果我们选某格点为坐标原点,则晶体中任一格点的位置都可表示为

$$\boldsymbol{R}_n = n_1\boldsymbol{a}_1 + n_2\boldsymbol{a}_2 + n_3\boldsymbol{a}_3, \quad n_1, n_2, n_3 = 0, \pm 1, \pm 2, \pm 3, \cdots \tag{1.1.1}$$

$\boldsymbol{R}$ 称为**晶格平移矢量**. 也就是说,从任一格点出发平移 $\boldsymbol{R}$ 后必然地到达另一格点. 显然,布拉维格子中的任一格点的位置都可由式(1.1.1)表示. 因此,可以给布拉维格子下一个等价的数学定义:由式(1.1.1)所确定的点的集合称为布拉维格子.

对于同一晶格,基矢的选择不是唯一的. 如图 1.1.2 中 1、2 和 3 所示的二维布拉维格子中的基矢取法都是正确的,这是因为虽然这些基矢组成了不同的平移矢量,但都得到完全相同的晶格. 而 4 的基矢取法是不对的.

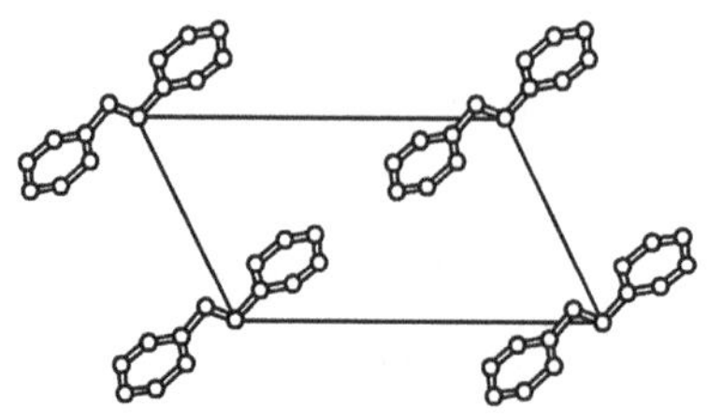

图 1.1.1　实际晶体结构

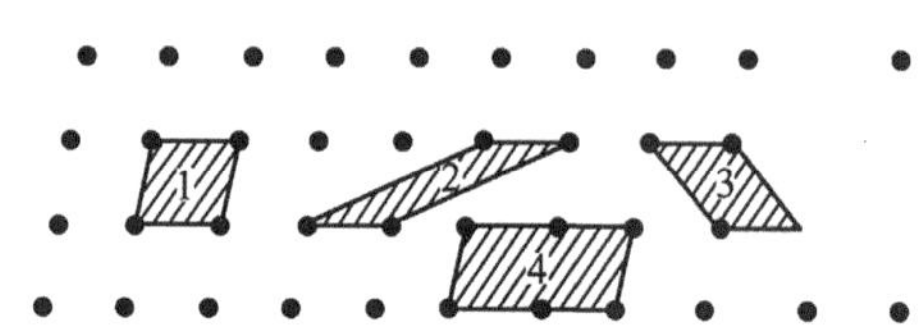

图 1.1.2　原胞示意图

5. 原胞(固体物理学原胞)

由基矢 $\boldsymbol{a}_1$、$\boldsymbol{a}_2$、$\boldsymbol{a}_3$ 为 3 个棱边组成的平行六面体是晶格结构的最小重复单元,

它们平行地、无交叠地堆积在一起，可以形成整个晶体. 这样的重复单元称为原胞. 很显然，每个原胞只含一个格点，因为每个原胞有 8 个顶点，而每个顶点为 8 个原胞所共有. 原胞的体积 υ 为

$$\upsilon = \boldsymbol{a}_1 \cdot (\boldsymbol{a}_2 \times \boldsymbol{a}_3) \tag{1.1.2}$$

它是最小的晶格重复单元，由于基矢 $\boldsymbol{a}_i$ 选择的多样性，原胞的选择也是多样性的.

原胞的存在反映了晶体晶格的周期性，各原胞中对应点的一切物理性质相同. 因而作为位置函数的各种物理量 $A(\boldsymbol{r})$，应具有晶格周期性或称为平移对称性. 一般用**晶格平移矢量** $\boldsymbol{R}_n$ 来标志原胞的空间位置，则物理量的晶格周期性可

$$A(\boldsymbol{r} + \boldsymbol{R}_n) = A(\boldsymbol{r})$$

平行六面体形的原胞有时不能反映晶格的全部宏观对称性(见 1.3 节). 为了既反映原晶体所具有的一切对称性又反映它是最小的重复单元，维格纳(Wigner)和赛茨(Seitz)提出了另一种原胞，称为**维格纳-赛茨原胞**(简写为 WS 原胞)，也称对称原胞. 它的取法是，做某一选定的格点与其他点连线的中垂面，被这些中垂面所围成的多面体便是 WS 原胞(图 1.1.3). 显然，WS 原胞只包含一个格点，因此它具有和原胞一样的体积，因而也是最小的周期性重复单元.

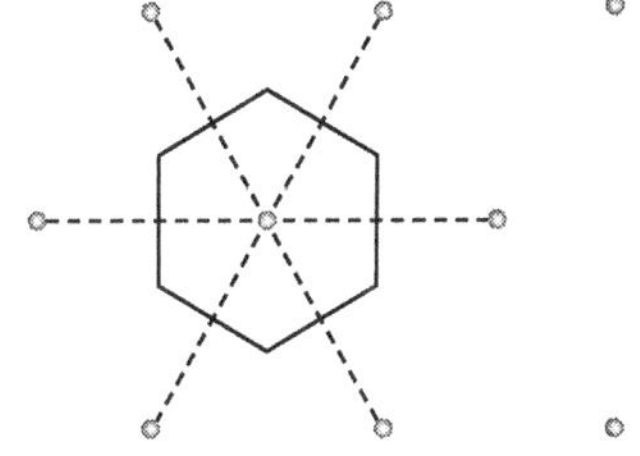

图 1.1.3　WS 原胞

6. 晶胞(结晶学原胞)

除了周期性外，每种晶体还有自己特有的某种对称性. 为了反映晶体对称的特征，往往选取能直观反映上述对称性的晶格重复单元，称为**晶胞**. 若 $\boldsymbol{a}$、$\boldsymbol{b}$、$\boldsymbol{c}$ 代表 3 个不共面对称轴(晶轴)的方向，a、b、c 表示各轴上的周期，则 $\boldsymbol{a}$、$\boldsymbol{b}$、$\boldsymbol{c}$ 围成的六面体就是一个晶胞. 晶胞的边长称为晶格常数，它不一定等于近邻原子的间距. 以后用 $\boldsymbol{a}$、$\boldsymbol{b}$、$\boldsymbol{c}$ 表示晶胞的基矢. 对晶胞而言，格点不仅出现在顶点上，也可能出现在其他位置，如体心或面心位置上，因而每个晶胞不一定只含一个格点，晶胞不一定是最小的重复单元，它的体积一般是原胞体积的整数倍. 下面我们举两个例子来说明这一点.

在结晶学中，把晶轴相互垂直，即 $\boldsymbol{a} \perp \boldsymbol{b}$，$\boldsymbol{b} \perp \boldsymbol{c}$，$\boldsymbol{c} \perp \boldsymbol{a}$，且有 $a = b = c$ 的晶胞称为立方晶系的晶胞. 立方晶系按格点的分布情况又分为简单立方、体心立方和面心立方 3 种，如图 1.1.4、1.1.5 所示. 取晶轴作为坐标轴，以 $\boldsymbol{i}$、$\boldsymbol{j}$、$\boldsymbol{k}$ 表示坐标轴的单位矢量，这 3 个晶胞分别讨论如下：

1) 简单立方(sc)

格点均在立方体的顶角上，因此原胞与晶胞的取法是一样的，即原胞的基矢为

$$\boldsymbol{a}_1 = a\boldsymbol{i}, \quad \boldsymbol{a}_2 = b\boldsymbol{j} = a\boldsymbol{j}, \quad \boldsymbol{a}_3 = c\boldsymbol{k} = a\boldsymbol{k}$$

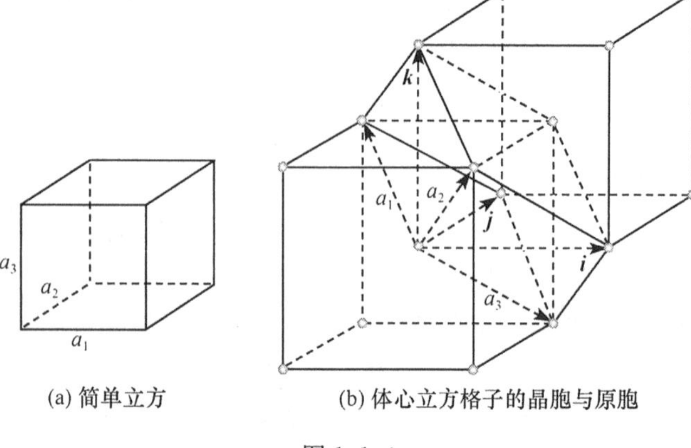

(a) 简单立方　(b) 体心立方格子的晶胞与原胞

图 1.1.4

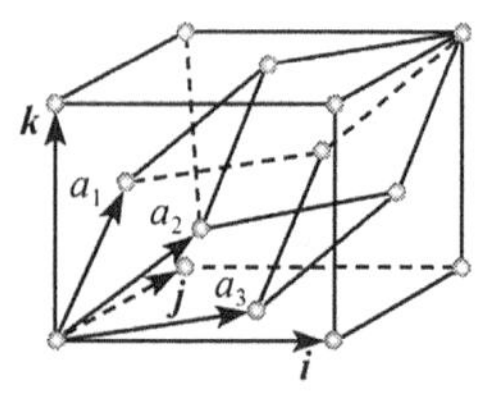

图 1.1.5 面心立方格子的晶胞与原胞

2）体心立方(bcc)

除晶胞顶角上的格点外还有一个格点位于立方体的中心，故称为体心. 晶胞的基矢如前所述为

$$\boldsymbol{a} = a\boldsymbol{i},\quad \boldsymbol{b} = a\boldsymbol{j},\quad \boldsymbol{c} = a\boldsymbol{k}$$

每个体心立方晶胞含有两个等效格点，而原胞要求只含有一个格点，因此常用如图 1.1.4 所示的方法选取原胞，这个体心立方原胞的基矢可表达如下：

$$\begin{aligned} \boldsymbol{a}_1 &= \frac{a}{2}(-\boldsymbol{i}+\boldsymbol{j}+\boldsymbol{k}) \\ \boldsymbol{a}_2 &= \frac{a}{2}(\boldsymbol{i}-\boldsymbol{j}+\boldsymbol{k}) \\ \boldsymbol{a}_3 &= \frac{a}{2}(\boldsymbol{i}+\boldsymbol{j}-\boldsymbol{k}) \end{aligned} \tag{1.1.3}$$

这种原胞的体积可证明为

$$\boldsymbol{a}_1 \cdot (\boldsymbol{a}_2 \times \boldsymbol{a}_3) = \frac{1}{2}a^3 \tag{1.1.4}$$

即为原来晶胞体积的 1/2. 原来晶胞含有两个格点，故所取的原胞只含有一个格点.

3）面心立方(fcc)

除顶角上的格点外，在立方体的 6 个面的中心还有 6 个格点，故称面心立方. 每个面心格点为相邻晶胞所共有，于是每个面心格点只有 1/2 是属于一个晶胞的，因此面心立方晶胞所含的等效格点数是 4 个. 如图 1.1.5 所示，最小原胞的基矢可取为

$$\boldsymbol{a}_1 = \frac{a}{2}(\boldsymbol{j}+\boldsymbol{k})$$

$$a_2 = \frac{a}{2}(k + i) \tag{1.1.5}$$

$$a_3 = \frac{a}{2}(i + j)$$

其体积为

$$a_1 \cdot (a_2 \times a_3) = \frac{1}{4}a^3 \tag{1.1.6}$$

即等于原来晶胞体积的 1/4,每个原胞中只含有一个格点.

7. 复式格子

到现在为止,我们对晶体的讨论都是以最小结构单元——基元为出发点的.只要把基元按照一定的规律安排在格点上,就可得到实际晶体.所以可以说所有的晶体对基元(格点)来说都构成布拉维格子.

如果我们的出发点是晶体中的原子,这时每个基元中包含 n 个原子,以这些原子为结构点来看,每个原子周围的情况是不相同的,如图 1.1.6(a)、(b)所示.

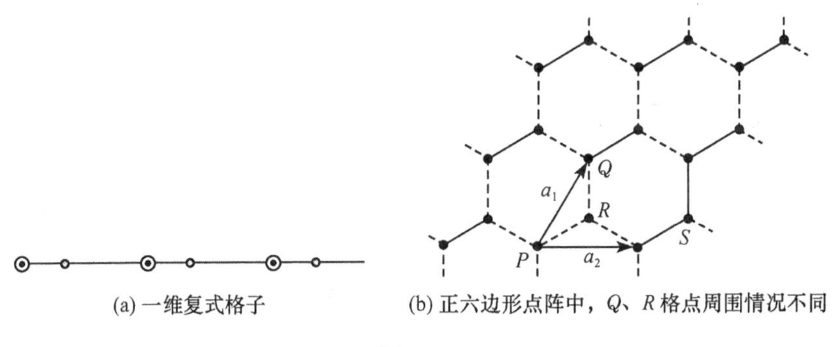

(a) 一维复式格子　(b) 正六边形点阵中,Q、R 格点周围情况不同

图 1.1.6

因此,对原子来说不是布拉维格子.但我们看到各个基元中的相应原子构成与格点相同的布拉维格子,各自构成的布拉维格子形状完全相同,只不过这些晶格之间存在着相对位移.我们把由若干相同结构的布拉维格子相互套构而成的格子称为**复式格子**.要注意的是,即使是由同一种原子组成的晶格,也并不一定是布拉维格子.例如,由同一元素原子形成的如图 1.1.6(b)所示的蜂窝结构,很容易看出 $P,Q,\cdots$ 与 $R,S,\cdots$ 分属于两类不同的点,P 原子和 R 原子与其近邻原子成键的方位不同,所以 P 点和 R 点是不等价的,这些点的集合不是布拉维格子,而是由两个二维三角格子套构而成的复式格子.

为了方便,以后我们都以原子作为结构点把晶体分成布拉维格和复式格子.例如,Cu、Al 等是晶胞为面心立方的布拉维格子,而 NaCl 则是由 Na^+ 和 Cl^- 各自的布拉维格子套构而成的复式格子.

1.2 常见的实际晶体结构

本节按结晶学中晶胞的形状来分类讨论一些常见的实际晶体.

1.2.1 立方晶系的布拉维晶胞

由同一元素原子组成的具有体心立方、面心立方结构的晶体,无论对原子还是对原胞都是布拉维格子,也称布拉维晶胞.

属于体心立方结构的晶体有金属 Li、Na、K、Rh、Cs 及过渡族金属 Cr、Mo、W 等.属于面心立方结构的晶体有 Cu、Ag、Au、Al、Ni、Pb 等.它们的结构,1.1 节已讨论过,这里不再重复.

1.2.2 立方晶系的复式格子

1. 氯化钠(NaCl)结构

岩盐是典型的 NaCl 结构晶体,它是有正离子 Na^+ 和负离子 Cl^- 相间排列组成,其立方晶胞如图 1.2.1 所示. Na^+ 和 Cl^- 各自构成面心立方布拉维晶格,这两个布拉维格子的原胞具有相同的基矢,它们沿轴相互错半个晶格常数互相套构在一起构成 NaCl 晶格结构.基元由相距半个结构常数的一个正离子和负离子组成.原胞的取法可按 Na^+ 的面心立方格子选取基矢,顶角在 Na^+ 上,内含一个 Cl^- 离子,也可按 Cl^- 的面心立方格子选取基矢内含一个 Na^+ 离子.显然基元的代表点——格点也形成面心立方布拉维格子,碱金属 Li、Na、K、Rb 和卤族元素 F、Cl、Br、I 的化合物都具有 NaCl 结构,表 1.2.1 给出了几种常见的 NaCl 结构的点阵常数.

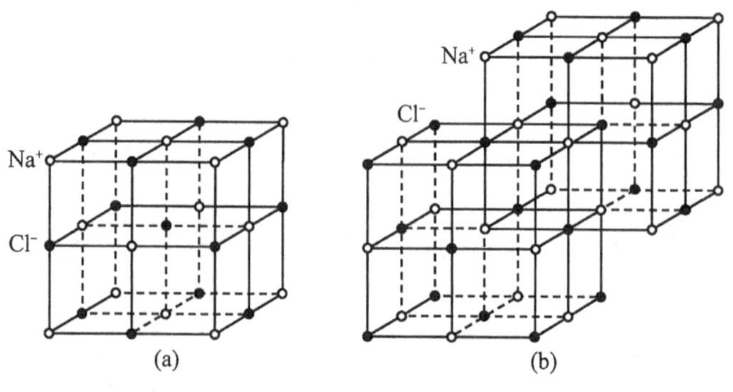

图 1.2.1 NaCl 晶体结构

表 1.2.1 常见 NaCl 结构的点阵常数

晶 体	$a/\times10^{-10}$m	晶 体	$a/\times10^{-10}$m	晶 体	$a/\times10^{-10}$m
LiF	4.02	RbF	5.64	CaS	5.69
LiCl	5.13	RbCl	6.58	CaSe	5.91
LiBr	5.50	RbBr	6.85	CaTe	6.84
LiI	6.00	RbI	7.34	SrO	6.16
NaF	4.62	CsF	6.01	SrS	6.12
NaCl	5.64	AgF	4.92	SrSe	6.00
NaBr	5.97	AgCl	5.55	SeTe	6.00
NaI	6.47	AgBr	5.77	BaO	6.62
KF	5.35	MgO	4.21	BaS	6.39
KCl	6.29	MgS	5.20	BaSe	6.60
KBr	6.60	MgSe	5.45	BaTe	6.90
KI	7.07	CaO	4.81		

2. 氯化铯(CsCl)结构

图 1.2.2 给出了 CsCl 结构的立方晶胞结构. Cs^+ 和 Cl^- 各自构成简立方布拉维格子,两简立方格子沿立方体空间对角线位移(1/2)长度相互套构形成 CsCl 结构. 基元由相距为体对角线一半的正负离子组成. 显然 CsCl 的布拉维格子是简立方格子,CsCr、CsI、CsCl、TiBr、TiI 等化合物晶体属氯化铯结构. 表 1.2.2 给出了几种常见的 CsCl 结构的点阵常数.

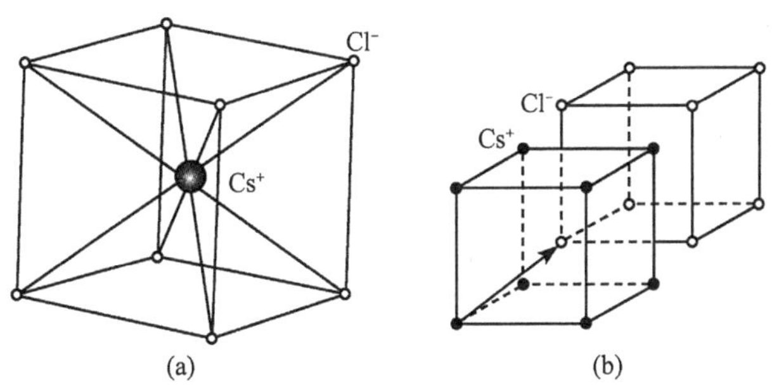

图 1.2.2 CsCl 结构

表 1.2.2 常见 CsCl 结构的点阵常数

晶 体	$a/\times10^{-10}$m	晶 体	$a/\times10^{-10}$m
CsCl	4.12	TiCl	3.84
CsBr	4.29	TiBr	3.97
CsI	4.57	TiI	4.20

3. 金刚石结构

金刚石结构的晶格是由同种原子构成的复式格子. 金刚石晶格的晶胞如图 1.2.3(a)所示，在面心立方晶胞内还有 4 个原子分别位于 4 个体对角线的 1/4 处. 体内 4 个原子与顶角、面心的原子不等价(共价键的方向不同)，即它们周围的情况不同. 因此，整个金刚石结构可以看成是沿体对角线相互错开 1/4 长度的两个面心立方晶格套构而成的. 金刚石结构原胞的取法与面心立方晶格的原胞相同，原胞中包含原点 O 和 $\frac{a}{4}(\boldsymbol{i}+\boldsymbol{j}+\boldsymbol{k})$ 位置两个不等价的碳原子.

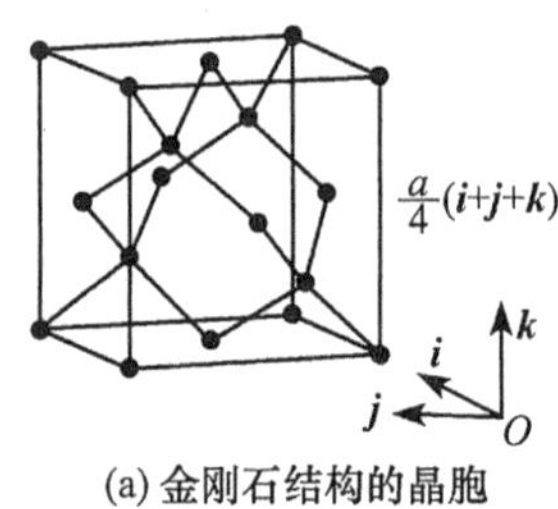

(a) 金刚石结构的晶胞

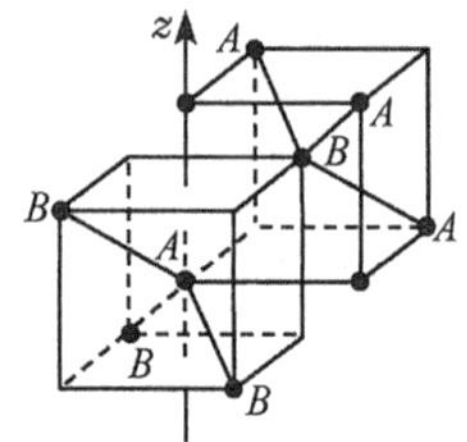

(b) 金刚石结构中的两类格点的相互穿套

图 1.2.3

金刚石是由碳原子组成的，是金刚石结构晶体的典型代表. 另外，如重要的半导体材料锗、硅等，它们的晶格也是金刚石结构.

4. 闪锌矿结构

闪锌矿结构也称为立方硫化锌(ZnS)结构. 图 1.2.4 给出了其晶胞结构. 它的结构和金刚石结构非常类似，硫和锌原子分别组成面心立方格子，而两个面心立方格子套构的相对位置与金刚石完全相同. 许多重要的化合物半导体，如锑化铟、砷化钾等都是闪锌矿结构，常见闪锌矿结构的点阵常数如表 1.2.3 所示.

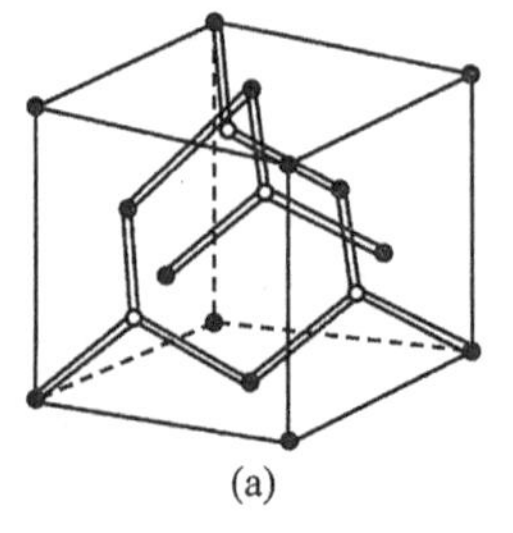
(a)

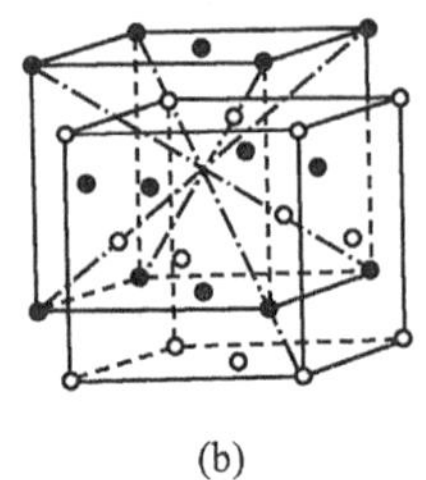
(b)

图 1.2.4　立方硫化锌的晶体结构

表 1.2.3 常见的闪锌矿结构的点阵常数

晶体	$a/\times10^{-10}$m	晶体	$a/\times10^{-10}$m
CuF	4.26	CdS	5.08
CuCl	5.41	InAs	6.04
AgI	6.47	InSb	6.46
ZnS	5.41	SiC	4.35

5. 钙钛矿结构

属钙钛矿结构的晶体有钛酸钙($CaTiO_3$)、钛酸钡($BaTiO_3$)、锆酸铅($PbZrO_3$)、铌酸锂($LiNbO_3$)、钽酸锂($LiTaO_3$)等介电晶体. 现以钛酸钡为例说明其结构.

钛酸钡在 20℃左右是一种四方相的铁电晶体,它的介电系数可达 4000. 但当温度高于 120℃时,其铁电性消失,这时,钛酸钡的晶胞如图 1.2.5 所示. 钡(Ba)位于立方体的顶角,钛位于体心,氧位于面心上. 三组氧(O_1、O_2、O_3)周围的情况各不相同. 整个晶格是由 Ba、Ti 和 O_1、O_2、O_3 各自组成的简立方格套构而成.

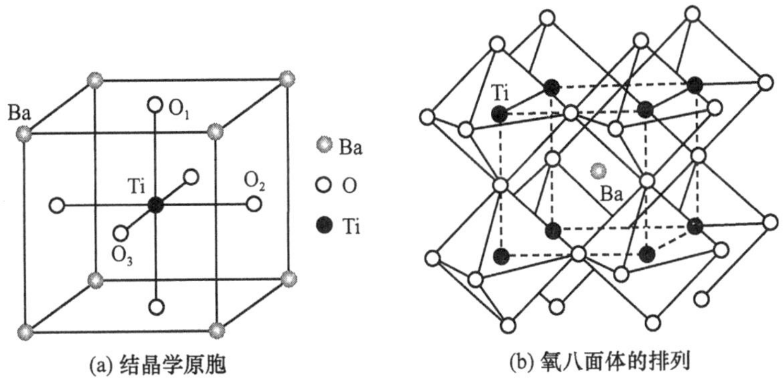

(a) 结晶学原胞 (b) 氧八面体的排列

图 1.2.5 钛酸钡的晶格结构

1.2.3 六方密积结构(hcp)复合格子

六方密积也是一种常见的结构,很多金属如 Be、Mg、Ca、Zn、Hg、Ti 等 30 多种元素具有这种结构.

图 1.2.6 给出了这种结构的晶胞,晶胞为正六方棱柱体,其上、下底面上原子分别位于顶角和面心. 除此之外,中间还插入一层原子,插入的这层原子中每个都排列在底面每 3 个原子间的空档上. 在六方密积结构中,原子总是最紧密地堆积在一起的.

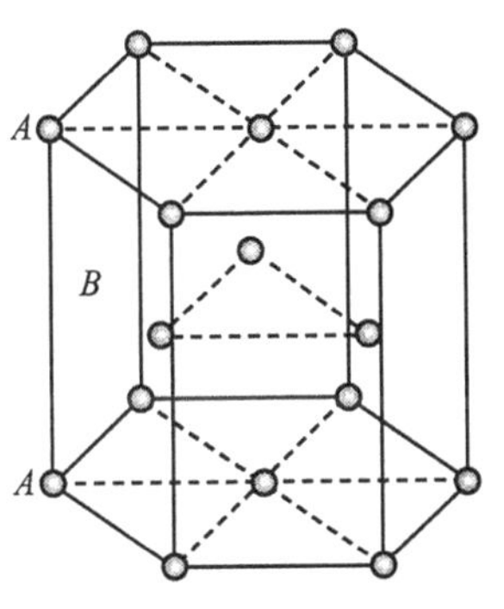

图 1.2.6 六方密积晶格的典型单元

六方密积结构不是布拉维格子,而是由两个六方布拉维格子套构而成的.

1.3　晶体结构的对称性　晶系

晶体的微观结构的规则性则可由周期性来描述. 除此之外,晶体还表现出外形上的规则性,称之为宏观对称性. 晶体外形上的对称性是其内部结构规律性的反映. 研究晶体的对称性是研究晶体内部结构的重要手段之一. 另外,对晶体对称性的研究可以定性或半定量地确定与其结构有关的物理性质,且能大大简化繁杂的计算. 本节简要介绍有关晶体对称性的初步知识.

1.3.1　操作

晶体的对称性是指晶体经过某种操作以后恢复原状的性质. 这里所说的操作实际就是晶体坐标(如是格点坐标)的某种变换. 因为操作应不改变晶体中任意两点间的距离,所以如用数学表示,这些操作就是线性变换.

若 $\boldsymbol{A}$ 表示某种操作,它把晶格中的一点 $\boldsymbol{r}(x,y,z)$ 变为 $\boldsymbol{r}'(x',y',z')$,则这个操作可表示为线性变换 $\boldsymbol{r}'=\boldsymbol{A}\boldsymbol{r}$ 或

$$\begin{pmatrix} x' \\ y' \\ z' \end{pmatrix} = \begin{pmatrix} a_{11} & a_{12} & a_{13} \\ a_{21} & a_{22} & a_{23} \\ a_{31} & a_{32} & a_{33} \end{pmatrix} \begin{pmatrix} x \\ y \\ z \end{pmatrix} \tag{1.3.1}$$

因为操作不改变晶体两点间的距离,变换矩阵

$$\boldsymbol{A} = \begin{pmatrix} a_{11} & a_{12} & a_{13} \\ a_{21} & a_{22} & a_{23} \\ a_{31} & a_{32} & a_{33} \end{pmatrix} \tag{1.3.2}$$

是正交矩阵,即

$$\tilde{\boldsymbol{A}}\boldsymbol{A} = I \tag{1.3.3}$$

式中,$\tilde{\boldsymbol{A}}$ 是 $\boldsymbol{A}$ 的转置矩阵,$\boldsymbol{I}$ 是单位矩阵. 若用 $|\boldsymbol{A}|$ 表示 $\boldsymbol{A}$ 的行列式,由式(1.3.3)可知

$$|\boldsymbol{A}| = \pm 1 \tag{1.3.4}$$

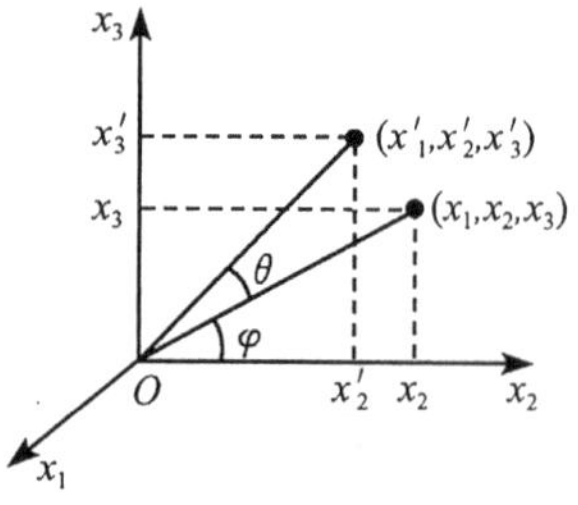

图 1.3.1　绕 x_1 轴的转动

晶体中任何操作都可以看成是几种最基本操作的组合,这几种最基本操作如下:

1) 转动

设晶体绕 x_1 轴转过 θ 角,则晶体中任一点的位置由 $\boldsymbol{r}(x_1,x_2,x_3)$ 移到 $\boldsymbol{r}'(x_1',x_2',x_3')$,如图 1.3.1 所示,有

$$
\begin{aligned}
x'_1 &= x \\
x'_2 &= r\cos(\theta+\varphi) = r(\cos\theta\cos\varphi - \sin\theta\sin\varphi) \\
&= x_2\cos\theta - x_3\sin\theta \\
x_3 &= r\sin(\theta+\varphi) = r\cos\varphi\sin\theta + r\sin\varphi\cos\theta \\
&= x_2\sin\theta + x_3\cos\theta
\end{aligned}
$$

写成矩阵形式为

$$
\begin{pmatrix} x'_1 \\ x'_2 \\ x'_3 \end{pmatrix} = \begin{pmatrix} 1 & 0 & 0 \\ 0 & \cos\theta & -\sin\theta \\ 0 & \sin\theta & \cos\theta \end{pmatrix} \begin{pmatrix} x_1 \\ x_2 \\ x_3 \end{pmatrix} \tag{1.3.5}
$$

2）中心反演

若取中心为坐标原点，中心反演操作是把图形中的任一点(x_1,x_2,x_3)变成$(-x_1,-x_2,-x_3)$，即

$$
\begin{pmatrix} x'_1 \\ x'_2 \\ x'_3 \end{pmatrix} = \begin{pmatrix} -1 & 0 & 0 \\ 0 & -1 & 0 \\ 0 & 0 & -1 \end{pmatrix} \begin{pmatrix} x_1 \\ x_2 \\ x_3 \end{pmatrix} \tag{1.3.6}
$$

3）平面反映

以 $x_3=0$ 面作为反映平面，平面反映的操作是将点(x_1,x_2,x_3)变成点$(x_1,x_2,-x_3)$，即

$$
\begin{pmatrix} x'_1 \\ x'_2 \\ x'_3 \end{pmatrix} = \begin{pmatrix} 1 & 0 & 0 \\ 0 & 1 & 0 \\ 0 & 0 & -1 \end{pmatrix} \begin{pmatrix} x_1 \\ x_2 \\ x_3 \end{pmatrix} \tag{1.3.7}
$$

4）平移操作

平移操作的矩阵形式可写成

$$
\begin{pmatrix} x'_1 \\ x'_2 \\ x'_3 \end{pmatrix} = \begin{pmatrix} 1+l_1 & 0 & 0 \\ 0 & 1+l_2 & 0 \\ 0 & 0 & 1+l_3 \end{pmatrix} \begin{pmatrix} x_1 \\ x_2 \\ x_3 \end{pmatrix} \tag{1.3.8}
$$

式中，l_1、l_2、l_3 分别是整数.

必须指出，平移操作与前面 3 个操作的不同之处是，前面 3 个操作都保持一个点不变，而平移操作不是这样. 因而平移操作矩阵的行列式$|A|\neq\pm1$.

1.3.2 晶体的宏观对称性 基本点对称操作

晶体的宏观对称性是晶体在一定的操作下保持自身重合的性质. 相应的操作称为对称操作. 晶体的宏观对称性表征了晶体的宏观特征. 从宏观上看晶体是有限的，因此任何平移操作都不可能是宏观对称操作，宏观对称操作只能是点对称操

作. 所谓点对称操作是指在操作过程中至少保持一点不动的操作. 由于受到晶格周期性的制约，晶体的宏观对称操作类型只有有限多个，每种对称操作类型都可用 8 种基本对称操作的组合来表示. 晶体中基本的点对称操作分述如下：

1）旋转对称轴（C_n）

若晶体绕某一固定轴旋转 $2\pi/n$ 角度后能与自身重合，我们称此操作为转动对称操作，并把旋转轴称为晶体的 n 次对称轴，用符号 C_n 表示. 例如，以立方晶体的 4 条体对角线为旋转轴转动 $360°/3=120°$，立方体复原，于是称这 4 条体对角线为三次对称轴. 由于受到晶体周期性的制约，轴次只能取 1、2、3、4、6 等 5 种，$n=5$ 和 $n>6$ 的对称轴不存在. 现证明如下：

设转动前晶格格点的位置矢量为

$$\boldsymbol{R}_n = n_1\boldsymbol{a}_1 + n_2\boldsymbol{a}_2 + n_3\boldsymbol{a}_3$$

式中 n_1、n_2、n_3 为整数，转动后格点移到 R'，有

$$\boldsymbol{R}'_n = n'_1\boldsymbol{a}_1 + n'_2\boldsymbol{a}_1 + n'_3\boldsymbol{a}_3$$

且有

$$\boldsymbol{R}'_n = A\boldsymbol{R}_n$$

式中，$\boldsymbol{A}$ 是式（1.3.5）所表示的转动操作，写成矩阵形式为

$$\begin{pmatrix} n'_1 \\ n'_2 \\ n'_3 \end{pmatrix} = \begin{pmatrix} 1 & 0 & 0 \\ 0 & \cos\theta & -\sin\theta \\ 0 & \sin\theta & \cos\theta \end{pmatrix} \begin{pmatrix} n_1 \\ n_2 \\ n_3 \end{pmatrix} \tag{1.3.9}$$

即

$$\left.\begin{aligned} n'_1 &= n_1 \\ n'_2 &= n_2\cos\theta - n_3\sin\theta \\ n'_3 &= n_2\sin\theta + n_3\cos\theta \end{aligned}\right\} \tag{1.3.10}$$

要使转动后晶体自身重合，n'_1、n'_2、n'_3 也必须为整数，即 $n'_1+n'_2+n'_3=$ 整数. 把式（1.3.10）左右两边各自相加，得

$$\text{整数} = (n_2+n_3)\cos\theta + (n_2-n_3)\sin\theta + n_1$$

此式对任何 n_1、n_2、n_3 都成立. 取 $n_1=n_2=n_3=1$，则有

$$\text{整数} = 1 + 2\cos\theta \tag{1.3.11}$$

因为

$$-1 \leqslant \cos\theta \leqslant 1$$

所以有

$$-1 \leqslant 1 + 2\cos\theta \leqslant 3$$

也就是说 $1+2\cos\theta$ 只能取 -1、0、1、2、3 等 5 个数，把这 5 个值分别代入式（1.3.11），可求出转动角 θ 的允许值为 $2\pi/1$、$2\pi/2$、$2\pi/3$、$2\pi/4$、$2\pi/6$，即晶体只能有 C_1、C_2、C_3、C_4、C_6 等 5 种旋转对称轴. C_5 和 $n>6$ 以上的旋转对称轴不存在. 这

个规律称为**晶体对称性定律**.

晶体对称性定律也可由图 1.3.2 直观看出. 不难设想如果晶体中有 $n=5$ 的对称轴,则垂直于轴的平面上格点的分布至少应是五边形,但这些五边形不可能相互拼接而充满整个平面,从而不能保证晶格的周期性,所以 C_5 对称轴不存在. $n>6$ 的情形也可以作类似的说明.

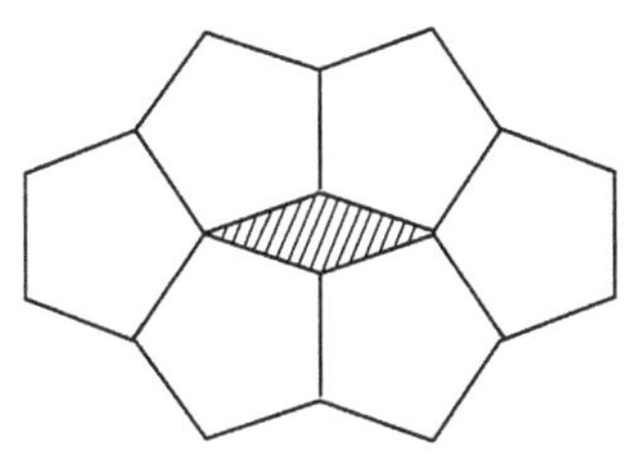

图 1.3.2 不可能使五边形相互连接充满整个平面

现在已经发现了一些固体具有 5 次旋转对称轴,这些具有 5 次或 6 次以上旋转对称轴,但又不具备周期结构的固体称为**准晶体**.

2) 象转轴(S_n)

转动对称操作、中心反演和平面反映是晶体基本的对称操作. 象转操作是把上述基本操作复合所得到新的对称操作.

若晶体沿某一轴旋转 $2\pi/n$ 之后再垂直于此轴的平面 σ 进行镜面反映而复原,则称此晶体具有 n 次象转轴,用符号 S_n 表示这种对称操作. 这是一种旋转与镜面反映的复合操作,可表示为 $S_n=\sigma C_n$. 由于 C_n 只有 5 种,故 S_n 也只有 5 种. 由图 1.3.3 可以看出

$$S_1 = C_1\sigma = \sigma, \qquad S_2 = C_2\sigma = i$$
$$S_3 = C_3\sigma = C_3 \circ \sigma, \qquad S_6 = C_6\sigma = C_3 \circ i$$

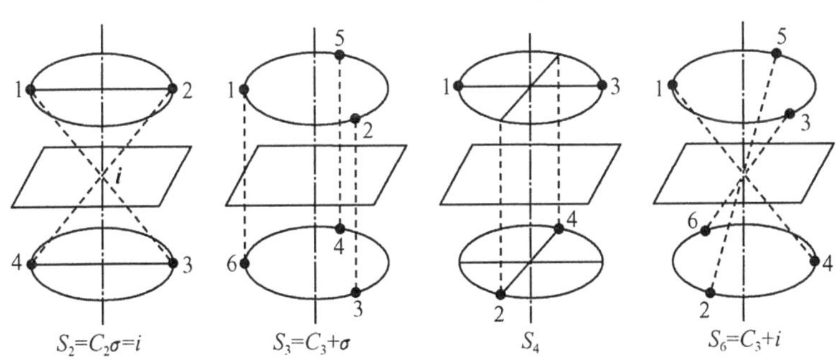

图 1.3.3 象转操作

“$\circ$”表示联合操作,例如,$S_3=C_3\circ\sigma$ 表示晶体既有 C_3 轴,也有一与 C_3 轴垂直的对称面. 所以以上 4 种都不是新的操作. 只有

$$S_4 = C_4\sigma$$

不能表示成 C_n 与 σ、i 的联合操作,它是一种新的独立的对称操作.

综上所述,晶体中独立的基本宏观对称操作只有以下 8 种:

$$C_1、C_2、C_3、C_4、C_6、i、\sigma、S_4$$

表 1.3.1 给出了各点对称操作图.

表 1.3.1　点对称操作

国际符号（熊夫利符号）	各种旋转轴及其符号	说　明
$2(C_2)$		平面用虚线圈标记；平面上方的点用＋标记，平面下方的点用○标记；旋转用圆心处的符号标记，如纯旋转（或真旋转），用实心符号标记；对应的非真旋转用空心符号标记；镜面（也称平面反映）用实线圈标记.
$3(C_3)$	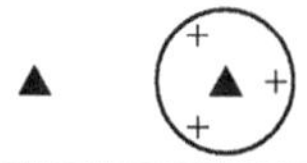	
$4(C_4)$	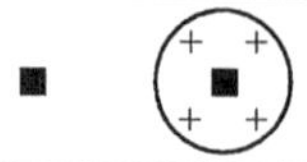	
$6(C_6)$	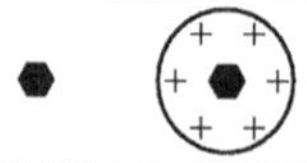	
$I(i)$		
$m(\sigma)$	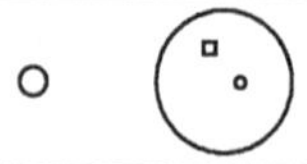	
$\bar{3}(S_6)$	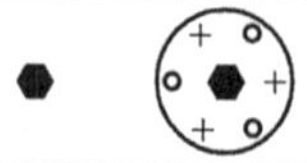	
$\bar{4}(S_4)$	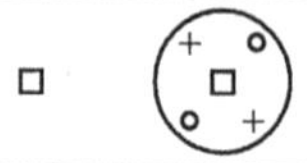	
$\bar{6}(S_3)$		

1.3.3　晶体宏观对称性的描述　点群

晶体的宏观对称性用其所有的对称操作的集合来描述，一个晶体所具有的对称操作越多，其对称性越高. 由于晶体的独立或基本对称操作只有 8 种，所以晶体的宏观对称性都可用以上 8 种基本对称操作的组合来描述.

从数学上看，每个基本操作的集合构成一个“群”，每个基本操作称作一个元素. 群作为一个数学概念简介如下：

一系列不同元素（或操作）$a,b,c,\cdots$ 的集合 $G=\{a,b,c,\cdots\}$，并在它们之间规定一种运算法则（称为“乘法”），如果满足以下条件：

(1) 封闭性，即集合中的任意两个元素的乘积仍是集合中的一个元素，表示为若 $a,b\in G$，则 $ab\in G$；

(2) 结合律，即若 $a,b,c\in G$，则 $(ab)c=a(bc)$；

(3) 集合中存在单位元素 e,即对任一运算 $a\in G$,有 $ea=ae=a$;

(4) 集合中的任一元素 $a\in G$,一定存在 a 的逆元素 a^{-1},使

$$aa^{-1}=a^{-1}a=e$$

那么,这些元素(操作)构成数学上的群. 构成群的对象是广泛的,因而所定义的"乘法"也是各异的. 如对于实数全体,对加法运算("乘法")构成一个群. 对于点对称操作的集合,定义"相继操作"为乘法,则它们构成群. 由 8 个基本的点对称操作所构成的对称操作群称作"点群". 如 C_3 群,它是由单位元素 e(不转动操作或不变操作)、C_3^1(转动 $2\pi/3$)和 $C_3^2=C_3^1C_3^1$[转动 $2(2\pi/3)$]构成

$$C_3=\{eC_3^1C_3^2\}$$

由于晶格周期系的限制,晶体的点群并不可以有任意多个,可以证明,只能有 32 种点群. 也就是说,晶体只能有 32 种不同类型的宏观对称. 这 32 种点群列于表 1.3.2 中.

表 1.3.2 晶体的 32 种宏观对称类型(点群)

符 号	符号的意义	对称类型	数 目
C_n	具有 n 重旋转对称轴	C_1,C_2,C_3,C_4,C_6	5
C_i	对称心(I)	$C_i(=S_2)$	1
C_s	对称面(m)	C_s	1
C_{nh}	h 代表除 n 重轴外还有与该轴垂直的水平对称面	$C_{2h},C_{3h},C_{4h},C_{6h}$	4
C_{nv}	v 代表除 n 重轴外还有通过该轴的铅垂对称面	$C_{2v},C_{3v},C_{4v},C_{6v}$	4
D_n	具有 n 重旋转轴及 n 个与之垂直的二重旋转轴	D_2,D_3,D_4,D_6	4
D_{nh}	h 的意义与前相同	$D_{2h},D_{3h},D_{4h},D_{6h}$	4
D_{nd}	d 表示还有一个平分两个二重轴间夹角的对称面	D_{2d},D_{3d}	2
S_n	经 n 重旋转后,再经垂直该轴的平面镜像	$C_{3i}(=S_6)$ $C_{4i}(=S_4)$	2
T	代表有 4 个三重旋转轴和 3 个二重轴(四面体的对称性)	T	1
T_h	h 的意义与前相同	T_h	1
T_d	d 的意义与前相同	T_d	1
O	代表 3 个相互垂直的四重旋转轴及 6 个二重、4 个三重的转轴	O,O_h	2
共 计			32

1.3.4　晶体的微观对称性

从宏观上看，晶体是有限的，所以描述宏观对称性的点群不能包含平移对称操作. 但从微观上看，晶格的排列是无限的，为了描述晶体结构的对称性必须引入对称操作. 这样就又多出了以下两类对称操作：

1）n 度螺旋轴

一个 n 度螺旋轴 C 表示绕轴转 $2\pi/n$ 角度后，再沿该轴的方向平移 $\boldsymbol{T}/n$ 的 l 倍，则晶体中的原子和相同原子重合. 其中 $\boldsymbol{T}$ 为沿 C 轴方向上的周期矢量，l 为小于 n 的整数. 晶体也只能有 1、2、3、4 和 6 度螺旋轴. 图 1.3.4(a)表示一个 4 度螺旋轴. 例如，在金刚石结构中，如取原胞上下底面心到各底相应棱边垂线的中点，连接这两个中点的直线就是 4 度螺旋轴.

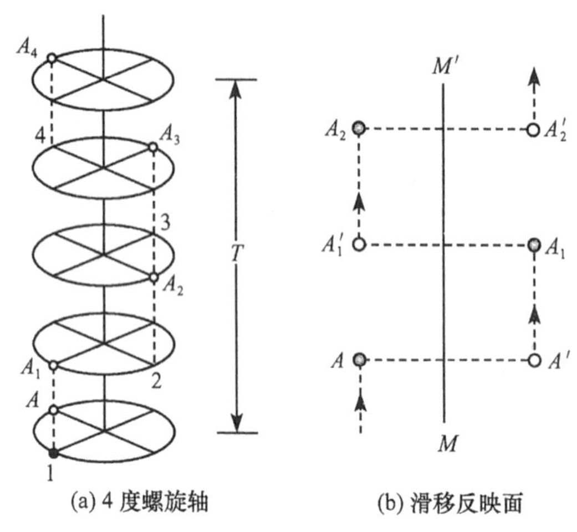

图 1.3.4　计入平移后对称操作

2）滑移反映面

一个滑移反映面表示经过该面的镜面反映操作后，再沿平行于该面的某个方向平移 $\boldsymbol{T}/n$ 的距离，则晶体中相同原子重合，其中 $\boldsymbol{T}$ 是该方向上的周期矢量，n 为 2 或 4，图 1.3.4(b)表示一个 $n=2$ 的滑移反映面 MM'.

描述晶体宏观对称性的 32 种对称操作类型（点群）加上上面所述的两类对称操作，便可得出 230 种对称类型，称为空间群，每种空间群对应于一种晶体结构.

1.3.5　晶系　布拉维晶胞

如前所述，晶胞不仅反映了晶体结构的周期性，也反映了晶体的宏观对称性. 由于晶体只可能存在 32 种宏观对称类型，所以晶胞的取法是有限的. 可以证明，满足 32 种对宏观称类型的晶胞，其基矢 ***a***、***b***、***c*** 的组合方式只可能有 7 种，每种组合称为一个晶系，表 1.3.3 给出了 7 个晶系的特征. 再考虑格点在其中的分布情况，如体心、全面心、单面心等，每个晶系又包含了若干晶胞. 满足 32 种宏观对称类型的晶胞只有 14 种，称为 14 种布拉维晶胞，它们分属于 7 个晶系. 图 1.3.5 给出了 14 种布拉维晶胞. 表 1.3.3 给出了 14 种布拉维晶胞的特征及所属的对称群.

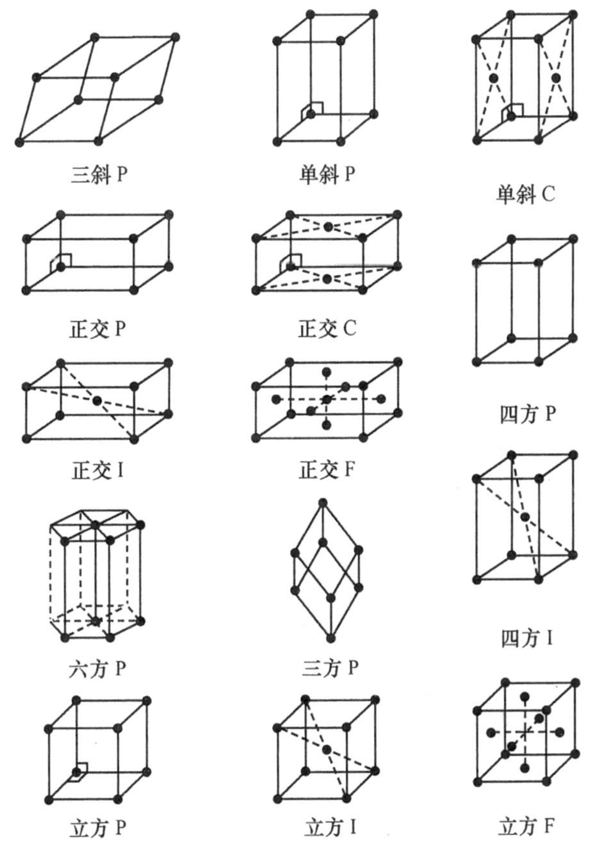

图 1.3.5 14 种布拉维晶胞

表 1.3.3 7 个晶系的有关特征

晶　　系	布拉维格子	对称性最高的点群	晶胞基矢特征
立方晶系	简单立方(P) 体心立方(I) 面心立方(F)	O_h	$a=b=c$ $\alpha=\beta=\gamma=90°$
四方晶系	简单四方(P) 体心四方(I)	D_{4h}	$a=b\neq c$ $\alpha=\beta=\gamma=90°$

续表

晶　系	布拉维格子	对称性最高的点群	晶胞基矢特征
正交晶系	间单正交(P) 底心正交(C,A,B) 体心正交(I) 面心正交(F)	D_{2h}	$a\neq b\neq c$ $\alpha=\beta=\gamma=90°$
单斜晶系	简单单斜(P) 底心单斜(C,A)	C_{2h}	$a\neq b\neq c$ $\alpha=\beta=90°\neq\gamma$
三斜晶系	简单三斜(P)	C_i	$a\neq b\neq c$ $\alpha\neq\beta\neq\gamma\neq 90°$
三方晶系	三方(R)	D_{3d}	$a=b=c$ $\alpha=\beta=\gamma\neq 90°$ ($<120°$)
六方晶系	六方(P)	D_{6h}	$a=b\neq c$ $\alpha=\beta=90°$ $\gamma=120°$

注:点阵符号规定如下:P 为初基;I 为体心;F 为面心;R 为菱形. C、A、B 代表底心点阵,分别表示晶轴 a,b; b,c; c,a 所在的平面中心有一个格点. I 代表体心点阵,其符号来自德文"Innenzentrierte"的第一个字母"I".

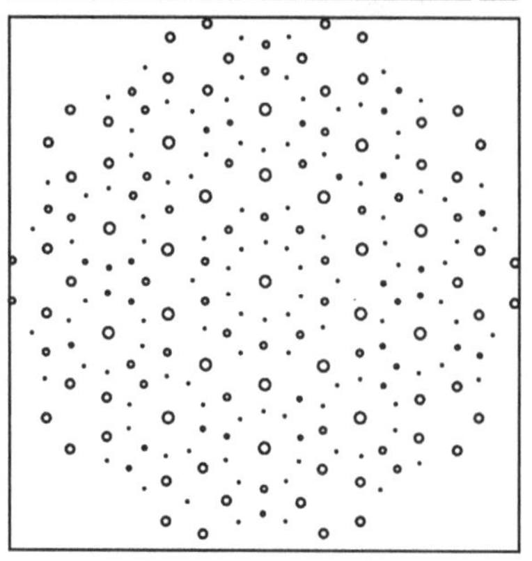

图 1.3.6　MnAl 合金的电子衍射图

1.3.6　对称性的意义

对一个物理体系,若知道它的几何对称性,就可在一定长度上确定它的某些物理性质. 例如,若原子结构具有中心反演对称性,则原子无固有偶极矩;若一个体系具有镜像对称性,而面对称操作使左旋矢量变为右旋矢量,故此体系无旋光性;若一个体系具有轴对称操作,则偶极矢必在对称轴上. 若有两个以上的非重合对称轴,就无偶极矩;若有对称面,偶极矢必在对称面上;若有两个对称面,偶极矢必在两个对称面的交线上. 由此可见,不必讨论体系结构的细节,仅从体系的对称性质,即可对其物理性质作出某些判断. 因此对称理论已经成为定性、半定量研究物理问题的重要方法.

1.3.7　准晶

1984 年,以色列科学家谢切曼等人在快速凝固得到的 MnAl 合金中发现了 10 次对称轴,其电子衍射劳厄照片如图 1.3.6 所示. 同样的衍射图样随后在其他材料中也被观察到. 如此明锐的斑点也说明此类材料微观结构的长程有序性,即材料中具有能产生布拉格衍射的平行平面族. 显然,此类材料既不同于晶体(具有 5 和 7 以上的对称轴,不具有平移不变性),也不同于非晶体(非晶的长程无序结构不能产生明锐的布拉格衍射,其衍射特征是弥散的宽峰),必须用新的概念来描述. 这种结构被称为准周期晶体,简称**准晶**,其定义为:同时具有长程准周期性平移序和非晶体学旋转对称性的固态有序相.

从不同入射角的衍射图样分析可知,准晶通常具有如图 1.3.7 所示的二十面体对称性. 组成二十面体的每个面都是等边三角形. 图中 $Oa_1=(b_1+b_2+b_3)$ 轴是二十面体的六个五度对称轴之一,它是产生十重对称衍射图样的原因. 如果基本的结构单元像图 1.3.7 所示的两种菱面体,而不是晶体中的如图 1.4.1 所示的密排平面,则二十面体的原子排列完全自然地呈现密堆积. 此二十面体可通过使二十个菱面体共有一个公共顶点而形成. 为此每个菱面体有轻微的形变. 一个原子离二十面体表面上相邻的原子的距离比其离公共顶点上原子的距离长大约 5%. 通过从公共顶点向外连续堆砌轻微变形的菱面体即形成准晶体,这也就是准晶没有长程序排列的原因. 所有 1984 年前发现的具有局部二十面体排置的非准晶体,都可以通过引入额外原子的方式减少形变,从而恢复为具有平移不变性的晶体结构.

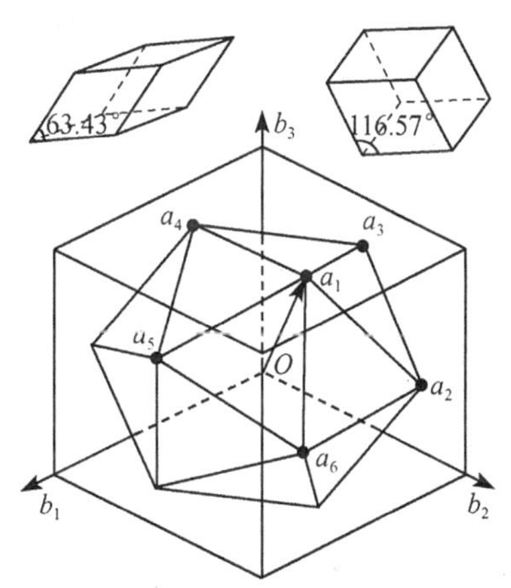

图 1.3.7 三维准晶的二十面体对称性(图中只画了前面的 10 个面)及二重轴(坐标轴)和 6 个五重轴空间取向

对准晶体结构的理解可通过把 Rogtr Penrose 在 1974 年发明的二维拼图推广到三维而得到. 如图 1.3.8 所示,相对于全同平行四边形原胞的堆积(这种堆积形成一个如图 1.1.2 所示的二维格),Penrose 拼图使用如图 1.3.8(a)中所示的两种组成单元,两种基本单元是菱形格中的原胞,但是它们分别具有 144°和 108°的角 γ. 在图 1.3.8(a)中所示的图案中 $r=144°$ 的单元是 $r=108°$ 单元的 $\frac{1+\sqrt{5}}{2}$ 倍,尽管没有平移不变性,但图中包含着方向一致的常规的十边形,并且这些十边形排成相互成 72°的平行直线结构[图 1.3.8(b)仅是其中的一个直线系],这些直线的方向就是五度对称轴的方向. 三维 Penrose 构图可以通过使用二种不同的菱形六面体(图 1.3.8)作为基本单元堆砌完成. 虽然准晶结构很有可能用这方式解决,但是仍然没有消除结构判定上的含混之处.

由于平移不变性的缺失,阐明准晶体结构的努力遇到了困难. 值得强调指出的是,使用平移不变性来分析问题对晶体学和固体物理工作者是司空见惯的和得心

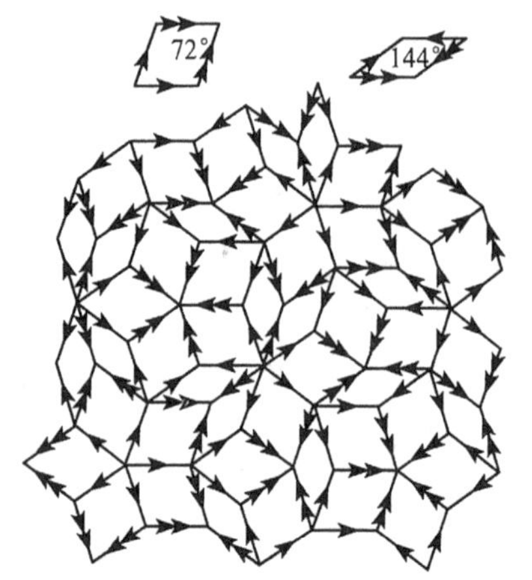

(a) 两种基本单元是菱形格子中的原胞，它们分别具有 144° 和 108° 的角γ，及它们的堆积

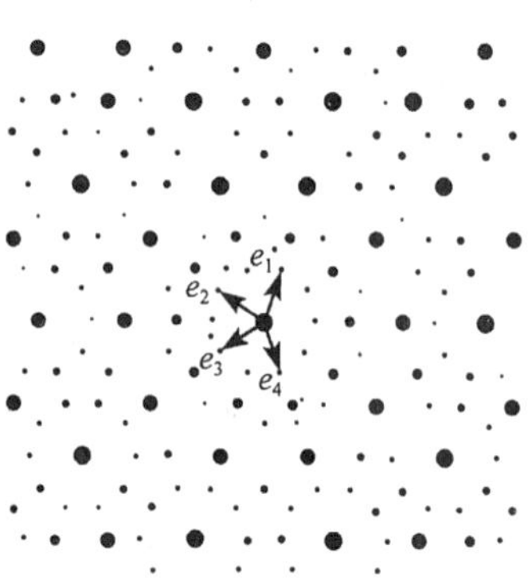

(b) X 射线衍射所显示的 10 次对称性

图 1.3.8

应手的. 对于一个平移不变的晶体，为了描述所有原子的位置，只需要描述一个原胞中该类原子的位置和方位. 平移不变性的重要性在于它也可以运用于准晶体，只不过需要表示成在六维超空间(对三维准晶)的平移不变性，而真实准晶结构可以被看作是在此六维超空间中的三维真实空间的投影.

1.4　密堆积　配位数

本节讨论晶体中粒子排列的紧密程度，这种紧密程度可用配位数和致密度来描述. 一个粒子周围最近邻的粒子数目称为配位数. 晶胞中粒子所占的体积与晶胞体积的比称为致密度或堆积密度. 显然晶格的配位数和致密度越大，粒子排列就越紧密.

1.4.1　最大配位数和可能配位数

由于晶体中粒子排列的有序性，晶体的配位数只能取有限的 n 个值，现在讨论晶体中最大的配位数和可能的配位数.

1. 最大配位数

如果晶体由同种粒子构成，且把粒子看成是等大的刚性圆球，这些全同圆球最紧密的堆积称为密堆积. 密堆积所对应的配位数就是最大配位数. 密堆积可以这样实现：先把全同小圆球密排在一个平面上，任一球都和 6 个球相切，每个球的周围有 6 个空隙，这样构成第一层. 第二层也作同样的铺排，只是每个球只能放在第一层相间的 3 个空隙上，才能形成紧密排列，同时又与第一层的球紧密相切，从而形成密堆积. 至于第三层，则有两种不同的堆法，形成不同的堆积如下：

如果把第三层球放在第二层相间的空隙上，并且使第三层球恰好在第一层球上面，如图 1.4.1(a)所示. 如此重复的堆积下去，每两层为一组，形成 *ABAB*……的堆积方式，称之为六方密堆积.

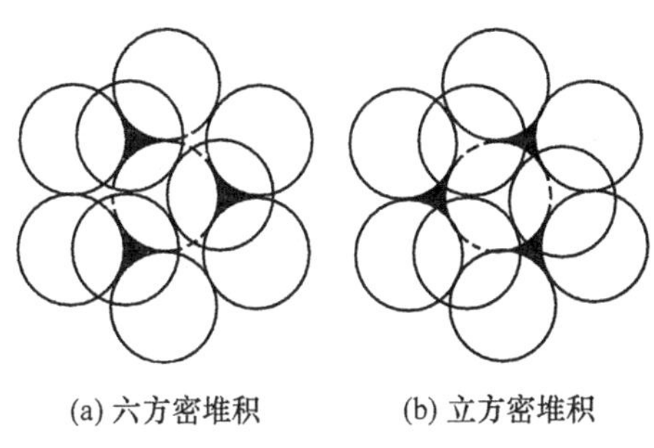
(a) 六方密堆积　(b) 立方密堆积

图 1.4.1 密堆积

如果把第三层球放在第二层另外的 3 个相间的空隙上，第三层正好与第一层的空隙上下对应，如图 1.4.1(b)所示，如此重复堆积下去，每 3 层为一组，形成 *ABCABC*……的堆积方式，称之为立方密堆积.

在上面两种密堆积中，每个球都与同层中的 6 个球相切，又分别与上、下层的 3 个球相切，所以每个球的最近邻球数是 12，即配位数是 12，这就是晶体中的最大的配位数.

2. 可能的配位数

若晶体不是六方和立方密堆积，或者是密堆积但球的大小不等，都不可能构成密堆积结构，因而配位数必小于 12. 但由于周期性和对称性的特点，晶体也不可能有 11、10、9、7、5 等配位数. 因而晶体可能的配位数只能有 6 种，依次为 12、8、6、4、3、2.

1.4.2 几种实际晶体的配位数

1. 同种粒子构成的晶体

同种粒子组成的晶体可用等大刚球模型来描述(刚球模型只有在一些特殊情形下，才近似反映粒子的真实情况，但对于配位数的讨论仍是适用的). 对金、银、铝、γ-Fe 等面心立方结构，由于每个粒子周围有 12 个最近邻粒子，故其配位数为 12，对 α-Fe、铬、钼、钨等体心立方结构晶体，其配位数显然为 8. 此类晶体的配位数可由其晶胞结构看出，不再一一列举.

2. 不同粒子组成的晶体

1) 氯化铯(CsCl)型

氯化铯晶格是由 Cs 和 Cl 粒子各自构成简立方格子套构而成的复式格子. 设 Cs 粒子处在晶胞的体心，其半径为 r. Cl 粒子处在立方体的 8 个顶角，其半径为 R，且 $R>r$. 此种结构的最紧密堆积为大小球之间相互相切. 此时立方体的边长 $a=$

$2R$，空间对角线长度为 $2\sqrt{3}R$，若要小球与大球相切，小球的半径应等于

$$r = \frac{1}{2}(2\sqrt{3}R - 2R) = (\sqrt{3}-1)R = 0.73R$$

此时的配位数最大，等于 8. 如果 r 增大，大球将不再相切，但由于小球与大球仍相切，故此结构依然稳定，配位数仍为 8. 所以当 $1 > r/R \geqslant 0.73$ 时，两种球为氯化铯型. 若 r 变小，小球在中心的位置不固定，结构不稳定，于是结构将取配位数较小的堆积，即配位数为 6 的堆积，此时不再是氯化铯型了.

2）氯化钠（NaCl）型

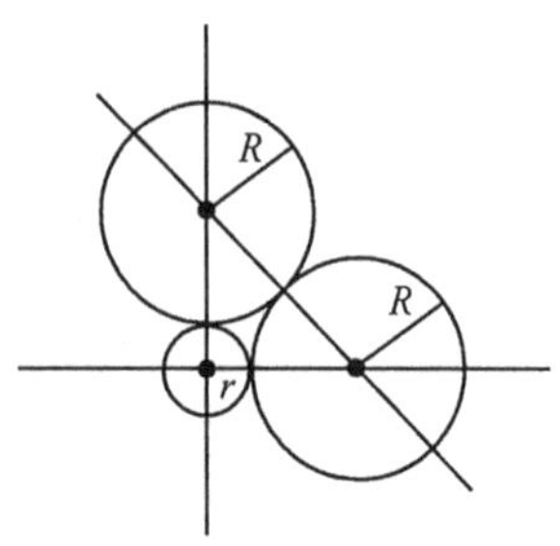

图 1.4.2　氯化钠结构中的大球和小球的半径

由前可知，氯化钠结构是由氯粒子和钠粒子各自构成的面心立方格子套构而成. 若氯粒子在体心，它与处于面心位置的 6 个钠粒子构成最近邻. 当处在中央的小球（氯粒子，半径为 r）与它左右上下前后的 6 个大球（R）相切时，无论大球是否相切，结构都是稳定的. 此时的配位数为 6. 若增 R 大，直到大球也相互相切时达到最紧密堆积. 若 R 继续增大以致小球不能与大球相切，氯化钠结构将改变. 由图 1.4.2 可看出，当氯化钠型达到最紧密堆积时，有

$$2(R+r)^2 = \overline{AB^2} = (2R)^2 = 4R^2$$

得

$$\frac{r}{R} = \sqrt{2} - 1 \approx 0.41$$

有前面知，当 $r/R \geqslant 0.73$ 时为氯化铯型. 因此，当 $0.73 > r/R > 0.41$ 时，结构应为氯化钠型，配位数为 6. 表 1.4.1 给出了部分配位数于球半径之间的关系.

表 1.4.1　部分配位数和球半径之间的关系

配 位 数	r/R	配 位 数	r/R
12	1	4	0.41～0.23
8	1～0.73	3	0.23～0.16
6	0.73～0.41		

1.5　晶向、晶面及其标志

1.5.1　晶向

晶体的一个基本特征是各向异性，即沿晶格的不同方向晶体的性质不同. 因此有必要识别和标志晶格中的不同方向.

由于布拉维格点周围的情况完全相同，从格点沿某一方向的排列规律来看，所有格点可以看成分列在一系列相互平行的直线上，这些直线叫晶列. 同一格子可以形成方向不同的晶列，如图 1.5.1 所示. 每个晶列定义了一个方向，称为**晶向**. 如果一个格点沿晶向到最近一个格点的平移矢量为

$$l_1\boldsymbol{a}_1 + l_2\boldsymbol{a}_2 + l_3\boldsymbol{a}_3$$

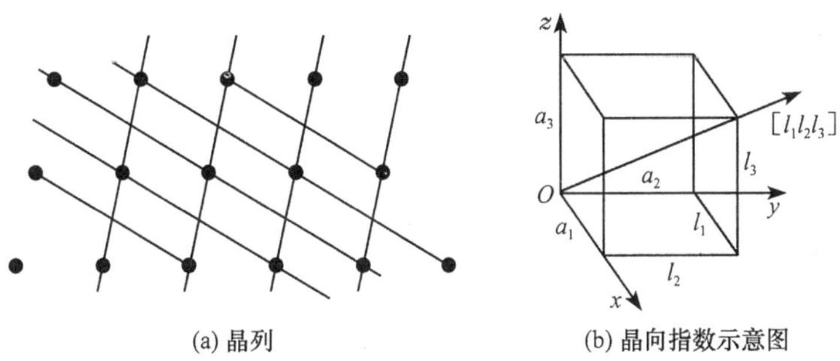

图 1.5.1 晶列及晶向指数

则晶向可用数组 l_1、l_2、l_3 来标志，写成$[l_1l_2l_3]$这组数称为**晶向指数**. 如果 l_i 为负数记为 $\bar{l}_i$，如 $l_1=3$，$l_2=-2$，$l_3=1$，则记为$[3\bar{2}1]$.

相互平行的晶列构成一晶列系，它们的晶向相同. 在一平面里，晶列系中相邻晶列的间距相等. 另外，这些平行的晶列把所有的格点都包括在内. 而且晶列系中每条晶列上格点分布的周期相同.

1.5.2 晶面

对布拉维晶格，所有格点也可以看成排列在一系列相互平行、等间距的平面系上. 这些平面叫晶面. 很明显，对每个晶面系来说，格点在各晶面中的分布是相同的；一个晶面系必包含所有格点；晶格中有无穷多个晶面系.

为了表示一个晶面系的取向，选择任一个格点作为坐标原点，并选择 3 个不共面的平移矢量 $\boldsymbol{a}$、$\boldsymbol{b}$、$\boldsymbol{c}$ 作为坐标轴，它们可以是原胞基矢，也可以是晶胞基矢. 如果晶面系中的某一晶面在 $\boldsymbol{a}$、$\boldsymbol{b}$、$\boldsymbol{c}$ 3 个坐标轴上的截距分别是 $l'a$、$m'b$、$n'c$ 那么这一晶面的取向就完全确定了，因而该晶面系的取向也就完全确定了. 因此可用数组 l'、m'、n'来标志晶面系的方向. 但是，如果一晶面系与某坐标轴平行，则此晶面在该轴的截距无穷大，为了避免数组 l'、m'、n'出现无穷大∞，习惯上取 3 个截距 l'、m'、n'的倒数的互质整数比

$$\frac{1}{l'} : \frac{1}{m'} : \frac{1}{n'} = l : m : n \tag{1.5.1}$$

表示该晶面系的取向. 如果选择固体物理原胞基矢 $\boldsymbol{a}_1$、$\boldsymbol{a}_2$、$\boldsymbol{a}_3$ 作为坐标轴，则这组互质的整数组写成$(h_1h_2h_3)$，称之为**晶面指数**. 如果选择晶胞基矢 $\boldsymbol{a}$、$\boldsymbol{b}$、$\boldsymbol{c}$ 为坐标

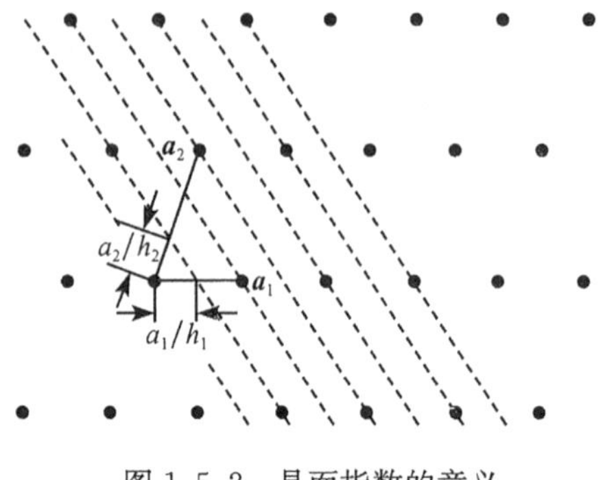

图 1.5.2　晶面指数的意义

轴,则这组互质的整数写为(hkl),并称之为**米勒指数**.如果某晶面指数为负数,则在此数上方加一横,如$\bar{k}$等.

由于一个晶面系包含了所有格点,而任意两点间所通过的平行晶面数总是个整数.截距为l'、m'、n'的晶面系中,总有两个晶面分别通过基矢的两端,从而这个晶面系把基矢$\boldsymbol{a}_1$、$\boldsymbol{a}_2$、$\boldsymbol{a}_3$分别截成h_1、h_2、h_3个等长的小段,如图 1.5.2 所示.由此可看出,该晶面系中离原点最近的晶面的截距分别是a_1/h_1、a_2/h_2、a_3/h_3,若用$\boldsymbol{n}$表示该晶面系的法线方向,d表示该晶面系的面间距,显然有

$$\left.\begin{aligned}\frac{a_1}{h_1}\cos(\boldsymbol{a}_1,\boldsymbol{n}) &= d\\ \frac{a_2}{h_2}\cos(\boldsymbol{a}_2,\boldsymbol{n}) &= d\\ \frac{a_3}{h_3}\cos(\boldsymbol{a}_3,\boldsymbol{n}) &= d\end{aligned}\right\}\tag{1.5.2}$$

若选用自然长度单位a_1、a_2、a_3分别等于1,此时有

$$\cos(\boldsymbol{a}_1,\boldsymbol{n}):\cos(\boldsymbol{a}_2,\boldsymbol{n}):\cos(\boldsymbol{a}_3,\boldsymbol{n}) = h_1:h_2:h_3\tag{1.5.3}$$

即晶面指数之比等于晶面法线方向与各坐标轴夹角的余弦之比.

晶面指数不仅可以标志晶面族,还可用以得出晶面系中相邻晶面的面间距和不同晶面系中两个晶面之间的夹角等.例如,对简单正交晶格,选晶胞基矢作为坐标轴,其米勒指数可写为(hkl),从式(1.5.2)可得

$$\cos(\boldsymbol{a},\boldsymbol{n}) = d/(a\cdot h^{-1})$$
$$\cos(\boldsymbol{b},\boldsymbol{n}) = d/(b\cdot k^{-1})$$
$$\cos(\boldsymbol{c},\boldsymbol{n}) = d/(c\cdot l^{-1})$$

考虑到正交坐标系有

$$\cos^2(\boldsymbol{a},\boldsymbol{n}) + \cos^2(\boldsymbol{b},\boldsymbol{n}) + \cos^2(\boldsymbol{c},\boldsymbol{n}) = 1$$

所以可得(hkl)晶面系的相邻晶面间距为

$$d_{hkl} = \frac{1}{\sqrt{\left(\frac{h}{a}\right)^2 + \left(\frac{k}{b}\right)^2 + \left(\frac{l}{c}\right)^2}}\tag{1.5.4}$$

对简单立方晶格,则

$$d_{hkl} = \frac{a}{\sqrt{h^2 + k^2 + l^2}}\tag{1.5.5}$$

同样,对简单立方晶格,可证明米勒指数为$(h_1k_1l_1)$和$(h_2k_2l_2)$的两个晶面之间的

夹角为 φ 时，有

$$\cos\varphi = \frac{h_1h_2 + k_1k_2 + l_1l_2}{(h_1^2 + k_1^2 + l_1^2)^{1/2}\,(h_2^2 + k_2^2 + l_2^2)^{1/2}} \tag{1.5.6}$$

图 1.5.3 给出了立方晶格 3 种晶面的米勒指数. 由于坐标轴选在晶轴方向，除了晶轴的晶向指数特别简单外[为(100)、(010)、(001)]，指数简单的面也是最重要的晶面，如(100)、(110)之类. 这是因为指数简单的晶面系，其面间距 d 较大，由此晶体往往在这些面劈裂，这些面称为**解理面**，这些面往往显露在晶体外表. 如锗、硅、金刚石的解理面往往是(111)面，而Ⅲ-Ⅴ族化合物半导体的解理面往往是(110)面. 另外，因为一晶面系包含了所有的格点(原子)，因此，面间距大的晶体，格点的面密度必然大，若用 ρ 表示晶体格点(原子)的体密度，则格点面密度 σ 与面间距的关系为

$$\sigma = \rho d \tag{1.5.7}$$

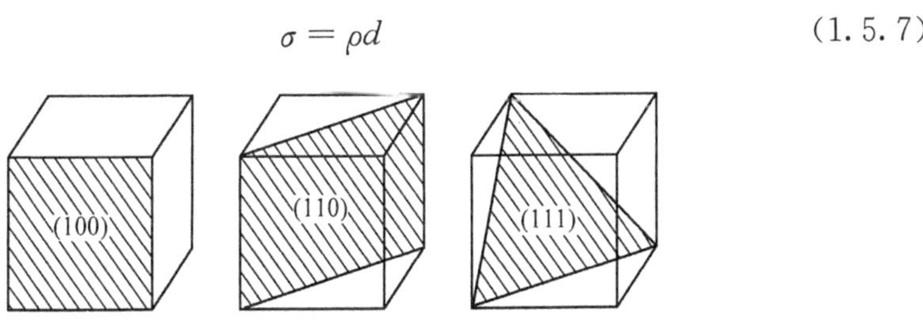

图 1.5.3 立方晶格的(100)、(110)、(111)面

知道了晶体的体密度，求出 d_{hkl}，即可由式(1.5.7)求得(hkl)面的面密度. 原子密度大的晶面，对射线的散射强，因而指数简单的晶面系在 X 射线衍射中往往为照片中的亮点所对应的晶面.

1.6 倒格子 布里渊区

由于晶格的周期性，引入倒格子的概念对分析和表达有关晶格周期性的各种问题是非常有效的.

1.6.1 倒格子的定义

设晶格的基矢 $\boldsymbol{a}_1$、$\boldsymbol{a}_2$、$\boldsymbol{a}_3$，若有另一种格子的基矢 $\boldsymbol{b}_1$、$\boldsymbol{b}_2$、$\boldsymbol{b}_3$，它们与 $\boldsymbol{a}_1$、$\boldsymbol{a}_2$、$\boldsymbol{a}_3$ 满足

$$\boldsymbol{a}_i \cdot \boldsymbol{b}_j = 2\pi\delta_{ij} = \begin{cases} 2\pi, & i = j, \\ 0, & i \neq j, \end{cases} \quad i,j = 1,2,3 \tag{1.6.1}$$

则称这两种格子互为正倒格子. 若基矢 $\boldsymbol{a}_1$、$\boldsymbol{a}_2$、$\boldsymbol{a}_3$ 的格子为正格子，则 $\boldsymbol{b}_1$、$\boldsymbol{b}_2$、$\boldsymbol{b}_3$ 的格子就是**倒格子**，反之亦然. 由定义式(1.6.1)可知，倒格子的每一基矢与正格子的

两个基矢正交，如 $\boldsymbol{b}_1 \perp \boldsymbol{a}_2$，$\boldsymbol{b}_1 \perp \boldsymbol{a}_3$. 因此，$\boldsymbol{b}_1$ 可表示为

$$\boldsymbol{b}_1 = c\boldsymbol{a}_2 \times \boldsymbol{a}_3 \tag{1.6.2}$$

c 为比例系数. 利用式(1.6.1)，有

$$\boldsymbol{a}_1 \cdot \boldsymbol{b}_1 = c\boldsymbol{a}_1 \cdot (\boldsymbol{a}_2 \times \boldsymbol{a}_3) = 2\pi \tag{1.6.3}$$

所以

$$c = \frac{2\pi}{\boldsymbol{a}_1 \cdot (\boldsymbol{a}_2 \times \boldsymbol{a}_3)} = \frac{2\pi}{\Omega_d} \tag{1.6.4}$$

式中

$$\Omega_d = \boldsymbol{a}_1 \cdot (\boldsymbol{a}_2 \times \boldsymbol{a}_3) \tag{1.6.5}$$

为正格子原胞体积.

将式(1.6.1)代入式(1.6.2)得到 b_1 用 $\boldsymbol{a}_1$、$\boldsymbol{a}_2$、$\boldsymbol{a}_3$ 的表示式为

$$\boldsymbol{b}_1 = \frac{2\pi(\boldsymbol{a}_2 \times \boldsymbol{a}_3)}{\boldsymbol{a}_1 \cdot (\boldsymbol{a}_2 \times \boldsymbol{a}_3)} = \frac{2\pi}{\Omega_d}\boldsymbol{a}_2 \times \boldsymbol{a}_3$$

同理有

$$\boldsymbol{b}_2 = \frac{2\pi(\boldsymbol{a}_3 \times \boldsymbol{a}_1)}{\boldsymbol{a}_1 \cdot (\boldsymbol{a}_2 \times \boldsymbol{a}_3)} = \frac{2\pi}{\Omega_d}\boldsymbol{a}_3 \times \boldsymbol{a}_1 \tag{1.6.6}$$

$$\boldsymbol{b}_3 = \frac{2\pi(\boldsymbol{a}_1 \times \boldsymbol{a}_2)}{\boldsymbol{a}_1 \cdot (\boldsymbol{a}_2 \times \boldsymbol{a}_3)} = \frac{2\pi}{\Omega_d}\boldsymbol{a}_1 \times \boldsymbol{a}_2 \tag{1.6.7}$$

正如以 $\boldsymbol{a}_1$、$\boldsymbol{a}_2$、$\boldsymbol{a}_3$ 可以构成布拉维格子一样，以 $\boldsymbol{b}_1$、$\boldsymbol{b}_2$、$\boldsymbol{b}_3$ 为基矢可构成一倒格子(倒易点阵)，其倒格点的位置矢量 $\boldsymbol{G}$ 为

$$\boldsymbol{G} = h_1\boldsymbol{b}_1 + h_2\boldsymbol{b}_2 + h_3\boldsymbol{b}_3 \tag{1.6.8}$$

式中，h_1、h_2、h_3 是一组整数，称 $\boldsymbol{G}$ 为**倒格子矢量**，简称倒格矢. 显然，倒格子基矢的量纲是[长度]$^{-1}$，与波数矢量具有相同的量纲.

1.6.2　倒格子与正格子之间的关系

首先讨论正、倒格子原胞体积之间的关系，由定义可知倒格子原胞的体积为

$$\Omega_r = \boldsymbol{b}_1 \cdot (\boldsymbol{b}_2 \times \boldsymbol{b}_3)$$

把 $\boldsymbol{b}_i$ 的表达式(1.6.6)代入上式，并利用矢量的矢积公式，有

$$\boldsymbol{A} \times (\boldsymbol{B} \times \boldsymbol{C}) = (\boldsymbol{A} \cdot \boldsymbol{C})\boldsymbol{B} - (\boldsymbol{A} \cdot \boldsymbol{B})\boldsymbol{C}$$

不难得到倒格子的原胞体积 Ω_r 为

$$\Omega_r = \frac{(2\pi)^3}{\Omega_d} \tag{1.6.9}$$

现在我们讨论倒格矢与正格子晶面之间的关系. 先证明倒格矢 $\boldsymbol{G}_{h_1h_2h_3}=h_1\boldsymbol{b}_1+h_2\boldsymbol{b}_2+h_3\boldsymbol{b}_3$ 与正格子的晶面系$(h_1h_2h_3)$正交. 如图(1.6.1)所示,晶面系$(h_1h_2h_3)$中最靠近原点的晶面 ABC 在基矢 $\boldsymbol{a}_1$、$\boldsymbol{a}_2$、$\boldsymbol{a}_3$ 上的截距分别是$\frac{a_1}{h_1}$、$\frac{a_2}{h_2}$、$\frac{a_3}{h_3}$. 于是

$$\overrightarrow{CA}=\overrightarrow{OA}-\overrightarrow{OC}=\frac{\boldsymbol{a}_1}{h_1}-\frac{\boldsymbol{a}_3}{h_3}$$

$$\overrightarrow{CB}=\overrightarrow{OB}-\overrightarrow{OC}=\frac{\boldsymbol{a}_2}{h_2}-\frac{\boldsymbol{a}_3}{h_3}$$

因为

$$\boldsymbol{G}_{h_1h_2h_3}\cdot\overrightarrow{CA}=(h_1\boldsymbol{b}_1+h_2\boldsymbol{b}_2+h_3\boldsymbol{b}_3)\cdot\left(\frac{\boldsymbol{a}_1}{h_1}-\frac{\boldsymbol{a}_3}{h_3}\right)=2\pi-2\pi=0$$

同理

$$\boldsymbol{G}_{h_1h_2h_3}\cdot\overrightarrow{CB}=0$$

而且 CA、CB 都在 ABC 面上,所以,$\boldsymbol{G}_{h_1h_2h_3}$ 与晶面系$(h_1h_2h_3)$正交. 另外,可以证明,$\boldsymbol{G}_{h_1h_2h_3}$ 的长度等于晶面系面间距倒数的 2π 倍. 如图 1.6.1 所示,晶面系的面间距就是原点到 ABC 面的距离. 由于 G 垂直于 ABC 面,于是面间距 d 为

$$d_{h_1h_2h_3}=\overrightarrow{OA}\cdot\frac{\boldsymbol{G}_{h_1h_2h_3}}{G_{h_1h_2h_3}}=\frac{2\pi}{G_{h_1h_2h_3}} \qquad (1.6.10)$$

式中,$G_{h_1h_2h_3}$ 是 $\boldsymbol{G}_{h_1h_2h_3}$ 的模.

可见,知道了 $\boldsymbol{G}$ 就知道了晶面系$(h_1h_2h_3)$的法线方向和面间距. 利用晶面系与倒格点的对应关系,可以给处理问题带来很多方便.

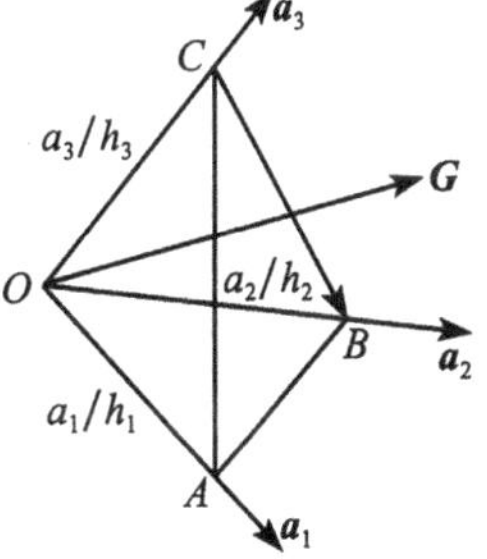

图 1.6.1 $G_{h_1h_2h_3}$ 与晶面系$(h_1h_2h_3)$正交

1.6.3 晶格周期函数的傅里叶展开

由于晶格的周期,晶体的物理性质也具有与晶格相同的周期性,若晶格中任一点的物理量为 $V(\boldsymbol{r})$,则有

$$V(\boldsymbol{r})=V(\boldsymbol{r}+\boldsymbol{R})$$

式中,$\boldsymbol{R}$ 是晶格平移矢量. $\boldsymbol{r}$ 是该点的位置坐标矢量. 这个等式表示所有原胞中相应点的物理性质相同. 若把晶格中任意一点的位置矢量用 $\boldsymbol{r}$ 基矢表示,则可写成

$$\boldsymbol{r}=\xi_1\boldsymbol{a}_1+\xi_1\boldsymbol{a}_1+\xi_1\boldsymbol{a}_1 \qquad (1.6.11)$$

式中,ξ_i 不一定为整数,则 $V(\boldsymbol{r})$可看成是以 ξ_1、ξ_2、ξ_3 为变量,周期为 1 的周期函数,即由

$$V(\xi_1\boldsymbol{a}_1+\xi_2\boldsymbol{a}_2+\xi_3\boldsymbol{a}_3)=V[(\xi_1+1)\boldsymbol{a}_1+(\xi_2+1)\boldsymbol{a}_2+(\xi_3+1)\boldsymbol{a}_3]$$

可写成

$$V(\xi_1,\xi_2,\xi_3)=V(\xi_1+1,\xi_2+1,\xi_3+1)$$

因此 $V(\xi_1,\xi_2,\xi_3)$ 可展成傅里叶级数

$$V(\xi_1,\xi_2,\xi_3)=\sum_{h_1h_2h_3}V_{h_1h_2h_3}\mathrm{e}^{2\pi\mathrm{i}(h_1\xi_1+h_2\xi_2+h_3\xi_3)} \tag{1.6.12}$$

式中，h_1、h_2、h_3 是整数，展开系数

$$V_{h_1h_2h_3}=\int_0^1\mathrm{d}\xi_1\int_0^1\mathrm{d}\xi_2\int_0^1\mathrm{d}\xi_3\,\mathrm{e}^{-2\pi\mathrm{i}(h_1\xi_1+h_2\xi_2+h_3\xi_3)}V(\xi_1,\xi_2,\xi_3)$$

根据式(1.6.1)，ξ_1、ξ_2、ξ_3 可用倒格子基矢写出，给式(1.6.11)两边点乘 $\boldsymbol{b}_1$，得

$$\xi_1=\frac{1}{2\pi}\boldsymbol{b}_1\cdot\boldsymbol{r}$$

同理可得

$$\xi_2=\frac{1}{2\pi}\boldsymbol{b}_2\cdot\boldsymbol{r},\qquad \xi_3=\frac{1}{2\pi}\boldsymbol{b}_3\cdot\boldsymbol{r}$$

代入式(1.6.12)，傅里叶级数可直接用 r 表示出来，即

$$V(r)=\sum_{h_1h_2h_3}V_{h_1h_2h_3}\mathrm{e}^{\mathrm{i}(h_1\boldsymbol{b}_1+h_2\boldsymbol{b}_2+h_3\boldsymbol{b}_3)\cdot\boldsymbol{r}}=\sum_{G}V_G\mathrm{e}^{\mathrm{i}\boldsymbol{G}\cdot\boldsymbol{r}} \tag{1.6.13}$$

上式中的求和是对所有倒格矢进行的. 式 1.6.13 表明，同一物理量在正格子中的表述 $V(\boldsymbol{r})$ 和在倒格子中的表述 V_G 之间遵守傅里叶变换关系. 而且这种变换仍然保持物理量的晶格周期性即

$$V(\boldsymbol{r}+\boldsymbol{R})=\sum_G V_G\mathrm{e}^{\mathrm{i}\boldsymbol{G}\cdot(\boldsymbol{r}+\boldsymbol{R})}=\sum_G V_G\mathrm{e}^{\mathrm{i}\boldsymbol{G}\cdot\boldsymbol{r}+\mathrm{i}\boldsymbol{G}\cdot\boldsymbol{R}}=\sum_G V_G\mathrm{e}^{\mathrm{i}\boldsymbol{G}\cdot\boldsymbol{r}}=V(\boldsymbol{r})$$

推导中用到了下式

$$\boldsymbol{G}\cdot\boldsymbol{R}=2\pi(h_1n_1+h_2n_2+h_3n_3)=2\pi\times\text{整数}$$

1.6.4　布里渊区

布里渊区是今后经常要用到的概念. 其定义是：在倒格子中，以某一倒格子点为坐标原点，作所有倒格矢的垂直平分面，倒格子空间被这些平面分成许多包围原点的多面体区域，这些区域称为**布里渊区**. 其中最靠近原点的平面所围的区域称为第一布里渊区. 第一布里渊区界面与次远垂直平分面所围成的区域为第二布里渊区. 第一、第二布里渊区界面与再次远垂直平面围成的区域为第三布里渊区. 依此类推，图 1.6.2 给出了二维正方格子的前 3 个布里渊区.

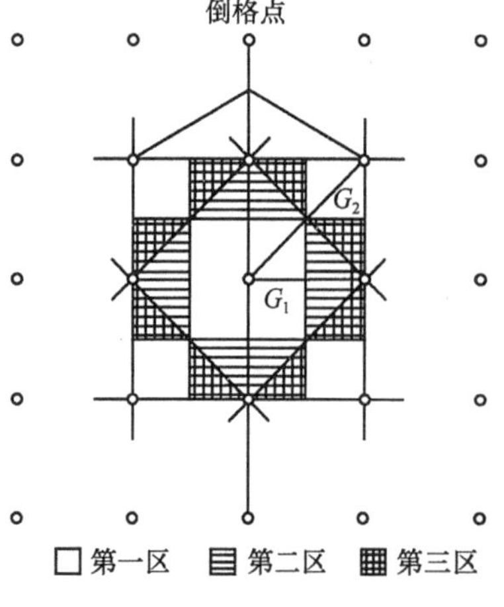

图 1.6.2　二维正方晶格的布里渊区构图

1. 布里渊区的界面方程

由于布里渊区界面是其倒格矢 $\boldsymbol{G}$ 的垂直平分面，用 $\boldsymbol{k}$ 表示倒格空间的矢量，如果它的端点落在布里渊区界面上，它必须满足

$$\boldsymbol{k}\cdot\boldsymbol{G}=\frac{1}{2}G^2 \tag{1.6.14}$$

即在倒格子空间中，凡满足式(1.6.14)的 $\boldsymbol{k}$ 的端点的集合构成布里渊区界面，因而称式(1.6.14)为布里渊区的**界面方程**.

2. 布里渊区的特点

由布里渊区的构成定义可知，各个布里渊区的形状都是对原点对称的，若某布里渊区分成 n 个部分，则各部分的分布是对原点对称的. 各布里渊区经过适当的平移，如移动一个倒格矢 $\boldsymbol{G}$ 都可移到第一布里渊区且与之全重. 因此每个布里渊区的体积都是相同的，且等于倒格子原胞的体积.

另外，由于倒格子基矢是根据正格子基矢来定义的，所以布里渊区的形状完全取决于晶体的布拉维格子，无论晶体是由哪种原子组成，只要其布拉维格子相同，其布里渊区形状也就相同. 下面给出几种常见的布里渊区.

3. 二维正方格子的布里渊区

二维正方晶格的基矢为

$$\boldsymbol{a}_1=a\boldsymbol{i},\qquad \boldsymbol{a}_2=a\boldsymbol{j}$$

式中，a 为晶格常数，$\boldsymbol{i}$、$\boldsymbol{j}$ 为 x、y 轴的单位矢量 . 相应的倒格基矢为

$$\boldsymbol{b}_1=\frac{2\pi}{a}\boldsymbol{i},\qquad \boldsymbol{b}_2=\frac{2\pi}{a}\boldsymbol{j}$$

倒格矢为

$$\boldsymbol{G}=n_1\frac{2\pi}{a}\boldsymbol{i}+n_2\frac{2\pi}{a}\boldsymbol{j}$$

若用 $\boldsymbol{k}=k_x\boldsymbol{i}+k_y\boldsymbol{j}$ 表示倒格子空间的矢量，代入界面方程得

$$n_1k_x+n_2k_y=\frac{\pi}{a}(n_1^2+n_2^2)$$

对应原点最近的 4 个倒格点($n_1=\pm1,n_2=0$)、($n_1=0,n_2=\pm1$)，得到 4 条垂直平分线

$$k_x=\pm\frac{\pi}{a},\qquad k_y=\pm\frac{\pi}{a}$$

它们所围成的区域就是第一布里渊区. 再由离原点次近邻的 4 个点($n_1=\pm1,n_2=\pm1$)，得到另外 4 条垂直平分线

$$\pm k_x\pm k_y=\frac{2\pi}{a}$$

它们与第一布里渊区边界围成的闭全区域就是第二布里渊区. 依次类推,如图1.6.2所示.

4. 简单立方格子的第一布里渊区

简立方晶格的基矢为

$$\boldsymbol{a}_1 = a\boldsymbol{i}, \quad \boldsymbol{a}_2 = a\boldsymbol{j}, \quad \boldsymbol{a}_3 = a\boldsymbol{k}$$

其倒格子基矢为

$$\boldsymbol{b}_1 = \frac{2\pi}{a}\boldsymbol{i}, \quad \boldsymbol{b}_2 = \frac{2\pi}{a}\boldsymbol{j}, \quad \boldsymbol{b}_3 = \frac{2\pi}{a}\boldsymbol{k}$$

倒格矢为 $\boldsymbol{G}=\frac{2\pi}{a}(n_1\boldsymbol{i}+n_2\boldsymbol{j}+n_3\boldsymbol{k})$,其中,$n_1$、$n_2$、$n_3$ 为整数. 可见其倒格子也是简单立方格子. 做原点与6个最近邻点连线的垂直平分面,所围成的正立方体就是简单立方格子的第一布里渊区.

5. 面心立方格子的第一布里渊区

面心立方格子的基矢由式(1.1.5)给出,其倒格子基矢可求出为

$$\left.\begin{aligned} \boldsymbol{b}_1 &= \frac{2\pi}{a}(-\boldsymbol{i}+\boldsymbol{j}+\boldsymbol{k}) \\ \boldsymbol{b}_2 &= \frac{2\pi}{a}(\boldsymbol{i}-\boldsymbol{j}+\boldsymbol{k}) \\ \boldsymbol{b}_3 &= \frac{2\pi}{a}(\boldsymbol{i}+\boldsymbol{j}-\boldsymbol{k}) \end{aligned}\right\} \tag{1.6.15}$$

与体心立方格子的基矢式(1.1.3)比较可以看出,这是一个边长为 $4\pi/a$ 的体心立方格子,即面心立方格子的倒格子是体心立方格子. 其倒格矢为

$$\begin{aligned} \boldsymbol{G} &= n_1\boldsymbol{b}_1 + n_2\boldsymbol{b}_2 + n_3\boldsymbol{b}_3 \\ &= \frac{2\pi}{a}[(-n_1+n_2+n_3)\boldsymbol{i} + (n_1-n_2+n_3)\boldsymbol{j} + (n_1+n_2-n_3)\boldsymbol{k}] \end{aligned}$$

离原点最近的8个倒格点的坐标是 $(2\pi/a)(111)$,$(2\pi/a)(11\bar{1})$,$(2\pi/a)(1\bar{1}\bar{1})$,$(2\pi/a)(\bar{1}\bar{1}1)$,$(2\pi/a)(1\bar{1}1)$,$(2\pi/a)(\bar{1}1\bar{1})$,$(2\pi/a)(\bar{1}\bar{1}\bar{1})$,$(2\pi/a)(\bar{1}\bar{1}1)$. 它们与坐标原点连线的中垂面围成一正八面体,每个点到原点的距离为 $\sqrt{3}\pi/a$. 这个正八面体的体积是 $(9/2)(2\pi)^3/a^3$,比倒格子原胞的体积 $4(2\pi)^3/a^3$ 大,因而这个正八面体还不是第一布里渊区. 进而考虑次近邻的6个倒格点 $(2\pi/a)(\pm 2,0,0)$,$(2\pi/a)(0,\pm 2,0)$,$(2\pi/a)(0,0,\pm 2)$,它们相应的中垂面截去正八面体的6个角,形成一截角八面体,截去后的这个十四面体的体积正好等于倒格子原胞的体积. 因此,面心立方格子的第一布里渊区是一个截角八面体,如图1.6.3所示,图中也给出了一些对称点的符号.

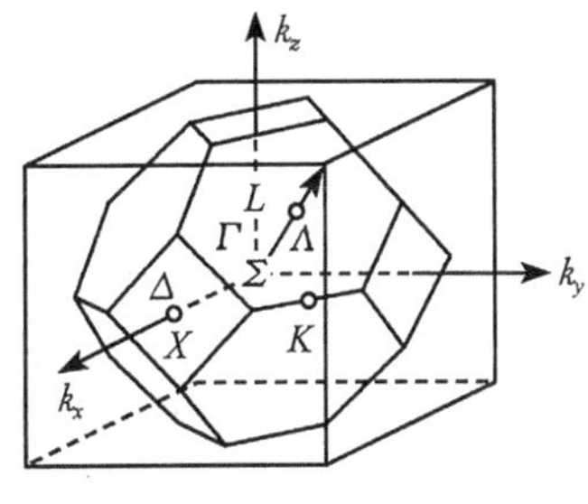

图 1.6.3 面心立方晶格的第一布里渊区

对称点的常用符号	波矢 $\boldsymbol{k}$
Γ	$\frac{2\pi}{a}(0,0,0)$
X	$\frac{2\pi}{a}(1,0,0)$
L	$\frac{2\pi}{a}\left(\frac{1}{2},\frac{1}{2},\frac{1}{2}\right)$
K	$\frac{2\pi}{a}\left(\frac{3}{4},\frac{3}{4},0\right)$

6. 体心立方格子的第一布里渊区

体心立方格子的基矢如式(1.1.3)所示．其倒格子基矢可求得为

$$\boldsymbol{b}_1 = \frac{2\pi}{a}(\boldsymbol{j}+\boldsymbol{k})$$

$$\boldsymbol{b}_2 = \frac{2\pi}{a}(\boldsymbol{i}+\boldsymbol{k})$$

$$\boldsymbol{b}_3 = \frac{2\pi}{a}(\boldsymbol{i}+\boldsymbol{j}) \tag{1.6.16}$$

与式(1.1.5)比较，可知体心立方格子的倒格子是一个边长为 $4\pi/a$ 的面心立方格子，以其倒格点作为原点，共有 12 个最近邻倒格点，相应的 12 个垂直平分面围成的菱形十二面体即是体心立方的第一布里渊区，如图 1.6.4 所示.

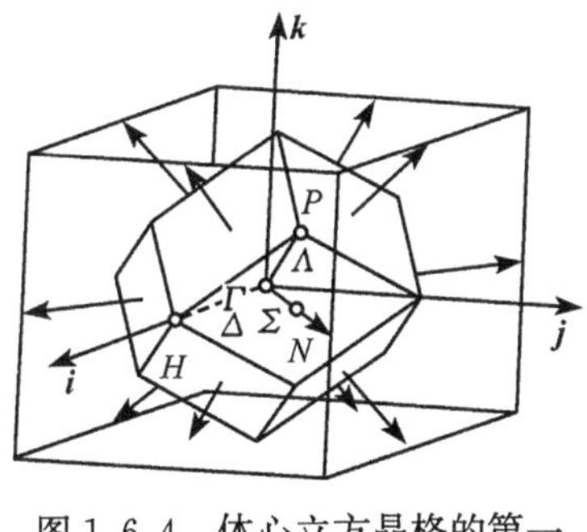

图 1.6.4 体心立方晶格的第一布里渊区

对称点的常用符号	波矢 $\boldsymbol{k}$
Γ	$\frac{2\pi}{a}(0,0,0)$
H	$\frac{2\pi}{a}(1,0,0)$
P	$\frac{2\pi}{a}\left(\frac{1}{2},\frac{1}{2},\frac{1}{2}\right)$
N	$\frac{2\pi}{a}\left(\frac{1}{2},\frac{1}{2},0\right)$

1.7 晶体的 X 射线衍射

晶体结构的周期性使得晶体可以作为衍射光栅. 由于晶体中原子的间距为 10^{-10}m 数量级，衍射波的波长也应是这个数量级. 所以能在晶体中产生明显衍射

的光波只能是 X 射线,晶体的 X 射线衍射图样给出了反映晶体结构的信息,因此,它是研究晶体结构的有力工具.

晶体对 X 射线的衍射,是晶体中的电子对 X 射线散射结果的总和. 而电子是分布在原子中的,原子又是分布在原胞中的,原胞在晶体中又排列成一定的布拉维格子. 因此,晶体的 X 射线衍射图案不仅与晶体的布拉维格子有关,而且还与原胞中原子的种类、原子的分布以及原子中电子的分布等都有关. 下面,将按布拉维晶格、原胞和原子三个层次分别讨论.

除 X 射线外,一些德布罗意波长在 10^{-10}m 数量级的微观粒子,如电子、中子等也可以产生晶体衍射,因此它们也用于研究晶体结构. 如电子衍射主要用于研究表面和薄膜. 中子尤适于研究磁性物质. 由于处理方法是类似的,这里只讨论 X 射线的衍射.

在以下的讨论中将不考虑康普顿效应,即认为入射光的波长与散射光的波长相等. 另外,由于 X 射线源到晶体及晶体到观测点的距离都要比晶体本身的线度大得多,所以可以认为入射光和散射光都是平行光.

1.7.1　衍射极大条件　劳厄方程

晶体可看做是带基元的格点组成的布拉维格子. 现在我们仅讨论布拉维格子衍射的极大条件. 劳厄把布拉维格的格点看做是散射中心,当所有格点的散射光发生相干加强时相应于衍射极大. 基于这个考虑,当波矢为 $\boldsymbol{k}_0$ 的 X 射线投射到相距为 $\boldsymbol{R}$ 的两个格点 O 和 A 时,就会受到两个格点的散射而产生出散射波. 若在某个方向上的散射波波矢为 $\boldsymbol{k}$,按照前面假定,$|\boldsymbol{k}_0|=|\boldsymbol{k}|$. 两格点散射波之间的光程差 δ(图 1.7.1)为

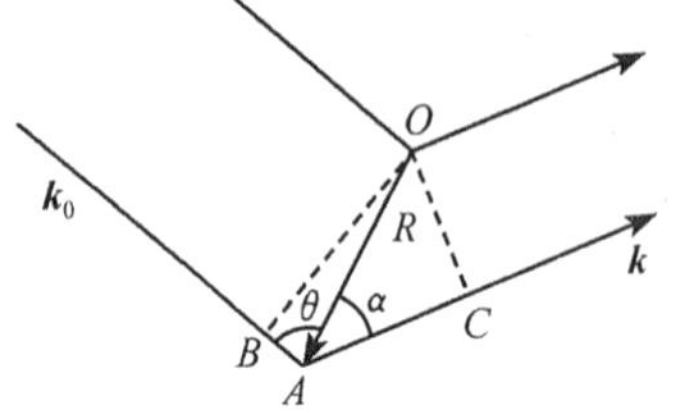

图 1.7.1　两个点散射中心 O、A 对 X 射线的衍射

$$\delta = AB + AC = R\cos\theta + R\cos\alpha = \boldsymbol{R}\cdot\frac{\boldsymbol{k}_0}{k_0} - \boldsymbol{R}\frac{\boldsymbol{k}}{k} = \boldsymbol{R}\cdot\frac{(\boldsymbol{k}_0-\boldsymbol{k})}{k_0}$$

根据波的相干加强条件,当

$$\delta = \boldsymbol{R}\cdot\frac{(\boldsymbol{k}_0-\boldsymbol{k})}{k} = m\lambda, \qquad m = 0, \pm 1, \pm 2, \cdots \tag{1.7.1}$$

时,沿 $\boldsymbol{k}$ 方向的散射光相干加强. 式(1.7.1)即衍射极大条件,由于 $k_0=2\pi/\lambda$,式(1.7.1)可写成

$$\boldsymbol{R}\cdot(\boldsymbol{k}_0-\boldsymbol{k}) = 2\pi m, \qquad m = 0, \pm 1, \pm 2, \cdots \tag{1.7.2}$$

由于 $\boldsymbol{R}$ 是晶格平移矢量,根据倒格子的定义,晶格平移矢量 $\boldsymbol{R}=n_1\boldsymbol{a}_1+n_2\boldsymbol{a}_2+n_3\boldsymbol{a}_3$ 与其倒格矢 $\boldsymbol{G}=h_1\boldsymbol{b}_1+h_2\boldsymbol{b}_2+h_3\boldsymbol{b}_3$,满足

$$\boldsymbol{R}\cdot\boldsymbol{G} = 2\pi m', \qquad m' = 0, \pm 1, \pm 2, \cdots \tag{1.7.3}$$

比较式(1.7.2)与式(1.7.3),可知任何衍射极大方向,必须满足

$$\boldsymbol{k}_0 - \boldsymbol{k} = \boldsymbol{G} \tag{1.7.4}$$

上式称做**劳厄方程**,它是衍射极大条件式在式(1.7.2)倒格子空间的表述.

劳厄方程还可写成其他等价形式. 如图 1.7.2 所示,虚线表示与倒格矢 $\boldsymbol{G}$ 对应的晶面,劳厄方程表示 $\boldsymbol{k}_0$、$\boldsymbol{k}$ 与 $\boldsymbol{G}$ 构成一等腰三角形. 由图 1.7.2 可以看出

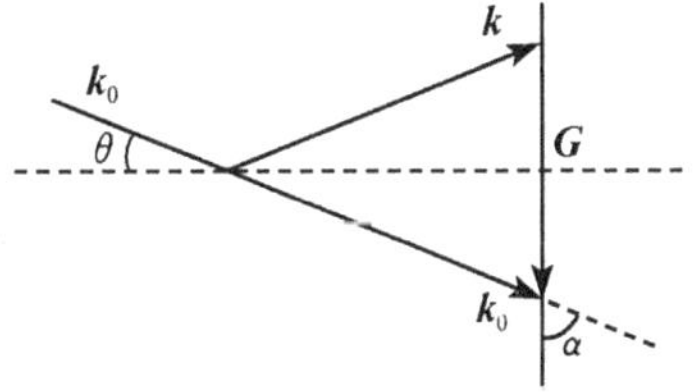

图 1.7.2 证明布拉格反射公式与劳厄公式等价性的附图

$$\boldsymbol{G} \cdot \boldsymbol{k}_0 = Gk_0 \cos\alpha$$

$$\boldsymbol{G} \cdot \boldsymbol{k} = Gk_0 \cos(\pi - \alpha) = -Gk_0 \cos\alpha$$

所以有 $\boldsymbol{G} \cdot \boldsymbol{k} = -\boldsymbol{G} \cdot \boldsymbol{k}_0$. 给式(1.7.4)两边点乘 $\boldsymbol{G}$,并考虑到上式,即得劳厄方程的另一等价表示式,即

$$2\boldsymbol{k}_0 \cdot \boldsymbol{G} = G^2 \tag{1.7.5}$$

或

$$2\boldsymbol{k}_0 \cdot \frac{\boldsymbol{G}}{G} = G \tag{1.7.6}$$

如果把 $\boldsymbol{k}_0$ 当做倒格子空间的一矢量,式(1.7.5)即前面给出的布里渊区界面方程. 这就是说,从某倒格点出发,凡波矢端点落在布里渊区界面上的 X 射线,都满足衍射极大条件,而且其衍射束是在 $\boldsymbol{k}_0 - \boldsymbol{G}$ 方向上,这对于分析波在晶体中的衍射是非常重要的 .

1.7.2 布拉格定律与劳厄方程

布拉格把晶体对 X 射线的衍射看成是晶面对 X 射线的反射,整块晶体可看做是某晶面系(hkl)一系列平行且等间距的晶面组成 . 当相邻晶面所反射的两束光之间的光程差为入射光波长的整数倍时,将产生衍射极大 . 如图 1.7.3 所示,衍射极大条件可表示为

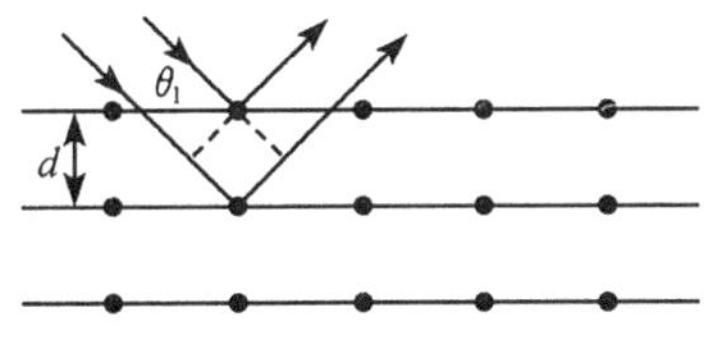

图 1.7.3 布拉格公式的图示

$$2d_{hkl} \sin\theta = n\lambda, \qquad n = 0, 1, 2, \cdots$$

此式称为**布拉格反射公式**. 现在说明布拉格公式与劳厄方程是等价的. 从图 1.7.2 可以看出,劳厄方程的左端

$$2\boldsymbol{k}_0 \cdot \frac{\boldsymbol{G}}{G} = 2k_0 \sin\theta$$

右端根据倒格矢的性质有

$$G_{hkl} = n \frac{2\pi}{d_{h_1 h_2 h_3}} \tag{1.7.7}$$

式中,n 为倒格矢 $\boldsymbol{G}$ 表达式中的公因子,即

$$G_{hkl} = n(h_1 \boldsymbol{b}_1 + h_2 \boldsymbol{b}_2 + h_3 \boldsymbol{b}_3)$$

$d_{h_1h_2h_3}$ 表示相邻晶面的间距,因此劳厄方程可写成

$$2k_0\sin\theta = n\frac{2\pi}{d_{h_1h_2h_3}}$$

或

$$2\frac{2\pi}{\lambda}\sin\theta = n\frac{2\pi}{d_{h_1h_2h_3}}$$

即

$$2d_{h_1h_2h_3}\sin\theta = n\lambda$$

这就表明劳厄方程与布拉格公式是完全等价的.

1.7.3　劳厄方程的图示——厄瓦尔构图

劳厄方程(1.7.4)可以通过一个所谓的反射球可以形象地表示出来,称为**厄瓦尔构图**. 任一倒格点为原点,在倒格子空间中画出 $\boldsymbol{k}_0$,以 $\boldsymbol{k}_0$ 的起始端为球心,以 k_0 为半径画一球面,如图 1.7.4 所示. 由于 $k=k_0=\frac{2\pi}{\lambda}$,所以从球面上的任何一倒格点向球心作出的矢量 $\boldsymbol{k}$ 都满足

$$\boldsymbol{k}_0 - \boldsymbol{k} = \boldsymbol{G}$$

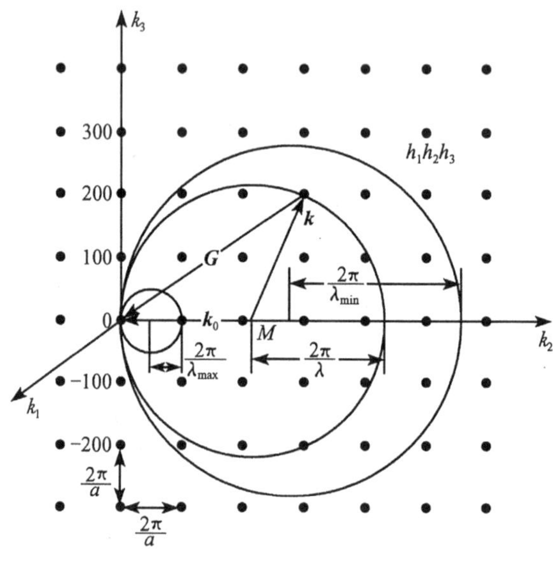

图 1.7.4　劳厄衍射的厄瓦尔构图

因此,落在反射球上各倒格点到球心的矢量,都表示在给定入射波 $\boldsymbol{k}_0$ 情况下,晶体可产生衍射极大的方向.

1.7.4 原子散射因子、几何结构因子

前面已经提到,晶体对X射线的衍射可以分3个层次来处理.劳厄方程仅是考虑到晶格格点的周期性排列所产生的结果,它没有涉及组成晶体的原子和原胞的具体性质.因而它只能给出在一定入射波矢 $\boldsymbol{k}_0$ 和一定的布拉维格子时,衍射极大可能发生的方向,而没能涉及衍射条纹的强度问题.要解决这一问题,首先,要知道作为散射中心,原子对X射线的散射能力——**原子散射因子**.其次,由于来自同一原胞中各个原子的散射波之间存在干涉,原胞中原子的分布不同,散射能力也就不同,因而必须确定原胞的散射能力,它可用**几何结构因子**来概括.

1. 原子散射因子

晶体的X射线散射是由电子对X射线的散射引起的.因此原子对X射线的散射取决于原子中每个电子的散射.与X射线的波长相比,原子具有一定的线度,原子的电子分布在一定区域内,因此核外各电子发射的散射波之间有一定的相位差.这样,在求原子的散射振幅时,应该考虑各个电子(或各部分电子云)的散射波之间的干涉.核外电子的分布不同,原子的散射能力也就不同.

首先,考虑单个电子的散射.假定入射前X射线是波矢为 $\boldsymbol{k}_0$,圆频率为 ω 的平面波

$$u_0 = A\mathrm{e}^{\mathrm{i}(\boldsymbol{k}_0\cdot\boldsymbol{r}-\omega t)} \tag{1.7.8}$$

经一个电子散射后,成为一沿径向传播的球面波

$$u' = f_{\mathrm{e}}\frac{A}{D}\mathrm{e}^{\mathrm{i}(\boldsymbol{k}\cdot\boldsymbol{D}-\omega t)} \tag{1.7.9}$$

式中,$\boldsymbol{D}$ 为观测点到散射电子的位置矢量;f_{e} 是描述单个电子散射能力的参数,称为散射长度.

若原子中有 n 个电子,任选其中一个电子为坐标原点 O,其他电子的位置矢径分别是 $\boldsymbol{r}_1,\boldsymbol{r}_2,\boldsymbol{r}_3,\cdots$.观测点 P 到坐标原点的位置矢量为 $\boldsymbol{D}$,如图1.7.5所示.

其次,当一平面波入射到原子上后,各个电子的散射波传到 P 点时,相对坐标原点电子的散射波的波程差分别是

$$\delta_1 = \boldsymbol{r}_1\cdot\frac{\boldsymbol{k}_0}{k_0} - \boldsymbol{r}_1\cdot\frac{\boldsymbol{k}}{k_0} = \boldsymbol{r}_1\cdot\frac{1}{k_0}(\boldsymbol{k}_0-\boldsymbol{k})$$

$$\delta_2 = \boldsymbol{r}_2\cdot\frac{1}{k_0}(\boldsymbol{k}_0-\boldsymbol{k})$$

……

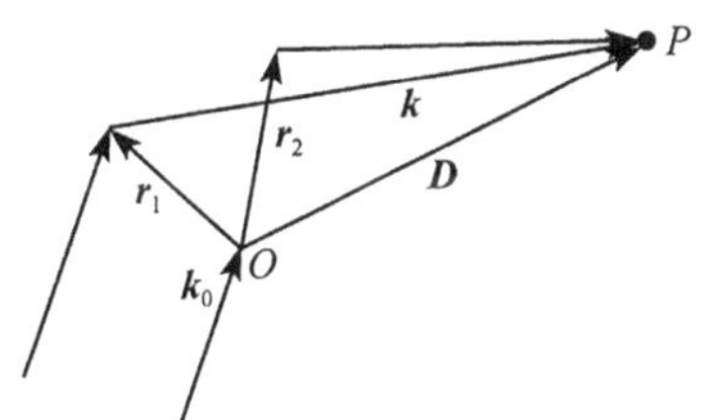

图1.7.5 电子散射相位差示意图

根据劳厄方程,要产生衍射极大,必须有

$$\boldsymbol{k}_0-\boldsymbol{k}=\boldsymbol{G}$$

所以第 i 个电子散射波的波程差 δ_i 为

$$\delta_i = \boldsymbol{r}_i \cdot \frac{1}{k_0}(\boldsymbol{k}_0 - \boldsymbol{k}) = \frac{1}{k_0}\boldsymbol{r}_i \cdot \boldsymbol{G}$$

这样,P 点的散射波应是 n 个电子散射波的叠加

$$u = u_0' + u_1' + u_2' + \cdots = f_e \frac{A}{D}\mathrm{e}^{\mathrm{i}\boldsymbol{k}\cdot\boldsymbol{D}} + f_e \frac{A}{D}\mathrm{e}^{\mathrm{i}(\boldsymbol{k}\cdot\boldsymbol{D}+\boldsymbol{G}\cdot\boldsymbol{r}_1)} + f_e \frac{A}{D}\mathrm{e}^{\mathrm{i}(\boldsymbol{k}\cdot\boldsymbol{D}+\boldsymbol{G}\cdot\boldsymbol{r}_2)} + \cdots$$

$$= f_e \frac{A}{D}\mathrm{e}^{\mathrm{i}\boldsymbol{k}\cdot\boldsymbol{D}} \sum_{i=0}^{n} \mathrm{e}^{\mathrm{i}\boldsymbol{G}\cdot\boldsymbol{r}_i} \tag{1.7.10}$$

在上面的推导中,已经假定各电子的散射波是平行的,因而忽略了因电子位置不同所引起 $\boldsymbol{D}$ 的差别. 同时也略去了 $\mathrm{e}^{-\mathrm{i}\omega t}$ 因子. 如果加上 $\mathrm{e}^{-\mathrm{i}\omega t}$ 因子,式(1.7.10)可写成

$$u = f_e \frac{A}{D}\sum_{i=0}^{n} \mathrm{e}^{\mathrm{i}\boldsymbol{G}\cdot\boldsymbol{r}_i}\mathrm{e}^{\mathrm{i}(\boldsymbol{k}\cdot\boldsymbol{D}-\omega t)} \tag{1.7.11}$$

显然,散射波的振幅 A_s 为

$$A_s = f_e \frac{A}{D}\sum_{i=0}^{n} \mathrm{e}^{\mathrm{i}\boldsymbol{G}\cdot\boldsymbol{r}_i} \propto \sum_{i=0}^{n} \mathrm{e}^{\mathrm{i}\boldsymbol{G}\cdot\boldsymbol{r}_i}$$

它反映了含有多个电子的散射系统的散射能力. 定义原子散射因子 $f(s)$为

$$f(s) = \sum_{i}^{n} \mathrm{e}^{\mathrm{i}\boldsymbol{G}\cdot\boldsymbol{r}_i} \tag{1.7.12}$$

根据量子理论,核外电子的分布应看成是有一定密度分布的电子云,设电子的分布概率为 $\rho(\boldsymbol{r})$,则原子的散射因子可写为

$$f(s) = \int \mathrm{e}^{\mathrm{i}\boldsymbol{G}\cdot\boldsymbol{r}}\rho(\boldsymbol{r})\mathrm{d}v \tag{1.7.13}$$

由量子力学求得原子中电子的分布密度 $\rho(\boldsymbol{r})$后,原则上就可按照式 1.7.13 求出原子散射因子.

2. 几何结构因子与消光现象

劳厄方程给出了晶格格点的散射波相互干涉的结果. 但对带基元的格子,每个格点不仅是一个原子,而是代表包含多个原子的原胞. 各个格点散射波的强度,取决于原胞中各个原子散射波的叠加. 原胞中的原子数目 、原子种类及原子位置分布不同,原胞的散射能力就不同. 下面讨论原胞的散射能力.

设一个原胞中有 n 个原子,以某个原子为坐标原点,其余原子位置分别是 $\boldsymbol{r}_1$,$\boldsymbol{r}_2$,$\boldsymbol{r}_3$,…. 与前面的讨论类似,第 j 个原子的散射波与原点处原子的散射波之间的相位差为

$$(\boldsymbol{k}_0 - \boldsymbol{k}) \cdot \boldsymbol{r}_j$$

第 j 个原子的散射波为

$$u_{\mathrm{atoj}} = f_e \frac{A}{D} f_j(s)\mathrm{e}^{\mathrm{i}[\boldsymbol{k}\cdot\boldsymbol{D}+(\boldsymbol{k}_0-\boldsymbol{k})\cdot\boldsymbol{r}_j]}$$

整个原胞在 k 方向散射波为

$$U_e = \sum_{j=0}^{n} u_{\mathrm{ato}j} = f_e \frac{A}{D} \mathrm{e}^{\mathrm{i}\boldsymbol{k}\cdot D} \sum_{j=0}^{n} \mathrm{e}^{\mathrm{i}(\boldsymbol{k}_0-\boldsymbol{k})\cdot \boldsymbol{r}_j} f_j(s) \tag{1.7.14}$$

$f_j(s)$为 j 个原子的原子散射因子. 由式 1.7.14 可知,散射波的振幅

$$U_e \propto \sum_{j=0}^{n} \mathrm{e}^{\mathrm{i}(\boldsymbol{k}_0-\boldsymbol{k})\cdot \boldsymbol{r}_j} f_j(s)$$

定义几何结构因子

$$F(\boldsymbol{k}) = \sum_{j=0}^{n} \mathrm{e}^{\mathrm{i}(\boldsymbol{k}_0-\boldsymbol{k})\cdot \boldsymbol{r}_j} f_j(s) \tag{1.7.15}$$

它反映了原胞中原子的分布及原子种类对散射波强度的影响. 考虑到劳厄方程,式(1.7.15)也可写成

$$F(\boldsymbol{G}) = \sum_{j=0}^{n} \mathrm{e}^{\mathrm{i}\boldsymbol{G}\cdot \boldsymbol{r}_j} f_j(\boldsymbol{s}) \tag{1.7.16}$$

若晶体有 N 个原胞,则晶体沿 $\boldsymbol{k}$ 方向的衍射光应该是 N 个原胞在该方向散射光的叠加,如果 $\boldsymbol{k}$ 满足劳厄方程 $\boldsymbol{k}_0-\boldsymbol{k}=\boldsymbol{G}$,则衍射光强度为

$$I \propto N^2 \mid F(\boldsymbol{G}) \mid^2 \tag{1.7.17}$$

由式(1.7.17)可知,若几何结构因子 $F(\boldsymbol{G})=0$,则由劳厄方程所允许的衍射极大并不出现,这种现象叫**消光现象**. 消光现象可以这样理解:若满足劳厄方程 $\boldsymbol{k}_0-\boldsymbol{k}=\boldsymbol{G}$,则各原胞的散射光在 $\boldsymbol{k}$ 方向是相干加强的,但若同时几何结构因子 $F(\boldsymbol{G})=0$表示各个原胞没该方向散射,光强为零. 这些零光强波的叠加当然仍为零.

从式(1.7.16)和式(1.7.17)可知,如果已知原子散射因子 $f_j(s)$就可能通过对衍射强度分布的分析来确定晶体的结构和组成.

这里强调指出,在实际 X 射线衍射强度的分析中,晶体的特殊对称性起着重要作用,因此在讨论几何结构因子时,就应采用结晶学原胞.

下面计算几种常见晶体的 $F(\boldsymbol{G})$.

1) 体心立方结构

体心立方结构的晶胞中含有两个原子,其坐标为 0,0,0 和$\frac{a}{2},\frac{a}{2},\frac{a}{2}$,相应正格子基矢 $\boldsymbol{a}=a\boldsymbol{i},\boldsymbol{b}=a\boldsymbol{j},\boldsymbol{c}=a\boldsymbol{k}$ 的倒格子基矢为 $\boldsymbol{b}_1=(2\pi/a)\boldsymbol{i},\boldsymbol{b}_2=(2\pi/a)\boldsymbol{j},\boldsymbol{b}_3=(2\pi/a)\boldsymbol{k}$,倒格矢为

$$\boldsymbol{G} = h\boldsymbol{b}_1 + k\boldsymbol{b}_2 + l\boldsymbol{b}_3 = h\frac{2\pi}{a}\boldsymbol{i} + k\frac{2\pi}{a}\boldsymbol{j} + l\frac{2\pi}{a}\boldsymbol{k} \tag{1.7.18}$$

若原子为同种原子,有

$$F(\mathbf{G})=f_j\left[1+\mathrm{e}^{\mathrm{i}\left(h\frac{2\pi}{a}\mathbf{i}+k\frac{2\pi}{a}\mathbf{j}+l\frac{2\pi}{a}\mathbf{k}\right)\cdot\left(\frac{a}{2}\mathbf{i}+\frac{a}{2}\mathbf{j}+\frac{a}{2}\mathbf{k}\right)}\right]=f_j\left[1+\mathrm{e}^{\mathrm{i}\pi(h+k+l)}\right]$$
$$=\begin{cases}0, & \text{当 } h+k+l=\text{奇数时}\\ 2f_j, & \text{当 } h+k+l=\text{偶数时}\end{cases}$$

例如，$F_{100}=F_{111}=0,F_{110}=F_{200}=2f_j$.

2）面心立方结构

在面心立方晶胞中，4 个同种原子的坐标分别为

$$0,0,0\quad \frac{1}{2}a,\frac{1}{2}a,0\quad 0,\frac{1}{2}a,\frac{1}{2}a\quad \frac{1}{2}a,0,\frac{1}{2}a$$

倒格矢仍为式(1.7.18)，于是几何结构因子为

$$F(\mathbf{G})=f_j\left[1+\mathrm{e}^{\mathrm{i}\pi(h+k)}+\mathrm{e}^{\mathrm{i}\pi(k+l)}+\mathrm{e}^{\mathrm{i}\pi(l+h)}\right]$$
$$=\begin{cases}0, & \text{当 } h、k、l \text{ 部分为奇数，部分为偶数时}\\ 4f_j, & \text{当 } h、k、l \text{ 全奇或全偶时}\end{cases}$$

例如，$F_{100}=F_{110}=F_{112}=0,F_{111}=F_{113}=F_{222}=4f_j$.

3）金刚石结构

金刚石晶胞共包含有 8 个碳原子，它们的坐标分别为

$$0,0,0\quad \frac{a}{4},\frac{a}{4},\frac{a}{4}\quad \frac{a}{2},\frac{a}{2},0\quad \frac{a}{2},0,\frac{a}{2}$$
$$0,\frac{a}{2},\frac{a}{2}\quad \frac{a}{4},\frac{3a}{4},\frac{3a}{4}\quad \frac{3a}{4},\frac{3a}{4},\frac{a}{4}\quad \frac{3a}{4},\frac{a}{4},\frac{3a}{4}$$

其倒格矢仍为式(1.7.18)，于是有

$$F(\mathbf{G})=f_j\left[1+\mathrm{e}^{\mathrm{i}\pi\left(\frac{h}{2}+\frac{k}{2}+\frac{l}{2}\right)}+\mathrm{e}^{\mathrm{i}\pi(h+k)}+\mathrm{e}^{\mathrm{i}\pi(h+l)}+\mathrm{e}^{\mathrm{i}\pi(k+l)}\right.$$
$$\left.+\mathrm{e}^{\mathrm{i}\pi\left(\frac{h}{2}+\frac{3k}{2}+\frac{3l}{2}\right)}+\mathrm{e}^{\mathrm{i}\pi\left(\frac{3h}{2}+\frac{3k}{2}+\frac{l}{2}\right)}+\mathrm{e}^{\mathrm{i}\pi\left(\frac{3h}{2}+\frac{k}{2}+\frac{3l}{2}\right)}\right]$$

很容易求出当 $h、k、l$ 都为奇数时

$$F(\mathbf{G})=4f_j$$

当 $h、k、l$ 都为偶数时，且当$\frac{1}{2}(h+k+l)$也是偶数时，有

$$F(\mathbf{G})=8f_j$$

如果衍射晶面指数不满足以上两个条件，则这些面的衍射消失. 所以对金刚石结构晶体而言，在劳厄衍射照片上不可能找到像(321)、(221)及(442)等面的衍射斑点.

1.7.5 X 射线衍射的主要实验方法

1. 劳厄法

劳厄法是用连续谱的 X 射线投射到固定不动的单晶试样上，其衍射图样呈现在平面底片上的一种实验方法. 其实验示意图如图 1.7.6 所示. 当入射光与晶面之间满足布拉格条件时，将发生衍射极大，在样品周围底片上出现衍射斑点. 例如，入射 X 光的方向与晶体内的对称轴平行，衍射斑点将具有该轴所具有的对称性. 由

于所用的 X 射线的波长是连续变化的，若 X 射线波长介于 λ_{min} 和 λ_{max} 之间(λ_{max} 可由布拉格公式 $2d\sin\theta=\lambda$，得到 $\lambda_{max}=2d$，按照厄瓦尔反射球作图法如图 1.7.4 所示，凡落在最大反射球(对应于 λ_{min})和最小反射球(对应于 λ_{max})区域内的倒格点，都满足劳厄方程 $\boldsymbol{k}-\boldsymbol{k}_0=\boldsymbol{G}$. 这就大大提高了衍射斑点的数目. 但也同时带来一些问题，即可能同时有许多波长对同一晶面都满足劳厄方程，在衍射图样上是同一点，造成分析上的困难. 因此劳厄法不宜用来确定晶格常数，常用来确定晶体的对称性.

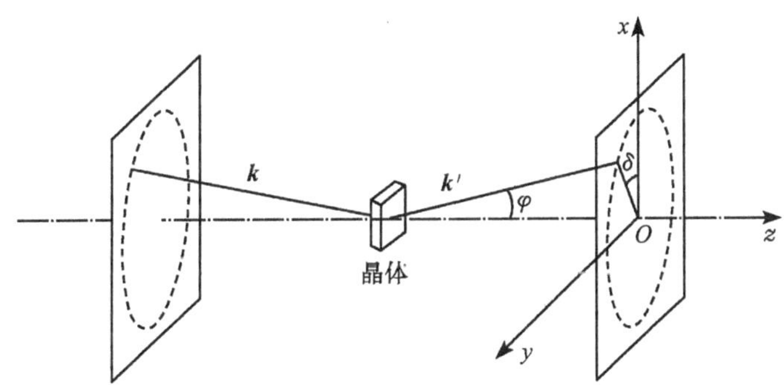

图 1.7.6 劳厄法示意图

2. 转动单晶法

在此方法中 X 射线是单色的，反射球只有一个. 但样品单晶是在转动的，这样其倒格子将相对反射球转动，于是就有倒格点不断转到反射球上，从而发生布拉格反射. 由于倒格子的周期性，这些倒格点可被认为分布在一系列垂直于转轴的平面上. 同一平面上的倒格点当它们转到反射球上时产生的反射光的方向与转轴的夹角固定不变，这样不同面上倒格点的反射线就构成以转轴为轴的，夹角各不相同的圆锥面. 若照相胶片卷成以转轴的圆筒，这样衍射斑点都在胶片上形成几条平行的横线，如图 1.7.7 所示 . 如果转轴是单晶的晶轴，例如立方晶体的 $\boldsymbol{a}$ 轴，此时倒格基矢 $\boldsymbol{b}=(2\pi/a)\boldsymbol{i}$ 也与转轴重合，因此，晶面系 $\boldsymbol{G}=h\boldsymbol{b}$ 中的晶面与转轴垂直. 这样照片上的平行线的间距就与晶面间距(晶格常数)有着简单的比例关系，所以通常用转动单晶法决定基矢和原胞.

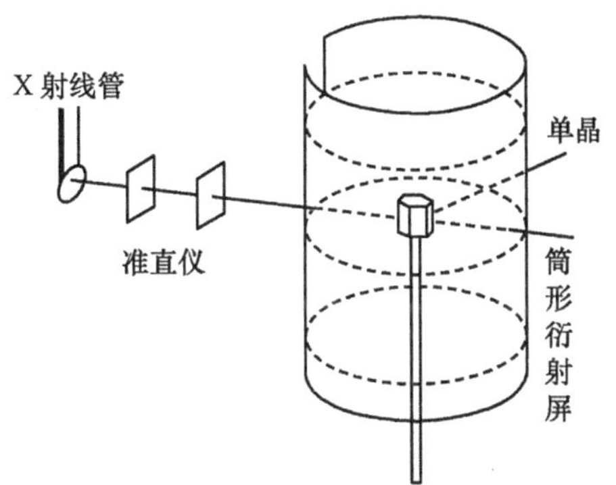

图 1.7.7 旋转单晶法示意图

3. 粉末法

此方法的样品是由粉状晶粒压成的

多晶体.实验中用单色 X 射线,而且样品也是不转动的.但是由于样品中晶粒的取向是随机分布的,所以同一晶面系的空间取向是多种多样的,因此布拉格反射条件很容易得到到满足.而那些与入射线夹角相同的晶面的反射方向也形成了入射线为轴的锥面,如图 1.7.8 所示.由此可见,粉末法与转动单晶法非常相似,样品中晶粒的随机取向分布,相当于一个转动,只不过转轴是入射线的方向而已.

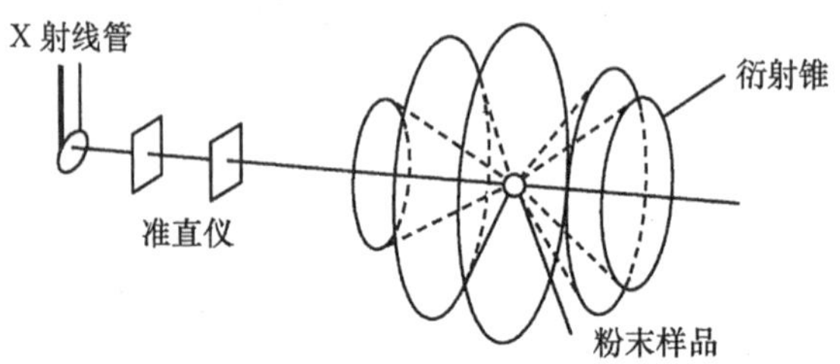

图 1.7.8 粉末法实验装置示意图

本章要点

1. 晶体与非晶体

固体按其分子(原子)排列的有序程度,可分为晶体和非晶体,晶体具有长程序,非晶体仅具有短程序.长短程序的区分是以微米数量级为界限的.

2. 晶格结构的周期性

实际晶体:把全同的基元放在空间点阵的格点上即构成实际晶体.

晶格平移矢量:格点的位置可由晶格平移矢量 $\boldsymbol{R}_n=n_1\boldsymbol{a}_1+n_2\boldsymbol{a}_2+n_3\boldsymbol{a}_3$ 描述,$\boldsymbol{a}_1$、$\boldsymbol{a}_2$、$\boldsymbol{a}_3$ 称为固体物理学基矢,它们分别表示 3 个不共面方向上的最短周期,它们的选取基具有任意性.

布拉维格子:每个格点周围情况完全相同的格子称为布拉维格子,基元代表点(格点)形成的格子都是布拉维格子.

复式格子:由两个以上布拉维格套合而成的格子称为复式格子,若以原子为组成单位,多原子基元组成的晶体为复式格子结构.

3. 晶格的对称性

对称操作:能使晶体自身重合的操作称为对称操作.晶体只有 C_1、C_2、C_3、C_4、C_6、σ、i、S_4 等 8 种独立的对称操作,称为基本对称操作.

晶体的宏观对称性:晶体的宏观对称性共有 32 种.它们是由 8 种基本对称操作组合而成的.每种组合称为一个点群.

晶体的对称性描述:考虑到晶体微结构的平移对称性(周期性),晶体的对称性类型可由 230 种空间群描述.

晶系:满足 32 种宏观对称类型的晶胞,其基矢 $\boldsymbol{a}$、$\boldsymbol{b}$、$\boldsymbol{c}$ 的组合只有 7 种,每一个组合称为一个晶系.

14 种布拉维晶胞:按照格点在晶系中的分布情况,以上 7 种晶系又可分成 14 种布拉维晶胞.

4. 配位数

晶体原子最近邻的原子数目称为配位数,由于受晶格对称性的限制,晶体的配位数只可能是 12、8、6、4、3、2 等 6 种.

5. 晶面指数、米勒指数

晶体中的不同晶面系可用晶面指数(lmn)来描述,它是晶面系中任一晶面在以原胞基矢 $\boldsymbol{a}_1$、$\boldsymbol{a}_2$、$\boldsymbol{a}_3$ 为单位长度的坐标轴上截距的互质的倒数比. 若选晶胞基矢 $\boldsymbol{a}$、$\boldsymbol{b}$、$\boldsymbol{c}$ 作为坐标轴,晶面指数称为米勒指数,用(hkl)表示.

晶面指数与晶面法线的方向 $\boldsymbol{n}$ 余弦之间的关系为

$$\cos(\boldsymbol{a}_1 \cdot \boldsymbol{n}) : \cos(\boldsymbol{a}_2 \cdot \boldsymbol{n}) : \cos(\boldsymbol{a}_3 \cdot \boldsymbol{n}) = l : m : n$$

对正交晶系,晶面系中两相邻晶面的面间距为

$$d_{hkl} = \frac{1}{\sqrt{\left(\frac{h}{a}\right)^2 + \left(\frac{k}{b}\right)^2 + \left(\frac{l}{c}\right)^2}}$$

晶面上的格点密度 σ 与面间距 d 之间满足

$$\sigma = \rho d$$

式中,ρ 为格点体密度.

6. 倒格子

1) 定义

若 $\boldsymbol{a}_i$ 表示正格子,则倒格子 $\boldsymbol{b}_i$ 定义为 $\boldsymbol{a}_i \cdot \boldsymbol{b}_j = 2\pi\delta_{ij}$,由定义可得

$$\boldsymbol{b}_i = \frac{2\pi}{\Omega_d}(\boldsymbol{a}_j \times \boldsymbol{a}_k)$$

式中,$\Omega_{\mathrm{d}} = \boldsymbol{a}_1 \cdot (\boldsymbol{a}_2 \times \boldsymbol{a}_3)$为正格子原胞体积.

2) 倒格矢

$$\boldsymbol{G} = h_1 \boldsymbol{b}_1 + h_2 \boldsymbol{b}_2 + h_3 \boldsymbol{b}_3$$

正、倒格子的关系如下:

(1) $\Omega_r = (2\pi)^3 / \Omega_d$,$\Omega_r = \boldsymbol{b}_1 \cdot (\boldsymbol{b}_2 \times \boldsymbol{b}_3)$为倒格子原胞体积.

(2) $d_{h_1h_2h_3}=2\pi/G_{h_1h_2h_3}$.

(3) 正格子空间的周期函数 $V(\boldsymbol{r}+\boldsymbol{R})=V(\boldsymbol{r})$可展开为

$$V(\boldsymbol{r})=\sum_G V_G \mathrm{e}^{\mathrm{i}\boldsymbol{G}\cdot\boldsymbol{r}}$$

7. 布里渊区

布里渊区的界面方程为

$$\boldsymbol{k}\cdot\boldsymbol{G}=G^2/2$$

布里渊区的特征:各布里渊区体积相等,平移某个倒格矢后都可与第一布里渊区重合.

8. 晶体的 X 射线衍射

1) 劳厄方程

若分别以 $\boldsymbol{k}_0$、$\boldsymbol{k}$ 表示入射光与散射光的波矢,$\boldsymbol{G}$ 表示倒格矢,则满足

$$\boldsymbol{k}_0-\boldsymbol{k}=\boldsymbol{G}$$

或

$$\boldsymbol{k}_0\cdot\boldsymbol{G}=\frac{G^2}{2}$$

时,出现晶体对该光的衍射加强——劳厄斑.

由劳厄方程可推导出布拉格定理

$$2d_{hkl}\sin\theta=n\lambda$$

2) 原子散射因子

$$f(s)=\sum_i \mathrm{e}^{\mathrm{i}\boldsymbol{G}\cdot\boldsymbol{r}_i}=\int \mathrm{e}^{\mathrm{i}\boldsymbol{G}\cdot\boldsymbol{r}}\rho(\boldsymbol{r})\mathrm{d}\tau$$

描述原子对 X 射线的散射能力,$\rho(r)$为电子云密度.

3) 几何结构因子

$$F(G)=\sum_{j=1}\mathrm{e}^{\mathrm{i}\boldsymbol{G}\cdot\boldsymbol{r}_j}f_j(s)$$

描述原胞中原子分布和原子种类对散射强度的影响. $F(G)=0$ 时,出现消光现象,即满足劳厄方程斑,此时并不出现.

思 考 题

1.1　简述晶态、非晶态、单晶、多晶、准晶的特征和性质.

1.2　晶体结构可分为布拉维格子和复式格子吗?

1.3　引入倒格子有什么实际意义?对于一定的布拉维格子,$\boldsymbol{a}_1$、$\boldsymbol{a}_2$、$\boldsymbol{a}_3$ 的选择不是唯一的,它所对应的 $\boldsymbol{b}_1$、$\boldsymbol{b}_2$、$\boldsymbol{b}_3$ 也不是唯一的,因而有人说一个布拉维格子可以对应与几个倒格子,对吗?

复式格子的倒格子也是复式格子吗?

1.4　当描述同一晶面时,米勒指数(hkl)与晶面指数(lmn)一定相同吗?

1.5　试画出体心立方和面心立方(100)、(110)和(111)面上格点的分布图.

1.6　怎样判断一个体系对称性的高低?讨论对称性有何物理意义?

1.7　几何结构因子与哪些因素有关?简单立方晶体的几何结构因子为何?

1.8　金刚石和硅晶体具有相同的结构类型,只是晶格常数不同,其几何结构因子是否相同?

习　题

1.1　何谓布拉维格子?画出 NaCl 晶格所构成的布拉维格子.说明基元代表点构成的格子是面心立方晶体,每个原胞包含几个格点.

1.2　在下面的例子中,其结构是不是布拉维格子?如果是,写出它的基矢;如果不是,能否挑选合适的格点组成基元,使基元的重心构成布拉维格子?

(1) 底心立方体;

(2) 边心立方体(前、后、左、右 4 个面心处有一个格点);

(3) 蜂巢形图案的顶点所构成的二维格子.

1.3　对面心立方晶格,如果取晶胞的三边为基矢,某一族晶面的米勒指数为(hkl),问如果取原胞的三边为基矢,该族晶面的晶面指数是多少?

1.4　如果基矢 $\boldsymbol{a}$、$\boldsymbol{b}$、$\boldsymbol{c}$ 构成正交晶系,试证明晶面族(hkl)的面间距为

$$d_{hkl} = \frac{1}{\sqrt{\left(\frac{h}{a}\right)^2 + \left(\frac{k}{b}\right)^2 + \left(\frac{l}{c}\right)^2}}$$

1.5　试求面心立方结构和体心立方结构具有最大面密度的晶面族,并写出计算这个最大面密度的表示式.

1.6　对二维正六方格子,若其对边之间的距离为 a.

(1) 写出正格子基矢 $\boldsymbol{a}_1$、$\boldsymbol{a}_2$ 以及倒格子基矢 $\boldsymbol{b}_1$、$\boldsymbol{b}_2$ 的表示式;

(2) 证明其倒格子也是正六方格子;

(3) 比较正格子与倒格子所具有的对称操作.

1.7　证明体心立方格子和面心立方格子互为倒格子.

1.8　计算或说明下表第二、四竖栏的有关数据.

几何参数 \ 晶体结构	sc	bcc	fcc	金刚石
配位数	6	8	12	4
密堆积时原子半径 (a=立方边长)	$\frac{a}{2}$	$\frac{\sqrt{3}}{4}a$	$\frac{\sqrt{2}}{4}a$	$\frac{\sqrt{3}}{8}a$
晶胞中的原子数	1	2	4	8
堆积密度 (原子体积/有效空间体积)	$\frac{\pi}{6}$	$\frac{\sqrt{3}\pi}{8}$	$\frac{\sqrt{2}\pi}{6}$	$\frac{\sqrt{3}\pi}{16}$

1.9　当X射线沿 x 轴正方向入射到二维正方晶格上(晶格常数为 a),求能产生衍射极大的X射线的最大波长.

1.10　试证明,在布拉格反射中,如果晶体发生膨胀,则反射波偏转一角度

$$\delta\theta = -\frac{\gamma}{3}\tan\theta$$

式中,γ 是体膨胀系数,θ 是掠射角.

1.11　对金刚石结构,如果晶胞取晶体学晶胞立方体,基元由8个原子组成.

(1) 求这个基元的几何结构因子 $F(G)$.

(2) 求其消光条件,并证明金刚石结构所允许的反射满足 $n(h+k+l)=4s$ 此处所有的衍射面指数 nh、nk、nl 都是偶数,s 是任何整数,否则所有的衍射面指数就是奇数.

第2章 晶体结合

本章介绍原子、分子是以怎样的相互作用方式结合成晶体的.晶体结合的基本形式与固体材料的结构以及物理、化学性质都有密切的关系.因此确定晶体的结合形式是研究固体材料性质的重要基础.

2.1 晶体结合的普遍描述

物质之所以能以固体状态存在,是由于构成固体的原子、分子之间存在着相当大的相互作用力.尽管对于不同的物质,这种相互作用的本质可能不同,但组成物质的粒子间相互作用力或相互作用势与它们之间的距离的关系在定性上是普遍存在的.本节讨论这些普遍适用的关系而不涉及相互作用本质上的区别.

2.1.1 两粒子间的相互作用力和相互作用能

晶体中粒子间的相互作用可分为两大类——吸引作用和排斥作用.当粒子间距离较大时吸引作用是主要的.当粒子非常接近时,排斥作用是主要的.粒子间的距离无穷大时,相互作用为零.当粒子间距为某一特殊值 r_0 时,两种作用相互抵消,粒子处于平衡状态,此时形成稳定的晶体结构.无论对任何物质,尽管它们结合为晶体时,成键的本质不同,但粒子间的吸引作用总可以归结为异性电荷间的库仑吸引力.而排斥作用归结为同性电荷之间的库仑斥力以及由泡利原理引起的排斥作用.

如果用 $f(r)$、$u(r)$分别表示两粒子间的相互作用力和相互作用势能,即

$$f(r)=-\frac{\partial u(r)}{\partial r} \qquad (2.1.1)$$

图 2.1.1 给出了 $f(r)$、$u(r)$随粒子间距 r 变化的一般曲线,两原子间的相互作用势能可用幂函数表示为

$$u(r)=-\frac{A}{r^m}+\frac{B}{r^n} \qquad (2.1.2)$$

式中,A、B、m、n 皆为大于零的常数,第一项表示吸引势能,第二项表示排斥势能.

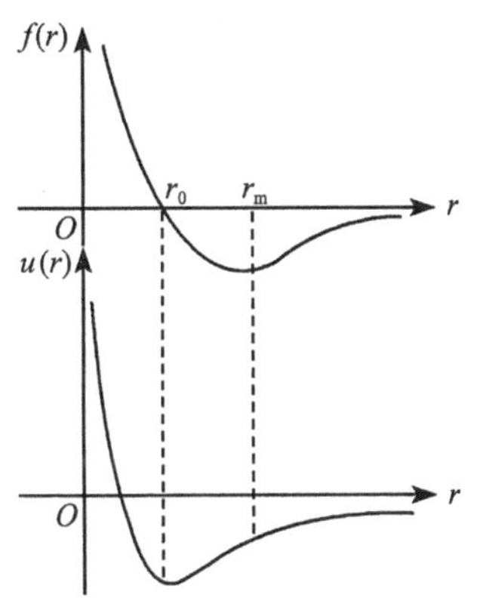

图 2.1.1 $f(r)$、$u(r)$与 r 的关系曲线

当两原子间距 r 为某一特殊值 r_0 时，有

$$f(r_0) = -\left.\frac{\partial u(r)}{\partial r}\right|_{r_0} = 0$$

对应能量最小值. r_0 称为平衡位置，此时的状态称为稳定状态. 晶体都处于这种稳定状态，即晶体中的原子都处于平衡位置.

2.1.2　晶体的结合能

固体结构的稳定意味着，晶体的能量比构成晶体的粒子处在自由状态时的能量总和低. 如果以 E 表示晶体在绝对零度时的总能量，E_a 表示组成晶体的 N 个自由原子能量的总和，则晶体的**结合能** E_b 定义为

$$E_b = E - E_a$$

因此 E_b 为一负值. E_b 的绝对值就是把晶体分离成自由原子所需要的能量. E_b 也称为晶体的总相互作用能.

计算结合能的关键是计算晶体的总能量. 计算晶体的总能量需要解复杂的多粒子体系的定态薛定谔方程，显然这是非常困难的. 作为一种近似处理方法，通常采用一种简化模型，即把晶体的结合能(总相互作用能)看成是原子对间相互作用能之和. 这是一种经典处理方法.

1. 总相互作用能与结合能

若两原子间的相互作用能为 $u(r_{ij})$，r_{ij} 是第 i 个与第 j 个原子间的距离，则 N 个原子组成的晶体的总相互作用能为原子对间相互作用能之和

$$U = \frac{1}{2}\sum_{i}^{N}\sum_{j(\neq i)}^{N} u(r_{ij}) \tag{2.1.3}$$

式中，因子 1/2 是因为 $u(r_{ij}) = u(r_{ji})$，为避免重复计算而引入的. 由于 N 很大，晶体表面原子的数目相对很少，可以忽略表面原子与内部原子的差别，认为每个原子与所有其他原子的相互作用是相同的. 因此式(2.1.3)可以写成

$$U = \frac{1}{2}N\sum_{j(\neq i)}^{N} u(r_{ij}) = \frac{1}{2}Nu_i \tag{2.1.4}$$

式中，u_i 是晶体中任一个原子与其余所有原子的相互作用能之和，即

$$u_i = \sum_{j(\neq i)}^{N} u(r_{ij}) \tag{2.1.5}$$

由于式(2.1.5)中的 r_{ij} 与相邻原子间距 r 成比例，有

$$r_{ij} = a_{ij} r$$

式中，a_{ij} 取决于晶体结构. 因此，由式(2.1.4)表示的总相互作用能 U 是原子间相邻距离 r 的函数 $U(r)$，也可表示为晶体体积 V 的函数 $U(V)$.

当原子结合成稳定晶体时，相互作用能小，由

$$\frac{\partial U(r)}{\partial r}=0$$

可求出相邻原子间的平衡距离 r_0，r_0 即晶格常数. 总相互作用能的极小值 $U(r_0)$ 即晶体的结合能

$$E_{\mathrm{b}}=U(r_0) \tag{2.1.6}$$

2. 晶体的弹性性质

知道了晶体的总相互作用能，我们可求出晶体的某些物理特性.

1）压缩系数与体积弹性模量

晶体的压缩系数定义为

$$k=-\frac{1}{V}\left(\frac{\partial V}{\partial P}\right)_T \tag{2.1.7}$$

式中，V 是晶体的体积，P 为压强，利用 P 与 V 的关系，有

$$P=-\frac{\partial U}{\partial V} \tag{2.1.8}$$

根据压缩系数与体积弹性模量 K 的关系

$$k=\frac{1}{K}$$

可得到体积弹性模量，简称体弹模量

$$K=\frac{1}{k}=-V\left(\frac{\partial P}{\partial V}\right)_T=+V\left(\frac{\partial^2 U}{\partial V^2}\right)_T \tag{2.1.9}$$

当自然平衡时，晶体只受到大气压强 P_0 的作用，但 $10^5\mathrm{Pa}$ 的大气压强使晶体体积的变化量是非常小的，可以认为

$$-\frac{\partial U}{\partial V}=P_0\approx 0 \tag{2.1.10}$$

此时晶体的体积就是平衡时晶体的体积 V_0，因此，在一般情况下晶体的体弹模量式(2.1.9)可写成

$$K=\left(V\frac{\partial^2 U}{\partial V^2}\right)_{V_0,T} \tag{2.1.11}$$

2）抗张强度

晶体所能负荷的最大张力，叫做**抗张强度**. 负荷超过抗张强度时，晶体就会断裂. 显然两原子间的最大抗张力就是原子间的最大吸引力，若此时原子间的距离为 r_{m}，如图 2.1.1 所示，此时有

$$\left.\frac{\partial f(r)}{\partial r}\right|_{r_{\mathrm{m}}}=-\left.\frac{\partial^2 u(r)}{\partial r^2}\right|_{r_{\mathrm{m}}}=0 \tag{2.1.12}$$

由上式可求出 r_{m} 及原子间的最大抗张力 $f(r_{\mathrm{m}})$. 设与 r_{m} 对应的体积为 V_{m}，由

$$\frac{\partial^2 U}{\partial V^2}=0 \tag{2.1.13}$$

求出 V_m,代入式(2.1.8),即可求出抗张强度

$$P_m=-\left(\frac{\partial U}{\partial V}\right)_{V_m}$$

以上介绍的晶体结合能计算的经典处理方法,实际上仅仅适用一些特殊晶体,那就是要求组成晶体的基本单元(离子、原子团)必须具有封闭的电子壳结构. 因为这些基本单元互相接近时,不会引起电子分布的很大变化. 只有这时,晶体的总相互作用能可以看做是原子对间的相互作用能之和. 否则,还必须计及电子云变化所产生的附加能. 另外,封闭壳层结构的电子分布是球对称的,这样原子间的相互作用就与原子间的相对方位无关,只与距离有关. 只有此时,晶体的总相互作用能才能比较容易地通过对原子对间相互作用能的求和得出. 实际上,经典处理方法仅对离子晶体和分子晶体较为精确.

2.2 晶体结合的基本类型及特性

按照晶体原子间相互作用的形成机制,晶体可大致分为 5 种基本类型:离子晶体、共价晶体、金属晶体、分子晶体和氢键晶体. 晶体中原子间的相互作用称做键,5 种基本晶体对应 5 种基本的键,即离子键、共价键、金属键、范德瓦耳斯键和氢键. 实际晶体可以是这 5 种基本类型中的一种,但往往是以上几种结合类型的综合或是介于某两种类型之间的过渡. 本节仅介绍这 5 种基本类型. 实际晶体都可用这 5 种结合类型进行分析.

2.2.1 离子晶体

1. 离子晶体的特征

直接依靠静电相互作用力而结合的晶体称为离子晶体. 经典的离子晶体是碱金属元素与卤族元素所形成的化合物. 由于两种元素对价电子的束缚程度不同,当它们结合成晶体时,碱金属原子的价电子转移到卤族原子上去,形成了正、负离子. 因此离子晶体的结构基本单元是正、负离子,而不是原子.

典型的离子晶体结构有两种:NaCl 结构和 CsCl 结构. NaCl 结构是由正、负离子各自构成的面心立方格子沿晶轴平移 1/2 晶格常数的距离套构而成的. CsCl 型则是沿简单立方体体对角线位移 1/2 长度套构而成. 晶体中正、负离子相间排列,使每一种离子都以另一种异号离子为邻,因此,静电作用的总效果是吸引的. 但同时每个离子都具有满电子壳层结构. 当两个离子相互接近到它们电子云发生重叠时,由泡利不相容原理,它们之间就会产生强烈的排斥作用. 离子晶体就是依靠这

种排斥作用和静电吸引作用相平衡而形成稳定晶体的.

由于离子晶体的结合力是较强的库仑力,故结构稳定,因而熔点较高,硬度较大.由于电子被离子紧紧束缚,而离子又不易离开格点位置,因而导电性能差.

2. 离子晶体的结合能

现在我们用2.1节所给出的计算结合能的方法,计算离子晶体的结合能.

1) 两离子间的相互作用能

由于正、负离子具有满壳层结构,电子分布是球对称的,当两个离子的间距较大时可以看成是点电荷,因而离子间的吸引能是库仑能$-\frac{z_1 z_2 e^2}{4\pi\varepsilon_0 r}$,式中,$z_1$、$z_2$是两个离子的价电子数.两粒子间的排斥能除了库仑能$+\frac{z_1 z_2 e^2}{4\pi\varepsilon_0 r}$外,还有泡利排斥能,其形式一般为$\frac{b}{r^n}$,式中,$b$、$n$为待定参数,可由晶体的弹性性质确定.因而第$i$个和第$j$个离子之间的相互作用能为

$$u(r_{ij})=\pm\frac{z_1 z_2 e^2}{4\pi\varepsilon_0 r_{ij}}+\frac{b}{r_{ij}^n} \qquad (2.2.1)$$

式中,i、j两离子同性取"+"号,异性取"−"号.

2) 离子晶体的总相互作用能

由式(2.1.3)可知,离子晶体的总相互作用能为

$$U=\frac{1}{2}N\sum_{i(\neq j)}^{N}u(r_{ij})=\frac{1}{2}N\sum_{i(\neq j)}^{N}\left(\pm\frac{z_1 z_2 e^2}{4\pi\varepsilon_0 r_{ij}}+\frac{b}{r_{ij}^n}\right) \qquad (2.2.2)$$

上式中以第j个离子为参考粒子,可任意选择一个离子作为参考粒子,N为正负离子总数.

为了讨论方便,设最近邻两离子间的距离为r,则第i个离子对参考离子j的距离r_{ij}可写成$r_{ij}=a_i r$,其中,a_i是由晶格结构决定的系数,这样式(2.2.2)可写成

$$U=-\frac{1}{2}N\left[\frac{z_1 z_2 e^2}{4\pi\varepsilon_0 r}\sum_{i(\neq j)}^{N}\left(\pm\frac{1}{a_i}\right)-\frac{1}{r^n}\sum_{i(\neq j)}^{N}\frac{b}{a_i^n}\right] \qquad (2.2.3)$$

式中,同性离子取负,异性离子取正,与前面正好相反.令

$$\sum_{i(\neq j)}^{N}\frac{b}{a_i^n}=B \qquad (2.2.4)$$

$$\sum_{i(\neq j)}^{N}\left(\pm\frac{1}{a_i}\right)=a \qquad (2.2.5)$$

则式(2.2.3)写为

$$U=-\frac{1}{2}N\left(\frac{z_1 z_2 e^2}{4\pi\varepsilon_0 r}a-\frac{B}{r^n}\right) \qquad (2.2.6)$$

式中，a 称为**马德隆常数**，可由晶格结构求得；B 和 n 可由实验测定.

3) 马德隆常数的计算

由 a 的定义式(2.2.5)，将求和逐项写出，并不能得到收敛的结果. 为此，马德隆发展了一种求 a 的有效方法，我们以 NaCl 晶体为例介绍这种方法.

设想把晶体分成许多大的晶胞，使每个晶胞中所包含的正负离子数目相同，因而每个大晶胞是电中性的. 若选取某一大晶胞中心的离子为参考离子，则其他离子对此参考离子的作用可分为大晶胞内的离子和大晶胞外的离子两部分. 由于各大晶胞是电中性的，如果大晶胞足够大，那么其他大晶胞作为整体对参考离子的作用就很微弱，所以只要考虑这个大晶胞内离子对参考离子的作用即可. 例如，取某大晶胞中心的 Cl^- 离子为参考离子 r_j，则它到其他离子的间距为

$$r_{ij} = r\,(n_1^2 + n_2^2 + n_3^2)^{1/2} = r a_i \tag{2.2.7}$$

式中，n_1、n_2、n_3 为整数，r 是最近邻离子间的距离，a_i 为

$$a_i = (n_1^2 + n_2^2 + n_3^2)^{1/2} \tag{2.2.8}$$

由图 1.2.1 可以看出，离参考离子最近的有 6 个正离子，其位置可表示为(±1,0,0)、(0,±1,0)、(0,0,±1)，因而 $a_i=1$，但每个离子只有 1/2 是属于本晶胞的. 同样，次近邻有 12 个负离子，其位置可用(1,1,0)代表，每个粒子的 $a_i=\sqrt{2}$，但每个离子只有 1/4 是属于本晶胞的. 再次近邻有 8 个正离子，其位置都可用(1,1,1)代表，每个离子的 $a_i=\sqrt{3}$，每个离子只有 1/8 是属于本晶胞的. 于是有

$$a = \frac{1}{2}\times 6 - \frac{1}{4}\times\frac{1}{\sqrt{2}}\times 12 + \frac{1}{8}\times\frac{1}{\sqrt{3}}\times 8 = 1.457 \tag{2.2.9}$$

大晶胞取得越大，结果就会更精确，精确计算的值为 $a=1.747565$.

4) B 和 n 的确定

B 和 n 不是相互独立的，可由平衡条件确定. 晶体稳定平衡时，$r=r_0$，有

$$\left.\frac{\partial U}{\partial r}\right|_{r_0} = -\frac{N}{2}\left(\frac{-ae^2 z_1 z_2}{4\pi\varepsilon_0 r^2} + \frac{nB}{r^{n+1}}\right)_{r_0} = 0$$

得

$$B = \frac{a z_1 z_2 e^2}{4\pi\varepsilon_0 n} r_0^{n-1} \tag{2.2.10}$$

式中，r_0 是平衡时最近邻离子间的距离，可用 X 射线衍射方法测定. 由于 n 与离子间的力有关，而弹性应力的大小也与离子间的力有关，因此 n 可用体弹模量 K 来表示. 由于晶体的体积与 r^3 成倍数关系，有

$$V = \beta N r^3 \tag{2.2.11}$$

式中，β 是与晶体结构有关的常数，如对 NaCl 结构，由于每个晶胞包含四个原胞，而 r 是晶胞基矢长度 a 的 1/2，$r=a/2$，因此 NaCl 结构晶体的体积可表示为

$$V = N r^3 \tag{2.2.12}$$

从式(2.2.11)可得

$$\frac{\partial U}{\partial V}=\frac{\partial U}{\partial r}\frac{\partial r}{\partial V}=\frac{\partial U}{\partial r}\frac{1}{3\beta N r^2}$$

$$\frac{\partial^2 U}{\partial V^2}=\frac{\partial}{\partial V}\left(\frac{\partial U}{\partial V}\right)=\frac{1}{9\beta^2 N^2 r^4}\frac{\partial^2 U}{\partial r^2}-\frac{2}{9\beta^2 N^2 r^5}\frac{\partial U}{\partial r}$$

把上面两式代入式(2.2.11),并注意到

$$\left.\frac{\partial U}{\partial r}\right|_{r_0}=0$$

得到体弹模量 K 的表达式可写为

$$K=\frac{1}{9N\beta r_0}\left(\frac{\partial^2 U}{\partial r^2}\right)_{r_0} \tag{2.2.13}$$

把式(2.2.6)代入式(2.2.13),并利用式(2.2.10)即可得到 n 与 K 的关系为

$$n=1+\frac{72\pi\varepsilon_0\beta r_0^4}{z_1 z_2 a e^2}K \tag{2.2.14}$$

式中,K 可由实验测得,a、β 可由晶体结构算出,这样可确定 B 和 n.

5) 结合能

晶体稳定平衡时的总相互作用能即晶体的结合能. 把平衡间距 r_0 代入式(2.2.6),并利用式(2.2.10),得离子晶体的结合能

$$E_b=-\frac{N}{2}\left(1-\frac{1}{n}\right)\frac{z_1 z_2 a e^2}{4\pi\varepsilon_0 r_0} \tag{2.2.15}$$

对离子晶体,结合能 E_b 的绝对值仅表示把晶体分解成自由离子而不是原子所需要的能量. 表 2.2.1 给出几种典型离子晶体的 r_0、K、n 和 u 值,表 2.2.2 给出几种晶体结构的 a 值.

表 2.2.1 几种离子晶体的晶格常数、体弹模量和离子对间相互作用能

晶体	$r_0/\times10^{-10}$m	$K/\times10^{10}$Pa	n	$u/\times10^{-18}$J(每离子对实验值)
NaCl	2.82	2.41	7.71	−1.27
NaBr	2.99	1.99	8.09	−1.21
KCl	3.15	1.75	8.69	−1.15
KBr	3.30	1.48	8.85	−1.10
RbCl	3.29	1.56	9.13	−1.23
RbBr	3.43	1.30	9.00	−1.18

表 2.2.2 几种晶体结构的 a 值

晶体结构	a	晶体结构	a
NaCl 结构	1.747558	纤锌矿(ZnS 六角系)	1.641
CsCl 结构	1.76267	萤石(CaF_2)	5.309
闪锌矿(ZnS 立方系)	1.6381	金红石(TiO_2)	4.816

2.2.2 共价晶体

以共价键结合的晶体称为共价晶体. 要严格说明共价键的成因, 必须用量子理论. 这里仅以氢分子为例作定性说明. 氢分子是典型的以共价键结合的分子. 两个氢原子各有一个 1s 态的电子. 当两个氢原子接近时, 如果两电子自旋平行, 泡利不相容原理将使两个原子互相排斥而不能形成分子. 当两个电子自旋反平行时, 电子在两核之间的区域有较大的电子云密度, 它们与两个核同时有较强的吸引作用, 这种吸引作用把两个核结合在一起形成一个氢分子. 此时, 两个电子为两个核所共有, 在两个原子周围都形成稳定的满壳层结构. 这样一对为两个原子所共有的自旋相反配对的电子结构称为共价键.

共价晶体是以原子作为基本结构单元的. 典型的共价晶体有 C、Si、Ge 等. 当这些元素组成晶体时, 相邻两原子各出一个电子组成自旋相反的电子对, 这些共有的电子对使每个原子最外壳层形成公用封闭的电子壳层. 例如, 第Ⅳ族元素最外层有 4 个电子, 因此每个原子能够与周围其他 4 个原子组成共价键而各自形成封闭的壳层结构, 如图 2.2.1 所示.

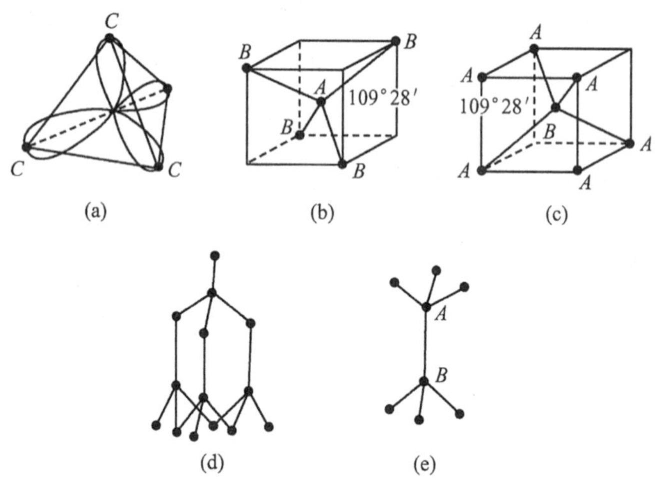

图 2.2.1 金刚石结构

A 原子与 *B* 原子不等价, 对 *A* 来讲, 它的 3 个"爪子"的方位在其上面, 对 *B* 来讲, 它的 3 个"爪子"的方位在其下面

共价键有以下两个特性:

一是饱和性, 即一个原子只能形成一定数目的共价键, 因而依靠共价键它只能和一定数目的其他原子相结合. 共价键只能由未配对的电子形成, 即一个电子与另一个电子配对以后就不能再和第三个电子配对; 同一原子中两个自旋相反的价电子与不能与其他原子的电子配对. 所以如果价电子壳层不到半满, 所有的价电子都

可以是不配对的，因而所有价电子都可以对外形成共价键，因此形成共价键的数目与价电子数目相等. 如果价电子壳层的电子数超过半满，根据泡利原理，则必有部分电子自旋相反而配对，所以这时能形成共价键的数目必少于价电子数目. 例如，对Ⅳ族至Ⅶ族元素，共价键的数目符合所谓 $8-N$ 定则，N 是价电子数目. 这是由于它们壳层是由一个 ns 轨道和 3 个 np 轨道组成，考虑到两种自旋态，共包含 8 个量子态，价电子壳层超过半满时，未配对的电子数实际上决定于未填充的量子态，因此等于 $8-N$.

二是方向性，即指只在某一特定方向上形成共价键. 根据共价键的量子理论，共价键的强弱取决于电子云的交叠程度. 由于非满壳层电子分布的非对称性，因而总是在电子云密度最大的方向成键.

这里指出，原子在形成共价键时可能发生轨道“杂化”. 下面以金刚石为例予以说明.

碳原子基态的价电子组态为 $1s^2 2s^2 2p^2$，$1s^2$、$2s^2$ 是满壳层结构，电子自旋相反，不能对外形成共价键. 只有 p 壳层是半满的，按照电子配对理论，碳原子对外只能形成两个共价键. 但实际金刚石有 4 个等强度的共价键，它们分布在正四面体的 4 个顶角方向，如图 2.2.1 所示. 碳是怎样获得 4 个未配对的电子的？事实上当碳原子结合组成晶体时，由于 2s 态与 2p 态的能量非常接近，碳原子中的一个 2s 电子就会被激发到 2p 态，形成新的电子组态 $1s^2 2s 2p^3$. 从而碳原子就有 4 个未配对电子，分别是 $2p_x$、$2p_y$、$2p_z$ 和 2s 电子. 这 4 个价电子态(轨道)“混合”起来，重新组成 4 个等价的态，也称为“杂化轨道”. 它们是由原子的 s、p_x、p_y 和 p_z 态的线性叠加而成，故又称为“sp^3 杂化轨道”. 所以，金刚石中的共价键不是以碳原子的基态为基础的，而是由 4 个“杂化轨道”态组成的. 从能量角度看，虽然在成键时有一个 2s 电子激发到 2p 态，需要一定的能量，但杂化后，成键的数目增多了，强度增大了. 成键的吸引作用又使体系能量降低，足以抵偿轨道“杂化”所需要的能量而有余. 因而可形成稳定的结合.

由于共价键的饱和性，结合力很强，所以共价键具有高硬度、高熔点、导电性能差的特点. 又由于共价键的方向性，共价晶体硬而脆，不能明显弯曲.

2.2.3 金属晶体

由第Ⅰ、Ⅱ族元素及过渡元素组成的晶体都是典型的金属晶体. 由于金属元素的价电子的第一电离势较小，价电子脱离原子实的束缚不需要很多能量. 当金属原子聚集起来形成晶体时，价电子脱离原子实的束缚而为所有原子共有，排列在格点上的正离子与其共有电子之间的库仑吸引力是金属晶体的结合力，称为金属键.

与前两种键比较，金属键还有一个重要特点，就是对晶格中正离子的排列无特殊要求，金属键是一种体积效应，原子排列得越紧密，库仑能就越低，结合也就越稳定.

因而大多数金属为密堆积结构，配位数为 12，其次是配位数为 8 的体心立方结构.

由于共有化电子的存在，金属晶体具有良好的导电、导热性能. 由于金属键对正离子的排列没有特殊要求，就容易在晶体内部造成离子排列的不规则性，表现为金属有很大的范性.

2.2.4　分子晶体

由具有封闭满电子壳层结构的原子或分子组成的晶体称为分子晶体. 例如，惰性气体元素、NH_3、SO_2、HCl 分子等在低温下构成的晶体. 若组成分子晶体的原子、分子是无极性的（正负电子中心重合），称为非极性分子晶体，否则称为极性分子晶体.

1) 分子晶体的结合力

分子晶体是依靠下列 3 种作用力结合的：极性分子电偶极矩之间的静电作用力（**静电力**），极性分子的电偶极矩与其在非极性分子上诱导产生的偶极矩之间静电作用力（**诱导力**）以及非极性分子之间瞬时偶极矩之间的作用力（**弥散力**）. 这 3 种力统称为**范德瓦耳斯分子力**. 由于范德瓦尔斯分子力一般都很微弱，所以分子晶体的熔点都很低，如 Ne、Ar、Kr、Xe 等晶体，熔点分别是 24K、84K、117K 和 161K. 下面仅就非极性分子进行讨论.

弥散力可以这样理解：具有球对称电子分布的闭合壳层的无极分子间，由于电子运动产生电子云分布的涨落，从而产生一种瞬时电偶极矩，这种瞬时电偶极矩间的感应作用导致两原子之间的吸引或排斥作用，如图 2.2.2 所示. 由于吸引态的排列导致能量降低，根据玻尔兹曼统计理论，出现这种排列的概率较大，其效果是在原子间产生总体上的吸引力.

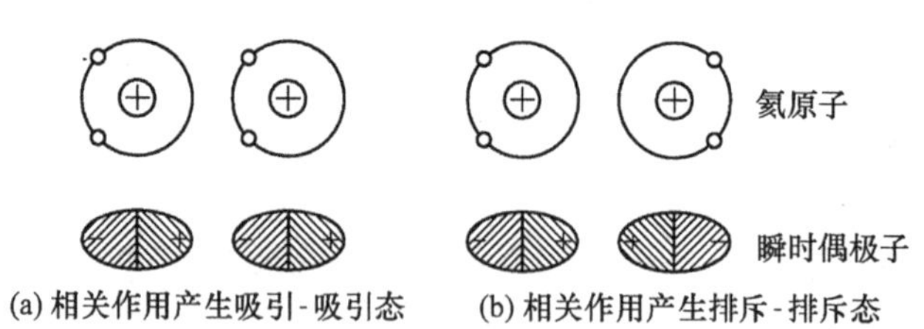

图 2.2.2　两个氦原子之间由于运动产生瞬时偶极子的相互作用

2) 分子晶体的结合能

分子晶体原子间的吸引作用是感应电矩之间的相互作用. 由静电学可知，第一个原子的瞬时电偶极矩 P_1 在第二个原子处产生的电场强度正比于 P_1/r^3，第二个原子上由此产生的感应电偶极矩 P_2 显然正比于这个电场

$$P_2 \propto P_1/r^3$$

因而,两原子之间的相互吸引能为

$$u(r) \propto -\frac{P_1 P_2}{r^3} \propto -\frac{P_1^2}{r^6}$$

根据对实验数据的分析,对分子晶体,原子间排斥能具有 B/r^{12} 的形式,这样原子间的相互作用能可表示为

$$u(r) = 4\varepsilon\left[\left(\frac{\sigma}{r}\right)^{12} - \left(\frac{\sigma}{r}\right)^{6}\right] \tag{2.2.16}$$

的形式,称为林纳德-琼斯势.式中,ε、σ 为实验参数,可由惰性气体的实验给出,表2.2.3给出了几种惰性气体的 ε、σ 值.

表 2.2.3 几种惰性气体的 ε、σ 值

元　素	Ne	Ar	Kr	Xe
ε/eV	0.031	0.0104	0.0140	0.0200
$\sigma/\times10^{-10}$m	2.74	3.40	3.65	3.98

若晶体由 N 个原子组成,由式(2.1.4)可知晶体总相互作用能为

$$U = \frac{N}{2}\sum_{i(\neq j)}^{N} 4\varepsilon\left[\left(\frac{\sigma}{r_{ij}}\right)^{12} - \left(\frac{\sigma}{r_{ij}}\right)^{6}\right] \tag{2.2.17}$$

令 r 为最近邻原子间的距离,则 $r_{ij}=a_i r$,式(2.2.17)为

$$U = 4\,\frac{N}{2}\varepsilon\left[A_{12}\left(\frac{\sigma}{r}\right)^{12} - A_6\left(\frac{\sigma}{r}\right)^{6}\right] \tag{2.2.18}$$

式中

$$A_{12} = \sum_{i(\neq j)}^{N}\frac{1}{a_i^{12}}, \qquad A_6 = \sum_{i(\neq j)}^{N}\frac{1}{a_i^{6}}$$

A_{12}、A_6 只与晶体结构有关,除 He^3、He^4 外,惰性元素晶体均属面心立方体结构,可算出

$$A_{12} = 12.13188, \qquad A_6 = 14.45392$$

分子晶体的结合能可由总相互作用能式(2.2.18)求得.由平衡条件

$$\left.\frac{\partial U}{\partial r}\right|_{r_0} = 0$$

可求出平衡原子间距

$$r_0 = (2A_{12}/A_6)^{1/6}\sigma = 1.09\sigma$$

把 r_0 代入式(2.2.18),可得结合能

$$E_b = -N\frac{\varepsilon A_6^2}{2A_{12}} = -8.6\varepsilon N$$

与前面一样,可求出平衡时分子晶体的体弹模量

$$K_0 = \frac{4\varepsilon}{\sigma^3}A_{12}\left(\frac{A_6}{A_{12}}\right)^{5/2} = \frac{7.5\varepsilon}{\sigma^3}$$

与实验相当符合.表2.2.4给出几种惰性元素晶体的 r_0、E_b 和 K_0.

表 2.2.4　几种惰性元素晶体的 r_0、E_b 和 K_0

元　素	$r_0/\times10^{-10}$m		结合能 E_b/eV		$K_0/\times10^9$N·m^{-2}	
	实验	计算	实验	理论	实验	理论
Ne	2.99	3.13	−0.02	−0.027	1.1	1.81
Ar	3.71	3.75	−0.08	−0.089	2.7	3.18
Kr	3.98	3.99	−0.11	−0.120	3.5	3.46
Xe	4.34	4.33	−0.17	−0.172	3.6	3.81

2.2.5　氢键晶体

通过氢原子结合在一起的晶体称为氢键晶体. 由于氢原子只有一个 1S 电子，其第一电离能（13.59eV）要比它的同族元素 Li（5.39eV）、Na（5.14eV）、K(4.34eV)、Rb(4.18eV)和 Cs(3.89eV)的电离能大得多，很难形成离子键. 同时氢原子核要比其他离子实小得多，因而当氢原子的唯一价电子与另一个原子形成共价键后，氢核便暴露在外了，该氢核又可通过库仑力的作用同另一个负电性原子结合起来. 这就是说，在某些条件下一个氢原子可以同时吸引两个原子，而把这两个原子结合起来，这种结合力称为氢键.

冰是一种典型的氢键晶体，如图 2.2.3 所示. 氢原子与一个氧原子形成共价键(用 O—H 表示)后，还和另一个水分子中的氧原子相吸引，但吸引力较弱(用 H…O 表示). 水分子就是靠这种吸引力结合成冰的. 在冰晶体中，氧原子本身由氢键结合组成一个四面体. 铁电晶体磷酸二氢钾（KH_2PO_4）和许多有机物如蛋白质、脂肪、糖等都含有氢键.

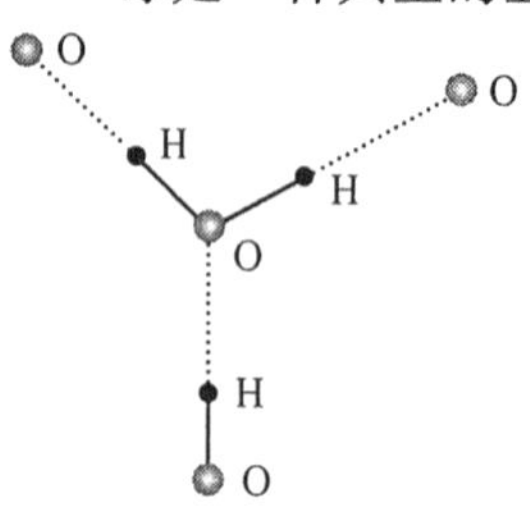

图 2.2.3　冰的氢键示意图

以上根据结合力的性质. 把晶体分成 5 种典型类型. 但实际上晶体中原子间的相互作用比较复杂，往往是多种键同时存在. 如石墨晶体，显然它与金刚石都是由碳原子组成，但石墨的结合力却与金刚石完全不同. 组成石墨的一个碳原子以其 3 个价电子与其最近邻的 3 个原子组成共价键，这 3 个键几乎在同一平面上，另一个价电子则比较自由地在整个平面层上运动，具有金属键的性质. 就是说在这个平面层上，石墨是通过共价键和金属键共同作用结合的，因而具有较好的导电性能. 石墨的层与层之间有是依靠范德瓦尔斯键结合的，这是石墨质地疏松的根源.

2.3　晶体结合类型与原子的负电性

凝聚态物质是由原子、分子通过它们之间的相互作用形成的，这些相互作用的核心是化学键. 化学键的形成机制主要决定于原子的电子位形(价电子数目、电子波子数的对称性)和晶格原子的周围环境(近邻原子类型、数目以及位形等). 如果价电子数目与原子的最近邻数相等,最近邻原子间电子以对的形式成键,称为定域键.相反,如果原子的价电子数少于最近邻数,则价电子与几个近邻原子的价电子相互作用,称为非定域键.

化学键的形成机制可由多电子体系的量子力学处理揭示.代表性的工作是海特勒-伦敦近似(又称价键理论)和洪德-米立肯近似(又称分子运轨).根据费米子体系波函数反对称性的限制,对于氢分子来说,可形成两电子自旋平行($s=1$)和反平行($s=0$)的两类状态.其中自旋反平行态(单态)所对应的能量较两个氢原子单独存在的能量低,易于形成分子,电子在两原子核之间,我们称之为成键态(bonding state);而自旋平行(三重态)所对应的能量比原子单独存在的能量高,原子之间呈相互排斥趋势,不利于原子结合,电子在两原子核之外,称之为反键态(antibonding state).理论表明,氢分子间的键态和原子间相互作用势能与原子间距之间的关系的理论结果大致走向一致.

化学键可按照其相应的分子轨道的对称性进行分类.若分子轨道具有对以两原子核的连线为轴的轴对称性,相应的成键称为 σ 键或反成键 σ^*.若分子轨道不具有对原子连线的轴对称性,称为 π 键,如图 2.3.1 显示了几种常见的键态,π 键和 σ 键分别存在着 1 个和 2 个平行通过键轴的节面,节面是分子轨道值为零的平面.

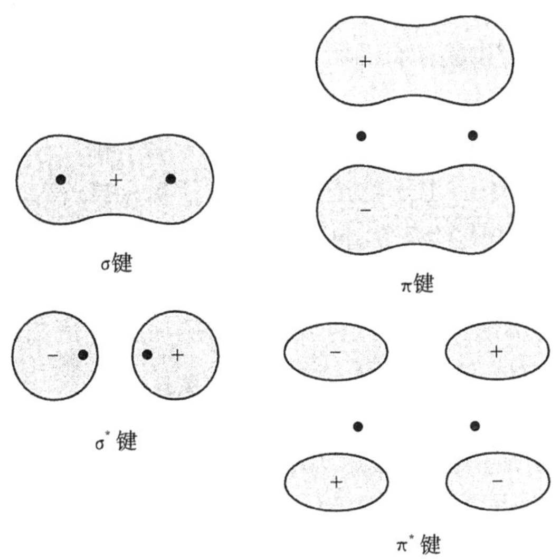

图 2.3.1 双原子分子中 σ 键和 π 键电子云分布示意

从化学键的角度,晶体可以看作是很多原子键合而成的“大分子”,将分子轨道法推广到晶体,就是能带论中的紧束缚近似.布洛赫波函数是“晶体分子”的分子轨道.双原子分子中的成键态和反成键态对应用不同的能带,用价键法的语言,价电子将组成电子对以键合最近邻原子.电子对既可属于两个以上原子共有,也可只属于单个原子(称为离子键). 电子对在键和单个原子上的分派方式称为价结构,这取决于组成大分子各原子的性质,如电负性等.

2.3.1 原子的负电性

晶体以哪种基本形式结合,除了受温度、压力等外界条件的一定影响外,主要取决于原子的结构,即原子束缚价电子能力的强弱.

原子的电离能是原子失去一个电子而变成一个正离子所需要从外界获得的能量,因此可以用来表征原子对价电子束缚的强弱. 在具有 z 个价电子的原子中,一个价电子除受到带正电的原子实的库仑吸引作用外,还受到其他 $z-1$ 个价电子的作用. 这 $z-1$ 个价电子对它的平均作用可以看成是 $z-1$ 个价电子云对原子实的屏蔽作用. 若屏蔽是完全的,价电子将只受到 $+e$ 电荷的吸引力. 但实际上,由于许多价电子属于同一壳层,因而对原子实的屏蔽只是部分的,因此,作用在价电子上的有效电荷在 $+e$ 和 $+ze$ 之间,价电子数目 z 越多,屏蔽越不完全,因此有效电荷随着 z 的增加而增加,可见在同一周期里原子束缚电子的能力,或者电离能,从左到右逐步增长. 在同一族元素中,显然从上到下逐步减少.

另一个可以用来度量原子束缚电子能力的量叫**亲和能**,即表示一个自由原子在基态时俘获一个电子成为负离子时所放出的能量.

为了完整反映原子束缚电子的能力,通常用原子的**负电性**来表示. 负电性的定义是:

$$负电性 = 0.18(电离能 + 亲和能)$$

系数 0.18 仅仅是为了使 Li 原子的负电性为 1 而引入的. 表 2.3.1 列出了一些原子的负电性. 负电性的变化趋势是:同一周期元素自左而右负电性增大;同一族元素自上而下负电性减小;周期表愈往下,一周期性内负电性的差别也愈小,过渡元素的负电性彼此比较接近.

表 2.3.1 一些原子的负电性

ⅠA	ⅡA	ⅢB	ⅣB	ⅤB	ⅥB	ⅦB
Li 1.0	Be 1.5	B 2.0	C 2.5	N 3.0	O 3.5	F 4.0
Na 0.9	Mg 1.2	Al 1.5	Si 1.8	P 2.1	S 2.5	Cl 3.0
K 0.8	Ca 1.0	Ga 1.5	Ge 1.8	As 2.0	Se 2.4	Br 2.8

2.3.2 负电性与晶体结合类型

负电性的上述变化趋势,明显地反映在晶体的结合类型中.

碱金属族(ⅠA)的负电性最低,原子束缚价电子的能力最弱,当它们接近结合成晶体时,价电子容易摆脱原子的束缚而成为共有化电子,因此是典型的金属晶体. ⅡA、ⅠB、ⅡB、ⅢA、ⅢB族元素都属于这种情况.

随着负电性的增大,原子束缚电子能力增强,获取电子的能力也较强. 这种情况下,适于形成共价键. 因为形成共价键,原子并没有失去电子,而为两个原子所共有.

Ⅳ族元素处于周期表的中部,负电性不太强也不很弱,因此结合力的性质比较复杂,往往与晶体的外部条件有关. 例如,金刚石、锗、硅等都是典型的共价晶体,但同是碳元素组成的石墨,却是以共价键、金属键、范德瓦尔斯键等的混合类型结合.

Ⅳ到Ⅵ族元素,由于遵从 $8-N$ 定则,它们所形成共价键的数目,往往不足以维持三维稳定晶体的需要,故这些元素通常是以共价键形成片、链、分子等次级结构,然后再以范德瓦尔斯键的结合形式形成晶体.

Ⅷ族元素由于具有稳定的满壳层结构,所以完全依靠微弱的范德瓦尔斯作用把原子结合起来,形成典型的范德瓦尔斯晶体.

以上简单讨论了单元素晶体. 不同元素组合形成的化合物晶体的结合类型也与原子的负电性有关.

Ⅰ族元素与Ⅵ族元素负电性差别最为显著,Ⅰ族元素容易失去电子,Ⅶ族元素负电性强,有较强的获得电子的能力,因此形成典型的离子晶体.

随着元素之间负电性差别的减小,离子性结合逐渐过渡到共价结合,从Ⅰ—Ⅵ族的碱金属卤化物到Ⅲ—Ⅳ族化合物,这种变化非常明显. Ⅲ—Ⅳ族化合物具有类似于金刚石结构的闪锌矿结构,是典型的共价晶体.

另外,负电性强的元素形成的晶体或者负电性差别大的化合物晶体一般是绝缘体. 而负电性弱的元素形成晶体或负电性差别小的化合物晶体一般是半导体或导体.

本章要点

1. 晶体结合的基本类型

晶体中原子的相互作用称为键,晶体结合类型按键的性质主要有以下5种:离子键、共价键、金属键、范德瓦耳斯键和氢键.

2. 负电性

晶体结合类型主要取决于组成晶体的原子束缚电子的能力,它可由负电性来描述,其定义为

$$负电性 = 0.18(电离能 + 亲和能)$$

亲和能是一个自由原子处于基态时获得一个电子成为负离子所放出的能量.

3. 结合能

1）结合能的定义

若 E 表示晶体在绝对零度时的总能量，E_a 表示组成晶体的 N 个自由原子的能量总和，则结合能 E_b 定义为

$$E_b = E - E_a$$

2）对相互作用能

两原子间的相互作用能总可写成

$$u(r_{ij}) = -A/r_{ij}^m + B/r_{ij}^n, \qquad n > m$$

3）结合能的计算

结合能可认为是平衡时 N 个原子对相互作用能之和，即

$$E_b = U(r_0) = \frac{1}{2}N\sum_{i(\neq j)}^{N} u(r_{ij})\bigg|_{r_{ij}=r_{ij0}}$$

4）离子晶体的结合能

$$E_b = U(r_0) = -\frac{1}{2}N\left(\frac{z_1 z_2 e^2}{4\pi\varepsilon_0 r_0}a - \frac{B}{r_0^n}\right) = -\frac{N}{2}\left(1-\frac{1}{n}\right)\frac{a z_1 z_2 e^2}{4\pi\varepsilon_0 r_0}$$

式中，$a = \sum\limits_{i(\neq j)}^{N}\left(\pm\frac{1}{a_i}\right)$，为马德隆常数；$B = \sum\limits_{i(\neq j)}^{N}\frac{b}{a_i^n}$，$n$ 可由实验测定.

5）分子晶体的结合能

$$E_b = U(r_0) = 4\frac{N}{2}\varepsilon\left[A_{12}\left(\frac{\sigma}{r_0}\right)^{12} - A_6\left(\frac{\sigma}{r_0}\right)^6\right]$$

式中，$A_{12} = \sum\limits_{i(\neq j)}^{N}\frac{1}{a_i^{12}}$，$A_6 = \sum\limits_{i(\neq j)}^{N}\frac{1}{a_i^6}$；其中，$\varepsilon$、$\sigma$ 为实验参数.

4. 体弹模量 K 和抗张强度

$K = V\left(\frac{\partial^2 U}{\partial V^2}\right)_T = \left(V\frac{\partial^2 U}{\partial V^2}\right)_{V_0, T}$，由 K 可测得 n、ε、σ.

$P_m = -\left(\frac{\partial U}{\partial V}\right)_{V_m}$，$V_m$ 为晶体体积的最大值.

思 考 题

2.1 原子在结合成晶体时，原子的价电子将重新分布，从而产生不同的结合力. 分析各类晶体中决定结合类型的主要结合力.

2.2 分析一个中性原子可以束缚一个电子的定性模型.

2.3　分析周期表中元素负电性的变化. 如何用负电性概念分析元素和化合物晶体结合力类型的规律?

2.4　分析金属键结合力中,吸引作用和排斥作用产生的因素.

2.5　共价键有哪些特征? 为什么会有这些特征?

习　题

2.1　原子间相互作用势能可写成 $u(r)=-A/r^m+B/r^n$,从概念上阐明,m、n 两个系数中哪一个较大?

2.2　对线型离子晶体,在一条直线链上交替地载有电荷 $\pm q$ 的 $2N$ 个离子,最近邻之间的排斥势能为$\frac{b}{r^n}$.

(1) 试证在平衡间距下 $u(r_0)=-\frac{2Nq^2\ln2}{4\pi\varepsilon_0 r_0}\left(1-\frac{1}{n}\right)$

(2) 令晶体被压缩,使 $r_0\to r_0(1-\delta)$求证在晶体被压缩单位长度的过程中,(外力)所做功的主项为$\frac{1}{2}C\delta^2$,其中

$$C=\frac{(n-1)q^2\ln2}{4\pi\varepsilon_0 r_0}$$

2.3　有一晶体,平衡时体积为 V_0,原子间总的相互作用能为 U_0,如果原子间相互作用能可写成 $u(r)=-\alpha/r^m+\beta/r^n$ 证明体弹模量 K 为

$$K=k^{-1}=|U_0|\frac{mn}{9V_0}$$

提示:原子间总结合能为 $U(r)=(N/2)(-\alpha/r^m+\beta/r^n)$,体积 $V=ANr^3$.

2.4　NaCl 晶体的体弹模量为 2.4×10^{10} Pa,在 2×10^9 Pa 的气压作用下,晶体中两相邻离子间的距离将缩小百分之几?

2.5　实验测量如 LiF 晶体的结合能为 $E_b=U(r_0)=1017.7$kJ/mol,最邻近距离 $r_0=2.014\times10^{-10}$ m,试计算 LiF 的体弹模量.

2.6　如果 NaCl 结构中离子的电荷增加一倍,晶体的结合能及离子间的平衡距离将发生多大变化?

第 3 章　晶格振动与晶体的热学性质

在研究晶体的几何结构和晶体结合时，组成晶体的原子被认为是固定在格点位置(平衡位置)静止不动的. 这仅是一种理想化模型. 实际上，在有限温度($T\neq$0K)下，组成晶体的原子并不是静止不动的，而是围绕平衡位置作微小振动，由于平衡位置是晶格格点，所以称为晶格振动. 晶格振动作为一种热运动，不仅对晶体的热学性质有着直接的重要影响，而且对晶体的光学性质、电学性质、超导电性、结构相变等起着重要影响，甚至决定性的作用. 因而晶格动力学自然成为固体物理学中最基础、最重要的部分之一.

本章介绍有关晶格动力学的基本概念和方法，以及在研究晶体热学性质中的应用.

3.1　一维晶格振动

由于晶体原子间存在着相互作用力，任何一个原子的振动都必然影响到其他原子，也必然受到其他原子的影响. 这就使得晶格振动成为一个非常复杂的问题. 为了便于迅速理解晶格振动的主要特点，我们以一维原子链作为典型例子进行讨论. 然后把一些主要方法和结论推广到三维情况.

3.1.1　一维单原子链

1. 模型与动力学方程

N 个质量为 m 的原子组成如图 3.1.1 所示的一维布拉维格，晶格常数为 a，每个原胞只含一个原子. 这种最简单的晶格称为一维单原子链. 第 n 个原子的平衡位置用 x_n^0 表示，它偏离平衡位置的位移用 u_n 表示，这样第 n 个原子的瞬时位置可表示为

$$x_n = x_n^0 + u_n$$

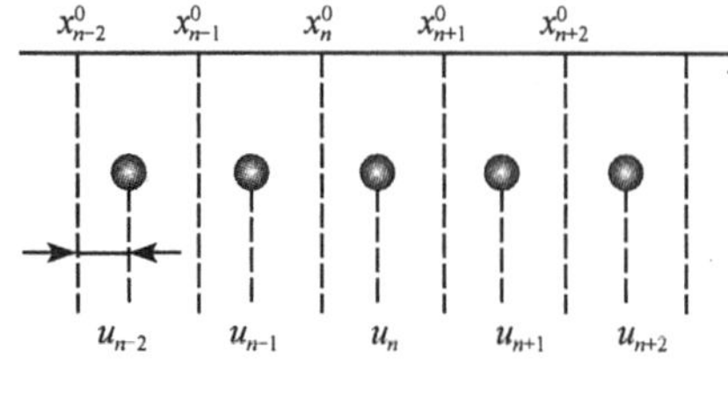

图 3.1.1　一维单原子链

设两原子间的相互作用势能为 $\varphi(x_m - x_n)$，这样第 n 个原子受到晶格中其他原子作用的势能为

$$U_n = \sum_{m(\neq n)}^{N} \varphi(x_m - x_n)$$

$$= \sum_{m(\neq n)}^{N} \varphi(x_m^0 - x_n^0 + u_m - u_n) = \sum_{m(\neq n)}^{N} \varphi(x_{mn}^0 + u_{mn}) \qquad (3.1.1)$$

式中

$$x_{mn}^0 = x_m^0 - x_n^0 = la, \qquad l = \pm 1, \pm 2, \cdots$$

$$u_{mn} = u_m - u_n$$

$$x_{mn} = x_m - x_n = x_{mn}^0 + u_{mn}$$

x_{mn}是第m个原子与第n个原子间的相对距离,x_{mn}^0是这两个原子平衡位置之间的距离,u_{mn}是这两个原子的相对位移.一般条件下,原子作微小的振动,所以原子间的相对位移u_{mn}要比原子间的距离x_{mn}小得多,因而$\varphi(x_{mn})$可围绕平衡位置间距x_{mn}^0展开为

$$\varphi(x_{mn}) = \varphi(x_{mn}^0 + u_{mn}) = \varphi(x_{mn}^0) + \left(\frac{\partial \varphi}{\partial x_{mn}}\right)_0 u_{mn} + \frac{1}{2}\left(\frac{\partial^2 \varphi}{\partial x_{mn}^2}\right)_0 u_{mn}^2 + \cdots \qquad (3.1.2)$$

下角标"0"标明是平衡位置时的值.于是

$$U_n = \sum_{m(\neq n)}^{N} \varphi(x_{mn}^0) + \sum_{m(\neq n)}^{N} \left(\frac{\partial \varphi}{\partial x_{mn}}\right)_0 u_{mn} + \frac{1}{2}\sum_{m(\neq n)}^{N} \left(\frac{\partial^2 \varphi}{\partial x_{mn}^2}\right)_0 u_{mn}^2 + \cdots \qquad (3.1.3)$$

上式中的第一项,由于$x_{mn}^0 = la$,是与原子振动无关的常数项,用U_n^0表示,有

$$U_n^0 = \sum_{m(\neq n)}^{N} \varphi(x_{mn}^0)$$

第二项中的因子$\left(\frac{\partial \varphi}{\partial x_{mn}}\right)_0 = 0$,这是因为$\frac{-\partial \varphi}{\partial x_{mn}}$为第$n$,第$m$两个原子间的相互作用力,当原子处于平衡位置时,原子间的作用力为0,而$\left(\frac{\partial \varphi}{\partial x_{mn}}\right)_0$的负值正好表示平衡时的第$m$,第$n$原子的相互作用力,所以为0.这样第二项为0.因此式(3.1.3)可写成

$$U_n = U_n^0 + \frac{1}{2}\sum_{m(\neq n)}^{N} \left(\frac{\partial^2 \varphi}{\partial x_{mn}^2}\right)_0 u_{mn}^2 + \cdots \qquad (3.1.4)$$

引入恢复力系数β_{mn},有

$$\beta_{mn} = \beta_{nm} = \left(\frac{\partial^2 \varphi}{\partial x_{mn}^2}\right)_0 \qquad (3.1.5)$$

式(3.1.4)可写为

$$U_n = U_n^0 + \frac{1}{2}\sum_{m(\neq n)}^{N} \beta_{mn} u_{mn}^2 + \cdots \qquad (3.1.6)$$

由上式可知第n个原子偏离平衡位置时受到其他原子的作用力为

$$f_n = -\frac{\partial U_n}{\partial u_n} = -\frac{1}{2}\frac{\partial}{\partial u_n}\sum_{m(\neq n)}^{N} \beta_{mn} u_{mn}^2 + \cdots = -\frac{1}{2}\frac{\partial}{\partial u_n}\sum_{m(\neq n)}^{N} \beta_{mn}(u_m - u_n)^2 + \cdots$$

$$= \sum_{m(\neq n)}^{N} \beta_{mn}(u_m - u_n) + \cdots \tag{3.1.7}$$

这样，第 n 个原子的动力学方程为

$$m \frac{\mathrm{d}^2 u_n}{\mathrm{d}t^2} = \sum_{m(\neq n)}^{N} \beta_{mn}(u_m - u_n) + \cdots \tag{3.1.8}$$

每个原子的运动学方程都与其他原子的运动有关，所以式(3.1.8)实际上是含有 N 个方程的联立方程组.

2. 简谐近似与最近邻近似

由于我们讨论的是温度较低情况下晶格的微小振动，作为一级近似，可在式(3.1.7) 中只保留一次项，或者在式(3.1.6)中只保留二次项，这种近似称为简谐近似. 处理微小振动问题一般都采用简谐近似. 对一个具体的物理问题是否可以采取简谐近似，要看在简谐近似下得到的理论结果是否与实验相一致. 在有些物理问题中就需要考虑高阶项的效应，称非谐效应.

在简谐近似下式(3.1.8)成为

$$m \frac{\mathrm{d}^2 u_n}{\mathrm{d}t^2} = \sum_{m(\neq n)}^{N} \beta_{mn}(u_m - u_n) \tag{3.1.9}$$

由上式可知，第 n 个原子的振动与晶体中所有原子的振动情况相关. 如果只考虑最近邻原子的作用，则式(3.1.9)中保留 $m=n+1, m=n-1$ 两项，并且认为 $\beta_{n+1,n} = \beta_{n-1,n} = \beta$. 于是式(3.1.9)成为

$$\begin{aligned} m \frac{\mathrm{d}^2 u_n}{\mathrm{d}t^2} &= \beta[(u_{n+1} - u_n) + (u_{n-1} - u_n)] \\ &= \beta(u_{n+1} + u_{n-1} - 2u_n) \end{aligned} \tag{3.1.10}$$

在最近邻近似下，一维单原子链实际上就简化为质量为 m 的小球被用弹性系数为 β 的弹簧连接起来的弹性链.

3. 周期性边界条件

对于无边界的无限大晶体，每个原子都有形如式(3.1.10)的动力学方程. 但实际上晶体是有限的，处在表面上的原子所受的作用力显然与内部不同，因而应有不同于式(3.1.10)形式的动力学运动方程. 另外，每个原子的方程不是独立的而是相互关联的，因此我们需要求解的是一组方程组. 这样，对有限的晶体，边界原子运动方程的独特性使方程组变得复杂. 为了解决这个困难，必须进一步作近似处理，使方程组简单化. 考虑到晶体中原子的数目 N 很大，除了专门研究表面性质外，一般说来，由于表面原子数目比起整个晶体中的数目要少得多，因此，表面原子的特殊性对晶体的整体性质产生的影响可以忽略. 这就是说表面上(原子链的两端)原子的运动方式可以按数学上的方便任意选择. 表面原子的运动方式称为边界条件. 波

恩-卡门提出的周期性边界条件是最方便的选择:设想在有限晶体之外还有无穷多个完全相同的晶体,互相平行的堆积充满整个空间,在各个相同的晶体块内相应原子的运动情况应当相同.对一维晶格,这个条件就表示为

$$u_{N+n} = u_n \tag{3.1.11}$$

这样,晶体中所有的原子的运动都可以用方程(3.1.10)来描述.而且使方程成为封闭的.

4. 格波

为了说明式(3.1.10)的物理意义,我们考虑一种极端情况,把晶体看成是连续介质,即晶格常数 $a\to 0$.这时,原子的平衡位置 na 可用 x 表示,晶格常数 a 可以表示为 $\mathrm{d}x$,于是

$$\begin{aligned} u_n(t) &= u(na,t) = u(x,t) \\ u_{n+1}(t) &= u[(n+1)a,t] = u(x+\mathrm{d}x,t) \\ &= u(x,t) + \frac{\partial u}{\partial x}\mathrm{d}x + \frac{1}{2!}\frac{\partial^2 u}{\partial x^2}(\mathrm{d}x)^2 + \cdots \\ u_{n-1}(t) &= u(x,t) - \frac{\partial u}{\partial x}\mathrm{d}x + \frac{1}{2!}\frac{\partial^2 u}{\partial x^2}(\mathrm{d}x)^2 + \cdots \end{aligned}$$

把这些表示式代入(3.1.10)中,得

$$m\frac{\partial^2 u(x,t)}{\partial t^2} = \beta\frac{\partial^2 u(x,t)}{\partial x^2}(\mathrm{d}x)^2$$

由于$(\mathrm{d}x)^2=a^2$,所以有

$$\frac{\partial^2 u(x,t)}{\partial t^2} = \frac{\beta a^2}{m}\frac{\partial^2 u(x,t)}{\partial x^2} \tag{3.1.12}$$

这正是熟悉的波动方程,波速 $v=\sqrt{\beta a^2/m}$.波动方程(3.1.12)有一简谐波特解

$$u(x,t) = A\mathrm{e}^{\mathrm{i}(qx-\omega t)} \tag{3.1.13}$$

式中,$q=2\pi/\lambda$ 为波矢.从物理上看,说介质是连续的含义是指介质原子的间距比波长小得多.如果晶格常数与波长相近,则晶体不再能看成连续的,必须解方程(3.1.10).应有下面形式的解,即

$$u_n(x,t) = A\mathrm{e}^{\mathrm{i}(naq-\omega t)} \tag{3.1.14}$$

式中,A 是振幅,ω 为角频率,波矢 $q=2\pi/\lambda$,naq 是第 n 个原子的振动相位.

对于上述解,我们可以作以下几点说明.

1) 格波

对每个指定原子,它表示一个振动.每个原子都围绕自己的平衡位置(格点)作谐振动,振动振幅和振动频率都是相同的.但从整体上看,每个原子的振动相位各不相同.相邻两原子振动相位差为 qa.而且如果第 m 个原子与第 n 个原子平衡位置的距离 $na-ma=l\lambda$,l 为整数时,即两原子的振动相位差为 2π 的整数倍时,第 m

个原子与第 n 个原子的位移相等，$u_m=u_n$. 所以式(3.1.14)所描述的谐振动是以行波的形式在晶体中传播，它是晶体中原子的一种集体振动形式，这种波称为**格波**. 由于式(3.1.14)是一种简谐波，所以也称为简谐格波，这是晶体中最基本、最简单的集体振动形式.

2) 色散关系

把试探解(3.1.14)代入方程(3.1.10)，可得角频率 ω 与波矢 q 的关系，即

$$\omega^2=\frac{2\beta}{m}(1-\cos qa)=\frac{4\beta}{m}\sin^2\frac{qa}{2} \tag{3.1.15}$$

或者

$$\omega=\sqrt{\frac{4\beta}{m}}\left|\sin\frac{qa}{2}\right|=\omega_{\mathrm{m}}\left|\sin\frac{qa}{2}\right| \tag{3.1.16}$$

式中，$\omega_{\mathrm{m}}=\sqrt{\frac{4\beta}{m}}$称为截止频率. 式(3.1.16)所表示的 ω 与 q 的关系称为色散关系. 一维单原子链的色散关系显然有以下特点：

由式(3.1.16)可知，ω 是 q 的周期函数，周期为 $2\pi/a$. 由于一维晶格的倒格矢 $G_l=l\times2\pi/a$(l 为整数)，所以有

$$\omega(q+G_l)=\omega(q)$$

即当 q 变成 $q+G_l$ 时，原子的振动频率不变. 而且相邻原子的相位差由 aq 变为 $aq+l\times2\pi$，相位差实际上也未改变. 就是说 q 与 $q+G_l$ 实际上表示的是同一格波的波矢. 因此可以将 q 的取值限制在第一布里渊区内，即

$$-\frac{\pi}{a}\leqslant q<\frac{\pi}{a} \tag{3.1.17}$$

其色散关系曲线如图 3.1.2 所示.

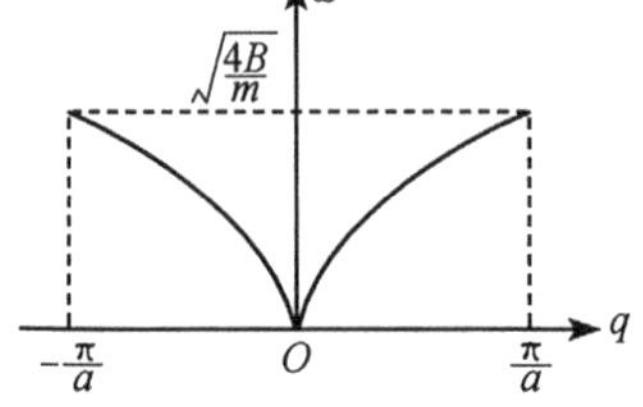

图 3.1.2　一维单原子链的色散关系

由式(3.1.16)及图 3.1.2 都可以看出，$\omega(-q)$ 具有反演对称性，即 ω 是 q 的偶函数，即

$$\omega(-q)=\omega(q) \tag{3.1.18}$$

若 q 为正，表示沿某方向前进的格波；若 q 为负，表示沿相反方向传播的格波. 格波的相速度

$$v_p=\frac{\omega}{q}=-2\sqrt{\frac{\beta}{m}}\frac{\left|\sin\frac{qa}{2}\right|}{q} \tag{3.1.19}$$

及格波的群速度

$$v=\frac{\mathrm{d}\omega}{\mathrm{d}q}=a\sqrt{\frac{\beta}{m}}\cos\frac{qa}{2} \tag{3.1.20}$$

都是波矢 q 的函数. 表明格波具有色散性质，而弹性波的波速只与介质性质有关而与波矢无关. 但是，当 q 很小时，$\sin(qa/2)\approx qa/2$，色散关系式(3.1.16)成为

$$\omega = a\sqrt{\frac{\beta}{m}}q$$

因而，此时

$$v_p = v = a\sqrt{\frac{\beta}{m}}$$

均与波矢无关. 即在长波情况 $\lambda \gg a$ 下，格波可看成是弹性波. 这是容易理解的，因为波长 λ 很大时，相比起来晶格常数 a 很小，所以可以把晶格看成连续介质.

3) 波矢 q 的个数、模式数

由于晶体的体积是很有限的，因而格波波矢 q 的取值不能是任意的，必然受到边界条件的限制，就像弹性波在有限空间内传播，其波矢(波长)必须满足一定的条件一样. 晶格中格波的波矢 q 只能取一些特定的值. 现在我们讨论 q 的可能取值，为此，把式(3.1.14)代入周期性边界条件式(3.1.11)，有

$$u_{N+n} = A\mathrm{e}^{-\mathrm{i}[\omega t-(Naq+naq)]} = A\mathrm{e}^{-\mathrm{i}(\omega t-naq)}$$

得

$$\mathrm{e}^{\mathrm{i}Naq} = 1$$

于是

$$Naq = l\times 2\pi, \qquad l = 0, \pm 1, \pm 2, \cdots$$

由此可知，q 只能取

$$q = \frac{2\pi l}{Na}, \qquad l = 0, \pm 1, \pm 2, \cdots \tag{3.1.21}$$

式中，l 是整数. 因为已经把 q 限制在第一布里渊区，即

$$-\frac{\pi}{a} \leqslant \frac{2\pi l}{Na} < \frac{\pi}{a}$$

于是

$$-\frac{N}{2} \leqslant l < \frac{N}{2} \tag{3.1.22}$$

即 l 只能在 $-N/2$ 到 $N/2$ 范围内取 N 个不同的值. 也就是说对由 N 个原子组成的一维晶格，q 只能有 N 个不同的值. 有色散关系式(3.1.16)，给定一个 q，总有一个 ω 与之对应. 给定一组(ω, q)，式(3.1.14)就表示原子的一种振动形式，我们称之为**振动模式**. 从整体上看就标志晶体中的一种格波. 因此，在一维原子晶格中共有 N 个独立的振动模式，或者说有 N 个独立的格波.

最后指出，由试解式(3.1.14)可知，要保证晶体是稳定的，必须要求 ω 是实数，否则原子的位移将会随时间的增加而无限增大，这样晶体就会解体. 因此必须

有 $\omega^2>0$，即 $\beta>0$，也就是说，晶体的稳定性要求 $\beta>0$.

3.1.2 一维双原子晶格

1. 模型与动力学方程

如图 3.1.3 所示的一维复式晶格，每个原胞有两个质量为 m 的相同原子，分别用实心圆和空心圆表示. 设晶格常数(原胞间距)为 a，同一原胞两原子之间的距离为 d，且 $d<a/2$. 这种简单一维复式晶格中原子的位置分别为 na 和 $na+d$. 晶格中任一原子和它左右邻近的间距不等，因而恢复力系数也不等. 若用 β_1 表示相邻间距为 $a-d$ 的两原子间的恢复力系数，用 β_2 表示相邻间距为 d 的两原子间的恢复力系数，由于 $a-d>d$，所以 $\beta_2>\beta_1$.

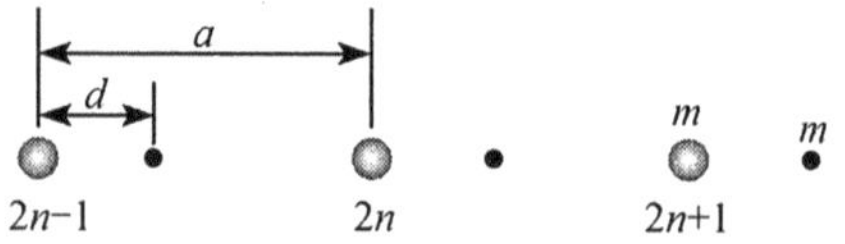

图 3.1.3 一维双原子链

用 $u_1(na)$ 表示平衡位置为 na 原子的位移，$u_2(na)$ 表示平衡位置为 $na+d$ 原子的位移，仍采用简谐近似和最近邻近似. 这两种不等价的原子的动力学方程分别为

$$\left.\begin{aligned} m\frac{\mathrm{d}^2u_1(na)}{\mathrm{d}t^2} &= -\beta_2[(u_1(na)-u_2(na)]-\beta_1[u_1(na)-u_2(n-1)a)] \\ m\frac{\mathrm{d}^2u_2(na)}{\mathrm{d}t^2} &= -\beta_2[u_2(na)-u_1(na)]-\beta_1[u_2(na)-u_1(n+1)a] \end{aligned}\right\} \tag{3.1.23}$$

N 对这种方程描述了晶格中的原子的集体振动形式. 与前面单原子一维晶格类似，上述方程具有以下格波形式解

$$\left.\begin{aligned} u_1(na) &= A\mathrm{e}^{\mathrm{i}(naq-\omega t)} \\ u_2(na) &= B\mathrm{e}^{\mathrm{i}(naq-\omega t)} \end{aligned}\right\} \tag{3.1.24}$$

式中，A、B 为复振幅，它们的比表示同一原胞中两种不等价原子的相对振幅和位相差.

2. 色散关系

把试解(3.1.24)代入方程(3.1.23)，消去公因子 $\mathrm{e}^{\mathrm{i}(naq-\omega t)}$，得到下列相耦合方程，即

$$\left.\begin{aligned} [m\omega^2-(\beta_1+\beta_2)]A+[\beta_1\mathrm{e}^{-\mathrm{i}qa}+\beta_2]B &= 0 \\ [\beta_1\mathrm{e}^{\mathrm{i}qa}+\beta_2]A+[m\omega^2-(\beta_1+\beta_2)]B &= 0 \end{aligned}\right\} \tag{3.1.25}$$

这是关于以 A、B 为未知量的齐次方程组，由代数学可知，要使 A、B 有非零解，其系数行列式必须为零，即

$$\begin{vmatrix} m\omega^2-(\beta_1+\beta_2) & \beta_1 e^{-iqa}+\beta_2 \\ \beta_1 e^{iqa}+\beta_2 & m\omega^2-(\beta_1+\beta_2) \end{vmatrix}=0 \tag{3.1.26}$$

由此可解出 ω^2 的两个正值解为

$$\omega^2=\frac{\beta_1+\beta_2}{m}\pm\frac{1}{m}[\beta_1^2+\beta_2^2+2\beta_1\beta_2\cos(qa)]^{1/2} \tag{3.1.27}$$

即存在着两种色散关系. 式(3.1.27)中取正号的一种记为 ω_0,称为**光学模**,其相应的格波称为**光学支**(optical branch)**格波**. 取负号的一种记为 ω_A,称为**声学模**,其相应的格波称为**声学支**(acoustic)**格波**.

两支格波的色散关系如图 3.1.4 所示. ω_0 与 ω_A 都是 q 的周期函数,如前一样,为保证 ω_0 与 ω_A 的单值性,q 仍限制在第一布里渊区,$-\pi/a\leqslant q<\pi/a$.

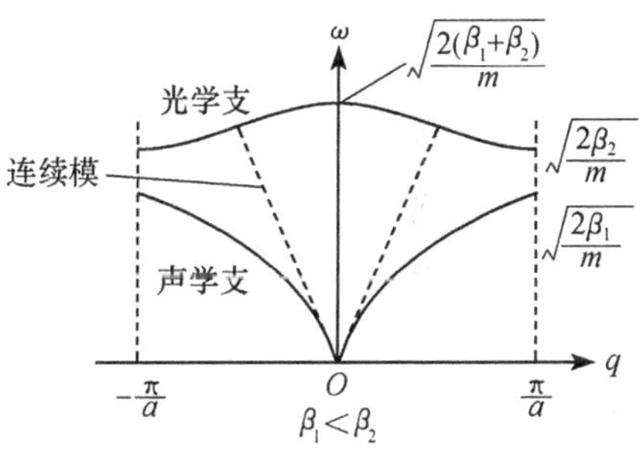

图 3.1.4 双原子一维复式晶格的两支色散分支

在布里渊区边界上,ω_0 取极小值 $\omega_{0\min}=\sqrt{2\beta_2/m}$, ω_A 取极大值 $\omega_{A\max}=\sqrt{2\beta_1/m}$. 在布里渊区中心,$q=0$ 时,ω_0 取最大值 $\omega_{0\max}=\sqrt{2(\beta_1+\beta_2)/m}$,而 $\omega_{A\min}=0$. 由于 $\beta_2>\beta_1$,所以 $\omega_{0\min}>\omega_{A\max}$,即这两支格波的频率范围相互没有重叠,出现禁带区,禁带区宽度取决于 β_1、β_2 的差别和原子的质量.

3. 光学波、声学波

为了理解光学模与声学模的物理本质,我们分析两种模波之间的振动相位关系. 由试解(3.1.24)可知,给定时刻 t,同一原胞中两个原子的位移之比为

$$\frac{u_2(na)}{u_1(na)}=\frac{B}{A} \tag{3.1.28}$$

另外,把色散关系式(3.1.27)代入式 (3.1.25)可得

$$\frac{B}{A}=\mp\frac{\beta_2+\beta_1 e^{iaq}}{|\beta_2+\beta_1 e^{iaq}|} \tag{3.1.29}$$

上式中负号对应光学波 ω_0,正号对应声学波 ω_A. 由于 A、B 分别是两个原子的复振幅,故 B/A 是两个原子振动的相位差. 下面就两种情况进行讨论.

当 $q\to0$ 时,式(3.1.28)为

$$B=-A \quad (光学支) \tag{3.1.30}$$

$$B=A \quad (声学支) \tag{3.1.31}$$

这说明在长波极限情况下,对光学支格波,原胞中两原子的振动相位相反,即长光学波代表原胞中的原子的相对运动,如图 3.1.5(b)所示,对离子晶体,正负离子交

替排列,每个原胞含有一对正、负离子,如果相邻异性离子振动方向相反,则发生迅速变化的电偶极矩,此迅变电偶极矩可与电磁波相互作用,势必影响晶体的光学性质,这就是光学支格波的命名原因.

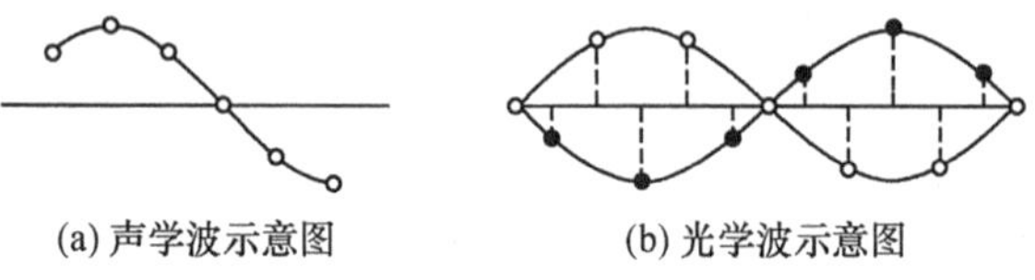

(a) 声学波示意图　　(b) 光学波示意图

图 3.1.5

由式 (3.1.31) 可知,在长波近似下,对声学波,原胞中两原子的振动相位相同,长声学波代表原胞的质心振动,如图 3.1.5(a)所示. 另外在长波极限下($|q|\ll\pi/a$),有 $\cos qa\approx1-(1/2)(qa)^2$,因而

$$\omega_A=\left(\frac{\beta_1\beta_2}{2m(\beta_1+\beta_2)}\right)^{1/2}qa \tag{3.1.32}$$

ω_A 与 q 成正比,类似于弹性介质中传播的弹性波,这就是声学波的命名原因.

当 $q=\pm\pi/a$ 时,有

$$\begin{aligned}\omega_A&=\left(\frac{2\beta_1}{m}\right)^{1/2}, \qquad A=B\\ \omega_0&=\left(\frac{2\beta_2}{m}\right)^{1/2}, \qquad A=-B\end{aligned} \tag{3.1.33}$$

容易看出,在同一原胞中,对声学波,两个原子的相位仍然相同. 对光学波,两个原子的相位依然相反. 与长波近似不同的是,由于 $q=\pm\pi/a$,从 $u_1(na)$ 和 $u_2(na)$ 的形式解可知,无论是声学波还光学波,相邻原胞的相位相反.

4. 周期性边界条件与独立振动模式数目

类似于一维单原子晶格,对一维双原子晶格,周期性边界条件为

$$u_1(na)=u_1((n+N)a), \qquad u_2(na)=u_2((n+N)a)$$

把式 (3.1.24) 代入上式,可得

$$e^{iNal}=1$$

即

$$Naq=l\times2\pi, \qquad l=0,\pm1,\cdots$$

因而 q 的允许值为

$$q=\frac{2\pi}{Na}l, \qquad l=0,\pm1,\pm2,\cdots \tag{3.1.34}$$

同样,由于 q 的取值限制在第一布里渊区

$$-\frac{\pi}{a}\leqslant q<\frac{\pi}{a}$$

同一维单原子晶格一样，在第一布里渊区 q 可以有 N 个不同的取值. 但是，这里每个 q 对应两个不同的 ω_+、ω_-，所以晶体中共有 $2N$ 个独立的振动模式. 而一维双原子晶格中，每个原胞有两个原子，每个原子只有 1 个自由度. 因此晶体的自由度为 $2N$. 因此我们可以总结出这样的结论：晶格振动的波矢 q 的数目等于晶体的原胞数，独立振动模式数目等于晶体的自由度数.

3.2 三维晶格振动

本节以前面处理一维晶格的方法为基础，简略讨论三维晶格振动，以便于得到晶格振动的基本特征和一些普遍的结论.

3.2.1 运动方程

设晶体的基矢为 $a_i(i=1,2,3)$，沿 3 个基矢方向各有 N_1、N_2、N_3 个原胞，即晶体的原胞数 $N=N_1N_2N_3$. 每个原胞内有 P 个质量为 $m_k(k=1,2,\cdots,P)$ 的原子. 若第 n 个原胞（原胞位置矢量 $\boldsymbol{R}_n$）中的第 k 个原子的平衡位置用矢量 $\boldsymbol{R}_{nk}$ 表示，且它偏离平衡位置 $\boldsymbol{R}_{nk}$ 沿 $i(i=1,2,3)$ 方向的位移用 u_{nki} 表示. 类似于一维晶格的（式(3.1.4)）此原子受到晶体中其他原子作用的简谐势能可表示为

$$U(R_{nki}+u_{nki})=U(\boldsymbol{R}_{nk})+\frac{1}{2}\sum_{n'k'i'}\left(\frac{\partial^2\varphi}{\partial R_{n'k'i'}\partial R_{nki}}\right)u_{n'k'i'}u_{nki} \tag{3.2.1}$$

式中，$n,n'=1,2,\cdots,N$；$k,k'=1,2,\cdots,P$；$i,i'=1,2,3$，类似式 (3.1.5)，令

$$\frac{\partial^2\varphi}{\partial R_{n'k'i'}\partial R_{nki}}=W_{ii'}\begin{pmatrix}nn'\\kk'\end{pmatrix} \tag{3.2.2}$$

式中，$W_{ii'}\begin{pmatrix}nn'\\kk'\end{pmatrix}$称为原子力常数，它代表第 n' 个原胞中第 k' 个原子在其他原子不动的情况下沿 i' 的方向移动一个单位长度时，第 n 个原胞中第 k 个原子在 i 方向上受到的作用力. 显然 $W_{ii'}=W_{i'i}$. 注意到势能仅仅与原子间的相对距离有关，因而有

$$W_{ii'}\begin{pmatrix}nn'\\kk'\end{pmatrix}=W_{i'i}\begin{pmatrix}n'n\\k'k\end{pmatrix}=W_{ii'}\begin{pmatrix}n-n'\\k\quad k'\end{pmatrix} \tag{3.2.3}$$

类似于方程(3.1.9)，平衡位置位于 $\boldsymbol{R}_{nk}$ 的原子的动力学方程为

$$m_k\frac{\mathrm{d}^2u_{nki}}{\mathrm{d}t^2}=-\frac{\partial U_{nk}}{\partial u_{nki}}=-\sum_{n'k'i'}W_{ii'}\begin{pmatrix}nn'\\kk'\end{pmatrix}u_{n'k'i'} \tag{3.2.4}$$

$$n,n'=1,2,3,\cdots,N,\quad k,k'=1,2,\cdots P,\quad i,i'=1,2,3$$

方程式(3.2.3)实际上是 $3PN$ 个互相关联的微分方程组.

3.2.2 格波解、色散关系、模式数目

把一维晶格动力学方程的试解式(3.1.14)加以推广,设三维晶格行波试解为

$$u_{nki} = \frac{1}{\sqrt{m_k}} A_{ki}(\boldsymbol{q}) \mathrm{e}^{\mathrm{i}(\boldsymbol{q} \cdot \boldsymbol{R}_n - \omega t)} \tag{3.2.5}$$

把上式代入方程式(3.2.4)得

$$-\omega^2 A_{ki}(\boldsymbol{q}) = -\sum_{n'k'i'} \frac{1}{(m_k m_{k'})^{1/2}} W_{ii'} \begin{pmatrix} n - n' \\ k \quad k' \end{pmatrix} A_{k'i'}(\boldsymbol{q}) \mathrm{e}^{\mathrm{i}\boldsymbol{q} \cdot (\boldsymbol{R}_{n'} - \boldsymbol{R}_n)} \tag{3.2.6}$$

或者

$$\omega^2 A_{ki}(\boldsymbol{q}) = \sum_{k'i'} \left[\frac{1}{(m_k m_{k'})^{1/2}} \sum_{n'} W_{ii'} \begin{pmatrix} n - n' \\ k \quad k' \end{pmatrix} \mathrm{e}^{\mathrm{i}\boldsymbol{q} \cdot (\boldsymbol{R}_{n'} - \boldsymbol{R}_n)} \right] A_{k'i'} \tag{3.2.7}$$

由于晶格的平移对称性,坐标原点的任何平移都不会影响 $W_{ii'}\begin{pmatrix} nn' \\ kk' \end{pmatrix}$,它只依赖于两原胞的相对位置 $R_{n'} - R_n$,正如式(3.2.3)所示,$W_{ii'}\begin{pmatrix} nn' \\ kk' \end{pmatrix} = W_{ii'}\begin{pmatrix} n - n' \\ k \quad k' \end{pmatrix}$. 因此,$n$ 无论取何值,即对任何一个指定原胞,式(3.2.7)中的求和因子

$$\frac{1}{(m_k m_{k'})^{1/2}} \sum_{n'} W_{ii'} \begin{pmatrix} n - n' \\ k \quad k' \end{pmatrix} \mathrm{e}^{\mathrm{i}\boldsymbol{q} \cdot (\boldsymbol{R}_{n'} - \boldsymbol{R}_n)}$$

的结果都不会变化,也就是说上述求和的结果与 n 无关,而仅是 k、k'、i、i' 的函数,因此令

$$\frac{1}{(m_k m_{k'})^{1/2}} \sum_{n'} W_{ii'} \begin{pmatrix} n - n' \\ k \quad k' \end{pmatrix} \mathrm{e}^{\mathrm{i}\boldsymbol{q} \cdot (\boldsymbol{R}_{n'} - \boldsymbol{R}_n)} = C_{ii'}^{kk'}(\boldsymbol{q}) \tag{3.2.8}$$

于是,式(3.2.7)写成

$$\omega^2 A_{ki}(\boldsymbol{q}) = \sum C_{ii'}^{kk'}(\boldsymbol{q}) A_{k'i'}(\boldsymbol{q}) \tag{3.2.9}$$

上式与原胞位置无关,是 $3P$ 个联立方程组. 晶格的周期性使得 $3PN$ 个联立方程组减少到 $3P$ 个.

方程(3.2.9)使 $A_{ki}(q)$有非零解的条件是

$$\det[\,|\, C_{ii'}^{kk'}(\boldsymbol{q}) - \omega^2 \delta_{kk'} \delta_{ii'} \,|\,] = 0 \tag{3.2.10}$$

它是 ω^2 的 $3P$ 次方程,由此可得到 $3P$ 个色散关系

$$\omega_j = \omega_j(\boldsymbol{q}), \qquad j = 1, 2, \cdots, 3P \tag{3.2.11}$$

每个色散关系表示一支格波,共有 $3P$ 支格波. 进一步分析可以证明,这 $3P$ 支格波中,有 3 支是描述原胞与原胞之间的相对运动,其色散关系在长波近似下与弹性波类似,称为声学支. 另外 $3P-3$ 支是描述原胞内各原子之间的相对运动,称为光学支.

由于格波解(3.2.5)具有下列性质:

$$u_{nki}(\boldsymbol{q} + \boldsymbol{G}) = u_{nki}(\boldsymbol{q}) \tag{3.2.12}$$

$$u_{nki}(-\boldsymbol{q}) = u_{nki}(\boldsymbol{q}) \tag{3.2.13}$$

式中,$\boldsymbol{G}$ 为倒格矢,且有 $\boldsymbol{G}\times R=m\times 2\pi$($m$ 为整数)因此可知色散关系也具有同样的特点:

$$\omega_j(\boldsymbol{q}+\boldsymbol{G}) = \omega_j(\boldsymbol{q}) \tag{3.2.14}$$

$$\omega_j(-\boldsymbol{q}) = \omega_j(\boldsymbol{q}) \tag{3.2.15}$$

类似于一维晶格,也把 q 的取值限定在第一布里渊区

$$-\frac{b_i}{2} \leqslant q_i < \frac{b_i}{2} \tag{3.2.16}$$

式中,b_i 为倒格子基矢的 i 分量.

现在讨论波矢 q 的取值个数. 对三维晶格仍然选取周期性边界条件

$$u_{n+N_{i,k,i}} = u_{n,k,i}$$

即

$$\frac{1}{\sqrt{m_k}}A_{ki}(\boldsymbol{q})\mathrm{e}^{\mathrm{i}[\boldsymbol{q}\cdot(\boldsymbol{R}_n+N_i\boldsymbol{a}_i)]} = \frac{1}{\sqrt{m_k}}A_{ki}(\boldsymbol{q})\mathrm{e}^{\mathrm{i}\boldsymbol{q}\cdot\boldsymbol{R}_n}$$

上式中已经略去了时间因子,比较等式两边,得

$$\mathrm{e}^{\mathrm{i}q_iN_ia_i} = 1$$

式中,a_i 是原胞基矢的 i 分量. 也就是说

$$q_iN_ia_i = l_i\times 2\pi, \qquad l_i = 0, \pm 1, \pm 2, \cdots$$

因此, q_i 的取值为

$$q_i = l_i\,\frac{2\pi}{N_ia_i} \tag{3.2.17}$$

把 q_i 限定在第一布里渊区,对简立方晶格有

$$-\frac{\pi}{a_i} \leqslant l_i\,\frac{2\pi}{N_ia_i} < \frac{\pi}{a_i}$$

即

$$-\frac{N_i}{2} \leqslant l_i < \frac{N_i}{2}, \qquad i = 1,2,3 \tag{3.2.18}$$

所以 q_i 只能取 N_i 个不同的值. 由于

$$q = q_1i + q_2j + q_3k$$

所以 q 的取值数目为

$$N = N_1N_2N_3$$

对每一个波矢 q,有 $3P$ 个 $\omega_j(q)$与之对应,每一组(ω,q)表示晶格振动的一种模式,由此可知三维晶体中振动模式数目为 $3PN$ 个. 对有 N 个原胞的三维晶体,每个原胞有 P 个原子,每个原子有 3 个自由度,所有晶体的总自由度数目也是 $3PN$. 因此,概括起来我们得到以下结论:晶格振动的波矢数目等于晶体的原胞数目 N,独立振动模式数等于晶体的总自由度数 $3PN$. 这些独立的格波又可分成 $3P$

支,每支有 N 个格波或 N 个独立振动模式.其中 3 支是声学波,另外 $3P-3$ 支是光学波.3 支声学波中有一支是纵波,其原子振动方向与格波传播方向相同,其余两支是横波,振动方向与传播方向垂直.光学波中也有纵波与横波,通常用 TA 与 LA 表示横声学波与纵声学波,用 TO 与 LO 表示横光学波与纵光学波.但对非立方晶体,沿任意方向传播的格波其横波与纵波有时重合.

最后指出,格波式(3.2.5)是线性微分方程(3.2.4)的一个特解,按照微分方程理论,位于 R_{nk} 的原子振动的通解,应该是这 $3PN$ 个独立振动模式的线性叠加,即

$$u_{nk}=\sum_{q\omega}^{3PN}\frac{1}{\sqrt{m_k}}A_{ki}(q)\mathrm{e}^{\mathrm{i}(\boldsymbol{q}\cdot\boldsymbol{R}_m-\omega t)}\tag{3.2.19}$$

这一点对后面的讨论是非常重要的.

3.3　正则坐标与声子

声子是讨论晶体热力学性质所需要的重要概念.本节以一维单原子晶格为例引入声子的概念,并把它扩展到一般的三维情况.

3.3.1　正则坐标

对一维单原子晶格,第 n 个原子的第 l 个振动模式引起的位移为

$$u_{nl}=A_l\mathrm{e}^{\mathrm{i}(naq_l-\omega_l t)}\tag{3.3.1}$$

式中

$$q_l=\frac{2\pi l}{Na},\qquad -\frac{N}{2}\leqslant l<\frac{N}{2}$$

$$\omega_l^2=\frac{2\beta}{m}[1-\cos(q_l a)]$$

第 n 个原子的总位移根据式(3.2.19)应为

$$u_n=\sum_{l=1}^{N}u_{nl}=\sum_{l=1}^{N}A_l\mathrm{e}^{\mathrm{i}(naq_l-\omega_l t)}\tag{3.3.2}$$

在简谐近似和最近邻近似下,一维单原子晶格的振动总能量为

$$E=\frac{1}{2}m\sum_n\dot{u}_n^2+\frac{1}{2}\beta\sum_n(u_{n-1}-u_n)^2\tag{3.3.3}$$

由于势能项

$$U=\frac{1}{2}\beta\sum_n(u_{n-1}-u_n)^2=\frac{1}{2}\beta\sum_n(u_{n-1}^2+u_n^2-2u_{n-1}u_n)$$

中出现形如 $u_{n-1}u_n$ 的交叉项,使晶格振动总能量的计算非常困难,为了消去势能中的交叉项,引入以下变换,即

$$Q(q_l)=(Nm)^{\frac{1}{2}}A_l\mathrm{e}^{-\mathrm{i}\omega_l t}\tag{3.3.4}$$

即

$$A_l e^{-i\omega_l t} = Q(q_l)(Nm)^{-\frac{1}{2}}$$

于是式(3.3.2)变为

$$u_n = (Nm)^{-\frac{1}{2}} \sum_{q_l} Q(q_l) e^{inaq_l} \tag{3.3.5}$$

把上式代入振动总能量表示式(3.3.3)中，经过整理、运算后可知，如果下面两个关系式：

$$Q^*(q_l) = Q(-q_l) \tag{3.3.6}$$

$$\frac{1}{N}\sum_{n=0}^{N-1} e^{ina(q_l - q_{l'})} = \delta_{ll'} \tag{3.3.7}$$

成立，动能和势能项都具有平方和的形式. 现在我们对式(3.3.6)和式(3.3.7)两个关系式给予证明.

由于原子的位移 u_n 应为实数，即 $u_n^* = u_n$，因为

$$u_n = (Nm)^{-\frac{1}{2}} \sum_{q_l} Q(q_l) e^{inaq_l}$$

也可写成

$$u_n = (Nm)^{-\frac{1}{2}} \sum_{-q_l} Q(-q_l) e^{-inaq_l} \tag{3.3.8}$$

把式(3.3.5)两边取复共轭

$$u_n^* = (Nm)^{-\frac{1}{2}} \sum_{q_l} Q^*(+q_l) e^{-inaq_l} \tag{3.3.9}$$

比较式(3.3.8)及式(3.3.9)，可得

$$Q^*(q_l) = Q(-q_l)$$

从而式(3.3.6)得证.

关系式(3.3.7)对 $q_l = q_{l'}$ 显然成立. 当 $q_l \neq q_{l'}$ 时，令 $q_l - q_{l'} = 2\pi s/(Na)$，$s = l - l'$ 为整数，有

$$\frac{1}{N}\sum_{n=0}^{N-1} e^{ina(q_l - q_{l'})} = \frac{1}{N}\sum_{n=0}^{N-1} e^{ins\times 2\pi/N} = \frac{1}{N}\frac{e^{is\times 2\pi} - 1}{e^{is\times 2\pi/N} - 1} = 0$$

所以，式(3.3.7)得证.

利用这两个关系式，晶格振动总能量可表示为

$$E = \sum_{l}^{N} \frac{1}{2}[\dot{Q}^2(q_l) + \omega_l^2 Q^2(q_l)] \tag{3.3.10}$$

由此看出，晶格振动的总能量可表示成 N 项和，每一项都是我们所熟悉的频率为 ω_l 的线性谐振子能量的形式. 这说明引入变换式(3.3.4)后，晶格振动的总能量可以表示为 N 个独立简谐振子的能量之和.

$Q(q_l)$ 具有坐标的意义. 由式(3.3.5)可以看出，它实际上是原子位移 u_n 在新

坐标系中的坐标，这个新坐标系就是由本征态$(1/\sqrt{Nm})e^{inaq_l}$为基矢所构成的态空间. 式(3.3.4)所引入的变换可与量子力学中的表象变换类比考虑. 在实际坐标空间的 N 个相互作用着的原子体系的微振动和在态空间中 N 个独立谐振子是等效的. 通常我们把 $Q(q_l)$称为**正则坐标**.

3.3.2 声子

严格的说晶格振动问题应该用量子力学处理. 一旦找到正则坐标，由经典力学到量子力学的过渡是非常简便的. 式(3.3.10)可以直接作为量子力学分析的出发点，只需把其中的各物理量看成相应的算符，并经过实数化处理，式(3.3.10)中的每一求和项就成为频率为 ω_l 的线性谐振子的哈密顿算符，根据量子力学对谐振子的处理，频率为 ω_l 的谐振子的能量本征值是

$$\varepsilon_l = \left(\frac{1}{2} + n_l\right)\hbar\omega_l, \qquad n_l = 0,1,2,\cdots \tag{3.3.11}$$

所以晶格的总能量

$$E = \sum_l^N \varepsilon_l = \sum_l \left(\frac{1}{2} + n_l\right)\hbar\omega_l \tag{3.3.12}$$

上述结论可直接推广到三维情况. 若三维晶体有 N 个原胞，每个原胞有 P 个原子，则晶格中共有 $3PN$ 种不同频率的振动模式，在正则坐标下，晶格振动总能量等于 $3PN$ 个相互独立的谐振子的能量和，所以三维晶格的振动总能量为

$$E = \sum_i^{3PN} \varepsilon_i = \sum_i^{3PN} \left(\frac{1}{2} + n_i\right)\hbar\omega_i \tag{3.3.13}$$

现在引入“声子”的概念. 由式(3.3.11)可知，每个振动模式的能量均是以 $\hbar\omega_l$ 为最小基本单位，能量的增、减只能是 $\hbar\omega_l$ 的整数倍，即能量是量子化的. 我们把这种晶格振动能量的“量子”$\hbar\omega_l$ 称为“**声子**”. 不同频率的谐振模式对应不同种类的声子，如果频率为 ω_l的谐振子处在 $\varepsilon_l=\left(\frac{1}{2}+n_l\right)\hbar\omega$ 的激发态时，我们可以说有 n_l 个频率为 ω_l 的声子. 谐振子能量的增加和减少可用声子的产生和消灭来表示.

声子不仅是一个能量子，它还具有“动量”. 这是因为波矢 q 的方向代表格波的传播方向，引入声子的概念后它就是声子的波矢，其方向代表声子的运动方向，类似光子，称 $\hbar q$ 为声子的**准动量**. 之所以称作准动量，首先是因为声子的准动量 $\hbar q$ 并不是晶体的真实动量. 例如，可以设想在一维单原子晶格中只有一种谐振动模式(ω_l,q_l)，即只有一种波矢为 q_l 的声子，如果 $\hbar q$ 是晶体的真实动量，那么晶体应具有动量 $n_l\hbar q_l$. 但是，晶体的真实动量应为

$$P = \sum_n^N m\dot{x}_n = -\mathrm{i}\omega mA\mathrm{e}^{-\mathrm{i}\omega t}\sum_n^N \mathrm{e}^{\mathrm{i}nqa}$$

由于上式中的

$$\sum_{n}^{N} \mathrm{e}^{inqa} = 0, \qquad q \neq 0$$

所以,此时晶体的真实动量为 0,而不是声子的准动量 $\hbar q$ 之和. 另外,由于 $\omega(q)$ 是 q 的周期函数,q 和 $q+G$ 描述的完全是相同的振动状态,所以对某一格波,其波矢 q 是不确定的,可以附加一个倒格矢. 这就导致声子的准动量也是不确定的,可以是 $\hbar \boldsymbol{q}$,也可以是 $\hbar(\boldsymbol{q}+\boldsymbol{G})$. 尽管如此,但在研究光子、中子、电子与声子的相互作用时,发现 $\hbar q$ 确实表现出动量的属性.

声子既具有能量又具有动量,即具有粒子的属性,所以我们可以把声子看成一种"准粒子". 由于同种声子(ω 和 q 都相同的声子)之间不可区分而且自旋为 0,声子是玻色子. 处于不同激发态的声子,其数目 n_l 不相同,因此声子数目是不守恒的. 在一定温度下,频率为 ω_i 的声子的平均声子数目 $\bar{n}_i$ 可根据统计公式求得,有

$$\overline{n_i} = \frac{\sum\limits_{n_i=0}^{\infty} n_i \mathrm{c}^{-n_i \hbar\omega_i/(k_\mathrm{B}T)}}{\sum\limits_{n_i=0}^{\infty} \mathrm{e}^{-n_i \hbar\omega_i/(k_\mathrm{B}T)}}$$

令 $\dfrac{\hbar\omega_i}{k_\mathrm{B}T}=x>0$,$k_\mathrm{B}$ 为玻尔兹曼常量,则

$$\overline{n_i} = \frac{\sum\limits_{n_i=0}^{\infty} n_i \mathrm{e}^{-n_i x}}{\sum\limits_{n_i=0}^{\infty} \mathrm{e}^{-n_i x}} = -\frac{\mathrm{d}}{\mathrm{d}x}\ln \sum_{n_i=0}^{\infty} \mathrm{e}^{-n_i x} = \frac{\mathrm{d}}{\mathrm{d}x}\ln\left(1+\mathrm{e}^{-x}+\mathrm{e}^{-2x}+\cdots\right)$$

$$= \frac{\mathrm{d}}{\mathrm{d}x}\ln(1-\mathrm{e}^{-x}) = \frac{1}{\mathrm{e}^{x}-1}$$

所以

$$\overline{n_i} = \frac{1}{\mathrm{e}^{\hbar\omega_i/(k_\mathrm{B}T)}-1} \tag{3.3.14}$$

即在一定温度下平均声子数目服从玻色-爱因斯坦统计(由于声子数不守恒,化学式 $\mu=0$).

引入声子概念后,给处理有关晶格振动问题带来极大方便. 简谐近似下晶格振动的热力学问题就可当作由 $3PN$ 种不同声子组成的理想气体系统处理,如果考虑非简谐效应,可看成有相互作用的声子气体. 另外光子、电子、中子等受到晶格振动的作用就可看成是光子、电子、中子等与声子的碰撞作用,这样就使得问题的处理大大地简化了. 我们也把声子称作一种"元激发",所谓固体中**元激发**,就是描述固体中微观粒子在特定相互作用下产生的集体运动状态的量子. 相互作用性质不同,对应不同的元激发.

3.4　晶格振动谱的实验测定

晶格振动谱就是格波的色散关系 $\omega(q)$，也称声子谱. 晶体与晶格振动有关的性质都与 $\omega(q)$相关. 因此确定晶格振动谱是非常重要的. 除了少数几个极简单模型，其晶格振动谱可以从理论上导出外，绝大部分实际晶体的晶格振动谱需要实验测定.

粒子与晶格振动的非弹性散射是实验测定 $\omega(q)$的基础. 引入声子概念后，上述散射可看作粒子，如中子、电子、光子等与声子的碰撞. 当上述粒子入射到晶体，可以和晶格振动交换能量，使谐振子从一个激发态跃迁到另一个激发态. 用声子概念说，就是产生或者消灭了一个 $\hbar\omega$ 声子. 根据碰撞过程的能量守恒和动量守恒定律，碰撞可表示为

$$\hbar\omega = \hbar\omega' \pm \hbar\omega_q \tag{3.4.1}$$

$$\hbar\boldsymbol{k} = \hbar\boldsymbol{k}' \pm \hbar\boldsymbol{q} + \hbar\boldsymbol{G} \tag{3.4.2}$$

式(3.4.1)表示碰撞过程的能量守恒，其中 ω、ω'分别表示入射波(德布罗意波或电磁波)、反射波的频率，ω_q 是声子的频率. 式(3.4.2)表示动量守恒，其中 $\boldsymbol{k}$、$\boldsymbol{k}'$ 分别表示入射波和反射波的波矢，$\boldsymbol{q}$ 表示声子的波矢. “+”和“−”号分别表示产生声子和消灭声子的过程. 需要指出，式(3.4.2)多出一项 $\hbar\boldsymbol{G}$，这是因为同种的声子的波矢可相差一倒格矢即 $\omega(\boldsymbol{q})=\omega(\boldsymbol{q}+\boldsymbol{G})$. 式(3.4.2)所表示的动量守恒关系实际上是晶格周期性的反映. 因为动量守恒是空间均匀性的反映，由于晶格的平移对称性(周期性)与完全平移对称性(均匀空间)相比，对称性降低了，因而变换规则与动量守恒相比，条件变弱了，导致可相差 $\hbar G$.

可见，若能测定散射前后粒子的频率与波长的改变，就可根据式(3.4.1)和式(3.4.2)确定声子的频率和波矢的关系 $\omega(\boldsymbol{q})$. 常用的散射粒子有中子、光子等，它们各有优点和局限性，下面分别作一个简要介绍.

图 3.4.1 是一个典型的中子散射谱仪的示意图，也叫三轴中子谱仪. 中子束是反应堆中产生出来的热中子流，射到一块单晶构成的单色器上，利用布拉格反射产生单色的德布罗意波波矢为 $k=p/\hbar$的中子流. p 为中子的动量，其相应的德布罗意波角频率 $\omega=(p^2/2m_n\hbar)$，m_n 为中子质量. 然后经过准直器入射到样品上，再由准直器选取散射中子波矢 $\boldsymbol{k}'(\boldsymbol{p}'/\hbar)$的方向，波矢为 k'的中子束射到分析器上，分析器也是一块单晶，利用布拉格反射来决

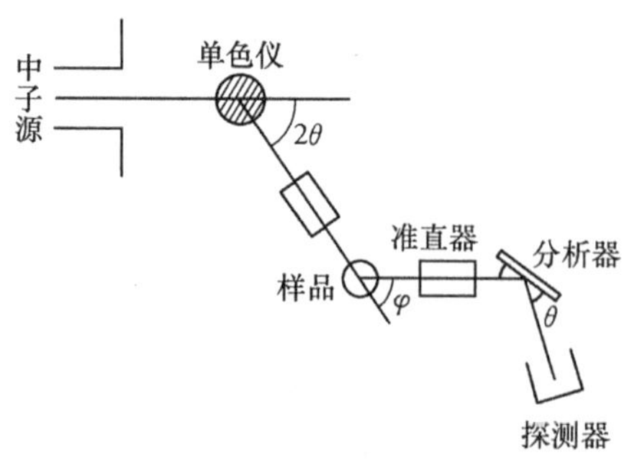

图 3.4.1　中子谱仪结构示意图

定散射中子的波矢 $k'=p'/\hbar$ 的大小，探测器用以测量中子束的强度. 由于中子的能量一般为 0.02～0.04eV，与声子能量是同数量级；中子的德布罗意波长 h/p 约 $2\times10^{-10}\sim3\times10^{-10}$ m，正好是晶格常数的数量级，因此，提供了测定格波 q、ω 的最有利的条件. 因此中子散射是测定声子谱最为常用的方法. 但是由于中子源反应堆比较复杂，给此种方法的普遍应用带来一定困难.

当光通过固体时，也会与格波相互作用而发生散射. 对于一级谱(单声子过程)仍有式(3.4.1)和式(3.4.2)所表示的能量、动量守恒关系. 所以仍可通过测定反射前后入射光波长、频率的变化，来确定晶格振动谱 $\omega(\boldsymbol{q})$. 但由于一般可见光的波矢 $\boldsymbol{k}$ 的值只有 $10^8\mathrm{m}^{-1}$ 的数量级，因此与之作用的声子波矢 $\boldsymbol{q}$ 的值 $|\boldsymbol{q}|$ 也应在这一数量级. 它远小于布里渊区的线度，这些声子只是位于布里渊区中心($\boldsymbol{q}\to0$)很小一部分区域内的声子，即长波声子. 因此光散射的方法只能测定布里渊区中心很少一部分长波声子谱，这是光散射方法的根本局限性. 由于声子的 $|\boldsymbol{q}|$ 很小，不会超出第一布里渊区，故式(3.4.2)中的 $\boldsymbol{G}$ 只能为 0.

光被长声学波的散射称为**布里渊散射**. 由于长声学波的能量非常小，散射光的频率和波矢的改变非常小，可以近似认为 $k=k'$，因而类似图 1.7.2 所示($\boldsymbol{k}-\boldsymbol{k}'=\boldsymbol{q}$)，有

$$|\boldsymbol{q}|\approx 2k\sin\theta = 2n\frac{\omega}{c}\sin\theta \tag{3.4.3}$$

式中，n 为介质的折射率，c 为真空光速. 又根据长声学波的色散关系近似为 $\omega_j(q)=u_jq$，u_j 为弹性波速度，下标"j"表示纵波或横波. 因此，布里渊散射引起的频移可以表示为

$$\Delta\omega=\omega'-\omega=\pm 2n\omega\frac{u_j}{c}\sin\theta \tag{3.4.4}$$

式中，取"+"号对应消灭声子，对应的谱线称为**斯托克斯线**；取"－"号对应产生声子，称为**反斯托克斯线**，如图 3.4.2 所示. 利用布里渊散射，可由式(3.4.4)确定声速 $\boldsymbol{u}_j$，由斯托克斯线宽度确定声子寿命(利用能量、寿命测不准关系).

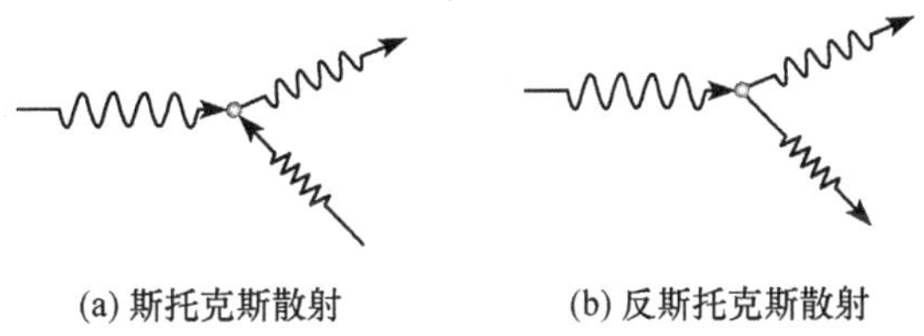

(a) 斯托克斯散射　　(b) 反斯托克斯散射

图 3.4.2　光子的布里渊散射，伴随着一个声子的发射或吸收

光与长光学波的散射关系称为**拉曼散射**. 由于长光学波声子的能量较大，其频率基本与波矢无关(可由光学波的色散关系曲线非常平缓看出)，所以拉曼频移相

当大. 与布里渊散射类似,对应消灭声子和产生声子的谱线分别称为斯托克斯线和反斯托克斯线. 拉曼光谱已经成为研究凝聚态物质性质的常用工具.

3.5 离子晶体中的长光学波

本节讨论离子晶体中光学波与电磁波的相互作用. 由于只有当电磁波与光学波的频率、波长相同时才会发生强烈的耦合作用,所以在离子晶体中能与电磁波发生强烈耦合作用的只能是长光学波. 这是因为离子晶体中光学支的频率 ν 大约为 $10^{13}\,\mathrm{s}^{-1}$ 的数量级,而在此频段的电磁波处于红外波段,波长大约为 $10^{-6}\,\mathrm{m}$ 数量级,因此要求光学支格波也要有同样的波长. 此波长要比离子晶体的晶格常数大得多,是长光学波,下面着重讨论长光学波.

3.5.1 离子晶体长光学波的横波与纵波

离子晶体的光学波描述原胞中正负离子的相对运动. 在波长较长时,半个波长范围内包含很多原胞. 在两个波节之间,同种离子的位移方向相同,异种离子的位移方向相反,而在波节两边,同种离子位移方向相反. 这样波节面将晶体分成许多个薄层,在每个薄层里正负离子位移相反,每个薄层里产生退极化场 e,整个晶体被分层极化,所以离子晶体的光学波又称为极化波. 图 3.5.1(a)、(b)分别给出离子晶体的纵极化波和横极化波的示意图.

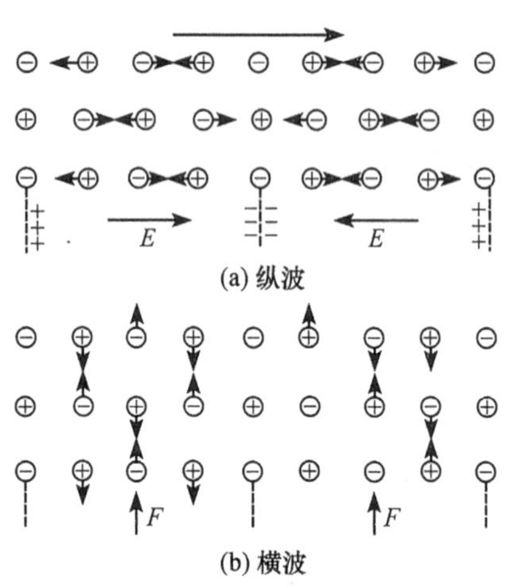

图 3.5.1 长波光学振动的特点
离子上的箭头表示运动方向

纵光学波和横光学波产生的退极化场是不大相同的,因而纵、横光学波也有一些不同的特征.

对于纵光学波,离子位移方向与波的传播方向平行,因此退极化场场强 $\boldsymbol{E}_{\mathrm{d}}$ 与波节面垂直. 若层间的极化强度用 $\boldsymbol{P}$ 表示,则退极化场场强

$$\boldsymbol{E}_{\mathrm{d}} = -\frac{\boldsymbol{P}}{\varepsilon_0}$$

式中,ε_0 为真空介电系数. 由于退极化场的存在,使电量为 Q 的正、负离子受到一个指向平衡位置的附加电场力 $\boldsymbol{f}_{\mathrm{e}} = Q\boldsymbol{E}_{\mathrm{eff}}$. 此时离子受到的恢复力 $\boldsymbol{f} = \boldsymbol{f}_{弹} + \boldsymbol{f}_{\mathrm{e}}$,即恢复力增大. 由于晶格振动频率直接与恢复力有关,因此纵向极化使光学波的频率 ω_{L} 增大.

对横波,退极化场平行薄层面,由于薄层的厚度为 $\lambda/2$,它与晶体的线度相比小得多,如图 3.5.1(b)所示,因其退极化场 $\boldsymbol{E}=0$. 与纵光学波相比,横光学波的离子所受的恢复力,由于没有附加的静电场恢复力而较小. 因此,可以断言横光学波的角频率 ω_{T}小于纵光学波的角频率 ω_{L}.

离子晶体原胞中只有两个离子,所以离子晶体的 3 支光学波中有两支是横波,一支是纵波.

3.5.2 长光学波的宏观运动方程

现在建立长波近似下,离子晶体原胞中两离子的相对运动方程. 设 $\boldsymbol{u}_+$ 表示质量为 M 的正离子的位移,$\boldsymbol{u}_-$ 表示质量为 m 的负离子的位移. 与一维双原子晶格类似,可分别写出正、负离子的运动力学方程. 所不同的,一是由于离子键的各向同性,所以 $\beta_1=\beta_2$;二是由于退极化场的存在,离子还受到一个静电恢复力. 因此,有

$$M\ddot{\boldsymbol{u}}_+=-\beta(\boldsymbol{u}_+-\boldsymbol{u}_-)+Q\boldsymbol{E}_{\mathrm{eff}} \tag{3.5.1}$$

$$m\ddot{\boldsymbol{u}}_-=-\beta(\boldsymbol{u}_--\boldsymbol{u}_+)-Q\boldsymbol{E}_{\mathrm{eff}} \tag{3.5.2}$$

式中,Q 为离子的电量,$\boldsymbol{E}_{\mathrm{eff}}$是宏观退极化场与离子本身产生的电场之差,称为有效电场. 对立方晶系,在洛仑兹近似下,此有效电场与宏观电场的关系为

$$\boldsymbol{E}_{\mathrm{eff}}=\boldsymbol{E}+\frac{\boldsymbol{P}}{3\varepsilon_0} \tag{3.5.3}$$

由于在长波近似下,各原胞中正负离子的位移几乎相等,可引入单位体积中的相对位移来描述光学振动. 为此作如下变换:

给方程式(3.5.1)和式(3.5.2)两边分别乘以 $m/(M+m)$和 $M/(M+m)$,然后相加、相减得

$$M\ddot{\boldsymbol{u}}_++m\ddot{\boldsymbol{u}}_-=0 \tag{3.5.4}$$

$$\frac{Mm}{M+m}(\ddot{\boldsymbol{u}}_+-\ddot{\boldsymbol{u}}_-)=-\beta(\boldsymbol{u}_+-\boldsymbol{u}_-)+Q\boldsymbol{E}_{\mathrm{eff}} \tag{3.5.5}$$

式(3.5.4)实际上是原胞质心的运动方程

$$(M+m)\frac{\mathrm{d}^2}{\mathrm{d}t^2}\frac{M\boldsymbol{u}_++m\boldsymbol{u}_-}{M+m}=(M+m)\frac{\mathrm{d}^2}{\mathrm{d}t^2}\boldsymbol{C}=0$$

式中,C 为质心. 说明在长光学波中,原胞的质心保持不动. 式(3.5.5)是正负离子的相对运动方程. 引入相对位移 $\boldsymbol{u}=\boldsymbol{u}_+-\boldsymbol{u}_-$,折合质量 $\mu=Mm/(M+m)$,则方程(3.5.5)可写成

$$\mu\ddot{\boldsymbol{u}}=-\beta\boldsymbol{u}+Q\boldsymbol{E}_{\mathrm{eff}} \tag{3.5.6}$$

为了表述方便,通常引入一个单位体积中的位移参量

$$\boldsymbol{W}=\rho^{1/2}\boldsymbol{u}=\left(\frac{\mu}{\Omega}\right)^{1/2}\boldsymbol{u}=\left(\frac{N\mu}{V}\right)^{1/2}\boldsymbol{u} \tag{3.5.7}$$

式中，$\rho=\dfrac{\mu}{\Omega}$为质量密度，μ 为原胞的折合质量，Ω 为原胞体积.

离子的相对位移在晶体中引起极化，极化强度

$$\boldsymbol{P}=n_0(Q\boldsymbol{u}+\alpha\boldsymbol{E}_{\text{eff}}) \tag{3.5.8}$$

式中，n_0 是单位体积中所原胞数，$n_0=N/V$，$n_0Q\boldsymbol{u}$ 表示正负离子的相对位移引起的极化，$n_0\alpha\boldsymbol{E}_{\text{eff}}$表示正负离子在外电场作用下电子云发生畸变所引起的极化，$\alpha=\alpha^++\alpha^-$代表正负离子极化率之和.

把式(3.5.3)代入方程式(3.5.6)和式(3.5.8)，并用 $\boldsymbol{W}$ 表示相对位移 $\boldsymbol{u}$. 则方程式(3.5.6)和式(3.5.8)成为

$$\ddot{\boldsymbol{W}}=b_{11}\boldsymbol{W}+b_{12}\boldsymbol{E} \tag{3.5.9}$$

$$\boldsymbol{P}=b_{21}\boldsymbol{W}+b_{22}\boldsymbol{E} \tag{3.5.10}$$

式中

$$b_{11}=\frac{1}{\mu}\left(-\beta+\frac{n_0Q^2}{3\varepsilon_0-\alpha n_0}\right)$$

$$b_{12}=b_{21}=\frac{3\varepsilon_0(n_0)^{1/2}Q}{(\mu)^{1/2}(3\varepsilon_0-\alpha n_0)}$$

$$b_{22}=\frac{3n_0\varepsilon_0\alpha}{3\varepsilon_0-\alpha n_0}$$

方程 (3.5.9)和 (3.5.10)称为**黄昆方程**. 它是离子晶体长光学波的两个基本方程. 其中的电场 E 既包含位移极化的宏观退极化场，又可以包含外加电场.

黄昆方程中的系数 b_{ij} 可用特殊情况下的介电常量表示，因此可通过实验确定. 如在恒定静电场下，正、负离子将发生相对位移 $\boldsymbol{W}$，但 $\ddot{\boldsymbol{W}}=0$，由式(3.5.9)可得

$$\boldsymbol{W}=-\frac{b_{12}}{b_{11}}\boldsymbol{E}$$

再代入式 (3.5.10)，得

$$\boldsymbol{P}=b_{12}\boldsymbol{W}+b_{22}\boldsymbol{E}=\left(b_{22}-\frac{b_{12}^2}{b_{11}}\right)\boldsymbol{E} \tag{3.5.11}$$

由静电学可知

$$\boldsymbol{D}=\varepsilon_0\boldsymbol{E}+\boldsymbol{P}=\varepsilon_{\text{r}}(0)\varepsilon_0\boldsymbol{E}$$

即

$$\boldsymbol{P}=[\varepsilon_{\text{r}}(0)-1]\varepsilon_0\boldsymbol{E} \tag{3.5.12}$$

式中，$\varepsilon_{\text{r}}(0)$为静介电常量，$\varepsilon_0$ 为真空电容率. 比较式 (3.5.11)与式(3.5.12)，可知

$$[\varepsilon_{\text{r}}(0)-1]\varepsilon_0=b_{22}-\frac{b_{12}^2}{b_{11}} \tag{3.5.13}$$

再看在外电场频率极高时的介电电极化. 由于离子的运动跟不上迅速变化的外力，因此有 $\boldsymbol{W}=0$，由式(3.5.10)有

$$\boldsymbol{P} = b_{22}\boldsymbol{E} \tag{3.5.14}$$

若此时晶体的介电常量记为 $\varepsilon_r(\infty)$，称为**高频介电常量**，则有

$$\boldsymbol{P} = [\varepsilon_r(\infty) - 1]\varepsilon_0\boldsymbol{E} \tag{3.5.15}$$

比较式(3.5.14)和式(3.5.15)，得

$$[\varepsilon_r(\infty) - 1]\varepsilon_0 = b_{22} \tag{3.5.16}$$

另外，在宏观电场 $E=0$ 时，由式(3.5.9)有

$$\ddot{\boldsymbol{W}} = b_{11}\boldsymbol{W}$$

令

$$b_{11} = -\omega_0^2 \tag{3.5.17}$$

则

$$\ddot{\boldsymbol{W}} + \omega_0^2\boldsymbol{W} = 0$$

由此可知 ω_0 是没有宏观电场的情况下晶格振动的固有频率. 后面我们将看到，ω_0 可从晶格红外吸收谱中测得.

由式(3.5.13)、式(3.5.16)和式(3.5.17)可得

$$\begin{aligned} &b_{11} = -\omega_0^2 \\ &b_{12} = b_{21} = [\varepsilon_r(0) - \varepsilon_r(\infty)]^{1/2}\varepsilon_0^{1/2}\omega_0 \\ &b_{22} = [\varepsilon_r(\infty) - 1]\varepsilon_0 \end{aligned} \tag{3.5.18}$$

3.5.3 LST 关系

前面我们已经定性说明离子晶体的长光学纵波的频率 ω_L 大于长光学横波的频率 ω_T，现在由黄昆方程建立它们之间的定量关系.

对没有外加电磁场而仅有离子晶体的晶格振动退极化场情况，设方程式(3.5.9)和式(3.5.10)具有平面波形式解

$$\begin{aligned} \boldsymbol{W} &= W_0 e^{i(\boldsymbol{q}\cdot\boldsymbol{r} - \omega t)} \\ \boldsymbol{P} &= P_0 e^{i(\boldsymbol{q}\cdot\boldsymbol{r} - \omega t)} \\ \boldsymbol{E} &= E_0 e^{i(\boldsymbol{q}\cdot\boldsymbol{r} - \omega t)} \end{aligned} \tag{3.5.19}$$

则它们可分解成横向分量 $\boldsymbol{W}_T$、$\boldsymbol{P}_T$、$\boldsymbol{E}_T$ 和纵向分量 $\boldsymbol{W}_L$、$\boldsymbol{P}_L$、$\boldsymbol{E}_L$.

$$\boldsymbol{W} = \boldsymbol{W}_L + \boldsymbol{W}_T, \quad \boldsymbol{P} = \boldsymbol{P}_L + \boldsymbol{P}_T, \quad \boldsymbol{E} = \boldsymbol{E}_L + \boldsymbol{E}_T \tag{3.5.20}$$

且有

$$\left.\begin{aligned} \nabla\cdot\boldsymbol{W}_T = 0, \quad \nabla\times\boldsymbol{W}_L = 0 \\ \nabla\cdot\boldsymbol{P}_T = 0, \quad \nabla\times\boldsymbol{P}_L = 0 \\ \nabla\cdot\boldsymbol{E}_T = 0, \quad \nabla\times\boldsymbol{E}_L = 0 \end{aligned}\right\} \tag{3.5.21}$$

这样，方程式(3.5.9)和式(3.5.10)可写成

$$\ddot{\boldsymbol{W}}_L = b_{11}\boldsymbol{W}_L + b_{12}\boldsymbol{E}_L \tag{3.5.22}$$

$$\ddot{\boldsymbol{W}}_{\mathrm{T}} = b_{11}\boldsymbol{W}_{\mathrm{T}} + b_{12}\boldsymbol{E}_{\mathrm{T}} \tag{3.5.23}$$

$$\boldsymbol{P}_{\mathrm{L}} = b_{21}\boldsymbol{W}_{\mathrm{L}} + b_{22}\boldsymbol{E}_{\mathrm{L}} \tag{3.5.24}$$

$$\boldsymbol{P}_{\mathrm{L}} = b_{21}\boldsymbol{W}_{\mathrm{T}} + b_{22}\boldsymbol{E}_{\mathrm{T}} \tag{3.5.25}$$

对横光学波,若不考虑涡旋电场,即在静电近似下,对横电场也应有$\nabla\times\boldsymbol{E}_{\mathrm{T}}=0$,又因$\nabla\cdot\boldsymbol{E}_{\mathrm{T}}=0$,所以 $\boldsymbol{E}_{\mathrm{T}}=0$,因此得

$$\ddot{\boldsymbol{W}}_{\mathrm{T}} = b_{11}\boldsymbol{W}_{\mathrm{T}}$$

由此可知,横波频率

$$\omega_{\mathrm{T}}^2 = \omega_0^2 = -b_{11} \tag{3.5.26}$$

对于纵光学波,由于离子晶体中没有自由电荷,所以

$$\nabla\cdot\boldsymbol{D} = \nabla\cdot[\varepsilon_0(\boldsymbol{E}_{\mathrm{L}}+\boldsymbol{E}_{\mathrm{T}})+\boldsymbol{P}_{\mathrm{L}}+\boldsymbol{P}_{\mathrm{T}}] = 0$$

注意到式 (3.5.21),上式变为

$$\nabla\cdot(\varepsilon_0\boldsymbol{E}_{\mathrm{L}}+\boldsymbol{P}_{\mathrm{L}}) = 0$$

又由静电场性质$\nabla\times\boldsymbol{D}=0$,有

$$\nabla\times\boldsymbol{D} = \nabla\times(\varepsilon_0\boldsymbol{E}_{\mathrm{L}}+\boldsymbol{P}_{\mathrm{L}}) = 0$$

所以,有 $\varepsilon_0\boldsymbol{E}_{\mathrm{L}}+\boldsymbol{P}_{\mathrm{L}}=0$,把式(3.5.24)代入,得

$$\varepsilon_0\boldsymbol{E}_{\mathrm{L}}+\boldsymbol{P}_{\mathrm{L}} = \varepsilon_0\boldsymbol{E}_{\mathrm{L}}+b_{21}\boldsymbol{W}_{\mathrm{L}}+b_{22}\boldsymbol{E}_{\mathrm{L}} = 0$$

由此解得

$$\boldsymbol{E}_{\mathrm{L}} = \frac{-b_{12}}{\varepsilon_0+b_{22}}\boldsymbol{W}_{\mathrm{L}} \tag{3.5.27}$$

代入式(3.5.22),得

$$\ddot{\boldsymbol{W}}_{\mathrm{L}} = \left(b_{11}-\frac{-b_{12}^2}{\varepsilon_0+b_{22}}\right)\boldsymbol{W}_{\mathrm{L}} = -\left(\omega_{\mathrm{T}}^2-\frac{-b_{12}^2}{\varepsilon_0+b_{22}}\right)\boldsymbol{W}_{\mathrm{L}} = -\omega_{\mathrm{L}}^2\boldsymbol{W}_{\mathrm{L}}$$

式中,ω_{L}^2为纵光学波频率,有

$$\omega_{\mathrm{L}}^2 = \omega_{\mathrm{T}}^2+\frac{b_{12}^2}{\varepsilon_0+b_{22}} \tag{3.5.28}$$

把式(3.5.18)代入式(3.5.28)得

$$\frac{\omega_{\mathrm{L}}^2}{\omega_{\mathrm{T}}^2} = \frac{\varepsilon_{\mathrm{r}}(0)}{\varepsilon_{\mathrm{r}}(\infty)} \tag{3.5.29}$$

此称为 LST(Lyddano-Sachs-Teller)关系,它表示光学波的纵波频率与横波频率之间存在着非常简单的关系. 一般说来,静态介电常量包括离子位移极化与电子位移极化两部分的贡献. 但在高频的变化电场中,离子的位移跟不上迅速变化的电场,所以总有

$$\varepsilon_{\mathrm{r}}(0) > \varepsilon_{\mathrm{r}}(\infty)$$

因此纵光学波的频率 ω_{L}总是大于横光学波的频率 ω_{T},这与前面的定性分析是一致的.

3.5.4 离子晶体的光学性质

晶体的光学性质取决于折射率 $n=\sqrt{\mu_r\varepsilon_r}$，因此，讨论介电系数 $\varepsilon_r(\omega)$ 是研究光学性质的关键. 现在讨论频率为 ω 的电磁波在离子晶体中的传播情况.

设 $\boldsymbol{W}$、$\boldsymbol{P}$、$\boldsymbol{E}$ 仍有式 (3.5.19) 所表示的平面波解，并代入方程 (3.5.9)、(3.5.10) 中，得

$$-\omega^2\boldsymbol{W}=b_{11}\boldsymbol{W}+b_{12}\boldsymbol{E}$$
$$\boldsymbol{P}=b_{21}\boldsymbol{W}+b_{22}\boldsymbol{E}$$

上两式联立消去 $\boldsymbol{W}$，得

$$\boldsymbol{P}=\left(b_{22}-\frac{b_{12}^2}{b_{11}+\omega^2}\right)\boldsymbol{E} \tag{3.5.30}$$

并同电场中极化强度 $\boldsymbol{P}$ 与场强的关系

$$\boldsymbol{P}=\varepsilon_0(\varepsilon_r-1)\boldsymbol{E}$$

比较可得

$$\varepsilon_r(\omega)=1+\frac{1}{\varepsilon_0}\left(b_{22}^2-\frac{b_{12}^2}{b_{11}+\omega^2}\right) \tag{3.5.31}$$

由此可见，介电系数 ε_r 与电场频率有关. 把 b_{11}、b_{12}、b_{22} 的表达式 (3.5.18) 代入式 (3.5.31) 中，得

$$\varepsilon_r(\omega)=\varepsilon_r(\infty)+\left[\frac{\varepsilon_r(0)-\varepsilon_r(\infty)}{\omega_T^2-\omega^2}\right]\omega_T^2 \tag{3.5.32}$$

利用 LST 关系式 (3.5.29)，有

$$\varepsilon_r(0)=\frac{\omega_L^2}{\omega_T^2}\varepsilon_r(\infty)$$

代入式 (3.5.32)，介电系数可写成

$$\varepsilon_r(\omega)=\varepsilon_r(\infty)\frac{\omega_L^2-\omega^2}{\omega_T^2-\omega^2} \tag{3.5.33}$$

根据式 (3.5.33) 画出的 ε_r 与 ω 的曲线如图 3.5.2 所示.

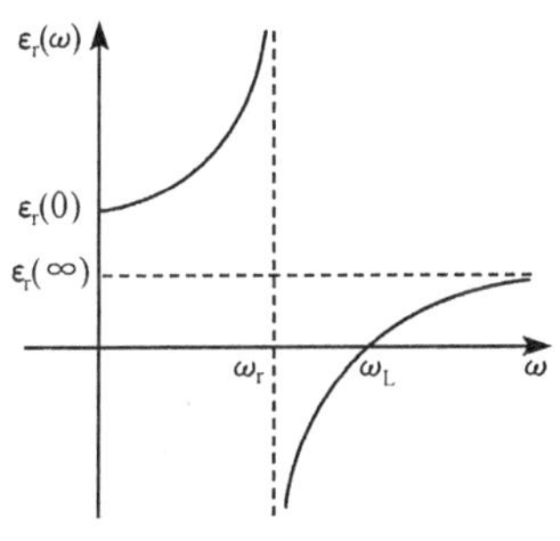

图 3.5.2 $\varepsilon_r(\omega)$ 随 ω 的变化曲线

可以看出，当入射电磁波的频率 ω 小于离子晶体的横光学波振动频率 ω_T 时，ε_r 随 ω 增大. 在 ω 等于 ω_T 时，$\varepsilon_r(\omega_T)\to\infty$，这是因为在讨论时忽略了振动方程中的阻尼项，如果计及阻尼项，则 $\varepsilon_r(\omega_T)$ 是复数，在 $\omega=\omega_T$ 时，其虚部取极大，出现共振吸收. 由此，可测出 ω_T.

当 $\omega_T<\omega<\omega_L$ 时，$\varepsilon_r(\omega_T)<0$，即晶体对此频率范围电磁波的折射率 $n=\sqrt{\mu_r\varepsilon_r}$ 为虚数，此频率范围

的电磁波通过晶体时将按指数规律迅速衰减，不能在晶体内传播，在此频率禁区内入射的电磁波将被晶体表面完全反射. 利用这种效应可以获得带宽比较窄的红外辐射束，ω_L、ω_T 分别为禁区的上下界，很容易由实验测出.

3.6　晶格振动的热力学函数　模式密度

引入声子概念后，研究晶格振动的热力效应时，就可等效为研究由 $3PN$ 种声子组成的多粒子体系. 在简谐近似下，这些声子之间是相互独立的，因而构成近独立子系. 本节我们用统计物理的方法讨论晶格振动的热力学函数.

3.6.1　晶格振动的自由能

在通常情况下，晶体处于稳定的大气压强下，因而选用温度 T 和体积 V 作为参量. 以 T、V 为状态参量时，其特征函数为自由能 $F(T,V)$，知道了 $F(T,V)$就可求得晶体的其他热力学函数，如压强

$$p = -\left(\frac{\partial F}{\partial V}\right)_T \tag{3.6.1}$$

能量

$$E = F - T\left(\frac{\partial F}{\partial T}\right)_V \tag{3.6.2}$$

等. 由热力学知，自由能 F 可由

$$F = -k_B T \ln Q \tag{3.6.3}$$

求得. 式中，Q 为体系总配分函数，它与粒子配分函数 Z_i 的关系是

$$Q = \prod_i Z_i \tag{3.6.4}$$

若用

$$F_i = -k_B T \ln Z_i \tag{3.6.5}$$

表示粒子自由能，则

$$F = -k_B T \sum_i \ln Z_i = \sum_i F_i \tag{3.6.6}$$

现在计算晶格振动自由能 F_V. 在简谐近似下，第 j 支格波上频率为 $\omega_j(q)$的格波的能量是

$$\left(\frac{1}{2} + n_j(q)\right)\hbar\omega_j(q), \qquad n_j(q) = 0,1,2,\cdots \tag{3.6.7}$$

此格波相应的配分函数

$$Z_j(q) = \sum_{n_j(q)=0}^{\infty} \mathrm{e}^{-\left(\frac{1}{2}+n_j(q)\right)\hbar\omega_j(q)/(k_B T)} = \frac{\mathrm{e}^{-\frac{1}{2}\hbar\omega_j(q)/(k_B T)}}{1-\mathrm{e}^{-\hbar\omega_j(q)/(k_B T)}} \tag{3.6.8}$$

上式计算中已用了等比级数的求和公式. 相应的振动自由能 $F_j(q)$为

$$F_j(q) = -k_B T\ln Z_j(q) = \frac{1}{2}\hbar\omega_j(q) + k_B T\ln\left[1 - e^{-\hbar\omega_j(q)/(k_B T)}\right]$$

因为在简谐近似下，晶体共有 $3PN$ 个格波，而且是相互独立的，所以晶格振动的总自由能是

$$F_V = \sum_j^{3P}\sum_q^{N} F_j(q) = \sum_j^{3P}\sum_q^{N}\left\{\frac{1}{2}\hbar\omega_j(q) + k_B T\ln\left[1 - e^{-\hbar\omega_j(q)/(k_B T)}\right]\right\} \tag{3.6.9}$$

式中，j 的求和是对各种不同的支进行的，共有 $3P$ 支；q 是对每一支格波中的 N 个不同的波矢进行的.

3.6.2 模式密度

由于晶格原胞数 N 是一个非常大的数，求和计算相当困难，对真实晶体（$N\sim 10^{23}$）实际上无法进行求和. 但也正是由于 N 很大，使我们有可能把求和设法变为积分. 为此引入模式密度的概念.

定义单位频率间隔内的振动模式数目

$$g(\omega) = \lim_{\Delta\omega\to\infty}\frac{\Delta n}{\Delta\omega} = \frac{dn}{d\omega} \tag{3.6.10}$$

为振动模式密度，也称为振动模式的态密度或频率分布函数. 式中，dn 表示在 $\omega\sim\omega+d\omega$ 频率间隔中晶格振动模式数目. 引入振动模式概念后，式(3.6.9)就可变成积分形式，若第 j 支格的模密度为 $g_j(\omega)$，显然有

$$\sum_{q_j}^{N} = N = \int_{\omega_{min}}^{\omega_{max}} g_j(\omega)d\omega \tag{3.6.11}$$

这样，晶格振动自由能表达式(3.6.9)可表示为

$$F_V = \sum_j^{3P}\int g_j(\omega)d\omega_j(q)\left\{\frac{1}{2}\hbar\omega_j(q) + k_B T\ln\left[1 - e^{-\hbar\omega_j(q)/(k_B T)}\right]\right\} \tag{3.6.12}$$

因此，知道了模式密度，可大大简化热力学函数的计算. 而且以后还会看到，在讨论晶体的某些电学、光学性质时，也经常要用到模式密度. 由此求得模式密度是相当重要的.

原则上说，知道了晶格振动谱（色散关系）$\omega(q)$，就知道了各振动模式在各频率间隔内的分布，随之模式密度 $g(\omega)$也就确定了. 一般说 ω 与 q 的关系非常复杂. 除非在一些特殊情况下，很难求得 $g(\omega)$的解析表达式，常常需要数值计算. 这里，我们给出由晶格振动谱求模式密度的原理性方法及 $g(\omega)$的一般表达式.

在 $\boldsymbol{q}$ 空间，$\omega(q)$＝常数确定了一个等频面，所以在 $\omega\sim\omega+d\omega$ 频率间隔之间的振动模式数目就是 $\boldsymbol{q}$ 空间中 $\omega(q)$及 $\omega\sim\omega+d\omega$ 两个等频面之间的波矢 $\boldsymbol{q}$ 代表的数目. 由式(3.2.17)，有

$$q_i = l_i \frac{2\pi}{N_i a_i}, \quad l_i = 0, \pm 1, \pm 2, \cdots, \quad i = 1,2,3$$

可知,波矢端点 q 在 $\boldsymbol{q}$ 空间是分布均匀的,而且由于 N_i 很大,q_i 值十分密集,可认为是准连续的. 又由于 q 是限定在第一布里渊区内的,而第一布里渊区在波矢(倒格子)空间的体积(倒格子元胞体积)

$$\boldsymbol{\Omega}_{\mathrm{r}} = \frac{(2\pi)^3}{\Omega_{\mathrm{d}}}$$

式中,$\boldsymbol{\Omega}_{\mathrm{d}}$ 为正格子原胞体积. 由此 N 个波矢代表点在 q 空间的分布密度是

$$\rho(q) = \frac{N}{\boldsymbol{\Omega}_{\mathrm{r}}} = \frac{N\boldsymbol{\Omega}_{\mathrm{d}}}{(2\pi)^3} = \frac{V}{(2\pi)^3} \tag{3.6.13}$$

式中,V 是晶体体积. 同理可知,对一维、二维情况,$\boldsymbol{q}$ 空间的模式密度分别为 $S/(2\pi)^2$ 和 $L/(2\pi)$,S、L 分别为二维晶体的面积和一维晶体的长度.

这样,在 $\omega(\boldsymbol{q})$ 及 $\omega(\boldsymbol{q})+\mathrm{d}\omega(q)$ 两个等频面之间的振动模式数目为

$$\mathrm{d}n = \frac{V}{(2\pi)^3}\mathrm{d}V_q \tag{3.6.14}$$

式中,$\mathrm{d}V_q$ 为两等频面之间在 $\boldsymbol{q}$ 空间所占体积.

如图 3.6.1 所示. 如果用 $\mathrm{d}S_q$ 表示等频面 $\omega(q)$ 上的面积元,$\mathrm{d}q_{\mathrm{n}}$ 表示沿 $\mathrm{d}S_q$ 面元法线方向的增量,则 $\mathrm{d}V_q$ 可写成

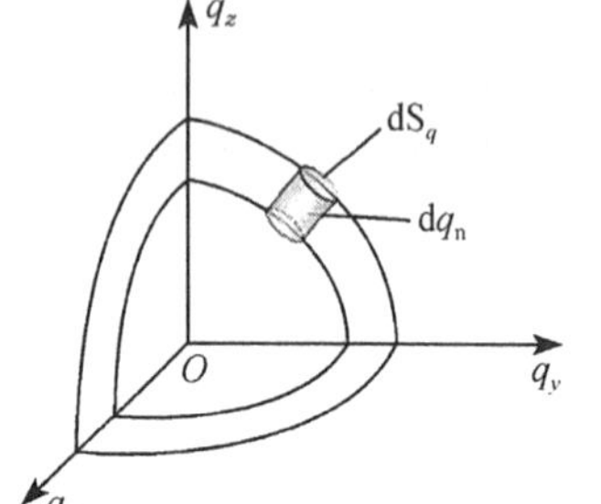

图 3.6.1　等频面示意图

$$\mathrm{d}V_q = \iint_{S_\omega} \mathrm{d}S_q \mathrm{d}q_{\mathrm{n}} \tag{3.6.15}$$

其积分是沿等频面 $\omega(q)$ 进行的. 因为

$$\mathrm{d}\omega = |\nabla_q \omega(q)| \, \mathrm{d}q_{\mathrm{n}} \tag{3.6.16}$$

所以

$$\mathrm{d}V_q = \iint_{S_\omega} \mathrm{d}S_q \frac{\mathrm{d}\omega}{|\nabla_q \omega(q)|}$$

代入式(3.6.14)得

$$\mathrm{d}n = \frac{V}{(2\pi)^3}\iint_{S_\omega} \mathrm{d}S_q \frac{\mathrm{d}\omega}{|\nabla_q \omega(q)|}$$

由此,得模式密度的一般表达式

$$g(\omega) = \frac{V}{(2\pi)^3}\iint_{S_\omega} \frac{\mathrm{d}S_q}{|\nabla_q \omega(q)|} \tag{3.6.17}$$

原则上知道了色散关系,便可由式(3.6.17)求得模式密度.

下面给出了两个计算模式密度的例子,在这些例子中,模式密度可以表示成解析形式.

对一维单原子晶格,$\boldsymbol{q}$ 空间表示代表点的密度约化为 $L/(2\pi)$,$L=Na$ 是一维晶体的线度,a 是晶格常数,N 为原子数. 在 $\mathrm{d}q$ 间隔中的振动模式数目为 $[L/(2\pi)]\mathrm{d}q$. 若用 $\mathrm{d}\omega$ 表示与 $\mathrm{d}q$ 对应的频率间隔,则有

$$g(\omega)\mathrm{d}\omega(q)=\frac{L}{2\pi}\mathrm{d}q$$

于是

$$g(\omega)=2\times\frac{L}{2\pi}\frac{1}{\mathrm{d}\omega(q)/\mathrm{d}q} \tag{3.6.18}$$

等号右边的因子 2 来源于色散关系 $\omega(q)=\omega(-q)$的性质. $q>0$ 与 $q<0$ 的区间是完全等价的. 把一维单原子间隔的色散关系式(3.1.16)

$$\omega(q)=\sqrt{\frac{4\beta}{m}}\left|\sin\left(\frac{1}{2}aq\right)\right|$$

代入式(3.6.18),可得

$$g(\omega)=\frac{2N}{\pi}(\omega_{\max}^2-\omega^2)^{-\frac{1}{2}} \tag{3.6.19}$$

式中,$\omega_{\max}=\sqrt{4\beta/m}$为频率最大值.

对长声学波或弹性波,其色散关系为

$$\omega_j(q)=c_jq,\qquad c_j\ \text{为波速}$$

所以有

$$g_j(\omega)\mathrm{d}\omega_j=\frac{V}{(2\pi)^3}\mathrm{d}V_q \tag{3.6.20}$$

由于波的传播速度与波的传播方向 $\boldsymbol{q}$ 无关,在 $\boldsymbol{q}$ 空间等频面是球面,我们选用球坐标系,因而

$$\mathrm{d}V_q=\int_0^{2\pi}\int_0^{\pi}\sin\theta\mathrm{d}\theta\mathrm{d}\varphi q^2\mathrm{d}q=4\pi q^2\mathrm{d}q$$

代入式(3.6.20),得

$$g_j(\omega)\mathrm{d}\omega_j(q)=\frac{V}{(2\pi)^3}\times4\pi q^2\mathrm{d}q$$

即

$$g_j(\omega)=\frac{V}{(2\pi)^3}\times4\pi q^2\frac{1}{\frac{\mathrm{d}\omega_j(q)}{\mathrm{d}q}}=\frac{V}{2\pi^2}\frac{4\pi q^2}{c_j}=\frac{V}{2\pi^2}\frac{\omega_j^2}{c_j^3} \tag{3.6.21}$$

另一种常遇到的情况是

$$\omega_j=c_jq^2 \tag{3.6.22}$$

与前面的弹性波情况类似,等频面也是球面,同样有

$$g_j(\omega)=\frac{V}{(2\pi)^3}\times4\pi q^2\frac{1}{\frac{\mathrm{d}\omega_j(q)}{\mathrm{d}q}}=\frac{V}{(2\pi)^3}\times4\pi q^2\frac{1}{2c_jq}=\frac{V}{(2\pi)^2}\frac{\omega_j^{1/2}}{c_j^{3/2}} \tag{3.6.23}$$

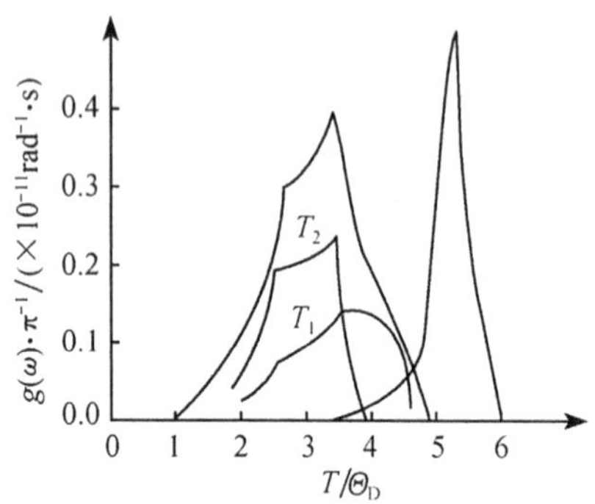

图 3.6.2 铝的晶格振动模式密度

一般情况下,不容易得到 $g_j(\omega)$ 的解析表达式,往往需要数值计算.

图 3.6.2 给出铝的晶格振动模式密度,它是由中子散射数据推得的. 铝为面心立方的单原子晶格,存在 3 支声学波,图中最上面得曲线表示总的模式密度,下面 3 条曲线分别对应两支横的和一支纵的格波;对实际的三维晶体,模式密度曲线中经常显现出尖锐的峰和斜率的突变,它与 $\nabla_q\omega(q)=0$ 相对应. 我们称这些 $\nabla_q\omega(q)=0$ 的点为**范霍夫奇点**,范霍夫奇点是和晶体的对称性联系着的,它常常出现在布里渊区的某些高对称点上.

3.7 晶 格 热 容

固体热容由两部分组成:一部分来自晶格振动的贡献,另一部分来自电子运动的贡献. 除非在极低温度下,电子热容是很小的. 本节讨论晶格热容,有关电子热容将在 5.1 节中讨论.

求得晶格振动的自由能 F 后,便可求得晶格振动能量

$$E=F-T\left(\frac{\partial F}{\partial T}\right)_V=\sum_j^{3P}\sum_q^N\left[\frac{1}{2}\hbar\omega_j(q)+\frac{\hbar\omega_j(q)}{e^{\hbar\omega_j(q)/(k_BT)}-1}\right]$$
$$=\sum_j^{3P}\int g_j(\omega)\mathrm{d}\omega_j(q)\left[\frac{1}{2}\hbar\omega_j(q)+\frac{\hbar\omega_j(q)}{e^{\hbar\omega_j(q)/(k_BT)}-1}\right] \tag{3.7.1}$$

上式第一项是各种振动模式的零点振动能. 第二项中的因子

$$\frac{1}{e^{\hbar\omega_j(q)/(k_BT)}-1}=\overline{n}_j(q)$$

表示温度为 T 时,振动模式为 $\omega_j(q)$ 的声子的平均数目,所以第二项代表温度为 T 时的晶体中所激发的全部声子的能量和.

固体热容一般是指定容热容,按照定义,有

$$C_V=\left(\frac{\partial E}{\partial T}\right)_V=\frac{\partial}{\partial T}\sum_j\sum_q\frac{\hbar\omega_j(q)}{e^{\hbar\omega_j(q)/(k_BT)}-1}$$
$$=\frac{\partial}{\partial T}\sum_j\int g_j(\omega)\mathrm{d}\omega_j\frac{\hbar\omega_j(q)}{e^{\hbar\omega_j(q)/(k_BT)}-1}$$
$$=k_B\sum_j^{3P}\int g_j(\omega)\mathrm{d}\omega_j(q)\left(\frac{\hbar\omega_j}{k_BT}\right)^2\frac{e^{\hbar\omega_j/(k_BT)}}{(e^{\hbar\omega_j(q)/(k_BT)}-1)^2} \tag{3.7.2}$$

可求得晶格热容. 由上式表示的热容称为晶格热容的量子理论. 把根据经典统计的

能量均分定理所得到的关于热容的杜隆-珀蒂定律,即

$$C_V = 3Nk_B$$

称为经典理论.后面将看到,晶格热容的量子理论更完善、更普遍.

要对实际晶体求得 C_V,必须要知道 $g_j(\omega)$的具体形式.对与实际晶体,模式密度 $g_j(\omega)$的计算非常复杂,很难精确写出.这里介绍两种著名的近似模型:爱因斯坦模型和德拜模型.

3.7.1 爱因斯坦模型

爱因斯坦最早把量子理论用于处理晶格热容,开创了晶格热容的量子理论.他对晶体振动作出了极为简单的假定,晶体中所有格波的频率相同,且不依赖于波矢 $\boldsymbol{q}$,即 $\omega_j(q)=\omega_E$.于是

$$C_V - \left(\frac{\partial E}{\partial T}\right)_V = \frac{\partial}{\partial T}3PN\left(\frac{\hbar\omega_E}{e^{\hbar\omega_E/(k_BT)}-1}\right) = 3PNk_B\left(\frac{\Theta_E}{T}\right)^2\frac{e^{\Theta_E/T}}{(e^{\Theta_E/T}-1)^2} \tag{3.7.3}$$

式中,$\boldsymbol{\Theta}_E=\hbar\omega_E/k_B$,称为爱因斯坦特征温度;$PN$ 为晶体中原子数目.

高温下,即 $T\gg\boldsymbol{\Theta}_E$ 时,$\frac{e^{\Theta_E/T}}{(e^{\Theta_E/T}-1)^2}\approx\left(\frac{T}{\Theta_E}\right)^2$,所以

$$C_V \approx 3PNk_B \tag{3.7.4}$$

与杜隆-珀蒂定律一致.

低温下,即 $T\ll\boldsymbol{\Theta}_E$,$e^{\Theta/T}\gg1$

$$C_V \approx 3PNk_B\left(\frac{\boldsymbol{\Theta}_E}{T}\right)^2 e^{-\Theta_E/T} \tag{3.7.5}$$

这与很多固体在低温下 $C_V\sim T^3$ 的实验规律不符.这是由于模型过于简单而造成的.因为在低温下,只有 $\omega<k_BT/\hbar$ 的那些格波才能被激发,因而才对热容有贡献,频率高于 $k_BT/\hbar$ 的格波已经“冻结”,对热容无贡献.爱因斯坦模型的单一频率格波实际上只适于近似描写格波中的光学支,因为光学支一般频宽很窄,因而可近似的用一个固定频率描述,如图 3.1.4 所示.这就是说爱因斯坦模型实际忽略了频率较低的声学波对热容的贡献.而在低温时,声波对热容的贡献恰恰又是主要的,这就是为什么式(3.7.5)所示的热容随温度下降比实验结果更快的原因.

3.7.2 德拜模型

德拜提出了另一个简单的模型,把晶体看成是各向同性的连续介质,把格波看成是连续介质中的弹性波.在这种假设下,晶体中共有 3 支格波:一支纵波和两支偏振方向不同的横波.为简单计,我们假定 3 支格波的波速分别为 c_t(纵波)和 c_l(横波).因而 3 支格波都满足相同的弹性波的色散关系

$$\omega_j(q) = c_jq \tag{3.7.6}$$

因而第 j 支弹性波的模式密度如式(3.6.21)所示

$$g_j(\omega)=\frac{V}{2\pi^2}\frac{\omega^2}{c_j^3} \tag{3.7.7}$$

但是,与真正弹性波的区别在于:晶格振动的模式数目为 $3PN$ 个,是有限的,所以要求这里的弹性波的频率有一个上限 ω_D,且满足

$$\sum_j^3\int_0^{\omega_D}g_j(\omega)\mathrm{d}\omega=3N \tag{3.7.8}$$

这里的求和仅对 3 支声学波进行,式(3.7.8)也就是

$$\int_0^{\omega_D}g_j(\omega)\mathrm{d}\omega=N \tag{3.7.9}$$

把式(3.7.7)代入式(3.7.8),可求得

$$\omega_{Dj}^3=\frac{3N2\pi^2c_j^3}{V} \tag{3.7.10}$$

于是,$g_j(\omega)$可写成

$$g_j(\omega)=\begin{cases}\dfrac{3N}{\omega_{Dj}^3}\omega^2, & \omega\leqslant\omega_{D_j}\\ 0, & \omega>\omega_{D_j}\end{cases} \tag{3.7.11}$$

把上式代入式(3.7.2),便可得到德拜模型的晶格热容. 为简单计,进一步假定 3 个格波的波速相等,即 $c_l=c_t=c$,得

$$\begin{aligned}C_V&=3k_B\int_0^{\omega_D}\frac{3N}{\omega_D^3}\omega^2\mathrm{d}\omega\left(\frac{\hbar\omega}{k_BT}\right)^2\frac{\mathrm{e}^{\hbar\omega/(k_BT)}}{(\mathrm{e}^{\hbar\omega/(k_BT)}-1)^2}\\&=9Nk_B\left(\frac{T}{\Theta_D}\right)^3\int_0^{\Theta_D/T}\frac{x^4\mathrm{e}^x}{(\mathrm{e}^x-1)^2}\mathrm{d}x\end{aligned} \tag{3.7.12}$$

式中,$x=\hbar\omega/(k_BT)$,$\Theta_D=\hbar\omega_D/k_B$,称为德拜特征温度. 它是一个特定参数,由实验确定,表 3.7.1 给出了一些固体的德拜温度.

表 3.7.1　德拜温度

元素晶体	Θ_D/K	化合物晶体	Θ_D/K
Li	335	NaCl	280
Na	156	KCl	230
K	91.1	CaF_2	470
Cu	343	LiF	680
Ag	226	SiO_2	255
Au	162		
Al	428		
Ga	325		
Pb	102		
Ge	378		
Si	647		
C	1860		

图 3.7.1 给出式(3.7.12)表示的 C_V 与 T/Θ_D 的函数曲线以及与某些晶体实验热容量值(适当选取 Θ_D)的比较.

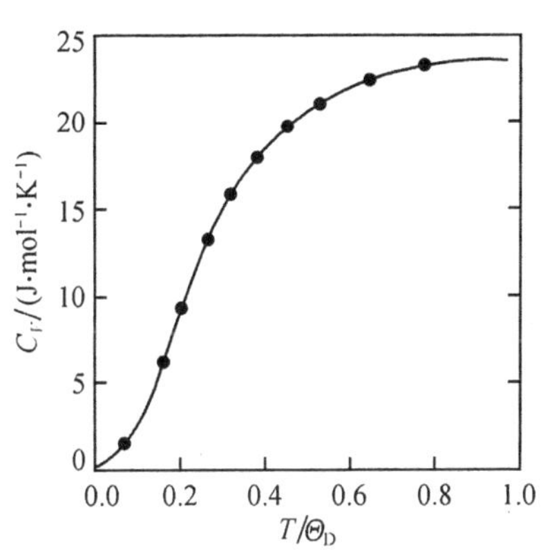

图 3.7.1　德拜理论与实验比较

低温时,即 $T\ll\Theta_D$ 时,式(3.7.12)中的积分上限 Θ_D/T 可近似看成无穷大,且被积函数可展开为

$$\frac{x^4 e^x}{(e^x-1)^2}=\frac{x^4}{e^x(1-e^{-x})^2}=x^4 e^{-x}(1-e^{-x})^{-2}$$
$$=x^4 e^{-x}[1+2e^{-x}+3e^{-2x}+\cdots]$$
$$=x^4\sum_{n=1}^{\infty} n e^{-nx}$$

因此

$$\int_0^{\infty}\frac{x^4 e^x}{(e^x-1)}dx=\sum_{n=1}^{\infty}\int_0^{\infty}x^4 n e^{-nx}dx=\sum_{n=1}^{\infty}n\frac{4!}{n^5}=4!\sum_{n=1}^{\infty}\frac{1}{n^4}=4!\frac{\pi^4}{90}=\frac{4}{15}\pi^4$$

所以

$$C_V=\frac{12\pi^4}{5}Nk_B\left(\frac{T}{\Theta_D}\right)^3 \tag{3.7.13}$$

上式称为**德拜定律**,与很多实验事实符合.而且温度越低,德拜近似越好.这是因为在低温下最容易被激发的是长声学波振动,由于波长较长,晶体可看成连续介质,因而它的性质很像弹性波,这就是德拜近似取得成功的原因.

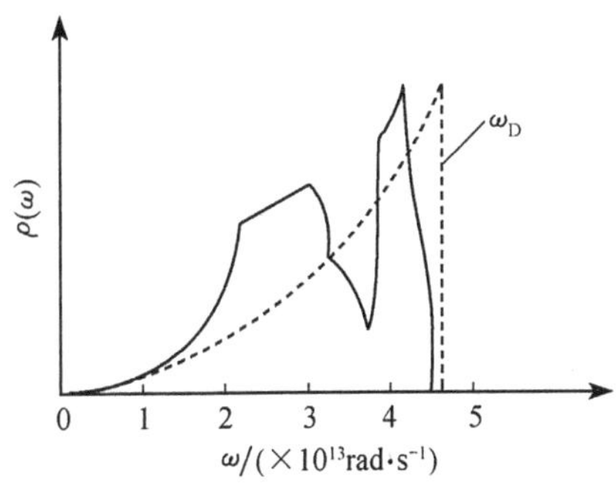

图 3.7.2　从中子衍射数据导出的铜的总频谱面积,虚线代表德拜近似后的结果,两种曲线包围的面积相等

尽管如此,德拜模型与实际之间仍存在着显著的偏离.如果要求式(3.7.13)在任何温度下都与实验符合,则需要认为 Θ_D 是温度的函数,而且对不同的晶体,Θ_D 与 T 的函数关系也不同,这与 Θ_D 的定义矛盾.这说明德拜模型还不是严格正确的.产生差别的原因是由于德拜模型所确定的模式密度 $g(\omega)$ 与实际晶体的模式密度有明显的差别,图 3.7.2 给出了实际铜晶体以及德拜模型两种模式密度的曲线.由图 3.7.2 可看出,除长波部分两曲线比较一致外,两曲线有很大差别.

3.8　晶体的状态方程和热膨胀

3.8.1　晶体的自由能和状态方程

按照自由能的热力学定义,有

$$F = E - TS$$

式中，E 是体系的总能，S 是熵. 能量 E 包括两部分，一部分是 $T=0\text{K}$ 时，晶格的结合能 $U_0(V)$，另一部分是晶格振动能 E_V. 由于 $U_0(V)$ 与温度 T 无关，所以晶格自由能 F 可写为

$$F = U_0(V) + E_V - TS = F_0 + F_a$$

式中，$F_0=U_0(V)$，只与晶体体积有关，而与温度无关. F_a 是晶格振动的自由能，我们已经在 3.3 节讨论过，由式(3.6.9)表示. 因而晶体的自由能在简谐近似下为

$$F = U_0(V) + \sum_j \sum_q \left\{ \frac{1}{2}\hbar\omega_j(q) + k_B T\ln\left[1 - e^{-\hbar\omega_j(q)/(k_B T)}\right] \right\} \tag{3.8.1}$$

上式中只有 $U_0(V)$ 和 $\omega_j(q)$ 可能和晶体体积 V 有关. 于是晶体的状态方程为

$$p = -\left(\frac{\partial F}{\partial V}\right)_T = -\frac{\partial U_0(V)}{\partial V} - \sum_j \sum_q \left(\frac{1}{2}\hbar + \frac{\hbar}{e^{\hbar\omega_j(q)/(k_B T)} - 1}\right)\frac{d\omega_j(q)}{dV} \tag{3.8.2}$$

3.8.2　热膨胀与非谐效应

晶体的热膨胀系数定义为

$$\alpha = \frac{1}{V_0}\left(\frac{\partial V}{\partial T}\right)_p \tag{3.8.3}$$

利用热力学关系

$$\left(\frac{\partial V}{\partial p}\right)_T \left(\frac{\partial p}{\partial T}\right)_V \left(\frac{\partial T}{\partial V}\right)_p = -1$$

式(3.8.3)可写成

$$\alpha = -\frac{1}{V_0}\frac{\left(\frac{\partial p}{\partial T}\right)_V}{\left(\frac{\partial p}{\partial V}\right)_T} = \frac{1}{K}\left(\frac{\partial p}{\partial T}\right)_V \tag{3.8.4}$$

式中，$K=-V_0(\partial p/\partial V)_T$ 是体弹模量. 由式 3.8.4 可知，若压强 p 与温度 T 无关，即 $\partial p/\partial T=0$，则热膨胀系数 $\alpha=0$. 而由式(3.8.2)可以看出，只有当 $d\omega_j(q)/dV\neq 0$ 时，p 才与 T 有关，进而才有 $\alpha\neq 0$，下面我们讨论在什么情况下 $d\omega_j(q)/dV$ 才不为零.

格波频率 $\omega_j(q)$ 与恢复力系数 β 有直接关系，由一维晶格振动的色散关系式很容易看出这一点，在简谐近似下，相邻两原子之间的相互作用势

$$\phi(x) = \phi(x_0) + \frac{1}{2}a(x - x_0)^2$$

式中，恢复力系数

$$\beta = \frac{\partial^2\phi}{\partial x^2} = a$$

是一个与体积无关的量,在简谐近似下 $\omega_j(q)$ 也是与晶体体积无关的,即 $\mathrm{d}\omega_j(q)/\mathrm{d}V=0$. 所以简谐近似下的晶格振动是不能解释晶体的热膨胀现象的.

如果考虑非简谐振动(简称非谐振动),则 $\phi(x)$ 至少应含有 x^3 项,即

$$\phi(x)=\phi(x_0)+\frac{1}{2}a(x-x_0)^2+\frac{1}{3!}b(x-x_0)^3 \tag{3.8.5}$$

若要继续保持简谐近似的形式,则恢复力系数仍为 $\beta=\left[\partial^2\phi(x)/\partial x^2\right]\Big|_{x_0}$,此时恢复力系数

$$\beta=a+b(x-x_0)$$

将是一个与体积有关的量. 因而 $\omega_j(q)$ 也将与晶体体积有关,由此看到只有考虑晶格的非谐振动,才能解释晶体的热膨胀现象. 事实上,晶体的热膨胀确实是由晶格振动的非谐效应引起的.

这可以从图 3.8.1 所示的晶格振动的势能曲线得以说明:在简谐近似下,由于势能曲线对平衡点是对称的,温度升高,原子振动加剧,但其平均位置仍是平衡位置,所以晶体的体积并没有增大. 当考虑非谐振动时,由于势能曲线不再对平衡点对称,随温度升高,原子振动能量增大,原子的平均位置将偏离平衡位置,因而原子间距离增大,宏观上就表现为热膨胀. 从动力学上说,非谐振动时,势能曲线在 $x-x_0<0$ 一边比简谐势能曲线更陡斜,表示排斥作用加强;在 $x-x_0>0$ 一边,比简谐势能曲线更平缓,表示吸引力减弱. 因此,非谐振动,使得原子间产生一定的相互斥力,从而引起热膨胀. 所以说热膨胀是一种晶格振动的非谐效应.

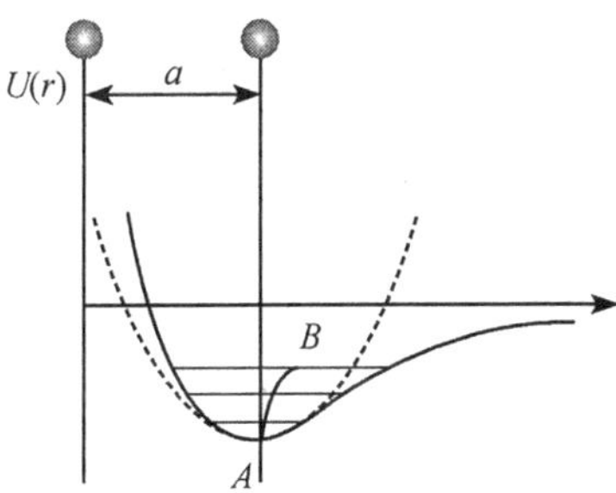

图 3.8.1 非谐效应与热膨胀

3.8.3 格林艾森状态方程

现在我们考虑建立一个非谐振动下晶体的状态方程.

如果考虑倒晶格的非谐振动,格波之间将不再是相互独立的,因而要在自由能中表示出非谐振动的贡献是非常困难的. 作为一种近似处理,我们仍认为晶格的状态方程具有式(3.8.2)的形式. 非谐振动的影响只是使晶格振动频率成为与体积有关的量. 但是,即使如此,式(3.8.2)仍是非常复杂的. 为此,格林艾森提出了一个有用的近似,把式(3.8.2)改写成

$$p=-\frac{\partial U}{\partial V}-\sum_{j,p}\left(\frac{1}{2}\hbar\omega_j(q)+\frac{\hbar\omega_j(q)}{\mathrm{e}^{\hbar\omega_j(q)/(k_{\mathrm{B}}T)}-1}\right)\frac{1}{V}\frac{\partial\ln\omega_j(q)}{\partial\ln V} \tag{3.8.6}$$

令式中

$$\gamma=-\frac{\partial\ln\omega_j(q)}{\partial\ln V} \tag{3.8.7}$$

表示频率随体积变化的量，它是一个无量纲的量. 格林艾森假设它对所有的振动都相同. 即认为是一个与频率无关的常数，称为格林艾森常数. 这样式(3.8.2)成为下述的**格林艾森状态方程**

$$p = -\frac{dU}{dV} + \gamma\frac{\bar{E}}{V} \tag{3.8.8}$$

式中，$\bar{E} = \sum_{j,q}\left(\frac{1}{2}\hbar\omega_j(q) + \frac{\hbar\omega_j(q)}{e^{\hbar\omega_j(q)/(k_B T)} - 1}\right)$为晶格平均振动能量. 式(3.8.8)中的第一项与静晶格能量有关，称为冷压. 第二项与晶格振动有关，称为热压.

非谐振动的格林艾森方程可直接用来讨论晶体的热膨胀. 热膨胀是在 $p=0$ 的情况下，V 随 T 的变化关系. 令式(3.8.8)中 $p=0$，有

$$\frac{dU}{dV} = \gamma\frac{\bar{E}}{V} \tag{3.8.9}$$

对大多数固体，体积变化不大，因此可将$\frac{dU}{dV}$在晶格不振动时的平衡晶体体积 V_0 点展开有

$$\frac{dU}{dV} = \left(\frac{dU}{dV}\right)_{V_0} + \left(\frac{d^2U}{dV^2}\right)_{V_0}(V - V_0) + \cdots$$

上式第一项为零，如果只取到一次项，则上式变成

$$\frac{dU}{dV} = \left(\frac{d^2U}{dV^2}\right)_{V_0}(V - V_0) = V_0\left(\frac{d^2U}{dV^2}\right)_{V_0}\frac{V - V_0}{V_0} = K\frac{V - V_0}{V_0} \tag{3.8.10}$$

式中，$K = -V_0(\partial p/\partial V)_T = V_0(d^2U/dV^2)_{V_0}$是体积为 V_0 时的体弹模量. 代入式(3.8.9)，得

$$\frac{V - V_0}{V_0} = \frac{\gamma}{K}\frac{\bar{E}}{V} \tag{3.8.11}$$

因为 $V - V_0$ 是小量，令 $dV = V - V_0$，式(3.8.11)又可写成

$$\frac{dV}{V_0} = \frac{\gamma}{K}\frac{\bar{E}}{V} \tag{3.8.12}$$

上式两端对温度 T 求微商，可得热膨胀系数

$$\alpha = \frac{1}{V_0}\frac{dV}{dT} = \frac{\gamma}{K}\frac{C_V}{V} \tag{3.8.13}$$

此关系式称为**格林艾森定律**，它表明固体的热膨胀系数与热容量成正比. 大量的固体材料的实验测定证实了这一点. 并且，测出 α、K、C_V、V 便可由式(3.8.13)确定 γ 实验表明，γ 随温度变化确实不大，γ 一般为 1～3.

在本节的最后，我们介绍软模的概念. 由于非谐效应使晶格振动频率成为与体积有关的量，而且对不同模式的影响是不同的，当非谐效应在某个特定的温度下引

起某个模式的频率 ω 趋于零，而波矢 $\boldsymbol{q}$ 保持有限，则此模式称为**软模**. 当这种情况发生时，和软模模式相联系的原子的位移与时间无关，因而原子产生一个持久不变的位移. 因此软模提供了一个从一种晶体结构到另一种结构的机制. 这种相变称之为位移相变. 例如，一般来说在高温时晶体具有较高的对称性，随着温度降低到临界温度以下时，与软模相联系的位移开始成长. 对离子晶体来说，由于零波数横光学软模产生的正负离子的相对位移，导致其低温相一个永久的电极化，因此离子晶体在低温相是铁电相的.

3.9 晶格热传导

当系统处于非衡状态时，将会有热能在系统中传输，称为热传导. 关于热传导的傅里叶实验定律表明，单位时间通过物体单位面积的热能与温度梯度成正比. 即

$$\boldsymbol{j}_Q = -K\,\nabla T \tag{3.9.1}$$

式中，$\boldsymbol{j}_Q$ 为热能流密度矢量，K 称为热导系数. 显然，热导系数 K 反映了物体的导热性质. 对气体系统，利用气体分子运动理论或者平衡统计理论，可得到气体系统的热导系数

$$K = \frac{1}{3}C_V\,\bar{v}l \tag{3.9.2}$$

式中，C_V是定容比热容，$\bar{v}$为气体热运动的平均速度，l 是平均自由程. 本节讨论固体的晶格热传导及热导率.

3.9.1 绝缘晶体的热传导与非谐效应

固体的热传导，可以通过电子运动，也可以通过晶格振动的传播或者说通过声子的运动来实现. 前者称为电子热导，后者称为晶格热导. 绝缘晶体的热传导是晶格热传导.

在简谐近似下，晶格振动可以描述成一系列相互独立的谐振子. 这些振动之间不发生相互作用，因而也不能交换能量. 也就是说在晶体中某处激发的晶格振动，将以不变的频率和振幅传播到晶体的其他地方，使那里的晶格振动具有同样的频率和振幅. 这样就把热能从晶体中的一处传到了另一处. 用声子的观点来说，不同的声子是相互独立的，没有相互作用. 一旦某种声子激发出来，它的数目就一直保持不变，且不与其他声子交换能量，这样的声子气体永远不能达到热平衡状态. 它们可以毫无阻碍地在晶体中运动. 也就是说不需存在温度梯度，晶体中就有热流存在，即热导率 K 为无穷大. 这显然是不符合事实的. 因此，要解释热传导现象，必须考虑非谐振动的效应.

考虑到非谐振动，如式(3.8.5)所示，相互作用势 $\phi(x)$ 至少含有 $(x-x_0)^3$ 项.

这时晶格的振动就不能用简谐振动来描述. 由于晶格振动一般都是微小振动，可作某种近似处理. 在微振情况下$(x-x_0)^3$ 比起$(x-x_0)^2$项是一高阶小量，因而可把三次项 $(x-x_0)^3$ 当作微扰处理. 这时晶格振动仍然可以描述成一系列的谐振子，但是由于微扰项的存在，这些线性谐振子不再是相互独立的，而是相互作用的，即声子之间不再是相互独立的.

在研究晶格热传导问题时，可把晶体看成是由总多声子组成的体系——声子气体. 声子之间存在相互碰撞. 因此，可把普通气体的热传导系数的公式(3.9.2)直接用到声子气体上，即晶格振动的热传率 K 为

$$K=\frac{1}{3}C_V\bar{v}l \tag{3.9.3}$$

式中，C_V 为晶格的定容比热容，$\bar{v}$ 为声子的平均速度，可由色散关系及声子的统计分布求得(为简化通常取固体的声速)；l 为声子的平均自由程. 声子的平均自由程的大小由两种过程来决定：一是声子之间的碰撞，它是非谐效应的反映；二是晶体中的杂质、缺陷以及晶体边界对声子的散射. 下面我们就这两种过程作简要介绍并讨论热导率对温度的依赖关系.

3.9.2　声子-声子碰撞

非谐作用势对简谐哈密顿的微扰作用，导致振动从一个简谐本征态到另一个简谐本征态的跃迁. 也就是说它导致声子的产生、消灭. 如果只近似到势能的三次项，它对应 3 声子过程；两个声子碰撞产生另一个声子或一个声子劈裂成两个声子. 如同真实粒子一样，声子在碰撞过程中满足能量和准动量守恒定律，如声子 1 和声子 2 碰撞产生声子 3. 则有

$$\begin{aligned}\hbar\omega_1+\hbar\omega_2&=\hbar\omega_3\\ \hbar\boldsymbol{q}_1+\hbar\boldsymbol{q}_2&=\hbar(\boldsymbol{q}_3+\boldsymbol{G})\end{aligned} \tag{3.9.4}$$

式中，$\boldsymbol{G}$ 为倒格波矢. 上述碰撞过程按照 $\boldsymbol{G}$ 是否为零，分成以下两类：

1) 正常过程(N 过程)

若 $\boldsymbol{G}=0$，则有

$$\hbar\boldsymbol{q}_1+\hbar\boldsymbol{q}_2=\hbar\boldsymbol{q}_3 \tag{3.9.5}$$

它表示这样一种情况：$\boldsymbol{q}_1$ 和 $\boldsymbol{q}_2$ 都比较小，或它们的夹角较大，以至合成的 $\boldsymbol{q}_3$ 仍在第一布里渊区内，如图 3.9.1(a)所示，图中的正方形表示第一布里渊区. 这种情况碰撞前后声子的总能量和总动量没有发生改变，只是把两个声子的能量、动量传给了第三个声子，净的热能流并不因碰撞而减少，热能流的方向也不因碰撞而偏转，这种过程称为正常过程(normal processes，N 过程). 如果声子的碰撞都是 N 过程，那么晶体的热导律将无穷大. 但正常过程可以使声子之间交换能量和动量，会

对建立声子的热平衡起重要作用.

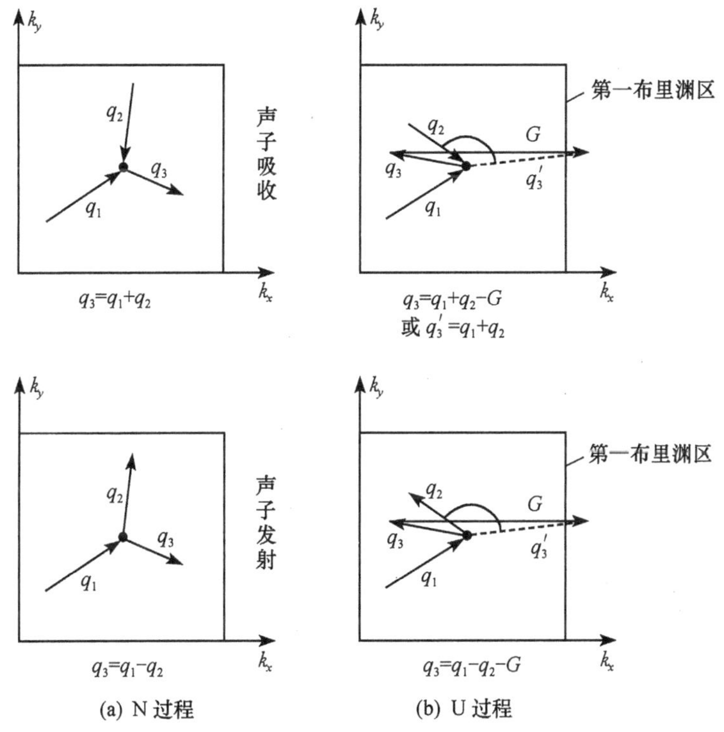

图 3.9.1 N 过程和 U 过程中声子的吸收和发射

2) 倒逆过程(U 过程)

对于 $G\neq 0$ 的情况,式(3.9.5)所表示的碰撞过程称为倒逆过程(umklapp process,U 过程). 它对应的情况是,$\boldsymbol{q}_1+\boldsymbol{q}_2$ 足够大,以至 $\boldsymbol{q}_3$ 落在第一布里渊区之外,如图 3.9.1(b)所示. 由于声子谱的周期性,波矢 $\boldsymbol{q}_3$ 与波矢 $\boldsymbol{q}_3+\boldsymbol{G}$ 是等价的,选择适当的 $\boldsymbol{G}$,可使 $\boldsymbol{q}_3$ 移到第一布里渊区内. 它表示一种大角度散射,此时声子的准动量不守恒,声子的运动方向有了很大的改变,从而改变了热流方向. 所以声子碰撞的 U 过程对热阻有贡献.

U 过程对热阻的贡献是由于 U 过程减少了声子的平均自由程. 而声子的平均自由程(与气体类似,可表示为 $l=1/(\sqrt{2}\pi d^2 n)$,又密切依赖于温度. 下面就两种典型情况讨论 U 过程对热导率的影响.

高温时,$T\gg\Theta_{\mathrm{D}}$,平均声子数目与 T 成正比,有

$$\bar{n}(q)=\frac{1}{\mathrm{e}^{\hbar\omega(q)/(k_{\mathrm{B}}T)}-1}\approx\frac{k_{\mathrm{B}}T}{\hbar\omega(q)} \tag{3.9.6}$$

温度越高,平均声子数目越大,而且较多的声子具有较大的、足以产生倒逆过程的

波矢. 因此声子发生倒逆碰撞的概率增大，且正比于 n. 从而平均自由程减少，且反比于 n，即反比于 T. 考虑到高温情况下晶格热容与温度无关(经典极限情况)，因此由式(3.9.3)可知，热导率

$$K \sim \frac{1}{T} \tag{3.9.7}$$

与温度成反比.

在低温情况下，$T \ll \Theta_D$，从式(3.9.5)看出，能够产生倒逆过程声子的波矢至少应具有倒格子原胞基矢的一半 $\frac{1}{2}\boldsymbol{G}_0$ 的大小. 相应平均能量为

$$\frac{1}{2}\hbar\omega_D = \frac{1}{2}k_B\Theta_D$$

由玻尔兹曼分布可知，激发这种声子的概率正比于 $e^{-k_B\Theta_D/(2k_BT)} = e^{-\Theta_D/(2T)}$，而平均自由程与声子密度数成反比，所以低温下热导系数与温度的关系大体上为

$$K \sim e^{\Theta_D/(2T)} \tag{3.9.8}$$

一般说来，在不同温度范围，倒逆过程引起的热导率有不同的温度关系.

3.9.3　杂质和边界散射　尺寸效应

除了声子的 U 过程外，晶体中的杂质、缺陷也将散射声子产生热阻. 在不太低温度下，杂质和缺陷对热导系数的影响是显著的. 但是，在 $T \to 0$ 时，晶体中主要激发波长很长的声子，这时由于衍射作用，杂质、缺陷不再是有效的散射体.

如果只考虑声子与杂质和缺陷的散射，在 $T \to 0$ 时，应有 $K \to \infty$，但实验表明，即使在很纯的、接近理想的晶体中，热导率仍是有限的. 这是因为边界对声子的散射所致. 随温度降低，声子平均自由程 l 增大. 当 l 增大到与晶体线度 L 可相比拟时，l 值便受到边界的限制，不再增大. 且在很低温度下，U 过程出现的几率很小，边界散射成为主要因素，因而热导率变成晶体线度 L 的函数：

$$K \sim \frac{1}{3}vC_VL$$

当声子的平均自由程与样品尺寸可比拟时，样品的热导率依赖于样品的尺寸和形状. 我们称此为**尺寸效应**. 一般温度下，平均自由程为纳米量级，这就是纳米材料具备一些奇异性质的原因之一.

由于低温下 C_V 与 T^3 成正比，所以边界散射热导率与温度的关系为

$$K \sim T^3$$

图 3.9.2 给出了 LiF 晶体的热导率 $K(T)$ 与样品尺寸之间的关系. 图 3.9.3 给出了 LiF 晶体中杂质 Li 同位素含量与热导率的关系曲线. 我们可从中看到只有在中间一段温度范围内杂质的散射的效应才是显著的.

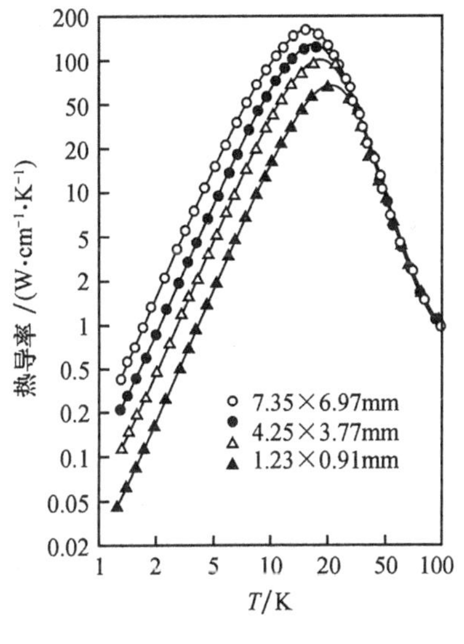

图 3.9.2 热导率与样品尺寸之间的关系

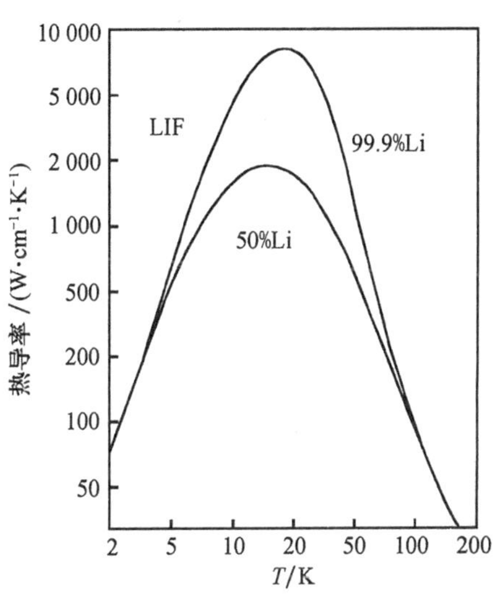

图 3.9.3 热导率与杂质

本章要点

1. 晶格振动

格波:晶格中的原子的集体振动形式.其特点是每一个原子都有相同的振动频率、振幅,但不同原子间的振动相位有一个与距离有关的差值,即振动以波的形式在晶体中传播.

简谐格波振动模式:在简谐近似和最近邻近似下,一维单原子晶格中第 n 个格点的运动方程是

$$m\frac{\mathrm{d}^2u_n}{\mathrm{d}t^2}=\beta(u_{n+1}+u_{n-1}-2u_n)$$

其解是

$$u_n(x,t)=A\mathrm{e}^{\mathrm{i}(naq-\omega t)}$$

称为简谐格波,它是晶体中最基本、最简单的集体振动形式.由每一组由(ω、q)确定的简谐格波称为一种振动模式.

色散关系:格波频率 ω 与波矢 q 之间所满足的关系

$$\omega-\omega(q)$$

称为色散关系.

声学波、光学波：描述原胞质心运动的格波称为声学波；描述原胞中各原子相对运动的格波称为光学波.

格波模式数：在周期性边界条件假定下，引入布里渊区概念，这样若晶体由 N 个原胞组成，每一个原胞有 P 个原子，则晶体共有 $3PN$ 个振动模式，这 $3PN$ 个振动模式又可分为 $3P$ 支，每一支有 N 个不同的振动模式，其 ω、q 满足同一色散关系. 这 $3P$ 支中有 3 支是声学波，$3P-3$ 支是光学波.

模式密度：第 j 支格波单位频率间隔中的格波数目为

$$g_j(\omega)=\frac{V}{(2\pi)^3}\int\frac{\mathrm{d}s_\omega}{|\nabla_q\omega_j(q)|}$$

2. 声子、声子与粒子的碰撞

声子：格波能量是量子化的，频率为 ω 的格波其能量只能为 $E=(n+1/2)\hbar\omega_0$，称最小能量单位 $\hbar\omega$ 为声子. 每一种振动模式与一种声子相对应. 晶体中共有 $3PN$ 种声子，除其能量为 $\hbar\omega$ 外，声子还具有准动量 $\hbar\boldsymbol{q}$.

声子数目：频率为 ω 的声子数目 $\bar{n}$ 在温度为 T 时，有

$$\bar{n}=\frac{1}{\mathrm{e}^{\hbar\omega/(k_\mathrm{B}T)}-1}$$

声子是玻色子.

光子、中子及其他粒子与声子的散射：晶格对粒子的作用可用声子与粒子的散射描述.

若用 ω、ω'、$\boldsymbol{k}$、$\boldsymbol{k}'$分别表示入射粒子和散射粒子的频率和波矢，以 ω_q、q 表示声子的频率和波矢，则有

$$\hbar\omega=\hbar\omega'\pm\hbar\omega_q$$
$$\hbar\boldsymbol{k}=\hbar\boldsymbol{k}'\pm\hbar\boldsymbol{q}\pm\hbar\boldsymbol{G}$$

式中，$\boldsymbol{G}$ 为倒格矢.

黄昆方程：离子晶体中离子的相对位移 $\boldsymbol{W}$ 和极化强度 $\boldsymbol{P}$ 满足

$$\ddot{\boldsymbol{W}}=b_{11}\boldsymbol{W}+b_{12}\boldsymbol{E}$$
$$\boldsymbol{P}=b_{21}\boldsymbol{W}+b_{22}\boldsymbol{E}$$

式中，b_{11}，$b_{12}=b_{21}$，b_{22}是与介质固有性质有关的常数(见式 3. 5. 18)

LST 关系：纵光学波与横光学波频率之间满足

$$\frac{\omega_\mathrm{L}^2}{\omega_\mathrm{T}^2}=\frac{\varepsilon_\mathrm{r}(0)}{\varepsilon_\mathrm{r}(\infty)}$$

3. 晶格振动，比热容

晶格振动的自由能

$$F_a = \sum_j^{3P} \int g_j(\omega) \mathrm{d}\omega_j(q) \left\{ \frac{1}{2}\hbar\omega_j(q) + k_B T \ln\left[1 - \mathrm{e}^{-\hbar\omega_j(q)/(k_B T)}\right] \right\}$$

晶格振动比热容

$$C_V = k_B \sum_j^{3P} \int g_j(\omega) \mathrm{d}\omega_j(q) \left(\frac{\hbar\omega_j}{k_B T}\right)^2 \frac{\mathrm{e}^{\hbar\omega_j(q)/(k_B T)}}{\left[\mathrm{e}^{\hbar\omega_j(q)/(k_B T)} - 1\right]^2}$$

高温时可用爱因斯坦模型简化计算,低温时可用德拜模型简化计算.

4. 晶格热膨胀

热膨胀是晶格振动的非谐效应.

格林艾森状态方程:考虑到非谐效应,格波的频率应与晶体体积有关,若假设

$$\gamma = -\frac{\partial \ln \omega_j(q)}{\partial \ln V}$$

是一个与频率无关的常数,则晶格的状态方程可写成

$$P = -\frac{\mathrm{d}U}{\mathrm{d}V} + \gamma \frac{\bar{E}}{V}$$

热膨胀系数:$\alpha = \dfrac{\gamma}{K}\dfrac{C_V}{V}$,$K$ 为体弹模量.

5. 晶格热传导

热阻是晶格非谐振动的另一效应. 可用声子间的碰撞来描述非简谐项的影响.

N 过程、U 过程:声子碰撞时,若满足

$$\hbar \boldsymbol{q}_1 + \hbar \boldsymbol{q}_2 = \hbar \boldsymbol{q}_3$$

则称为 N 过程. 若

$$\hbar \boldsymbol{q}_1 + \hbar \boldsymbol{q}_2 = \hbar \boldsymbol{q}_3 + \hbar \boldsymbol{G}$$

则称为 U 过程,它相对声子的大角散射,是产生热阻的原因.

热导系数 K:高温时 $K \sim \dfrac{1}{T}$

低温时 $K \sim \mathrm{e}^{\Theta_D/(2T)}$

思 考 题

3.1 晶格振动对晶体的哪些性质起哪些影响作用?

3.2 采用周期性边界条件的根据是什么? 它揭示了振动状态的哪些特点?

3.3 讨论晶格振动时,引入布里渊区概念的根据是什么? 利用布里渊区概念可得到哪些主要结论?

3.4 分析简正坐标和简正振动在讨论晶格振动问题中所起的作用.

3.5 声子是否为真实粒子? 在热平衡条件下的晶体中说声子从一处跑到另一处有无意

义？声子可以有多少种？为什么说声子是玻色子？

3.6　分析德拜温度的物理意义；分析低温下晶格定容比热容 $C_V \propto T^3$ 定律的物理模型.

3.7　若晶格作严格的简谐振动，则格林艾森常数等于什么？

3.8　简单说明严格谐振动晶格不会热膨胀的原因？

习　题

3.1　设一维双原子链最近邻原子间的力常数交错地分别为 β 和 10β，两种原子质量相等并且最邻近间距为 $a/2$. 试求在 $q=0$ 和 $q=\pi/a$ 处的 $\omega(a)$，并大致画出色散关系曲线. 本题可模拟双原子分子晶体（如 H_2 晶体等）.

3.2　设有一二维简单正方晶格，原子的质量为 M，最近邻原子间的弹性恢复力常数为 β. 若 $u_{1,m}$ 表示第 1 列、第 m 行的原子垂直于点阵面的位移，

（1）证明运动方程为

$$M\frac{\mathrm{d}^2 u_{l,m}}{\mathrm{d}t^2}=\beta[(u_{l+1,m}+u_{l-1,m}-2u_{l,m})+(u_{l,m+1}+u_{l,m-1}-2u_{l,m})]$$

（2）假定上述方程的解为

$$u_{l,m}=u(0)\exp[\mathrm{i}(lq_x a+mq_y a-\omega t)]$$

式中，a 是最近邻原子间的间距，试证其色散关系为

$$\omega^2=\frac{2\beta}{M}[2-\cos(q_x a)-\cos(q_y a)]$$

（3）试证存在独立解得 q 空间的区域可以取作边长为 $2\pi/a$ 的正方形，这就是正方格子的第一布里渊区. 对于 $q=q_x$ 和 $q_y=0$，以及 $q_x=q_y$ 分别画出 ω 对 q 的关系曲线.

（4）证明 $qa \ll 1$ 时，$\omega=(\beta a^2/M)^{1/2}(q_x^2+q_y^2)^{1/2}=(\beta a^2/M)^{1/2}q$.

3.3　若格波色散关系为 $\omega=cq^2$ 和 $\omega=\omega_0-cq^2$，试分别导出它们模式密度的表示式.

3.4　求出一维单原子链的模式密度，并导出低温下晶格比热容与温度的关系.

3.5　每个振动模式的零点振动能为 $\frac{1}{2}\hbar\omega_0$，试用德拜模型计算二维和三维晶格的总零点振动能. 设原子总数为 N，二维晶格面积为 S，三维晶格体积为 V.

3.6　用德拜近似计算二维晶格的热容表示式，论证低温极限下比热正比于 T^2.

3.7　证明频率为 ω 的声子模式的自由能为

$$k_B T\ln\left[2\sinh\left(\frac{\hbar\omega}{2k_B T}\right)\right]$$

3.8　已知 NaCl 晶体平均对每对离子的相互作用能为

$$u(r)=-\alpha\frac{q^2}{4\pi\varepsilon_0 r}+\frac{B}{r^n}$$

式中，马德隆常数 $\alpha=1.75$，$n=9$，平衡离子间距 $r_0=2.28\times10^{-10}$ m.

（1）试求离子在平衡位置附近的振动频率.

(2) 计算与该频率相当的电磁波的波长，并于 NaCl 红外吸收频率的测量值 61μm 进行比较.

3.9　一维单原子链的链长 $L=Na$，a 为平衡晶格常数；相距为 r 的两原子间的势能为$\phi(r)$. 试证明：

(1) 若只考虑最近邻原子间的相互作用，则各振动模式的格林艾森常数与波矢无关，并由下式给出

$$\gamma=-\frac{a\phi'''(a)}{2\phi''(a)}$$

(2) 若考虑到次近邻相互作用，则振动模式的格林艾森常数一般依赖于波矢 $\boldsymbol{q}$.

第 4 章　能 带 理 论

除了第 3 章讨论的晶格振动外，固体中电子的运动状态同样对固体的力学、热学、电磁学、光学等物理性质有着非常重要的影响. 如固体之所以分成导体和绝缘体，就是因为这些固体的电子状态不同. 因此研究固体电子运动规律是固体物理学的一个重要内容，我们称之为固体电子理论. 随着人们对固体电子认识的逐步深入，陆续提出和发展了经典自由电子理论(Drude-Lorents 模型)、量子自由电子理论和能带理论. 能带理论是目前固体电子理论中最重要的理论，量子自由电子理论可以作为一种零级近似而归入能带理论. 本章介绍能带理论基本原理和一些近似方法.

4.1　能带理论的基本假定

能带理论是一个近似理论，本节说明能带理论作了哪些近似和假定.

实际晶体是由大量电子和原子核组成的多粒子体系. 由于电子与电子、电子与原子核、原子核与原子核之间存在着相互作用，一个严格的固体理论，必须求解下述多粒子体系的薛定谔方程：

$$\begin{aligned}&\Big[-\sum_i \frac{\hbar^2}{2m}\nabla_i^2-\sum_a \frac{\hbar^2}{2M_a}\nabla_a^2+\frac{1}{2}\sum\sum_{i\neq j}\frac{e^2}{4\pi\varepsilon_0\varepsilon_r r_{ij}}+V_0(\boldsymbol{R}_1\cdots\boldsymbol{R}_a\cdots)\\&+V(\boldsymbol{r}_1\cdots\boldsymbol{r}_i\cdots,\boldsymbol{R}_1\cdots\boldsymbol{R}_a\cdots)\Big]\phi(\cdots\boldsymbol{r}_i\cdots,\cdots\boldsymbol{R}_a\cdots)\\&=E\phi(\cdots\boldsymbol{r}_i\cdots,\cdots\boldsymbol{R}_a\cdots)\end{aligned}\tag{4.1.1}$$

式中，哈密顿表示中的动能项分别对电子坐标 i 和原子核坐标 a 求和. 第三项是电子之间的库仑作用势能，其中，ε_0、ε_r 分别是真空介电常量和固体相对介电常量. 第四项是原子核间的相互作用势能，最后一项是电子与核间的相互作用势能. 从而可得到多粒子体系的能量本征值及相应的电子本征态. 但是严格求解如此大量粒子组成的、复杂的多粒子体系的薛定谔方程是不可能的. 必须对方程(4.1.1)进行简化. 为此，能带理论作了如下近似和假定.

1. 绝热近似

考虑到电子质量 m 远小于原子核的质量 M，所以电子的速度 v_i 远大于原子核的速度 v_a，即 $v_i-v_a\gg v_a$. 因此，在考虑电子的运动时，可认为核是不动的，而电子是在固定不动的原子核产生的势场中运动. 在大多数情况下，人们最关心的是价电子.因为价电子对晶体性能的影响最大,并且在结合成晶体时,原子的价电子的状态变化最大.而原子的内层电子状态变化较小,因此可以把内层电子和原子核看成一个离子实,这样价电子就是在固定不变的离子场中运动.

按照上述假定,方程(4.1.1)中原子核(离子实)的动能项 $\sum_a\left[\frac{\hbar^2}{(2M_a)}\right]\nabla_a^2=0$,若适当选择势能零点使 $V_0(R_1\cdots R_a\cdots)=0$,就可得到电子系统的薛定谔方程

$$\left[-\sum_i\frac{\hbar^2}{2m}\nabla_i^2+\frac{1}{2}\sum\sum_{i\neq j}\frac{e^2}{4\pi\varepsilon_0\varepsilon_r r_{ij}}+V(\boldsymbol{r}_1\cdots\boldsymbol{r}_i\cdots,\boldsymbol{R}_1\cdots\boldsymbol{R}_a\cdots)\right]\varphi(\boldsymbol{r}_i\boldsymbol{R}_a)=E'\varphi(\boldsymbol{r}_i\boldsymbol{R}_a) \tag{4.1.2}$$

这种把电子系统与原子核(离子实)分开考虑的处理方法称为**绝热近似**.

2. 平均场近似

多电子体系的薛定谔方程(4.1.2)仍不能精确求解.这是因为任何一个电子的运动不仅与它自己的位置有关而且还与所有其他电子的位置有关,并且该电子自己也影响其他电子的运动.即所有电子的运动都是关联的.作为一种近似,我们可用一种平均场(自洽场)来代替价电子之间的相互作用,即假定每个电子所处的势场都相同,使每个电子的电子间相互作用势能仅与该电子的位置有关,而与其他电子的位置无关.引入 $\Omega_i(\boldsymbol{r}_i)$,使之

$$\sum_i\Omega_i(\boldsymbol{r}_i)=\frac{1}{2}\sum\sum_{i\neq j}\frac{e^2}{4\pi\varepsilon_0\varepsilon_r r_{ij}} \tag{4.1.3}$$

式中,$\Omega_i(r_i)$代表电子 i 与所有其他电子的相互作用势能,它不仅考虑了其他电子对电子 i 的相互作用,而且也计入了电子 i 对其他电子的影响.除此之外,还可以把电子与核之间相互作用能 $V(\boldsymbol{r}_1\cdots\boldsymbol{r}_i\cdots,\boldsymbol{R}_1\cdots\boldsymbol{R}_a\cdots)$改写成

$$V(\boldsymbol{r}_1\cdots\boldsymbol{r}_i\cdots,\boldsymbol{R}_1\cdots\boldsymbol{R}_a\cdots)=\sum_i\sum_a u_{ia}=\sum_i u_i \tag{4.1.4}$$

式中,$\sum_a u_{ia}=u_i$ 表示所有核对第 i 个电子的作用势能,u_{ia}是第 i 个电子与第 a 个核之间的相互作用势能.在上述近似下,每个电子都处在同样的势场中运动,若用 $\hat{H}$ 代表第 i 个电子的哈密顿算符,即

$$\hat{H}_i=-\frac{\hbar^2}{2m}\nabla_i^2+\Omega_i(\boldsymbol{r}_i)+u_i(\boldsymbol{r}_i) \tag{4.1.5}$$

则电子体系的哈密顿算符 $\hat{H}$ 为单个电子的 $\hat{H}_i$ 之和,即

$$\hat{H}=\sum_i\hat{H}_i \tag{4.1.6}$$

方程(4.1.2)成为

$$\hat{H}\varphi(\boldsymbol{r}_1\cdots\boldsymbol{r}_i\cdots)=E'\varphi(\boldsymbol{r}_1\cdots\boldsymbol{r}_i\cdots) \tag{4.1.7}$$

由分离变量法,令

$$\varphi(\boldsymbol{r}_1\cdots\boldsymbol{r}_i\cdots) = \prod_i \varphi_i(\boldsymbol{r}_i)$$

$$E' = \sum_i E_i$$

代入方程(4.1.7),得

$$\hat{H}_i\varphi_i(\boldsymbol{r}_i) = E_i\varphi_i(\boldsymbol{r}_i) \tag{4.1.8}$$

即所有的电子都满足同样的薛定谔方程,可略去下标“i”,只要解得 E_i 和 $\varphi_i(r_i)$,便可得晶体电子体系的电子状态和能量,使一个多电子体系的问题简化成一个电子问题,所以上述近似也称**单电子近似**.

3. 周期势场假定

式(4.1.5)中的势能项为

$$V(\boldsymbol{r}) = \Omega(\boldsymbol{r}) + u(\boldsymbol{r}) \tag{4.1.9}$$

由于 $u(r) = \sum_a u_a$ 是原子实对电子的势能,它具有与晶格相同的周期,$\Omega(\boldsymbol{r})$ 代表一种平均势能,应是恒量. 因此 $V(\boldsymbol{r})$具有晶格周期性. 如果假定晶格是严格周期性的,那么 $V(\boldsymbol{r})$也是严格周期性的,即

$$V(\boldsymbol{r}) = V(\boldsymbol{r}+\boldsymbol{R}_n) \tag{4.1.10}$$

式中, $\boldsymbol{R}_n$ 是晶格平移矢量.

综上所述,在单电子近似和晶格周期场假定下,就把多电子体系问题简化为在晶格周期势场 $V(\boldsymbol{r})$的单电子定态问题,即

$$\left[-\frac{\hbar^2}{2m}\nabla^2+V(\boldsymbol{r})\right]\varphi(\boldsymbol{r}) = E\varphi(\boldsymbol{r}) \tag{4.1.11}$$

这种建立在单电子近似基础上的固体电子理论称为**能带理论**.

4.2 周期场中单电子状态的一般属性

本节,我们不考虑势场 $V(\boldsymbol{r})$的具体形式,仅从 $V(\boldsymbol{r})$的周期性出发,一般性地讨论在晶格周期势场中运动的单电子的波函数和能量所具有的属性.

4.2.1 布洛赫定理

布洛赫定理是关于晶格周期场中运动的单电子波函数所具有的形式的定理:在单电子近似下,如果电子的势能 $V(\boldsymbol{r})$是晶格周期的函数 $V(\boldsymbol{r})=V(\boldsymbol{r}+\boldsymbol{R}_n)$,则方程(4.1.11)的本征函数 $\varphi(\boldsymbol{r})$具有下述调幅平面波的形式

$$\varphi(\boldsymbol{r}) = u_k(\boldsymbol{r})\mathrm{e}^{\mathrm{i}\boldsymbol{k}\cdot\boldsymbol{r}} \tag{4.2.1}$$

式中

$$u_k(\boldsymbol{r}+\boldsymbol{R}_n) = u_k(\boldsymbol{r})$$

是一个具有晶格周期性的函数,$\boldsymbol{k}$ 是一个实矢量. 通常把式(4.2.1)所表示的波函数称为**布洛赫函数或布洛赫波**.

为了证明布洛赫定理,引入平移算符 $\hat{T}(\boldsymbol{R}_n)$. 定义为:它作用在任意函数 $f(\boldsymbol{r})$ 上,则有

$$\hat{T}(\boldsymbol{R}_n)f(\boldsymbol{r}) = f(\boldsymbol{r}+\boldsymbol{R}_n) \tag{4.2.2}$$

根据上述定义,显然有

$$\hat{T}(\boldsymbol{R}_n)\hat{T}(\boldsymbol{R}_m) = \hat{T}(\boldsymbol{R}_n+\boldsymbol{R}_m) \tag{4.2.3}$$

而且任意两个平移算符 $\hat{T}(\boldsymbol{R}_m)$、$\hat{T}(\boldsymbol{R}_n)$相互对易,有

$$\hat{T}(\boldsymbol{R}_m)\hat{T}(\boldsymbol{R}_n)f(\boldsymbol{r}) = \hat{T}(\boldsymbol{R}_m)f(\boldsymbol{r}+\boldsymbol{R}_n) = f(\boldsymbol{r}+\boldsymbol{R}_n+\boldsymbol{R}_m) = \hat{T}(\boldsymbol{R}_n)\hat{T}(\boldsymbol{R}_m)f(\boldsymbol{r})$$

即

$$\hat{T}(\boldsymbol{R}_m)\hat{T}(\boldsymbol{R}_n) - \hat{T}(\boldsymbol{R}_n)\hat{T}(\boldsymbol{R}_m) = [\hat{T}(\boldsymbol{R}_m),\hat{T}(\boldsymbol{R}_n)] = 0 \tag{4.2.4}$$

现在讨论平移算符与晶体单电子哈密顿算符 $\hat{H}=-[\hbar^2/(2m)]\nabla^2+V(\boldsymbol{r})$的对易关系. 由于势场的晶格周期性,有

$$\hat{T}(\boldsymbol{R}_n)V(\boldsymbol{r}) = V(\boldsymbol{r}+\boldsymbol{R}_n) = V(\boldsymbol{r})$$

式中,$\boldsymbol{R}_n$ 是晶格平移矢量. 另一方面,由于

$$\hat{T}(\boldsymbol{R}_n)\mathrm{d}x = \mathrm{d}(x+\boldsymbol{R}_n) = \mathrm{d}x$$

同理有

$$\hat{T}(\boldsymbol{R}_n)\ \nabla_{\boldsymbol{r}}^2 = \nabla_{\boldsymbol{r}+\boldsymbol{R}_n}^2 = \nabla_{\boldsymbol{r}}^2$$

所以有

$$\hat{T}(\boldsymbol{R}_n)\hat{H}(\boldsymbol{r}) = \hat{H}(\boldsymbol{r}+\boldsymbol{R}_n) = \hat{H}(\boldsymbol{r}) \tag{4.2.5}$$

由此可知

$$\hat{T}(\boldsymbol{R}_n)\hat{H}(\boldsymbol{r})f(\boldsymbol{r}) = \hat{H}(\boldsymbol{r}+\boldsymbol{R}_n)f(\boldsymbol{r}+\boldsymbol{R}_n) = \hat{H}(\boldsymbol{r})\hat{T}(\boldsymbol{R}_n)f(\boldsymbol{r})$$

由于 $f(\boldsymbol{r})$是任意的,上式表明 $\hat{T}(\boldsymbol{R}_n)$与 $\hat{H}$ 是对易的,即

$$\hat{T}(\boldsymbol{R}_n)\hat{H}(\boldsymbol{r}) - \hat{H}(\boldsymbol{r})\hat{T}(\boldsymbol{R}_n) = [\hat{T}(\boldsymbol{R}_n),\hat{H}(\boldsymbol{r})] = 0$$

考虑到式(4.2.4),可知 $\hat{H}$ 和所有的晶格平移算符对易.

根据量子力学原理,$\hat{T}(\boldsymbol{R}_n)$和 $\hat{H}(\boldsymbol{r})$有共同的本征函数. 设它们的共同本征函数为 $\varphi(\boldsymbol{r})$,则有

$$\hat{H}\varphi(\boldsymbol{r}) = E\varphi(\boldsymbol{r}) \tag{4.2.6}$$

$$\hat{T}(\boldsymbol{R}_n)\varphi(\boldsymbol{r}) = A(\boldsymbol{R}_n)\varphi(\boldsymbol{r}) = \varphi(\boldsymbol{r}+\boldsymbol{R}_n) \tag{4.2.7}$$

式中,E、$A(\boldsymbol{R}_n)$分别为 $\hat{H}$、$\hat{T}$ 的本征值. 因为 $\varphi(\boldsymbol{r})$和 $\varphi(\boldsymbol{r}+\boldsymbol{R}_n)=A(\boldsymbol{R}_n)\varphi(\boldsymbol{r})$都是 $\hat{H}$ 的本征函数,故要求它们都满足归一化条件. 假定 $\varphi(\boldsymbol{r})$已经归一化,则有

$$\int |\varphi(r+R_n)|^2\mathrm{d}\tau = |A(R_n)|^2\int |\varphi(r)|^2\mathrm{d}\tau = 1$$

即

$$|A(\boldsymbol{R}_n)|^2 = 1 \tag{4.2.8}$$

同时，由于

$$\hat{T}(\boldsymbol{R}_n)\hat{T}(\boldsymbol{R}_m)\varphi(\boldsymbol{r}) = \hat{T}(\boldsymbol{R}_n+\boldsymbol{R}_m)\varphi(\boldsymbol{r}) = A(\boldsymbol{R}_n+\boldsymbol{R}_m)\varphi(\boldsymbol{r})$$

及

$$\hat{T}(\boldsymbol{R}_n)\hat{T}(\boldsymbol{R}_m)\varphi(\boldsymbol{r}) = A(\boldsymbol{R}_m)A(\boldsymbol{R}_n)\varphi(\boldsymbol{r})$$

比较上面两式，得

$$A(\boldsymbol{R}_n+\boldsymbol{R}_m) = A(\boldsymbol{R}_m)A(\boldsymbol{R}_n) \tag{4.2.9}$$

由式(4.2.8)和(4.2.9)可知，$A(\boldsymbol{R}_n)$的一般形式为

$$A(\boldsymbol{R}_n) = \mathrm{e}^{\mathrm{i}\boldsymbol{k}\cdot\boldsymbol{R}_n} \tag{4.2.10}$$

式中，$\boldsymbol{k}$ 为一实矢量. 因此

$$\varphi(\boldsymbol{r}+\boldsymbol{R}_n) = A(\boldsymbol{R}_n)\varphi(\boldsymbol{r}) = \mathrm{e}^{\mathrm{i}\boldsymbol{k}\cdot\boldsymbol{R}_n}\varphi(\boldsymbol{r}) \tag{4.2.11}$$

上式说明晶格周期场中单电子波函数 $\varphi(\boldsymbol{r})$在平移任意晶格矢量 $\boldsymbol{R}_n$ 后，波函数相差一个模量为 1 的相位因子. 由波函数的这个性质，很容易想到可以把波函数$\varphi(\boldsymbol{r})$写成下列形式，即

$$\varphi(\boldsymbol{r}) = \mathrm{e}^{\mathrm{i}\boldsymbol{k}\cdot\boldsymbol{r}}u(\boldsymbol{r})$$

$$u(\boldsymbol{r}+\boldsymbol{R}_n) = u(\boldsymbol{r})$$

这正是式(4.2.1)所示的布洛赫函数. 我们也可以直接把式(4.2.11)称为布洛赫定理. 由布洛赫定理可知

$$|\varphi(\boldsymbol{r}+\boldsymbol{R})|^2 = |\varphi(\boldsymbol{r})|^2 = |u(\boldsymbol{r})|^2$$

即晶格周期场中电子在各原胞对应点上出现的概率相同.

4.2.2　波矢 $\boldsymbol{k}$ 的意义及取值

在布洛赫函数中的实矢量 $\boldsymbol{k}$ 起着标志电子状态的量子数作用，我们称之为**波矢**. 波函数和能量本征值都与 $\boldsymbol{k}$ 有关，不同的 $\boldsymbol{k}$ 表示电子的不同状态. 这里指出，在自由电子波函数中，波矢 $\boldsymbol{k}$ 有明确的物理意义：$\hbar\boldsymbol{k}$ 是自由电子的动量本征值. 但布洛赫函数不是动量本征函数，而是晶格周期场中电子能量的本征函数，所以 $\hbar\boldsymbol{k}$ 不是晶格电子的真实动量. 但它是一个具有动量量纲的量，而且在研究电子在外场下的运动，以及研究电子与声子、光子的相互作用时，我们将发现 $\hbar\boldsymbol{k}$ 起着动量的作用. 通常称 $\hbar\boldsymbol{k}$ 为电子的“**准动量**”或“晶体动量”.

在晶格周期场中电子究竟有多少可能的本征态，即 $\boldsymbol{k}$ 可取哪些值，是我们最为关心的问题. 和一切束缚态一样，$\boldsymbol{k}$ 的取值由边界条件确定. 和第 3 章中讨论类似，我们仍然选择周期性边界条件：设想在有限晶体之外还有无穷多个完全相同的晶体，它们相互平行地堆积充满整个空间，在各块晶体内相应位置上的电子的状态相同. 假定有限晶体在基矢 $\boldsymbol{a}_1$、$\boldsymbol{a}_2$、$\boldsymbol{a}_3$ 方向上的原胞数目分别是 N_1、N_2 和 N_3，这个条件就表示为

$$\varphi(\boldsymbol{r}+N_i\boldsymbol{a}_i) = \varphi(\boldsymbol{r}),\qquad i=1,2,3 \tag{4.2.12}$$

把布洛赫函数式(4.2.1)带入式(4.2.12),得

$$\mathrm{e}^{\mathrm{i}(k_1 N_1 a_1 + k_2 N_2 a_2 + k_3 N_3 a_3)} = 1$$

即

$$k_1 = \frac{l_1 \times 2\pi}{N_1 a_1}, \quad k_2 = \frac{l_2 \times 2\pi}{N_2 a_2}, \quad k_3 = \frac{l_3 \times 2\pi}{N_3 a_3}$$

式中,l_1、l_2、l_3 均为整数.

由倒格矢定义式(1.6.1)可知,$\boldsymbol{k}$ 一定是倒格矢. 上式表示可写成

$$k_1 = \frac{l_1}{N_1} b_1, \quad k_2 = \frac{l_2}{N_2} b_2, \quad k_3 = \frac{l_3}{N_3} b_3 \tag{4.2.13}$$

或者

$$\boldsymbol{k} = \frac{l_1}{N_1}\boldsymbol{b}_1 + \frac{l_2}{N_2}\boldsymbol{b}_2 + \frac{l_3}{N_3}\boldsymbol{b}_3, \qquad l_1, l_2, l_3 = 0, \pm 1, \pm 2, \pm 3, \cdots \tag{4.2.14}$$

式中,$\boldsymbol{b}_1$、$\boldsymbol{b}_2$、$\boldsymbol{b}_3$ 为倒格子基矢. 由此可知,波矢 $\boldsymbol{k}$ 在倒易空间中是均匀分布的,每个点都落在以$\frac{\boldsymbol{b}_1}{N_1}$、$\frac{\boldsymbol{b}_2}{N_2}$、$\frac{\boldsymbol{b}_3}{N_3}$为棱边的平行六面体的顶角上,每个状态代表点在倒易空间中所占的体积为

$$\frac{\boldsymbol{b}_1}{N_1} \cdot \left(\frac{\boldsymbol{b}_2}{N_2} \times \frac{\boldsymbol{b}_3}{N_3}\right) = \frac{1}{N_1 N_2 N_3} \frac{(2\pi)^3}{\Omega_d} = \frac{1}{N} \frac{(2\pi)^3}{\Omega_d} = \frac{(2\pi)^3}{V}$$

式中,V 为晶体体积. 因此,在倒易空间波矢(状态)代表点的密度

$$\rho_k = \frac{V}{(2\pi)^3} \tag{4.2.15}$$

这在以后的讨论中将会用到.

为了明确起见,我们在布洛赫函数 $\varphi(\boldsymbol{r})$ 中都标明 $\boldsymbol{k}$,写成

$$\varphi_k(\boldsymbol{r}) = \mathrm{e}^{\mathrm{i}\boldsymbol{k}\cdot\boldsymbol{r}} u_k(\boldsymbol{r}) \tag{4.2.16}$$

以表示不同的电子状态.

4.2.3 能带

现在我们讨论在晶格周期场中电子能量的一般性质. 由于电子势能 $V(\boldsymbol{r})$满足

$$V(\boldsymbol{r} + \boldsymbol{R}) = V(\boldsymbol{r})$$

式中,$\boldsymbol{R} = n_1\boldsymbol{a}_1 + n_2\boldsymbol{a}_2 + n_3\boldsymbol{a}_3$ 是晶格平移矢量,由式(1.6.13)可知,$V(\boldsymbol{r})$可展成

$$V(\boldsymbol{r}) = \sum_{\boldsymbol{G}_{l'}} V(\boldsymbol{G}_{l'}) \mathrm{e}^{\mathrm{i}\boldsymbol{G}_{l'}\cdot\boldsymbol{r}} \tag{4.2.17}$$

求和是对所有倒格矢进行的. 同样,布洛赫函数中的周期性因子也可展成傅里叶级数

$$u_k(\boldsymbol{r}) = \sum_{l} a(\boldsymbol{G}_l) \mathrm{e}^{\mathrm{i}\boldsymbol{G}_l\cdot\boldsymbol{r}} \tag{4.2.18}$$

于是,布洛赫函数可表示为

$$\varphi_k(\boldsymbol{r}) = \frac{1}{\sqrt{V}} \mathrm{e}^{\mathrm{i}\boldsymbol{k}\cdot\boldsymbol{r}} \sum_l a(\boldsymbol{G}_l) \mathrm{e}^{\mathrm{i}\boldsymbol{G}_l\cdot\boldsymbol{r}} = \frac{1}{\sqrt{V}} \sum_l a(\boldsymbol{G}_l) \mathrm{e}^{\mathrm{i}(\boldsymbol{k}+\boldsymbol{G}_l)\cdot\boldsymbol{r}} \tag{4.2.19}$$

式中，$\frac{1}{\sqrt{V}}$归一化系数，V 是晶体体积. 把式(4.2.17)及(4.2.19)带入薛定谔方程 $\left[-\frac{\hbar^2}{2m}\nabla^2+V(\boldsymbol{r})\right]\varphi_k(\boldsymbol{r})=E(\boldsymbol{k})\varphi_k(\boldsymbol{r})$，得

$$\frac{1}{\sqrt{V}} \sum_l \left[\frac{\hbar^2}{2m}(\boldsymbol{k}+\boldsymbol{G}_l)^2 - E(\boldsymbol{k}) + \sum_{l'} V(\boldsymbol{G}_{l'}) \mathrm{e}^{\mathrm{i}\boldsymbol{G}_{l'}\cdot\boldsymbol{r}}\right] a(\boldsymbol{G}_l) \mathrm{e}^{\mathrm{i}(\boldsymbol{k}+\boldsymbol{G}_l)\cdot\boldsymbol{r}} = 0$$

上式乘以$(1/\sqrt{V})\mathrm{e}^{-\mathrm{i}(\boldsymbol{k}+\boldsymbol{G}_m)\cdot\boldsymbol{r}}$，再对整个晶体体积积分，并利用

$$\frac{1}{V}\int_v \mathrm{e}^{\mathrm{i}(\boldsymbol{G}_m-\boldsymbol{G}_l)\cdot\boldsymbol{r}} \mathrm{d}v = \delta_{\boldsymbol{G}_m\boldsymbol{G}_l} \tag{4.2.20}$$

得到展开系数 $a(\boldsymbol{G})$所满足的方程

$$\left[\frac{\hbar^2}{2m}(\boldsymbol{k}+\boldsymbol{G}_m)^2 - E(\boldsymbol{k})\right] a(\boldsymbol{G}_m) + \sum_{l\neq m} V(\boldsymbol{G}_m - \boldsymbol{G}_l) a(\boldsymbol{G}_l) = 0 \tag{4.2.21}$$

如果 $\boldsymbol{G}_m$ 取不同的倒格矢，可得到与格点数目相同的类似式(4.2.21)的方程组. 由这个方程组解出展开系数 $a(\boldsymbol{G})$，带入式(4.2.19)就得到晶体电子的态函数.

根据线性代数理论，要使线性齐次方程(4.2.21)有一组非零解，要求 $a(\boldsymbol{G}_l)$的系数行列式为零，即

$$\det\left[\left(\frac{\hbar^2}{2m}(\boldsymbol{k}+\boldsymbol{G}_l)^2 - E(\boldsymbol{k})\right)\delta_{lm} + \sum_{l\neq m} V(\boldsymbol{G}_l - \boldsymbol{G}_m)\right] = 0 \tag{4.2.22}$$

这是一个以 m 为行指标，l 为列指标的无穷多阶行列式. 解这个行列式，可得到能量本征值

$$E_n(\boldsymbol{k}), \qquad n = 1,2,3,\cdots$$

而每个 $E_n(\boldsymbol{k})$又都是 $\boldsymbol{k}$ 的函数. 对每一个 $E_n(\boldsymbol{k})$，通过式(4.2.21)又可解出一组 $a_{nk}(\boldsymbol{G})$系数. 原则上我们可以得出 $E_n(\boldsymbol{k})$和相应的 $\psi_{nk}(\boldsymbol{r})$.

能量本征值 $E_n(\boldsymbol{k})$既与 n 有关也与 $\boldsymbol{k}$ 有关. 对每一个给定的 n，$E_n(\boldsymbol{k})$包含由于 $\boldsymbol{k}$ 的不同取值所对应的许多能级，称为一个能带，指标 n 用以标志不同的能带. 同一能带中相邻 $\boldsymbol{k}$ 值的能量差别很小，$E_n(\boldsymbol{k})$可近似看成是 $\boldsymbol{k}$ 的连续函数. 相邻两能带之间可能出现电子不允许有的能量间隙，称为**禁带**. $E_n(\boldsymbol{k})$的总体称为晶体的**能带结构**.

4.2.4 能带和布洛赫函数的一些性质

对第 n 个能量，其能量 $E_n(\boldsymbol{k})$与波函数 $\varphi_{nk}(\boldsymbol{r})$在 $\boldsymbol{k}$ 空间具有如下的对称性：

1.
$$E_n(\boldsymbol{k}) = E_n(-\boldsymbol{k})$$
$$\varphi_{n,\boldsymbol{k}}^*(\boldsymbol{r}) = \varphi_{n,-\boldsymbol{k}}(\boldsymbol{r}) \tag{4.2.23}$$

证明：把布洛赫函数带入薛定谔方程，得到 $u_k(\boldsymbol{r})$所满足的方程，即

$$\left[-\frac{\hbar^2}{2m}(\nabla^2+2\mathrm{i}\boldsymbol{k}\cdot\nabla)+V(\boldsymbol{r})\right]u_k(\boldsymbol{r})=[E(\boldsymbol{k})-E^0(\boldsymbol{k})]u_k(\boldsymbol{r}) \tag{4.2.24}$$

式中，$E^0(\boldsymbol{k})=\hbar^2k^2/(2m)$. 式(4.2.24)两边取复共轭，得

$$\left[-\frac{\hbar^2}{2m}(\nabla^2-2\mathrm{i}\boldsymbol{k}\cdot\nabla)+V(\boldsymbol{r})\right]u_k^*(\boldsymbol{r})=[E(\boldsymbol{k})-E^0(\boldsymbol{k})]u_k^*(\boldsymbol{r}) \tag{4.2.25}$$

再把式(4.2.24)中的 $\boldsymbol{k}$ 代之$-\boldsymbol{k}$，得

$$\left[-\frac{\hbar^2}{2m}(\nabla^2-2\mathrm{i}\boldsymbol{k}\cdot\nabla)+V(\boldsymbol{r})\right]u_{-k}(\boldsymbol{r})=[E(-\boldsymbol{k})-E^0(-\boldsymbol{k})]u_{-k}(\boldsymbol{r}) \tag{4.2.26}$$

比较式(4.2.25)与式(4.2.26)可知，$u_k^*(\boldsymbol{r})$与 $u_{-k}(\boldsymbol{r})$满足同样的本征方程，其本征值应相等，即

$$E(\boldsymbol{k})-E^0(\boldsymbol{k})=E(-\boldsymbol{k})-E^0(-\boldsymbol{k})$$

所以

$$E(\boldsymbol{k})=E(-\boldsymbol{k})$$

其本征函数 $u_k^*(\boldsymbol{r})$与 $u_{-k}(\boldsymbol{r})$完全相同，所以(4.2.23)得证.

2.
$$E_n(\boldsymbol{k}+\boldsymbol{G})=E_n(\boldsymbol{k})$$
$$\varphi_{n,\boldsymbol{k}+\boldsymbol{G}}(\boldsymbol{r})=\varphi_{n\boldsymbol{k}}(\boldsymbol{r}) \tag{4.2.27}$$

即能量与波函数都是 $\boldsymbol{k}$ 的周期函数，在倒易空间具有倒格子的周期性，即相差一个倒格矢的两个状态是等价的状态.

证明 因为布洛赫函数

$$\varphi_{n,\boldsymbol{k}}(\boldsymbol{r})=\mathrm{e}^{\mathrm{i}\boldsymbol{k}\cdot\boldsymbol{r}}u_{n\boldsymbol{k}}(\boldsymbol{r})=\frac{1}{\sqrt{V}}\sum_l a(\boldsymbol{k}+\boldsymbol{G}_l)\mathrm{e}^{\mathrm{i}(\boldsymbol{k}+\boldsymbol{G}_l)\cdot\boldsymbol{r}}$$

所以

$$\varphi_{n,\boldsymbol{k}+\boldsymbol{G}}(\boldsymbol{r})=\frac{1}{\sqrt{V}}\sum_l a(\boldsymbol{k}+\boldsymbol{G}+\boldsymbol{G}_l)\mathrm{e}^{\mathrm{i}(\boldsymbol{k}+\boldsymbol{G}+\boldsymbol{G}_l)\cdot\boldsymbol{r}}$$

令 $\boldsymbol{G}_l'=\boldsymbol{G}+\boldsymbol{G}_l$，则

$$\varphi_{n,\boldsymbol{k}+\boldsymbol{G}}(\boldsymbol{r})=\frac{1}{\sqrt{V}}\sum_l a(\boldsymbol{k}+\boldsymbol{G}_l')\mathrm{e}^{\mathrm{i}(\boldsymbol{k}+\boldsymbol{G}_l')\cdot\boldsymbol{r}}$$

由于对 $\boldsymbol{G}_l'$求和与对 $\boldsymbol{G}_l$ 求和的结果是相同的，只是顺序不同而已，所以

$$\varphi_{n,\boldsymbol{k}+\boldsymbol{G}}(\boldsymbol{r})=\varphi_{n,\boldsymbol{k}}(\boldsymbol{r})$$

注意到 $\varphi_{n,\boldsymbol{k}+\boldsymbol{G}}(\boldsymbol{r})$与 $\varphi_{n,\boldsymbol{k}}(\boldsymbol{r})$满足同样的薛定谔方程，且 $\varphi_{n,\boldsymbol{k}+\boldsymbol{G}}(\boldsymbol{r})=\varphi_{n,\boldsymbol{k}}(\boldsymbol{r})$，所以有 $E_n(\boldsymbol{k}+\boldsymbol{G})=E_n(\boldsymbol{k})$.

4.2.5 波矢 $\boldsymbol{k}$ 的数目

由于布洛赫函数在倒易空间具有与倒格子相同的周期性，即第 n 个能带上波矢为 $\boldsymbol{k}+\boldsymbol{G}$ 的电子态与波矢为 $\boldsymbol{k}$ 的态相同. 为了建立 $\boldsymbol{k}$ 与电子状态的一一对应关

系,可将 $\boldsymbol{k}$ 的取值范围限制在 $\boldsymbol{k}$ 空间的一个区域内,它应是 $\boldsymbol{k}$ 空间的一个最小的重复单元,区域内的全部波矢 $\boldsymbol{k}$ 代表了晶体中单电子第 n 个能带上所有的波矢量为实数的电子态. 这个区域外的波矢都可通过平移一个倒格矢而在该区域内找到一个等价的状态点,通常把这个区域限制在倒格子的维格纳-塞茨原胞内,即简约布里渊区内.

现在我们来计算代表晶体第 n 个能带的电子态数目或者波矢 $\boldsymbol{k}$ 的数目. 设倒格矢的基矢为 $\boldsymbol{b}_1$、$\boldsymbol{b}_2$、$\boldsymbol{b}_3$,第一布里渊区的体积为 $\boldsymbol{b}_1\cdot(\boldsymbol{b}_2\times\boldsymbol{b}_3)$,把 $\boldsymbol{k}$ 限制在第一布里渊区内,即

$$-\frac{b_1}{2}\leqslant k_1<\frac{b_1}{2},\quad -\frac{b_2}{2}\leqslant k_2<\frac{b_2}{2},\quad -\frac{b_3}{2}\leqslant k_3<\frac{b_3}{2}$$

把 k_i 的表示式(4.2.13)代入上式,得

$$-\frac{N_i}{2}\leqslant l_i<\frac{N_i}{2},\qquad i=1,2,3 \tag{4.2.28}$$

式中,N_i 为 a_i 方向晶格的原胞数,即 l_i 取 $-N_i/2$ 到 $N_i/2$ 中的整数,l_i 共有 N_i 个不同的取值. 由此可知,波矢代表点的数目共有 $N=N_1N_2N_3$ 个,N 为晶体所含的原胞数.

由此,我们得到一个重要的结论:在每个能带中共有 N 个不同的电子态,考虑到电子自旋后,每个能带共有 $2N$ 个电子态.

4.2.6 能带的表示图式

根据能带 $E_n(\boldsymbol{k})$ 是 $\boldsymbol{k}$ 的周期函数这一特点,表示 $E_n(\boldsymbol{k})$ 与 $\boldsymbol{k}$ 的关系的图示有以下 3 种图示:

(1) 简约区图示,把 $\boldsymbol{k}$ 限制在第一布里渊区中,对于每一个 $\boldsymbol{k}$ 值,各能带都有一个相应的能量 $E_1(\boldsymbol{k})$,$E_2(\boldsymbol{k})$,…,每个能带都在第一布里渊区中表示出来.

(2) 扩展区图示,按照能量的高低,把各能带分别限制在第一、第二、第三……布里渊区,这样能量便是 $\boldsymbol{k}$ 的单值函数,一个布里渊区表示一个能带.

(3) 重复图示,取每个能带在第一布里渊区的图形作周期性重复.

图 4.2.1 (a)、(b)、(c)分别为 3 种图示的一维示意图.

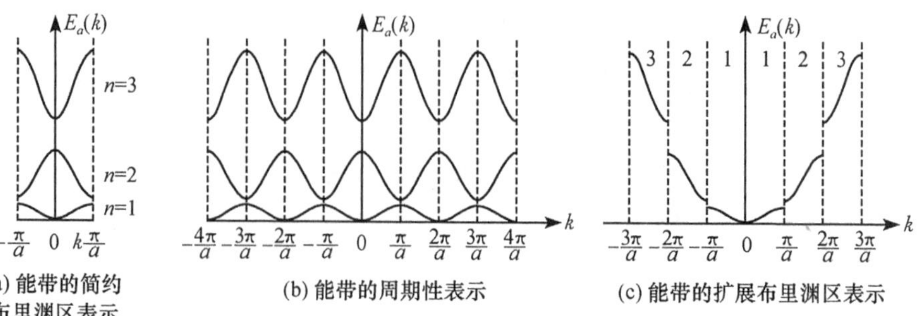

图 4.2.1　一维能带结构的 3 种不同表示

4.3 近自由电子近似

尽管作了 4.1 节所述的近似和假定,但由于晶格周期势场 $V(\boldsymbol{r})$的形式一般都比较复杂,严格求解单电子薛定谔方程(4.1.11)仍是不可能的. 因此在处理实际问题时需要根据具体的情况采取不同的近似方法. 为了计算晶体能带,曾发展了许多近似方法,如原胞法、赝势法、紧束缚近似和近自由电子近似法等. 本节介绍近自由电子近似法.

4.3.1 近自由电子模型

近自由电子模型是当晶格周期势场起伏很小,从而使电子的行为很接近自由电子时采用的处理方法. 作为零级近似,可用势场的平均值 V_0 代替晶格势 $V(\boldsymbol{r})$,若要进一步讨论可把周期势的起伏 $V(\boldsymbol{r})-V_0$ 作为微扰处理. 这样就可用微扰论来求解薛定谔方程. 这种模型可作为一些简单金属,如 Na、K、Al 等价电子的粗略近似. 为了简单,我们以一维情形来说明这种方法,然后给出三维情形的结论.

设由 N 个原子组成的一个晶格,基矢为 $a\mathbf{i}$;则倒格子基矢为 $b=(2\pi/a)\mathbf{i}$. 晶格周期势 $V(x)$可展开为

$$V(x) = V_0 + \sum_{n\neq 0} V_n e^{i\frac{2\pi}{a}nx} \tag{4.3.1}$$

式中

$$V_n = \frac{1}{L}\int_0^L V(x) e^{-i\frac{2\pi}{a}nx} dx \tag{4.3.2}$$

为展开系数;V_0 是展开系数中 $n=0$ 项的系数,它等于势场的平均值 $\bar{V}$,即

$$V_0 = \frac{1}{L}\int_0^L V(x) dx = \bar{V}$$

式中,$L=Na$,是一维晶体的线度. 由于 $V(x)$是实数,因而级数的系数满足

$$V_n^* = V_{-n} \tag{4.3.3}$$

于是,单电子哈密顿算符为

$$\hat{H} = -\frac{\hbar^2}{2m}\frac{d^2}{dx^2} + V(x) = -\frac{\hbar^2}{2m}\frac{d^2}{dx^2} + V_0 + \sum_{n\neq 0} V_n e^{i\frac{2\pi}{a}nx} = \hat{H}_0 + \hat{H}' \tag{4.3.4}$$

式中

$$\hat{H}_0 = -\frac{\hbar^2}{2m}\frac{d^2}{dx^2} + V_0$$

$$\hat{H}' = \sum_{n\neq 0} V_n e^{i\frac{2\pi}{a}nx}$$

式中,$\hat{H}'$代表周期势场的起伏,我们把它看作微扰项. 适当选择势能零点使 $V_0=0$

可得零级近似

$$\hat{H}_0\varphi_k^0 = E_k^0\varphi_k^0 \tag{4.3.5}$$

或

$$-\frac{\hbar^2}{2m}\frac{\mathrm{d}^2}{\mathrm{d}x^2}\varphi_k^0(x) = E_k^0\varphi_k^0(x) \tag{4.3.5$'$}$$

其本征量为

$$E_k^0 = \frac{\hbar^2k^2}{2m} \tag{4.3.6}$$

相应的箱归一化波函数为

$$\varphi_k^0 = \frac{1}{\sqrt{L}}\mathrm{e}^{\mathrm{i}kx} \tag{4.3.7}$$

式中，k 在周期性边界条件下只能取

$$k = \frac{l\times 2\pi}{Na},\qquad l = 0,\pm 1,\pm 2,\cdots \tag{4.3.8}$$

即零级近似是自由电子，故称为自由电子近似. 对于更高级次的解，可用微扰理论求得.

4.3.2　微扰计算

由于在零级近似解中，能量 E 是 k 的二次函数，$E=\hbar^2k^2/(2m)$，即 $+k$ 与 $-k$ 所标志的电子态有相同的能量，因此是二度简并的. 必须采用简并态微扰理论来讨论微扰哈密顿算符 $\hat{H}$ 对波函数和能量的影响. 按照简并微扰理论，零级近似的波函数是相互简并的零级波函数的线性组合. 在此可选用能量几乎相等的一对波矢为 k 和 k'($k'=-k$)的波函数 φ_k^0、$\varphi_{k'}^0$ 的线性组合作为零级近似波函数

$$\varphi^0 = A\varphi_k^0 + B\varphi_{k'}^0 = A\frac{1}{\sqrt{L}}\mathrm{e}^{\mathrm{i}kx} + B\frac{1}{\sqrt{L}}\mathrm{e}^{-\mathrm{i}kx} \tag{4.3.9}$$

有

$$(\hat{H}^0 + \hat{H}')\left(A\frac{1}{\sqrt{L}}\mathrm{e}^{\mathrm{i}kx} + B\frac{1}{\sqrt{L}}\mathrm{e}^{\mathrm{i}k'x}\right) = E\left(A\frac{1}{\sqrt{L}}\mathrm{e}^{\mathrm{i}kx} + B\frac{1}{\sqrt{L}}\mathrm{e}^{\mathrm{i}k'x}\right) \tag{4.3.10}$$

考虑到式(4.3.5)，得

$$(E_k^0 - E + \hat{H}')A\varphi_k^0 + (E_{k'}^0 - E + \hat{H}')B\varphi_{k'}^0 = 0 \tag{4.3.11}$$

上式先后左乘 φ_k^{0*} 和 $\varphi_{k'}^{0*}$，并对 x 积分，由于

$$\begin{aligned} H'_{k,k} = H'_{k',k'} &= \int_0^L \varphi_k^{0*}(x)\hat{H}'\varphi_k^0(x)\mathrm{d}x = \int_0^L \varphi_{k'}^{0*}\hat{H}'\varphi_{k'}^0\mathrm{d}x \\ &= \int_0^L \varphi_k^{0*}(x)\Big(\sum_{n\neq 0}V_n\mathrm{e}^{\mathrm{i}\frac{2\pi}{a}nx}\Big)\varphi_k^0(x)\mathrm{d}x \qquad (4.3.12) \\ &= \int_0^L \varphi_k^{0*}(x)[V(x) - \overline{V}]\varphi_k^0(x)\mathrm{d}x = \overline{V} - \overline{V} = 0 \end{aligned}$$

以及

$$H'_{kk'}=H'_{k'k}=\int_0^L\varphi_k^{0*}\hat{H}'\varphi_{k'}^0\mathrm{d}x=\frac{1}{L}\int_0^L\sum_{n\neq 0}V_n\mathrm{e}^{\mathrm{i}\left(k'-k+\frac{2\pi}{a}n\right)x}\mathrm{d}x$$

$$=\begin{cases}V_n, & 当\ k-k'=\dfrac{2\pi}{a}n=G\\ 0, & 当\ k-k'\neq G\end{cases}\tag{4.3.13}$$

式中,$G=2\pi n/a$为一维晶格的倒格矢.式(4.3.13)的运算中用到了

$$\frac{1}{L}\int_0^L\mathrm{e}^{\mathrm{i}(k-k')x}\mathrm{d}x=\delta_{kk'}$$

于是,由式(4.3.11)得到两个线性代数方程式

$$\left.\begin{aligned}(E-E_k^0)A-H'_{k,k'}B=0\\ -H_{k'k}A+(E-E_{k'}^0)B=0\end{aligned}\right\}\tag{4.3.14}$$

此方程组有非零解的条件是$\begin{vmatrix}E-E_k^0 & -V_n\\ -V_n^* & E-E_{k'}^0\end{vmatrix}=0$.由此解得能量本征值为

$$E_\pm=\frac{1}{2}\{(E_k^0+E_{k'}^0)\pm[(E_k^0-E_{k'}^0)^2+4H'_{kk'}H'_{k'k}]^{1/2}\}\tag{4.3.15}$$

把上式所示的能量本征值 E_+ 和 E_- 分别带入式(4.3.14),可求得两组系数 A、B,即可对应 E_+、E_- 分别所对应的本征函数.下面我们分两种情况分别讨论:

1. 远离布里渊区界面情况

当 $k'=-k$,且 $k-k'\neq G=2\pi n/a$ 时,即 $k\neq G/2$.由式(4.3.15)及(4.3.13)得

$$E_\pm=E_k^0=\frac{\hbar^2k^2}{2m}$$

表明此时晶格微扰势 $\hat{H}'$ 对电子能量的一次修正项为零.要使得简并解除必须考虑能量的二次修正.按照微扰理论的一般方法,能量的二次修正

$$E''_k=\sum_{k''}\frac{|H'_{k'k}|^2}{E_k^0-E_{k''}^0}\tag{4.3.16}$$

对 k'' 求和不包括 $k''=k$ 的项,由式(4.3.13)可知,只有 $k''=k-2\pi n/a$ 时,$H'_{k''k}$ 才不为零.因此,二级近似能量

$$E_k=\frac{\hbar^2k^2}{2m}+\sum_{n\neq 0}\frac{2m(V_n)^2}{\hbar^2k^2-\hbar^2\left(k-\dfrac{2\pi n}{a}\right)^2}\tag{4.3.17}$$

由于 $k\neq n\pi/a$,式(4.3.17)第二项的分母远大于分子,满足微扰理论的基本条件.这里用非简并微扰方法来处理是合理的.其相应的一级近似波函数为

$$\varphi_k(x)=\varphi_k^0(x)+\sum_{k'}\frac{H'_{k'k}}{E_k^0-E_{k''}^0}\varphi_{k'}^0(x)$$

$$= \frac{1}{\sqrt{L}} e^{ikx} \left[1 + \sum_{n \neq 0} \frac{2mV_{-n} e^{-i\frac{2\pi}{a}nx}}{\hbar^2 k^2 - \hbar^2 \left(k - \frac{2\pi}{a}n\right)^2} \right] = \frac{1}{\sqrt{L}} e^{ikx} u(x)$$

式中

$$u(x) = \left[1 + \sum_{n \neq 0} \frac{2mV_{-n} e^{-i\frac{2\pi}{a}nx}}{\hbar^2 k^2 - \hbar^2 \left(k - \frac{2\pi}{a}n\right)^2} \right]$$

容易证明 $u(x)$是晶格周期函数. 由此看出,把势能随坐标变化的部分当作微扰而求得的近似波函数也满足布洛赫定理. 这种波函数由两部分叠加而成,第一部分是波矢为 $\boldsymbol{k}$ 的前进平面波,第二部分是该平面波受到周期场作用所产生的散射波. 一般情况,各原子所产生的散射波的相位之间无固定的关系,彼此互相抵消,因而对前进的平面波影响不大. 即波矢 $\boldsymbol{k}$ 远离布里渊区界面时电子仍以近自由电子的状态存在.

2. 布里渊区界面附近的情况

当 k 与 k'都非常靠近布里渊区界面时,考虑到式(4.3.13),可分别表示为

$$k = \frac{G}{2}(1+\Delta) = \frac{n\pi}{a}(1+\Delta)$$

$$k' = -\frac{G}{2}(1-\Delta) = -\frac{n\pi}{a}(1-\Delta)$$

下面分三种情况来讨论:

(1) 当 $\Delta = 0$ 时,即 $k' = -k = -G/2 = -n\pi/a$,在布里渊区界面上. 由式(4.3.15)及式(4.3.13)得

$$E_{\pm} = E_k^0 \pm |V_n| = \frac{\hbar^2}{2m}\left(\frac{n\pi}{a}\right)^2 \pm |V_n| \tag{4.3.18}$$

上式表明,$k = n\pi/a$ 时,简并的状态受到周期场的微扰作用后,能级发生劈裂,产生能隙

$$E = E_+ - E_- = 2|V_n|$$

把 E_+、E_- 分别代入式(4.3.14),可求得组系数 A、B,即可得到两个能量所对应的波函数.

当 $E = E_+$ 时,有

$$\frac{A}{B} = \frac{V_n}{|V_n|} \tag{4.3.19}$$

若 $V_n = |V_n| e^{i2\theta}$,则 $A = Be^{i2\theta}$,因此

$$\varphi_+^0 = \frac{2Ae^{-i\theta}}{\sqrt{L}} \cos\left(\frac{n\pi}{a} + \theta\right) \tag{4.3.20}$$

当$E=E_-$时,有$A/B=-\dfrac{V_n}{|V_n|}$,同理有

$$\varphi_-^0=\frac{\mathrm{i}\times 2A\mathrm{e}^{-\mathrm{i}\theta}}{\sqrt{L}}\sin\left(\frac{n\pi}{a}x+\theta\right) \tag{4.3.21}$$

(2) 当$\Delta\ll 1$时,即k极接近布里渊区界面,由式(4.3.15)得

$$E_\pm=T_n(1+\Delta^2)\pm\sqrt{|V_n|^2+4T_n^2\Delta^2} \tag{4.3.22}$$

式中

$$T_n=\frac{\hbar^2}{2m}\left(\frac{n\pi}{a}\right)^2$$

由于$\Delta\to 0$,使$4T_n^2\Delta^2\ll|V_n|^2$,利用二项式定理,得

$$E_\pm=T_n(1+\Delta^2)\pm|V_n|\left(1+\frac{4T_n^2\Delta^2}{|V_n|^2}\right)^{1/2}=T_n(1+\Delta^2)\pm|V_n|\left(1+\frac{2T_n^2\Delta^2}{|V_n|^2}\right)$$

即

$$\begin{aligned}E_+&=T_n+|V_n|+\left(\frac{2T_n}{|V_n|}+1\right)T_n\Delta^2\\E_-&=T_n-|V_n|-\left(\frac{2T_n}{|V_n|}-1\right)T_n\Delta^2\end{aligned} \tag{4.3.23}$$

(3) 当$\Delta<1$,但并非无穷小时,即当k离布里渊区较远时,由于$E_k^0-E_{k'}^0$较大,因而有$|V_n|/(E_k^0-E_{k'}^0)\ll 1$,此时式(4.3.15)在一级近似下可写成

$$E_+=T_n(1+\Delta)^2+\frac{|V_n|^2}{E_k^0-E_{k'}^0}$$

$$E_-=T_n(1-\Delta)^2-\frac{|V_n|^2}{E_k^0-E_{k'}^0}$$

表明微扰的结果使能量高的$\dfrac{\hbar^2}{2m}\left(\dfrac{n\pi}{a}+\Delta\right)^2$更高,使能量低的$\dfrac{\hbar^2}{2m}\left(\dfrac{n\pi}{a}-\Delta\right)^2$更低,并随$E_k^0-E_{k'}^0$的增加,等式右边的第二项愈来愈小,与自由电子逐渐相当.

4.3.3 能隙

综上所述,当电子的波矢k从零逐渐靠近$n\pi/a$时,起初电子的能量与k的关系可近似用自由电子的能谱$E_k^0=\hbar^2k^2/(2m)$表示,随着k逼近$n\pi/a$,电子能谱$E(k)$与E_k^0的差别增大.由于微扰的结果使能量高的(k较大)E_k^0变得更高,使能量低的E_k^0(k较小)变得更低,所以当k逐渐增大逼近$n\pi/a$时,能量为

$$E_-=\frac{\hbar^2}{2m}\left(\frac{n\pi}{a}\right)^2-|V_n|$$

当k逐渐减小逼近$n\pi/a$时,能量为

$$E_+=\frac{\hbar^2}{2m}\left(\frac{n\pi}{a}\right)^2+|V_n|$$

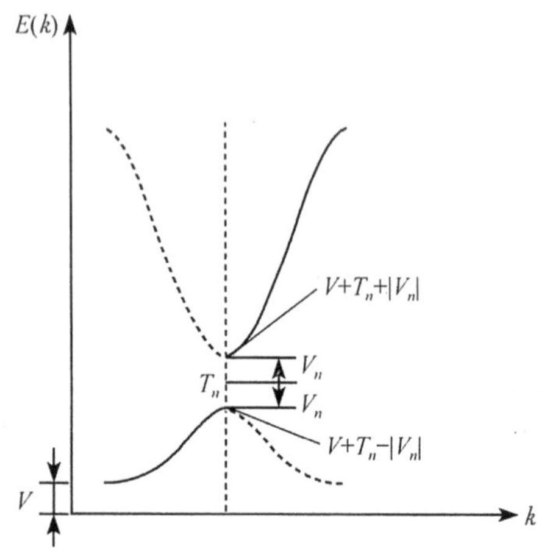

图 4.3.1　在布里渊区边界，能量曲线分为二枝

就是说当 $k=n\pi/a$ 时，出现了大小为

$$\Delta E = E_+ - E_- = 2 \mid V_n \mid$$

的能隙，如图 4.3.1 所示. 原来自由电子的连续能谱在弱周期场作用下劈裂成为被能隙分开的许多能带，能隙的大小等于周期的势场傅里叶分量 $|V_n|$ 的 2 倍.

能隙的起因可以这样理解：由于我们把电子看作是近自由的，它的零级近似波函数就是平面波，它在晶体中的传播就像 X 射线通过晶体一样. 当波矢 $\boldsymbol{k}$ 不满足布拉格条件时，晶格的影响很弱，电子几乎不受阻碍地通过晶体. 但当 $k=n\pi/a$ 时，波长 $\lambda=2\pi/k=2a/n$ 正好满足布拉格反射条件，受到晶格的全反射. 反射波与入射波的干涉形成驻波，如式(4.3.20)、式(4.3.21)所示的 φ_+ 和 φ_-. 若选某原子为坐标系原点，并使其满足 $V(x)=V(-x)$，由式(4.3.1)可知 $V(x)$ 的展开系数 V_n 为实数，即 $V_n^* = V_n$. 又因为 $V(x)<0$，由式(4.3.2)可知 $V_n<0$. 此时式(4.3.19)为

$$\frac{A}{B} = \frac{V_n}{\mid V_n \mid} = -1$$

即式(4.3.20)(4.3.21)中的 $\theta=\frac{\pi}{2}$. 这两种状态所对应的电子分布密度分别为

$$\rho_+(x) \propto \mid \varphi_+ \mid^2 \propto \cos^2\left(\frac{n\pi}{a}x + \frac{\pi}{2}\right)$$
$$\rho_-(x) \propto \mid \varphi_- \mid^2 \propto \sin^2\left(\frac{n\pi}{a}x + \frac{\pi}{2}\right) \tag{4.3.24}$$

图 4.3.2 给出两种概率分布图示. 由图可看出：当电子处于 φ_+ 态时，电子的电子云主要分布在离子之间的区域；而处于 φ_- 态的电子主要分布在离子周围. 因离子实周围的电子电荷受到较强的吸引力，势能是较大的负值；而离子间的电荷受到离子的吸引较弱，势能较高，故与电子的平面波状态比较，状态 φ_+ 的能量升高，状态 φ_- 的能量降低，因而出现能隙.

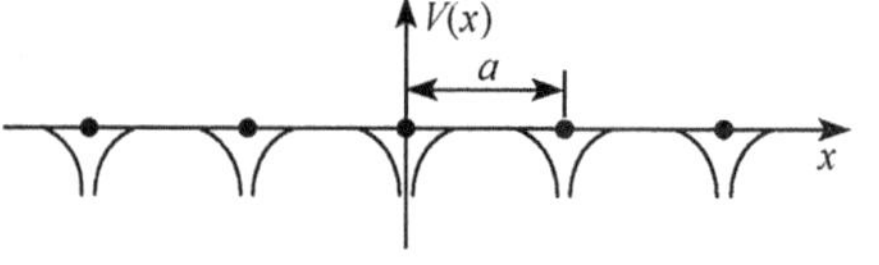

(a) 一维原子链的周期势能

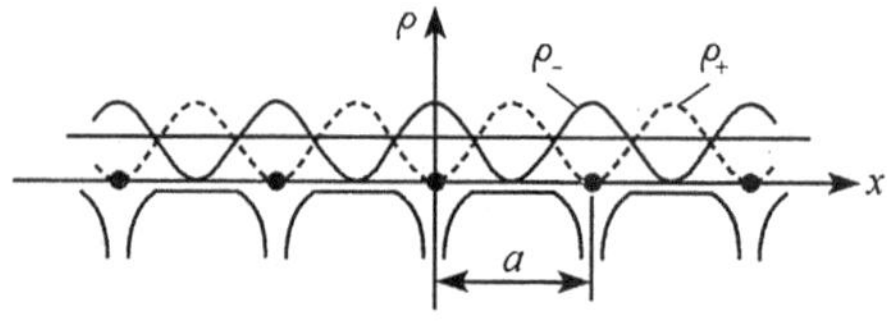

(b) $\rho_+=\psi_+^*\psi_+$ 的图像（虚线）
$\rho_-=\psi_-^*\psi_-$ 的图像（实线）

图 4.3.2　一维晶格周期势场和电子分布概率

4.3.4 三维情形

现在我们用和前面完全类似的方法来讨论三维情况. 设 $\boldsymbol{a}_1$、$\boldsymbol{a}_2$、$\boldsymbol{a}_3$ 为原胞基矢,$\boldsymbol{b}_1$、$\boldsymbol{b}_2$、$\boldsymbol{b}_3$ 为相应的倒格基矢,倒格点的位置矢量为

$$\boldsymbol{G} = n_1\boldsymbol{b}_1 + n_2\boldsymbol{b}_2 + n_3\boldsymbol{b}_3, \qquad n_i \text{ 为整数}$$

则周期势场可展开为

$$V(\boldsymbol{r}) = \sum_{\boldsymbol{G}} V(\boldsymbol{G})\mathrm{e}^{\mathrm{i}\boldsymbol{G}\cdot\boldsymbol{r}} = V(0) + \sum_{\boldsymbol{G}\neq 0} V(\boldsymbol{G})\mathrm{e}^{\mathrm{i}\boldsymbol{G}\cdot\boldsymbol{r}} \tag{4.3.25}$$

此式与式(4.3.1)对应,接下去按类似的步骤,可得出波矢 $\boldsymbol{k}$ 满足

$$\boldsymbol{k} - \boldsymbol{k}' = \boldsymbol{G} \tag{4.3.26}$$

或

$$\boldsymbol{k}\cdot\boldsymbol{G} = \frac{1}{2}\mid\boldsymbol{G}\mid^2 \tag{4.3.27}$$

时,出现能级劈裂. 也就是说,如果把电子波矢 $\boldsymbol{k}$ 看成倒格空间的矢量,当 k 的端点落在布里渊区的界面上时,如图 4.3.3 所示,或者说波矢为 $\boldsymbol{k}$ 的布洛赫波满足劳厄方程(布拉格条件)时,与一维情况完全类似的原因,能级将发生劈裂,$E \to E_\pm$ 时

$$E_\pm = E_k^0 \pm \mid V(\boldsymbol{G})\mid$$

即在倒格矢 $\boldsymbol{G}$ 相应的布里渊区界面上,能隙为

$$\Delta E = 2\mid V(\boldsymbol{G})\mid$$

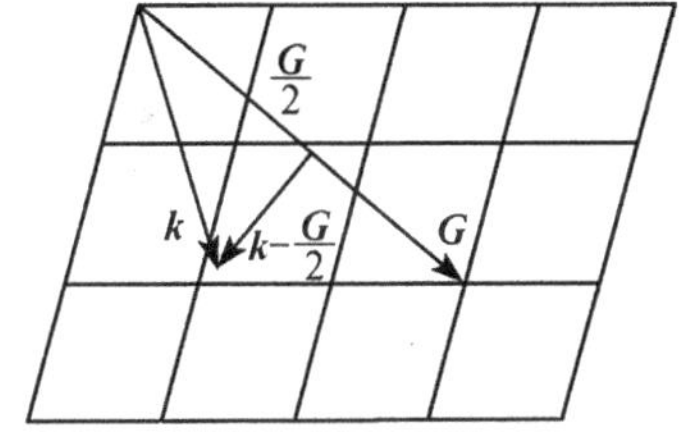

图 4.3.3 矢量 $\boldsymbol{k}$ 端点落在布里渊界面上

$V(\boldsymbol{G})$为 $V(\boldsymbol{r})$的傅里叶展开系数为

$$V(\boldsymbol{G}) = \frac{1}{V}\int_V V(\boldsymbol{r})\mathrm{e}^{-\mathrm{i}\boldsymbol{G}\cdot\boldsymbol{r}}\mathrm{d}\boldsymbol{r}$$

这些能隙把能谱分成一个个能带.

但是三维情况与一维情况有一个重要区别:不同能带的能隙不一定存在,可能发生能带的交叠,如图 4.3.4(d)所示. 由于属于同一布里渊区的 $\boldsymbol{k}$ 所对应的能级构成一个能带,不同布里渊区 $\boldsymbol{k}$ 构成不同的能带,因而图 4.3.4(a)中的 B 点表示第二布里渊区能量的最低点,即第二能带的带底. A 是与 B 相邻而在第一布里渊区的点,A 电的能量与 B 点的能量是不连续的,图 4.3.4(b)表示出从 O 到 A、B 点的连线上各点的能量. A、B 间的能量是断开的. C 点是第一布里渊区能量的最高点,即第一能带的带顶,图 4.3.4(c)表示沿 OC 各点的能量. 若 C 点的能量高于 B 点的能量,如图 4.3.4(d)所示,显然两个能带将发生交叠. 也就是说,沿各个方向(如 OA、OC 等),在布里渊区界面上 $E(\boldsymbol{k})$ 函数是间断的,但在不同方向上断开时的能量取值不同,断开的能量宽度也不同,因而能带有可能发生交叠.

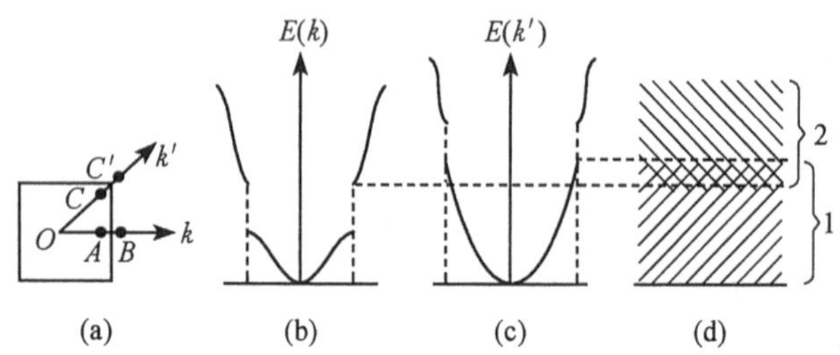

图 4.3.4　能带全叠的示意图

除上述原因外，在布里渊区是否出现能隙还与以下因素有关：①与周期势场的具体形式有关. 若在某布里渊区界面上，$V(\boldsymbol{r})$ 的展开系数 $V(\boldsymbol{G})=0$ 时，则在此布里渊区界面上将不出现能隙，两个能带连成一体. ②由于能隙的出现是入射的布洛赫波与反射布洛赫波干涉的结果，对多原子原胞（复式格子）晶体，类似与电子衍射，其结构因子（与几何结构因子仅差原子散射因子）为

$$S(\boldsymbol{G})=\sum_{\mu=1}^{f}\mathrm{e}^{\mathrm{i}\boldsymbol{G}\cdot\boldsymbol{d}_{\mu}}=0$$

时，在相应布里渊区界面上的布拉格全反射将不出现，因而在此界面上的能隙为零.

4.4　紧束缚近似

在近自由电子近似中，周期场随空间的起伏较弱，电子的状态很接近自由电子，这是一种极端情况. 现在我们讨论另一种极限情况：设想晶体是由相互作用较弱的原子组成，此时周期场随空间的起伏显著. 电子在某一个原子附近时，将主要受到原子场的作用，其他原子场的作用可以看作一个微扰作用，基于这种设想所建立的近似方法称为**紧束缚近似**.

4.4.1　模型

如果完全不考虑原子间的相互影响，那么在某格点 $\boldsymbol{R}_n=n_1\boldsymbol{a}_1+n_2\boldsymbol{a}_2+n_3\boldsymbol{a}_3$ 附近 $\boldsymbol{r}$ 处电子的状态将是孤立原子的电子本征态 $\varphi_i(\boldsymbol{r}-\boldsymbol{R}_n)$. 这里假设每个原胞只有一个原子，显然 $\varphi_i(\boldsymbol{r}-\boldsymbol{R}_n)$ 满足孤立原子的定态薛定谔方程

$$\left[-\frac{\hbar^2}{2m}\nabla^2+V(\boldsymbol{r}-\boldsymbol{R}_n)\right]\varphi_i(\boldsymbol{r}-\boldsymbol{R}_n)=\varepsilon_i\varphi_i(\boldsymbol{r}-\boldsymbol{R}_n) \qquad (4.4.1)$$

式中，$V(\boldsymbol{r}-\boldsymbol{R}_n)$ 为位于 $\boldsymbol{R}_n$ 格点原子的势场，ε_i 为孤立原子中电子的能级.

考虑到原子间的相互作用，晶体中单电子的薛定谔方程为

$$\left[-\frac{\hbar^2}{2m}\nabla^2+U(\boldsymbol{r})\right]\varphi(\boldsymbol{r})=E\varphi(\boldsymbol{r}) \qquad (4.4.2)$$

式中，$U(\boldsymbol{r})$ 为晶格周期势场，它是各格点原子势场之和

$$U(\boldsymbol{r}) = \sum_{m=1}^{N} V(\boldsymbol{r} - \boldsymbol{R}_m)$$

紧束缚近似把

$$\Delta U(\boldsymbol{r} - \boldsymbol{R}_n) = U(\boldsymbol{r}) - V(\boldsymbol{r} - \boldsymbol{R}_n) \tag{4.4.3}$$

看做微扰项 $\hat{H}'$,这样式(4.4.2)可写为

$$\left[-\frac{\hbar^2}{2m}\nabla^2 + V(\boldsymbol{r} - \boldsymbol{R}_n) + U(\boldsymbol{r}) - V(\boldsymbol{r} - \boldsymbol{R}_n)\right]\varphi(\boldsymbol{r}) = E\varphi(\boldsymbol{r}) \tag{4.4.4}$$

很容易看出方程(4.4.1)就是方程(4.4.4)的零级近似. ε_i、$\varphi_i(\boldsymbol{r}-\boldsymbol{R}_n)$分别是 E、$\varphi(\boldsymbol{r})$的零级近似. 若晶体共有 N 个原子(格点),则共有 N 个这样的方程,也就是说共有 N 个波函数 $\varphi_i(\boldsymbol{r}-\boldsymbol{R}_m)$($m=1,2,\cdots,N$)具有相同的能量 ε_i,因而这 N 个波函数是简并的. 按照简并态微扰方法,晶体中的单电子的波函数的零级近似是这个 N 个 $\varphi_i(\boldsymbol{r}-\boldsymbol{R}_m)$的线形组合

$$\varphi^0 = \sum_{m=1}^{N} C_m \varphi_i(\boldsymbol{r} - \boldsymbol{R}_m) \tag{4.4.5}$$

这种描述电子在晶体场中共有化运动的方法,也称为原子轨道线性组合法(LCAO). 显然 $\varphi_i(\boldsymbol{r}-\boldsymbol{R}_m)$是晶格周期函数. 另外,根据布洛赫定理,在晶格周期势场中电子波函数具有布洛赫波的形式,即式(4.4.5)中的 φ^0 应具有

$$\varphi^0 = \mathrm{e}^{\mathrm{i}\boldsymbol{k}\cdot\boldsymbol{r}} u_k(\boldsymbol{r}) \tag{4.4.6}$$

的形式. 比较式(4.4.5)与(4.4.6),可知 C_m 必须具有

$$C_m = \frac{1}{\sqrt{N}} \mathrm{e}^{\mathrm{i}\boldsymbol{k}\cdot\boldsymbol{R}_m} \tag{4.4.7}$$

的形式,这可由下面的推导证实. 把 C_m 的表达式代入式(4.4.5)得

$$\varphi^0 = \frac{1}{\sqrt{N}} \sum_m \mathrm{e}^{\mathrm{i}\boldsymbol{k}\cdot\boldsymbol{R}_m} \varphi_i(\boldsymbol{r} - \boldsymbol{R}_m) = \frac{1}{\sqrt{N}} \mathrm{e}^{\mathrm{i}\boldsymbol{k}\cdot\boldsymbol{r}} \sum_m \mathrm{e}^{\mathrm{i}\boldsymbol{k}\cdot(\boldsymbol{R}_m - \boldsymbol{r})} \varphi_i(\boldsymbol{r} - \boldsymbol{R}_m) = \mathrm{e}^{\mathrm{i}\boldsymbol{k}\cdot\boldsymbol{r}} u_k(\boldsymbol{r})$$

式中

$$u_k(\boldsymbol{r}) = \frac{1}{\sqrt{N}} \sum_m \mathrm{e}^{-\mathrm{i}\boldsymbol{k}\cdot(\boldsymbol{r} - \boldsymbol{R}_m)} \varphi_i(\boldsymbol{r} - \boldsymbol{R}_m)$$

显然是晶格周期函数,即

$$u_k(\boldsymbol{r} + \boldsymbol{R}_l) = \frac{1}{\sqrt{N}} \sum_m \mathrm{e}^{-\mathrm{i}\boldsymbol{k}\cdot(\boldsymbol{r} + \boldsymbol{R}_l - \boldsymbol{R}_m)} \varphi_i(\boldsymbol{r} + \boldsymbol{R}_l - \boldsymbol{R}_m)$$

令 $\boldsymbol{R}_l - \boldsymbol{R}_m = -\boldsymbol{R}_{m'}$,上式可写成

$$u_k(\boldsymbol{r} + \boldsymbol{R}_l) = \frac{1}{\sqrt{N}} \sum_{m'} \mathrm{e}^{-\mathrm{i}\boldsymbol{k}\cdot(\boldsymbol{r} - \boldsymbol{R}_{m'})} \varphi_i(\boldsymbol{r} - \boldsymbol{R}_{m'})$$

所以,由式(4.4.5)和(4.4.7),φ^0 可写成

$$\varphi^0 = \frac{1}{\sqrt{N}} \sum_m \mathrm{e}^{\mathrm{i}\boldsymbol{k}\cdot\boldsymbol{R}_m} \varphi_i(\boldsymbol{r} - \boldsymbol{R}_m) \tag{4.4.8}$$

且满足归一化条件

$$\int \varphi^{0*}(\boldsymbol{r})\varphi^{0}(\boldsymbol{r})\mathrm{d}\tau = 1$$

4.4.2　能带

现在来求紧束缚下电子的能量. 为此把式(4.4.8)带入式(4.4.4),并利用式(4.4.1),得到

$$\frac{1}{\sqrt{N}}\sum_{m}[\varepsilon_i + \Delta U(\boldsymbol{r}-\boldsymbol{R}_n)]\varphi_i(\boldsymbol{r}-\boldsymbol{R}_m)\mathrm{e}^{\mathrm{i}\boldsymbol{k}\cdot\boldsymbol{R}_m} = E\frac{1}{\sqrt{N}}\sum_{m}\varphi_i(\boldsymbol{r}-\boldsymbol{R}_m)\mathrm{e}^{\mathrm{i}\boldsymbol{k}\cdot\boldsymbol{R}_m} \tag{4.4.9}$$

给上式两边左乘

$$\varphi^{0*} = \frac{1}{\sqrt{N}}\sum_{l}\varphi_i^{*}(\boldsymbol{r}-\boldsymbol{R}_l)\mathrm{e}^{-\mathrm{i}\boldsymbol{k}\cdot\boldsymbol{R}_l}$$

并对 $\boldsymbol{r}$ 积分. 由于认为原子间的相互影响很小,各原子波函数重叠很小,可近似认为

$$\int \varphi_i^{*}(\boldsymbol{r}-\boldsymbol{R}_m)\varphi_i(\boldsymbol{r}-\boldsymbol{R}_l)\mathrm{d}\tau = \delta_{ml} \tag{4.4.10}$$

于是,得到

$$\frac{1}{N}\sum_{m}\sum_{l}[\varepsilon_i\delta_{lm} + \mathrm{e}^{\mathrm{i}\boldsymbol{k}\cdot(\boldsymbol{R}_m-\boldsymbol{R}_l)}\int\varphi_i^{*}(\boldsymbol{r}-\boldsymbol{R}_l)\Delta U(\boldsymbol{r}-\boldsymbol{R}_n)\varphi_i(\boldsymbol{r}-\boldsymbol{R}_m)\mathrm{d}\tau] = E \tag{4.4.11}$$

即

$$E = \varepsilon_i + \frac{1}{N}\sum_{m}\sum_{l}\mathrm{e}^{\mathrm{i}\boldsymbol{k}\cdot(\boldsymbol{R}_m-\boldsymbol{R}_l)}\int\varphi_i^{*}(\boldsymbol{r}-\boldsymbol{R}_l)\Delta U(\boldsymbol{r}-\boldsymbol{R}_n)\varphi_i(\boldsymbol{r}-\boldsymbol{R}_m)\mathrm{d}\tau \tag{4.4.12}$$

上式推导中已用到

$$\sum_{l}^{N}\sum_{m}^{N}\varepsilon_i\delta_{ml} = N\varepsilon_i$$

由于求和项中只与原子的相对位置有关,即对每一个 l,对 m 求和的结果是相同的,所以有

$$\sum_{l}^{N}\sum_{m}^{N} = N\sum_{m}$$

为了方便,我们选 $\boldsymbol{R}_l=0$,则式(4.4.12)可写成

$$E = \varepsilon_i + \sum_{m}\mathrm{e}^{\mathrm{i}\boldsymbol{k}\cdot\boldsymbol{R}_n}\int\varphi_i^{*}(\boldsymbol{r})\Delta U(\boldsymbol{r}-\boldsymbol{R}_n)\varphi_i(\boldsymbol{r}-\boldsymbol{R}_m)\mathrm{d}\tau \tag{4.4.13}$$

把 $\boldsymbol{R}_m=\boldsymbol{R}_l=0$ 的项分别写出来,上式为

$$E = \varepsilon_i + \int\varphi_i^{*}(\boldsymbol{r})\Delta U(\boldsymbol{r}-\boldsymbol{R}_n)\varphi(\boldsymbol{r})\mathrm{d}\tau + \sum_{\substack{m \\ \boldsymbol{R}_{m\neq 0}}}\mathrm{e}^{\mathrm{i}\boldsymbol{k}\cdot\boldsymbol{R}_m}\int\varphi_i^{*}(\boldsymbol{r})\Delta U(\boldsymbol{r}-\boldsymbol{R}_n)\varphi_i(\boldsymbol{r}-\boldsymbol{R}_m)\mathrm{d}\tau \tag{4.4.14}$$

令

$$\left.\begin{aligned}\int\varphi_i^*(\boldsymbol{r})[U(\boldsymbol{r})-V(\boldsymbol{r}-\boldsymbol{R}_n)]\varphi_i(\boldsymbol{r})\mathrm{d}\tau&=-\beta\\\int\varphi_i^*(\boldsymbol{r})[U(\boldsymbol{r})-V(\boldsymbol{r}-\boldsymbol{R}_n)]\varphi_i(\boldsymbol{r}-\boldsymbol{R}_m)\mathrm{d}\tau&=-\gamma(\boldsymbol{R}_m)\end{aligned}\right\}\tag{4.4.15}$$

式中，β、γ 均为正数；引入负号的原因是，$U(\boldsymbol{r})-V(\boldsymbol{r}-\boldsymbol{R}_n)$ 是周期势场与位于 $\boldsymbol{R}_n$ 格点的孤立原子势场之差，它的值是负的，且在 $\boldsymbol{R}_n$ 原子附近其绝对值极小，如图 4.4.1 所示. 这样，式(4.4.14)可写成

$$E=\varepsilon_i-\beta-\sum_m \mathrm{e}^{\mathrm{i}\boldsymbol{k}\cdot\boldsymbol{R}_m}\gamma(\boldsymbol{R}_m)\tag{4.4.16}$$

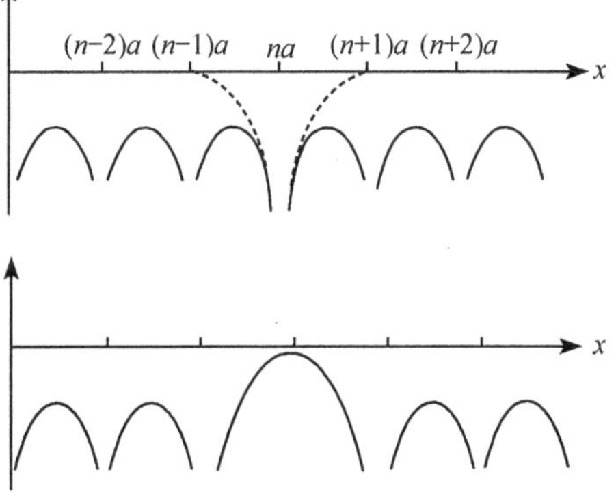

图 4.4.1 一维周期势场与孤立原子的势场

式中，β 称为**晶体场积分**，$\gamma(\boldsymbol{R}_m)$ 称为**相互作用积分**，它们均依赖于 ΔU 以及原子波函数的交叠程度. 在我们所假定的情况下，原子波函数相互交叠较少，因而式(4.4.16)中求和可只限于对 $\boldsymbol{R}_n$ 的最近邻原子进行. 这样式(4.4.16)可写成

$$E=\varepsilon_i-\beta-\sum_{(n,n)} \mathrm{e}^{\mathrm{i}\boldsymbol{k}\cdot\boldsymbol{R}_m}\gamma(\boldsymbol{R}_m)\tag{4.4.17}$$

式中，符号(n,n)表示对格点 $\boldsymbol{R}_n$ 的最近邻原子求和，$\boldsymbol{R}_n$ 可选晶体格点的任一个，以方便为原则. 式(4.4.17)就是紧束缚近似下晶体中单电子 $\boldsymbol{k}$ 态时能量本征值的一级近似 $E(\boldsymbol{k})$.

由 $E(\boldsymbol{k})$ 的表达式(4.4.17)知，每一个 $\boldsymbol{k}$ 相应一个能量本征值，即一个能级. 由于 $\boldsymbol{k}$ 可准连续取 N 个不同的值，这 N 个非常接近的能级形成一准连续的能带. 下面我们利用式(4.4.17)来计算 3 种晶体中 s 态原子 $\varphi_s(\boldsymbol{r})$ 形成的能带.

对简单立方晶格，任选一个原子作为 $\boldsymbol{R}_n$，并把坐标原点选在 $\boldsymbol{R}_n$ 上，即 $\boldsymbol{R}_n=0$. 这样最近邻的 6 个原子的位置矢量 $\boldsymbol{R}_m$ 的坐标分别是$(\pm a,0,0)$，$(0,\pm a,0)$，$(0,0,\pm a)$. 注意到 s 态波函数的球对称性 $\varphi_i(-\boldsymbol{r})=\varphi_i(\boldsymbol{r})$，故 6 个最近邻原子相应的 $\gamma(\boldsymbol{R}_m)$ 都相等，把 6 个原子的 $\boldsymbol{R}_m$ 代入式(4.4.17)得

$$E(\boldsymbol{k})=\varepsilon_i-\beta-2\gamma[\cos(k_xa)+\cos(k_ya)+\cos(k_za)]\tag{4.4.18}$$

上式表示出简单立方晶格 s 带能量与波矢的关系. 能带的极小值出现在布里渊区中心 $\boldsymbol{k}=0$ 处，有

$$E_{\min}=\varepsilon_i-\beta-6\gamma\tag{4.4.19}$$

能带的最大值出现在 $\boldsymbol{k}$ 为$(\pm\pi/a,\pm\pi/a,\pm\pi/a)$处

$$E_{\max}=\varepsilon_i-\beta+6\gamma\tag{4.4.20}$$

能带宽度

$$\Delta E = E_{max} - E_{min} = 12\gamma \tag{4.4.21}$$

同理,对体心立方和面心立方晶格,最近邻原子数目为8和12,s带的能谱分别为

$$E_{bcc}(k) = \varepsilon_i - \beta - 8\gamma\cos\left(\frac{1}{2}k_x a\right)\cos\left(\frac{1}{2}k_y a\right)\cos\left(\frac{1}{2}k_z a\right) \tag{4.4.22}$$

$$E_{fcc}(k) = \varepsilon_i - \beta - 4\gamma\left[\cos\left(\frac{1}{2}k_x a\right)\cos\left(\frac{1}{2}k_y a\right) + \cos\left(\frac{1}{2}k_x a\right)\cos\left(\frac{1}{2}k_z a\right) + \cos\left(\frac{1}{2}k_y a\right)\cos\left(\frac{1}{2}k_z a\right)\right] \tag{4.4.23}$$

能带宽度分别为

$$\Delta E_{bcc} = 16\gamma \tag{4.4.24}$$

$$\Delta E_{fcc} = 16\gamma$$

由此可看出能带宽度由配位数(最近邻原子数)和相互作用积分γ两因素共同决定. 为了对晶体的性质作定量的估计,必须要知道γ的数值. γ的数值可用半经验的方法确定. 1973年哈里森(Harrison)从测量介电常量而获得相互作用积分γ,后来又通过共价晶体的光反射导出了γ与晶体原子间距d的关系,有

$$\gamma = \eta\frac{\hbar^2}{md^2}, \qquad \eta = \frac{\pi^2}{8} = 1.23$$

式中,η是一取决于晶体结构的常量. 对于电子云非球对称分布的情况,η应与空间方位角有关,即η应与相邻两原子的角量子数有关. 因相互作用积分也与角量子数有关. 只有s态原子的γ是与方位无关的常量.

4.4.3　能带与原子能级

从上面的结果看出:当原子相互接近组成晶体时,原来孤立原子的每一个能级,由于原子间的相互作用就分裂成一个能带;若原子间的距离越小,原子波函数间的交叠就越多,相互作用积分γ也就越大,因而能带的宽度就越宽. 图4.4.2给出了能带的宽度随原子间距变化的示意图.

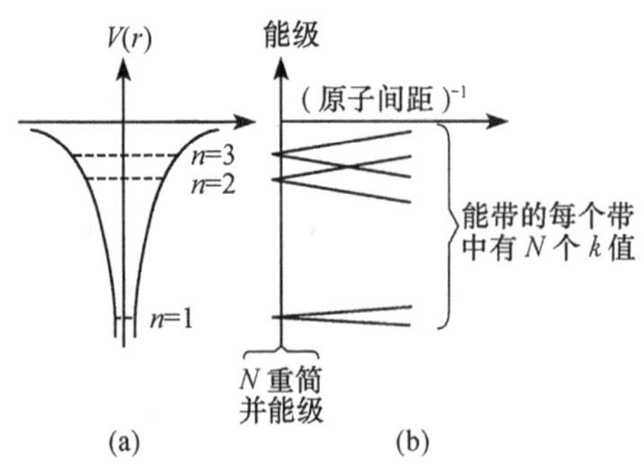

图4.4.2　紧束缚近似获得的能带示意图

从上面的讨论我们可以看到:一个原子能级ε_i形成晶体的一个能带,原子的不同能级,在晶体中将形成一系列相应的能带,如s($l=0$)、p($l=1$)、d($l=2$)

带等. 由于 p 态是三重简并的,对应的 p 能带也是由 3 个能带交叠而成的. d 带也有类似情况.

实际上,上述能带与能级一一对应的关系只适用于最简单的情况:不同原子态之间相互作用很小,晶格结构非常简单. 例如,简单立方晶体中原子内层电子的能带,这些能带的宽度较窄,能带与能级之间有简单的一一对应关系. 一般情况下,每个原胞不只含一个原子,每个原子还可能有几个能量相等的原子轨道,此时式(4.4.5)中的 $\varphi(\boldsymbol{r}-\boldsymbol{R}_m)$ 就不能是孤立原子的波函数,而要用各个原胞中各种原子波函数的线性组合来代替. 另外,不同原子态之间由于不可忽略的相互作用,导致不同原子态的相互混合,这时能带和原子能级之间就没有简单的对应关系了.

4.4.4 Mott 相变

由上面的讨论可看出,当晶体中原子间的间距较大时,电子基本被束缚在原子周围,不能形成共有化电子,此时呈绝缘体性质. 当原子间的间距较小时,不同原子的电子波函数相互交叠,将无法分清哪个电子属于哪个原子的,即形成共有化电子. 我们很容易想到可能存在一个临界原子间距,或临界电子数密度,随着电子(原子)数密度的增大,或晶体体积的减小,当晶体中原子间距小于这一临界间距时,晶体将出现金属性质. 我们把这种由于电子数密度变化引起的从绝缘体到金属的转变称为 **Mott 相变**,它是由 Mott 首先提出的.

4.4.5 旺尼尔函数

这里将说明任何布洛赫波函数都可写成旺尼尔函数的线性叠加,紧束缚近似仅是其中一个特例.

与近自由电子近似不同,紧束缚近似是以自由原子为基础来研究晶体中电子状态的,所以,能带中电子的波函数可以写成原子波函数的布洛赫波和

$$\psi_k^i = \frac{1}{\sqrt{N}}\sum_m \mathrm{e}^{\mathrm{i}\boldsymbol{k}\cdot\boldsymbol{R}_m}\varphi_i(\boldsymbol{r}-\boldsymbol{R}_m) \tag{4.4.25}$$

这是一种极端情况,一般情况下,晶体中的电子不是完全局域于原子周围,用孤立原子波函数 $\varphi_i(\boldsymbol{r}-\boldsymbol{R}_m)$ 来描述这种局域性就过于简单了,需要寻找能全面反映这种局域性的新函数.

设 $\psi_{nk}(r)$ 是布洛赫函数,如式(4.2.27)所示,它是 k 空间的周期函数. 如同任何一个晶格周期函数都可展开为倒格空间的傅里叶级数一样,k 空间的周期函数可展成晶格空间 $\boldsymbol{R}_l$ 的傅里叶级数

$$\psi_{nk}(\boldsymbol{r}) = \frac{1}{\sqrt{N}}\sum_l a_n(\boldsymbol{r}-\boldsymbol{R}_l)\mathrm{e}^{\mathrm{i}\boldsymbol{k}\cdot\boldsymbol{R}_l} \tag{4.4.26}$$

式中,n 为能带指标,$\frac{1}{\sqrt{N}}$是归一化常数, N 是晶体的原子数,$\boldsymbol{k}$ 为波矢,系数

$a_n(\boldsymbol{r}-\boldsymbol{R}_l)$称为旺尼尔函数,$\boldsymbol{R}_l$ 为第 l 个原子的格点位置矢量. 由式(4.4.26)的反变换中得到

$$a_n(\boldsymbol{r}-\boldsymbol{R}_l)=\frac{1}{\sqrt{N}}\sum_k \mathrm{e}^{-\mathrm{i}\boldsymbol{k}\cdot\boldsymbol{R}_l}\psi_{nk}(\boldsymbol{r}) \tag{4.4.27}$$

即一个能带的旺尼尔函数是由同一个能带的布洛赫函数所定义. 旺尼尔函数具有以下性质:

1. 局域性

由式(4.4.27)可知

$$\begin{aligned} a_n(\boldsymbol{r}-\boldsymbol{R}_l) &= \frac{1}{\sqrt{N}}\sum_k \mathrm{e}^{-\mathrm{i}\boldsymbol{k}\cdot\boldsymbol{R}_l}\psi_{nk}(\boldsymbol{r}) = \frac{1}{\sqrt{N}}\sum_k \mathrm{e}^{\mathrm{i}\boldsymbol{k}\cdot(\boldsymbol{r}-\boldsymbol{R}_l)}u_{nk}(\boldsymbol{r}) \\ &= \frac{1}{\sqrt{N}}\sum_k \mathrm{e}^{\mathrm{i}\boldsymbol{k}\cdot(\boldsymbol{r}-\boldsymbol{R}_l)}u_{nk}(\boldsymbol{r}-\boldsymbol{R}_l) \end{aligned} \tag{4.4.28}$$

由此看出,旺尼尔函数只依赖于 $\boldsymbol{r}-\boldsymbol{R}_l$,它可表示为各种平面波的叠加,所以旺尼尔函数是以格点 $\boldsymbol{R}_l$ 为中心的波包,因而具有定域性质.

2. 正交性

$$\begin{aligned} &\int a_n^*(\boldsymbol{r}-\boldsymbol{R}_l)a_m(\boldsymbol{r}-\boldsymbol{R}_{l'})\mathrm{d}\zeta \\ &=\frac{1}{N}\sum_k\sum_{k'}\mathrm{e}^{\mathrm{i}(\boldsymbol{k}\cdot\boldsymbol{R}-\boldsymbol{k}'\cdot\boldsymbol{R}_{l'})}\int\psi_{nk}^*(\boldsymbol{r})\psi_{mk}(\boldsymbol{r})\mathrm{d}\zeta \\ &=\frac{1}{N}\sum_k \mathrm{e}^{\mathrm{i}\boldsymbol{k}\cdot(\boldsymbol{R}_l-\boldsymbol{R}_{l'})}\delta_{nm}=\delta_{ll'}\delta_{nm} \end{aligned} \tag{4.4.29}$$

由式(4.4.29)可看出不同能带和不同格点上的旺尼尔函数是正交的.

因此,当某些晶体能带与紧束缚模型相差甚远时,由于旺尼尔函数既保留了比较局域化的性质,但又不是孤立原子的波函数,所以在讨论那些电子空间局域性起重要作用的问题时,构造一个合适的旺尼尔函数将会是比较好的选择.

4.5 能带理论的其他近似方法

自由电子近似和紧束缚近似是能带理论的两种极限近似. 很难直接应用于真实固体,因此人们发展了许多近似方法,下面仅介绍常见的几种. 这些方法的差别主要在于两个方面,一是选择一组合理的函数来展开电子波函数,二是采用有效势来近似地描述实际晶体中的势场.

4.5.1 正交化平面波法

如 4.2 节所描述,由于晶格势场和布洛赫波函数的周期性,势场和波函数可分

别表示为式(4.2.18)和式(4.2.19),式(4.2.19)表示电子布洛赫波函数可以用一组正交且完备的平面波$\frac{1}{\sqrt{V}}a(\boldsymbol{G}_l)\mathrm{e}^{\mathrm{i}(\boldsymbol{r}+\boldsymbol{G}_l)\cdot\boldsymbol{r}}$展开. 把式(4.2.18)和式(4.2.19)代入薛定谔方程(4.1.11),即可得到电子波展开系数$a(\boldsymbol{G}_l)$所满足的方程(4.2.21),根据其非零解条件满足式(4.2.22)式,即可解得能量本征值E_n,把E_n代入方程(4.2.21)即可解出波展开系数$a(\boldsymbol{G}_l)$,就得到电子的本征态函数. 这实际上是能带理论的一种解法,称之为**平面波法**. 理论上通过解方程式(4.2.21)和式(4.2.22),可以求出任一周期势$V(\boldsymbol{r})$中运动的电子的波函数和$\varphi_{nk}(\boldsymbol{k})$和能量本征值$E_n(\boldsymbol{k})$. 但实际上只有当大部分系数$a(\boldsymbol{G}_l)$为零时,方程才容易解出. 在近自由电子近似情况下,$V(\boldsymbol{r})$起伏很小,则波函数的展开表示中只有一小部分系数$a(\boldsymbol{G}_l)$不为零. 但一般情况并非如此,$V(\boldsymbol{r})$在核周围随$\boldsymbol{r}$变化很快,导致其展开系数$V(\boldsymbol{G})$的数目很大,不同的$V(\boldsymbol{G})$使式(4.2.22)成为一组数目庞大的耦合方程组,解出的波函数$\varphi_{nk}(\boldsymbol{r})$包含很多傅里叶项,使得真正求解成为不可能.

为了解决这一困难,需要分析一下晶体中电子波函数的基本情况:在远离原子的区域,由于电子所受到的正离子的作用相互抵消,电子处于准自由状态,可用平面波来描述,但是在离子实区电子受到离子实的作用较强,此时的波函数和平面波完全不同,有强烈振荡的特性,需要有很多傅里叶项才能恰当表述.

为了克服平面波展开收敛差的困难,Herring 提出一个修正方案:采用平面波$\mathrm{e}^{\mathrm{i}(\boldsymbol{r}+\boldsymbol{G})\cdot\boldsymbol{r}}$和离子芯区波函数$\psi_{jk}$的线性组合替代平面波展开来描述价电子的布洛赫函数. 即价电子布洛赫函数可写为

$$\varphi_k=\frac{1}{\sqrt{V}}\sum_{\boldsymbol{G}}a(\boldsymbol{G}_l)\mathrm{e}^{\mathrm{i}(\boldsymbol{k}+\boldsymbol{G})\cdot\boldsymbol{r}}+\sum_j b_{jk}\psi_{jk}(\boldsymbol{r}) \tag{4.5.1}$$

求和j是对所有被占据的原子壳层,其中芯态波函数ψ_{jk}可用紧束缚近似[参照式(4.4.5)和式(4.4.7)]表示为

$$\psi_{jk}(\boldsymbol{r})=\sum_{m=1}^{N}\frac{1}{\sqrt{N}}\mathrm{e}^{\mathrm{i}\boldsymbol{k}\cdot\boldsymbol{R}_m}\cdot\varphi_i(\boldsymbol{r}-\boldsymbol{R}_m) \tag{4.5.2}$$

式中,$\varphi_i(\boldsymbol{r}-\boldsymbol{R}_m)$为位于$\boldsymbol{R}_m$格点上的原子波函数. 由于价电子波函数与芯态电子波数ψ_j都是同一薛定谔方程不同本征值的解,它们应当正交,即

$$\langle\psi_j\mid\varphi_k\rangle=0$$

这个条件给出式(4.5.1)中第二项的展开系数

$$b_{jk}=\frac{1}{\sqrt{V}}\int\psi_{jk}^*\mathrm{e}^{\mathrm{i}(\boldsymbol{k}+\boldsymbol{G})\cdot\boldsymbol{r}}\mathrm{d}r=-\frac{1}{\sqrt{V}}\sum_{\boldsymbol{G}}a_k(\boldsymbol{G})\int\psi_{jk}^*\mathrm{e}^{\mathrm{i}(\boldsymbol{k}+\boldsymbol{G})\cdot\boldsymbol{r}}\mathrm{d}r \tag{4.5.3}$$

代入式(4.5.1),即价电子波函数可写成

$$\varphi_k(\boldsymbol{r})=\sum_{\boldsymbol{G}}C_{\boldsymbol{G}}\Phi_{\boldsymbol{K}+\boldsymbol{G}}(\boldsymbol{r})$$

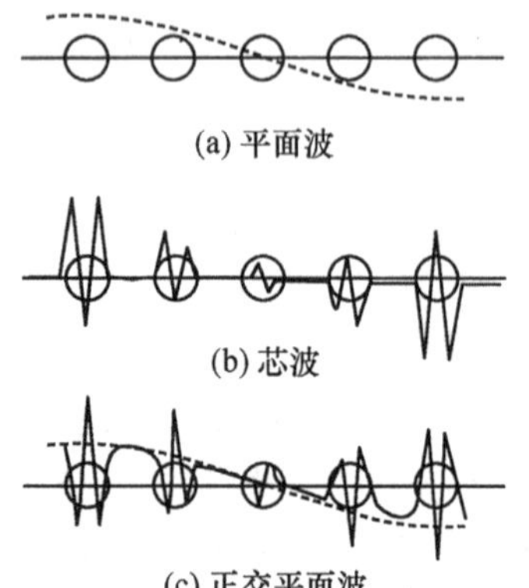

图 4.5.1

式中

$$\Phi_k(r)=\frac{1}{\sqrt{V}}e^{i(\boldsymbol{K}+\boldsymbol{G})\cdot r}-b_{jk}\psi_{jk}(r) \qquad (4.5.4)$$

称为**正交化平面波**(orthogonalized plane wave, OPW). 但实际应用中,往往只要取几个正交化平面波展开,结果就很好了. 图 4.5.1 为平面波(a)、芯波(b)和正交平面波(c)的示意图.

4.5.2 赝势法

由 OPW 方法自然可导出赝势概念. 正交化平面法使得价电子的傅里叶展开项数变少,波函数变得平滑,这样效果来源于波函数(4.5.1)必须与离子实的芯态波函数正交,即正交性提供的斥力的贡献,其作用使价电子远离离子实. 这种排斥势抵消了离子实的库仑引力势,使价电子感受到的势场不再是原来的势场 $V(\boldsymbol{r})$,而是一弱的平滑势——赝势(pseudopotential)

赝势法的基本思想是适当的选取一平滑势 $V^{\mathrm{PS}}(\boldsymbol{r})$来替代实际的晶体势,并选取本征函数为

$$\varphi_k(\boldsymbol{r})=\varphi_k^{\mathrm{PS}}(\boldsymbol{r})-\sum_j b_{jk}\varphi_j(\boldsymbol{r}) \qquad (4.5.5)$$

此处 $\varphi_k^{\mathrm{PS}}(\boldsymbol{r})$为类似平面波的一个波函数, $\varphi_j(\boldsymbol{r})$为原子波函数,对 j 求和包括所有被占的原子壳层. 如前所述,展开系数 b_j 的选择应使价电子的波函数 $\varphi_k(\boldsymbol{r})$与芯态波函数正交,这个正交性相当于泡利不相容原理使价电子不会占据其他已被电子占据的原子轨道. 这保证了波函数 $\psi_k(\boldsymbol{r})$有我们所需要的性质:远离核时,芯态波可以忽略,$\varphi_k=\varphi_k^{\mathrm{PS}}$,类似平面波函数;在芯内,原子波函数就相当可观,导致波函数急剧振荡. 如图 4.5.2 所示.

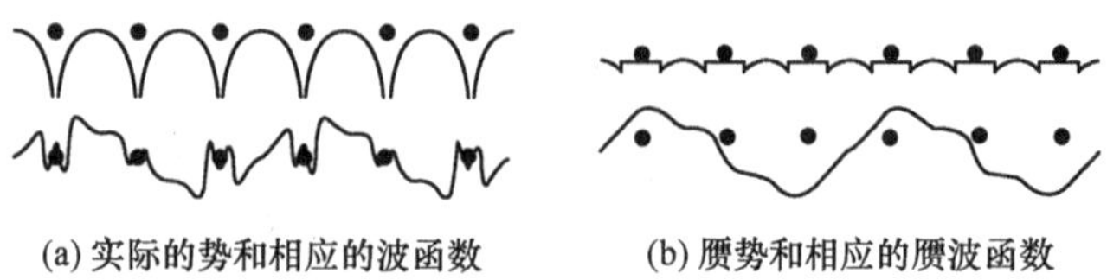

图 4.5.2 赝势的概念

把 $V^{\mathrm{PS}}(\boldsymbol{r})$和式(4.5.5)所表示的 ψ_k 代入薛定谔方程(4.1.11),并利用 $\hat{H}\varphi_j=E_j\varphi_j$,整理后可得如下形式

$$\left(-\frac{\hbar^2}{2m}\nabla^2+V^{\mathrm{PS}}\right)\varphi_k^{\mathrm{PS}}=E(\boldsymbol{k})\varphi_k^{\mathrm{PS}} \qquad (4.5.6)$$

式中,$E(\boldsymbol{k})$是(4.1.11)式中的能量本征值,而

$$V^{PS}=V+\sum_j[E(\boldsymbol{k})-E_j]b_{jk}\frac{\varphi_{jk}}{\varphi_k^{PS}} \tag{4.5.7}$$

由式(4.5.6)可看出，如果用赝势 V^{PS}替代真实周期势 $V(\boldsymbol{r})$，则赝波数 $\varphi_k^{PS}(\boldsymbol{r})$与布洛赫函数 $\varphi_k(\boldsymbol{r})$具有完全相同的本征能量 $E(\boldsymbol{k})$，因此可直接通过解式(4.5.6)求解 $E(\boldsymbol{k})$.

由 V^{PS}的表述式(4.5.7)可以看出，由于 $E(\boldsymbol{k})>E_j$ ($E(k)$为价电子能量，E_j 为内层电子能量)，所以式(4.5.7)中的第二项是正的，而第一项是晶格周期势 $V(\boldsymbol{r})<0$，V^{PS}中的两项相互抵消，导致$|V^{PS}|<|V(\boldsymbol{r})|$，即赝势场比真实势场弱，这给方程(4.5.6)的求解提供了方案：选择适当的 b_{jk}使 V^{PS}取得极小值，即由$\frac{\mathrm{d}V^{PS}}{\mathrm{d}b_{jk}}=0$ 求出 b_{jk}，这样 V^{PS}就可以看成是一微扰势，再利用微扰论求解.

4.5.3 糕模势与缀加平面波法

前面已经提到，准自由电子近似和紧束缚近似是两种极端情况，怎样结合两者优势，避免两者的缺点是能带计算的一个关键问题. 1937 年 J. C. Slater 为解决这个问题提出了**糕模势**(muffintin potential)概念(图 4.5.3)：周期势场被明显地分成两个部分：一是芯内的球对称原子势，另一个是离子芯间区域的常数势(通常被选为 0)，这样糕模式可被表示为

$$V(\boldsymbol{r})=\begin{cases}V_a(\boldsymbol{r}), & r<r_c\\ 0, & r>r_c\end{cases} \tag{4.5.8}$$

式中，r_c 是离子芯半径，r_c 小于最近邻间距的一半，这样芯态之间不会发生连接或交叠. 糕模势很容易被扩广到原胞内不止一个原子的情形，这时可对不同的离子态选择不同的半径.

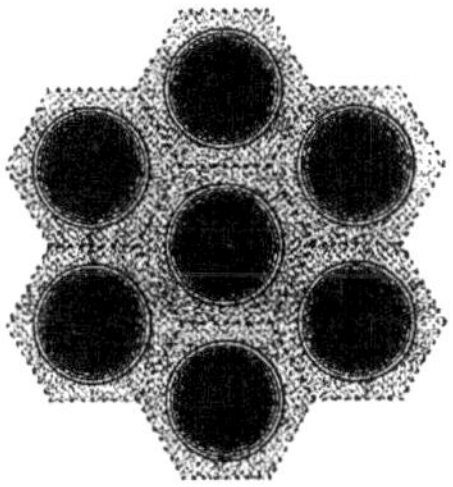

图 4.5.3 糕模势示意

采用糕模势计算能带结构有很多种方法，下面仅介绍缀加平面波(APW)法：与波矢 k 对应的波函数现在通常被认为是

$$W_k=\begin{cases}\text{原子波函数}(R_l(r,E)\mathrm{Y}_{lm}(\theta,\varphi)), & r<r_c\\ \frac{1}{\sqrt{V}}\mathrm{e}^{\mathrm{i}\boldsymbol{k}\cdot\boldsymbol{r}}, & r>r_c\end{cases} \tag{4.5.9}$$

具体表示出来为

$$W_k=\varepsilon(\boldsymbol{r}-\boldsymbol{r}_c)\frac{1}{\sqrt{V}}\mathrm{e}^{\mathrm{i}\boldsymbol{k}\cdot\boldsymbol{r}}+\sum_{lm}a_{lm}\varepsilon(\boldsymbol{r}-\boldsymbol{r}_c)R_l(\boldsymbol{r},\boldsymbol{E})\mathrm{Y}_{lm}(\theta,\varphi) \tag{4.5.10}$$

式中，阶梯函数定义为

$$\varepsilon(x)=\begin{cases}1, & x\geqslant 0\\ 0, & x<0\end{cases} \tag{4.5.11}$$

式(4.5.10)中求和是对所有电子占据的芯态求和.式(4.5.9)与式(4.5.10)表示：在芯区内,波函数与原子的波函数类似,可由适当的自由原子的薛定谔方程解出.在芯区外,因为此时势场近似为一常数,波函数是平面波,芯区内外波函数应在球表面平滑连接.由此可求出展开系数 a_{lm}.

但是 W_k 不具有布洛赫函数形式,与 4.2 节的讨论相似,固体电子的布洛赫函数可用 W_k 的线性组合实现

$$\varphi_k(\boldsymbol{r}) = \sum_G C(\boldsymbol{k},\boldsymbol{G})W_{k+G(r)} \tag{4.5.12}$$

展开系数 $C(\boldsymbol{k},\boldsymbol{G})$ 可用变分方法得到,决定这些系数的方程与赝势法中所述几乎完全相同.但是实际上式(4.5.12)中的级数收敛很快,只要给出 4～7 项或更少就足够给出期望的精度,因此用 APW 方法计算金属的能带结构是很有效的.还有很多使用糕模势能带计算方法,本书不再一一介绍.有兴趣的读者可参阅有关固体理论的论著.

4.6 晶体中电子的准经典运动

本节我们从晶体中电子波函数和能带的普遍性质出发,讨论电子在晶体中的运动.并讨论在外电场作用下晶体电子的运动规律.

4.6.1 晶体中电子的平均速度

电子的速度算符 $\hat{\boldsymbol{v}}=\hat{\boldsymbol{p}}/m$ 与单电子哈密顿算符 $\hat{H}$ 不对易,所以在电子本征态 ψ_k 中,电子速度没有确定值,而只有平均值

$$\bar{v}_k = \frac{1}{m}\int \varphi_k^* \hat{\boldsymbol{p}}\varphi_k \mathrm{d}\tau \tag{4.6.1}$$

才有意义.现在我们来导出 $\bar{v}_k$ 与能谱 $E(\boldsymbol{k})$ 的关系.由单电子薛定谔方程

$$\hat{H}\psi_k = E(\boldsymbol{k})\psi_k$$

可知

$$E(\boldsymbol{k}) = \int \psi_k^* \hat{H}\psi_k \mathrm{d}\tau \tag{4.6.2}$$

上式对 k_x 求微商,有

$$\frac{\partial E(\boldsymbol{k})}{\partial k_x} = \int \frac{\partial \psi_k^*}{\partial k_x}\hat{H}\psi_k \mathrm{d}\tau + \int \psi_k^* \hat{H}\frac{\partial \psi_k}{\partial k_x}\mathrm{d}\tau \tag{4.6.3}$$

由布洛赫定理知 $\psi_k = \mathrm{e}^{\mathrm{i}\boldsymbol{k}\cdot\boldsymbol{r}}u_k(\boldsymbol{r})$,于是式(4.6.3)可写成

$$\frac{\partial E(k)}{\partial k_x} = \mathrm{i}\int \psi_k^* (\hat{H}x - x\hat{H})\psi_k \mathrm{d}\tau + \int \mathrm{e}^{-\mathrm{i}\boldsymbol{k}\cdot\boldsymbol{r}}\frac{\partial u_k^*}{\partial k_x}\hat{H}\psi_k \mathrm{d}\tau + \int \psi_k^* \hat{H}\mathrm{e}^{\mathrm{i}\boldsymbol{k}\cdot\boldsymbol{r}}\frac{\partial u_k}{\partial k_x}\mathrm{d}\tau \tag{4.6.4}$$

利用算符的厄米性质,式(4.6.4)中等号右边第三项可写成

$$\int\psi_k^*\hat{H}\mathrm{e}^{\mathrm{i}\boldsymbol{k}\cdot\boldsymbol{r}}\frac{\partial u_k}{\partial k_x}\mathrm{d}\tau=\int\mathrm{e}^{\mathrm{i}\boldsymbol{k}\cdot\boldsymbol{r}}\frac{\partial u_k}{\partial k_x}\hat{H}\psi_k^*\,\mathrm{d}\tau=E(\boldsymbol{k})\int\mathrm{e}^{\mathrm{i}\boldsymbol{k}\cdot\boldsymbol{r}}\frac{\partial u_k}{\partial k_x}\psi_k^*\,\mathrm{d}\tau$$

代入式(4.6.4)得

$$\begin{aligned}\frac{\partial E(\boldsymbol{k})}{\partial k_x}&=\mathrm{i}\int\psi_k^*(\hat{H}x-x\hat{H})\psi_k\mathrm{d}\tau+E(\boldsymbol{k})\int\mathrm{e}^{-\mathrm{i}\boldsymbol{k}\cdot\boldsymbol{r}}\frac{\partial u_k^*}{\partial k_x}\mathrm{e}^{\mathrm{i}\boldsymbol{k}\cdot\boldsymbol{r}}u_k(\boldsymbol{r})\mathrm{d}\tau\\&\quad+E(\boldsymbol{k})\int\mathrm{e}^{\mathrm{i}\boldsymbol{k}\cdot\boldsymbol{r}}\frac{\partial u_k}{\partial k_x}\mathrm{e}^{-\mathrm{i}\boldsymbol{k}\cdot\boldsymbol{r}}u_k^*(\boldsymbol{r})\mathrm{d}\tau\\&=\mathrm{i}\int\psi_k^*(\hat{H}x-x\hat{H})\psi_k\mathrm{d}\tau+E(\boldsymbol{k})\int\frac{\partial u_k^*}{\partial k_x}u_k\mathrm{d}\tau+E(\boldsymbol{k})\int\frac{\partial u_k}{\partial k_x}u_k^*\,\mathrm{d}\tau\\&=\mathrm{i}\int\psi_k^*(\hat{H}x-x\hat{H})\psi_k\mathrm{d}\tau+E(\boldsymbol{k})\frac{\partial}{\partial k_x}\int u_k^*u_k\mathrm{d}\tau\end{aligned}\tag{4.6.5}$$

因为

$$\frac{\partial}{\partial k}\int u_k^*u_k\mathrm{d}\tau=\frac{\partial}{\partial k}\int\psi_k^*\psi_k\mathrm{d}\tau=0$$

以及

$$\hat{H}x-x\hat{H}=-\frac{\mathrm{i}\hbar}{m}\hat{p}_x$$

所以

$$\frac{\partial E(\boldsymbol{k})}{\partial k_x}=\frac{\hbar}{m}\int\psi_k^*\hat{p}_x\psi_k\mathrm{d}\tau=\hbar\bar{v}_x(\boldsymbol{k})\tag{4.6.6}$$

即

$$\bar{v}_x(\boldsymbol{k})=\frac{1}{\hbar}\frac{\partial E(\boldsymbol{k})}{\partial k_x}\tag{4.6.7}$$

同理可得

$$\frac{\partial E(\boldsymbol{k})}{\partial k_y}=\hbar\bar{v}_y(\boldsymbol{k}),\qquad\bar{v}_y(\boldsymbol{k})=\frac{1}{\hbar}\frac{\partial E(\boldsymbol{k})}{\partial k_y}\tag{4.6.8}$$

$$\frac{\partial E(\boldsymbol{k})}{\partial k_z}=\hbar\bar{v}_z(\boldsymbol{k}),\qquad\bar{v}_z(\boldsymbol{k})=\frac{1}{\hbar}\frac{\partial E(\boldsymbol{k})}{\partial k_z}\tag{4.6.9}$$

写成矢量形式

$$\bar{v}(\boldsymbol{k})=\bar{v}_x\boldsymbol{i}+\bar{v}_y\boldsymbol{j}+\bar{v}_z\boldsymbol{k}=\frac{1}{\hbar}\left[\frac{\partial E(k)}{\partial k_x}\boldsymbol{i}+\frac{\partial E(k)}{\partial k_y}\boldsymbol{j}+\frac{\partial E(k)}{\partial k_z}\boldsymbol{k}\right]=\frac{1}{\hbar}\nabla_kE(\boldsymbol{k})\tag{4.6.10}$$

这表明,处于 $\boldsymbol{k}$ 态电子的平均速度正比于能量在 $\boldsymbol{k}$ 空间得梯度. 由此可知,位于 $\boldsymbol{k}$ 空间代表点电子态的速度都垂直于通过该点的等能面.

4.6.2 电子的准经典运动

在讨论量子力学与经典力学的对应时,可把德布罗意波组成波包,用波包的群速度代表对应经典粒子的运动. 实际上式(4.6.10)给出了布洛赫电子的群速度. 这

可由下面简单推导得知,把熟知的波包的群速度公式

$$\boldsymbol{v}=\nabla_k\omega(\boldsymbol{k})$$

用于晶体中电子的布洛赫波,并考虑到爱因斯坦关系 $\omega=\frac{E}{\hbar}$,即可得式(4.6.10).所以式(4.6.10)就是以 $\boldsymbol{k}$ 为波包中心的波包群速度.在波包的波矢变化范围 $\Delta\boldsymbol{k}$ 比布里渊区的线度$\frac{2\pi}{a}$小的多(也就是波包中心展宽的范围 $\Delta x\gg a$)的条件下,**布洛赫电子**的运动可看做以 $\boldsymbol{k}$ 为中心的波包运动.在金属等导体中,Δx 约为多个原子间距 10^{-1}nm 量级,电子的平均自由程 l 约为 10nm,$l\gg\Delta x$.而且在 Δx 范围内外场变化平缓(可见光波长为 10^2nm 量级).在这个前提下,晶体电子可用类经典粒子所具有的速度、准动量和能量等经典量描述.讨论晶体电子在外电场,外磁场作用下的运动规律常用这种方法.显然,$\boldsymbol{k}$ 态电子对电流的贡献为

$$\boldsymbol{i}_k=-e\boldsymbol{v}(\boldsymbol{k}) \tag{4.6.11}$$

4.6.3　布洛赫电子在外力作用下的加速度

在外力作用下,单位时间内外力所做的功等于电子能量的改变量,即

$$\frac{\mathrm{d}E(\boldsymbol{k})}{\mathrm{d}t}=\boldsymbol{f}\cdot\boldsymbol{v} \tag{4.6.12}$$

电子能量是波矢 $\boldsymbol{k}$ 的函数,既然能量变化,波矢也将发生相应的变化,即

$$\frac{\mathrm{d}E(\boldsymbol{k})}{\mathrm{d}t}=\frac{\partial E(\boldsymbol{k})}{\partial k_x}\frac{\mathrm{d}k_x}{\mathrm{d}t}+\frac{\partial E(\boldsymbol{k})}{\partial k_y}\frac{\mathrm{d}k_y}{\mathrm{d}t}+\frac{\partial E(\boldsymbol{k})}{\partial k_z}\frac{\mathrm{d}k_z}{\mathrm{d}t}=\nabla_k E(\boldsymbol{k})\cdot\frac{\mathrm{d}\boldsymbol{k}}{\mathrm{d}t} \tag{4.6.13}$$

比较式(4.6.12)与式(4.6.13),并注意到式(4.6.10)可得

$$\boldsymbol{f}=\hbar\frac{\mathrm{d}\boldsymbol{k}}{\mathrm{d}t} \tag{4.6.14}$$

这就是外力作用下,电子的运动方程.它与牛顿第二定律 $\boldsymbol{f}=\mathrm{d}\boldsymbol{P}/\mathrm{d}t$ 具有相同的形式.但要注意,式(4.6.14)中的 $\boldsymbol{f}$ 只是外力,不是全部作用力,晶体内晶格周期场对电子的作用没有计算在内,因此 $\hbar\boldsymbol{k}$ 不是电子的真正动量,我们称之为准动量.

电子的平均加速度可由下式求出,即

$$\begin{aligned}\boldsymbol{a}&=\frac{\mathrm{d}\boldsymbol{v}}{\mathrm{d}t}=\frac{\mathrm{d}}{\mathrm{d}t}\left[\frac{1}{\hbar}\nabla_k E(\boldsymbol{k})\right]=\frac{1}{\hbar}\nabla_k\frac{\mathrm{d}E(\boldsymbol{k})}{\mathrm{d}t}\\&=\frac{1}{\hbar}\nabla_k\left[\nabla_k E(\boldsymbol{k})\cdot\frac{\mathrm{d}\boldsymbol{k}}{\mathrm{d}t}\right]=\frac{1}{\hbar^2}\nabla_k\nabla_k E(\boldsymbol{k})\cdot\boldsymbol{f}\end{aligned} \tag{4.6.15}$$

对一维情况,式(4.6.15)可写成

$$\begin{aligned}a&=\frac{\mathrm{d}v}{\mathrm{d}t}=\frac{\mathrm{d}}{\mathrm{d}t}\left[\frac{1}{\hbar}\frac{\mathrm{d}E(k)}{\mathrm{d}k}\right]=\frac{1}{\hbar}\frac{\mathrm{d}}{\mathrm{d}k}\left[\frac{\mathrm{d}E(k)}{\mathrm{d}t}\right]=\frac{1}{\hbar}\frac{\mathrm{d}}{\mathrm{d}k}\left[\frac{\mathrm{d}E(k)}{\mathrm{d}k}\frac{\mathrm{d}k}{\mathrm{d}t}\right]\\&=\frac{1}{\hbar}\frac{\mathrm{d}^2E(k)}{\mathrm{d}k^2}\frac{\mathrm{d}k}{\mathrm{d}t}=\frac{1}{\hbar^2}\frac{\mathrm{d}^2E(k)}{\mathrm{d}k^2}f\end{aligned} \tag{4.6.16}$$

4.6.4 有效质量

式(4.6.16)可写为

$$f = \frac{\hbar^2}{\frac{\mathrm{d}^2 E(k)}{\mathrm{d}k^2}} a$$

与牛顿第二定律 $f=ma$ 相比较,可知 $\hbar^2/[\mathrm{d}^2E(k)/\mathrm{d}k^2]$相当于质量,我们称之为晶体电子的**有效质量** m^*,有

$$m^* = \frac{\hbar^2}{\frac{\mathrm{d}^2 E(k)}{\mathrm{d}k^2}} \tag{4.6.17}$$

对三维情况,由式(4.5.15)知

$$\frac{1}{m^*} = \frac{1}{\hbar^2}\nabla_k\nabla_k E(\boldsymbol{k}) = \frac{1}{\hbar^2}\begin{pmatrix} \frac{\partial^2 E}{\partial k_x^2} & \frac{\partial^2 E}{\partial k_x \partial k_y} & \frac{\partial^2 E}{\partial k_x \partial k_z} \\ \frac{\partial^2 E}{\partial k_x \partial k_y} & \frac{\partial^2 E}{\partial k_y^2} & \frac{\partial^2 E}{\partial k_y \partial k_z} \\ \frac{\partial^2 E}{\partial k_x \partial k_z} & \frac{\partial^2 E}{\partial k_y \partial k_z} & \frac{\partial^2 E}{\partial k_z^2} \end{pmatrix} \tag{4.6.18}$$

即有效质量的倒数 $1/m^*$ 是一个二阶对称张量.

由有效质量的定义可以看出,有效质量与惯性质量不同. 首先,由于有效质量是张量,所以电子的加速度一般与外力方向不一致. 这是因为除了外力作用外,电子还受到晶格周期场的作用,这个作用由有效质量所概括. 其次,有效质量与电子的状态有关,可以是正值,也可以是负值.

为了使读者有一具体的概念,我们计算一下一维紧束缚近似下电子的有效质量. 由式(4.4.18)知,一维情况下的能谱为

$$E(k) = \varepsilon_i - \beta - 2\gamma\cos(ka)$$

及

$$\frac{\mathrm{d}^2 E(k)}{\mathrm{d}k^2} = 2\gamma a^2\cos(ka)$$

在能带底部,即 $k=0$ 时(能带取最小值)有效质量

$$m^*_{\text{带底}} = \frac{\hbar^2}{\frac{\mathrm{d}^2 E}{\mathrm{d}k^2}} = \frac{\hbar^2}{2\gamma a^2} > 0 \tag{4.6.19}$$

有效质量为正. 在能带顶部(能带取最大值),即 $k=\frac{\pi}{a}$时,有效质量

$$m^*_{\text{带顶}} = \frac{-\hbar^2}{2\gamma a^2} < 0 \tag{4.6.20}$$

为负.

为了进一步了解有效质量的含义，我们来研究一下能带极值附近(一般也就是带顶和带底附近)电子的行为. 为简单起见，我们仍就一维情况讨论. 令 k_0 是能带极值处的波矢，k_0 附近的波矢 k 可写成

$$k = k_0 + \Delta k$$

把波矢 k 所对应的能量 $E(k)$ 在 k_0 附近展开，由于极值处 $E(k)$ 的一次微商 $\left(\frac{\mathrm{d}E}{\mathrm{d}k}\right)_{k_0}=0$，$\Delta k$ 很小，只保留到二次微商项，有

$$E(k) = E(k_0) + \frac{1}{2}\frac{\partial^2 E(k)}{\partial k^2}(\Delta k)^2 = E(k_0) + \frac{\hbar^2(\Delta k)^2}{2m^*} \tag{4.6.21}$$

上式说明在能带极值 $E(k_0)$ 附近以 $E(k_0)$ 为能量参照点，电子的能谱关系与自由电子的能谱关系 $E(k)=\frac{\hbar^2 k^2}{2m}$ 类似，所以在能带极值附近电子可以看成是具有有效质量的自由电子.

4.7　固体导电性能的能带论解释

本节以能带理论为基础来说明晶体为什么区分为导体、绝缘体和半导体.

4.7.1　电子填充情况与导电性

由 4.2 节可知，在能带理论中，对每个能带都有

$$E_n(\boldsymbol{k}) = E_n(-\boldsymbol{k}) \tag{4.7.1}$$

由式(4.6.10)可知，处于同一能带上的 $\boldsymbol{k}$ 和 $-\boldsymbol{k}$ 两个态上的电子具有大小相等、方向相反的速度

$$\boldsymbol{v}(\boldsymbol{k}) = -\boldsymbol{v}(-\boldsymbol{k}) \tag{4.7.2}$$

所以这两个态上的电子对电流的贡献相互抵消，而且在热平衡条件下，由费米-狄拉克分布可知，电子占据 $\boldsymbol{k}$ 态与 $-\boldsymbol{k}$ 态的几率相等，所以，在无外电场作用时，无论是满带(被电子充满的能带)还是非满带的电子，对电流的贡献均为零，故晶体中无宏观电流，如图 4.7.1 所示.

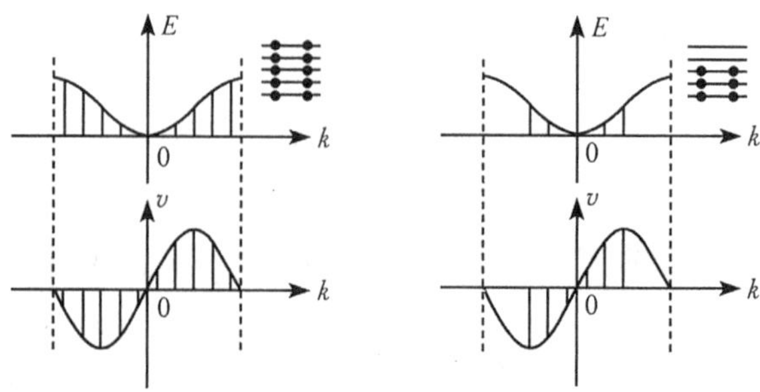

图 4.7.1　无外电场时，满带、半满带电子速度分布

如果给晶体加上一外电场 $\boldsymbol{\varepsilon}$，晶体中电子受到的电场力为

$$f=-e\boldsymbol{\varepsilon}$$

按照式(4.6.14)，有

$$\frac{\mathrm{d}\boldsymbol{k}}{\mathrm{d}t}=-\frac{e\boldsymbol{\varepsilon}}{\hbar} \tag{4.7.3}$$

即电子的每一状态 $\boldsymbol{k}$ 都以相同的速度在 $\boldsymbol{k}$ 空间运动，也就是说波矢 $\boldsymbol{k}$ 的代表点在外电场作用下不会发生相互位置变化，所以整个布里渊区中状态的分布不因电场的作用而改变. 但是，由于状态分布在外电场作用下会发生整体平移，此时充满了电子的能带和半满的能带对电流的贡献是不同的.

对于满带，电子占据了能带中的各个状态，在电场作用下所有电子的波矢 $\boldsymbol{k}$ 都发生变化，都以同样的速度从一个状态 $\boldsymbol{k}$ 到另一个状态，前面已经指出，状态($\boldsymbol{k}$ 的代表点)在布里渊区的分布式均匀的，而且 $E(\boldsymbol{k})$ 和 $\psi_k(\boldsymbol{r})$ 在 $\boldsymbol{k}$ 空间具有周期性

$$E(\boldsymbol{k}+\boldsymbol{G})=E(\boldsymbol{k}),\qquad \psi_{k+G}(\boldsymbol{r})=\psi_k(\boldsymbol{r})$$

这就是说，从布里渊区一边出去的电子相当于从另一边又同时填了进来，所以就整个能带来说，电子在各状态中的分布情况实际上并没有发生变化，由图 4.7.2 所示. 故满带电子没有导电作用.

对一个非满带的电子，电子只占据了能带上的部分态，外电场的作用使电子的状态在 $\boldsymbol{k}$ 空间发生平移，破坏了原来的对称分布，如图 4.7.3 所示. 这样，沿电场方向与反电场方向运动的电子数目不等. 这时电子的电流只是部分抵消，故总电流不等于零. 所以非满的能带中的电子可以导电，我们称之为导带.

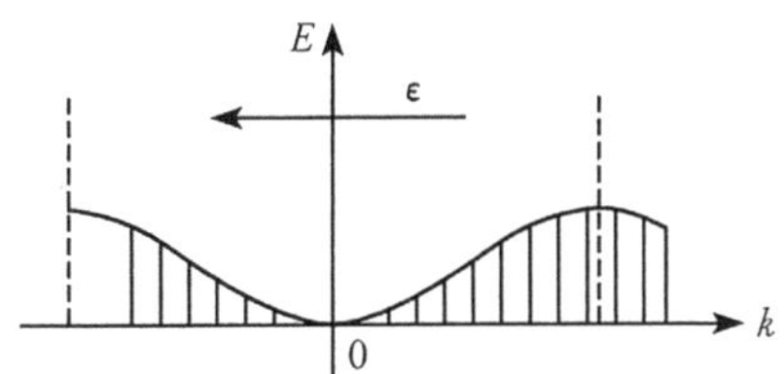

图 4.7.2　电场作用下满带电子分布

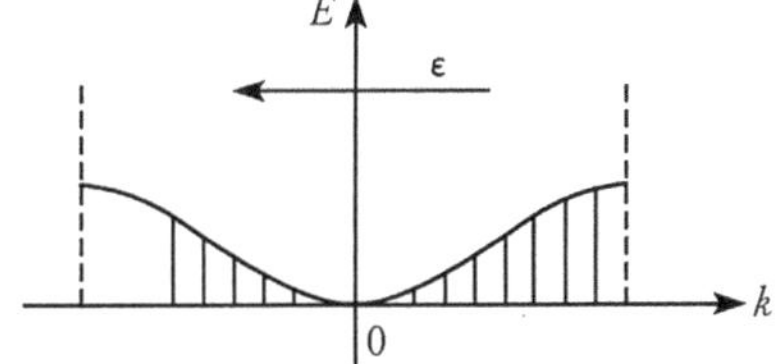

图 4.7.3　电场作用下非满带电子分布

4.7.2　导体、绝缘体与半导体

以上分析说明，一个晶体是否为导体，取决于电子在能带中的分布情况，关键在于它是否具有不满的能带. 如果晶体没有不满的能带，只有满带和没有电子占据的空带，而且满带和空带被禁带隔离，那么这种晶体就不是导体，而是绝缘体或半导体.

原子结合成晶体后，原了的能级转化成相应的能带. 由于原子内层电子能级是充满的，所以相应的内层能带也是满带，是不导电的. 所以，晶体是否导电取决于与

价电子能级对应的价带是否被电子充满.由于每个能带可容纳 $2N$ 个电子,N 是晶体原胞数目,因此价带是否被电子填满取决于每个原胞所含的价电子数目,以及能带是否有重叠.如果每个原胞中的价电子数目是 2 的整数倍,且电子占据的能带与更高一级的能带不重叠,即只有满带和被能隙隔开的的空带,这种晶体就是绝缘体或半导体,否则就是导体.如 Li、Na、K 等碱金属元素,每个原子只有一个价电子,他们组成晶体时构成体心立方布拉维晶格,每个原胞只有一个价电子,整个晶体中的价电子只能填满半个价带,故它们是导体.二价元素 Ba、Mg、Zn 等虽然每个原胞有偶数个电子,但由于晶体结构的特点.使其价带和空带发生交叠,形成一个更宽的能带,它可包含几个布里渊区,因而可填充比 $2N$ 更多的电子,结果使能带不完全填满,因而也是导体.又如金刚石,每个原胞有两个原子共 8 个电子,能带又不重叠,所以是典型的绝缘体.

除绝缘体和导体外,还有一些晶体的导电能力介于这两者之间,称为半导体.从能带结构和电子填充情况来看,半导体与绝缘体相似.例如,Ge、Si 晶体与金刚石具有同样的能带结构和电子填充情况,只是分隔满带与空带的禁带较窄,都在 2eV 以下.因此可以依靠热激发,把满带的电子激发到空带,使满带和空带都成为导带,于是有了导电本领.由于热激发的电子数目随温度按指数规律变化,所以半导体的电导率也随温度按指数规律变化,这是半导体的主要特征.一般情况下,热激发电子较少,因而参与导电的电子也较少,故半导体的导电性能较差.导体、绝缘体与半导体的能带结构及能带填充情况,如图 4.7.4 所示.

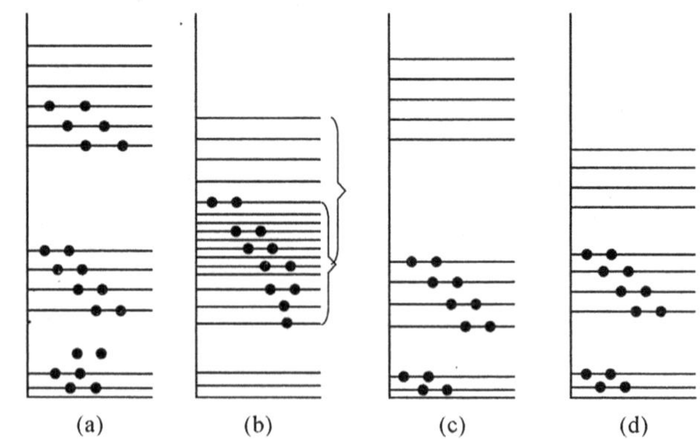

图 4.7.4　导体、绝缘体与半导体能带填充情况

(a)(b) 导体;(c) 绝缘体;(d) 半导体

4.7.3　空穴

对于半导体,由于热激发,使得满带顶部的电子跃迁到空带,从而使原来的满带和空带都成为导带.为了描述这种近满带的导电功能,我们引入“空穴”概念,它将我们处理有关近满带问题带来极大方便.

为了说明空穴的概念,设想满带中由于某一个状态 $\boldsymbol{k}$ 未被电子占据,这个近满带,在电场作用下应有电流产生,用 $\boldsymbol{I}_k$ 表示. 如果引入一个电子来填补这个空的状态,这个电子的电流应当等于 $-e\boldsymbol{v}(\boldsymbol{k})$. 但是,引入这个电子后,能带又被充满,总电流应为 0,从而得到

$$\boldsymbol{I}_k + [-e\boldsymbol{v}(\boldsymbol{k})] = 0$$

即

$$\boldsymbol{I}_k = e\boldsymbol{v}(\boldsymbol{k}) \tag{4.7.4}$$

上式表明,一个 $\boldsymbol{k}$ 状态空着的能带所产生的电流与一个带正电荷 e,以该状态的电子速度 $\boldsymbol{v}(\boldsymbol{k})$运动的粒子所产生的电流相同,我们称这种空的状态为"**空穴**".

在电场作用下,空穴在 k 空间位置的变化与周围电子在 k 空间位置的变化是一样的,就如同坐标空间行进的队伍中缺少了一个人,这个空穴随队伍一起运动一样,所以空穴的加速度为

$$\frac{\mathrm{d}\boldsymbol{v}(k)}{\mathrm{d}t} = \frac{-e\boldsymbol{\varepsilon}}{m_{\mathrm{e}}^{*}(\boldsymbol{k})} \tag{4.7.5}$$

式中,$m_{\mathrm{e}}^{*}(\boldsymbol{k})$为电子的有效质量. 由于满带带顶电子较易受到热激发而进入空带,因而 $m_{\mathrm{e}}^{*}(\boldsymbol{k})$是负的,我们定义空穴的有效质量

$$m_{\mathrm{n}}^{*}(\boldsymbol{k}) = -m_{\mathrm{e}}^{*}(\boldsymbol{k})$$

则式(4.6.5)为

$$\frac{\mathrm{d}\boldsymbol{v}(\boldsymbol{k})}{\mathrm{d}t} = \frac{e\boldsymbol{\varepsilon}}{m_{\mathrm{n}}^{*}(\boldsymbol{k})}$$

也就是说空穴可以看成一个带正电荷 e,具有正的有效质量的粒子.

空穴概念的引进,对于解释半导体及一些物理现象起着重要作用. 例如,在普通物理学中,我们可推知金属的霍尔系数是负的,但试验发现 Be、Zn、Cd 等的霍尔系数是正的. 这不难用空穴概念来解释:由于 Be、Zn、Cd 等能带有少量重叠,会出现电子与空穴同时参与导电的情形,电子与空穴属于不同的能带,具有不同的有效质量和速度,对电流的贡献不同,当空穴对电流的贡献起主要作用时,霍尔系数就是正的.

4.8 能 态 密 度

由统计物理知道,要讨论电子的分布,首先要知道每个能级的状态数目. 在孤立原子中,电子的本征状态形成一系列的分立能级,每个能级的状态数目可用简并度 ω_i 表示. 然而,在固体中,每个能带中的各能级是非常密集的,形成准连续分布,不可能标明每个能级及其状态数,因此我们引入"能态密度"的概念.

4.8.1　能态密度

如果在第 n 个能带中，能量为 $E \sim E+\Delta E$ 时的状态数目为 $\Delta\omega$，则第 n 个能带上的状态密度 $g_n(E)$ 定义为

$$g_n(E) = \lim_{\Delta E \to 0} \frac{\Delta\omega}{\Delta E} \tag{4.8.1}$$

即能态密度定义为单位能量间隔中的状态数.

现在，我们来求 $g_n(E)$ 的表示式. 由于 $E_n(\boldsymbol{k})$ 是 $\boldsymbol{k}$ 的函数，所以在 k 空间

$$E_n(\boldsymbol{k}) = \text{常数} \tag{4.8.2}$$

表示一个等能面. 又由于能态（波矢 $\boldsymbol{k}$ 的代表点）在 k 空间是均匀分布的，密度为 $V/(2\pi)^3$. 所以，$E_n(\boldsymbol{k})$ 与 $E_n(\boldsymbol{k})+\Delta E_n(\boldsymbol{k})$ 两等能面之间的状态数目

$$\Delta\omega_n = \frac{V}{(2\pi)^3} \times \Delta V_k \tag{4.8.3}$$

式中，ΔV_k 为 E 与 $E+\Delta E$ 等能面之间在 k 空间的体积，如图 4.8.1 所示.

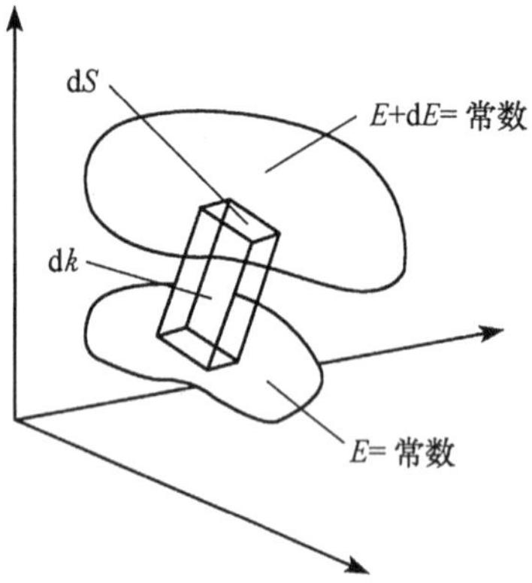

图 4.8.1　k 空间等能面示意图

由图 4.8.1 可以看出

$$\Delta V_k = \int \mathrm{d}S \mathrm{d}k_\perp \tag{4.8.4}$$

式中，$\mathrm{d}S$ 为等能面上的体积元，$\mathrm{d}k_\perp$ 为两等能面之间的垂直距离，它垂直于 $\mathrm{d}S$ 显然有

$$\mathrm{d}k_\perp \mid \nabla_k E_n(k) \mid = \Delta E_n \tag{4.8.5}$$

式中，$\nabla_k E_n(k)$ 是 $E_n(k)$ 的梯度，$|\nabla_k E_n(k)|$ 表示沿等能面法线方向能量的变化率，所以

$$\mathrm{d}k_\perp = \frac{\Delta E_n}{|\nabla_k E_n(\boldsymbol{k})|} \tag{4.8.6}$$

于是

$$\Delta\omega_n = \frac{V}{(2\pi)^3} \int \mathrm{d}S \mathrm{d}k_\perp = \frac{V}{(2\pi)^3} \int \mathrm{d}S \frac{\Delta E_n}{|\nabla_k E_n(\boldsymbol{k})|} \tag{4.8.7}$$

所以

$$g_n(E) = \lim_{\Delta E_n \to 0} \frac{\Delta\omega_n}{\Delta E_n} = \frac{V}{(2\pi)^3} \int \frac{\mathrm{d}S}{|\nabla_k E_n(\boldsymbol{k})|} \tag{4.8.8}$$

考虑到每个状态可容纳自旋相反的两个电子，则状态密度加倍，有

$$g_n(E) = \frac{V}{4\pi^3} \int \frac{\mathrm{d}S}{|\nabla_k E_n(\boldsymbol{k})|} \tag{4.8.9}$$

可以看出，状态密度与晶格振动的模式密度是相类似的.

一个最简单的例子是，若电子是完全自由的，则

$$E(k)=\frac{\hbar^2}{2m}(k_x^2+k_y^2+k_z^2)=\frac{\hbar^2k^2}{2m}$$

只与 k 的模有关，因此在 k 空间的等能面是球面，其半径为

$$k=\frac{\sqrt{2mE}}{\hbar}$$

因而

$$|\nabla_k E_n(k)|=\frac{\mathrm{d}E}{\mathrm{d}k}=\frac{\hbar^2 k}{m}$$

因此，自由电子的状态密度

$$\begin{aligned}g_n(E)&=\frac{V}{4\pi^3|\nabla_k E_n(k)|}\int\mathrm{d}S=\frac{V}{4\pi^3}\frac{m}{\hbar^2k}4\pi k^2\\&=\frac{2V}{(2\pi)^2}\left(\frac{2m}{\hbar^2}\right)^{\frac{3}{2}}E^{\frac{1}{2}}=CE^{\frac{1}{2}}\end{aligned}\tag{4.8.10}$$

式中

$$C=\frac{2V}{(2\pi)^2}\left(\frac{2m}{\hbar^2}\right)^{\frac{3}{2}}$$

$g(E)$随 E 以抛物线规律上升，如图 4.8.2 所示.

进一步考虑近自由电子近似情况. 由 4.3 节的讨论可知，周期场的影响主要发生在布里渊区边界附近. 在第一布里渊区内离界面较远处，布洛赫电子的行为近似于自由电子，在 k 空间的等能面为球面，$g(E)$与自由电子非常相近. 随着能量增大，当等能面接近布里渊区界面时，由于周期场的微扰作用使能量下降，等能面将向边界凸出，如图 4.8.3 所示. 由于等能面向边界凸出，使等能面在 k 空间所包围的体积大于自由电子相同等能面所包围的体积. 因此，随着 E 增大，等能面在靠近布里渊区边界处一个比一个更强烈地向外凸出，因而等能面之间的体积的增长大于自由电子情形；相应的能态密度也应比自由电子的大，当E达到E_A时，能态密

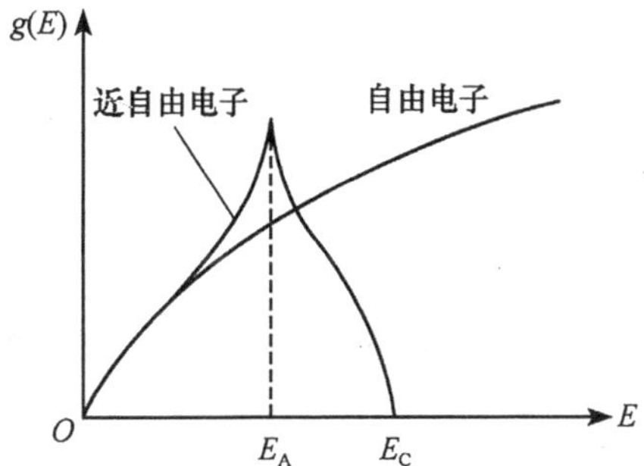

图 4.8.2 近自由电子、自由电子的 $g(E)$与 E 的关系曲线

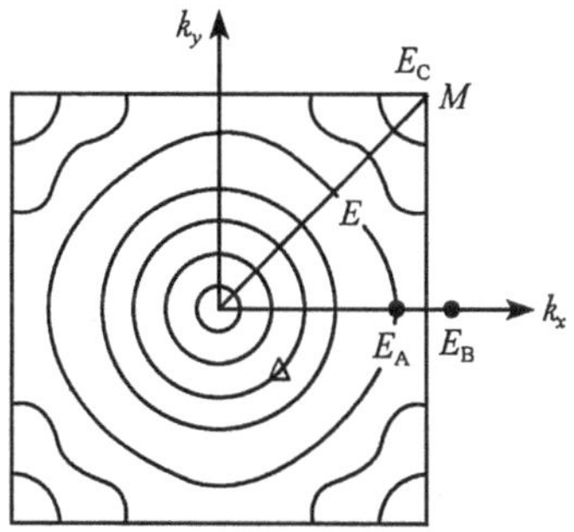

图 4.8.3 自由电子近似与近自由电子的能态密度

度达到最大. 当 E 超过 $E_A = E_V^0 - |V_{10}|$ 时，由于等能面开始破裂，此时等能面的面积不但不随 E 的增大而增大，反而不断下降. 当 E 增大到能带带顶能量 $E_C = E_M^0 - |V_{11}|$ 时，第一布里渊区的等能面缩成了几个顶角点，因此由 E_A 到 E_C，$g_{n=1}(E)$ 将不断下降直到零. 图 4.8.2 给出了近自由电子近似的第一能带能态密度 $g_1(E)$ 曲线.

当近自由电子的能量 E 超过第二能带的最低能量 $E_B = E_V^0 + |V_{10}|$ 时，随着 E 的增大，能态密度 $g_2(E)$ 将从 E_B 开始，由零迅速增大. 这里由两种情况需要区别：当能带相互不重叠（$E_B > E_C$）时，状态密度如图 4.8.4(a) 所示. 当能带相互重叠（$E_B < E_C$）时，如图 4.8.4(b) 所示，此时总能态密度应等于几个相互重叠的能态密度之和，即

$$g(E) = \sum_n g_n(E) \tag{4.8.11}$$

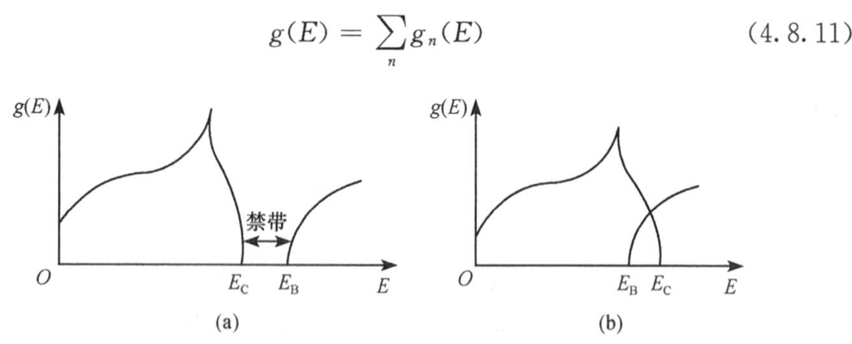

图 4.8.4　能带重叠与不重叠时，$g(E) \sim E$ 关系

4.8.2　能态密度的实验测定

综上所述，要求得 $g_n(E)$，必须知道 $E_n(k)$，这一般说来是很困难的，而且由于 $E_n(k)$ 函数得复杂性也给计算 $g_n(E)$ 带来困难. 因此，一般 $g(E)$ 需要由实验测定. 常用晶态材料的软 X 射线发射谱来测定 $g(E)$.

当晶体受到高能电子束的轰击时，晶体内层电子（如 k 层电子）被打出，留下空的状态，价带中的电子就可以跃迁到内层空态上去，同时发射出波长较长的 X 射线，称为软 X 射线. 由于价电子能级所形成的价带很宽，电子能级准连续分布，电子从价带上的不同能级跃迁到内层空态能级过程将发射不同能量的光子，即与价带有关的软 X 射线发射谱为连续谱. 图 4.8.5 给出了几种晶体的软 X 射线谱.

发射谱线的强度 $I(E)$ 与能量为 E 的发射光子数目成正比，而发射光子数目的多少又决定于价带能态的电子数目即能态密度和跃迁概率 $P(E)$，即

$$I(E) \propto g(E)P(E)$$

由于 $P(E)$ 一般说来是 E 的缓变函数，$I(E)$ 实际上取决于 $g(E)$，所以发射谱曲线就直接地反映了能态密度.

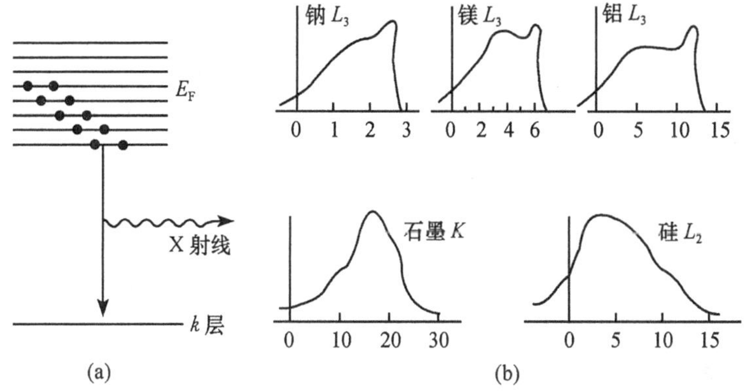

图 4.8.5 典型的软 X 射线发射谱

由图 4.8.5 显示的几种典型晶体的 X 射线发射谱可以看出：在低能端，无论是金属还是非金属，谱的强度都是随能量的增大而增强的，反映出能态密度从价带底起随能量的上升而增大；但在高能端，金属的谱线强度是陡然下降的，而非金属的谱则是逐渐下降的. 这反映出金属价带的电子填充是部分的，高于某一能级 E_0 时，电子占据的几率急剧下降到零，并非能态密度为零；而非金属的价带是满带，谱线反映了非金属能态密度逐渐下降为零的事实.

本 章 要 点

1. 能带理论的基本近似和结论

能带理论的基本近似：能带理论是建立在单电子近似和周期场假定的基础上的晶体电子理论.

能带理论的普遍结论：

(1) 布洛赫定理：晶体电子的波函数具有

$$\psi_k(\boldsymbol{r}) = u_k(\boldsymbol{r})\mathrm{e}^{\mathrm{i}\boldsymbol{k}\cdot\boldsymbol{r}}$$

的形式，$\boldsymbol{k}$ 是描述电子状态的量子数，称为电子波矢.

(2) 能带：晶体电子的能量只能取某些与 $\boldsymbol{k}$ 有关的允许值 $E(\boldsymbol{k})$，这些能量允许值 $E(\boldsymbol{k})$ 形成一个个能量准连续区，即能带 $E_n(\boldsymbol{k})$. 不同的量子数 n 代表不同的能带，不同能带之间存在着能隙.

(3) 布洛赫波和能带的性质如下：

$$E_n(\boldsymbol{k}) = E_n(-\boldsymbol{k})$$

$$\psi_{nk}^*(\boldsymbol{r}) = \psi_{n,-k}(\boldsymbol{r})$$

$$E_n(\boldsymbol{k}+\boldsymbol{G})=E_n(\boldsymbol{k})$$

$$\psi_{n,\boldsymbol{k}+\boldsymbol{G}}(\boldsymbol{r})=\psi_{n\boldsymbol{k}}(\boldsymbol{r})$$

(4) 波矢 k 的数目:在周期性边界条件下,引入布里渊区概念,k 的取值个数与构成晶体的原胞数目 N 相同.

2. 能带理论的近似方法

近自由电子近似:以自由电子波函数作为零级近似,把晶格周期势视作微扰.此模型适用于处理电子共有化程度较高的金属.

近自由电子近似能隙:

$$\Delta E=2\mid V(\boldsymbol{G})\mid$$

式中,$V(\boldsymbol{G})=\frac{1}{V}\int V(\boldsymbol{r})\mathrm{e}^{-\mathrm{i}\boldsymbol{G}\cdot\boldsymbol{r}}\mathrm{d}r$,V 是晶体的体积.

紧束缚近似:以自由原子中电子的波函数作为零级近似,把其他原子的影响看做微扰.此模型适合与处理内层电子.

紧束缚近似能谱:对 S 带

$$E(k)=\varepsilon_i-\beta-\sum_{(n,n)}\mathrm{e}^{\mathrm{i}k\cdot R_m}\gamma(\boldsymbol{R}_m)$$

旺尼尔函数:晶体电子的布洛赫函数可展成旺尼尔函数 $a_n(\boldsymbol{r}-\boldsymbol{R}_l)$的线性叠加,即

$$\psi_{nk}(\boldsymbol{r})=\frac{1}{\sqrt{N}}\sum_l a_n(\boldsymbol{r}-\boldsymbol{R}_l)\mathrm{e}^{\mathrm{i}k\cdot R_l}$$

旺尼尔函数 $a_n(\boldsymbol{r}+\boldsymbol{R}_l)$具有以下性质:

(1) 局域性:$a_n(\boldsymbol{r}-\boldsymbol{R}_l)=\frac{1}{\sqrt{N}}\sum_k \mathrm{e}^{\mathrm{i}\boldsymbol{k}\cdot(\boldsymbol{r}-\boldsymbol{R}_l)}u_{nk}(\boldsymbol{r}-\boldsymbol{R}_l)$

(2) 正交性:$\int a_m^*(\boldsymbol{r}-\boldsymbol{R}_l)a_{m'}(\boldsymbol{r}-\boldsymbol{R}_{l'})\mathrm{d}\tau=\delta_{ll'}\delta_{mm'}$.

3. 晶体电子的准经典运动

电子速度

$$\boldsymbol{v}(\boldsymbol{k})=\frac{1}{\hbar}\nabla_k E(\boldsymbol{k})$$

运动方程

$$\boldsymbol{f}=\hbar\frac{\mathrm{d}\boldsymbol{k}}{\mathrm{d}t}$$

有效质量

$$\frac{1}{m^*}=\frac{1}{\hbar^2}\nabla_k\nabla_k E(\boldsymbol{k})$$

4. 能态密度

$$g_n(E) = \frac{V}{4\pi^3}\int \frac{dS_E}{|\nabla_k E_n(\boldsymbol{k})|}$$

思　考　题

4.1　能带理论作了哪些近似和假定？得到哪些结果？

4.2　周期场是能带形成的必要条件吗？

4.3　按自由电子近似，禁带产生的原因是什么？按紧束缚近似呢？

4.4　一个能带有 N 个准连续能级的物理原因是什么？

4.5　近自由电子模型和紧束缚模型有什么特点？他们有共同之处吗？

4.6　试述晶体电子作准经典运动的条件和准经典运动的基本公式.

4.7　试述有效质量、空穴的意义，引入他们有什么用处？

4.8　布洛赫电子的能态密度与哪些因素有关？有何用处？

4.9　多价金属的电导问题中的能带交叠与哪些因素有关？一维晶格会发生这种情况吗？

4.10　从紧束缚近似的结果分析内层电子和价电子有效质量 m^* 的大小. 如何理解它们之间的差别.

习　题

4.1　周期场中电子的波函数 $\psi_k(r)$ 应是布洛赫波，若一维晶格常数为 a，电子波函数为

(1) $\psi_k(x)=\sin\left(\frac{\pi}{a}x\right)$

(2) $\psi_k(x)=i\cos\left(\frac{3\pi}{a}x\right)$

(3) $\psi_k(x)=\sum\limits_{l=-\infty}^{+\infty} f(x-la)$　（f 是一个确定的函数）

试求这些电子态的波矢.

4.2　电子在周期场中的势能为

$$V(x)=\begin{cases}\frac{1}{2}m\omega^2[b^2-(x-na)^2], & \text{当 } na-b < x < na+b \\ 0, & \text{当}(n-1)a+b < x < na-b\end{cases}$$

其中，$a=4b$，ω 为常数.

(1) 试画出此势能曲线，并求其平均值.

(2) 用近自由电子模型求出晶体的第一、第二禁带宽度.

4.3　设一维晶体由 N 个双原子分子构成，如习题 4.3 图所示

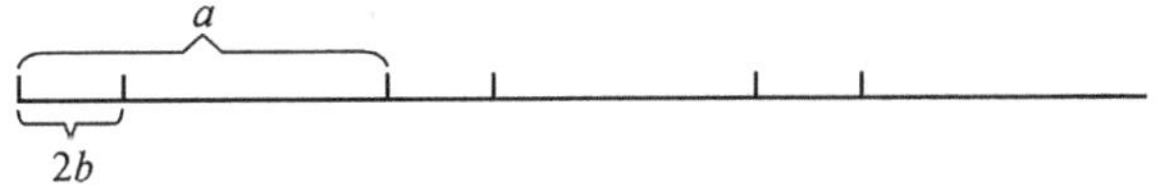

习题 4.3 图

晶体长度为 $L=Na$，a 为相邻分子间的距离.每个分子中两原子的间距为 $2b$，且 $a>4b$.若势能可表示为 δ 函数之和，即

$$V(x)=-V_0\sum_{n=0}^{N-1}[\delta(x-na+b)+\delta(x-na-b)]$$

式中，V_0 是大于零的常数.

(1) 若 V_0 很小，试计算第一布里渊区边界上的能隙.

(2) 若每个原子只有一个价电子，试说明晶体是否为导体？当 $b=a/4$ 时，情况将会发生什么变化？

4.4　二维正方格子的晶格常数为 a.在近自由电子模型下，A、B、C、C'(图4.3.4(a))各点在计入微扰前后的能量各是多少？并说明在什么情况下发生能带交叠；什么情况下不发生能带交叠？

4.5　二维正方格子，晶格常数为 a.电子的周期性势能可写成

$$V(x,y)=-4V_0\cos\left(\frac{2\pi}{a}x\right)\cos\left(\frac{2\pi}{a}y\right)$$

(1) 用近自由电子近似，求 k 空间$(\pi/a,\ \pi/a)$点的能隙.

(2) 求出在$(\pi/a,\pi/a)$处的电子速度.

4.6　一维晶格中，用紧束缚近似及最近邻近似，求 S 态电子的能谱 $E(\boldsymbol{k})$ 的表示式、带宽以及带顶和带底的有效质量.

4.7　二维正方格子的晶格常数为 a.用紧束缚近似求 S 态电子能谱 $E(\boldsymbol{k})$(只计最近邻相互作用)、带宽以及带顶和带底的有效质量.

4.8　设由单价原子组成的一维晶格，晶格常数为 a，晶体的单电子势能 $V(x)$ 为原子势能 $-A\delta(x)$ 之和

$$V(x)=-\sum_n A\delta(x-na)$$

式中，A 为常量，n 为整数，自由原子归一化电子波函数为

$$\psi(x)=\beta^{1/2}e^{-\beta|x|}$$

能量为 ε_0.试用紧束缚近似证明晶体价带能谱为

$$E(\boldsymbol{k})\approx B_0-2A\beta e^{-\beta a}\cos(ka)$$

式中，B_0 为一与 k 无关的常量.并求能带的宽度及电子的有效质量.

4.9　用紧束缚近似证明：若只计最近邻的相互作用，体心立方晶体的 S 带能谱为

$$E(\boldsymbol{k})=\varepsilon_0-\beta-8\gamma\left(\cos\frac{k_xa}{2}\cos\frac{k_ya}{2}\cos\frac{k_za}{2}\right)$$

用同样的方法处理面心立方晶体的 S 带能谱 $E(k)$ 的形式如何？

4.10　采用紧束缚近似计算一维晶格中电子速度，证明在布里渊区边界电子的速度为零.

4.11　已知一维晶体电子能谱为

$$E(k)=\frac{\hbar^2}{ma^2}\left[\frac{7}{8}-\cos(ka)+\frac{1}{8}\cos(2ka)\right]$$

式中，a 为晶格常数，求：

(1) 能带宽度；

(2) 电子在波矢 k 态时的速度；

(3) 能带顶和能带底的有效质量;

(4) 若此一维晶体长 $l=Na$,求能态密度.

4.12 Bi 的导带底的有效质量张量可写成

$$\frac{m}{m^*}=\begin{pmatrix}\alpha_{11} & 0 & 0\\ 0 & \alpha_{22} & \alpha_{23}\\ 0 & \alpha_{32} & \alpha_{33}\end{pmatrix}$$

(1) 试导出导带底 E_R 附近的色散关系 $E(\boldsymbol{k})$. 对应的等能面的形状如何?

(2) 计算张量(m^*/m)的分量$(m^*/m)_{ij}$.

4.13 限制在边长为 L 的正方形中的 N 个自由电子,电子的能量

$$E(k_x,k_y)=\frac{\hbar^2}{2\mu}(k_x^2+k_y^2)$$

求能量 E 到 $E+\mathrm{d}E$ 间的状态数.

4.14 若晶体电子的等能面是椭球面

$$E(k)=\frac{\hbar^2}{2}\left(\frac{k_1^2}{m_1}+\frac{k_2^2}{m_2}+\frac{k_3^2}{m_3}\right)$$

求能态密度.

第 5 章　金属电子论

本章讨论金属晶体与电子运动有关的性质，如金属的电导、热导、光学、热学、温差电效应等.

金属晶体的显著特点是：组成晶体的各个原子的最外层电子都不再属于某个原子，而为所有原子所共有. 这些共有化电子在正离子的微弱周期场中运动. 由于这些特点，因而常用近自由电子近似或其零级近似——自由电子模型来处理金属电子问题.

5.1　金属电子的统计分布　费米能

能带理论给出了晶体电子的可能状态和对应的本征能量. 但是到底哪些状态被电子占据并未涉及. 前面我们看到，能带被电子的占据情况不同，决定了晶体的很多重要性质的不同. 本节讨论金属晶体中电子在能带中的分布.

由于一般金属问题只涉及到导带中的电子，因此，下面的讨论都是在导带中进行的.

5.1.1　费米分布

电子能带理论是一种单电子近似理论，即每一个电子的运动被近似看作是独立的，且具有一系列确定的本征态，这些本征态由不同的波矢 k 标志(如果不限定导带，则必须有带标号 n 和 k 共同标志). 这样一个近独立粒子组成的系统(即晶体)的宏观态可以由电子在这些本征态中的统计分布来描述. 由统计物理知，电子服从**费米-狄拉克**统计，即在温度为 T 时，能量为 E 的一个量子态在热平衡下被电子占据的概率为

$$f(E)=\frac{1}{\mathrm{e}^{(E-\mu)/(k_{\mathrm{B}}T)}+1} \tag{5.1.1}$$

式中，k_{B} 为玻尔兹曼常数；μ 为化学势，它是温度 T 和电子数 N 的函数，可由系统的具体情况决定，具体的说，μ 可由下面的条件决定，即

$$N=\int_0^{\infty}\frac{g(E)\mathrm{d}E}{\mathrm{e}^{(E-\mu)/(k_{\mathrm{B}}T)}+1} \tag{5.1.2}$$

式中，$g(E)$是能态密度. 知道了金属的能态密度，就可求出电子在导带中的分布.

5.1.2　零级近似——自由电子模型

前面已经讨论过，$g(E)$一般具有比较复杂的形式. 但是，由于金属电结构的特

殊性，可用近自由电子近似来处理金属电子. 作为零级近似，可以把金属中的电子当做被关闭在箱体中的自由电子，称为**索末菲自由电子模型**. 设金属为边长等于 L 的立方体，其中共有 N 个电子. 这样，在周期性边界条件下，箱归一化的电子本征波函数和相应本征能量分别为

$$\psi_k(r) = \frac{1}{\sqrt{V}}e^{i\boldsymbol{k}\cdot\boldsymbol{r}} \tag{5.1.3}$$

$$E = \frac{\hbar^2 k^2}{2m} = \frac{\hbar^2}{2m}(k_x^2 + k_y^2 + k_z^2) \tag{5.1.4}$$

式中

$$k_x = \frac{2\pi}{L}n_1, \quad k_y = \frac{2\pi}{L}n_2, \quad k_z = \frac{2\pi}{L}n_3$$

$$n_1, n_2, n_3 = 0, \pm 1, \pm 2, \cdots \tag{5.1.5}$$

由于 L 相对很大，相邻能级相距很近，在计算中可看成是准连续的. 其能态密度如图 4.7.2 所示，为

$$g(E) = \frac{2V}{(2\pi)^2}\left(\frac{2m}{\hbar^2}\right)^{3/2}E^{1/2} \tag{5.1.6}$$

1. 自由电子基态、费米能

我们先讨论 $T\to 0\text{K}$ 时电子的分布，此时电子气体处于基态. 由式(5.1.1)可知，$T\to 0\text{K}$ 时，有

$$\lim_{T\to 0} f(E) = \begin{cases} 1, & E < \mu(0) \\ 0, & E > \mu(0) \end{cases} \tag{5.1.7}$$

$\mu(0)$是 $T=0\text{K}$ 时的化学势. 式(5.1.7)表示在绝对零度下，能量在 $\mu(0)$以下的状态全部被电子填满，$\mu(0)$以上的状态是空的. 这是由于泡利不相容原理的限制，每个状态只能容纳自旋相反的两个电子，因而电子基态时，电子不能全处在最低能态上，只能从能量最低状态开始按能量增大的顺序依次占据其余能量更高的状态，直到 $\mu(0)$为止.

我们把 $T=0\text{K}$ 时，电子所能占据的最高能级 $\mu(0)$称为**基态费米能**，用 E_F^0 表示，有

$$E_F^0 = \mu(0) \tag{5.1.8}$$

并由

$$E_F^0 = k_B T_F$$

定义费米温度 $T_F = E_F^0/k_B$.

费米能 E_F^0 的值可由式(5.1.2)计算. $T=0\text{K}$ 时，式(5.1.2)为

$$N = \int_0^{E_F^0} g(E)\mathrm{d}E \tag{5.1.9}$$

代入 $g(E)$ 的表示式(5.1.6)，得

$$N=\frac{8\pi V}{3}\left(\frac{m}{2\pi^2\hbar^2}\right)^{3/2}(E_F^0)^{3/2} \tag{5.1.10}$$

由此可求出

$$E_F^0=\left(\frac{3N}{2C}\right)^{\frac{2}{3}} \tag{5.1.11}$$

式中，$C=[2V/(2\pi)^2](2m/\hbar^2)^{3/2}$.

称 k 空间能量为 E_F^0 的等能面为**费米面**. 它是 $T=0\text{K}$ 时满态与空态的分界面. 显然，自由电子的费米面是个球面，这个球面的半径 k_F 可由下式求得，有

$$E_F^0=\frac{\hbar^2k_F^2}{2m}$$

代入式(5.1.11)，得(对二维和一维情况，读者可自己推导)

$$k_F=\left(\frac{3\pi^2N}{V}\right)^{\frac{1}{3}}=(3\pi^2n)^{\frac{1}{3}}$$

$$\begin{aligned} k_F&=(2n\pi)^{\frac{1}{2}}, &&\text{二维}\\ k_F&=n\pi, &&\text{一维}\end{aligned} \tag{5.1.12}$$

式中，k_F 称为**费米波矢**. 它只与电子密度 $n=N/V$ 有关，因而费米能 E_F^0 也只依赖于电子密度. 一般金属的费米能 E_F^0 为几个电子伏的数量级，k_F 为金属晶体内原子间距倒数的数量级.

在电子气体处于基态时，电子的平均能量为

$$\bar{E}=\frac{1}{N}\int_0^{E_F^0}Eg(E)\mathrm{d}E=\frac{3}{5}E_F^0 \tag{5.1.13}$$

与 E_F^0 同数量级. 可见，在绝对零度下电子仍具有较大的平均动能.

2. 自由电子气体的热激发态

我们把 $T\neq0\text{K}$ 时自由电子气体的状态称为热激发态. 由于热激发能近似等于 k_BT，在室温下，k_BT 只有费米能的几百分之一，因此，仅有费米面内约 k_BT 范围的电子由于获得势能，可能跃迁到费米面以外的空态上去. 费米面内的一些状态便空了出来，此时电子分布与基态情况不同，空态与被电子占据的态之间没有明显的界限. 图 5.1.1 给出了 $T=0\text{K}$ 与 $T\neq0\text{K}$ 两种情况下，电子分布函数 $f(E)$ 的变化曲线.

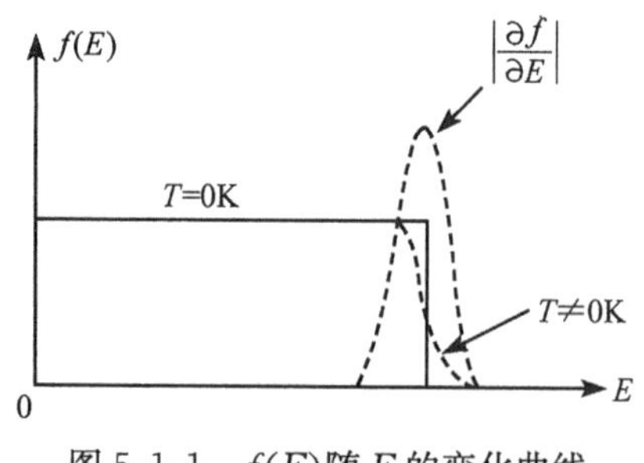

图 5.1.1　$f(E)$ 随 E 的变化曲线

对大多数金属，在熔点以下的温度都满足 $k_BT\ll E_F^0$. 现在仅就温度不很高情

况讨论激发态电子的分布.

由图(5.1.1)可以看出,在 $T\neq 0\text{K}$ 的激发态,电子占据态与空态间无明显界限.我们定义电子占据概率为1/2的能态所对应的能量为激发态电子的费米能 E_F,即 $f(E_F)=1/2$.为了计算 E_F 和电子的平均平动动能,需要计算下列积分,即

$$N=\int_0^\infty f(E_F)g(E)\mathrm{d}E=C\int_0^\infty f(E)E^{\frac{1}{2}}\mathrm{d}E \tag{5.1.14}$$

$$\bar{E}=\frac{1}{N}\int_0^N E\mathrm{d}N=\frac{C}{N}\int_0^\infty f(E)E^{\frac{3}{2}}\mathrm{d}E \tag{5.1.15}$$

对式(5.1.14)进行分部积分,有

$$N=\frac{2}{3}C\int_0^\infty f(E)\mathrm{d}E^{\frac{3}{2}}=\frac{2}{3}Cf(E)E^{\frac{3}{2}}\bigg|_0^\infty-\frac{2}{3}C\int_0^\infty E^{\frac{3}{2}}\frac{\partial f(E)}{\partial E}\mathrm{d}E$$

因 $E=\infty$ 时,$f(E)=0$,上式第一项为零,所以

$$N=-\frac{2}{3}C\int_0^\infty E^{\frac{3}{2}}\frac{\partial f(E)}{\partial E}\mathrm{d}E \tag{5.1.16}$$

同样,式(5.1.15)也可以写成

$$\bar{E}=-\frac{2}{5}\frac{C}{N}\int_0^\infty E^{\frac{5}{2}}\frac{\partial f(E)}{\partial E}\mathrm{d}E \tag{5.1.17}$$

由式(5.1.16)、式(5.1.17)可知,要计算 N 和 $\bar{E}$,只需计算下列形式的积分,即

$$I=-\int_0^\infty k(E)\frac{\partial f(E)}{\partial E}\mathrm{d}E \tag{5.1.18}$$

在 $K_BT\ll E_F$ 的条件下,由图5.1.1可看出,函数 $\partial f(E)/\partial E$ 只是在 $E=E_F$ 附近很窄的能量范围内才有较大的不为零的值,它具有类似 δ 函数的特征.这表明 I 积分主要来自 $E=E_F$ 附近.因此,可把式(5.1.18)中的 $k(E)$ 在 E_F 附近按泰勒级数展开,有

$$k(E)=k(E_F)+k'(E_F)(E-E_F)+\frac{1}{2!}k''(E-E_F)^2+\cdots$$

把上式代入(5.1.18)中,得

$$I=k(E_F)I_0+k'(E_F)I_1+k''(E_F)I_2+\cdots \tag{5.1.19}$$

式中

$$I_0=-\int_0^\infty\frac{\partial f(E)}{\partial E}\mathrm{d}E=-\int_{-\frac{E_F}{k_BT}}^\infty\frac{\partial f}{\partial\eta}\mathrm{d}\eta\approx-\int_{-\infty}^\infty\frac{\partial f}{\partial\eta}\mathrm{d}\eta$$

$$I_1=-\int_0^\infty(E-E_F)\frac{\partial f}{\partial E}\mathrm{d}E\approx-\int_{-\infty}^\infty k_BT\eta\frac{\partial f}{\partial\eta}\mathrm{d}\eta$$

$$I_2=-\int_0^\infty\frac{1}{2}(E-E_F)^2\frac{\partial f}{\partial E}\mathrm{d}E\approx-\int_{-\infty}^\infty\frac{1}{2}(k_BT)^2\eta^2\frac{\partial f}{\partial\eta}\mathrm{d}\eta$$

式中已令

$$\eta=\frac{E-E_{\mathrm{F}}}{k_{\mathrm{B}}T}$$

因为

$$\frac{\partial f}{\partial \eta}=\frac{\partial}{\partial \eta}\left(\frac{1}{e^{\eta}+1}\right)=-\frac{e^{\eta}}{(e^{\eta}+1)^{2}}=-\frac{e^{-\eta}}{(1+e^{-\eta})^{2}}$$

因此,计算可得

$$I_0=1$$

$$I_1=0$$

$$\begin{aligned}I_2&=(k_{\mathrm{B}}T)^2\int_0^{\infty}\frac{e^{-\eta}}{(1+e^{-\eta})^2}\eta^2\mathrm{d}\eta\\&=(k_{\mathrm{B}}T)^2\int_0^{\infty}\eta^2(e^{-\eta}-2e^{-2\eta}+3e^{-3\eta}-\cdots)\mathrm{d}\eta\\&=(k_{\mathrm{B}}T)^2\left[2\times\left(1-\frac{1}{2^2}+\frac{1}{3^2}+\cdots\right)\right]=\frac{1}{6}\pi^2(k_{\mathrm{B}}T)^2\end{aligned}$$

把 I_0、I_1、I_2 代入式(5.1.19),得

$$I=k(E_{\mathrm{F}})+\frac{\pi^2}{6}(k_{\mathrm{B}}T)^2k''(E_{\mathrm{F}})+\cdots\tag{5.1.20}$$

现在利用上式计算激发态费米能. 在式(5.1.20)中令 $k(E)=\frac{2}{3}CE^{\frac{3}{2}}$,且只取前面两项,可得

$$\begin{aligned}N&=\frac{2}{3}C\left[E_{\mathrm{F}}^{\frac{3}{2}}+\frac{\pi^2}{6}(k_{\mathrm{B}}T)^2\times\frac{3}{4}E_{\mathrm{F}}^{-\frac{1}{2}}\right]\\&=\frac{2}{3}CE_{\mathrm{F}}^{\frac{3}{2}}\left[1+\frac{\pi^2}{8}\left(\frac{k_{\mathrm{B}}T}{E_{\mathrm{F}}}\right)^2\right]\end{aligned}\tag{5.1.21}$$

考虑到 $E_{\mathrm{F}}^0=\left(\frac{3N}{2C}\right)^{\frac{3}{2}}$,得到

$$E_{\mathrm{F}}=\left[\frac{(E_{\mathrm{F}}^0)^{\frac{3}{2}}}{1+\frac{\pi^2}{8}\left(\frac{k_{\mathrm{B}}T}{E_{\mathrm{F}}}\right)^2}\right]^{\frac{2}{3}}\tag{5.1.22}$$

由于 $k_{\mathrm{B}}T\ll E_{\mathrm{F}}$,利用$\frac{1}{1+x}\approx1-x$ 及二项式定理,E_{F} 可近似为

$$E_{\mathrm{F}}=E_{\mathrm{F}}^0\left[1-\frac{\pi^2}{12}\left(\frac{k_{\mathrm{B}}T}{E_{\mathrm{F}}^0}\right)^2\right]\tag{5.1.23}$$

由此可以看出,当温度升高时,E_{F} 小于 E_{F}^0. 对金属来说 $k_{\mathrm{B}}T\ll E_{\mathrm{F}}^0$,因此 E_{F} 与 E_{F}^0 是相当接近的. 同样,$T\neq0$ 时,费米球面半径 k_{F} 比绝对零度下费米球面的半径 k_{F}^0 小;而且此时费米面不再是满态与空态的分界面;而表示费米面以内能量离 E_{F} 约

为 k_BT 范围内能级上的电子被激发到 E_F 之上约 k_BT 范围内的能级上.

5.1.3 电子比热容

在式(5.1.20)中令 $k(E)=\frac{2}{5}\frac{C}{N}E^{\frac{5}{2}}$,可得电子平均动能

$$\bar{E}=\frac{3}{5}E_F^0\left[1+\frac{5}{12}\pi^2\left(\frac{k_BT}{E_F^0}\right)^2\right] \tag{5.1.24}$$

由此可得到电子气体的摩尔比热容

$$C_V=N_0Z\frac{\partial\bar{E}}{\partial T}=\frac{\pi^2}{2}N_0Zk_B\frac{k_BT}{E_F^0}=\gamma T \tag{5.1.25}$$

式中,N_0 为每摩尔原子数,Z 为每个原子的价电子数目,γ 称为电子比热常数.在常温下,由经典理论得出的电子比热容应该是 $\frac{3}{2}Nk_B$.所以,量子理论电子的比热容与经典理论比热容之比大约为 k_BT/E_F^0,是远远小于1的.在量子理论中,电子比热容很小的事实可以这样解释:大多数电子能量远低于 E_F^0,由于受泡利不相容原理的限制不能参与热激发,只有在 E_F^0 附近,k_BT 范围内的电子才对热容量有贡献.因此,常温下,电子比热容 C_V^e 要比晶格振动比热容 C_V^V 小得多,大约只有1%.

但是,在低温情况下,晶格比热容迅速下降,且按 T^3 趋于0.而电子比热容和 T 成正比,随温度下降比较缓慢.在液氦温度范围内,两者大小相差无几,要同时考虑.此时金属比热容为

$$C_V=C_V^e+C_V^V=\gamma T+bT^3 \tag{5.1.26}$$

$$b=\frac{12\pi^4}{5}\frac{Nk_B}{\Theta_D^3}$$

表5.1.1给出了一些金属的 γ 实验值与理论值.两者有差别的原因是:在近自由电子的零级近似中,忽略了电子与电子、电子与晶格之间的相互作用.要考虑这些作用对 γ 的影响是困难的,但 γ 直接与电子质量有关(E_F^0 与电子质量无关),所以可把此差别看成是电子的有效质量 m^* 不同于真实质量 m 造成的.如前所述,有效质量在一定程度上概括了电子与电子、电子与晶格之间的相互作用.这样,γ 的实验值和理论值之间可近似满足

$$\frac{m^*}{m}=\frac{\gamma_{实验}}{\gamma_{理论}} \tag{5.1.27}$$

表5.1.1 金属的 γ 值(单位/mJ · mol · K^{-1})

金属	γ(理)	γ(实)	金属	γ(理)	γ(实)
Li	0.749	1.63	Be	0.500	0.17
Na	1.094	1.38	Mg	0.992	1.30
Ca	0.505	0.695	Zn	0.750	0.64
Ag	0.645	0.646	Al	0.912	1.35

5.2　金属的费米面

在 k 空间，能量为费米能 E_F 的等能面称为费米面. 在 $T=0K$ 时，它是充满电子的态与空态的分界面.

由于金属具有半满的能带，所以具有明确的费米面. 而绝缘体和半导体没有半满带，费米能级正好在满带与空带的能隙中，由于能隙中没有电子的允许态，所以费米面的概念也无意义.

金属的很多基本性质主要取决于在 E_F 附近电子的状态，因此研究金属费米面有着重要意义.

但是严格确定金属费米面无论在理论上还是在实验上都是非常困难的. 下面介绍确定费米面的近似方法.

5.2.1　费米面构造法

前面已经看到：作为零级近似，金属电子可以看作自由电子，此时的费米面是球面. 现在由此出发，进一步考虑晶格周期场的微扰作用对金属费米面的影响，分析球形费米面可能出现的变化，从而对金属费米面的形状作出估计.

为简单起见，仅以二维正方格子晶体为例来进行阐述. 设晶格常数为 a，则第一布里渊区为边长为 $2\pi/a$，面积为 $4\pi^2/a^2$ 的正方形. 由于布里渊区的形状和大小只取决于晶格结构，而自由电子费米面的半径 k_F 只取决于电子密度. 对二维情况可求得(请读者自己证明)

$$k_F=(2n\pi)^{1/2}$$

式中，电子密度 n 可表示为 $n=\eta/a^2$，η 为晶体每个原胞所具有价电子数. 因此，当 η 较小时，如 $\eta=1$ 时，$k_F=(2/\pi)^{1/2}\pi/a=0.798\pi/a<\pi/a$，费米面全部落在第一布里渊区. 当 η 较大时，如 $\eta=2,3,\cdots$时，费米半径分别为 $k_F=(4/\pi)^{1/2}\pi/a=1.128\pi/a$，$k_F=(6/\pi)^{1/2}\pi/a=1.382\pi/a$，$k_F=(8/\pi)^{1/2}\pi/a=1.596\pi/a$，均大于 π/a，此时，费米面穿过第一布里渊区进入第二、第三……布里渊区，如图 5.2.1(a)、(b)所示. 也就是说第一区未被电子占满，而电子又部分地填充了第二区. 其简约区图示表示如图 5.2.1(c)、(d)所示.

若进一步考虑晶格周期势场的微扰作用，费米面将不再是球面. 在 4.3 节已经阐明，晶格周期势场的显著影响发生在布里渊区界面上，产生以下两点变化：

(1) 在布里渊区界面上出现能隙.

(2) 等能面与布里渊面区界面垂直相交.

关于上述第(2)点，证明如下：

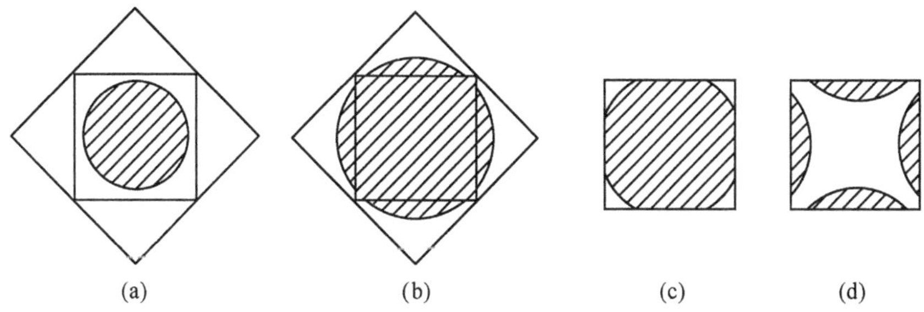

图 5.2.1 二维正方格子的自由电子费米面(斜线部分表示被电子占据的状态)

由 $E(k)=E(-k)$ 及 $E(K)=E(k+G)$ 可分别得以下两式,即

$$\left.\frac{\partial E}{\partial k}\right|_{k}=-\left.\frac{\partial E}{\partial k}\right|_{-k} \tag{5.2.1}$$

$$\left.\frac{\partial E}{\partial k}\right|_{k}=\left.\frac{\partial E}{\partial k}\right|_{k+G} \tag{5.2.2}$$

当 $k=\frac{1}{2}G$ 时,由式(5.2.1),有

$$\left.\frac{\partial E}{\partial k}\right|_{\frac{G}{2}}=-\left.\frac{\partial E}{\partial k}\right|_{-\frac{G}{2}} \tag{5.2.3}$$

当 $k=-\frac{1}{2}G$ 时,由式(5.2.2),有

$$\left.\frac{\partial E}{\partial k}\right|_{-\frac{G}{2}}=\left.\frac{\partial E}{\partial k}\right|_{\frac{G}{2}} \tag{5.2.4}$$

要使式(5.2.3)与式(5.2.4)相容,必有

$$\left.\frac{\partial E}{\partial k}\right|_{\frac{G}{2}}=0 \tag{5.2.5}$$

即在布里渊区界面上,等能面 $E(\boldsymbol{k})$ 的斜率为零. 所以费米面与布里渊区垂直相交.

根据以上分析,我们可得出构造金属费米面的一般步骤是:画出广延的布里渊区;用自由电子模型画出费米球面,球的半径为 $k_{\mathrm{F}}=(3n\pi^2)^{1/3}$;然后在布里渊区界面处进行修正,即费米面在布里渊区界面处断开,并与界面正交. 图 5.2.2(a)是修正后二维费米面的广延式表示,图 5.2.2(b)是简约图式表示.

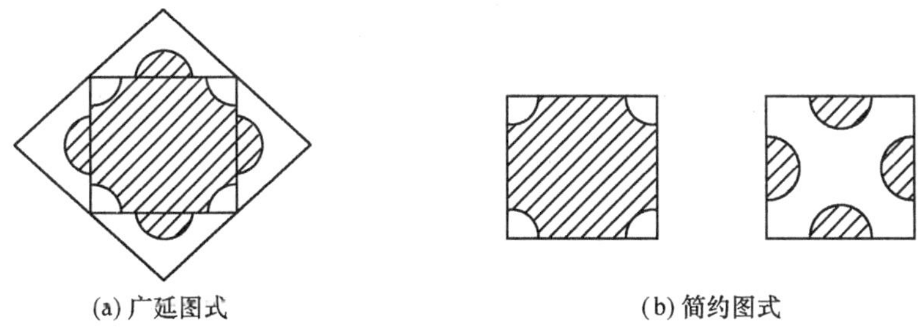

图 5.2.2 二维正方格子自由电子费米面图式

5.2.2　金属的费米面

1. 碱金属

Li、Na、K、Rb、Cs 等具有体心立方结构. 每个原胞只含一个原子，每个原子只有一个价电子，因而价带是半满的. 若晶格常数为 a，则原胞的体积为 $a^3/2$，由于原胞只有一个价电子，所以电子密度 $n=2/a^3$，其费米波矢

$$k_F=(3n\pi^2)^{\frac{1}{3}}=\left(3\frac{2}{a^3}\pi^2\right)^{\frac{1}{3}}=\left(\frac{6}{\pi}\right)^{\frac{1}{3}}\frac{\pi}{a}=1.240\frac{\pi}{a}$$

而体心立方晶格的第一布里渊区是一个十二面体(图 1.6.4). 从区域中心到界面的最短距离可求得为 1.414(π/a)，因此费米面完全在第一布里渊区内，周期晶格场只使它发生极小的变化，因而碱金属的价电子非常接近于自由电子.

2. 贵金属

Cu、Ag、Au 等具有面心立方结构，每个原胞只有一个原子，而每个原子只有一个价电子. 若晶格常数为 a，则原胞体积为 $a^3/4$，所以价电子密度为 $4/a^3$，其费米波矢

$$k_F=(3n\pi^2)^{\frac{1}{3}}=\left(3\times\frac{4}{a^3}\pi^2\right)^{\frac{1}{3}}=\left(\frac{12}{\pi}\right)^{\frac{1}{3}}\frac{\pi}{2}\approx 1.56\frac{\pi}{a}$$

而面心立方结构的第一布里渊区为截角八面体(十四面体)，其内切球的半径可以求得为 1.732(π/a). 费米面也完全包含在第一布里渊区内，但费米面与 8 个六边形的界面很接近，在这些方向上费米面发生畸变，凸向布里渊区界面，形成圆柱形的“颈”，如图 5.2.3 所示.

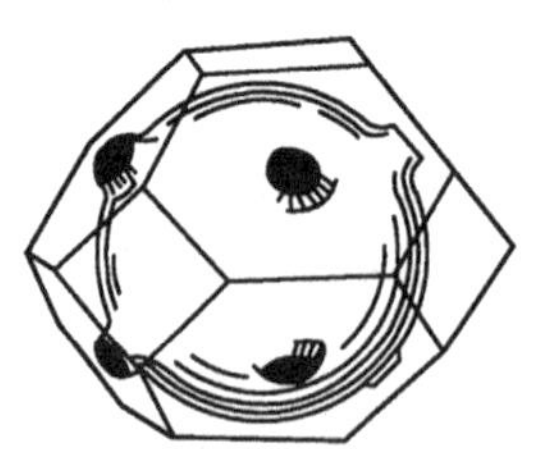

(a) Cu 在一个布里渊区中的费米面

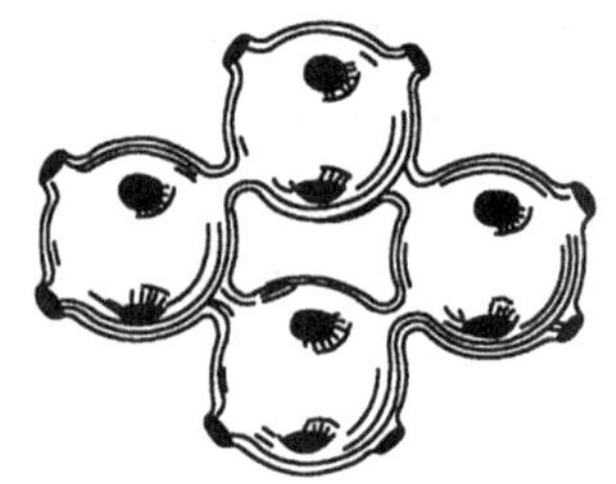

(b) Cu 在几个相邻布里渊区中的费米面

图 5.2.3　Cu 的费米面

从以上分析看出，碱金属与贵金属的价电子都很接近自由电子，所以都具有良好的导电性能. 但两者在其他物理性质上有很大差别. 这主要是由于贵金属有一个充满电子的 d 带，而碱金属却没有 d 电子. 由于 d 能级与 s 能级很接近，形成晶体后 d

能带与 s 能带完全重叠，d 带窄而 s 带宽，图 5.2.4 给出了态密度 $g(E)$ 随能量的变化曲线. 由于 3d 带离费米能级不很远，它对晶体产生的影响比碱金属满带的影响更大，因而贵金属的压缩系数比碱金属要小得多，仅为后者的 1/50～1/100.

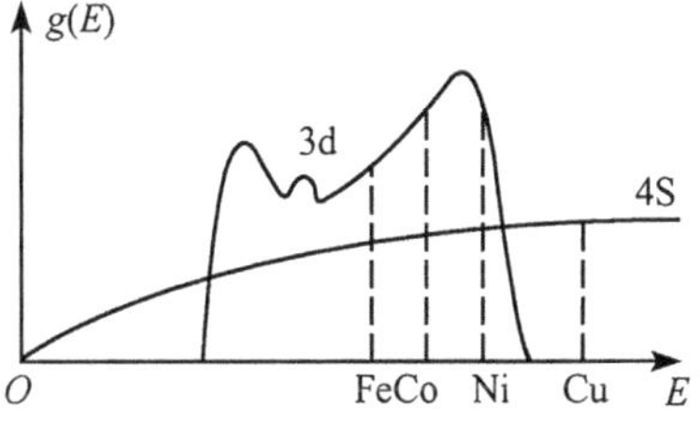

图 5.2.4 贵金属和过渡金属的 3d 与 4S 带

3. 过渡金属

过渡金属的原子具有未满的 d 壳层，例如，铁原子的结构为 $1s^2 2s^2 2p^6 3s^2 3p^6 3d^6 4s^2$，其中 3d 层是不满的，4s 是最外的价电子层. 结合成晶体后，与贵金属的能带结构非常类似，d 带与 s 带完全重合，但它的 d 带是不满的. 图 5.2.4 中的虚线给出了过渡金属费米面的位置. 由于过渡金属的 d 带不满，且能态密度很大，能容纳较多的电子，且 d 带的最大能级比 s 带的最大能级低，因而在结合成晶体时能夺取较高的 s 带中的电子而使能量降低，故过渡族金属的结合能较大，强度较高.

由于过渡金属的 d 带和 s 带都是半满的，而 d 带电子受原子束缚较紧，因而不能用自由电子近似来确定其费米面形状.

4. 二价金属

Ca、Sr、Ba 属立方晶系，每个原子有两个价电子，故价带是满的. 但是由于价带与更高的能带有重叠，故它仍是导体. 其费米面半径按自由电子计算为

$$k_{\mathrm{F}} = (3\pi^2 n)^{\frac{1}{3}} = \left(3\pi^2 \times \frac{2}{a^3}\right)^{\frac{1}{3}} = \left(\frac{6}{\pi}\right)^{\frac{1}{3}} \frac{\pi}{a} = 1.24\,\frac{\pi}{a} > \frac{\pi}{a}$$

所以费米面穿过第一布里渊区界面，即电子没全部填满第一布里渊区，但却有些进入第二布里渊区. 由于布里渊区界面也是能带的分界线，所以第一、第二能带都是不满的.

另外一些二价金属，如 Be、Mg、Zn 等，具有六方密积结构. 每个原胞有 2 个原子，共有 4 个价电子. 按正常情况下应填满两个能带. 但是，由于第一布里渊区为六方柱体，而且其与上、下两个六边形界面相联系的结构因子为零. 所以，在近自由电子近似下，对此类晶体的 $V_n = 0$，即布里渊区不是能量不连续面，此时一个能带可能包含几个布里渊区(称为琼斯区)因而 Be、Mg、Zn 也是导体.

5. 三价金属

最典型的三价金属是 Al，具有面心立方结构. 其第一布里渊区与贵金属相似为截八角面体. 但由于 Al 有 3 个价电子，故其费米半径

$$k_{\mathrm{F}} = (3n\pi^2)^{\frac{1}{3}} = \left[3 \times \left(\frac{12}{a^3}\right)\pi^2\right]^{\frac{1}{3}} = \left(\frac{36}{\pi}\right)^{\frac{1}{3}} \frac{\pi}{a} = 2.25\,\frac{\pi}{a}$$

其费米面把第一布里渊区完全包含在内，而且延伸到了第二、第三和四布里渊区.

5.3　金属费米面的试验测定

金属费米面的实验分析方法是基于外加磁场对晶体电子状态的影响及其产生的宏观效应.本节先介绍磁场中电子的运动状态，然后介绍德·哈斯-范·阿尔芬效应及费米面的实验分析.

5.3.1　外加磁场对晶体电子状态的影响

1. 朗道能级

在外磁场 B 中运动的电子哈密顿算符为

$$\hat{H} = \frac{1}{2m}(\hat{P} + e\hat{\mathbf{A}})^2 \tag{5.3.1}$$

若 B 沿 z 轴方向，即 $\boldsymbol{B}=B\boldsymbol{k}$，则由 $\boldsymbol{B}=\nabla\times\boldsymbol{A}$ 可知磁场的矢势 $\boldsymbol{A}$ 为

$$\mathbf{A} = Bx\boldsymbol{j} \tag{5.3.2}$$

把 A 及 $\hat{P}=-i\hbar\nabla$ 代入式(5.3.1)，可知电子在磁场中的薛定谔方程

$$\frac{1}{2m}(-i\hbar\nabla + eBx\boldsymbol{j})^2\psi = E\psi \tag{5.3.3}$$

与无磁场的自由电子情况比较，薛定谔方程中多出一含 x 的项.这就是说电子波函数在 x 方向不再是平面波，而在 y、z 方向仍保持平面波的形式.所以可把试探波函数写成

$$\psi = \mathrm{e}^{\mathrm{i}(k_y y + k_z z)}\varphi(x) \tag{5.3.4}$$

把式(5.3.4)代入式(5.3.3)，得 $\varphi(x)$ 所满足的方程

$$-\frac{\hbar^2}{2m}\frac{\mathrm{d}^2}{\mathrm{d}x^2}\varphi(x) + \frac{m\omega_c^2}{2}(x-x_0)^2\varphi(x) = \left(E - \frac{\hbar^2k_z^2}{2m}\right)\varphi(x) \tag{5.3.5}$$

式中，$\omega_c=eB/m$ 称为回旋频率，$x_0=-\hbar k_y/(eB)$.显然方程(5.3.5)是一个以 x_0 为中心的一维谐振子的薛定谔方程，方程的解为

$$\varphi_n(x-x_0) = \exp\left[-\frac{\alpha^2}{2}(x-x_0)^2\right]\cdot \mathrm{H}_n[\alpha(x-x_0)] \tag{5.3.6}$$

式中，$\alpha=\sqrt{\dfrac{m\omega_c}{\hbar}}$，$\mathrm{H}_n$ 为厄米多项式.与之相应的本征能量

$$\varepsilon_n = \left(E - \frac{\hbar^2k_z^2}{2m}\right) = \left(n+\frac{1}{2}\right)\hbar\omega_c, \qquad n = 0,1,2,\cdots \tag{5.3.7}$$

上述结果说明：在外磁场的作用下，自由电子或有效质量近似下的布洛赫电子，沿磁场 $\boldsymbol{B}$ 的方向（z 轴方向 $\boldsymbol{k}$）仍保持自由运动，相应的动能 $\hbar^2k_z^2/2m$ 是准连续变化的.而在垂直于磁场的 x-y 平面内，是一种简谐运动，其能量从无磁场时的准

连续量$[\hbar^2/(2m)](k_x^2+k_y^2)$变成一系列分立能量$(n+1/2)\hbar\omega_c$. 与本征函数(5.3.4)相应的电子能量的本征值为

$$E_n=\left(n+\frac{1}{2}\right)\hbar\omega_c+\frac{\hbar^2k_z^2}{2m} \tag{5.3.8}$$

即电子的能量由无磁场时的准连续谱变成一维的磁子次能带.

上述结果可由图(5.3.1)形象地表示出来:不加磁场时,波矢代表点在 k 空间均匀分布,0K 温度下费米面内填满电子,如图 5.3.1(a)所示. 外加磁场 B_z 后,由于磁场的作用,k_x-k_y 平面上的代表点聚集到一系列半径为 $k_{n,\perp}$ 的圆周上,如图 5.3.1(b)所示,$k_{n,\perp}^2=k_x^2+k_y^2$,并满足

$$\frac{\hbar^2k_{n,\perp}^2}{2m}=\left(n+\frac{1}{2}\right)\hbar\omega_c \tag{5.3.9}$$

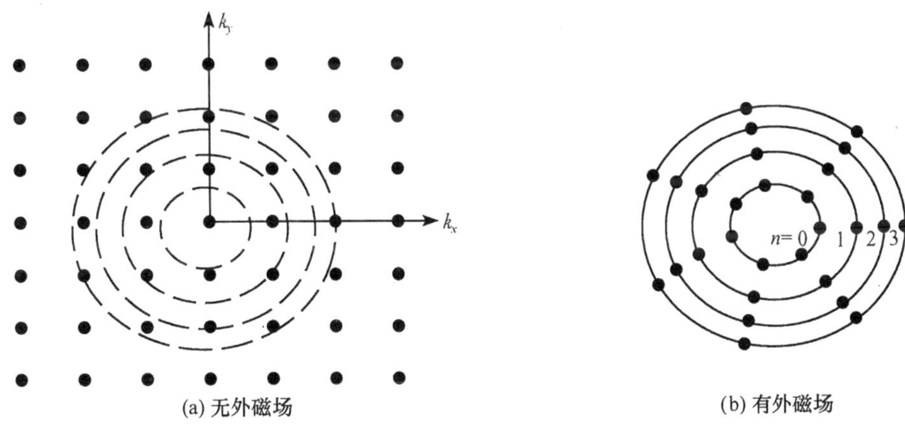

图 5.3.1 在波矢空间电子状态代表点的分布

由于波矢沿磁场方向的分量 k_z 仍连续变化,所以 k 空间的代表点将聚集到图 5.3.1(b)所示的一系列圆柱面上,每个圆柱面用两个量子数(n,k_z)标志,代表一次磁子能带. 每一个磁子能带 $E_n(k_z)$与 k_z 成抛物线关系,子能带的能量最小值是$(n+1/2)\hbar\omega_c$,量子数 n 是子能带的序号,如图 5.3.2 所示.

这一结果是由朗道最先提出的,称为**朗道能级**.

2. 朗道能级的简并度

磁场中电子能量本征值由 n、k_z 两个量子数决定. 而相应的本征函数 $\psi=e^{i(k_yy+k_zz)}\varphi_n(x)$是由 n、k_y、k_z 的量子数决定. 当 n、k_z 给定,能量唯一确定,但 k_y 可以取各

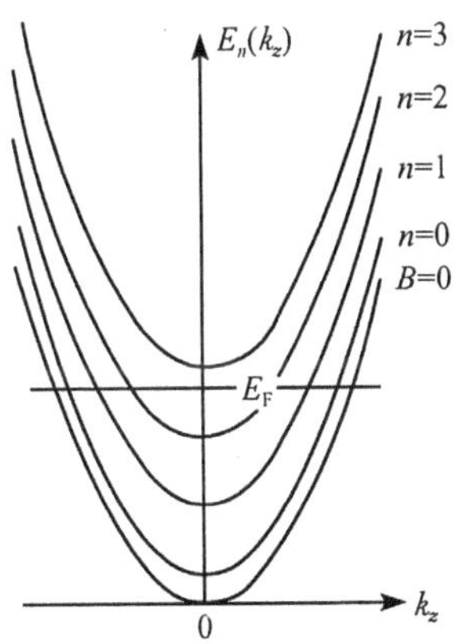

图 5.3.2 自由电子的一维磁次能带

种不同的值,即这些不同的 k_y 所对应的本征函数对 $E_n(k_z)$ 是简并的. 显然此简并度取决于 k_y 取值的个数. 下面求此简并度.

在外磁场中,能量等于 $\left(n+\frac{1}{2}\right)\hbar\omega_c$ 的谐振子,其平衡位置 $x_0=-\hbar k_y/(eB)$ 代表电子的平均位置,它可以处于晶体中的不同地点,但只能在晶体线度 L_x 内,即

$$-\frac{L_x}{2}<x_0<\frac{L_x}{2}$$

也就是

$$-\frac{L_x}{2}<\frac{\hbar k_y}{eB}<\frac{L_x}{2}$$

由此可知 k_y 的最大值

$$k_{y\max}=\frac{eB}{\hbar}\frac{L_x}{2}$$

由于 k_y 代表点在 k 空间是均匀分布的,每个 k_y 代表点的线度为 $2\pi/L_y$. 所以在 $-k_{y\max}$ 到 $+k_{y\max}$ 之间所含有的代表点(状态)数,也就是简并度为

$$\rho=\frac{2k_{y\max}}{2\pi/L_y}=\frac{eB}{2\pi\hbar}L_xL_y=\frac{m\omega_c}{2\pi\hbar}L_xL_y \tag{5.3.10}$$

对此也可以这样理解:在 k 空间 k_x-k_y 平面内,半径为 $k_{\perp,n}=[(2m/\hbar^2)(n+1/2)\hbar\omega_c]^{1/2}$ 的相邻两圆之间的面积是

$$\pi k_{\perp,n+1}^2-\pi k_{\perp,n}^2=\pi\frac{2m}{\hbar^2}\hbar\omega_c=\frac{2\pi eB}{\hbar} \tag{5.3.11}$$

由于在 k_x-k_y 平面内代表点的面积为 $(2\pi)^2/(L_xL_y)$,因此无磁场时,上述面积所含有的状态数是

$$2\pi\frac{eB}{\hbar}\bigg/\frac{(2\pi)^2}{L_xL_y}=L_xL_y\frac{eB}{2\pi\hbar}=\frac{m\omega_c}{2\pi\hbar}L_xL_y \tag{5.3.12}$$

与式(5.3.10)相同. 这说明本来在 k_x-k_y 平面上均匀分布的代表点在磁场的影响下聚集到圆周上. 外磁场的影响所产生的朗道能级,实际上反映了状态代表点在 k 空间的一种重新分布,总的状态数目并没有改变. 另外由式(5.3.10)可知,简并度 ρ 与磁子能带的序号无关.

3. 磁场中电子的能态密度

首先计算第 n 个子能带的能态密度. 在第 n 个子能带中,$k_z\sim k_z+\mathrm{d}k_z$ 范围内代表点的数目为

$$\frac{\mathrm{d}k_z}{2\pi/L_z}=\frac{L_z}{2\pi}\mathrm{d}k_z$$

式中,$2\pi/L_z$ 是代表点在 z 方向的线度. 由于对每一组给定的量子数 (n,k_z),都对

应有 ρ 个不同的 k_y 值，所以在 $k_z \sim k_z + \mathrm{d}k_z$ 范围内的状态数目为

$$\mathrm{d}N = 2\rho \frac{L_z}{2\pi}\mathrm{d}k_z = L_x L_y L_z \frac{2eB}{(2\pi^2)\hbar}\mathrm{d}k_z = V\frac{eB}{2\pi^2\hbar^2}\mathrm{d}k_z = \frac{2V}{(2\pi)^2}\frac{m\omega_c}{\hbar}\mathrm{d}k_z \tag{5.3.13}$$

式中，2 是自旋因子，$V = L_x L_y L_z$ 是晶体的体积.

由朗道能级的本征能量 $E = \hbar^2 k_z^2/(2m) + (n+1/2)\hbar\omega_c$ 可得

$$\mathrm{d}k_z = \frac{m}{k_z \hbar^2}\mathrm{d}E \tag{5.3.14}$$

把上式代入式(5.3.13)中，得 $\mathrm{d}E$ 能量间隔中的状态数目

$$\mathrm{d}N = \frac{V\hbar\omega_c}{(2\pi)^2}\left(\frac{2m}{\hbar^2}\right)^{\frac{3}{2}}\left[E - \left(n + \frac{1}{2}\right)\hbar\omega_c\right]^{-\frac{1}{2}}\mathrm{d}E \tag{5.3.15}$$

由此可得第 n 个子能带的能态密度

$$g_n(E) = \frac{\mathrm{d}N}{\mathrm{d}E} = \frac{V\hbar\omega_c}{(2\pi)^2}\left(\frac{2m}{\hbar^2}\right)^{3/2}\left[E - \left(n + \frac{1}{2}\right)\hbar\omega_c\right]^{-\frac{1}{2}} \tag{5.3.16}$$

总能态密度应是临界能量小于 E 的所有子能带的能态密度之和(图 5.3.2)，即

$$g(E) = \sum_{n=0}^{n'} g_n(E) = \frac{V\hbar\omega_c}{(2\pi)^2}\left(\frac{2m}{\hbar^2}\right)^{3/2}\sum_{n=0}^{n'}\left[E - \left(n + \frac{1}{2}\right)\hbar\omega_c\right]^{-\frac{1}{2}}$$

$$= \left(\frac{eBV\sqrt{2m}}{2\pi^2\hbar^2}\right)\sum_{n}^{n'}\left[E - \left(n + \frac{1}{2}\right)\hbar\omega_c\right]^{-\frac{1}{2}} \tag{5.3.17}$$

式中的求和上限指标 n' 满足

$$\left(n' + \frac{1}{2}\right)\hbar\omega_c < E$$

图 5.3.3 给出了式(5.3.17)所表示的能态密度随 E 变化的曲线以及 $\boldsymbol{B}=0$ 时自由电子的能态密度曲线. 可以看出，在外磁场作用下，每当电子能量 $E = \left(n + \frac{1}{2}\right)\hbar\omega_c$ 时，能态密度出现一次峰值. 两峰值之间的能量间隔为 $\hbar\omega_c$. 由于回旋频率 $\omega_c = Be/m$，所以能态密度的峰值的位置及两峰值之间的间隔也随 B 变化.

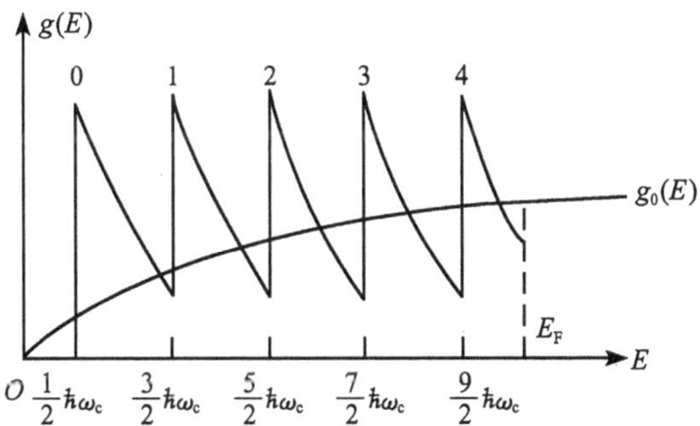

图 5.3.3 在外磁场中，$g(E)$ 与 E 的关系曲线

5.3.2　德·哈斯-范·阿尔芬效应

低温时，在强磁场下，许多金属的磁化率 χ 随磁场的倒数 1/B 的增大（减小）而周期性振荡的现象称为**德·哈斯-范·阿尔芬**（De Hass-Van Alphen）效应，如图 5.3.4 所示. 后来发现，不仅磁化率，金属的电导率、比热、磁致伸缩等也有类似的振荡现象. 这些现象都是一种宏观量子效应，与金属费米面附近的电子在强磁场中的行为有关，因而与费米面结构有密切关系. 因此，此类现象便成为研究金属费米面的有力工具.

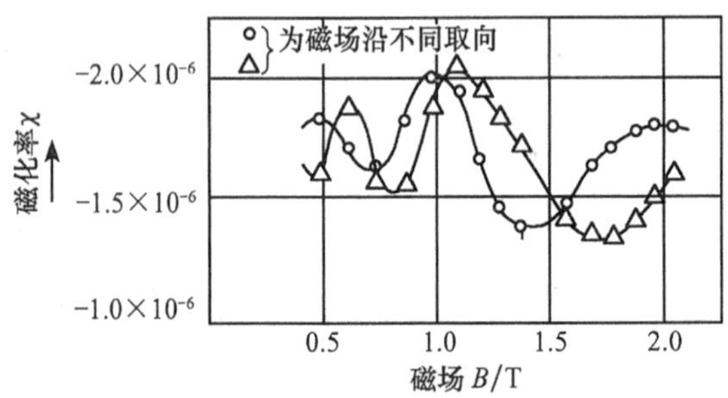

图 5.3.4　铋单晶磁化率随磁场的振荡

德·哈斯-范·阿尔芬效应可用磁场中电子能态密度的特点予以解释. 设费米能级 E_F 位于第 n 和第 $n+1$ 个子能带的临界能量（能谷）之间，有

$$\left(n+\frac{1}{2}\right)\hbar\omega_c < E_F < \left(n+1+\frac{1}{2}\right)\hbar\omega_c$$

如图 5.3.2 所示. 电子将分布在临界能量小于 E_F 的各子能级上. 当 B 增大时，$\omega_c=eB/m$ 随之增大，因而相邻子能带临界值的间隔 $\hbar\omega_c$ 增大，每个子能带的临界值升高，同时每个子能带上的状态数目也随之增大. 但是由于电子总数 N 保持不变，因而费米能 E_F 也保持不变. 这样随着 B 的增大，电子将在各个子能带上重新分布. 当 B 足够大，使得 $E_n=\left(n+\frac{1}{2}\right)\hbar\omega_c>E_F$ 时，原来在第 n 个子能带上的电子全部落到下面的 $n-1$ 个子能带上去，电子系统的总能量 $\bar{E}=\int Eg(E)\mathrm{d}E$ 将随之减少. 然后，随着 B 的继续增加，$\bar{E}$ 又随之增大. 当 $E_{n-1}=\left(n-1+\frac{1}{2}\right)\hbar\omega_c$ 超过 E_F 时，$\bar{E}$ 又一次减小. 电子的总能量将随着 B 的增大而周期性的变化. 变化的周期可由以下分析得出：当外磁场的值为 B_1 时，假定第 n 个子能带的临界值正好与费米能相等，有

$$\left(n+\frac{1}{2}\right)\hbar\frac{eB_1}{m}=E_F,\quad 即\quad \frac{1}{B_1}=\left(n+\frac{1}{2}\right)\frac{\hbar e}{mE_F}$$

当 B 增大时，达到 B_2 时，第 $n-1$ 个子能带临界值达到费米能级，有

$$\left(n-1+\frac{1}{2}\right)\hbar\frac{eB_2}{m}=E_F,\quad 即\quad \frac{1}{B_2}=\left(n-1+\frac{1}{2}\right)\frac{\hbar e}{mE_F}$$

即当$\frac{1}{B}$改变

$$\Delta\left(\frac{1}{B}\right)=\frac{1}{B_1}-\frac{1}{B_2}=\frac{e\hbar}{mE_F} \tag{5.3.18}$$

时，电子平均能量 $\bar{E}$ 就变化一次，因此，电子平均能量随磁场倒数$\frac{1}{B}$变化的周期为 $\Delta\left(\frac{1}{B}\right)=\frac{e\hbar}{mE_F}$.

由于体系的磁化强度

$$M=-\frac{\partial\bar{E}}{\partial B} \tag{5.3.19}$$

而磁化率 $\chi=\frac{\partial M}{\partial B}=-\frac{\partial^2 E}{\partial B^2}$，所以磁化强度和磁化率随$\frac{1}{B}$变化的周期也是$\frac{e\hbar}{mE_F}$. 这就说明了德・哈斯-范・阿尔芬效应的微观机制.

5.3.3 费米面的测定

如图 5.3.5 所示，由于外磁场的作用，状态代表点聚集到一系列的圆柱上. 圆柱面与 $B=0$ 时自由电子费米面的交线代表能量为 E_F 的量子化轨道. 也就是说，磁场的作用使费米面量子化为许多能量为 E_F 的等能线. 等能线的数目 m 可由下式估计，有

$$m\approx\frac{E_F}{\hbar\omega_c}=\frac{mE_F}{e\hbar B}=0.86\times10^8\,\frac{G}{eV}\,\frac{E_F}{B}$$

金属的 E_F 一般为几个电子伏，所以即使磁场 B 高达 10^4G，m 的数量级仍为 10^4，可见等能线是非常密集的. 总之，磁场使费米面发生微小畸变，但垂直于 B 的截面的形状仍保持不变，这使得我们可以通过德・哈斯-范・阿尔芬效应来研究费米面.

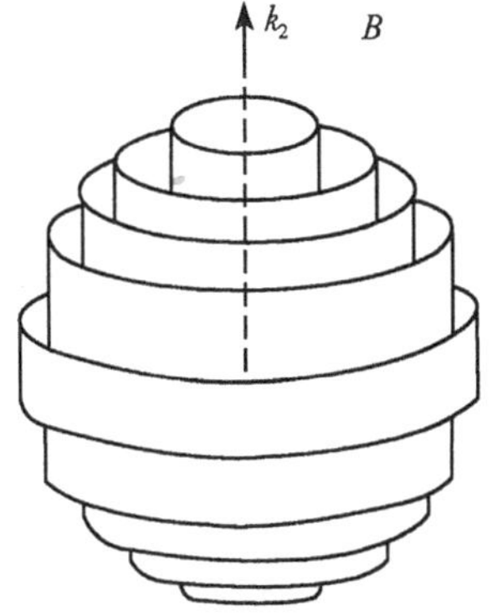

图 5.3.5 电子状态凝聚在同心圆柱上

对自由电子，$E_F=\hbar^2k_F^2/(2m)$，所以振荡周期可表示成

$$\Delta\left(\frac{1}{B}\right)=\frac{e\hbar}{mE_F}=\frac{e\hbar}{m}\frac{2m}{\hbar^2k_F^2}=\frac{2e}{\hbar}\frac{\pi}{\pi k_F^2}=\frac{2\pi e}{\hbar}\frac{1}{S_m} \tag{5.3.20}$$

式中，$S_m=\pi k_F^2$，是垂直于磁场方向费米面的极值截面积. 随着 B 的增大，每个圆柱的截面积增大. 每当费米面内半径最大的圆柱越过费米面时，χ 就会振荡一次. 由

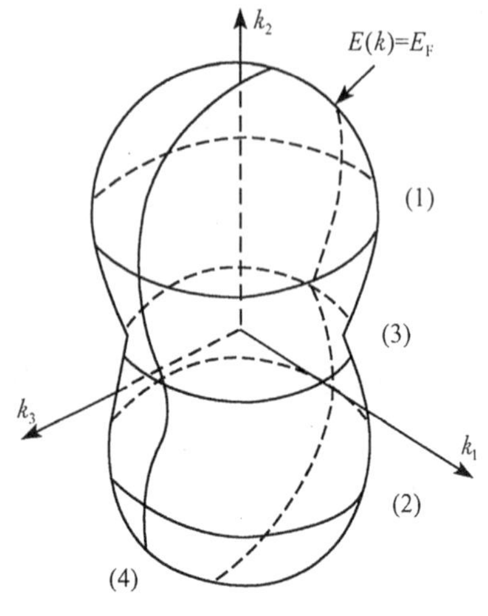

图 5.3.6　费米面上的极值轨道

此可测得 χ 的振荡周期,就可测的垂直于磁场方向费米面的极值截面积.

上面对自由电子得出的结论,可以推广到布洛赫电子. 如 4.5 节所述,可用有效质量 m^* 概括晶格周期场的作用. 因此只需用有效质量 m^* 代替自由电子质量,就可把式(5.3.20)所得的结果推广到布洛赫电子,有

$$\Delta\left(\frac{1}{B}\right)=\frac{2\pi e}{\hbar}\frac{1}{A_e} \tag{5.3.21}$$

式中,A_e 为垂直于磁场的费米面极值截面积. 如果我们能测定出不同方向的振荡周期,那么就可确定出不同方向的费米面极值截面积,就可对费米面的形状做出分析判断. 如图 5.3.6 所示.

5.4　金属的电导与热导

金属的电导、热导及后面要讲的塞贝克效应都涉及金属电子的输运问题. 严格说研究此类问题,即使把布洛赫电子看成是具有有效质量 m^* 和动量 m^*v 的准经典粒子,也应首先建立能够确定电子非平衡分布函数的方程——玻尔兹曼方程,并对散射的微观机制做出分析,然后求解玻尔兹曼方程. 这是一项十分繁杂的工作. 本节,我们利用费米面在外电场中产生刚性平移这一直观模型来处理布洛赫电子的输运问题,可以得出与较严格理论相同的结论.

5.4.1　金属的电导率

由于布洛赫电子在 $\boldsymbol{k}$ 空间的分布具有反演对称性 $E_n(-k)=E_n(k)$ 及 $\psi_{n,-k}=\psi_{n,k}$,所以在无外电场时,电子占据态围绕 $\boldsymbol{k}$ 空间的原点是对称分布的. 波矢为 $\boldsymbol{k}$ 与波矢为 $-\boldsymbol{k}$ 电子成对出现,所以体系的总动量

$$\boldsymbol{P}=\sum\boldsymbol{P}_i=\sum\hbar\boldsymbol{k}=0$$

电子气体无宏观运动,金属中电流为零.

在由外电场 $\boldsymbol{\varepsilon}$ 存在时,电子受到外电场力 $\boldsymbol{f}=-e\boldsymbol{\varepsilon}$,像 4.5 节讨论的那样,电子的每一个状态 $\boldsymbol{k}$ 都以同样的速度在 $\boldsymbol{k}$ 空间运动,即

$$\hbar\frac{\mathrm{d}\boldsymbol{k}}{\mathrm{d}t}=-e\boldsymbol{\varepsilon}\quad 或 \quad \mathrm{d}\boldsymbol{k}=-\frac{e\boldsymbol{\varepsilon}}{\hbar}\mathrm{d}t \tag{5.4.1}$$

也就是说,在外电场 $\boldsymbol{\varepsilon}$ 的作用下,电子动量 $\boldsymbol{P}=\hbar\boldsymbol{k}$ 的改变表现在 $\boldsymbol{k}$ 空间状态点的移

动. 由于每个状态点的移动均相同,可以看成是费米面在 $\boldsymbol{k}$ 空间的刚性移动,如图 5.4.1 所示. 此时,电子占据态的分布相对于 $\boldsymbol{k}$ 空间的原点不再是对称分布了,电子体系的总动量不为零,金属中将产生电流,如果外电场保持不变,那么,无电场时对称分布的费米面将越来越偏心,金属中的净电流将越来越大. 但是,除了电场作用外,金属中总存在着各种散射中心,如电子同杂质、缺陷以及声子的碰撞,可使得电子占据态 $\boldsymbol{k}$ 沿相反方向在 $\boldsymbol{k}$ 空间运动;当外场的漂移作用与散射作用两者达到动态平衡时,费米面在 $\boldsymbol{k}$ 空间将保持一种稳定的偏心分布,电流也达到一稳定的值.

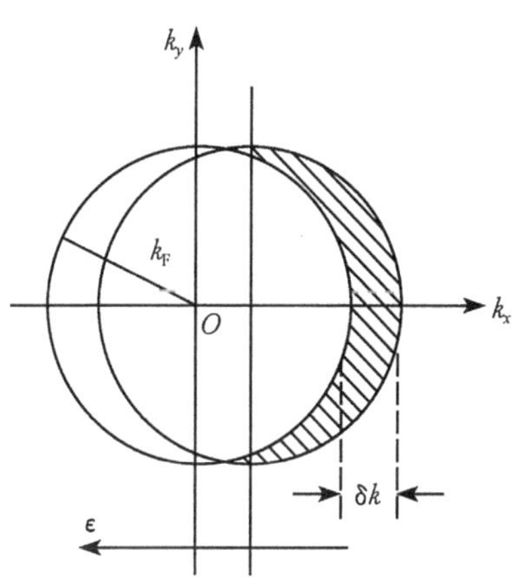

图 5.4.1 在外电场中费米球在 k 空间的移动

设 $t=0$ 时加入外电场,电子达到新的平衡的弛豫时间为 τ,也就是相邻两次碰撞之间电子的平均自由时间,则在稳定时,费米面在 $\boldsymbol{k}$ 空间的位移

$$\delta\boldsymbol{k} = \boldsymbol{k}(\tau) - \boldsymbol{k}(0) = -\frac{e\boldsymbol{\varepsilon}\tau}{\hbar} \tag{5.4.2}$$

如图 5.4.1 所示. 显然,只有阴影部分的电子对电流有贡献. 因为阴影部分在费米面附近,所以可对此电流密度做如下计算:用 n_F 表示参与导电的电子数密度,即费米能附近的电子数密度

$$n_F = g(E_F)\delta E = g(E_F)(\nabla_k E)_{E_F} \cdot \delta\boldsymbol{k}$$

用 v_F 表示费米电子的运动速度,电流密度可表示为

$$\boldsymbol{j} = e\boldsymbol{v}_F n_F = e\boldsymbol{v}_F g(E_F)\delta E = e\boldsymbol{v}_F g(E_F)(\nabla_k E)_{E_F} \cdot \delta\boldsymbol{k} \tag{5.4.3}$$

式中,$g(E_F)$是费米面上的能态密度,δE 是电子吸收电场的能量. 注意到$(\nabla_k E)_{E_F} = \hbar\boldsymbol{v}_F$,并用式(5.4.2)代替 $\delta\boldsymbol{k}$,得到

$$\boldsymbol{j} = e^2 \boldsymbol{v}_F \boldsymbol{v}_F \tau_F g(E_F)\varepsilon = \boldsymbol{\sigma}\varepsilon \tag{5.4.4}$$

这正是欧姆定理的微分形式,式中

$$\boldsymbol{\sigma} = e^2 \boldsymbol{v}_F \boldsymbol{v}_F \tau_F g(E_F) \tag{5.4.5}$$

为金属的电导率,是一个二阶张量. 对于各向同性金属(多晶体或立方系晶体)电导率是标量,有

$$\sigma = \sigma_{xx} = \sigma_{yy} = \sigma_{zz} \tag{5.4.6}$$

这里电子的平均自由时间已用 τ_F 表示,因为这里所涉及的都是费米面附近的电子.

对大多数金属,式(5.4.6)可进一步化简. 由于金属晶格周期对电子的影响微弱,一般金属的费米面近似于球面,作为零级近似,可作为球面处理. 即能谱 $E(k)$ 具有对称性. 即有

$$v_{xF}^2 = v_{yF}^2 = v_{zF}^2 = \frac{1}{3}v_F^2$$

这样，式(5.4.6)可表示为

$$\sigma = \frac{1}{3}e^2 v_F^2 \tau_F g(E_F) \tag{5.4.7}$$

这就是我们所寻求的表达式. 这说明 σ 不仅取决于费米速度和自由时间，而且还取决于费米面上的能态密度 $g(E_F)$.

一般情况下，处理金属电导问题，用零级近似，即自由电子近似已能得到满意结果. 只需把自由电子的下列关系，即

$$g(E_F) = \frac{1}{2\pi^2}\left(\frac{2m^*}{\hbar^2}\right)^{\frac{3}{2}} E_F^{\frac{1}{2}}$$

$$k_F = (3\pi^2 n)^{\frac{1}{3}}$$

$$E_F = \frac{\hbar^2}{2m^*}(3\pi^2 n)^{\frac{2}{3}} = \frac{1}{2}m^* v_F^2$$

代入式(5.4.7)，便可得到金属电导率

$$\sigma = \frac{ne^2\tau_F}{m^*} \tag{5.4.8}$$

这是一个经常用到的公式.

由上面的推导可见，对金属电导有贡献的只是费米面附近的电子，这是由于因泡利不相容原理的限制，费米面附近的电子才有可能在电场的作用下进入较高能级. 而能量比费米能级 E_F 低的多的电子，由于它附近的能态已被电子占据，没有可接受它的空态，因而不可能从电场获得能量而改变状态，故这些电子并不能参与导电，较严格理论也得出同样的结论.

现在简略介绍一下半金属的概念，当元素具有较多的价电子时，其费米面半径较大. 当费米面接触到布里渊区界面时，由 5.2 节的讨论可知，其费米面就被布里渊区界面分成许多碎片，其面积大为减少. 这样就导致参与导电的电子数也大为减少，因而晶体的导电率和电子比热就很小. 例如，五价元素砷、锑、铋晶体就是这种情况. 这种类型的晶体我们称之为**半金属**. 必须指出，还有一种称为半金属的材料是与其传导电子的自旋相关，这将在第 8 章介绍.

5.4.2　电阻率及其与温度的关系

金属的电阻率 $\rho = \frac{1}{\sigma}$ 是由于金属电子的散射产生的，从式(5.4.8)可知，$\rho \approx \frac{1}{\tau_F}$ 与电子的弛豫时间 τ_F 成反比. 对于在晶体中运动的布洛赫电子，如果晶体是理想完整的，且正离子规律地排列在格点上静止不动的话，它们不会对电子起散射作用，因为晶体的布洛赫波函数是晶格周期中的定态波函数，电子若处于某一定态，

没有外加原因是不会改变其状态的. 只有当晶格周期性势场遭到破坏时, 电子才有可能从一状态跃迁向另一状态. 电子受到散射产生的跃迁是电阻的物理本质. 描述电子从 k 态跃到 k'态的是跃迁概率 $\omega_{k,k'}$, 显然有

$$\rho \sim \omega_{k,k'} \sim \frac{1}{\tau}$$

使晶格周期场遭到破坏而使电子遭受散射的原因有两种: 一是由于杂质和缺陷的存在, 二是由于晶格振动. 一般可以认为电子被杂质、缺陷散射和被晶格振动(声子)散射是相互独立的, 则总的散射概率是两种机制分别作用之和

$$\omega_{k,k'} = \omega_{k,k'}^{\mathrm{ph}} + \omega_{k,k'}^{\mathrm{o}}$$

跃迁概率实际上是单位时间内由 k 态跃迁到 k'态的次数, 则跃迁一次所需的时间, 即弛豫时间

$$\tau_{k,k'} = \frac{1}{\omega_{k,k'}}$$

因此电子的弛豫时间可分成两部分 $\frac{1}{\tau_{\mathrm{F}}} = \frac{1}{\tau_T} + \frac{1}{\tau_0}$, 因而电阻率 ρ 可以分为两部分, 即

$$\rho = \rho_0 + \rho_1(T) \tag{5.4.9}$$

ρ_1 是由于电子与声子散射引起的, 称为**本征电阻**. 它与温度有关, 随温度的降低而减小; 当 $T \to 0\mathrm{K}$ 时, $\rho_1 \to 0$. ρ_0 是电子与缺陷和杂质的散射引起的, 与温度无关, 称为**剩余电阻**. 电阻率 ρ 随温度变化关系的实验曲线如图 5.4.2 所示.

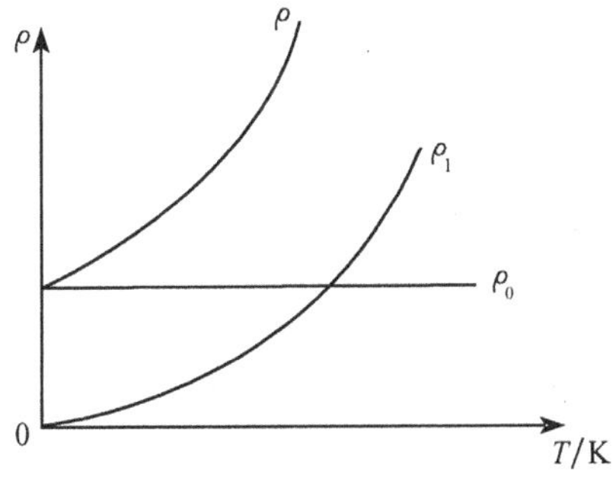

图 5.4.2 金属电阻率随温度变化曲线

现在我们对两项分别讨论, 分析 ρ 与温度的关系.

1. 电子-缺陷散射与剩余电阻

由于杂质原子基态和最低激发态之间的能量间隔较大, 一般为几个电子伏量级, 远大于 $k_{\mathrm{B}}T$, 因而很少有杂质原子能够处于激发态. 当电子与杂质原子散射时, 电子不可能获得能量而跃迁到费米能以上的空态; 同时由于泡利不相容原理限制, 电子也不可能传给杂质原子太多的能量而进入费米能以下的满态. 因此电子与杂质原子等缺陷的散射是弹性散射.

假如电子与杂质原子之间的散射势为 $U(\boldsymbol{r})$, 这来源于杂质原子和基质原子离子实所带电荷不同而附加的势场. 当杂质原了密度 n_{i} 很低, 可认为电子每次只和一个杂质原子散射时, 按照量子力学微扰论的"黄金定则"(gold rule), 有

$$\omega_{k,k'}=\frac{2\pi}{\hbar}n_i\mid\langle\phi_{k'}\mid U(r)\mid\phi_k\rangle\mid^2\delta(\varepsilon_k-\varepsilon_{k'})$$

由于 n_i 和 $U(\boldsymbol{r})$ 均与温度变化无关，因此电子和杂质原子散射产生的电阻 ρ_0 与温度无关.

2. 电子-声子散射与本征电阻

电子-声子散射可用含时微扰论处理. 即在绝热近似的基础上把晶格振动与电子之间的相互作用看作微扰. 这样，有晶格振动时离子实对电子产生的微扰势为

$$\hat{H}'^{\text{ph}}=\sum_{\boldsymbol{R}_n}[V_a(\boldsymbol{r}-\boldsymbol{R}_n-\boldsymbol{u}(\boldsymbol{R}_n))-V_a(\boldsymbol{r}-\boldsymbol{R}_n)] \tag{5.4.10}$$

式中，$\sum_n V_a(\boldsymbol{r}-\boldsymbol{R}_n)=V_0(\boldsymbol{r})$ 为静止时的周期晶格势，为格点附近的原子局域势 $V_a(\boldsymbol{r}-\boldsymbol{R}_n)$ 之和. $V_{\text{T}}(\boldsymbol{r})=\sum_n V_a(\boldsymbol{r}-\boldsymbol{R}_n-u_n(\boldsymbol{R}_n))$ 为有振动时的晶格周期势，$u(\boldsymbol{R}_n)$ 是 $\boldsymbol{R}_n$ 处格点相对平衡位置的位移. 在微小位移下，将(5.4.10)式对 $\boldsymbol{u}(\boldsymbol{R}_n)$ 展开，只保留一次项

$$\hat{H}'^{\text{ph}}=-\sum_{\boldsymbol{R}_n}\boldsymbol{u}(\boldsymbol{R}_n)\cdot\nabla V_a(r-\boldsymbol{R}_n) \tag{5.4.11}$$

为简单计，假定晶格是简单格子，此时仅有声学支，波矢为 q，频率为 ω 的振动模式引起的原子位移为

$$\boldsymbol{u}_q(\boldsymbol{R}_n)=A\cos(\boldsymbol{q}\boldsymbol{R}_n-\omega t)\boldsymbol{e}=\left[\frac{1}{2}Ae^{\mathrm{i}(\boldsymbol{q}\boldsymbol{R}_n-\omega t)}+\frac{1}{2}Ae^{-\mathrm{i}(\boldsymbol{q}\boldsymbol{R}_n-\omega t)}\right]\boldsymbol{e} \tag{5.4.12}$$

式中，A 为振幅，$\boldsymbol{e}$ 为振动方向单位矢量，将式(5.4.12)代入式(5.4.11)，可得一个格波模式对微扰势的贡献

$$\hat{H}'^{\text{ph}}_q=e^{-\mathrm{i}\omega t}s_+(q)+e^{\mathrm{i}\omega t}s_-(q) \tag{5.4.13}$$

式中

$$S_\pm(q)=-\frac{1}{2}A\sum_{R_n}e^{\pm\mathrm{i}\boldsymbol{q}\cdot\boldsymbol{R}_n}\boldsymbol{e}\cdot\nabla V_a(\boldsymbol{r}-\boldsymbol{R}_n) \tag{5.4.14}$$

即微扰是时间周期性的，由量子力学含时间的周期微扰结果，跃迁概率 $\omega_{kk'}$ 为

$$\begin{aligned}\omega^{\text{ph}}_{kk'_q}=&\frac{2\pi}{\hbar}[\mid\langle\varphi_k\mid S_+(q)\mid\varphi_{k'}\rangle\mid^2\delta(\varepsilon_{k'}-\varepsilon_k-\hbar\omega)\\&+\mid\langle\varphi_k\mid S_-(q)\mid\varphi_{k'}\rangle\mid^2\delta(\varepsilon_{k'}-\varepsilon_k+\hbar\omega)]\end{aligned} \tag{5.4.15}$$

式中，δ 函数说明散射过程能量守恒，即

$$\varepsilon_{k'}=\varepsilon_k\pm\hbar\omega(q) \tag{5.4.16}$$

＋、－号分别相应于吸收或放出一个声子.

由于声子的能量与费米面上的电子能量相比很小，如当 $\Theta_{\text{D}}=300\text{K}$ 时，$\hbar\omega\leqslant\frac{1}{40}\text{eV}$，而 ε_{F} 一般是几个电子伏，这种散射可以看成是弹性的(考虑到光学声子时

会有不同，但在室温下，光学声子很难激发，电子与光学声子散射的概率很小）. 并且满足动量守恒

$$\boldsymbol{k}' = \boldsymbol{k} \pm \boldsymbol{q} + \boldsymbol{G} \tag{5.4.17}$$

式中，$\boldsymbol{G}$ 为倒格矢，$G=0$ 的过程称为 N 过程，否则称为 U 过程.

总的微扰作用应是所有格波作用之和. 所以，跃迁概率 $\omega_{kk'}$ 应对所有振动模式求和. 即

$$\omega_{kk'} = \sum_{q} \omega_{kk'}(q) \tag{5.4.18}$$

现在讨论本征电阻与温度的关系.

电阻存在是散射后电子动量损失的效果，假电子的散射前波矢是 $\boldsymbol{k}$，散射后的波矢是 $\boldsymbol{k}'$，电子经过一次散射后，在入射方向上动量的损失如图 5.4.3 所示，有

$$\Delta p' = p(\boldsymbol{k}) - p(\boldsymbol{k}')\cos\theta = \hbar k - \hbar k'\cos\theta$$

式中，θ 为 $\boldsymbol{k}'$ 与 $\boldsymbol{k}$ 之间的夹角.

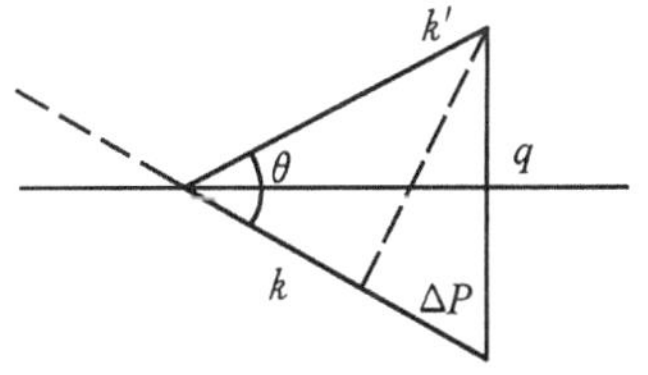

图 5.4.3 散射时电子在原方向的动量损失

由于 $\omega_{kk'}$ 可解释为单位时间的散射次数，单位时间电子散射的动量损失为

$$\Delta p_{kk'} = \omega_{kk'}(\hbar k - \hbar k'\cos\theta) \tag{5.4.19}$$

电子散射一次的动量损失应为所有初末态 $\boldsymbol{k}$、$\boldsymbol{k}'$之间的散射损失之和，如取 $\boldsymbol{k}$ 方向为电场方向，电阻率可写为

$$\rho \propto \sum_{k'} \omega_{kk'}(\hbar \mid k \mid - \hbar \mid k' \mid \cos\theta) \tag{5.4.20}$$

由上式，可知电阻与温度的关系.

高温时，即 $T \gg \Theta_D$，声子有较高的能量和较短的波长，相应的波矢 q 有较大的值，又因为电子只能在费米能附近的 $\boldsymbol{k}$ 和 $\boldsymbol{k}'$态之间跃迁（k 与 k'的大小之间差别很小），这就导致了电子的大角散射，即 θ 可近似等于常数 π，式(5.4.20)中 $\hbar k - \hbar k'\cos\theta$ 与温度无关. 另一方面，跃迁概率与声子数成正比，高温下平均声子数密度 $\bar{n} = \dfrac{1}{e^{\hbar\omega/k_B T} - 1} \approx \dfrac{1}{1 + \hbar\omega/k_B T - 1} = \dfrac{k_B T}{\hbar\omega}$，即 $\omega_{kk'} \approx \bar{n}$ 与温度成正比. 所以电阻率

$$\rho \propto T, \qquad T \gg \Theta_D \tag{5.4.21}$$

低温下，即 $T \ll \Theta_D$ 时，由于声子波长很大，声子能量与 $k_B T$ 同量级，一般 $k_B T$ 在 10^{-2}eV 以下，而费米面附近电子的能量约为几个电子伏，比声子能量大的多，能量不能发生共振转移，所以电子与声子之间的碰撞是弹性的，电子的波矢方向因受到散射而改变，但其大小不变，即 $k' = k$，此时，散射动量的改变可写成

$$\Delta p = \hbar k(1 - \cos\theta) \tag{5.4.22}$$

由动量守恒

$$\boldsymbol{k}+\boldsymbol{q}=\boldsymbol{k}'$$

得

$$2k\sin\frac{\theta}{2}=q \tag{5.4.23}$$

因为 $k'\approx k, q\to 0$,所以由式(5.4.23)可看出

$$2\sin\frac{\theta}{2}\sim 2\frac{\theta}{2}=\frac{q}{k},\quad 即\ \theta\approx\frac{q}{k}$$

这样式(5.4.22)为

$$\Delta p=\hbar k(1-\cos\theta)\approx\hbar k\frac{\theta^2}{2}=\frac{\hbar q^2}{2}$$

低温下声子的波矢 q 与频率 ω 成线性关系,而声子的频率 $\omega\approx\frac{k_{\mathrm{B}}T}{\hbar}$,所以声子波矢 $q\sim T$,即 $\Delta p\sim T^2$.

又因为在低温下,声子的比热 $C_{\mathrm{V}}=\left(\frac{\partial E}{\partial T}\right)_{\mathrm{V}}$ 与 T^3 成正比,即声子系统的能量 $E\sim T^4$,声子的平均能量为 $k_{\mathrm{B}}T$,则相当于声子的数目 $n\sim\frac{T^4}{k_{\mathrm{B}}T}$,与温度的 T^3 成正比,即 $\omega_{KK'}\sim n\sim T^3$,考虑以上两个因子,有

$$\rho\sim n\Delta p\sim T^3T^2=T^5,\qquad T\ll\Theta_{\mathrm{D}} \tag{5.4.24}$$

有关电阻-温度关系问题,还有两点需要提及,第一是低温时电子-声子散射中 U 过程的影响. 当近自由电子费米面接近布里渊区界面时,小的声子波矢 q 即可导致 U 过程发生,产生大角度散射,如图 5.4.4 所示,导致电阻明显增大. 假如导致 U 过程的声子最小波矢为 q_m,相应的声子能量为 $\hbar\omega_m$,类似于 3.9 节 U 过程的讨论,可知在 $T\ll\frac{\hbar\omega_m}{k_{\mathrm{B}}}$ 时,这种声子数

$$n(q_n)\sim \mathrm{e}^{-\hbar\omega_m/k_{\mathrm{B}}T} \tag{5.4.25}$$

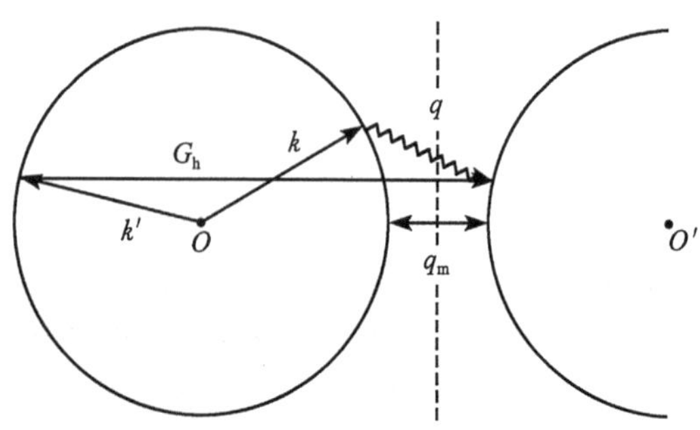

图 5.4.4　在重复布里渊区图式中电子-声子散射 U 过程示意

将随温度降低指数减少，这会使电阻随温度的减少比 T^5 更快. 这一现象已在低温下(2～4.2K)，在一些碱金属中观察到.

另外需要提及的是，式(5.4.20)中对 k' 求和可用积分表示，设 $\mathrm{d}\boldsymbol{k}'$ 为费米面上的体积元，则

$$\rho \propto \sum_{k}\omega_{kk'}(\hbar k-\hbar k'\cos\theta)=\frac{1}{(2\pi)^3}\iiint\omega_{kk'}(\hbar k-\hbar k'\cos\theta)\mathrm{d}\boldsymbol{k}'$$

$$=\frac{1}{(2\pi)^3}\int\omega_{kk'}(\hbar k-\hbar k'\cos\theta)4\pi k'^2\mathrm{d}k' \quad (5.4.26)$$

利用自由电子能密度的表示式(5.1.6)，式(5.4.26)可写成

$$\rho \propto \int\omega_{kk'}(\hbar k-\hbar k'\cos\theta)g(E_{\mathrm{F}})\mathrm{d}E \propto g(E_{\mathrm{F}}) \quad (5.4.27)$$

可见，电阻率正比于费米面处的能态密度. 由此可理解过渡族金属电阻率一般较高的事实. 由于过渡族金属的费米能在 3d 和 4s 带的交叠区域. 而 3d 带的态密度远大于 s 态，所以电阻较大.

5.4.3　金属的热导率

前文说过，绝缘晶体的热传导是通过声子传输实现的. 但在常温下，金属的热导率要比绝缘体的热导率大 1～2 个数量级，因而可以认为金属中不仅声子而且更主要的是电子参与热传导. 在大多数金属中，电子对热导的贡献远大于声子，因此本节的讨论将忽略声子的热导率.

作为零级近似，金属中的电阻可看成类似于理想气体的自由电子气. 它的热导率可表示成与理想气体类似的形式，即

$$k=\frac{1}{3}C_{\mathrm{V}}^{\mathrm{e}}v_{\mathrm{F}}^2\tau'_{\mathrm{F}}=\frac{1}{3}C_{\mathrm{V}}^{\mathrm{e}}v_{\mathrm{F}}l \quad (5.4.28)$$

式中，$C_{\mathrm{V}}^{\mathrm{e}}$ 式自由电子气体的比热容，$v_{\mathrm{F}}=\hbar k_{\mathrm{f}}/\mathrm{m}^*$ 是费米速度，τ'_{F}是无外电场的情况下的电子平均自由时间，$l=v_{\mathrm{F}}\tau'_{\mathrm{F}}$为费米电子的平均自由程. 与电导率一样，对热导率与贡献的只是那些费米面附近的电子，所以式(5.4.28)中以费米速度 v_{F} 作为电子的平均速度.

金属中的热导几乎完全依靠电子来实现的，因此金属的热阻也是由前面所述的电子散射机制决定的，故而可以预期金属的电导率和热导率之间存在着一定的关系. 为此，我们来求 k 与 σ 的比值，有

$$\frac{k}{\sigma}=\frac{2}{3}\frac{C_{\mathrm{V}}^{\mathrm{e}}E_{\mathrm{F}}\tau'_{\mathrm{F}}}{ne^2\tau_{\mathrm{F}}} \quad (5.4.29)$$

若令 $\tau'_{\mathrm{F}}=\tau_{\mathrm{F}}$，则

$$\frac{k}{\sigma}=\frac{2}{3}\frac{C_{\mathrm{V}}^{\mathrm{e}}E_{\mathrm{F}}}{ne^2\tau_{\mathrm{F}}}=\frac{\pi^2}{3}\left(\frac{k_{\mathrm{B}}}{e}\right)^2T=LT \quad (5.4.30)$$

即 k 与 σ 的比值与温度的一次方成正比. 这个关系称为维德曼-夫兰兹定律. 式(5.4.30)中的比例系数

$$L=\frac{\pi^2}{3}\left(\frac{k_B}{e}\right)^2=2.45\times10^{-8}\mathrm{W}\cdot\Omega\cdot\mathrm{K}^{-2} \tag{5.4.31}$$

是一个与金属具体性质无关的常数,称为洛仑兹常数.

在温度较高时,金属中电导率与热导率的这种关系与试验结果一致,说明量子自由电子气模型和能带模型对简单金属是很成功的.

在低温下,试验结果显示 L 与温度有关,但这并不说明金属电子理论的失败,而是因为在电导和热导中电子的弛豫过程不同,电导中电子在 k 空间的分布发生整体移动,于散射平稳后形成一定电流;在热导中,电子在 k 空间的分布仍保持对称分布,只是数量相同而"冷""热"不同的电子相向运动而产生热流. 因此两种情形电子应有不同的弛豫时间 τ_F 与 τ_F',而在导出式(5.4.30)时认为 $\tau_F'=\tau_F$,这是很不精确的,从而导致在低温下与试验不符的结果. 但在高温下,外电场的影响相对较小,可以认为 $\tau_F'=\tau_F$,这就是高温下维德曼-夫兰兹定律与试验一致的原因.

5.5　功函数　接触电势

5.5.1　功函数与热电子发射

在金属内部,电子受到正离子的吸引,但由于各离子的吸引力相互抵消,使电子受到的净吸引力为零. 在金属表面处,由于正离子的均匀分布被破坏,电子将在金属表面处受到净吸引力,阻止它飞逸出金属表面. 这相当于表面处形成一高度为 E_0 的势垒,金属中电子可看成处于深度为 E_0 的势阱中的电子系统,电子的费米能级为 E_F,如图 5.5.1 所示.

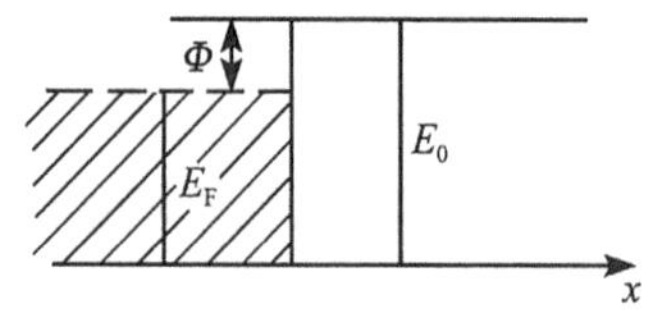

图 5.5.1　金属中电子气的势阱和脱出功

热电子发射问题就相当于电子跨高度为 E_0 的势垒问题,电子要逸出金属至少要从外界得到的能量为

$$\Phi=E_0-E_F$$

Φ 称为**脱出功**或**功函数**.

$T=0$ 时,所有的电子能量都不超过 E_F^0,无电子可脱出金属.

随着温度升高,有一部分电子可获得大于 E_F^0 的能量,这一部分电子可能逸出金属表面形成热电子发射电流.

现在我们从自由电子模型出发推导出热电子发射电流密度与温度的关系. 由自由电子模型知,电子的能量

$$E(k)=\frac{\hbar^2k^2}{2m}=\frac{1}{2}mv^2 \tag{5.5.1}$$

电子的速度

$$v(k)=\frac{P}{m}=\frac{\hbar \boldsymbol{k}}{m} \tag{5.5.2}$$

首先计算速度在 v_x 到 $v_x+\mathrm{d}v_x$，v_y 到 $v_y+\mathrm{d}v_y$，v_z 到 $v_z+\mathrm{d}v_z$ 区间，金属单位体积内的电子数 $\mathrm{d}n$，由于在 k 空间，$\mathrm{d}^3k=\mathrm{d}k_x\mathrm{d}k_y\mathrm{d}k_z$ 内的状态数目为

$$2\frac{\mathrm{d}^3k}{(2\pi)^3/V}=2\frac{V\mathrm{d}^3k}{(2\pi)^3}=\frac{2V}{(2\pi)^3}\left(\frac{m}{\hbar}\right)^3\mathrm{d}v_x\mathrm{d}v_y\mathrm{d}v_z$$

金属单位体积内的电子状态数为

$$\frac{1}{V}\frac{2V\mathrm{d}^3k}{(2\pi)^3}=\frac{2}{(2\pi)^3}\left(\frac{m}{\hbar}\right)^3\mathrm{d}v_x\mathrm{d}v_y\mathrm{d}v_z \tag{5.5.3}$$

由于电子服从费米分布

$$f=\frac{1}{\mathrm{e}^{(E-E_\mathrm{F})/(k_\mathrm{B}T)}+1}$$

故可得到在速度 v 到 $v+\mathrm{d}v$ 间隔中的电子数密度

$$\mathrm{d}n=\frac{2}{(2\pi)^3}\left(\frac{m}{\hbar}\right)^3\frac{1}{\mathrm{e}^{\left(\frac{1}{2}mv^2-E_\mathrm{F}\right)/(k_\mathrm{B}T)}+1}\mathrm{d}v_x\mathrm{d}v_y\mathrm{d}v_z \tag{5.5.4}$$

设金属表面法线方向取为 x 方向，能够沿 x 方向逸出金属表面的电子只是那些在金属表面处，且具有 x 方向动能 $\frac{1}{2}mv_x^2>E_0$ 的电子，即其 $v_x>\sqrt{2E_0/m}$. 而 v_y 和 v_z 的值可是任意的，所以在 $\mathrm{d}t$ 时间内可通过金属表面面积 a 逃逸的电子数目为

$$\mathrm{d}N=\frac{2}{(2\pi)^3}\left(\frac{m}{\hbar}\right)^3\int_{\sqrt{\frac{2E_0}{m}}}^{\infty}av_x\mathrm{d}t\mathrm{d}v_x\int_{-\infty}^{\infty}\mathrm{d}v_y\int_{-\infty}^{\infty}\mathrm{d}v_z\frac{1}{\mathrm{e}^{\left(\frac{1}{2}mv^2-E_\mathrm{F}\right)/(k_\mathrm{B}T)}+1} \tag{5.5.5}$$

式中，第一个积分号里的 $av_x\mathrm{d}t$ 表示金属表面积 a 为底、$v_x\mathrm{d}t$ 为高的柱体. 凡在此柱体内具有 v_x 速度的电子在 $\mathrm{d}t$ 时间内都可达到金属表面.

因为在式(5.5.5)中 $\frac{1}{2}mv^2>E_0$（因为 $\frac{1}{2}mv_x^2>E_0$），所以有 $\frac{1}{2}mv^2-E_\mathrm{F}>E_0-E_\mathrm{F}=\Phi$. 一般情况下，金属脱出功约为几个电子伏，而 $k_\mathrm{B}T$ 为几个电子毫伏，即 $\Phi\gg k_\mathrm{B}T$，因此式(5.5.5)中分布函数中的 1 可以忽略不计，则

$$\begin{aligned}\mathrm{d}N&=\frac{2a\mathrm{d}t}{(2\pi)^3}\left(\frac{m}{\hbar}\right)^3\int_{\sqrt{2E_0/m}}^{\infty}v_x\mathrm{d}v_x\int_{-\infty}^{\infty}\mathrm{d}v_y\int_{-\infty}^{\infty}\mathrm{d}v_z\mathrm{e}^{-\left[\frac{1}{2}m(v_x^2+v_y^2+v_z^2)-E_\mathrm{F}\right]/(k_\mathrm{B}T)}\\&=\frac{2a\mathrm{d}t}{(2\pi)^3}\left(\frac{m}{\hbar}\right)^3\mathrm{e}^{E_\mathrm{F}/(k_\mathrm{B}T)}\int_{\sqrt{2E_0/m}}^{\infty}\mathrm{d}v_x\mathrm{e}^{-mv_x^2/(2k_\mathrm{B}T)}\int_{-\infty}^{\infty}\mathrm{e}^{-mv_y^2/(2k_\mathrm{B}T)}\mathrm{d}v_y\int_{-\infty}^{\infty}\mathrm{e}^{-mv_z^2/(2k_\mathrm{B}T)}\mathrm{d}v_z\end{aligned}$$

$$= a\mathrm{d}t \frac{4\pi m(k_B T)^2}{(2\pi\hbar)^3} \mathrm{e}^{-E_0/(k_B T)} \mathrm{e}^{E_F/(k_B T)}$$

$$= a\mathrm{d}t \frac{4\pi m(k_B T)^2}{(2\pi\hbar)^3} \mathrm{e}^{-\Phi/(k_B T)} \tag{5.5.6}$$

上式计算中用到

$$\int_{-\infty}^{\infty} \mathrm{d}v \mathrm{e}^{-mv^2/(2k_B T)} = \left(\frac{2\pi k_B T}{m}\right)^{\frac{1}{2}}$$

$$\int_{\sqrt{2E_0/m}}^{\infty} v \mathrm{e}^{-mv^2/(2k_B T)} \mathrm{d}v = \frac{k_B T}{m} \mathrm{e}^{-E_0/(k_B T)}$$

到此，我们可得到热电子发射电流密度

$$j = e\frac{\mathrm{d}N}{a\mathrm{d}t} = 4\pi e \frac{m(k_B T)^2}{(2\pi\hbar)^3} \mathrm{e}^{-\Phi/(k_B T)} = BT^2 \mathrm{e}^{-\Phi/(k_B T)} \tag{5.5.7}$$

此式称为里查孙-杜师曼公式，式中，$B = mek_B^2/(2\pi^2\hbar^3)$ 是常数，其值为 $1.2\times 10^6 \mathrm{A\cdot m^{-2}\cdot K^{-2}}$. 根据测定热电子发射电流密度的试验数据，做 $\ln(j/T^2)$ 与 $1/T$ 的关系曲线，则可得到一条直线，由直线的斜率可确定 Φ，表 5.5.1 给出了一些金属的 B 和 Φ 的实验值，实验值 B 大多数情况下与理论值相差几个数量级，主要原因是：①功函数 Φ 是温度的函数 $\Phi(T) = \Phi_0 + \alpha T$. 这是因为电子亲和势 E_0 相当于晶体内电子的束缚能，由于晶体热膨胀，它随温度的升高而减小，另一方面费米能也随温度的升高而减小. ②Φ 与晶体表面特征有关，如点阵结构以及杂质吸附等.

表 5.5.1　某些金属的 B 和 Φ 的试验值

金　属	钨	镍	钽	银	铯	铂	铬
$B/(\times 10^4 \mathrm{A\cdot m^{-2}\cdot K^{-2}})$	~75	30	55	~	160	32	48
Φ/eV	4.5	4.6	4.2	4.8	1.8	5.2	4.6

当给金属表面附近加一高强度电场，将使金属外面势垒发生变化，从而减少脱出功，致使热电子发射电流明显增大，此效应称为肖特基效应.

5.5.2　接触电势差

任意两块不同的金属 Ⅰ 和 Ⅱ 接触，或以导线连接时，两块金属就会带电并产生不同电势 V_{I} 和 V_{II}，称为接触电势，如图 5.5.2 所示.

图 5.5.3 给出了两块金属的能量图. 若 $\Phi_{\mathrm{II}} > \Phi_{\mathrm{I}}$，即费米能 $E_{F1} > E_{F2}$，电子将在两块金属中重新分布，电子将由费米能较高的金属 Ⅰ 流向费米能级较低的金属 Ⅱ，从而使金属 Ⅰ 带正电，金属 Ⅱ 带负电，它们产生的静电势分别为

$$V_{\mathrm{I}} > 0, \qquad V_{\mathrm{II}} < 0$$

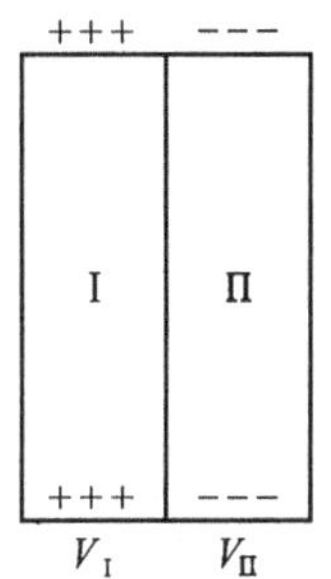

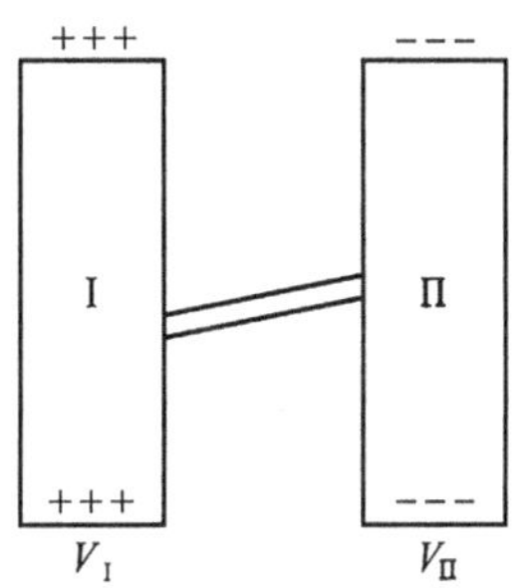

图 5.5.2　接触电势差

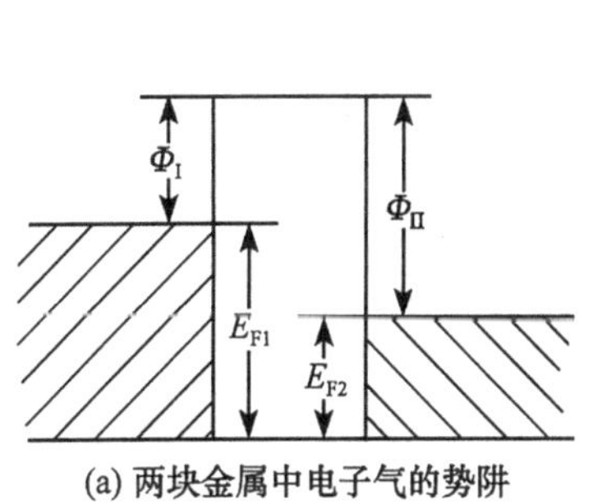

(a) 两块金属中电子气的势阱

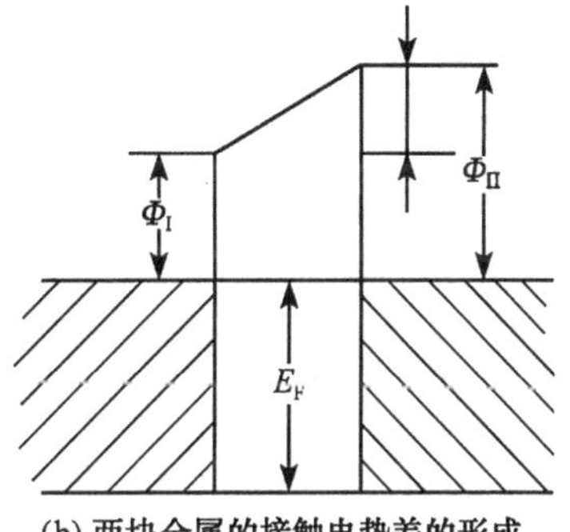

(b) 两块金属的接触电势差的形成

图 5.5.3

这样两块金属中的电子分别附加的静电势能分别为

$$-eV_{\mathrm{I}} \text{ 和 } -eV_{\mathrm{II}}$$

此时，按照里查孙-杜师曼公式，设两块金属温度都是 T，则 Ⅰ、Ⅱ 两块金属的热电子发射电流密度分别为

$$j_1' = AT^2 \mathrm{e}^{-(\Phi_1 + eV_1)/(k_{\mathrm{B}}T)}$$
$$j_2' = AT^2 \mathrm{e}^{-(\Phi_2 + eV_2)/(k_{\mathrm{B}}T)}$$

由金属 Ⅰ 流向金属 Ⅱ 的净电流密度 $j_1' - j_2'$. 随着电子的流动，金属 Ⅱ 的费米能极 E_{F2} 不断升高，E_{F1} 不断降低，当 $E_{\mathrm{F1}} = E_{\mathrm{F2}}$ 时，电子流动达到平衡，即

$$j_1' = j_2'$$

由此可得到

$$\Phi_{\mathrm{I}} + eV_{\mathrm{I}} = \Phi_{\mathrm{II}} + eV_{\mathrm{II}} \tag{5.5.8}$$

这种平衡时的电势差

$$V_{\mathrm{I}} - V_{\mathrm{II}} = \frac{1}{e}(\Phi_{\mathrm{II}} - \Phi_{\mathrm{I}}) \tag{5.5.9}$$

就是接触电势差.

5.6 金属的光学性质

5.6.1 德鲁特(Drude)模型与等离子体

把金属中的电子看成是限制在金属中的自由电子理想气体,即看成是服从经典力学的粒子,这一假定称为**德鲁特模型**.虽然它是人们研究金属电子运动的最早、最粗糙的模型,但是它在处理有关金属的某些问题时,给我们带来了极大的方便,仍有一定的实际意义.

之所以能把具有库仑长程作用的电子当做无相互作用的理想气体,是因为金属电子所受到的屏蔽效应.为了满足金属的电中性,可认为金属中的电子是均匀分布的正电荷背景上的理想电子气体,即所谓的胶体模型.由于库仑力,电子将排斥它临近的其他电子,这样便暴露出均匀的正电荷背景.在每个电子周围形成一个正电荷的屏蔽云,这种被屏蔽云所包围的电子,或者说带着屏蔽云一起运动的电子已经不是原来意义下的电子,而是一种准粒子.准粒子之间的相互作用不再是长程的,而是短程的,称为库仑屏蔽势(screened Colomb potential).现在我们讨论如下:

假定点电荷 q 位于原点处,它的存在使其周围电子分布发生改变,在点电荷势场 $\varphi(r)$处,电子密度为

$$n(r)=\int f(\varepsilon-e\varphi(r))g'(\varepsilon)\mathrm{d}\varepsilon \tag{5.6.1}$$

式中,f 为费米分布函数,$g'(\varepsilon)$是单位体积能态密度 $g'(\varepsilon)=\dfrac{g(\varepsilon)}{V}$,当 $e\varphi(r)$很小时,有

$$n(r)=\int\left[f(\varepsilon)-e\varphi(r)\frac{\partial f}{\partial\varepsilon}\right]g'(\varepsilon)\mathrm{d}\varepsilon=n_0-e\varphi(r)\int\frac{\partial f}{\partial\varepsilon}g'(\varepsilon)\mathrm{d}\varepsilon \tag{5.6.2}$$

利用$\dfrac{\partial f}{\partial\varepsilon}$的 δ 函数性质,即$-\dfrac{\partial f}{\partial\varepsilon}=\delta(\varepsilon-\varepsilon_F)$,$\varepsilon_F$ 为费米能,n_0 为均匀系统的电子密度.式(5.6.2)为

$$n(r)=n_0+e\varphi(r)g'(\varepsilon_F) \tag{5.6.3}$$

故 r 处电子数密度变化 $\Delta n(r)$

$$\Delta n(r)=n(r)-n_0=+e\varphi(r)g'(\varepsilon_F) \tag{5.6.4}$$

由此可得 r 处电荷密度的改变为

$$\rho(r)=q\delta(r)-e^2\varphi(r)g'(\varepsilon_F) \tag{5.6.5}$$

由此可得电势 $\varphi(r)$满足的泊松方程

$$\nabla^2\varphi(r) = -\frac{q\delta(r)}{\varepsilon_0} + \frac{1}{\varepsilon_0}e^2\varphi(r)g'(\varepsilon_F) \tag{5.6.6}$$

将 $\varphi(r)$ 和 $\delta(r)$ 做傅里叶级数展开

$$\begin{aligned}\varphi(r) &= \frac{1}{(2\pi)^3}\int d^3k\varphi(k)e^{ik\cdot r}\\ \delta(r) &= \frac{1}{(2\pi)^3}\int d^3k e^{ik\cdot r}\end{aligned} \tag{5.6.7}$$

代入方程(5.6.6),得 $\varphi(r)$ 的傅里叶展开系数

$$\varphi(k) = \frac{q}{\varepsilon_0(k^2+k_s^2)} \tag{5.6.8}$$

式中

$$k_s = \frac{e^2}{\varepsilon_0}g'(\varepsilon_F) \tag{5.6.9}$$

对自由电子,由式(5.1.6)

$$k_s = \frac{e^2}{\varepsilon_0}\frac{mk_F}{\pi^2\hbar^2} = \frac{4}{\pi}\frac{k_F}{a_0} \tag{5.6.10}$$

k_F 为费米波矢,$a_0=4\pi\varepsilon_0\hbar^2/me$ 为玻尔半径,再将 $\varphi(k)$ 代入式(5.6.7)得

$$\varphi(r) = \frac{1}{4\pi\varepsilon_0}\frac{q}{r}e^{-k_s\cdot r} \tag{5.6.11}$$

此即是屏蔽库仑势,$e^{-k_s\cdot r}$ 称屏蔽因子,反映金属中自由电子的屏蔽效应.

屏蔽效应的长度取决于 k_s,当 $r>\frac{1}{k_s}$ 时,$e^{-k_s\cdot r}<e^{-1}$,电势减弱为真空情况的 $\frac{1}{e}$ 倍,屏蔽作用大,当 $r<\frac{1}{k_s}$ 时,$e^{-k_s\cdot r}>e^{-1}$ 屏蔽作用小. 称 $r_s=\frac{1}{k_s}$ 为屏蔽长度,它反映了屏蔽效应的强弱. 对自由电子气体,由式(5.6.10)可知 $r_s=k_s^{-1}\sim k_F^{-1}\sim(3\pi^2n)^{-\frac{1}{3}}$,由此可知,电子密度越大,屏蔽效应越强,屏蔽长度越短. 在通常情况下 $r_s\sim1\times10^{-10}$ m 量级. 与晶格常数有相同的量级. 金属电子之间作用的短程性,给金属的自由电子气体模型以有力依据.

等离子体是由密度相当高的、等量的、均匀分布的正负带电自由离子组成的气体. 整个体系呈电中性,平均来说局部也呈电中性. 在高温热电离气体以及气体放电中最先观察到这种状态. 金属中的电子气体及其正电荷背景实际上是一种等离子气体.

5.6.2 等离子体振荡

由于热涨落或外界干扰,金属中电子密度分布会出现对平均分布的偏离. 设想在某一小区域中电子密度小于平均密度,此时此区域的正电荷背景处于未被中和

状态，于是对邻近的电子产生吸引力，以图恢复中和状态. 但是被吸引的电子由于获得电场能量而具有一附加的动能，它能克服电子之间的排斥力而相互靠近，这样使原来缺少电子的区域又聚集了过多的负电荷. 然后由于电子的排斥力使电子再度离开此区域. 如此反复所产生的振荡称为等离子体振荡.

1. 振荡频率

为了求出振荡频率，我们考虑图 5.6.1 所示的简化模型. 在一薄板型金属中，电子气体整体相对于正电荷背景发生一相对位移. 图 5.6.1(a)表示未受干扰时的电中和情况，图 5.6.1(b)表示在干扰下负电荷发生位移 u. 这样，金属板上下表面的电荷密度分别是

$$\sigma_{\text{上表面}} = -neu, \qquad \sigma_{\text{下表面}} = +neu \tag{5.6.12}$$

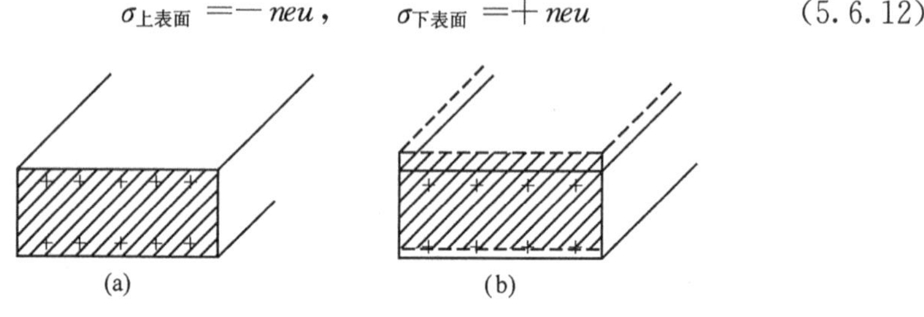

图 5.6.1　金属片中电子气体相对正电荷背景移动

体内电场强度

$$E = \frac{neu}{\varepsilon_0} \tag{5.6.13}$$

单位体积内电子气体的运动方程为

$$nm\frac{\mathrm{d}^2 u}{\mathrm{d}t^2} = -neE = -\frac{1}{\varepsilon_0}n^2e^2u \tag{5.6.14}$$

即

$$\frac{\mathrm{d}^2 u}{\mathrm{d}t^2} = -\frac{ne^2}{m\varepsilon_0}u \tag{5.6.15}$$

令

$$\omega_{\mathrm{p}}^2 = \frac{ne^2}{m\varepsilon_0} \tag{5.6.16}$$

式(5.6.15)变为

$$\frac{\mathrm{d}^2 u}{\mathrm{d}t^2} + \omega_{\mathrm{p}}^2 u = 0 \tag{5.6.17}$$

正是频率为 ω_{p} 的简谐振荡的方程，ω_{p} 即金属电子气体的振荡频率.

2. 等离激元

等离子体振荡的能量是量子化的，其量子为 $\hbar\omega_{\mathrm{p}}$，称为等离激元(plasmon). 它

与声子类似，是金属中电子气体的一个集体激发量子. ω_p 的量值是很高的，一般情况下 $n\approx10^{29}\text{m}^{-3}$，由式(5.6.16)求得 $\omega_p\approx10^{16}\text{s}^{-1}$. 因此等离激元 $\hbar\omega_p\approx10\text{eV}$，如此高的能量，很难被热激发. 但高速电子的能量约为几千电子伏，当它穿过金属薄膜时，可以激发等离子体振荡. 由于等离子体振荡能量的量子化，穿过金属薄膜电子的能量损失为 $\hbar\omega_p$ 的整数倍，由此可测定 ω_p. 图 5.6.2 给出了 Mg 薄膜的试验结果.

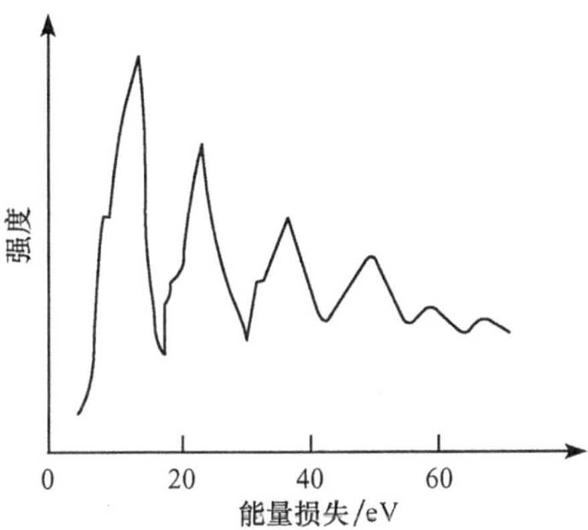

图 5.6.2 快速电子穿过薄膜的能量损失

5.6.3 金属的光学性质

现在用自由电子气体模型来讨论金属的光学性质.

1. 介电常量 $\varepsilon(\omega)$ 与光学性质

若电磁波的波长比电子之间的平均距离大的多，则可把电子气看成是一种介质，通过介电常量 $\varepsilon(\omega)$ 来描述它的光学性质. 为此我们先回顾一下 $\varepsilon(\omega)$ 对光学性质的影响.

设介质中无净传导电流，麦克斯韦方程组为

$$\left.\begin{aligned}\nabla\times\boldsymbol{E}&=-\frac{\partial\boldsymbol{B}}{\partial t}\\\nabla\times\boldsymbol{H}&=\frac{\partial\boldsymbol{D}}{\partial t}\\\nabla\cdot\boldsymbol{D}&=0\\\nabla\cdot\boldsymbol{H}&=0\end{aligned}\right\}\tag{5.6.18}$$

及物质方程

$$\boldsymbol{D}=\varepsilon(\omega)\boldsymbol{E},\qquad B=\mu\boldsymbol{H}$$

若 $\boldsymbol{H}$、$\boldsymbol{D}$、$\boldsymbol{E}$ 均为简谐波，即

$$\boldsymbol{H},\boldsymbol{D},\boldsymbol{E}\propto\mathrm{e}^{-\mathrm{i}(\boldsymbol{k}\cdot\boldsymbol{r}-\omega t)}$$

则方程(5.6.18)变为

$$\left.\begin{aligned}\boldsymbol{k}\times\boldsymbol{E}&=\omega\boldsymbol{H}\\\boldsymbol{k}\times\boldsymbol{H}&=-\omega\boldsymbol{D}\\\boldsymbol{k}\cdot\boldsymbol{D}&=0\\\boldsymbol{k}\cdot\boldsymbol{H}&=0\end{aligned}\right\}\tag{5.6.19}$$

$\boldsymbol{k}$ 为电磁波的波矢.由介质的色散关系

$$\frac{c^2k^2}{\omega^2}=\varepsilon_r(\omega k)\tag{5.6.20}$$

可知:

当 $\varepsilon_r(\omega)>0, k^2>0, k$ 为实数,$e^{i\boldsymbol{k}\cdot\boldsymbol{r}}$为传播因子,电磁波可在晶体中正常传播.

当 $\varepsilon_r(\omega)<0, k^2<0, k$ 为虚数,$e^{i\boldsymbol{k}\cdot\boldsymbol{r}}$为衰减因子,电磁波将被介质反射.

当 $\varepsilon_r(\omega)=0, k^2=0$ 无波动现象,此时 $\boldsymbol{D}=\varepsilon\boldsymbol{E}=0(E\neq0)$,所以 $\boldsymbol{k}\times\boldsymbol{H}=0$,即 $\boldsymbol{H}=0$.由式(5.6.19)第一式可知,$\boldsymbol{k}\times\boldsymbol{E}=0$,所以有 $\boldsymbol{k}/\!/\boldsymbol{E}$ 即 $\boldsymbol{k}$ 与 $\boldsymbol{E}$ 同方向,即在杂质中仅存在静电场.

当 $\varepsilon_r(\omega)=\varepsilon_1+i\varepsilon_2$ 为复数,介质中出现电磁能损耗.

2. 电子气体的光学性质

现在我们来求金属中电子气体的 $\varepsilon_r(\omega)$.在一弱的交变电场 $E=E_0e^{i\omega t}$ 的作用下,电子的运动方程为

$$m\frac{d^2x}{dt^2}=-e\boldsymbol{E}\tag{5.6.21}$$

显然 x 应有 $x=x_0e^{i\omega t}$ 的形式,代入式(5.6.21)可得

$$\boldsymbol{x}=\frac{e\boldsymbol{E}}{m\omega^2}\tag{5.6.22}$$

由于电磁场的扰动,在原来均匀分布的正负电荷的背景上,由于一个电子的位移产生的偶极矩为$-ex$,电子气体的极化强度为

$$\boldsymbol{P}=-nex=-\frac{ne^2}{m\omega^2}\boldsymbol{E}\tag{5.6.23}$$

所以,电位移矢量

$$\boldsymbol{D}=\varepsilon_0\boldsymbol{E}+\boldsymbol{P}=\varepsilon_0\boldsymbol{E}-\frac{ne^2}{m\omega^2}\boldsymbol{E}\tag{5.6.24}$$

由 $\boldsymbol{D}=\varepsilon_r\varepsilon_0\boldsymbol{E}$ 可得到

$$\varepsilon_r\varepsilon_0=\frac{\boldsymbol{D}}{\boldsymbol{E}}=\varepsilon_0-\frac{ne^2}{m\omega^2}$$

即

$$\varepsilon_r=1-\frac{ne^2}{\varepsilon_0m\omega^2}\tag{5.6.25}$$

由于 $\omega_p=\left(\frac{ne^2}{m\varepsilon_0^2}\right)^{\frac{1}{2}}$，所以

$$\varepsilon_r(\omega)=1-\frac{\omega_p^2}{\omega^2} \tag{5.6.26}$$

式中，ω_p 是电子气体的固有振荡频率，ω 是外电磁场的频率.

下面我们用式(5.6.26)分析金属的光学性质：

当 $\omega<\omega_p$ 时，ε_r 为负，即 k 为虚数，电磁波不能在金属中传播，完全被金属表面反射，从而金属呈现有光泽.

当 $\omega>\omega_p$ 时，k 为实数，即金属对于频率大于 ω_p 的电磁波是透明的. ω_p 是电磁波能否在金属中传播的临界频率. 相应的临界波长

$$\lambda_p=\frac{2\pi c}{\omega_p} \tag{5.6.27}$$

式中，c 为光速，只有波长 $\lambda<\lambda_p$ 的电磁波才能在金属中传播；$\lambda>\lambda_p$ 的电磁波将被金属全反射. 计算出 λ_p 是在紫外波段内，这与试验观察到的金属对紫外光透明的事实完全一致.

本章要点

1. 金属电子的统计分布

费米分布：$f(E)=\frac{1}{e^{(E-E_F)/(k_BT)}+1}$

式中，费米能 E_F 是电子所占据的最高能态

自由电子模型的费米能：

(1) 基态($T=0$K)　$E_F^0=[3N/(2c)]^{\frac{2}{3}}$

式中，$c=[2V/(2\pi)^2](2m/\hbar^2)^{\frac{3}{2}}$.

基态费米波矢　$k_F^0=(3\pi^2 n)^{\frac{1}{3}}$

(2)激发态($T\neq 0$K) 费米能 $E_F=E_F^0\left[1-(\pi^2/12)\left(\frac{k_BT}{E_F^0}\right)^2\right]$

2. 电子定容比热

$$C_V^e=\frac{\pi^2}{2}N_0Zk_B^2\frac{T}{E_F^0}=\gamma T$$

式中，N_0 为摩尔原子数，Z 为每个原子的价电子数.

3. 金属费米面

费米面为 k 空间能量为费米能 E_F 的等能面.

近自由电子近似下费米面的构造在自由电子球形费米面的基础上进行下面两点修正：

(1) 在布里渊区界面上等能面断裂；

(2) 等能面与布里渊区界面垂直相交.

4. 电子在磁场中的运动

朗道能级：电子在磁场中产生旋进运动，其能量是量子化的.

$$E_n=\left(n+\frac{1}{2}\right)\hbar\omega_c+\frac{\hbar^2k_z^2}{2m}$$

式中，$\omega_c=eB/m$，称为回旋频率.

德·哈斯-范·阿尔芬效应：随着外磁场 B 的增大，ω_c 增大，而费米能保持不变. 这样导致电子在个朗道能级上重新分布，引起平均能量，进而引起磁化率等的周期性变化.

费米面的实验测定：垂直磁场方向的费米面极值截面积 A_e 与振荡周期 $\Delta(1/B)$ 满足

$$\Delta\left(\frac{1}{B}\right)=\frac{2\pi e}{\hbar}\frac{1}{A_e}$$

可测出 $\Delta\left(\frac{1}{B}\right)$，从而测定 A_e.

5. 金属的电导率与热导率

电导率：$\sigma=\frac{ne^2\tau_F}{m^*}$，$\tau_F$ 为费米面上电子的自由飞行时间.

电阻率与温度的关系：$\rho=\frac{1}{\sigma}=\rho_0+\rho_l(T)$

高温下：$\rho_1(T)\propto T$

低温下：$\rho_1(T)\propto T^5$

金属热导率：$k=\frac{1}{3}C_V^e v_F l$

维德曼-夫兰兹定律：$\frac{k}{\sigma}=\frac{\pi^2}{3}\left(\frac{k_B}{e}\right)^2 T$

6. 接触电势差

热电子发射电流密度：$j=BT^2e^{-\Phi/(k_BT)}$

式中，$B=mek_B^2/(2\pi^2\hbar^3)$，$\Phi$ 为功函数.

接触电势差：$V_I-V_{II}=\frac{1}{e}(\Phi_{II}-\Phi_I)$

7. 金属的光学性质

相对介电系数：$\varepsilon_r(\omega)=1-\frac{\omega_p^2}{\omega^2}$

式中，$\omega_p=\sqrt{ne^2/(m\varepsilon_0)}$为振荡频率，$\omega$ 为外界磁场的频率.

临界频率：$\omega_c=\omega_p$

临界波长：$\lambda_c=\frac{2\pi c}{\omega_p}$

只有 $\omega>\omega_p$ 的电磁波才可能在金属中传播.

思　考　题

5.1　金属电子气服从费米-狄拉克统计 $f(E)=1/[e^{(E-E_F)/(k_BT)}+1]$，$\frac{\partial f}{\partial E}$函数有什么特性？它对 $T\neq 0$K 时电子能级的分布以及电子态在 k 空间的分布有什么影响？

5.2　自由电子模型的基态费米能和激发态费米能的物理意义是什么？费米能与哪些因素有关？

5.3　何为费米面？半导体、绝缘体有费米面吗？金属自由电子模型的费米面是何形状？

5.4　怎样由近自由电子近似构造金属的费米面？

5.5　说明为什么只有费米面附近的电子才对比热、电导、热导有贡献？自由电子气的许多性质与费米波矢 k_F^0 有关，试列举或导出下列参数与 k_F^0 的关系：

(1) 0K 时的费米能 E_F^0；

(2) 电子密度 n；

(3) 金属电子气的总能量；

(4) 与 E_F^0 对应的能态密度 $g(E_F^0)$；

(5) 电子比热 C_V^e.

5.6　何为德·哈斯-范·阿尔芬效应？说明此效应产生的原因.

5.7　试述金属电阻与温度的关系，并说明原因.

5.8　据你所知，测定晶体的能带结构、电子有效质量和费米面有哪些实验方法？

习　　题

5.1　已知下列金属的电子密度 $n(\mathrm{cm}^{-3})$：

	Li	Ni	Cu
n	4.7×10^{22}	2.65×10^{22}	8.45×10^{22}

试计算这些金属的费米能 E_F 和费米球的半径.

5.2　限制在边长为 L 的正方形中的 N 个电子，单电子能量为 $E(k_x,k_y)=\hbar^2(k_x^2+k_y^2)/(2m)$.

(1) 求能量 $E\sim E+\mathrm{d}E$ 之间的状态数.

(2) 求 0K 时的费米能 E_F^0.

5.3　证明单位面积有 n 个电子的二维费米电子气的化学势为

$$\mu(T)=k_B T\ln\{\exp[\pi n\hbar^2/(mk_B T)]-1\}$$

5.4　(1) 一个金属中的自由电子气体在温度为 0K 时能级被填充到 $k_F^0=(6\pi^2)^{\frac{1}{3}}/a$($a^3$ 为每个原子占据的体积),试计算每个原子的价电子数目.

(2) 导出自由电子气在温度为 0K 时的费米能表达式.

5.5　(1) 已知电子浓度为 n,用自由电子模型证明 k 空间费米球的半径 $k_F=(3\pi^2 n)^{\frac{1}{2}}$.

(2) 当电子浓度增加时,费米球随之增大. 证明当 $n/n_a=1.36$ 时,费米球和面心立方晶格的第一布里渊区相切,其中 n_a 为原子密度.

(3) 设 Cu 晶体中的一些 Cu 原子由 Zn 原子所代替而形成 CuZn 合金,求费米球与布里渊区边界相切时,Zn 原子数与 Cu 原子数之比. Cu 晶体具有面心立方结构.

5.6　Cu 的费米能 $E_F=7.0\mathrm{eV}$,试求电子的费米速度 v_F. 在 273K 时铜的电阻率 $\rho=1.56\times10^{-8}\Omega\cdot\mathrm{m}$,求电子的平均自由时间 τ 和平均自由程 l.

5.7　若金属中电子的碰撞阻力可写成 $-mv/\tau$,则电子漂移速度 v 的方程为

$$m\left(\frac{\mathrm{d}v}{\mathrm{d}t}+\frac{v}{\tau}\right)=-q\varepsilon$$

证明在外电场 $\varepsilon=\varepsilon_0 \mathrm{e}^{-\mathrm{i}\omega t}$ 中,金属的电导率为

$$\sigma(\omega)=\sigma(0)\left[\frac{1+\mathrm{i}\omega\tau}{1+(\omega\tau)^2}\right]$$

式中,$\sigma(0)=nq^2\tau/m$,n 为电子密度.

5.8　(1) 如果电子的能量与波矢的关系为

$$E(k)=\frac{\hbar^2}{2m_1^*}k_x^2+\frac{\hbar^2}{2m_2^*}k_y^2$$

且磁场垂直于 k_x-k_y 平面,求回旋共振频率.

(2) 如果电子的等能面方程为

$$E(k)=\frac{\hbar^2}{2m_t^*}(k_x^2+k_y^2)+\frac{\hbar^2}{2m_l^*}k_z^2$$

而磁场 B 与 k_z 轴的夹角为 θ,求回旋共振频率.

5.9　考虑两个能带 $E(k)=\pm\sqrt{\hbar^2k^2\Delta/m^*+\Delta^2}$,$\Delta$ 为常量,设所有取正号的正能态都是空的,所有取负号的负能态都是填满的.

(1) 在 $t=0$ 时刻加一个电子于正能带上的($k_x=k_0$,$k_y=k_z=0$)态,并施加一电场 $\varepsilon_x=\varepsilon_y=0$,$\varepsilon_z=\varepsilon$,求 t 时刻的电流. $t\to\infty$时,又如何?

(2) 在相同条件下,如果负能级上出现一个空穴,求其电流.

第 6 章 晶体的缺陷与相图

在第 1 章,讲到晶体中的原子是严格按照一定的规律在晶体中排列的,各种原子都严格位于原胞中的相应位置,而原胞又严格的排列在规则的格点位置,即原子排列具有严格的周期性.这实际上只是一种理想模型,现实存在的晶体的原子排列,并不像理想的那样完美无缺,而是存在着各种各样对周期性排列的偏离.我们把这些对理想周期结构的偏离称为缺陷.

晶体中缺陷的存在,将对晶体的性质产生重大影响.在某些情况下,极其少量的缺陷,甚至可能从根本上改变晶体的性能,因此对缺陷的研究是十分重要的.

缺陷按其维数可分为点缺陷(空位、填隙原子,杂质原子等)、线缺陷(刃位错、螺位错)和面缺陷(晶界、堆垛层错与孪晶).本章将依次介绍它们的几何形式、运动规律以及对晶体性质的影响,最后介绍合金及相图.

6.1 点 缺 陷

6.1.1 几种典型的点缺陷

在一个或几个原子的微观区域内偏离理想周期结构的缺陷称为点缺陷.晶体中的典型点缺陷有以下几种.

1. 肖特基(Shottky)缺陷

如第 3 章所述,原子在其平衡位置附近做热振动,由于统计涨落,个别原子可能获得足够大的动能,以至于克服平衡位置势阱的束缚而迁移到晶体表面上的某一格点位置,在晶体表面上构成新的一层,从而在晶体内部的格点上留下空缺的位置——空位,如图 6.1.1(a)所示.肖特基缺陷也称为空位.

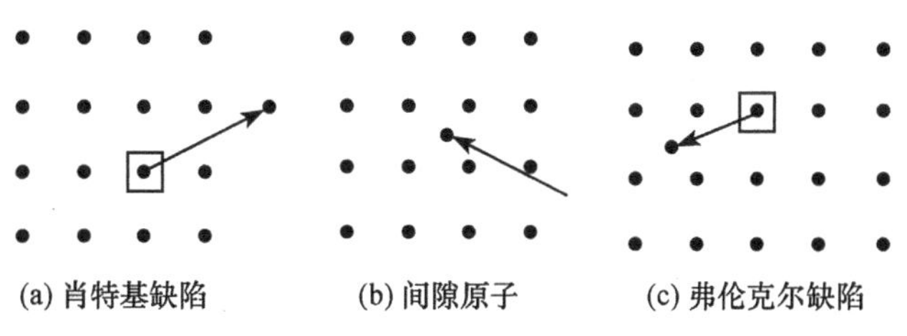

图 6.1.1

2. 填隙原子

由于热涨落,晶体表面上的个别原子可能获得足够的动能,进入晶体内部格点的间隙位置. 这些位置在理想情况下是不为原子所占据的,从而在这些被占据的间隙位置形成缺陷. 这些缺陷称为填隙原子,如图 6.1.1(b)所示.

3. 弗伦克尔(Frenkel)缺陷

格点上的原子由于热涨落,脱离格点位置而进入格点间隙位置,而称为填隙原子,同时产生空位,两者成对出现,称为**弗伦克尔缺陷**,如图 6.1.1(c)所示. 一般说来,肖特基缺陷和弗伦克尔缺陷可以同时存在,因而晶体中空位和填隙原子的数一般不相等.

由于以上几种缺陷都是由热运动的涨落产生的,所以也称为热缺陷. 由于热运动的随机性,缺陷也可能消失——称为**复合**. 在一定温度下,缺陷的产生与复合过程相互平衡,缺陷将保持一定的平衡浓度.

4. 杂质

组成晶体的主要原子称为基质原子. 掺入到晶体中的异种原子或同位素称为杂质. 杂质原子在晶体中的占据方式有两种:一种是杂质原子占据基质原子的位置,称为替位式杂质缺陷;一种是杂质原子进入晶格间隙位置,称为填隙杂质缺陷. 例如,三价的硼、镓、铟等原子取代硅单晶中硅原子形成 p 型半导体;五价的磷、砷、锑原子取代硅单晶中的硅原子形成 n 型半导体都是替位式杂质缺陷. 而碳原子进入面心立方结构铁晶体的填隙位置形成奥氏体钢,是典型的填隙杂质缺陷. 通常,相对原子半径较小的杂质原子常以填隙方式出现在晶体之中.

6.1.2 平衡热缺陷数目的统计理论

热缺陷是晶体中的热涨落现象自然产生的. 其平衡热缺陷数目,可以从晶体热力学平衡条件求得. 通常情况下,自由能 $F=U-TS$ 是晶体的特性函数. 缺陷的产生会引起自由能的改变. 在一定温度下,点缺陷将从两个方面影响自由能:由于产生缺陷需要能量,因此当缺陷浓度为 n 时,系统的内能增加 ΔU;由于缺陷的出现使原子排列较无序,因此系统的位形熵也增加 ΔS. 因而自由能改变 $\Delta F=\Delta U-T\Delta S$. 当两种因素相互制约、使 F 为最小时,缺陷数目 n 达到稳定值,即点缺陷的数目由

$$\frac{\partial \Delta F}{\partial n}=0 \tag{6.1.1}$$

确定.

在根据式(6.1.1)确定热缺陷数目时，作如下假定：①热缺陷数目 n 远小于晶体原子数 N，在温度不太高时，$n \ll N$ 总是成立的. ②略去点缺陷之间的相互作用，把点缺陷看作是相互独立的，这在 $n \ll N$ 时总是成立的. ③忽略点缺陷对晶格振动频率的影响，认为晶格振动自由能 F_V 与点缺陷无关. 这个假定不总是成立的. 实际上，缺陷周围的恢复力系数将发生改变，因而振动频率也将改变. 在这些假设下，将大大简化计算. 下面我们以弗伦克尔缺陷数目为例来演示这一方法.

1. 弗伦克尔缺陷数 n_F

设 N 为晶体原子总数，N' 为晶体间隙位置总数，有 n_F 个原子脱离格点位置而进入间隙位置，形成 n_F 个弗伦克尔缺陷. 形成一个弗伦克尔缺陷所需的能量为 u_F.

首先，由于 n_F 个缺陷的产生，晶体内能增量

$$\Delta U = n_F u_F \tag{6.1.2}$$

其次，n_F 个缺陷引起的位形熵增量 ΔS，可由

$$\Delta S = k_B \ln W \tag{6.1.3}$$

求得. 式中，W 是与理想晶体比较，由缺陷所引起的微观态数的增量. 现在计算 W.

从 N 个原子中取 n_F 个原子而形成 n_F 个空位的可能方式数为

$$W' = \frac{N!}{(N - n_F)!\,n_F!} \tag{6.1.4}$$

n_F 个原子进入 N' 个间隙位置而形成填隙原子的可能排列方式数为

$$W'' = \frac{N'!}{(N' - n_F)!\,n_F!} \tag{6.1.5}$$

因此形成 n_F 个弗伦克尔缺陷的可能方式数，即微观态增加数为

$$W = W'W'' = \frac{N!\,N'!}{(N - n_F)!\,(N' - n_F)!\,(n_F!)^2} \tag{6.1.6}$$

到此，可求得熵增量 ΔS 为

$$\Delta S = k_B \ln W = k_B \ln W'W'' = k_B \ln W' + k_B \ln W'' \tag{6.1.7}$$

以及晶体自由能的增量

$$\Delta F = n_F u_F - T\Delta S = n_F u_F - T k_B (\ln W' + \ln W'') \tag{6.1.8}$$

平衡时，热缺陷数由式(6.1.1)决定. 把式(6.1.8)、式(6.1.4)、式(6.1.5)代入式(6.1.1)，并利用斯特令公式

$$\ln N! = N \ln N - N \qquad (N\text{很大时})$$

很容易得出平衡时弗伦克尔缺陷数

$$n_F = \sqrt{NN'}\, e^{-u_F/(2k_B T)} \tag{6.1.9}$$

用类似的方法，可得到平衡时其他热缺陷的数目，列举如下.

2. 肖特基缺陷(空位)数 n_S

$$n_S = Ne^{-u_S/(k_B T)} \tag{6.1.10}$$

式中,u_S 是产生一肖特基空位所需要的能量,即将晶格内部一个原子移到晶体表面层上所需的能量,与 u_F 相比,少了挤进间隙所耗费的能量,因而 $u_S<u_F$;N 为晶体原子总数.

3. 间隙原子数 n_I

$$n_I = N' e^{-u_I/(k_B T)}$$

u_I 为形成一个间隙原子所需的能量,与 u_F 相比,u_I 少了形成空位所需的能量,因而 $u_I<u_F$;N'为间隙位置的总数.

6.1.3　与缺陷有关的一些现象

晶体的某些性质对即使浓度很低的缺陷也是极其敏感的,我们称之为结构敏感性. 现在讨论晶体与缺陷有关的一些现象.

1. 缺陷引起晶格振动频谱的改变

在缺陷附近,原子间的弹性恢复力系数发生改变,晶格振动的频谱分布也发生改变,形成一种局限于缺陷附近的振动模式,称为局域模.

2. 空位引起晶体线度的变化

当原子脱离正常格点位置而移到晶体表面时,晶体的线度随之改变 ΔL. 线度的相对改变量 $\Delta L/L$ 与由热膨胀引起的晶格常数的相对改变量 $\Delta a/a$(可由 X 射线衍射测定,空位对衍射的影响可忽略不计)之差,可用于测定空位的浓度.

3. 空位的出现引起晶体密度的变化

弗伦克尔缺陷不会引起晶体密度的变化,肖特基缺陷,特别是离子晶体(参阅 6.3 节)的肖特基缺陷将引起密度变化. 例如,在 NaCl 晶体中掺入适量 $CaCl_2$,Ca^{++}离子将占据格点位置. 为了保持晶体的电中性,将出现一些空位. 这就导致了晶体密度的改变.

4. 缺陷将改变晶格的自由能

前面已做了详细的介绍.

5. 缺陷引起晶体比热容“反常”

含有电缺陷的晶体,其内能比完整晶体的内能大 nu,即

$$U = U_l + U_V + nu$$

式中，U_l 为晶格结合能，U_V 为晶格振动能，nu 是缺陷引起的附加能. 由于 $n = Nf e^{-u/(k_B T)}$，可得非理想晶体的比热容

$$C_V = \left(\frac{\partial U}{\partial T}\right)_V = \left(\frac{\partial (U_l + U_V)}{\partial T}\right)_V + \left(\frac{\partial nu}{\partial T}\right)_V$$

C_V 代表理想晶体的定容比热容，ΔC_V 代表缺陷引起的附加比热容，即比热容的"反常".

$$\Delta C_V = Nf \frac{u^2}{k_B T^2} e^{-u/(k_B T)}$$

式中，f 是与缺陷类型有关的常数.

通过测定某些物理性质变化，如测定比热容反常，可测出空位的数目——严格说应该是浓度.

6. 杂质缺陷形成局域态

由于杂质原子的价电子数目与基质原子的偏离，会在能带结构中形成杂质局域态，可参阅第 7 章.

6.2 晶体中的扩散及其微观机制

晶体中的原子借助于无规热涨落现象在晶格中的输运过程称为扩散. 发生在晶体中的扩散有两类，一类是外来杂质原子在晶体中的扩散；另一类是纯基体中基质原子的扩散，我们称之为自扩散. 晶体中的许多现象，如结晶、相变、固相反应、成核、范性形变、离子导电等都与扩散有关.

6.2.1 扩散的宏观实验规律

实验显示，在扩散物质浓度不大的情况下，单位时间通过单位面积的扩散物质量，称为扩散流密度

$$j = -D \nabla n \tag{6.2.1}$$

它与扩散物质的浓度 n 梯度成正比，此方程式称为**费克(Fick)第一定律**. 式中的负号表示扩散的方向是从浓度高处向低处进行的. 系数 D 称为扩散系数，它与晶体结构、扩散物质浓度以及温度有关. 由于晶向对扩散有重要影响，因而 D 一般是二阶张量. 对各向同性固体，如立方晶系晶体，D 是标量. 为简单计，我们只讨论 D 为标量时的情形. 另外，在扩散物质浓度很低时，可认为 D 与浓度 n 无关.

式(6.2.1)取散度，并代入连续性方程

$$\frac{\partial n}{\partial t} = -\nabla \cdot j$$

并认为 D 与 n 无关,即可得到扩散定律常用的另一种表达形式

$$\frac{\partial n}{\partial t} = D\,\nabla^2 n \tag{6.2.2}$$

此方程称为**费克第二定律**. 此式加上适当的初始条件和边界条件,即可对任意时刻扩散物质的浓度分布 $n(x,t)$ 作出推断. 作为一个例子,现介绍所谓的“限定源扩散”:一沿 x 方向半无限长柱体,一定量 N 的粒子由晶体表面向内部扩散. 这是一个一维半无限空间的定解问题. 设柱体表面在 $x=0$ 处,其初始、边界条件可表示为

$$t = 0: \quad x = 0, \qquad n_0 = N$$

$$x > 0, \qquad n(x) = 0$$

$$t > 0: \quad \int_0^\infty n(x)\mathrm{d}x = N$$

即

$$n(x,t)\big|_{t=0} = N\delta(x-0)$$

$$\left.\frac{\partial n(x,t)}{\partial x}\right|_{x=0} = 0$$

与之相应的方程(6.2.2)的解为

$$n(x,t) = \frac{N}{\sqrt{\pi D t}}\mathrm{e}^{-x^2/(4Dt)} \tag{6.2.3}$$

实验上,通常使用放射性示踪原子来研究扩散规律. 把含有示踪原子的扩散物由固体表面向内部扩散,通过逐次去层法测量放射强度即可测定 $n(x,t)$;把测定的 $n(x,t)$ 与式(6.2.3)对比,就可求得扩散系数 D.

实验表明,扩散系数与温度的关系为

$$D = D_0\mathrm{e}^{-E/(k_B T)} \tag{6.2.4}$$

式中,D_0 是个常数,称为频率因子,E 称为扩散激活能,是一个与扩散过程有关的量.

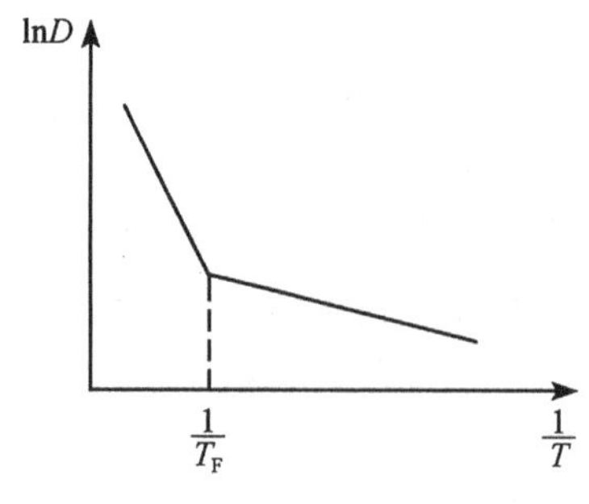

图 6.2.1 扩散系数随温度的变化

由式(6.2.4)做 $\ln D$-$1/T$ 的关系曲线,应得到一条直线,由它的斜率 $-E/k_B$ 可得到激活能 E. 图 6.2.1 表明碳在 α 铁中扩散的实验结果,图 6.2.1 中的折线表明高温与低温有显著的差别,低温时激活能较小,这是因为当温度低于冻结温度 T_F 时,扩散主要是在晶体界面进行. 可测得其 $D_0 = 0.2\times10^{-6}\ \mathrm{m^2/s}$, $E = 0.87\mathrm{eV}$. 表 6.2.1 列出了有代表性的 E 和 D_0 的实验数据.

表 6.2.1 实验数据

材料	扩散元素	$D_0/(cm^2\cdot s^{-1})$	$Q/(4.1868\times10^3 J\cdot mol^{-1})$	$D/(cm^2\cdot s^{-1})$	测量温度/℃
Fe(γ-Fe)	Fe				
	C(间隙原子)	3×10^4	77.2		715→887
	H(间隙原子)	1.67×10^{-2}	28.7	3.0×10^{-7}	800→1100
	C(间隙原子)	1.65×10^{-2}	9.2		925
Cu	Cu	1.1×10	57.2		750→950
	Cu			4.0×10^{11}	850
	Zn	5.8×10^{-4}	42.0		641→884
Ag	Ag	7.2×10^{-4}	45		
	Ag(间界元素)	9×10^{-2}	21.5		
Ge	Ge	8.7×10	74	8×10^{-15}	
	Sb	4.0	56	2×10^{-1}	800
	Li(间隙原子)	1.3×10^{-4}	10.6	8.6×10^{-7}	

6.2.2 自扩散的微观机制

现在从微观角度讨论晶体中的自扩散. 从微观看，在无外电场作用下，扩散是原子无规则布朗运动的结果. 而在纯基体中基质原子的布朗运动是以晶体中存在缺陷为前提的，完整的晶体不会发生迁移. 设想--正常格点处的原子由于涨落脱离格点，就产生肖特基缺陷或弗伦克尔缺陷. 其留下的空位为四周的邻近原子的迁移提供了空间. 其邻近原子可能填补这个空位而留下另一个空位，从而使空位移动一步. 对填隙原子也是如此. 伴随着缺陷的无规则运动，基质原子就可能不断的从一处向另一处作布朗运动. 因此扩散是缺陷运动的直接结果.

布朗运动中反映无规则运动快慢的参数是布朗运动行程的方均值$\overline{l^2}$；而扩散系数 D 是反映扩散快慢的参数. 由布朗运动理论知两者之间的关系为

$$\overline{l^2} = 6D\tau$$

式中，τ 是扩散粒子完成一次布朗行程 l 所需要的时间. 此式把宏观量 D 与微观量 l 和 τ 联系了起来. 下面将借助此式来讨论 D 与影响扩散运动诸因素，特别是与温度的关系.

按照扩散是由哪种缺陷运动引起的，可把其微观机制分为空位机制和填隙原子机制两种.

1. 空位机制

这种机制认为扩散过程是通过空位的迁移而实现的，即扩散原子与空位交换位置而迁移. 当原子邻近有一空位时，原子才能跳跃一步. 设原子跳跃一步所需的时间为 τ_S. 但实际上，原子邻近有空位的概率为 n_S/N，即空位平均跳 N/n_S 步，也就是说空位经历$(N/n_S)\tau_S$ 时间间隔才能接近扩散原子并与之交换位置，完成一次

布朗行程的跳跃. 因此

$$\tau = \frac{N}{n_S}\tau_S \tag{6.2.5}$$

若晶格常数为 a，显然有

$$\overline{l^2} = a^2 \tag{6.2.6}$$

把式(6.2.5)和式(6.2.6)代入式(6.2.4)，得

$$D_S = \frac{1}{6}\frac{a^2}{N\tau_S}n_S \tag{6.2.7}$$

式中，n_S 为空位数密度，由式$\overline{l^2}=6D\bar{\tau}$ 给出. 下面求 τ_S.

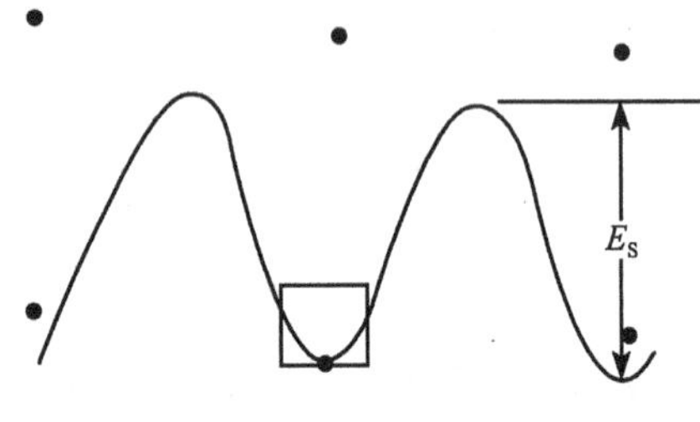

图 6.2.2　空位运动势场示意图

空位所在的位置是原子的平衡位置，从能量的观点看是一势能谷，如图 6.2.2 所示. 邻近原子跳到空位上去必须跨越势垒 E_S. 按照玻尔兹曼统计，在温度为 T 时粒子具有能量为 E_S 的概率与 $e^{-E_S/(k_BT)}$ 成正比. 若晶格原子的振动频率为 ν_{0S}，则单位时间内原子试图跨越势垒的次数即为 ν_{0S}，但在这 ν_{0S} 次中，可以成功的概率只有 $e^{-E_S/(k_BT)}$. 因此，单位时间跨越势垒而与空位交换位置的平均次数，称为跳跃概率为

$$P_S = \nu_{0S}e^{-E_S/(k_BT)} \tag{6.2.8}$$

显然，其倒数即为空位每跳跃一步所需的时间 τ_S，有

$$\tau_S = \frac{1}{P_S} = \frac{1}{\nu_{0S}}e^{E_S/(k_BT)} = \tau_{0S}e^{E_S/(k_BT)} \tag{6.2.9}$$

把式(6.2.9)、式(6.1.10)代入式(6.2.7)，即可得到空位机制的扩散系数 D_S 与温度的关系，有

$$D_S = \frac{1}{6}a^2\nu_{0S}e^{-(u_S+E_S)/(k_BT)} \tag{6.2.10}$$

式中，u_S+E_S 代表扩散激活能. 若 u_S 小，则空位数目多，扩散原子邻近出现空位机会多，有利于扩散的进行；若 E_S 小，则空位跳跃一步就较容易. 两者都小，则扩散速度较大，D 也较大. 如果 u_S 和 E_S 都大，则 D_S 就小.

2. 填隙原子机制

填隙原子机制的想法是：原子由正常的格点位置进入间隙位置，然后通过填隙原子的布朗运动，完成扩散原子的输运. 对填隙原子机制，我们把扩散原子从前一个落入正常格点到下一次再落入正常格点之间看成一大步. 这时，布朗行程就是这两个格点之间的距离 l，如图 6.2.3 所示.

若这之间经历了 f 小步,则有

$$\boldsymbol{l} = \boldsymbol{x}_1 + \boldsymbol{x}_2 + \cdots + \boldsymbol{x}_f$$

以及

$$|\, \boldsymbol{l}^2 \,| = \sum_{i=0}^{f} x_i^2 + \sum_{j \neq i} \boldsymbol{x}_i \cdot \boldsymbol{x}_j$$

对无规则运动,$\boldsymbol{x}_i$ 的方向是完全杂乱的,并且 f 是个大数,所以有

$$\sum_{j \neq i} \boldsymbol{x}_i \cdot \boldsymbol{x}_j = 0$$

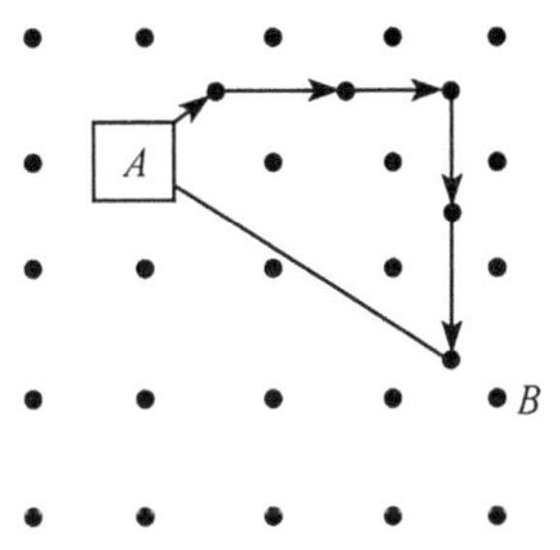

图 6.2.3 间隙原子扩散机制中跨一大步的示意图

即

$$l^2 = \sum_{i=0}^{f} x_i^2$$

由于从一个正常格点出发,填隙原子平均要跳 N/n_{S} 小步,才能遇到空位,即 $f = N/n_{\mathrm{S}}$,而每一小步的距离就是晶格常数 a,即 $x_i = a$,所以,填隙原子的平均布朗行程

$$\overline{l^2} = \overline{\sum_{i=0}^{f} x_i^2} = fa^2 = \frac{N}{n_{\mathrm{S}}} a^2 \tag{6.2.11}$$

上述布朗行程时间 $\bar{\tau}$ 由两部分组成,一部分是扩散原子由正常格点位置进入间隙位置所需要的时间 τ;另一部分是填隙原子在间隙位置跳跃所需要的时间 $f\tau_{\mathrm{I}}$. τ_{I} 是填隙原子跳跃一步所需的时间,即

$$\tau_{\mathrm{I}} = \tau_{0\mathrm{I}} \mathrm{e}^{E_{\mathrm{I}}/(k_{\mathrm{B}}T)} \tag{6.2.12}$$

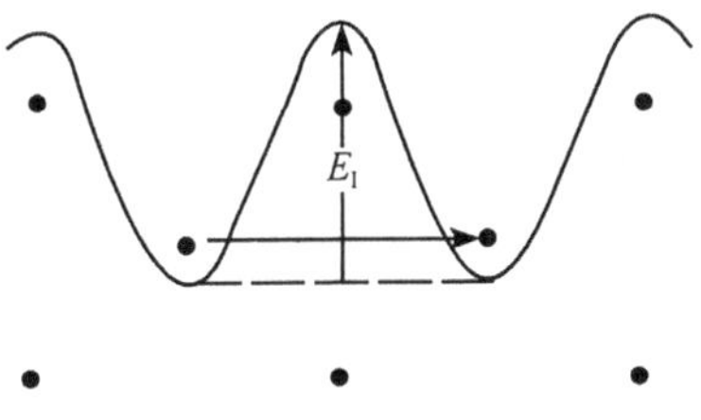

式中,$\tau_{0\mathrm{I}}$是填隙原子的振动周期,E_{I} 是填隙原子之间的势垒高度,如图 6.2.4 所示.

图 6.2.4 间隙原子运动势场示意图 E_{I} 是势垒高度

至于 τ 的推导,则要稍微复杂一些. 设原子从正常格点位置进入间隙位置的概率为 P,在温度为 T 时,晶体中存在的空位数目为 n_{S}. 此时,单位时间所产生填隙原子数目就是 $(N - n_{\mathrm{S}})P \approx NP$,这是因为 $n_{\mathrm{S}} \ll N$. 除此之外,当填隙原子跳到空位邻近时将与空位复合. 这些与空位相邻的间隙点称为危险点. 这些点的数目与正常格点的原子数目之比为

$$\frac{n_{\mathrm{S}}}{N - n_{\mathrm{S}}} \approx \frac{n_{\mathrm{S}}}{N}$$

即填隙原子平均跳 $f = N/n_{\mathrm{S}}$ 步,将遇到危险点而被复合. 由于填隙原子每跳一步的时间为 τ_{I},因此一个填隙原子的平均寿命是 $(N/n_{\mathrm{S}})\tau_{\mathrm{I}}$,其倒数 $n_{\mathrm{S}}/(N\tau_{\mathrm{I}})$ 就是单位时间的复合概率. 所以单位时间复合掉的填隙原子数为 $n_{\mathrm{I}} n_{\mathrm{S}}/(N\tau_{\mathrm{I}})$,平衡时,产生填隙原子数目与复合率相等,即

$$NP = n_{\mathrm{I}} \frac{n_{\mathrm{S}}}{N\tau_{\mathrm{I}}}$$

由此得到，由正常格点形成填隙原子的概率 P，即单位时间形成填隙原子的平均次数为

$$P = \frac{n_{\mathrm{I}} n_{\mathrm{S}}}{N^2 \tau_{\mathrm{I}}} = \frac{1}{\tau_{\mathrm{I}}} \mathrm{e}^{-(u_{\mathrm{I}}+u_{\mathrm{S}})/(k_{\mathrm{B}}T)} = \frac{1}{\tau_{0\mathrm{I}}} \mathrm{e}^{-(u_{\mathrm{I}}+u_{\mathrm{S}}+E_{\mathrm{I}})/(k_{\mathrm{B}}T)}$$

其倒数 $1/P$ 即为从正常格点成为填隙原子所需要的时间

$$\tau = \tau_{0\mathrm{I}} \mathrm{e}^{(u_{\mathrm{I}}+u_{\mathrm{S}}+E_{\mathrm{I}})/(k_{\mathrm{B}}T)} \tag{6.2.13}$$

由于缺陷形成能 $u_{\mathrm{I}}+u_{\mathrm{S}}$ 比 E_{I} 大，故比较式(6.2.13)及式(6.2.12)后，可知 $\tau \gg \tau_{\mathrm{I}}$. 因此在布朗行程时间 $\bar{\tau}$ 中，可忽略 $f\tau_{\mathrm{I}}$，则

$$\bar{\tau} \approx \tau = \tau_{0\mathrm{I}} \mathrm{e}^{(u_{\mathrm{I}}+u_{\mathrm{S}}+E_{\mathrm{I}})/(k_{\mathrm{B}}T)} \tag{6.2.14}$$

把式(6.2.14)及式(6.2.11)代入式(6.2.4)中得填隙原子机制的扩散系数 D_{I} 为

$$D_{\mathrm{I}} = \frac{1}{6} \nu_{0\mathrm{I}} \mathrm{e}^{-(u_{\mathrm{I}}+u_{\mathrm{S}}+E_{\mathrm{I}})/(k_{\mathrm{B}}T)} \tag{6.2.15}$$

式中

$$\nu_{0\mathrm{I}} = \frac{1}{\tau_{0\mathrm{I}}}$$

一般说来，形成填隙原子所需要能量 u_{I} 比形成一个空位所需要能量 u_{S} 大，而 E_{I} 与 E_{S} 差不多相等. 所以比较式(6.2.15)和式(6.2.10)可知，在相同温度下，D_{S} 要比 D_{I} 大得多.

最后应指出，由式(6.2.10)和式(6.2.15)所示的扩散系数的理论值与实验值有一些差别，特别是理论值 $D_0 = a^2/(6\tau_0)$ 比实验值小几个数量级. 这主要是由于在推导过程中忽略了缺陷对原子振动频率的影响，以及忽略了热膨胀对 u 和 E 的影响. 如果考虑这两个因素，理论值将会有很大的增加.

6.2.3 杂质原子的扩散

杂质原子在晶体中的扩散机制与前面讨论过的自扩散机制基本类似. 但是由于杂质原子和基体原子的差别，如原子的大小不同等，将造成杂质缺陷周围的晶格畸变. 这将大大影响杂质原子在晶体中的迁移运动，因而杂质的扩散系数和晶体的自扩散系数有数量级上的差别.

杂质原子在晶体中的存在方式，可以是处于晶格中的间隙位置，也可以是替代原来的基质原子，而占据晶格位置. 实验表明，如果杂质原子的半径比基质原子要小得多，则它们总是以填隙方式存在于晶体中；否则，它们将以替代方式存在于晶体中.

如果杂质原子是以填隙方式存在于晶体中，那么它本身就是填隙原子，并通过

填隙原子迁移方式在晶体中扩散，如氢、硼、碳等在铁中扩散. 其扩散系数

$$D=\frac{1}{6}a^2 v_{0\mathrm{I}}\mathrm{e}^{-E_\mathrm{I}/(k_\mathrm{B}T)}$$

式中，E_I 为间隙位置间的势垒高度，$v_{0\mathrm{I}}$为杂质原子在间隙位置的振动频率. 因为杂质本来是以填隙方式存在的，所以上式中不包括形成填隙原子所需要的能量，故晶体中杂质的扩散系数要比一般自扩散系数大得多.

如果杂质原子是以替代方式存在于晶体中，则其扩散方式与前面的自扩散相似，空位机制和填隙机制都可能存在. 但实验表明，其扩散系数也要比自扩散系数大. 这是因为，外来原子和晶体基质原子大小不同，当它们替代了基质原子后，便引起周围畸变，从而导致邻近出现空位的概率增大，这样就大大加快了杂质原子的扩散速率.

另外，晶体中的其他缺陷，如后面将要讨论的位错、晶粒边界等的存在，也都影响着杂质原子的扩散行为. 由此可见，杂质原子的扩散现象所牵涉的问题往往较为复杂.

6.3 离子晶体的点缺陷及其导电性

由于离子晶体是由正负离子在库仑力的作用下结合而成的，因而使离子晶体中的缺陷带有一定的电荷，这就是引起离子晶体的点缺陷具有一般点缺陷所没有的特性. 因此有必要对其进行单独讨论.

6.3.1 离子晶体中的点缺陷

离子晶体的结构特点是：正、负离子相间排列在格点上，每一个离子均被配位数相等的异号离子所包围. 无论是形成正、负离子空位，还是形成正、负填隙离子，都会在缺陷处形成正的或负的带电中心. 显然，A^+B^- 型离子晶体中共有 4 种带电的本征缺陷，成为正电中心的点缺陷有负离子空位和正填隙离子，而带负电的有正离子空位和负填隙离子，如图 6.3.1 所示. 由于整个晶体保持电中性，这就限定在离子晶体中，对肖特基缺陷应有数目相同的正、负离子空位，而对弗伦克尔缺陷，则

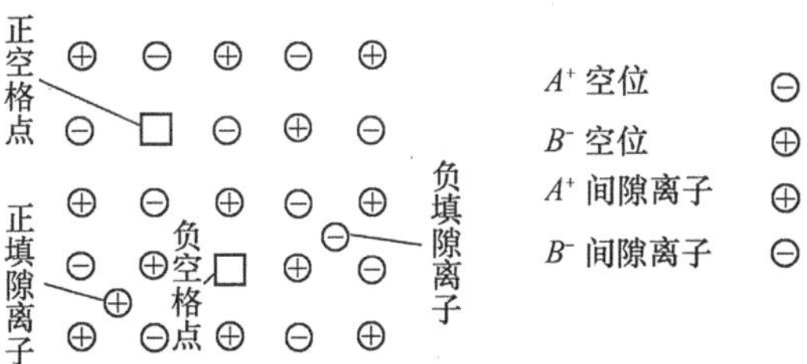

图 6.3.1 离子晶体中的缺陷

应有数目相同的正离子空位和正填隙原子，以及数目相同的负离子空位和负填隙离子.

类似于 6.1 节的讨论，平衡时离子晶体中某种点缺陷的数目

$$n_{SP} = n_{+} + n_{-} = N\mathrm{e}^{-u_{SP}/(2k_B T)} \tag{6.3.1}$$

式中，u_{SP}代表产生一对电荷相反的点缺陷所需要的能量. 如对肖特基缺陷，u_{SP}就代表产生一对分离的正、负离子空位所需要的能量.

一般说来，离子晶体中的负离子的半径比正离子的半径大，所以负填隙离子比正填隙离子难以形成.

离子晶体中的点缺陷除了本征热缺陷外，还可能存在替位式杂质和填隙式杂质缺陷，它们一般也是带电中心. 例如，将 $CaCl_2$ 掺入到 NaCl 晶体中，Ca^{++}将替代 Na^{+} 占据格点位置，但由于两者的电荷不同，替位的 Ca^{++} 便成为一个正电中心. 为了保持晶体的电中性，必定同时产生一个正离子空位. 这可以由掺入 $CaCl_2$ 后，NaCl 晶体的密度降低得到证实.

6.3.2 离子晶体的导电性

理想的离子晶体是典型的绝缘体，满价带与空带之间有很宽的禁带，热激发几乎不可能把电子由满价带激发到空带上去. 但实际上离子晶体都有一定的导电性，其电阻明显的依赖于温度和晶体的纯度. 因为温度升高和掺杂都可能在晶体中产生缺陷，所以可以断定离子晶体的导电性与缺陷有关. 实验发现，当离子晶体中有电流通过时，会在电极上沉淀出相应离子的原子，这说明载流子是正、负离子. 另外，如前所述，在 NaCl 晶体中掺入 $CaCl_2$ 后，可产生 Na^{+} 离子空位，Ca^{++} 含量越大，Na^{+}空位的数目也就越多. 实验发现，室温下 NaCl 晶体的导电率与杂质 Ca^{++} 的浓度成正比. 这些实验事实都直接证实了离子晶体是借助缺陷运动而导电的.

从能带理论可以这样理解离子晶体的导电性：离子晶体中带电的点缺陷可以是束缚电子或空穴，形成一种不同于布洛赫波的局域态. 这种局域态的能级处于满带和空带的能隙中，且离空带的带底或者满带的带顶较近，从而可能通过热激发向空带提供电子或接受满带电子，使离子晶体表现出类似于半导体的导电性.

综上所述，离子晶体的导电现象是由带电点缺陷在外电场作用下运动产生的. 为了导出电导率与温度的关系，先考虑一个正的填隙离子在沿 x 方向的电场 $\boldsymbol{\varepsilon}$ 作用下的运动情况.

在无外电场时，$\varepsilon=0$，带电点缺陷处于对称的势阱中，如图 6.3.2(a)所示. 点缺陷在热涨落作用下向左或向右的跳跃概率是相同的，即是无规则的布朗运动，不产生宏观电流. 当沿着 x 方向存在一电场 ε 时，晶格中的势场是外电势场与晶格势场之和. 若取间隙位置为势能零点，间隙在 x 方向的距离为 a，正填隙离子的电荷为 e，则势阱左、右两边的势垒高度分别为 $E_{\mathrm{I}} + ea\varepsilon/2$ 和 $E_{\mathrm{I}} - ea\varepsilon/2$. 从而使正填隙

离子向左和向右的跳跃概率分别为

$$P_{左} = \nu_{0I} e^{-(E_I + ea\varepsilon/2)/(k_B T)} \quad (6.3.2)$$

$$P_{右} = \nu_{0I} e^{-(E_I - ea\varepsilon/2)/(k_B T)} \quad (6.3.3)$$

向左、向右的跳跃概率实际上可以认为是单位时间向左、向右所跳动的步数. 由于每次跳动的距离是 a,所以单位时间填隙离子平均沿电场移动的距离,即平均速率为

$$\begin{aligned} v_I &= a(P_{左} - P_{右}) \\ &= a\nu_{0I}\left[e^{-(E_I - ea\varepsilon/2)/(k_B T)} - e^{-(E_I + ea\varepsilon/2)/(k_B T)}\right] \\ &= a\nu_{0I} e^{-E_I/k_B T} \times 2\sinh\left(\frac{ea\varepsilon}{2k_B T}\right) \end{aligned} \quad (6.3.4)$$

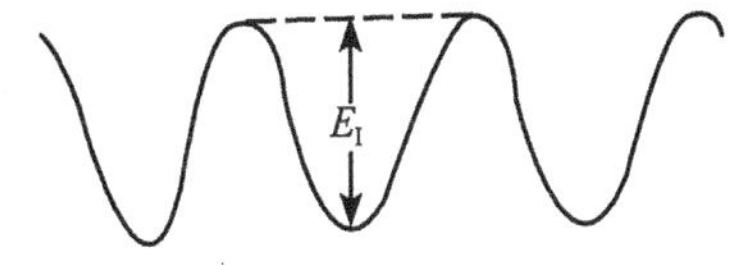

(a) 没有外力作用的势场

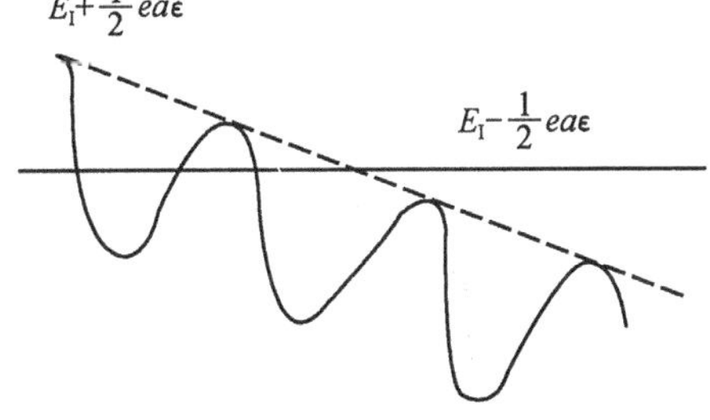

(b) 在外力作用下的势场

图 6.3.2

在弱电场下,即 $ea\varepsilon \ll 2k_B T$. 在室温下,由于 $k_B T \approx 1/40\text{eV}$, $a \approx 10^{-10}\,\text{m}$,因此室温下 $\varepsilon \ll 10^8\,\text{V/m}$ 都认为是弱电场. 此时有 $\sinh[ea\varepsilon/(2k_B T)] \approx ea\varepsilon/(2k_B T)$,所以式(6.3.4)为

$$v_I = a^2 v_{0I} e \frac{1}{k_B T} e^{-E_I/(k_B T)} \varepsilon = \mu_I \varepsilon \quad (6.3.5)$$

式中

$$\mu_I = \frac{a^2 \nu_{0I} e}{k_B T} e^{-E_I/(k_B T)}$$

称为离子迁移率,与填隙离子扩散系数

$$D_I = \frac{1}{6} a^2 \nu_{0I} e^{-E_I/(k_B T)}$$

比较,可得 μ_I 与 D_I 的关系——爱因斯坦关系

$$\mu_I = \frac{6eD_I}{k_B T} \quad (6.3.6)$$

对于既可作扩散运动又可在外电场下作“漂移”运动的带电粒子,只要忽略它们之间的相互作用,爱因斯坦关系就成立.

若 n_I 为正填隙离子的平衡浓度,则这种迁移机构对电流密度的贡献为

$$j_I = n_I e v_I = \sigma \varepsilon \quad (6.3.7)$$

$$\sigma = \frac{n_I e}{k_B T} \nu_{0I} a^2 e^{-E_I/(k_B T)} \quad (6.3.8)$$

式(6.3.7)是离子导电的欧姆定律,σ 是导电率. 由平衡浓度与温度的关系式

$$n_I = N e^{-u_I/(k_B T)}$$

可知,电导率

$$\sigma = \frac{e^2}{k_B T} N a_I^2 \nu_{0I} e^{-(u_I + E_I)/(k_B T)} \quad (6.3.9)$$

将以指数形式随温度升高而迅速变大.

若同时考虑 4 种缺陷的运动,则电流密度便为 4 种缺陷迁移机构贡献之和

$$j=\sum_{i=1}^{4}j_i=\left[\frac{1}{k_BT}\sum_i e_i^2Na_i^2\nu_{0I}e^{-(u_i+E_i)/(k_BT)}\right]\cdot\varepsilon=\sigma\varepsilon \tag{6.3.10}$$

其电导率也为 4 种缺陷的贡献之和

$$\sigma=\sum_{i=1}^{4}\sigma_i=\frac{1}{k_BT}\sum_i Ne_i^2a_i^2\nu_{0I}e^{-(u_i+E_i)/(k_BT)}$$

6.3.3　色心

由于离子晶体的满带与空带间有很宽的能隙,禁带宽度大于光子能量,用可见光照射晶体时,不可能使满带电子吸收光子而跃迁到空带,因而不能吸收可见光,表现为无色透明晶体. 但是,如果我们设法在离子晶体中造成点缺陷,这些电荷中心可以束缚电子或者空穴在其周围形成束缚态. 这种束缚态可用类氢模型处理. 这样,通过光吸收可使得被束缚的电子或空穴在束缚态之间跃迁,使得原来透明的晶体呈现颜色,这类能吸收可见光的点缺陷称为色心.

1. F 心

最常见的色心是 F 心,来自德语“Farbe”(颜色). 把碱卤晶体在碱金属蒸气中加热一段时间,然后骤冷到室温,晶体就出现了颜色. 例如,NaCl 晶体在 Na 蒸气中加热后晶体变为黄色,KCl 晶体在 K 蒸气中加热后变成紫色. 这个过程称为增色.

在增色过程中,碱金属原子扩散进入晶体,且以一价正离子的形式占据正常格点位置,并放出一个电子,此电子可在晶体中巡游. 过多的碱金属原子的进入破坏了原来的化学比. 因为缺乏多余的 Cl^- 离子供给,使之与多余的 Na^+ 离子相伴,于是将有等量的负离子空位产生. 这可由着色晶体密度比纯晶体的密度减小的事实得到证实. 带正电的负离子空位与其束缚的钠原子提供的价电子所形成的系统,就是 F 心,如图 6.3.3 所示.

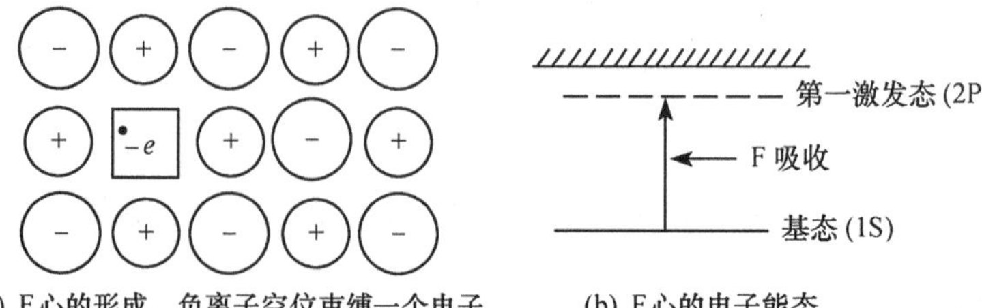

(a) F心的形成，负离子空位束缚一个电子　　(b) F心的电子能态

图 6.3.3

F 心在可见光区域有一个钟形吸收带，称为 F 带. 图 6.3.4 是基质碱卤晶体的 F 带. 可用类氢模型来描述 F 心的束缚能级. F 吸收带可看成是电子从类氢基态 1S 态到第一激发态 2P 态的跃迁产生的. 这本是位于可见光波段的一条吸收谱线，由于晶格振动的影响，使得谱线加宽而成为吸收带. 既然 F 心是由负离子空位束缚电子形成的，它应与形成负离子空位的具体过程无关. 即无论将碱卤晶体在哪一种碱金属中加热，所得到的吸收谱应无本质差别. 这一点已被实验所证实，如表 6.3.1 所示.

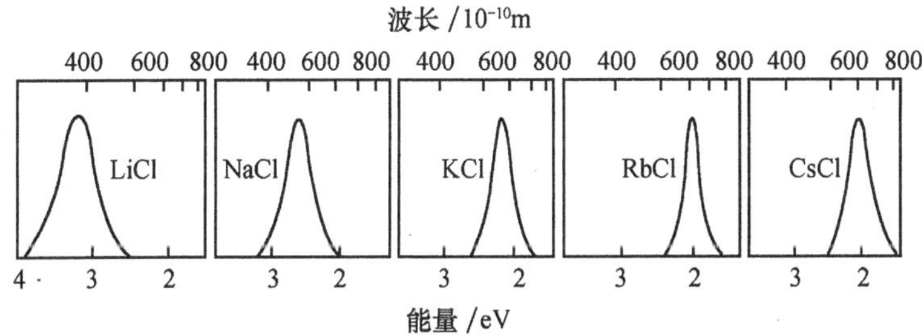

图 6.3.4 几种碱卤晶体的 F 带；含有 F 心的晶体的光吸收对波长的关系

表 6.3.1 F 心吸收能量(E_F)的实验值

E_F/eV	F	Cl	Br	I
Li	4.94	3.16	2.68	
Na	3.60	2.66	2.26	2.01
K	2.79	2.20	1.97	1.78
Rb	2.34	1.97	1.76	1.70
Cs	1.84			

注：本表列举了 300K 时具有 NaCl 型结构的碱卤晶体 F 心的吸收能量值，数据来自 Omar M A. 1987. 固体物理学基础. 贾明，张文彬，李振亚，秦大成，吴晓南译. 北京：北京师范大学出版社.

以 F 心为基础还可以形成一些其他形式的色心. 例如，F 心的 6 个最近邻离子中的某一个被一个外来的碱金属离子所代换，就成为 F_A 心. 例如，把 KCl 晶体在 Na 蒸气中增色，就可能出现 F_A 心，如图 6.3.5(a)所示. 两个相邻的 F 心构成的机构称为 M 心；3 个相邻的 F 心构成 R 心，如图 6.3.5(b)、(c)所示.

2. V 心

将碱卤晶体在卤素蒸气中加热，然后骤冷至室温，造成卤素原子过剩，在晶体中出现正离子空位，形成负电中心. 它将束缚邻近的负离子所有的空穴. 这样的系统称为 V 心，V 带处在紫外区域.

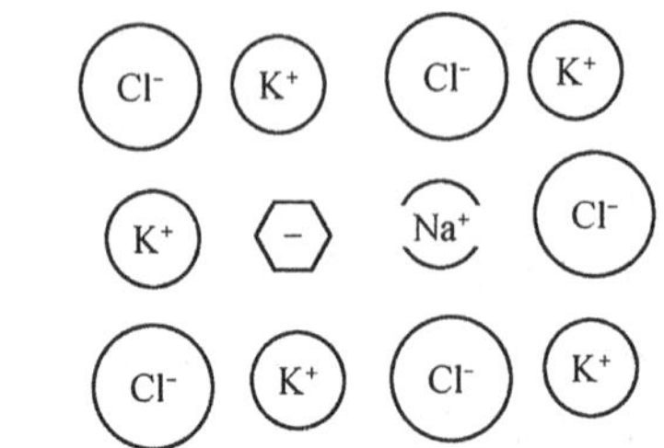

(a) KCl 晶体中的一个 F_A 心，F 心(图中的六边形)的六个近邻 K^+ 的一个被 Na^+ 取代

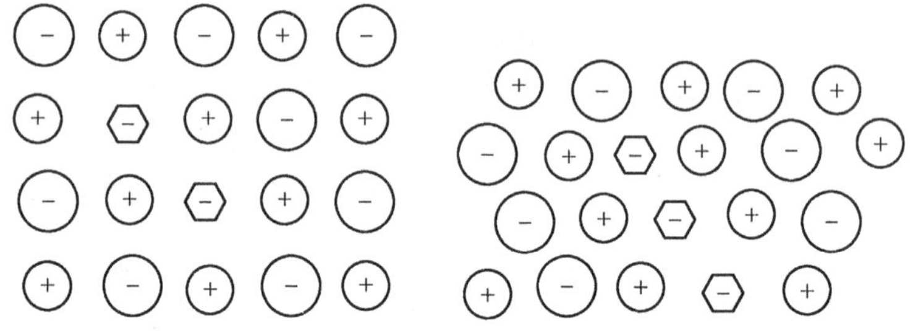

(b) (100) 面两个相邻的负离子空位各俘获一个电子构成 M 心

(c) (111) 面三个相邻的负离子空位各俘获一个电子构成 R 心

图 6.3.5

6.4 线缺陷 位错

线缺陷表示晶体内在某一条线附近原子排列出现对晶格周期性的偏离，是一维缺陷，也称为位错. 位错概念最初是为了解释金属的范性形变而提出的. 现在实验已经证实，位错是客观的存在于晶体内部的，通过晶体腐蚀后可在显微镜下直接观察到. 位错对晶体的力学、电学、光学等方面性质以及晶体的生长和杂质、缺陷的扩散等都有重大影响.

6.4.1 刃位错 螺旋位错

位错可分为刃位错和螺旋位错两种.

1. *刃位错*

如图 6.4.1(a)所示，晶体中原子的上半平面相对于下半平面发生了一个原子间距 a 的滑移，滑移矢量 $\boldsymbol{a}$ 称为伯格斯矢量. EF 线以左是已滑移区，以右是未滑移区，EF 线称为位错线. 在位错线 EF 附近，晶体的上半平面多出一半截晶面，下半平面没有适当的晶面与之配对，就像插入晶体内的一把刀刃. 在位错线附近，晶格的周期性遭到破坏.我们形象的称这种线缺陷为刃位错.有两种刃位错:多余的半截晶面位于滑移平面上半部分者称为正刃位错,见图 6.4.1(b),用符号"⊥"表示.反之称为负刃位错,见图 6.4.1(c),用"⊤"表示.刃位错的一个显著特征是滑移矢量 **a** 与位错线相互垂直.

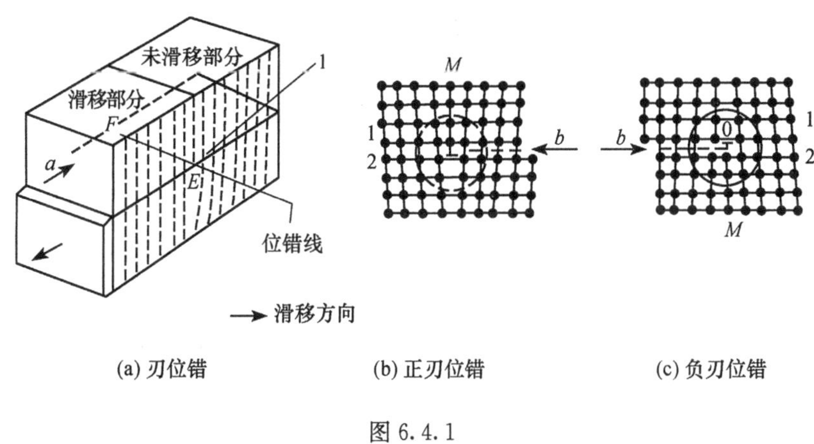

(a) 刃位错 (b) 正刃位错 (c) 负刃位错

图 6.4.1

2. 螺旋位错

滑移矢量 **a** 与位错线平行的位错称为螺旋位错,如图 6.4.2(a)所示. $ABCD$ 面为滑移面,BC 线两侧的原子沿 AD 方向滑移一个伯格斯矢量 **a**,AD 为滑移部分的分界线,称为螺位错线.存在螺位错时,原来与 AD 垂直的晶面,由于滑移面两边晶面的相对位移,现在变成螺旋梯形式的结构,如图 6.4.2(b)所示.螺旋位错正是由此得名.与刃位错相比,除了伯格斯矢量 **a** 平行位错线外,螺位错并没有多余的半截晶面.

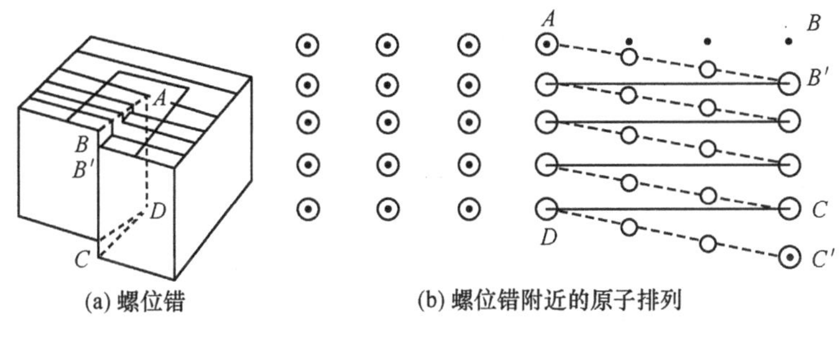

(a) 螺位错 (b) 螺位错附近的原子排列

图 6.4.2

实际晶体中的位错不限于上述的直线形,也可以以比较复杂的其他形式出现.但任何复杂的位错总可以看作是由一段段刃位错与螺位错构成的.

6.4.2　位错的滑移

晶体在外力作用下,能够产生弹性与范性两种形变. 如图 6.4.3 所示,某层原子 A 受到外应力而产生一位移 x,当位移 x 小于位移方向晶格常数 a 的一半,即 $x<a/2$ 时,若外力撤销,原子 A 将自动恢复原位,此即弹性形变. 但当外应力增大,超过某种限度,使 $x>a/2$ 时,原子将不能自动回到原来位置,而容易移到最近的平衡位置 A',此时就发生了滑移,这在实验上已经观察到. 例如,一单晶棒发生范性形变时,在金相显微镜下,可观察到晶体表面出现一些条纹,称为滑移带. 用多晶金属棒也可观察到类似现象. 所以范性形变是晶面滑移的结果.

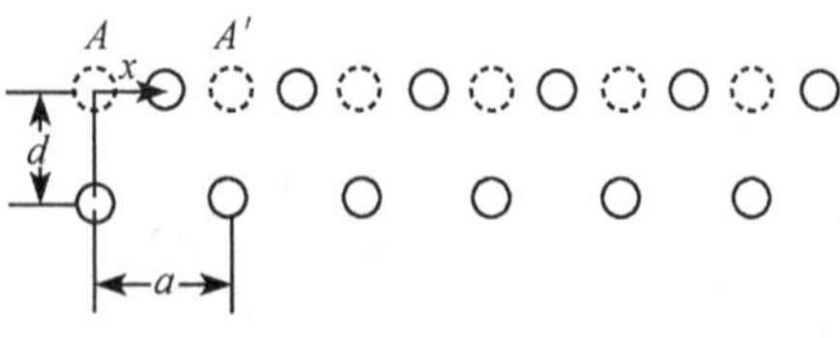

图 6.4.3　位错的滑移

怎样理解晶面滑移机制,人们经历了一个认识过程. 最初人们认为滑移过程是晶面之间整体的相对刚性滑移. 按照这个模型,能使理想晶体某晶面族发生滑移的最小切应力,叫做**临界切应力** τ_c,如图 6.4.3 所示,为

$$\tau_c \approx G\frac{x}{d}, \qquad x=\frac{a}{2}$$

式中,G 为切变模量,$G\approx 10^9\sim 10^{10}\,\mathrm{N/m^2}$,而 x/d 的数量级约为 1,所以 τ_c 约为 $10^9\sim 10^{10}\,\mathrm{N/m^2}$. 但对于纯金属材料,临界切应力 τ_c 的实验值为 $10^5\sim 10^6\,\mathrm{N/m^2}$,比理论值小 $10^3\sim 10^4$ 数量级. 这说明刚性相对滑移模型不能反映滑移过程的实际机制.

为了解释金属范性变形的滑移过程,泰勒等人提出了位错及位错运动的理论模型. 按照这个模型,滑移不是晶面一部分相对另一部分的整体刚性移动,而是位错线沿某晶面的相继运动. 位错线运动扫过的晶面叫做滑移面. 当位错线滑移扫过晶面达到表面时,位错消失,晶体沿滑移面移动一个原子的间距的距离,产生范性形变. 因此晶体的范性可变为可视为位错在切应力作用下的连续运动.

位错的运动可以这样理解:位错线上的原子 A 在下半平面无配对时,它将受到原子 B 和 C 几乎相等的吸引,如图 6.4.4(a)所示;因此只需作用一很小应力就可以使它向右移动一个小距离,从而 C 的吸引占优势,因此它可和 C 组成完整晶面,而使 D 成为无配对的半截晶面,如图 6.4.4(b)所示;于是位错线就从 A 到 D

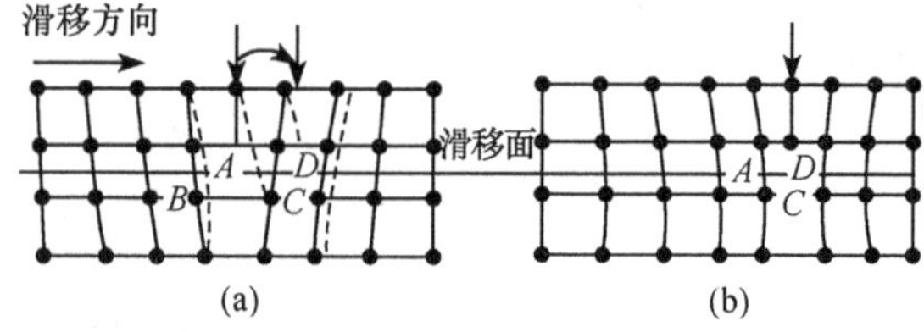

图 6.4.4　刃位错的运动

移动了一个原子的间距,位错线的这种运动持续进行,就使位错线右移直到达到晶体表面.按照这个模型,滑移时,只有位于位错线附近的原子参加了滑移,而其他原子都占据正常格点并不运动,所以只要有较小的切应力,位错就会开始移动,这就是临界切应力远小于刚性理论值的原因.

上述位错滑移模型也称为蠕动模型,在自然界里也是常见的.例如,常见的爬虫爬行时,躯体上的各点并不是同时移动的,而是后面尾部先缩短变位,然后再向头部方向波及而向前爬行的,如图 6.4.5 所示.这样蠕动爬行所需的力要比同时移动所需的力小得多.图 6.4.6 和图 6.4.7 分别给出了刃位错和螺位错的滑移过程.螺位错和刃位错滑移的不同之处在于:在刃位错滑移过程中,原子的移动方向、位错线的运动方向和外加应力方向三者是平行的;而在螺位错滑移方向与外应力方向相同,而与位错线运动方向垂直.

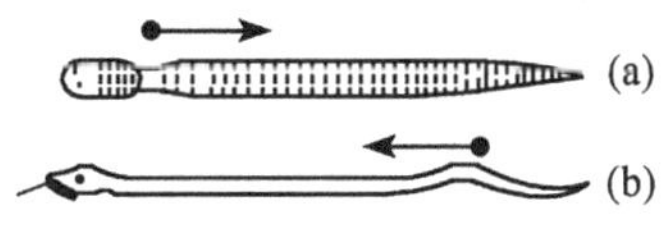

图 6.4.5 蠕虫(a)、蛇(b)的运动方式

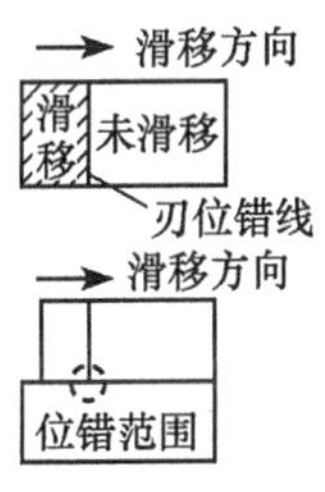

(a) 滑移的初始阶段

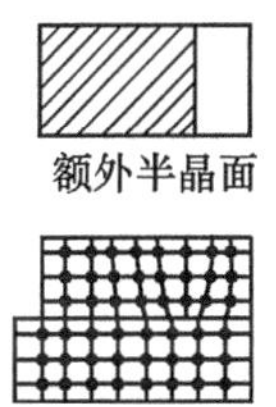

(b) 在进一步形变后,刃位错向右移动(注意位错附近的原子结构)

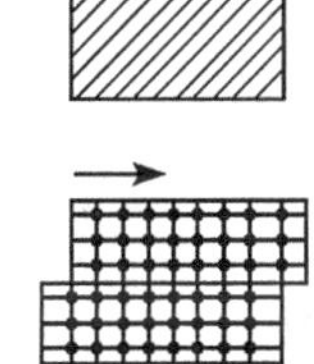

(c) 当位错线已完全滑移扫过滑移面后,位错通过晶体并消失,晶体向右滑移一个原子间距的距离后,原子的相对位置如同在完整晶体中一样

图 6.4.6 刃位错在晶体中的滑移过程图

上下部分分别表示俯视与侧视图

(a)

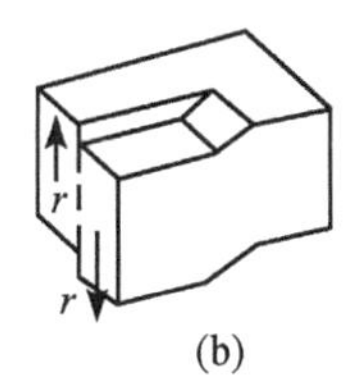

(b)

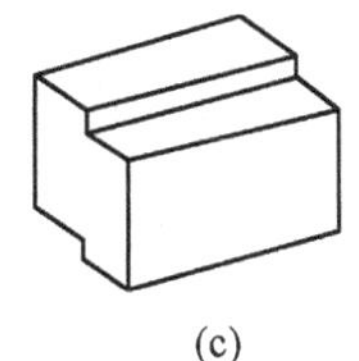

(c)

图 6.4.7 螺位错在晶体中的滑移过程

6.4.3 与位错有关的一些重要现象

1. 杂质集结、金属硬度与位错

因为位错周围有应力场存在,从而会使杂质原子聚集到位错附近.例如,刃位

错中正刃位错，滑移面上方晶格被压缩，下方晶格被拉伸. 如果由较小的杂质原子代替位错线上方附近的基质原子，用半径较大的杂质原子代替位错线下方附近的基质原子，则可降低晶格的形变，减弱位错附近的应力场，从而降低畸变能量. 因而位错对杂质原子有集结作用.

杂质原子的集结降低了位错附近的能量，使位错滑移较前困难，位错好像被杂质"钉扎"住了. 因此晶体对塑性形变表现出更大的抵抗能力，使材料的硬度大大提高. 这一现象称之为掺杂硬化.

在半导体材料中，由于杂质在位错周围的聚集，可能形成复杂的电荷中心，从而影响半导体的电学、光学和其他性质.

经显微镜观察证实，位错的腐蚀也是位错集结杂质原子的结果. 由于腐蚀剂原子在位错附近的聚集，使位错周围受到腐蚀而形成腐蚀坑，因此可从位错腐蚀坑的金相图来检验位错.

2. 晶体生长与螺位错

晶体生长的主要过程是：由于热涨落，首先形成一固态核心；然后原子、离子及其集团在核心表面逐步堆积扩大. 所以，为了要在完整晶面上凝结新的一层，关键是要靠涨落在晶面上形成一个小核心. 如果晶面上存在螺位错的台阶(图 6.4.8 中的 A 处)，台阶处比平面处对外来原子有较强的束缚作用，落在那里的粒子不容易逃逸掉，位错台阶就起了凝结核的作用. 而且，随着原子沿台阶的集结生长，并不会消灭台阶，而只会使台阶向前移动. 由于越靠近螺位错线，台阶移动的角速度(晶体生长速度)越大，结果逐渐形成螺旋状的台阶，如图 6.4.9 所示，其中(a)、(b)、(c)、(d)表示时间的先后顺序.

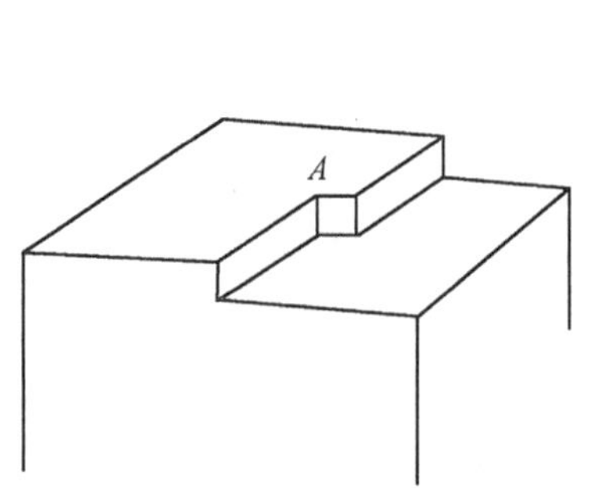

图 6.4.8　晶面上的螺位错台阶

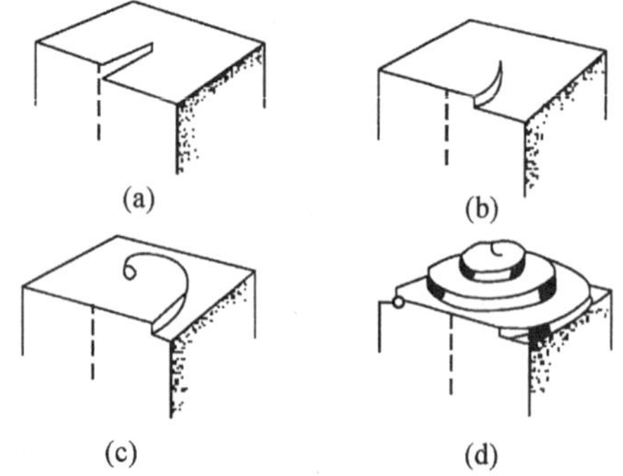

图 6.4.9　生长台阶的发展

3. 位错与空位

位错与空位有着密切的关系. 首先空位可能在晶体内形成位错. 当温度较高

时,晶体中空位数目也较多;如果降低温度,空位可能发生凝聚,在晶格中形成空隙,如图 6.4.10(a)、(b)所示. 当这样一个空隙塌陷时,将在空隙的边缘形成刃位错,如图 6.4.10(c)所示. 现在一般认为,铸造材料中的位错还是起源于空位的凝结.

另一方面,位错在运动过程中可以产生或消灭空位. 一般说,位错线既可以在滑移面内运动,也可以垂直于滑移面运动,这后一种运动称为“攀移”. 如图 6.4.11 所示. 当刃位错向下攀移时,半晶面被延长,结果在刃位错处增加了一列原子,由于原子总数不变,所以同时在结果中产生空位. 相反,若位错向上攀移,相当于在位错处减少一列原子,这些攀移时释放出来的原子就会变成填隙原子,或者填充原来的空位. 所以位错的攀移总是伴随着空位或填隙原子的产生和消灭.

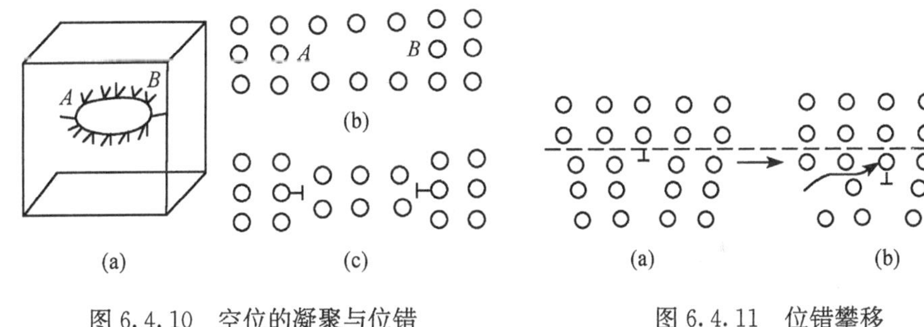

图 6.4.10 空位的凝聚与位错　　图 6.4.11 位错攀移

6.5 面 缺 陷

晶体内部偏离周期性点阵结构的二维缺陷称为面缺陷. 晶体中的面缺陷主要有晶粒界面和堆积层位错两种.

6.5.1 晶界

实际的固体材料大多是由大量晶粒结成的多晶体. 各晶粒都具有完整的晶格结构,是单晶体. 但各晶粒之间的堆积取向是完全无规的. 晶粒之间的边界——晶界是原子无序排列的过渡层. 过渡层的厚度相当于几个晶格常数. 显然晶界是一种面缺陷.

晶界会对材料的性质产生重要影响. 例如,杂质中原子易在晶界附近聚集,往往导致材料变脆. 晶界会阻断位错线的滑移,因而晶粒越小,晶粒面积越大,材料硬度越大. 另外晶界在相变过程中往往起到重要作用,新的固相往往是在晶界处成核生长的.

要描述晶界的结构情况是非常复杂的. 一种最简单的情况是:小晶粒彼此取向

只是差一很小的角度,构成"小角晶界",也称为镶嵌结构. 图 6.5.1 表示两个取向不同的简单立方晶体的界面,在角 θ 的两边为完整的简单立方晶格,但彼此取向不同. 可以认为单晶取向是绕垂直于纸面的轴转了一小角 θ,θ 内的区域为过渡区. 由于 θ 很小,可以设想,过渡区是由少数几个多余的半截晶面所组成的,即可认为晶界过渡区是由一些刃型位错的排列构成的. 若 D 代表两刃型位错之间的距离,b 代表滑移矢量的大小,即晶格常数,则有

$$D=\frac{b}{\theta}$$

这种模型已为 X 射线、光子衍射实验所证实.

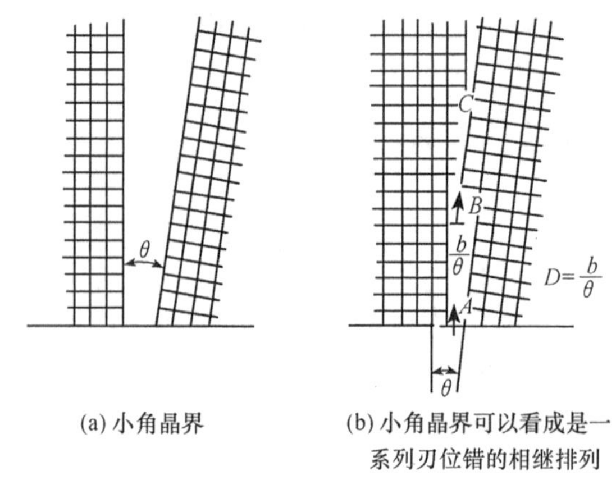

(a) 小角晶界　　(b) 小角晶界可以看成是一系列刃位错的相继排列

图 6.5.1

6.5.2　堆积层错

堆积层错是在密堆积结构中,晶面堆垛顺序出现错乱时产生的面缺陷. 可用面心立方结构来说明这种面缺陷的形成. 沿面心立方结构的[111]方向看,格点相继排列在晶面 A、B、C 上,其正常堆垛顺序为

$$\cdots\quad \overrightarrow{ABC}\quad \overrightarrow{ABC}\quad \overrightarrow{ABC}\quad \cdots$$

如果由于某种原因,堆垛层次发生错乱,如从某晶面 C 开始 AB 堆垛交错,形成

$$\overrightarrow{ABC}\quad \overrightarrow{ABC}\quad \overrightarrow{AB}\quad \overset{\downarrow}{C}\quad \overleftarrow{BA}\quad \overleftarrow{CBA}\quad \overleftarrow{CBA}$$

堆积. 可看出这样的堆积具有镜面对称性. 我们把排列顺序互为物像关系的晶体称为孪晶. 画有 ↓ 号的 C 面是左、右两块孪晶的边界,是一种面缺陷. 又如,由于某种原因在堆垛过程中多出或者缺少某层晶面,形成

$$\overrightarrow{ABC}\quad \overrightarrow{ABC}\quad \overset{\downarrow}{AC}\quad \overleftarrow{BC}\quad \overrightarrow{ABC}\quad \overrightarrow{ABC}\qquad (\text{多一层 } C)$$

或

$$\overrightarrow{ABC} \quad \overrightarrow{ABC} \quad \overrightarrow{AB} \quad \overset{\downarrow}{A} \quad \overrightarrow{ABC} \quad (\text{少一层 } C)$$

两种实际常见的堆积缺陷.

6.6 合金与相图

6.6.1 合金与相图

纯金属由于缺乏足够的硬度和强度,很少直接在工业中应用．给纯金属掺入适当的杂质,可以大大的改变金属的性能.如在铁中加碳或其他金属得到较硬的钢;在易变形的铜中加入锌可得到有较大机械强度的黄铜等.这些由两种或两种以上金属或非金属物质组合的熔合体称之为合金.

合金不同于化学上的化合物.在合金中,组成物质的比例是可以变化的.但是,随着组合物质比例的不同,将引起合金晶格结构的不同,清楚阐明合金的结构与组成物质比例及温度之间的关系,相图是不可缺少的工具.为此,先回顾有关相图的基本概念:

1) 组元

组成合金的最基本的、独立的组成物质称为组元.例如,钢的组元是 Fe 和 C.组元不仅可以是元素,也可以是化合物.但是如果在合金形成后出现了新的化合物,则这种新物质不是独立的,它不是组元.

2) 成分

组元原子数或组元质量占总原子数或质量的百分比称为成分.

3) 相

平衡时系统中具有相同物理性质和化学性质、均匀一致的部分称为一个相.相与相之间有明显的界面.把上述定义用于合金,则称那些成分相同、结构相同,并有界面与其他部分分开的系统的某均匀组成部分为合金的一个相.

4) 相律

若体系的相数为 σ,每一相中的组元数都为 k,体系的状态参量数为 n(对简单系统,独立状态参量数 $n=2$,通常选为温度与压强;若考虑表面张力、电磁场等,n 将大于 2),则体系的自由度数(独立变数)f 满足

$$f = k + n - \sigma \tag{6.6.1}$$

此关系称为吉布斯相律.

5) 相图

平衡时,体系的状态、组元的成分和温度三者之间相互关系的几何图示称为相图,也称状态图.相图上的一个点代表一个热力学平衡态;相图上的一条线表示一个准静态过程.利用相图可以了解在各种温度下、不同成分的合金处在什么相,以

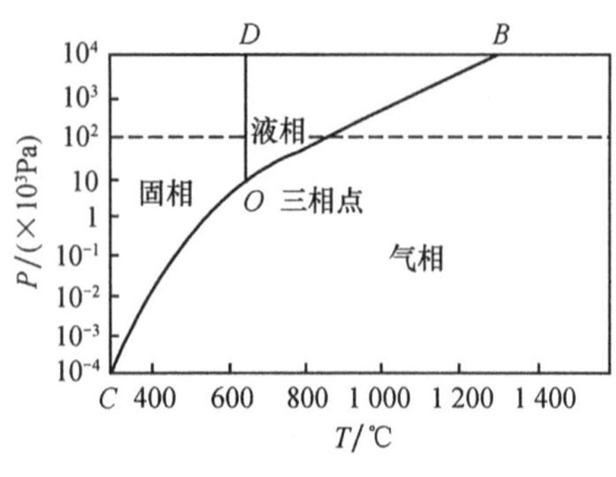

图 6.6.1　镁的相图

及在加热和冷却过程中可能发生的相变.相图是由实验测定、绘制的.

图 6.6.1 给出了一种最简单的单元(纯金属镁)相图.图中的 OB、OC 和 OD 线将相图分为固、液、气 3 个单位区;3 条线上的点代表两相平衡共存;3 条线的交点 O 为三相共存点.如果体系的压强恒定,一般情况下,固体材料总可以认定是处在压强 $P\approx1\times10^5$Pa 之下.由相图可看出,当温度 $T>1200$℃时,镁完全处于气态;当 $1200℃>T>640$℃时,完全处于液态;$T<640$℃时完全处于固态.等压线 $P=1\times10^5$Pa(虚线)与 OB 线的交点为镁的气-液两相平衡共存,气-液相变过程也完全在该点完成.同样,液-固共存与液-固相变点是等压线与 OD 线的交点.当压强低于三相点 O 所对应的值时,随着温度的变化将直接产生固-气相变.

对合金来说,根据合金组元数的不同,相应的相图可分为二元、三元…….其中最基本,也最常用的是二元合金的相图.二元合金由于其组织性质的不同,其相图的形状也是不同的,有的相当复杂,但最基本的类型有匀晶型、共晶型和包晶型,如图 6.6.2 所示.由于在一般压力下,液、固态受压力的影响很小,而在研究固体材料时通常只涉及到凝聚相,即液相与固相,因此,除了超高压情况外,一般条件下可认为体系处于恒定大气压 1×10^5Pa 下.合金的相,除了受本身成分影响外,主要受温度影响.在图 6.6.2 中,用垂直轴表示温度,水平轴表示成分.图中一些曲线把图面划分成若干区域,每一区域代表一定的相结构,可以是单相,如图中注明的 L、α、β……各区;也可以是两相平衡共存,如图中的 $L+\alpha$、$\alpha+\beta$……各区.由一个相区过渡到另一个相区表示相结构的变化,即变化过程.

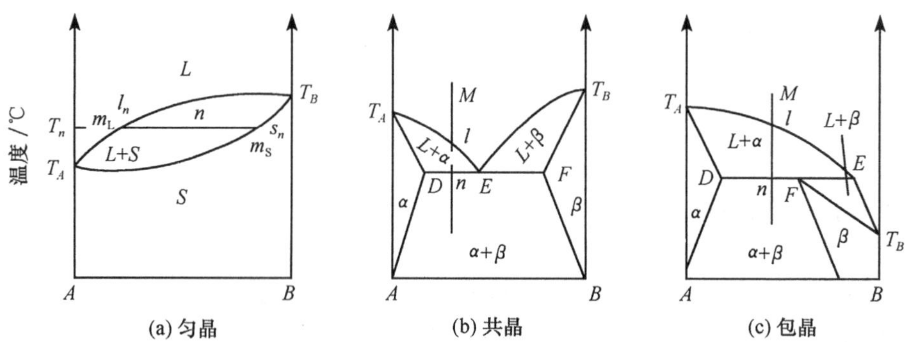

图 6.6.2　三种基本的二元合金相图

下面对图 6.6.2 所示的二元合金相图作几点简单说明：

(1) 匀晶与非匀晶相图. 只有单一固相态的合金相图称为匀晶相图，如图 6.6.2(a)所示；否则，则称为非匀晶相图，图 6.6.2(b)、(c)所示的共晶、包晶相图都属于此类.

(2) 液相线与固相线. 相图中的曲线是不同相区的分界线. 液相线表示，该线以上为高温熔融的液相区，以下是液-固平衡共存区，如图 6.6.2(a)中的 T_ALT_B 曲线. 这个共存区域的另一侧边界线称为固相线，以下是完全固相区，如图 6.6.2(a)中的 T_AST_B 曲线. 一般说来，液相线由若干折线组成，如图 6.6.2(b)中的 T_AE、ET_B，而且每段液相线，都有固相线与之对应，如图 6.6.2(c)中的 T_ADE、EFT_B 等.

(3) 杠杆定则. 在一定温度下，可由所谓"杠杆"定则确定两相平衡共存时两相的相对成分. 以图 6.6.2(a)中的液-固平衡区 n 点所表示的态为例，过 n 点作等温线 T_n 与液相线和固相线分别交于 l_n 点和 s_n 点，若以 m_L 和 m_S 分别表示温度 T_n 时液相和固相的质量，则有

$$\frac{m_S}{m_L} = \frac{\overline{ln}}{\overline{sn}}$$

式中，$\overline{sn}$、$\overline{ln}$分别表示 n 到 l_n、s_n 的距离. 此定则不仅适用于固-液共存区，也适用于任何平衡两相共存区域.

(4) 共晶转变. 由图 6.6.2(b)可看出，共晶相图的基本特点是固相线有一段是水平等温线 DEF，称为共晶线. 液相线的温度在 E 点最低，E 点称为共晶点. E 点的温度和成分分别称为共晶温度和共晶成分.

当合金从液相开始凝结时，从图 6.6.2(b)中的 M 点开始降温，到达 l 点时开始析出 α 固相；在 l 到 n 之间为液相和 α 相平衡共存；到达 n 点时，是液相与 α 固相和 β 固相的平衡共存；继续降温，最后形成 α 相和 β 相的机械混合物. 我们把在一定温度下由一定成分的液相同时结晶出两种固相的过程叫**共晶转变**，其产物叫**共晶体**. 当然在准静态凝结过程中，每一平衡点的两相质量比也满足杠杆定则.

(5) 包晶转变. 与共晶相图比较，图 6.6.2(c)所示的包晶相图虽然也存在一条水平等温线，但所不同的是，等温线 DFE 之上只有一个匀晶转变区 $L+\alpha$，即从液相中析出 α 固相；而在等温线之下又出现了一个匀晶转变区 $L+\beta$，这个区域好似从共晶体上方翻转下来的，而且液相点 E 位于 D、F 两个固相点之外，称为包晶点；此外，水平线 DFE 上下两侧都是两相共存区，而且有一个相是相同的.

当合金从液相开始降温，到达等温线上 n 点时，其相变过程与共晶过程的前半部分完全类似. 刚达到 n 点时，体系只存在 L_E 相与 α_D 相，质量之比为$\overline{nD}/\overline{nE}$；当温度一旦稍低于温度 T_n 时，如温度为 T_1 时，由于 α 已停止结晶，L_E 相对应的成分对 β 相来说已是过饱和了，从而析出 β 相，这样导致 L_E 与 α_D 比例偏离$\overline{nD}/\overline{nE}$，为了维持这个比例，$\alpha$ 相将发生回熔. 所以保持 L、α、β 三相平衡的准静态凝固过程必须是

液相 L 和固相 α 按固定的比例 $\overline{DF}/\overline{EF}$ 减少而形成新出现的固相 β. 这个过程不断进行,直到液相 L 或 α 相全部消失为止,系统从而进入 $\alpha+\beta$ 固相区或进入 $L+\beta$ 液固相区. 究竟发生哪种情形,取决于液态熔体的成分. 如果从相图中的 M 点开始降温,它的成分在 F 点的左边,与水平等温线交点为 n,转变的结果是 α 和 β 两固相混合区. 若从 M' 点开始,其成分 F 右边,与水平等温线的交点为 n',转变的结果是进入 $L+\beta$ 相区,液、固比例是 $\overline{n'F}/\overline{n'E}$.

这种由一种液相和一种固相产生另一种新的固相的过程称为包晶转变. $\overline{DFE}$ 称为包晶线;F 点称为包晶点;F 点的温度和成分分别称为转熔温度和包晶成分. 在这种转变过程中原来所析出的固相 α 的外层首先与液相反应,形成新固相 β,包在 α 相的晶体外面,这就是包晶转变名称的由来.

(6) 形成稳定化合物的二元相图. 在一些二元系中,两组元可形成稳定的化合物,在熔点以下保持自己的晶体结构. 由于化合物有固定的组分比,若把化合物 A_nB_m 当作组元,那么化合物二元相图就可看成是由 A 与 A_nB_m 和 B 与 A_mB_n 两个二元相图的拼合,两图宽度之比为 m/n,如图 6.6.3 所示.

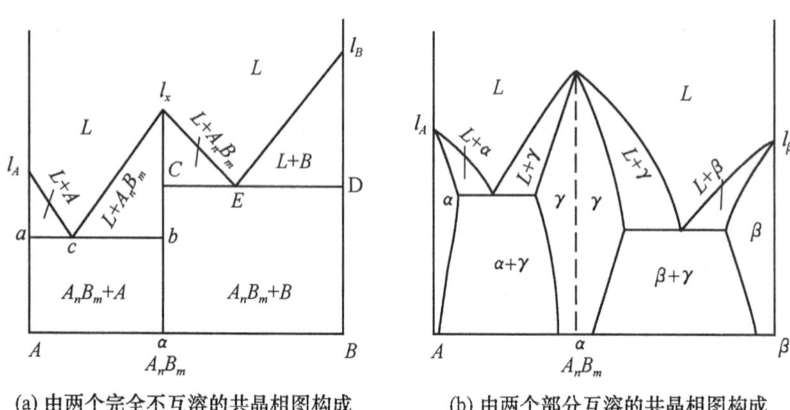

(a) 由两个完全不互溶的共晶相图构成　(b) 由两个部分互溶的共晶相图构成

图 6.6.3 形成稳定化合物的二元相图

6.6.2 合金的固体相

按照合金成分不同对合金固相结构的影响,合金固体相通常可分为固溶体和中间相两大类. 下面分别作简要介绍.

1. 固溶体

固溶体即固态溶液. 我们把含量较多的基质物质看作溶剂,把含量较少的掺杂物质看作是溶解在基质溶剂中的溶质. 结构上,固溶体是单相合金,其固体相保持溶剂的晶格结构. 溶质在固溶体中浓度的最大限度称为固溶度或固溶极限. 按照固溶度是否有限,固溶体又可分为连续固溶体和有限固溶体.

连续固溶体. 连续固溶体中两种元素可以无限制的相互溶解. 随着成分的变化,可以从一种纯元素的情况连续过渡到另一种纯元素的情况,过程中不出现任何结构相变,即合金可以以任何成分比例组成单一的固相. 其相图如同图 6.6.2(a)所示的匀晶相图那样.

显然,形成无限固溶体的两种物质必须要有相同的晶格结构,相同的原子或离子半径及相似的化学组成. 如 Cu-Ni 合金就是典型的无限固溶体.

有限固溶体. 若溶质物质在溶剂物质中的溶解度是有限的,即固溶度有限,超过某一界限,合金的相将是两种元素各自单独存在时晶格结构形式的混合,或者说有溶质相析出,则称此固溶体为有限固溶体. 图 6.6.2(b)、(c)中 α、β 相就是有限固溶体. 它们都保持溶剂物质的晶格结构不变.

也可按溶质原子在溶剂物质晶格中所占的位置不同对固溶体分类:若溶质原子处于溶剂原子的晶格位置而代替了溶剂原子,则称这样形式的固溶体为替代式(置换式)固溶体,两种原子在晶格上的分布一般是无规的;若溶质原子无规地处于溶剂晶格的间隙位置形成固溶体,则称为间隙固溶体,原子的间隙位置一般较小,只能容纳线度较小的原子,而且容纳的数目也是有限的,所以间隙固溶体一般都是有限固溶体.

影响固溶体的因素很多,主要有以下几点:

(1) 晶格结构影响. 两组元有相同的晶格和相近的晶格常数是形成连续固溶体的必要条件;即使不能形成连续固溶体,所形成的有限固溶体的浓度也较大.

(2) 原子大小影响. 原子线度的差别越小,固溶度越大. 经验证明,两组元原子半径的差别小于 15%,才可能形成固溶度较大的替代式固溶体;对于间隙固溶体,原子半径比 $r_{溶剂}/r_{溶质}<0.59$ 时,才能形成. 因为原子大小的不同将引起溶质原子附近排列的畸变,使体系能量增加,晶格就不稳定,不利于固溶体的形成.

(3) 原子电负性影响. 只有当两种原子的电负性相差较小时,才能形成固溶体. 因为固溶体基本上是金属键结合的,如果负电性较大,它们便倾向于形成共价键-离子键结合,即倾向于形成化合物而不是形成固溶体.

(4) 相对原子价的影响. 实验表明,高原子价的元素在低价元素中的溶解度一般大于相反情况下的溶解度. 高熔点元素在低熔点元素中的溶解度高于与之相反的情况.

固溶体虽然是单相合金,其结构保持溶剂组元的晶格类型,但与纯溶剂组元的晶格相比,其结构仍有或多或少的变化,主要表现在,晶格常数变化及晶格发生畸变;另外,由于热涨落,伴随溶质原子的无规分布可能产生原子的偏聚和短程有序区. 这些影响固溶体的机械性质. 一般来说固溶体比纯组元固体有更好的综合力学性质,既有较高的硬度和抗拉强度,又有较好的冲击韧性和延伸性.

2. 中间相

如果两种元素只有有限的相互溶解度,当超过两元素的固溶度后,可能出现既不同于溶剂元素也不同于溶质元素晶格结构的新的固体相,由于此时的成分比处于相图成分坐标的中间位置,所以称为中间相. 如图 6.6.4 所示的 Cu-Zn 合金相图里,β、γ 等相就是中间相. 中间相的种类十分繁多,这里简单介绍一些典型的中间相.

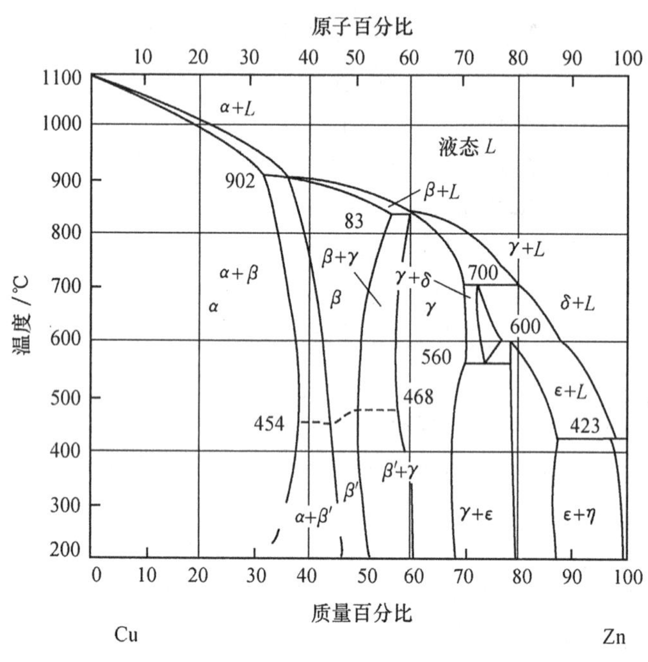

图 6.6.4　多相合金相图

1) 正常价化合物

当两种原子的正、负电性差别较大时,则以确定的成分形成化合物. 成分由化合价规律确定. 化合物以共价-离子混合键结合. 化合物分子规则排列成晶格,称为正常价化合物. 化合物成分确定,在相图上用一条竖直线表示,如图 6.6.5 中 Mg_2Si. Ⅲ族和Ⅴ族元素在 1/2 原子成分下形成Ⅲ-Ⅴ 族化合物,以共价结合为主,大多数具有闪锌矿结构. 它们都是重要的半导体材料.

2) 间隙相和间隙化合物

由过渡族元素与非金属元素(如 B、C、N、H 等)可以形成间隙相或间隙化合物,这主要取决于两种原子线度的相对大小.

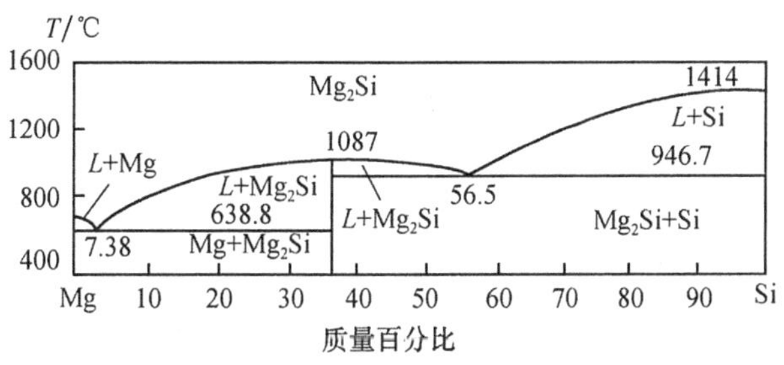

图 6.6.5 Mg-Si 系相图

当非金属原子半径 $r_{非}$ 与过渡族金属原子半径 $r_{金}$ 之比 $r_{非}/r_{金}<0.59$ 时，形成间隙相. 此时较大金属原子占据格点位置，较小非金属原子处于间隙位置，而且金属元素构成不同于它们在纯金属时的晶格结构. 间隙相两元素的原子数之比，一般满足简单化学式的要求，如果用 M 代表金属元素，X 代表非金属元素，其化学式可写成 M_4X、M_2X、MX 和 MX_2 等. 例如，纯钒是体心立方晶格，间隙相的碳化钒(VC)中的钒成为面心立方晶格，碳原子规则地分布在间隙位置，最终形成 NaCl 结构类型.

间隙相可以溶解组元元素，间隙相之间也可以互溶，形成有限固溶体(称为二次固溶体). 因此在相图上占据一定的成分范围的相区. 间隙相具有高熔点、高硬度，且具有金属光泽、较高导电率等金属特性.

当 $r_{非}/r_{金}>0.59$，一般形成复杂的化合物，称为间隙化合物，如 Fe-C 系中的 Fe_3C(渗碳体)就属于间隙化合物. 在相图上，间隙化合物也用一竖直线表示. 间隙化合物具有很高的熔点和硬度，称为硬质合金，如 Cr_3C_3、MnC_3 等. 它们是重要的高温材料和刀具材料.

3) 电子化合物

不同于前两类中间相，有一类以金属价结合的中间相，不遵守化合价规则，但其结构取决于价电子数与原子数的比值. 我们称此中间相为电子化合物. 如图 6.6.4 中所示的 Cu-Zn 合金中的 β 相、γ 相、ε 相都是典型的电子化合物.

电子化合物的成分可以有一定的变化范围，当溶质原子达到一定的百分比后，将有新的中间相出现. 对 Cu-Zn 合金来说，当 Zn 原子的百分比小于 35%时，合金具有与溶剂元素 Cu 相同的晶体结构——面心立方结构，此时是固溶体；当 Zn 成分等于 35%时，出现体心立方的 β 相；并且随着 Zn 成分的增大，β 相不断增大，在 Zn 成分小于 50%附近很窄的区域内以 β 相单独存在；当 Zn 成分等于 50%时，出现 γ 相，为较复杂的立方结构；当 Zn 继续增加，就会出现具有六角密积结构的 ε 相.

6.6.3 休姆-罗瑟里定则和合金相的能带理论

1) 休姆-罗瑟里(Hume-Rothery)定则

休姆-罗瑟里对大量合金进行分析对比后发现：当每个原子的平均价电子数达

到一定值时，电子化合物均出现具有特定晶格结构的相，其规律如下：

价电子数 / 原子数	3/2	21/13	7/4
结　　构	体心立方(β)	复杂立方(γ)	六角密积(ε)

以上规律称为**休姆-罗瑟里定则**. Ⅱ、Ⅲ及ⅣB 族元素与 Cu、Ag、Au 组成的合金，都符合上述规律.

2) 休姆-罗瑟里定则的能带理论解释

休姆-罗瑟里定则可用价电子的能带填充情况来解释. 仍以 Cu-Zn 合金为例，溶剂物质为一价 Cu，具有面心立方结构. 当溶入二价的 Zn 原子后，Zn 原子将替代一部分晶格格点上的 Cu 原子，因而引起晶体价电子密度 n_e 增大. n_e 的增大可以引起两种变化：

(1) 不改变晶体结构，而仅仅使费米面半径 $k_F=(3\pi^2 n_e)^{1/3}$ 增大.

(2) 引起晶体结构的变化，晶体进入新的相.

到底发生哪种变化，要看哪种变化所需的能量较少.

当费米面远离布里渊区界面时，金属价电子可近似用自由电子描述，其能态密度 $g(E)$ 随能量 E 的增大而增大，故外来价电子占据下一个能态只需要消耗不多的能量. 此时价电子密度 n_e 的增大只引起费米面半径 k_F 的增大. 然而当费米面接近布里渊区界面时，由 4.7 节讨论可知，能态密度随能量的增大而急剧下降，进一步填充电子所需能量急剧增大. 相比之下，重新组成一新相所需的能量较少，这时晶体将发生结构变化，进入新相. 图 6.6.6 给出了面心立方与体心立方晶体能态密度与能量的关系曲线.

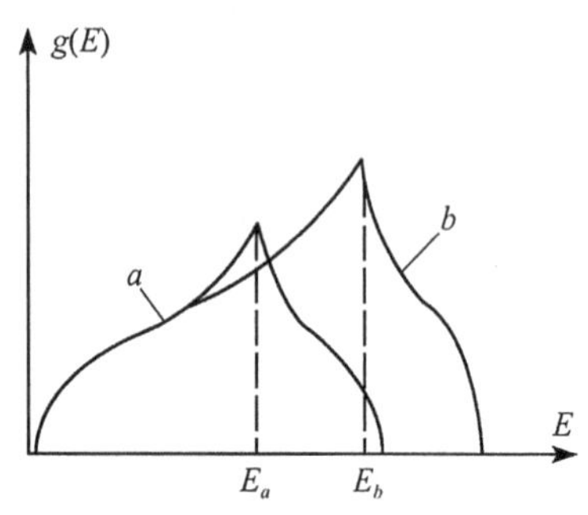

图 6.6.6　能态密度与能量的关系
a. 面心立方晶体；b. 体心立方晶体
E_a、E_b 表示费米面接触到布氏区边界时的能量

现以 Cu-Zn、Au-Zn 合金为例，用上述理论来计算合金 β 相单独存在区域内，每个原子的平均价电子数. β 相具有体心立方结构，若设体心立方的晶格常数为 a，则其倒格子是晶格常数为 $4\pi/a$ 的面心立方格子，其第一布里渊区是一菱形十二面体. 由图 1.6.4 可求得，第一布里渊区内切球的半径 r 为面心立方倒格子的面对角线长度的 1/4，即

$$r=\frac{1}{4}\times\frac{4\pi}{a}\sqrt{2}=\frac{\sqrt{2}\pi}{a}$$

在自由电子近似下，费米面是球面，当费米面达到布里渊区界面时，即 $k_F=r$ 时，费米面内的价电子数就是 β 相所能容纳的最多价电子数. 如果电子继续增加，将有 γ

相析出. 由于在 k 空间的态密度为 $2V/(2\pi)^3$, V 为晶体体积, 对体心立方晶格 $V=Na^3/2$, N 为原子数, $a^3/2$ 为原胞体积, 因此, 费米面内的价电子数

$$N_e = 2\frac{V}{(2\pi)^3}\times\frac{4}{3}\pi k_F^3 = 2\frac{1}{(2\pi)^3}N\times\frac{1}{2}a^3\times\frac{4}{3}\pi\left(\frac{\sqrt{2}\pi}{a}\right)^3 = \frac{\sqrt{2}}{3}\pi N \approx 1.48N$$

由此可得, β 相时价电子数与原子数的比

$$\frac{N_e}{N} = \frac{\sqrt{2}}{3}\pi \approx 1.48$$

与休姆-罗瑟里定则基本符合. 由 N_e 与 N 的比值, 可求得 Zn 的浓度; 设 Zn 原子数为 N_{Zn}, 则

$$\frac{N_e}{N} = \frac{2N_{Zn}+N-N_{Zn}}{N} = 1.48$$

得

$$\frac{N_{Zn}}{N} = 1.48-1 = 0.48$$

即在 β 相时, Zn 浓度为 $0.48N$. 这也与实验结果一致. 对 γ 相、ε 相进行完全类似的计算, 也都得到与休姆-罗瑟里定则相符的结果. 这说明用能带理论解释电子化合物是成功的.

本 章 要 点

1. 缺陷

对理想周期性结构的任何偏离都称之为缺陷. 缺陷的存在对晶体的性质有重大影响, 以至可决定性的改变晶体的性质.

2. 点缺陷

点缺陷是在一个或几个原子的微观区域内对理想结构的偏离. 它包括由原子热振动涨落所引起的热缺陷和晶体中的杂质原子.

肖特基缺陷(空位)平衡数目

$$n_S = Ne^{-u_S/(k_BT)}$$

填隙原子缺陷数目

$$n_I = N'e^{-u_I/(k_BT)}$$

夫伦克尔缺陷数目

$$n_F = \sqrt{NN'}e^{-u_F/2k_BT}$$

色心. 能吸收可见光的点缺陷称为色心. 离子晶体中带电点缺陷产生局域电子态, 载流子在这些电子态之间的跃迁产生吸收带, 吸收带的吸收中心称为色心频率.

3. 热缺陷的运动

空位跳动概率

$$P_S = \nu_{0I}\exp\left(-\frac{E_s}{k_B T}\right)$$

填隙原子的跳动概率

$$P_I = \nu_{0I}\exp\left(-\frac{E_I}{k_B T}\right)$$

正常格点原子跳到间隙位置的概率

$$P = \nu_{0I}\exp\left(-\frac{u_S + u_I + E_I}{k_B T}\right)$$

4. 扩散的微观机制

空位机制

$$D_S = \frac{1}{6}a^2\nu_{0I}\mathrm{e}^{-E_I/(k_B T)}$$

填隙原子机制

$$D_I = \frac{1}{6}\nu_{0I}\mathrm{e}^{-(u_I+u_S+E)/(k_B T)}$$

5. 离子晶体的电导率

$$\sigma = \sum_{i=1}^{4}\sigma_i = \frac{1}{k_B T}\sum_{i}^{4} N e_i^2 a_i^2 v_{0I}\mathrm{e}^{-(u_i+E_i)/(k_B T)}$$

6. 线缺陷

位错线:晶体中偏离理想周期结构的线称为位错线.

刃位错:滑移方向与位错互相垂直的位错称为刃位错. 它对晶体的范性和强度有较大影响.

螺位错:滑移方向与位错线平行的位错称为螺位错. 它可明显提高晶体的生长速度,是凝固的生长点.

位错运动机理——蠕动模型.

7. 面缺陷

晶界和堆积层错是两类主要的面缺陷.

8. 合金与合金相

合金:由两种或两种以上元素组成的溶合体称为合金. 合金可分为固溶体和中

间相两类.

相:成分相同,结构相同,并有界面与其他部分分开的系统的某均匀部分称为一个相.

固溶体:固溶体是一种固态溶液.其溶剂元素与溶质元素不发生化学反应.固溶体可分为:

(1) 连续固溶体:两种元素无限制的相互溶解的固溶体称为连续固溶体.

(2) 有限固溶体:两种元素溶解度是有限的固溶体称为有限固溶体.

中间相:超过溶解度后,合金出现的不同于溶剂、溶质元素单独存在时的结构,称之中间相.中间相可分为:

(1) 正常价化合物;

(2) 间隙化合物;

(3) 电子化合物.

9. 休姆-罗瑟里定则

对电子化合物,其结构相与 n_e/n_a 满足一定的对应关系.其中 n_e、n_a 分别是价电子数和原子数.

思　考　题

6.1　为什么形成一个空位所需的能量低于形成一个弗伦克尔缺陷所需的能量?

6.2　离子晶体有哪些类型的点缺陷?什么叫色心?

6.3　讨论填隙原子和空位复合时,可将其中一种缺陷看成相对静止,另一种缺陷移近它而进行复合.这种近似处理的根据何在?

6.4　自扩散是以点缺陷的存在为前提的,扩散系数 $D(T)\sim e^{-Q/(k_BT)}$ 中出现激活能项的根据是什么?Q 与哪些因素有关?

6.5　分析位错线可以聚集杂质的根据.

6.6　位错运动的蠕动模型有什么实验依据?

6.7　比较固溶体和中间相.

6.8　何为共晶、包晶反应?

6.9　试用能带理论解释休姆-罗瑟里定则.

习　　题

6.1　由 N 个原子组成的晶体,证明其肖特基缺陷数目 $n_S=Ne^{-u_S/(k_BT)}$,其中 u_S 为形成一个空位所需的能量.

6.2　铜中形成一个肖特基缺陷的能量为 1.2eV,若形成一个间隙原子的能量为 4eV,试分别计算 1300K 时的肖特基缺陷和填隙原子数目,并对两者进行比较(铜的熔点是 1360K).

6.3　设一个钠晶体中空位附近的一个钠原子迁移时必须越过 0.5eV 的势垒,原子振动频率为 10^{12},试估算室温下放射性钠在正常钠中的扩散系数及 373K 时的扩散系数(已知形成一个钠空位所需能量为 1eV).

6.4　在离子晶体中,由于电中性要求,正、负离子空位多成对出现. 令 n_{sp} 代表正、负离子空位的数目,u_{sp} 是产生一对缺陷所需的能量,N 是原有的正、负离子对的数目. 在理论上可推出

$$n_{sp}/N = e^{-u_{sp}/(2k_B T)}$$

(1) 试述产生正、负离子空位后,晶体体积的变化 $\Delta V/V$. V 为原有的体积.

(2) 在 800℃时,用 X 射线测定食盐的离子间距,再由此测定密度 ρ,算得分子量 M_p 为 58.430±0.016,而用化学方法所测定的分子量 M_c 是 58.454,求在 800℃时缺陷 n_s/N 的数量级.

6.5　在一维晶格中,晶格粒子的势能曲线如习题 6.5 图所示. 设晶体中只有一种肖特基缺陷,格点上的粒子每秒从能谷 1 跳到能谷 2 的概率为

$$P = \frac{\upsilon}{l}\exp\left(-\frac{W}{k_B T}\right)$$

其中 l 为缺陷的最近邻格点数目. 试推导处扩散流密度和扩散系数的表达式.

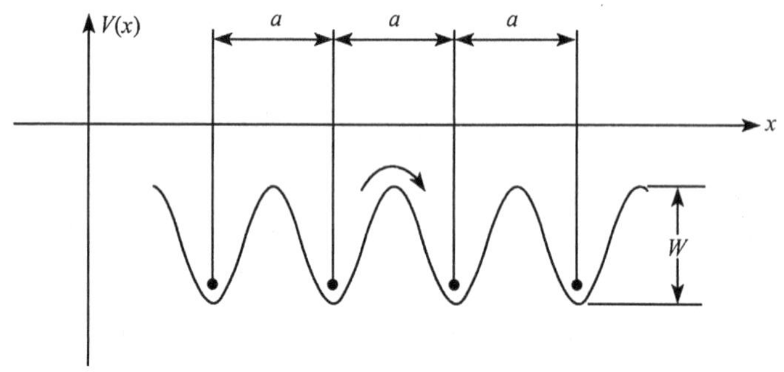

习题 6.5 图

6.6　试导出表示 A-B 二元系成分的原子百分数与质量百分数的换算公式.

第二部分

第7章　半　导　体

在所有固体材料中，半导体是最令人感兴趣的，因而也是被人们最广泛研究的材料之一. 它已经成为电子、信息等产业和技术领域无可替代的物质基础. 今天，半导体材料以及以半导体制造的器件仍在不断地发展.

半导体的导电性能介于金属和绝缘体之间. 在热力学温度零度下，它不导电；在室温下，它的电阻率约为 $10^{-4} \sim 10^{-7} \Omega \cdot m$，至少比金属的电阻率大 10^3 倍，而至少比绝缘体小 10^7 数量级. 半导体的性质密切依赖于温度、杂质、光照、压力等多种因素，这些因素的影响无不与半导体的电子运动有关. 本章在能带理论的基础上介绍半导体电子论中具有普遍意义的基本内容.

7.1　半导体晶体结构

半导体包含了物理性质和化学性质不同的很多材料，根据材料的结合性质，可分为以下几类.

1. Ⅳ 族半导体

这是最常用最重要的半导体，如 Si、Ge 和 α-*Sn*（灰锡）等. 它们都位于周期表的第 4 列，是典型的共价晶体. 每个原子与其周围的 4 个原子形成满壳层结构，成键的价电子处在 $2S^2 2p^2$ 的杂化轨道上，如图 7.1.1 所示. Ⅳ 族半导体都具有金刚石结构（图 1.2.3），由两个相同的原子组成一个基元，基元代表点构成面心立方格子.

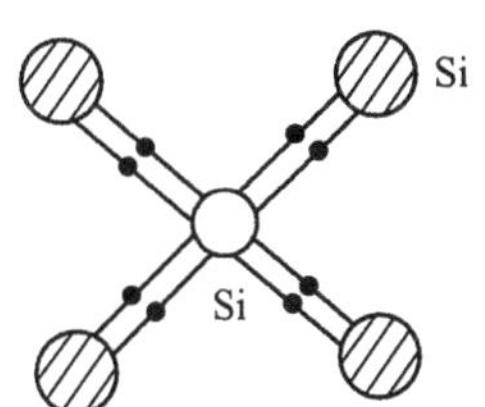

图 7.1.1　硅中的正四面体键
小黑点表示形成共价键的电子

2. Ⅲ-Ⅴ族化合物半导体

此类半导体的典型代表是 GaAs、InSb、GaP 等，化合物中的元素分别处于周期表的第 3 和第 5 列. Ⅲ-Ⅴ族化合物以共价键和离子键的混合键结合；它既具有共价键的方向性的特点，又具有离子键具有极性的特点，称为有极键. 其正四面体键如图 7.1.2 所示，与图 7.1.1 的差别是电子分布偏向于负电性较高的原子，如 GaAs 中的 As 原子. Ⅲ-Ⅴ类化合物都为闪锌矿结构.

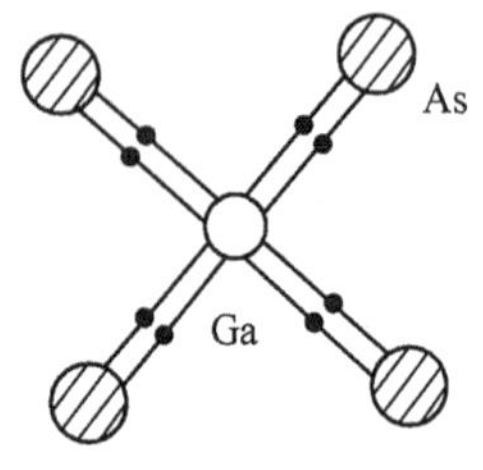

图7.1.2　GaAs的正四面体键

Ⅲ-Ⅴ族化合物的极性特征，使其晶格在外电场的作用下可以发生极化. 即在这类材料中离子位移对介电常量有贡献，它表现在光学声子与光子的相互作用，导致在红外波段出现强的色散.

3. Ⅱ-Ⅵ族化合物半导体

CdS和ZnS是此类半导体的典型代表. 大部分此类化合物也是闪锌矿结构，也是具有极性的共价键结合. 但结合键的离子性成分更大，从而材料的极性特征较Ⅲ-Ⅴ族化合物更强.

7.2　半导体的能带结构

如果把电子占满的能量最高的能带称为价带，而把能量最低的空能带称为导带，那么半导体与绝缘体的差别仅在于价带与导带之间的能隙较小. 在一般温度下，价带上的少量电子在热激发下跃迁到空带，使导带底部带有少量电子，而价带顶部带有少量空穴，结果使两个能带都成为部分填充的，从而具有一定的导电性. 我们称这些能对电流有贡献的电子和空穴为载流子. 显然，这些载流子的运动，取决于半导体的能带结构.

由于在半导体中导电涉及的仅是导带底部的电子与价带顶部的空穴，这两个能带其他部分的电子和其他能带的电子不参与导电，因此研究半导体的能带结构主要是研究价带顶边、导带底边的结构以及两带之间的能隙. 在第4章中已经说过，在能带的带顶和带底，电子运动可看成是具有有效质量 m_e^* 的自由电子运动. 因此，对满带顶部，如果带顶极值能量是 $E_V(k_0^V)$，则满带顶部的能量 $E_V(k)$ 为

$$E_V(k)=E_V(k_0^V)-\frac{\hbar^2}{2}\left[\frac{(k_x-k_{0x}^V)^2}{m_{hx}^*}+\frac{(k_y-k_{0y}^V)^2}{m_{hy}^*}+\frac{(k_z-k_{0z}^V)^2}{m_{hz}^*}\right] \tag{7.2.1}$$

式中，m_h^* 为空穴的有效质量，它与电子有效质量的关系为 $m_h^*=-m_e^*$. 对价带底部，如果带顶极值能量是 $E_V(k_0^C)$，同样有

$$E_C(k)=E_C(k_0^C)+\frac{\hbar^2}{2}\left[\frac{(k_x-k_{0x}^C)^2}{m_{ex}^*}+\frac{(k_y-k_{0y}^C)^2}{m_{ey}^*}+\frac{(k_z-k_{0z}^C)^2}{m_{ez}^*}\right] \tag{7.2.2}$$

由式(7.2.1)及式(7.2.2)所示的能谱，其等能面在 K 空间为椭球面. 为简单计，下面仅讨论一种最简单的情形：等能面为球面，也就是 m^* 是标量的情形. 此时，式(7.2.1)与式(7.2.2)分别为

$$E_V(k)=E_V(k_0^V)-\frac{\hbar^2(k-k_0^V)^2}{2m_h^*} \tag{7.2.3}$$

$$E_C(k) = E_C(k_0^C) + \frac{\hbar^2(k - k_0^C)^2}{2m_e^*} \tag{7.2.4}$$

对大部分具有立方晶系的半导体,这是一个有效的模型. 从以上讨论可以看到,半导体能带结构的主要参量是电子、空穴的有效质量和满带与导带之间的能隙 $E_g = E_C(k_0^C) - E_V(k_0^V)$. 下面对这两个参量予以分别讨论.

1. 能隙

能隙的宽度是导带底边与价带顶边的能量之差,$E_g = E_C(k_0^C) - E_V(k_0^V)$,是影响半导体性质的基本参量,可由半导体的本征吸收等现象的实验测定. 在研究和测定能隙时,有以下两种情况必须区别:

若导带底边和价带顶边位于 k 空间中的同一点,即 $k_0^V = k_0^C$ 时,称这种情况下的带隙为**直接带隙**;否则,则称之为**间接带隙**. 两种带隙分别如图 7.2.1(a)、(b)所示. 半导体也因它们的带隙不同而分为直接带隙半导体和间接带隙半导体. 它们在光吸收、发光、输运等现象上有明显的区别. 对图 7.2.1(a)所示的直接带隙, 导带的最低点和价带的最高点出现于同一个 k 值处,直接光跃迁是垂直的, k 没有显著的变化,因为吸收的光子具有很小的波矢. 直接跃迁吸收阈频率 ω_g 确定能隙$E_g = \hbar\omega_g$. 对图 7.2.1(b)所示的间接跃迁涉及光子和声子. 因为导带边和价带边在 K 空间中远离,间接过程的阈能比真正的能带隙大. 两个带边之间的间接跃迁的吸收阈相应于 $\hbar\omega = E_g + \hbar\omega_q$,此处 ω_q 是波矢为 $q \approx -k_0^C$ 的发射声子的频率. 这是因为在较高的温度下声子已经存在;如果声子和光子一起被吸收,则阈能为 $\hbar\omega = E_g - \hbar\omega_q$. 注意,这个图仅仅表示阈跃迁. 一般说来,两个能带中凡是能够保持波矢和能量守恒的点之间几乎都能发生跃迁.

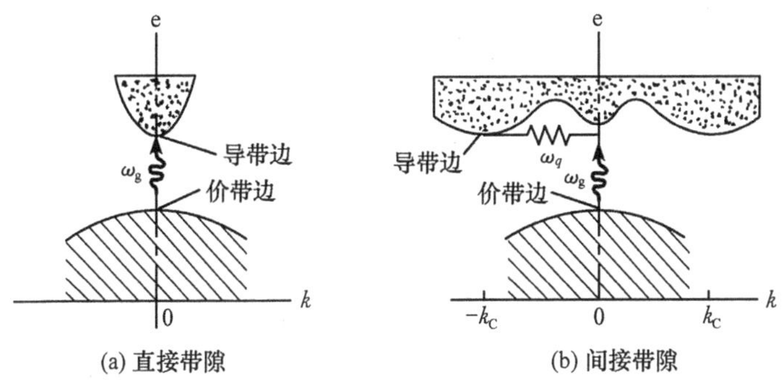

图 7.2.1

光的本征吸收和发射是测定能隙常用的方法. 价带顶部 K_V 态的电子吸收一个光子 $\hbar\omega$ 跃迁到导带底部的 k_C 态时,满足能量方程

$$\hbar\omega \geqslant E_g \quad \text{或者} \quad \frac{2\pi\hbar c}{\lambda} \geqslant E_g \tag{7.2.5}$$

式中，ω、λ 是光子的圆频率和波长. 式(7.2.5)中的等号确定了一个临界波长

$$\lambda_0 = \frac{2\pi\hbar c}{E_g}$$

称为**本征吸收边**，它的大小由能隙 E_g 所决定. 电子不能吸收波长大于 λ_0 的光波而发生跃迁. 对带边跃迁，式(7.2.5)可近似写成

$$\hbar\omega \approx E_g \tag{7.2.6}$$

同时，本征吸收还必须满足准动量守恒

$$\hbar \boldsymbol{k}_0^{\mathrm{C}} - \hbar \boldsymbol{k}_0^{\mathrm{V}} = \hbar \boldsymbol{k}_{光子} \tag{7.2.7}$$

一般情况下，本征吸收光子的波矢 $k_{光子} = 2\pi/\lambda_0 = \omega_0/c = E_g/(\hbar c) \approx 10^6 \mathrm{m}^{-1}$，而布里渊区的线度 $2\pi/a$ 约为 $10^{10}\mathrm{m}^{-1}$ 的数量级，与靠近布里渊界面的电子波矢 k_0^{C}、k_0^{V} 比较，可认为 $k_{光子} \approx 0$. 因此，对直接带隙和间接带隙，本征吸收的机制不尽相同.

对直接带隙，$k_0^{\mathrm{C}} = k_0^{\mathrm{V}}$，动量守恒方程(7.2.7)成立. 这表明跃迁前后电子的波矢不变. 这种跃迁称为竖直跃迁.

对间接带隙，因为 $k_0^{\mathrm{C}} \neq k_0^{\mathrm{V}}$，为使得本征吸收能够进行，必须伴随吸收或发射一个声子，即满足

$$E_g = \hbar\omega_{光子} + \hbar\omega_{声子} \approx \hbar\omega_{光子} \tag{7.2.8}$$

及

$$\hbar k_0^{\mathrm{C}} - \hbar k_0^{\mathrm{V}} = \hbar k_{光子} + \hbar q_{声子} \approx \hbar q_{声子} \tag{7.2.9}$$

由于声子能量 $\hbar\omega_q \approx k_B\Theta_D$（德拜温度），一般最高为 eV 的几百分之一，它远小于 $\hbar\omega_{光子}$，在式(7.2.8)中已经把它略去. 也就是说，在间接带隙的跃迁（称之为非竖直跃迁）过程中，电子跃迁所需要的能量主要由光子提供，而所需要的准动量主要由声子提供. 由于这是一个电子、光子和声子之间的两级碰撞过程，所以其跃迁概率远小于竖直跃迁.

与上述的本征吸收相对应的逆过程，是导带电子跃迁到价带空能级而发射光子. 这称为电子空穴复合发光. 一般情况下，电子集中在导带底边，空穴集中在价带顶边，因此发射光子的能量基本上等于能隙宽度. 因此，可用测定发射光子波长来测定能隙 E_g. 表 7.2.1 给出了常用半导体的能隙值. 由于与上述光吸收同样的原因，直接带隙半导体的这种发光概率远大于间接带隙半导体. 因此，制作半导体电子-空穴复合发光器件时，一般都选用直接带隙半导体.

表 7.2.1 价带和导带之间的能隙

晶体	带隙*	E_g/eV		晶体	带隙	E_g/eV	
		0K	300K			0K	300K
金刚石	i	5.4		HgTe**	d	−0.30	
Si	i	1.17	1.14	PbS	d	0.286	0.34
Ge	i	0.744	0.67	PbSe	d	0.165	0.27
Sn	d	0.00	0.00	PbTe	d	0.190	0.30
LnSb	d	0.24	0.18	CdS	d	2.582	2.42
lnAs	d	0.43	0.35	CdSe	d	1.840	1.74
InP	d	1.42	1.35	CdTe	d	1.607	1.45
GaP	i	2.32	2.26	ZnO		3.436	3.2
GaAs	d	1.52	1.43	ZnS		3.91	3.6
GaSb	d	0.81	0.78	SnTe	d	0.3	0.18
AlSb	i	1.65	1.52	AgCl			3.2
SiC		3.0		AgI			2.8
Te	d	0.33		CuO		2.172	
ZnSb		0.56	0.56	TiO		3.03	

* i 为间接能隙，d 为直接能隙.

** HgTe 是半金属，能带交叠.

2. 带边有效质量与回旋共振

半导体能带结构的另一个基本参量是价带顶边空穴和导带底边电子的有效质量，这可由式(7.2.1)与式(7.2.2)明显看出. 与能隙一样，带边有效质量也可由实验测定. 常用的方法是利用回旋共振现象设计的方法来测定的.

为了说明回旋共振现象，先讨论布洛赫电子在恒定外磁场中的运动. 为简单计，只考虑一种载流子，如电子在磁场中的运动方程是

$$\hbar \frac{\mathrm{d}\boldsymbol{k}}{\mathrm{d}t} = -e\boldsymbol{v} \times \boldsymbol{B} \tag{7.2.10}$$

式中，$\boldsymbol{B}$ 是外磁场，$\boldsymbol{v}$ 是电子速度，$\boldsymbol{v}=\frac{1}{\hbar}\nabla_k E(\boldsymbol{k})$，按照式(7.2.10)，$\boldsymbol{k}$ 在 δt 时间间隔内的改变量 $\delta\boldsymbol{k}$ 由下式给出，有

$$\delta\boldsymbol{k} = -\frac{e}{\hbar}[\boldsymbol{v}(\boldsymbol{k}) \times \boldsymbol{B}]\delta t \tag{7.2.11}$$

上式表明电子在 K 空间运动，其位移 $\delta\boldsymbol{k}$ 垂直于 $\boldsymbol{v}$ 和 $\boldsymbol{B}$ 所确定的平面，即 $\delta\boldsymbol{k} \perp \boldsymbol{B}$ 及 $\delta\boldsymbol{k} \perp \boldsymbol{v}$. 由 $\delta\boldsymbol{k} \perp \boldsymbol{B}$ 可知，电子的轨道处于与磁场垂直的平面内. 由于

$$\frac{\mathrm{d}E(\boldsymbol{k})}{\mathrm{d}t} = \nabla_k E(\boldsymbol{k}) \cdot \frac{\mathrm{d}\boldsymbol{k}}{\mathrm{d}t} = \hbar\boldsymbol{v}(k) \cdot \frac{1}{\hbar}(-e\boldsymbol{v} \times \boldsymbol{B}) = -e\boldsymbol{v} \cdot (\boldsymbol{v} \times \boldsymbol{B}) = 0 \tag{7.2.12}$$

说明磁场的作用不改变电子的能量，却可使电子在等能面上运动.

若取 $\boldsymbol{B}$ 的方向为 z 轴方向，$\delta\boldsymbol{k} \perp \boldsymbol{B}$ 可表示为 $\delta\boldsymbol{k} \perp B\boldsymbol{k}$，即 $\delta k_z = 0$，k 在 z 方向保

持常量 k_z=常量. 所以 k_z=常量的平面与等能面的交线,就是电子在 k 空间的运动轨道,轨道平面垂直于磁场,如图 7.2.2 所示.

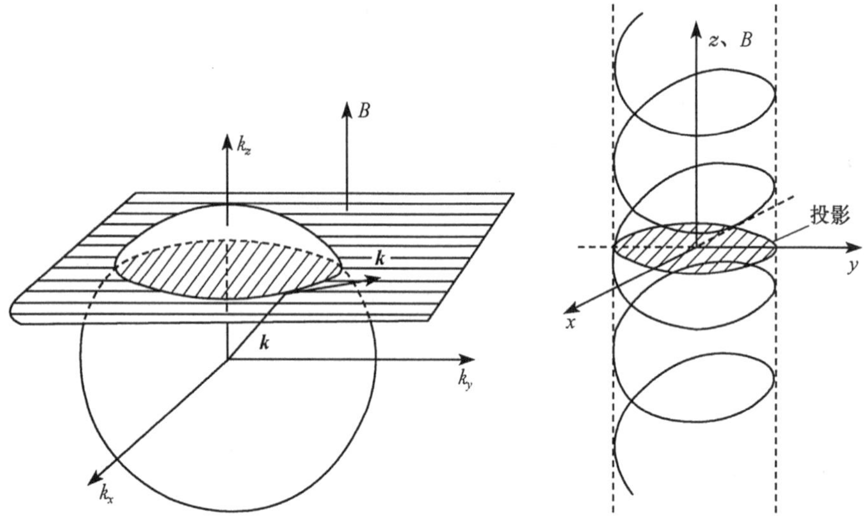

(a) 在磁场作用下自由电子在 k 空间运动的轨迹　(b) 在磁场作用下电子在实空间运动的轨迹

图 7.2.2

下面,我们计算电子在闭合轨道上的回旋频率. 设 $\boldsymbol{v}$ 与 $\boldsymbol{B}$ 之间的夹角为 θ,用 $v_\perp$ 表示 $\boldsymbol{v}$ 垂直于 $\boldsymbol{B}$ 分量. 式(7.2.11)可写成

$$\delta k = -\frac{e}{\hbar} v \sin\theta B \mathrm{d}t = -\frac{e}{\hbar} v_\perp B \delta t = \frac{e}{\hbar}\frac{1}{\hbar} \nabla_k E(k)_\perp B \delta t \tag{7.2.13}$$

式中,$\nabla_k E(k)_\perp$ 表示 E 的梯度在轨道平面上的投影. 这样,回旋时间也就是运动周期为

$$T = \oint \frac{\delta k}{\dot{k}} = \oint \frac{\delta k}{\left(\frac{\mathrm{d}k}{\mathrm{d}t}\right)_\perp} = \frac{\hbar^2}{eB}\oint \frac{\delta k}{(\nabla_k E)_\perp} \tag{7.2.14}$$

式中已用到由式(7.2.13)得到的 $(\mathrm{d}k/\mathrm{d}t)_\perp = +(eB/\hbar^2)(\nabla_k E)_\perp$. 回路积分号表示这个积分要在 K 空间循环一周. 为了进一步改写式(7.2.14),考虑 k_z=常量平面内 E 和 $E+\Delta E$ 的两个轨道,因为

$$\Delta E = (\nabla_k E)_\perp \cdot \Delta k$$

所以

$$T = \frac{\hbar^2}{eB}\oint \frac{\delta k \Delta k}{\Delta E} = \frac{\hbar^2}{eB}\frac{1}{\Delta E}\oint \delta k \Delta k = \frac{\hbar^2}{eB} \cdot \frac{1}{\Delta E}\Delta A(E) \tag{7.2.15}$$

式中,$\Delta A(E)$ 为两轨道之间的面积. 当 $\Delta E \to 0$ 时,有

$$\lim_{\Delta E \to 0} \frac{\Delta A}{\Delta E} = \frac{\partial A(E)}{\partial E}$$

所以

$$T=\frac{\hbar^2}{eB}\frac{\partial A(E)}{\partial E} \tag{7.2.16}$$

式中，$A(E)$能量为 E 轨道面积. 由此可知，电子在轨道上的回旋频率

$$\omega_c=\frac{2\pi}{T}=\frac{2\pi eB}{\hbar^2}\left[\frac{\partial A(E)}{\partial E}\right]^{-1} \tag{7.2.17}$$

由式(7.2.16)或式(7.2.17)，可建立电子有效质量 m_e^* 与 ω_c 的关系. 例如，若布洛赫电子具有球性费米面，即 $E=\frac{\hbar^2k^2}{2m^*}$，则

$$\begin{aligned}A(E)&=\pi(k_x^2+k_y^2)=\pi(k_x^2+k_y^2+k_z^2-k_z^2)=\pi(k^2-k_z^2)\\&=\pi\left(\frac{2m_e^*}{\hbar^2}\frac{\hbar^2k^2}{2m_e^*}-k_z^2\right)=\pi\left(\frac{2m_e^*}{\hbar^2}E-k_z^2\right)\end{aligned}$$

对于 k_z＝常量，有

$$\left.\frac{\partial A(E)}{\partial E}\right|_{k_z=\text{const}}=\pi\frac{2m_e^*}{\hbar^2}$$

代入式(7.2.16)，得

$$T=\frac{\hbar^2}{eB}\frac{2\pi m_e^*}{\hbar^2}=\frac{2\pi}{eB}m_e^* \tag{7.2.18}$$

或者用回旋频率表示

$$\omega_c=\frac{eB}{m_e^*} \tag{7.2.19}$$

由式(7.2.19)可知，如果测出布洛赫电子的回旋频率 ω_c，即可测出电子的有效质量. ω_c 可由所谓回旋共振方法测出：若在垂直于磁场方向上再加一频率为 ω 的交变电场 $\boldsymbol{E}$，则电子在电场的作用下沿电场 $\boldsymbol{E}$ 的方向振荡，电子就可以从交变电场中吸收能量. 当 $\omega_E=\omega_c$ 时，交变电场与电子回旋运动同步，电场能量被电子强烈吸引——共振吸收；电子将在郎道子能级之间跃迁. 这种共振吸收现象称为回旋共振. 知道了 B 的大小，再测出电子吸收能量最大时所对应的电场频率(通常在微波频率范围)，即可由

$$\omega_E=\frac{eB}{m_e^*}$$

求出有效质量 m_e^*.

这里需要指出，用回旋共振测半导体电子的有效质量，必须满足 $\omega_c\tau>1$ 的条件. τ 是弛豫时间，即电子的自由飞行时间. $\omega_c\tau=2\pi\tau/T>1$，表示电子在受到相继两次碰撞期间已经绕磁场转了许多圈. 只有此时，电子才可能周期运动；否则，其轨道是不完整的. 这就要求必须减少杂质、缺陷对电子的散射. 因而要求半导体材料

必须是高度纯度的，而且实验必须在低温下进行.

一般情况下，半导体的费米面并非球面，如锗、硅等都是如此. 因而其回旋半径在不同方向是不同的，也就是说回旋频率是各向异性的. 所以我们测定的有效质量实际上是有效质量的张量分量.

有了有效质量的张量分量，就可通过有效质量与能谱 $E(k)$的关系，确定相应等能面的曲率；从而得出费米面的形状，或者得知对应价带顶边和导带底边等能面的情况.

7.3 杂质半导体

7.1 节和 7.2 节讨论的是纯净半导体，也称为本征半导体，它的显著特点是两类载流子——电子和空穴的数目相等. 但在大多数实际应用中，我们要求只有一种载流子起主导作用，另一种载流子可忽略不计. 这种半导体可通过用适当杂质元素对其掺杂获得，称之为杂质半导体. 杂质对半导体的电学、光学、热学等性质产生重要影响，有时甚至是决定性的. 通过人为掺杂以控制半导体性质的原理和技术是整个半导体技术的重要基础.

7.3.1 杂质的局域态

当杂质原子替代基质原子而占据某些格点位置后，晶格周期性在这些点被破坏. 此时，晶体中的电子除了在允带中的由布洛赫波描述的共有化运动外，杂质所产生的局域场还给电子附加局域化的电子态——束缚态，正是这个束缚态能级的存在，大大地改变了纯净半导体的性质.

例如，在 Si 晶体中有控制地加入五价的 P 或 Sb、As 等，当杂质原子成分小于 10^{-6}时，这些杂质以替位方式存在于基质中. 五价的杂质原子的 4 个价电子与周围的 4 个 Si 原子形成共价键，第 5 个电子不能进入已饱和的共价键，因而不能像其他 4 个价电子那样被固定在成键方向上. 但由于杂质原子的核还有一净正电荷，这个多余的电子被这个正电荷中心所吸引，在杂质原子的周围运动，形成一个类似氢原子的结构. 因而此类氢结构的基态能级与氢原子类似，有

$$E_d = -\frac{m_e^* e^4}{2(4\pi\varepsilon_0\varepsilon_r\hbar)^2} = \frac{1}{\varepsilon_r^2}\frac{m_e^*}{m_e}\left[-\frac{m_e e^4}{2\times(4\pi\times\varepsilon_0\hbar)^2}\right] = \frac{1}{\varepsilon_r^2}\frac{m_e^*}{m_e}E_d^H \quad (7.3.1)$$

式中，E_d^H 为氢原子基态能量，$E_d^H=13.6\text{eV}$，m_e^* 与 m_e 分别为布洛赫电子的有效质量和自由电子质量. 对 Si 来说 $\varepsilon_r=11.7$，而 m_e^*/m_e 通常都小于 1，若采用典型 $\varepsilon_r=10$ 和 $m_e^*/m_e=1/5$，则 $E_d\approx E_d^H/500$，即杂质中心对电子的束缚能只有氢原子的 1/500，约为 0.01eV. 而杂质类氢结构的等效玻尔半径

$$r_d = \varepsilon_r \frac{m_e}{m_e^*}\left(\frac{\varepsilon_0 \hbar^2 4\pi^2}{\pi m_e^2}\right) = \varepsilon_r \frac{m_e}{m_e^*} a_0 \tag{7.3.2}$$

式中，a_0 为氢原子玻尔半径，由式(7.3.2)可得 r_d 约为 0.53×10^{-10}m，远大于晶格常数. 由以上分析可知，这类杂质对电子的束缚能极小，电子很容易逃离而成为共有化电子，因此，此束缚能级非常靠近导带底边，称为浅杂质能级.

同样的分析可以说明，由三价的杂质原子替代基质电子，可以产生一个靠近价带顶边的浅杂质能级. 只不过此时的束缚态结构是由一个负电荷中心束缚一个空穴组成的.

7.3.2 施主与受主

以上两种杂质局域束缚能级分别称为施主能级与受主能级.

施主能级是束缚电子的杂质局域态相应的能级，它位于导带底边附近. 此能级上的电子很容易被激发而跃迁到导带底部而成为导电载流子. 施主能级失去电子后成为空能级，不能参与导电，而且电子由施主能级跃迁到导带要远比满带到导带容易得多. 因此，主要含施主杂质的半导体，导带上的电子数要大大多于价带的空穴数. 这种以导带电子为主要载流子的半导体称为 n 型半导体. 其能带结构如图 7.3.1(a)所示.

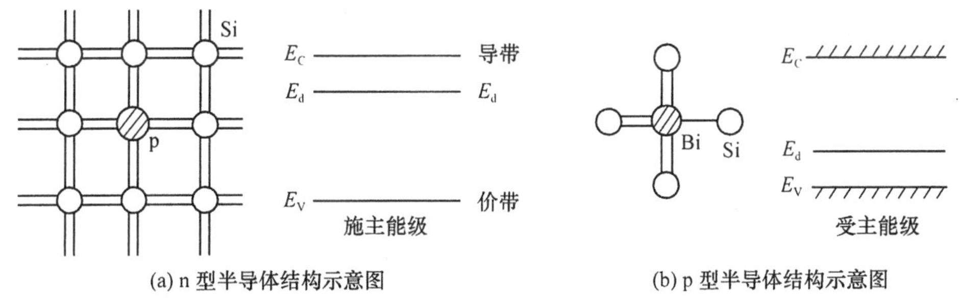

(a) n 型半导体结构示意图 (b) p 型半导体结构示意图

图 7.3.1

受主是束缚孔穴的杂质局域态相应的能级. 它位于价带顶边附近，是一个不带电子的空能级. 价带顶部的电子极容易跃迁到受主能级上而在价带上留下空穴. 由于受主能级是一个局域态，这种态上的电子不能参与导电，而电子由满带跃迁到受主能级要比跃迁到导带容易得多. 因此，主要含受主杂质的半导体，其价带的空穴数要比导带的电子数多得多. 这种以空穴为主要载流子的半导体称为 p 型半导体，其能带结构如图 7.3.1(b)所示.

由以上讨论可见，浅杂质能级对半导体的导电性起着决定性的作用.

7.3.3 深杂质能级

有些杂质或缺陷能级在带隙中处于距带边远的位置，称为深能级，并且常产生

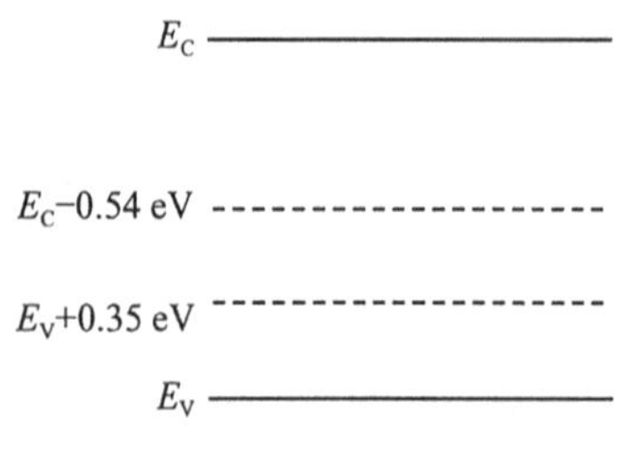

图 7.3.2 硅中金的深能级

多重能级. 图 7.3.2 画出了硅晶体中Ⅵ族元素杂质的能级. 代替 Si 原子的Ⅵ族杂质原子除了用 4 个价电子与近邻的 Si 原子组成共价键外,多余的两个电子被核的两个正电中心所束缚,很像一个类氦原子. 处于同一个壳层上的两个电子相互对正电中心的屏蔽是不完全的,平均来说,每个电子受到正电中心的束缚力大于单个电子受一个正电中心的束缚力. 因而其能级比浅能级离导带边远. 若一个电子电离后,另一个电子因失去屏蔽而受到更强的束缚,则第二电离能更高,即第二能级离导带边更远.

深能级杂质和缺陷对半导体材料性质有多方面的影响. 例如,由于它们是有效的复合中心,从而使载流子的寿命大大降低;它可以成为不产生辐射的复合中心,从而影响发光效率;以及由于深受主能级存在及自发辐射,可降低浅杂质能级的有效密度,从而大大提高材料的电阻率.

7.4 载流子的统计分布

载流子的浓度是半导体的一个最重要的参数,而载流子的浓度与满带、施主电子的激发相关. 本节利用费米统计的一般理论,说明载流子激发的定量规律.

7.4.1 半导体载流子浓度的费米统计及近似处理

半导体中的电子与金属中的电子一样,仍遵从费米分布规律. 因此,可利用一般费米统计的方法计算导带中的电子浓度. 若 E_C 表示导带底边的能量,E'_C表示导带顶边的能量,$g_C(E)$为导带单位体积的能态密度,则导带电子浓度 n 为

$$n = \int_{E_C}^{E'_C} g_C(E) f(E) \mathrm{d}E \tag{7.4.1}$$

式中

$$f(E) = \frac{1}{\mathrm{e}^{(E-E_F)/(k_B T)} + 1} \tag{7.4.2}$$

为费米分布函数. 但式(7.4.1)的计算将是困难的. 这主要是因为解含有费米分布函数的积分是困难的,而且一般也无法给出整个导带上的能态密度 $g_C(E)$. 因此,必须根据半导体的具体情况,对上述积分进行简化处理.

1. 费米分布的玻尔兹曼近似

半导体与金属能带结构的显著区别是,半导体的费米能处于能隙内,而且距导

带底边 E_C 和价带顶边 E_V 的距离往往比 k_BT 大的多,即

$$(E_C - E_F)/(k_BT) \gg 1, \qquad (E_F - E_V)/(k_BT) \gg 1$$

因而式(7.4.2)中的

$$(E - E_F)/(k_BT) > (E_C - E_F)/(k_BT) \gg 1$$

故积分中可近似有

$$f(E) \approx e^{-(E-E_F)/(k_BT)} \tag{7.4.3}$$

这表明导带中的电子很接近经典的玻尔兹曼分布.而且由于导带中 $f(E) \ll 1$,说明在导带中的能级被电子占据的概率平均来说是很小的.我们称之为电子分布是非简并化的.图 7.4.1 的费米分布函数曲线和能带的位置相比,表明整个导带位于费米分布的尾巴部分.说明由于导带远离 $E_F[f(E_F)=1/2]$,所以导带接近于空带.而价带在 E_F 的另一边,且远离 E_F,故价带接近于充满电子.

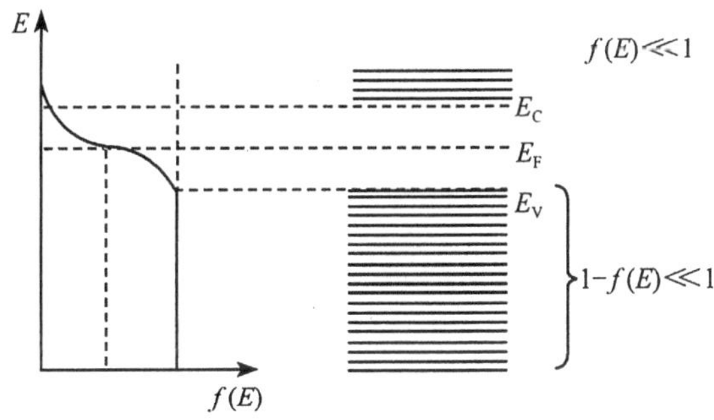

图 7.4.1 费米分布函数

2. 能态密度的自由电子近似

由于半导体中的载流子主要集中分布在导带底边和价带顶边附近,因此导带底边附近的电子与价带顶边附近的空穴都可用具有有效质量 m_e^* 和 m_h^* 的自由电子描述,因而可直接引用自由电子的能态密度公式写出导带底和价带顶的能态密度,有

$$g_C(E) = \frac{4\pi(2m_e^*)^{\frac{3}{2}}}{h^3}\sqrt{E - E_C} \tag{7.4.4}$$

$$g_V(E) = \frac{4\pi(2m_h^*)^{\frac{3}{2}}}{h^3}\sqrt{E_V - E} \tag{7.4.5}$$

并且用它们可近似表示导带与价带的能态密度.

7.4.2 载流子浓度与 E_F

根据以上的分析和近似,导带上的电子浓度可由下式计算,即

$$n=\int_{E_C}^{\infty} f(E)g_C(E)\mathrm{d}E \tag{7.4.6}$$

上式积分上限已取为∞大，这是因为仅在导带底边 $g_C(E)f(E)$ 有较大的值，而在更高能级上，$f(E)g_C(E)$ 实际上趋于零. 把式(7.4.3)、式(7.4.4)代入式(7.4.6)，得

$$n=\frac{4\pi(2m_e^*)^{\frac{3}{2}}}{h^3}\int_{E_C}^{\infty} \mathrm{e}^{-(E-E_F)/(k_BT)}\sqrt{E-E_C}\,\mathrm{d}E$$

$$=\frac{4\pi(2m_e^*)^{\frac{3}{2}}}{h^3}\mathrm{e}^{-(E_C-E_F)/(k_BT)}\int_{E_C}^{\infty} \mathrm{e}^{-(E-E_C)/(k_BT)}\sqrt{E-E_C}\,\mathrm{d}E$$

令

$$x=\frac{E-E_C}{k_BT}$$

及利用

$$\int_0^{\infty} x^{\frac{1}{2}}\mathrm{e}^{-x}\mathrm{d}x=\frac{1}{2}\sqrt{\pi}$$

最后可得

$$n=N_C\mathrm{e}^{-(E-E_F)/(k_BT)} \tag{7.4.7}$$

式中

$$N_C=\frac{2(2\pi m_e^* k_BT)^{\frac{3}{2}}}{h^3} \tag{7.4.8}$$

称为导带**有效能态密度**. 式(7.4.7)表明，导带的电子数就如同 N_C 个能级集中在导带底边 E_C 处时所含有的电子数.

对价带的**空穴浓度**，也很容易通过类似的计算求得. 若价带顶边的能量为 E_V，由于价带能级为空穴占据的概率就是不为电子所占据的概率，并考虑到离价带顶边远处的价带能级上出现空穴的概率为零，则价带上的空穴浓度为

$$P=\int_{-\infty}^{E_V}[1-f(E)]g_V(E)\mathrm{d}E=N_V\mathrm{e}^{-(E_F-E_V)/(k_BT)} \tag{7.4.9}$$

式中

$$N_V=\frac{2\times(2\pi m_h^* k_BT)^{3/2}}{h^3} \tag{7.4.10}$$

称为价带有效能态密度.

把式(7.4.7)与式(7.4.9)相乘，得

$$nP=N_CN_V\mathrm{e}^{-(E_C-E_V)/(k_BT)}=N_CN_V\mathrm{e}^{-E_g/(k_BT)} \tag{7.4.11}$$

上式说明：半导体中两种载流子乘积是一个仅依赖于能隙宽度 E_g 与温度的量，而与半导体的费米能 E_F 无关. 即对给定能隙的半导体，在一定温度下，导带电子越多，价

带空穴就越少,或者空穴越多,电子就越少;与杂质无关(杂质原子可能影响费米能).

由(7.4.7)和(7.4.9)两式可知,要求得半导体载流子浓度,关键是确定费米能 E_F. 因为 E_F 不仅与晶格结构、基质原子的结构有关,而且还与杂质原子有关,以下我们分别予以讨论.

1. 本征半导体

无杂质和缺陷的半导体,其费米能及载流子浓度完全取决于半导体本身的性质,称之为**本征半导体**. 在本征半导体中,由于无杂质能级存在,所以每向导带激发一个电子,必同时在价带留下一个空穴,即导带上的电子密度与价带上的空穴密度相等. 由这个基本事实,可确定本征半导体的费米能 E_{FI} 及载流子浓度 n_I,分别称 E_{FI} 和 n_I 为本征费米能和本征载流子浓度.

令式(7.4.7)与式(7.4.9)相等,即

$$N_C e^{-(E_C-E_F)/(k_B T)} = N_V e^{-(E_F-E_V)/(k_B T)} \tag{7.4.12}$$

由上式可解出本征费米能

$$\begin{aligned} E_{FI} &= \frac{1}{2}(E_C+E_V)+\frac{1}{2}k_B T\ln N_V/N_C \\ &= \frac{1}{2}(E_C+E_V)+\frac{3}{4}k_B T\ln\frac{m_h^*}{m_e^*} \\ &= \frac{1}{2}(E_g+E_V+E_V)+\frac{3}{4}k_B T\ln\frac{m_h^*}{m_e^*} \\ &= \frac{1}{2}E_g+\frac{3}{4}k_B T\ln\frac{m_h^*}{m_e^*}+E_V \end{aligned} \tag{7.4.13}$$

由于 $k_B T$ 很小,m_h^* 与 m_e^* 相差不大,式(7.4.13)第二项比第一项小得多,所以可以近似认为 E_{FI} 处于带隙的中间,这与本节开始的假定正好相符.

把 E_{FI} 的表示式(7.4.13)代入式(7.4.7)和式(7.4.9),可得本征载流子浓度

$$n = P = n_I = \sqrt{N_C N_V}e^{-E_g/(2k_B T)} \tag{7.4.14}$$

以及

$$nP = n_I^2 = N_C N_V e^{-E_g/(k_B T)} \tag{7.4.15}$$

与式(7.4.11)一致.

2. 非本征半导体

若半导体中掺入杂质,一般情况下,带隙中既有施主能级又有受主能级. 导带上的电子可来自于价带的热激发和施主的热电离;价带上的空穴可产生于带间的热激发或受主的热电离;此外电子还可以从施主能级落入受主能级. 上述各过程在图 7.4.2 中标明. 此时两种载流子浓度不相同,且费米能 E_F 与杂质原子有关,因

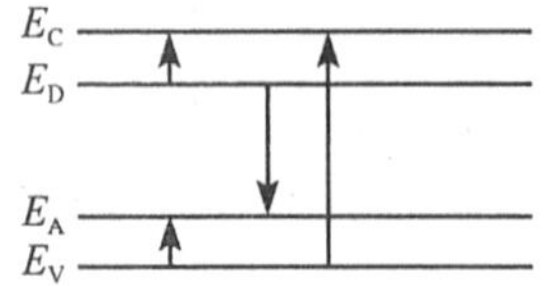

图 7.4.2 半导体中心的各种电子过程

而称之为**非本征半导体**.

虽然在非本征半导体中两种载流子数目不同，但晶体中的各种电荷必须满足晶体电中性的要求. 如果我们用 n、p、N_A^-、N_D^+ 分别表示电子、空穴、离化受主(受主接受一个电子)、离化施主(施主贡献一个电子给导带，留下一个正电荷)的浓度，则电中性条件要求

$$n + N_A^- = P + N_D^+ \tag{7.4.16}$$

若用 N_D 表示施主杂质浓度，N_A 表示受主杂质浓度，则有

$$N_A^- = N_A f(E_A) \tag{7.4.17}$$

$$N_D^+ = N_D[1 - f(E_D)] \tag{7.4.18}$$

这里需要指出：由于杂质局域态能级 $E_D(E_A)$ 上只能容纳一个电子，与费米分布每个能级上容纳自旋相反的两个电子的情况不同，因而 $f(E_A)$、$f(E_D)$ 不是真正的费米分布函数. 可以证明，为反映不允许有两个电子占据一个局域施主(受主)的限制，$f(E_A)$、$f(E_D)$ 应分别为

$$f(E_D) = \frac{1}{\frac{1}{2}e^{(E_D - E_F)/(k_B T)} + 1}$$

$$f(E_A) = \frac{1}{\frac{1}{2}e^{(E_F - E_A)/(k_B T)} + 1}$$

把式(7.4.7)、式(7.4.9)、式(7.4.17)及式(7.4.18)代入电中性条件式(7.4.16)，便可得到一个确定 E_F 的方程. 这样的方程非常复杂，不可能求得 E_F 解析解，需要用计算机进行数值计算. 下面仅就只存在施主杂质的情况进行讨论.

设 n 型半导体只含一种施主杂质，在室温下，载流子将主要是由施主能级热电离到导带的电子，因而方程(7.4.16)成为

$$n = N_D^+$$

把 n、N_D^+ 的表达式代入，可得到

$$N_C e^{-(E_C - E_F)/(k_B T)} = N_D[1 + 2e^{(E_F - E_D)/(k_B T)}]^{-1} \tag{7.4.19}$$

对于一个具体的半导体，方程(7.4.19)很容易求解，从而得到 E_F、N_D 与温度 T 的函数关系，如图 7.4.3 所示.

例如，温度给定，可令新变量

$$x = e^{E_F/(k_B T)}$$

于是方程(7.4.19)可归结为

$$Ax = N_D/(1 + Bx) \tag{7.4.20}$$

从而得到 E_F 与 N_D 的关系. 如硅，在室温 $T = 300\text{K}$ 时，若杂质浓度 $N_D = 10^{22}\text{m}^{-3}$，

则 $E_F=0.97\text{eV}$. 这说明,在实际的硅 n 型半导体中,E_F 比本征费米能 E_{FI} 高很多.

现在分析在 N_D 给定情况下,费米能 E_F 随温度的变化的极限情况:

在 $T\to 0$ 时,导带上为数不多的电子实际上完全是由施主电离提供的. 这时材料的行为如同能隙为 E_C-E_D 的本征半导体. 与本征半导体类比,费米能位于这个"能隙"中间,即

$$E_F=\frac{1}{2}(E_C-E_D) \tag{7.4.21}$$

同理,若用施主浓度 N_D 代替价带有效能级密度 N_V,用施主电离能 $E_I(=E_C-E_D)$ 代替能隙 E_g,则由式(7.4.14)可得 n 的近似表达式为

$$n=(N_CN_D)^{1/2}e^{-E_I/(2k_BT)} \tag{7.4.22}$$

当温度很高时,施主杂质已全部离化,此时导带上的电子主要来源于价带电子的激发——本征激发. 此时材料的行为已经与一个本征半导体无多大差别,因而费米能 $E_F=E_g/2$. 图 7.4.3 给出一个 n 型半导体的 E_F 随温度 T 的变化曲线. 曲线 1、2、3 分别对应 3 个不同的杂质浓度,E_{FI}是本征费米能级. 由图 7.4.3 可知,杂质浓度越大,呈现本征激发所需温度也越高.

对 p 型半导体的 E_F 与 T 的关系,也与 n 型完全类似,如图 7.4.4 所示.

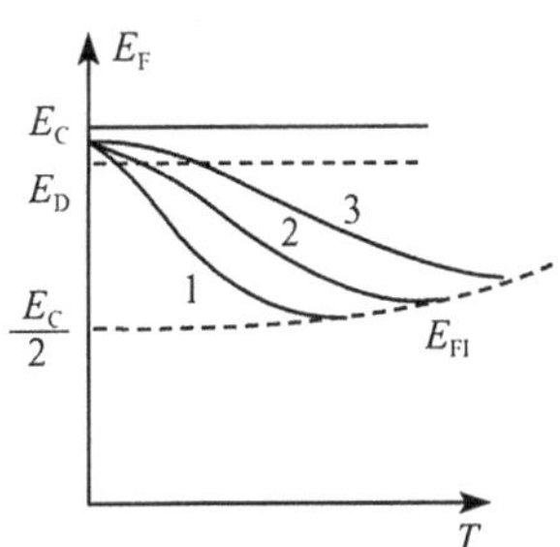

图 7.4.3 n 型半导体中费米能随温度的变化
曲线 1、2、3 为不同杂质浓度 3>2>1,
E_{FI}是本征费米能级

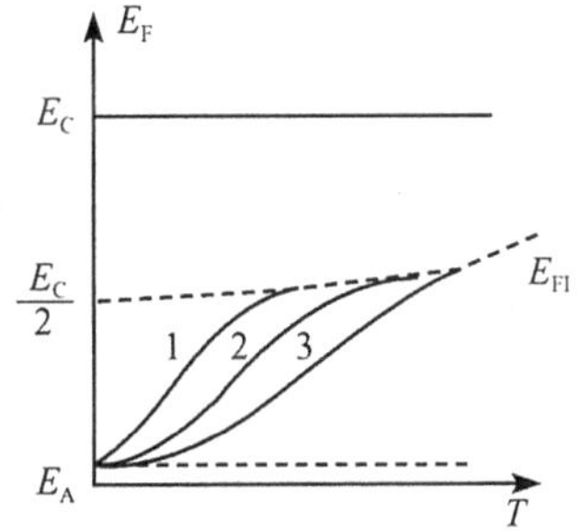

图 7.4.4 p 型半导体中费米能随温度的变化关系
E_{FI}是本征费米能级

7.5 半导体的电导率 霍尔效应

本节讨论半导体载流子在外电场磁场作用下的运动以及与之相关的现象,如电导、霍尔效应等.

7.5.1 载流子在电场中的运动 电导率

由于半导体的载流子是导带底部的电子和价带顶部的空穴,它们都可当作具

有有效质量的自由电荷处理，因此，可按第 5 章中的金属自由电子模型处理半导体中的载流子. 与金属不同的是，这里有两种载流子.

1. 电导率与迁移率

若电子的有效质量为 m_e^*，外电场为 $\boldsymbol{\varepsilon}$，由 4.5 节知，电子的运动方程为

$$\hbar \frac{\mathrm{d}\boldsymbol{k}}{\mathrm{d}t} = m_e^* \frac{\mathrm{d}\boldsymbol{v}_e}{\mathrm{d}t} = -e\boldsymbol{\varepsilon} \tag{7.5.1}$$

及相应的电导率

$$\sigma_e = \frac{ne^2\tau_e}{m_e^*} \tag{7.5.2}$$

式中，τ_e 为电子的自由时间，n 为导带电子浓度. 同理，对空穴也有

$$\hbar \frac{\mathrm{d}\boldsymbol{k}}{\mathrm{d}t} = m_h^* \frac{\mathrm{d}\boldsymbol{v}_h}{\mathrm{d}t} = e\boldsymbol{\varepsilon} \tag{7.5.3}$$

式中，m_h^* 为空穴有效质量，$m_h^* = -m_e^*$. 空穴电导率

$$\sigma_h = \frac{pe^2\tau_e}{m_h^*} \tag{7.5.4}$$

式中，p 为价带空穴浓度.

电导率是载流子在外场下的漂移运动和载流子受声子、杂质、缺陷散射作用的平衡结果. 通常用载流子的**迁移率** μ 来描述载流子在外电场中漂移运动的难易程度，显然载流子的迁移率直接影响电导率. 迁移率的定义为：在单位电场强度下，引起载流子的平均漂移速度的数值. 即

$$v = \mu\varepsilon \tag{7.5.5}$$

下面求电子、空穴的迁移率.

一个载流子，如电子，在外电场作用下将会发生漂移运动，若其自由飞行时间为 τ_e，则由式(7.5.1)可知，在 $\mathrm{d}t = \tau_e$ 时，速度的平均增量 δv 为

$$\delta v = \frac{e\tau_e}{m_e^*}\varepsilon \tag{7.5.6}$$

由于在无外电场情况下，载流子的平均速度 $\bar{v} = 0$，若从加上电场时计时，则在 $t = \tau_e$ 时，电子的平均速度

$$v = \bar{v} + \delta v = \delta v \tag{7.5.7}$$

即电子的平均速度就是 $t = \tau_e$ 时的速度增量，把式(7.5.7)、式(7.5.6)与式(7.5.5)比较，可得电子的迁移率 μ_e 为

$$\mu_e = \frac{e\tau_e}{m_e^*} \tag{7.5.8}$$

同理可得，空穴的迁移率

$$\mu_h = \frac{e\tau_e}{m_h^*} \tag{7.5.9}$$

于是，电导率可表示为

$$\sigma_e = ne\mu_e \qquad (\text{n 型}) \tag{7.5.10}$$

$$\sigma_h = pe\mu_h \qquad (\text{p 型}) \tag{7.5.11}$$

对单纯 n 型或 p 型半导体，其电导率分别由式(7.5.10)与式(7.5.11)表示. 如果一半导体中同时存在电子和空穴两种载流子，则电导率为

$$\sigma = \sigma_e + \sigma_h = ne\mu_e + pe\mu_h \tag{7.5.12}$$

2. 电导率与温度的关系

电导率通过载流子浓度、迁移率等与温度联系起来. 如对本征半导体，$n=p=n_I$，利用式(7.4.14)，可得其电导率 σ_I 与温度 T 的关系为

$$\sigma_I = (N_C N_V)^{1/2} e^{-E_g/(2k_B T)} (\mu_e + \mu_h) e \tag{7.5.13}$$

对只含施主杂质的 n 型半导体，其电导率 σ 为

$$\sigma = \sigma_I + \sigma_e$$

利用式(7.4.22)，σ 可写成

$$\sigma = (N_e N_V)^{1/2} e^{-E_g/(2k_B T)} (\mu_e + \mu_h) e + (N_C N_D)^{1/2} e^{-E_I/(2k_B T)} \mu_e e \tag{7.5.14}$$

由式(7.5.13)和式(7.5.14)可知，只要我们知道了 μ_e、μ_n 对温度的依赖关系，便可得 σ 与温度的关系. 下面讨论 μ_e 与温度的关系.

由 7.4 节讨论知载流子满足玻尔兹曼统计，即有

$$\tau_e = \frac{\bar{l}_e}{\bar{v}_e}$$

式中，$\bar{l}_e$、$\bar{v}_e$ 分别为平均自由程和平均速率. 利用普通物理中分子运动论的结果

$$\frac{1}{2} m_e^* \bar{v}_e^2 = \frac{3}{2} k_B T$$

得

$$\mu_e = \frac{e\bar{l}}{m_e^* \bar{v}} = \frac{e\bar{l}}{(m_e^*)^{1/2} \times (3k_B T)^{1/2}} \tag{7.5.15}$$

另外，上式中的 $\bar{l}$ 也是温度的函数，$\bar{l}$ 依赖于散射机制. 若为杂质散射，$\bar{l}$ 将依赖于杂质浓度. 若为电子-声子散射，$\bar{l}$ 将与声子数目成反比，温度较高时声子数 $n_a \sim T$，所以 $\bar{l} \sim T^{-1}$，此时，迁移率 $\mu_e \sim T^{-3/2}$.

综合 n、p 及 μ_e、μ_h 对温度的关系，对半导体的电导率与温度的关系可有如下判断：当温度升高时，虽然迁移率的值会因散射加剧以 $T^{-3/2}$ 函数形式减小，但载流子浓度随温度升高而近于指数增大，所以半导体电导率随温度升高而急剧增大(到达饱和区后，载流子浓度基本上不变，σ 将因 μ 的减少而略有降低)，表现出很强的

热敏性. 这与金属的电导率有明显的不同. 因为金属的载流子浓度——自由电子浓度与温度无关,温度升高,传导电子的迁移率因与声子碰撞更频繁而减小,所以金属的电导温度系数是负的,而且很小.

7.5.2 半导体的霍尔效应

在普通物理中已经知道,当载流子为电子时,霍尔系数为

$$R_e = -\frac{1}{ne} \tag{7.5.16}$$

与此类似,很容易推得,当载流子为空穴时,霍尔系数为

$$R_h = \frac{1}{pe} \tag{7.5.17}$$

即霍尔系数 R_h 是正的.

如在半导体中同时存在两种载流子时,经过计算此时的霍尔系数为

$$R = \frac{p\mu_h^2 - n\mu_e^2}{e(n\mu_e + p\mu_h)^2} \tag{7.5.18}$$

霍尔效应的主要应用是确定载流子浓度,如式(7.5.16)和式(7.5.17)所示. 还可以由霍尔系数的符号,确定是空穴导电还是电子导电,从而确定半导体的类型. 现在利用式(7.5.18),来说明不同半导体霍尔系数的正负.

对本征半导体有 $n=p$,因为一般有 $\mu_e>\mu_h$,故 $R<0$. 对于温度较高时的本征激发范围的杂质半导体,也可以看成 $n\approx p$,因此同样有 $R<0$.

对 p 型半导体,当温度较底,在杂质电离范围时,$p\gg n$,即满足 $p\mu_h^2>n\mu_e^2$ 时,$R>0$ 但当温度逐渐升高,本征激发增加,会有较多的电子从价带跃到导带,电子与空穴数的比值不断变小,当 $p\mu_h^2=n\mu_e^2$,$R=0$. 如果温度继续增高,达到 $p\mu_h^2<n\mu_e^2$ 时,$R<0$. 因此对 p 型半导体来说,在温度由杂质激发增高到本征激发范围过程中,霍尔系数将改变符号.

对 n 型半导体,在杂质激发温度区,$n\gg p$,$R<0$. 到达本征激发温度区,无论温度多高,空穴浓度总不会超过电子浓度,且 $\mu_e>\mu_h$,所以始终保持 $p\mu_h^2<n\mu_e^2$,故 n 型半导体 $R<0$,不会随温度变化改变符号.

霍尔系数也可以用来确定迁移率. 如对 n 型半导体来说,比较式(7.5.10)与式(7.5.16),得

$$\mu_e = \sigma_e R_e \tag{7.5.19}$$

对 p 型半导体也有类似的关系. 所以,通过测量非本征样品中的电导率和霍尔系数,便可确定电子与空穴的迁移率. 通常把乘积 σR 称为霍尔迁移率,计作 μ_H,它与实际迁移率非常接近.

7.6 非平衡载流子

7.6.1 非平衡载流子 光电导

前面所讨论的载流子是在热平衡条件下由热激发产生的载流子，称为平衡载流子. 其浓度称为平衡浓度，这里用 n_0、p_0 表示. 如果除热激发外，还有其他激励方法产生载流子，如在光作用下，电子从价带跃迁到导带(称为本征光吸收)，将使载流子浓度偏离平衡值，这种偏离平衡浓度的多余载流子称为**非平衡载流子**. 若用 Δn、Δp 分别代表非平衡电子、空穴的浓度，通常情况下，电中性条件要求 $\Delta n=\Delta p$.

半导体中的很多重要现象都与非平衡载流子有关，光电导就是一个明显的例子. 光照前的电导率

$$\sigma_0 = e(n_0\mu_e + p_0\mu_h) \tag{7.6.1}$$

式中，σ_0 称为暗电导率，μ_e、μ_h 分别为电子，空穴的迁移率. 在光照射下发生本征吸收，产生的非平衡电子和空穴的 Δn、Δp 将使电导率变化，此时

$$\sigma = \sigma_0 + \Delta n e\mu_e + \Delta p_e\mu_h e = \sigma_0 + e\Delta n(\mu_e + \mu_h) = \sigma_0 + \Delta\sigma \tag{7.6.2}$$

$$\Delta\sigma = e\Delta n\mu_h(1+b) \tag{7.6.3}$$

式中，$b=\mu_e/\mu_h$ 称为迁移率比，且 $b>1$，显然，用光照产生非平衡载流子，称作光注入，使样品电导率增大.

7.6.2 非平衡载流子的复合与寿命

除上述的产生过程外，非平衡载流子同时存在着复合过程，即导带上的电子回落到价带上，使电子与空穴成对消失. 只要载流子浓度与其平衡值有偏离，复合过程必然产生，而载流子浓度也将随着各种类型的复合过程，逐渐趋于平衡值.

对不同的材料，复合过程的快慢也是不同的. 为了描述复合的快慢，引入非平衡载流子寿命 τ 的概念. 定义 τ 为非平衡载流子的平均存在时间，也就是非平衡载流子由浓度 Δn 到 $\Delta n\to 0$ 所需的时间. 如果引起复合的速率为 $\mathrm{d}\Delta n/\mathrm{d}t$，显然平均来说有

$$\frac{\mathrm{d}\Delta n}{\mathrm{d}t} = -\frac{\Delta n}{\tau} \tag{7.6.4}$$

式中，负号表示浓度减小. 其解为

$$\Delta n = \Delta n_0 \mathrm{e}^{-\frac{t}{\tau}} \tag{7.6.5}$$

可见光撤去后，Δn 以指数形式减小，τ 是衰减时间常数，当 $t=\tau$ 时，浓度减小为 $\Delta n_0/e$，故称 τ 为非平衡载流子的寿命.

把式(7.6.5)代入式(7.6.3)，得

$$\Delta\sigma = \Delta\sigma_0 e^{-t/\tau} \tag{7.6.6}$$

$$\Delta\sigma_0 = e\mu_h(1+b)\Delta n_0$$

因此，可通过测定光电导率的衰减时间常数来确定非平衡载流子寿命.

非平衡载流子寿命 τ 反映了半导体中载流子复合过程的快慢. 寿命越短，载流子复合过程越强，越快；反之，复合则越慢.

7.6.3　复合机制

载流子的复合按中间所经历的过程不同可分为直接复合和间接复合两种.

直接复合是导带电子直接跃入价带而与空穴复合的过程，又称为带间复合.

间接复合过程是导带电子先跃入带隙中的杂质能级，然后再跃入价带与空穴复合. 有些杂质深能级能大大促进载流子的复合，成为主要决定寿命的杂质，称之为复合中心.

复合过程中必然伴随着载流子释放多余能量的过程. 按照能量的释放方式不同，又可分为以下 3 种过程：

(1) 辐射复合. 载流子的多余能量是以光子的形式放出的，或者为满足准动量守恒，在放出光子的同时伴随着吸收或放出声子. 例如，间接带隙的辐射复合就是这样.

(2) 无辐射复合. 载流子的多余能量以声子形式放出的，即将多余能量传递给晶格振动. 一般此过程放出的声子不止一个，故常称为多声子跃迁.

(3) 俄歇过程. 在电子、空穴复合过程中，把能量传递给它们邻近的一个载流子，使之成为一个高能载流子，然后它与晶格或其他载流子碰撞而陆续放出能量.

一般情况下，通过深能级的间接复合过程是决定寿命的主要复合过程，所以 τ 的大小与材料的杂质和缺陷密切相关.

7.6.4　非平衡载流子的扩散

半导体的载流子除了在电场作用下的漂移运动外，还可以存在扩散运动. 当载流子在空间的分布不均匀时，载流子就会从高浓度处向低浓度处扩散，并遵从扩散定律

$$\boldsymbol{j}_e = -D_e \nabla n, \qquad \boldsymbol{j}_h = -D_h \nabla p \tag{7.6.7}$$

式中，$\boldsymbol{j}_e$、$\boldsymbol{j}_h$ 分别为电子、空穴的扩散流密度；∇n 为浓度梯度；D 为扩散系数，是由半导体中的载流子的散射机制决定的参数.

一般说来，非平衡载流子更容易产生扩散运动. 当半导体的局部或表面受到光照时，在这些局部就会产生非平衡载流子，从而导致载流子分布不均匀而发生扩散.

这里需要指出，非平衡电子和空穴是成对产生的，即 $\Delta n=\Delta p$. 如果把半导体中数量较多的载流子称为多子，如 n 型半导体中的电子，而把数量较少的载流子叫做少子，如 n 型半导体中的空穴. 由于多子大大多于少子，所以非平衡载流子的产生使少子的数量发生十分显著的变化，而对多子不会产生明显影响. 例如，室温下 $n_0=2\times10^{15}\,\text{cm}^{-3}$ 的 n 型硅中，空穴浓度只有 $10^5\,\text{cm}^{-3}$，若产生 $10^{10}\,\text{cm}^{-3}$ 的非平衡载流子，电子浓度的变化微不足道，但空穴却增加了 5 个数量级，而且分布梯度很大. 因此讨论扩散时，常常最关心的是非平衡少子的扩散. 少子的扩散可形成显著的扩散电流. 特别是在电场很弱，因而多子漂移电流可以忽略时，少子扩散电流可能成为电流的主要部分.

非平衡少数载流子边扩散边复合，最后形成稳定分布. 下面，以一维扩散为例，分析非平衡少子扩散的基本特点. 设一光束均匀地照射到 n 型半导体表面，在样品表面很薄一层内光注入产生非平衡载流子. 其少数载流子——空穴将通过扩散向体内运动. 在运动过程中非平衡浓度 Δp 满足连续性方程

$$\frac{\mathrm{d}}{\mathrm{d}x}\left(-D_{\mathrm{h}}\frac{\mathrm{d}\Delta p}{\mathrm{d}x}\right)-\frac{\Delta p}{\tau}=0 \tag{7.6.8}$$

第一项表示因扩散造成的积累，第二项表示因复合而造成的损失，方程的普通解为

$$\Delta p=A\mathrm{e}^{-x/L_{\mathrm{h}}}+B\mathrm{e}^{x/L_{\mathrm{h}}} \tag{7.6.9}$$

式中

$$L_h=\sqrt{D\tau}$$

考虑到边界条件为

$$x=0,\quad \Delta p=\Delta p_0;\qquad x\to\infty,\quad \Delta p\to 0$$

式(7.6.9)的特解是

$$\Delta p(x)=\Delta p_0\mathrm{e}^{-x/L_{\mathrm{h}}} \tag{7.6.10}$$

表明在表面产生的非平衡少子在边扩散，边复合过程中随距离的增加而以指数衰减. L_{h} 称为扩散长度，它标志着非平衡空穴深入样品中的平均距离.

把式(7.6.10)代入式(7.6.7)，可得扩散流密度

$$j_{\mathrm{h}}(x)=-\frac{D_{\mathrm{h}}}{L_{\mathrm{h}}}\Delta p(x) \tag{7.6.11}$$

这个扩散流密度就好像 x 处的非平衡空穴 $\Delta p(x)$ 全部是以 $D_{\mathrm{h}}/L_{\mathrm{h}}$ 速度运动而产生的，因此，常称 $D_{\mathrm{h}}/L_{\mathrm{h}}$ 为空穴扩散速度.

对非平衡电子也有类似结果，只需将 Δp 换成 Δn，h 换成 e.

最后指出，无论是载流子漂移运动中的迁移率或者扩散中的扩散系数，都是由半导体的散射机制决定的，因而它们之间必然存在着密切关系. 可以证明这一关系可表示为

$$\frac{D}{\mu} = \frac{k_B T}{e} \tag{7.6.12}$$

称为爱因斯坦关系，式中，e 为载流子电荷.

7.7 pn 结

pn 结是由 n 型半导体和 p 型半导体紧密接触而形成的界面结构. 半导体材料的实际应用大都是以 pn 结为基本单元的. 有关 pn 结的理论则是半导体器件物理的基础.

7.7.1 平衡 pn 结势垒

在第 5 章我们已经看到，当两块金属相互接触时，由于其费米能级的不同，将引起电子的流动，并在界面两侧形成正负电荷积累，直到电子在这个偶极层中的电势能的差别正好抵消原来费米能的差别为止，从而在界面形成接触电势差. 当 p、n 两种半导体想接触时，情况与金属是完全类似的. pn 结 p 型半导体一侧空穴是多数载流子，在杂质激发范围，空穴数目远大于电子数目，因此 E_F 应在带隙下部靠近价带的位置；而 n 型半导体一侧，电子数目远多于空穴，因而 E_F 处在导带底部附近的带隙中. 由于 pn 结两侧半导体的费米能级不同，接触的结果，就在两种半导体的界面附近形成一定的接触电势差 V_D，显然，$|eV_D| = |eE_{Fn} - eE_{Fp}|$，如图 7.7.1(a)、(b)所示. 在 p 型区，电子静电能升高 eV_D，即整个 P 区电子能级向上移动了 eV_D，正好补偿费米能级的差别，使之拉平.

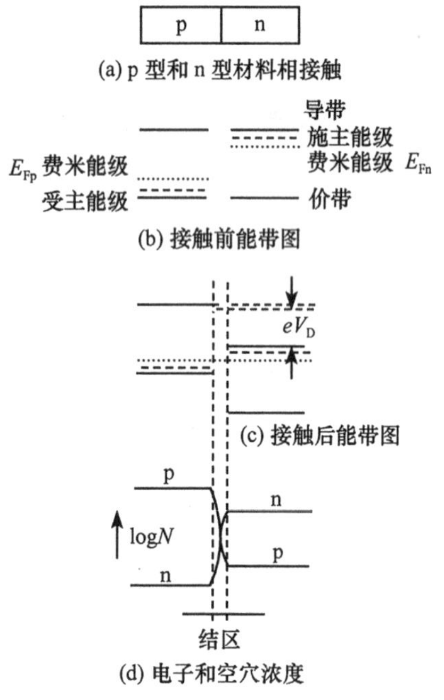

图 7.7.1 pn 结

平衡时在接触界面处形成了能带过渡区，在此区域内电子，空穴分布破坏了原来的电中性，称为空间电荷区或结区. 此区域的强电场对 n 区的电子和对 p 区的空穴都是一个高度为 eV_D 的势垒，称之为平衡 pn 结势垒.

建立稳定 pn 结势垒后，进入 p 型侧电子的浓度 n_{0P}，按统计理论表示为

$$n_{0p} = n_{0n} e^{-eV_D/(k_B T)} \tag{7.7.1}$$

式中，n_{0n} 为 n 型半导体平衡电子浓度. 这是因为 p 型侧电子的电势能比 n 型侧高

eV_D,电子能跨越势垒 eV_D 进入 p 型区的概率为 $e^{-eV_D/(k_BT)}$. 同理,n 型一侧空穴的浓度 p_{0n} 为

$$p_{0N} = p_{0p}e^{-eV_D/(k_BT)} \tag{7.7.2}$$

由此可知,在空间电荷区电子(空穴)由 n(p)型 $n_{0n}(p_{0p})$按指数形式衰减到 p(n)型区的 $n_{0n}(p_{0p})$,如图 7.7.1(d)所示.

以上是关于 pn 结的统计理论. 按照载流子的动力学理论,当两种半导体接触后,由于两侧同种载流子浓度不同,从而产生相互扩散,扩散的结果使界面附近形成空间电荷区,电荷区的强电场使电子产生与扩散运动方向相反的漂移. 当扩散与反扩散达到平衡时,就在界面形成一个稳定势垒 eV_D. 可以由边值泊松方程

$$\nabla^2 V = -\frac{\rho}{\varepsilon_0\varepsilon_r} \tag{7.7.3}$$

求得 V_D. 由于界面附近电荷分布是复杂的,故求解上述方程非常困难. 为简化计算,通常选用以下近似:

(1) 突变法近似. 即认为界面两侧的受主浓度 N_A 和施主浓度 N_D 都是常数,且在界面处有一跃变,如图 7.7.2(a).

(2) 耗尽区近似. 对平衡后过渡区的载流子分布作如下假定:在 pn 结附近存在空间电荷区边界 $-x_p$ 和 x_n;在这个区域内载流子浓度为零,或者说在这个区域内载流子完全扩散到对方一侧. 称这个区域为**耗尽区**.

在上述近似下,泊松方程中的电荷密度 ρ 可表示为

$$\rho(x) = \begin{cases} -eN_A, & -x_p < x < 0 \\ eN_D, & 0 < x < x_n \\ 0, & x < -x_p \text{ 和 } x < x_n \end{cases} \tag{7.7.4}$$

便可求得与图 7.7.2(b)(c)所示的电场 $\varepsilon(x)$ 和电势 $V(x)$. p、n 两侧的电势差即 V_D.

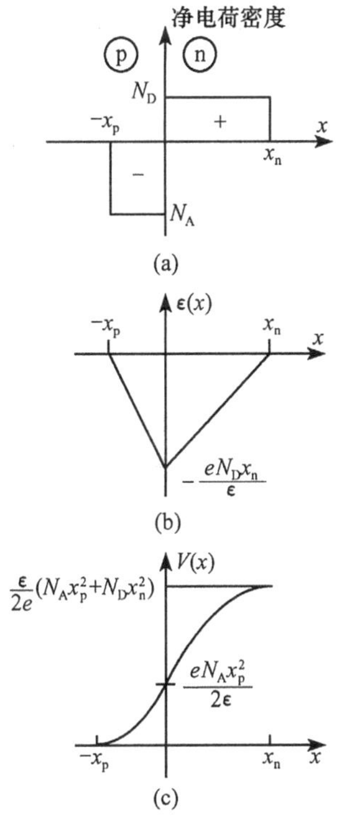

图 7.7.2 pn 结的过渡区中静电荷密度

7.7.2 pn 结的单向导电性

前面已经指出,pn 结势垒是载流子扩散与漂移运动平衡的结果. 如果给 pn 结加上一外电压 V,由于空间电荷区载流子浓度很低,因而电阻很高,因此,pn 结势垒将改变 eV,从而破坏了原来的平衡,引起载流子的重新分布. 下面我们分两种情况讨论.

1. pn 结的正向注入

当外加电场将空间电荷区的电场减弱时，称 pn 结加有正向偏压. 此时 p 区为高电位，n 区为低电位，pn 结势垒高度减少为 eV_D-eV，如图 7.7.3 所示. 因此，将有电子从 n 型区进入 p 型区，空穴从 p 型区进入 n 型区，成为非平衡载流子. 这种现象称为 pn 结的正向注入.

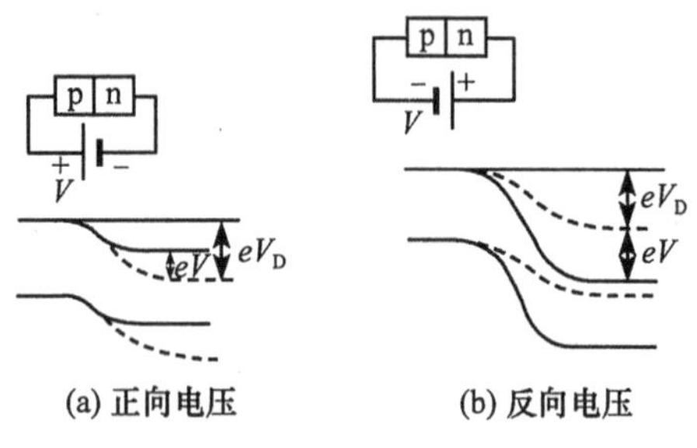

图 7.7.3　pn 结能带图

由于正向注入，使势垒边界上非平衡少数载流子浓度提高到一个新的数值，记为 $n_p(-x_p)$ 和 $p_n(x_n)$，近似用玻尔兹曼规律可将它们写成

$$n_p(-x_p)=n_n\,e^{-e(V_D-V)/(k_BT)} \tag{7.7.5}$$

$$p_n(x_n)=p_p\,e^{-e(V_D-V)/(k_BT)} \tag{7.7.6}$$

与式(7.7.1)和式(7.7.2)比较，得

$$n_p(-x_p)=n_{0p}e^{+eV/(k_BT)} \tag{7.7.7}$$

$$p_n(x_n)=p_{0n}e^{+eV/(k_BT)} \tag{7.7.8}$$

即正向偏压使界面处少数载流子积累，浓度提高了 $e^{eV/(k_BT)}$ 倍，边界处非平衡载流子的浓度分别为

$$\Delta n_p=n_p(-x_p)-n_{0p}=n_{0p}[e^{eV/(k_BT)}-1] \tag{7.7.9}$$

$$\Delta p_n=p_n(-x_n)-p_{0n}=p_{0n}[e^{eV/(k_BT)}-1] \tag{7.7.10}$$

这些边界处的非平衡载流子边扩散边复合向体内运动，从而形成扩散电流. 直接利用 7.6 节的式(7.6.11)，得扩散电流密度

$$j_e(-x_p)=e\frac{D_e}{L_e}\Delta n_p(-x_p)=e\frac{D_e}{L_e}n_{0p}e^{eV/(k_BT)} \tag{7.7.11}$$

$$j_h(x_n)=e\frac{D_h}{L_h}\Delta p_n(x_n)=e\frac{D_h}{L_h}p_{0n}e^{eV/(k_BT)} \tag{7.7.12}$$

因此，通过 pn 结的总电流密度为电子电流与空穴电流密度之和

$$j=j_e(-x_p)+j_h(x_n)=-j_0[e^{eV/(k_BT)}-1] \tag{7.7.13}$$

式中

$$j_0=e\left(\frac{D_e}{L_e}n_{0p}+\frac{D_h}{L_h}p_{0n}\right) \tag{7.7.14}$$

由以上两式可知，pn 结电流与少子浓度成正比，而随着正向偏压的增大，电流迅速增大如图 7.7.4 中 $V>0$ 部分的曲线所示.

2. pn 结的反向抽取

当 pn 结外加一反向偏压 V 时，p 区为外电场的低电位，n 区为高电位. 外加电场使空间电荷区电场增强，载流子的漂移运动超过了扩散运动. 这时 p 型区中的电子一旦到了空间电荷区边界 $-x_p$，就会被电场拉向 n 区；n 型区的空穴一旦到了空间电荷区边界 x_n，也会被拉向 p 型区，常称这种作用为反向抽取. 反向抽取使 pn 结界面处的载流子浓度小于平衡浓度，非平衡载流子浓度为负值. 这意味着载流子的复合率为负值，即在外电场作用下，实际上有电子、空穴对产生，其中的少数载流子可能扩散到空间电荷区边界而被电场拉向对边而形成反向电流.

若反向偏压 $V=-V_r$，势垒增高 $e(V_D+V_r)$，则与前面讨论的完全类似，得反向电流密度

$$j_r = j_0[e^{-eV_r/(k_BT)} - 1] \tag{7.7.15}$$

当 $eV_r \gg k_BT$ 时，$e^{-eV_r/(k_BT)} \ll 1$，因而式(7.7.15)为

$$\boldsymbol{j}_r = -\boldsymbol{j}_0$$

为一常量，称为反向饱和电流密度. 通常由于少子浓度很低，因而反向电流很小. 反向电流与反向偏压的关系如图 7.7.4 所示.

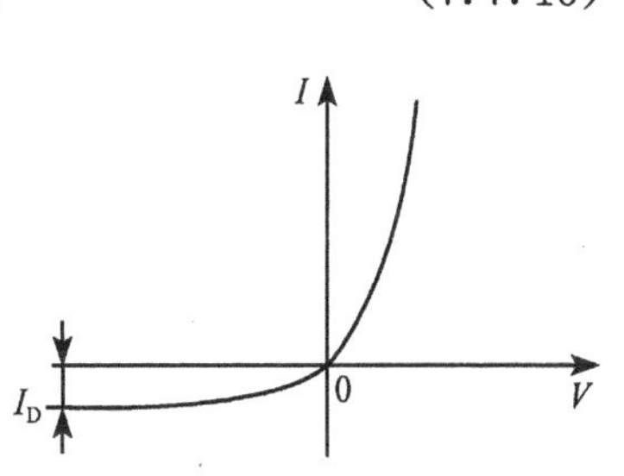

图 7.7.4 pn 结电流与外加电压的关系

图 7.7.4 所示的 pn 结电流与外加电压的关系曲线称为 pn 结的伏安特性. 伏安特性显示出 pn 结具有单向导电性(反向电流可忽略不计)，因而 pn 结具有整流作用.

7.7.3 pn 结的隧道效应

前边讨论的都是具有很低杂质浓度的 p 型、n 型半导体组成的 pn 结，下面讨论高浓度半导体的 pn 结. 对杂质浓度很高的 n 型半导体，其费米能级上升进入导带；p 型半导体的费米能级下降到价带中，这种高掺杂半导体称为简并半导体，以区别低杂质浓度非简并半导体. 当用简并型半导体组成 pn 结时，其伏安特性与非简并 pn 结有明显不同，如图 7.7.5 所示. 在小的正向偏压下，存在着电流峰和谷，出现 $dI/dV<0$ 的负微商电导区(负阻 NDC 区)；在较高的正向偏压下，逐渐趋于普通 pn 结的伏安特性；反向偏压时，反向电流随电压的增加而增加得很快. 具有这种伏安特性的效应称为 pn 结的隧道效应.

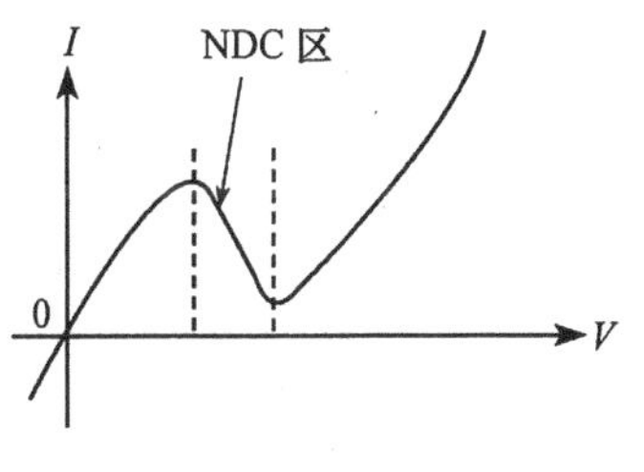

图 7.7.5 隧道二极管的 I-V_0 特性

简并 pn 结的隧道效应可作如下定性说明：

热平衡时 pn 结的能带图如图 7.7.6 所示. p 型侧, E_F 以下为电子填充; E_F 到 E_{V_p} 为空穴填充. n 型侧, E_F 以上是空态, E_F 至 E_{C_n} 为电子填充; 势垒高度 E_{V_p}, 它近似等于带隙宽度 E_g. 如图所示, 势垒的宽度为 W. 与普通 pn 结势垒比较, 它具有高度较高而宽度较窄的特点. 按照量子力学中的隧道效应, 与普通 pn 结相比, 有较多载流子可以以隧道穿透方式进入对方区域. 当零偏压时, pn 结两边穿透的电子数目相等, 并无净电流存在.

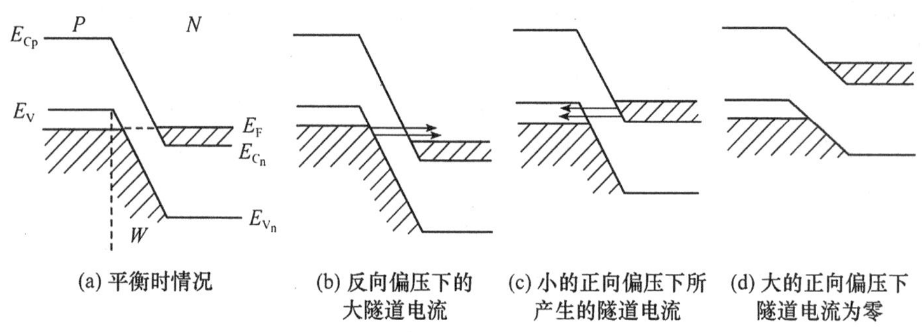

(a) 平衡时情况　(b) 反向偏压下的大隧道电流　(c) 小的正向偏压下所产生的隧道电流　(d) 大的正向偏压下隧道电流为零

图 7.7.6　隧道二极管原理

当加上一小的正向偏电压 V 时, 势垒高度变为 $e(V_D-V)$, n 型区电子的位能提高, 如图 7.7.6(c)所示. 此时 n 型区一边导带中处于 E_F 到 E_F-eV 之间的电子可以以隧道穿透方式到 p 型区而形成正向电流. 必须注意, 这种隧道穿透必须是以 p 型区有空的态存在为前提, 否则隧道穿透不能进行.

当正向偏压升高时, 正向电流也随之升高. 当 n 型区的导带底 E_C 与 p 型区的费米能级相等时(图 7.7.6(c))穿透概率达到极大, 正向电流也将达到极大(V_p 对应的 I_p).

当 V 继续增大, p 型区可提供的空态将下降, 因而隧道穿透电子数目减少, 正向电流减小, 一直到 n 型区的导带底 $E_C \geqslant E_V$ 为止[图 7.7.6(d)]. 这一范围就是负微商电导区.

当 V 进一步增大, 电子就可以通过跨越势垒进入 p 型区, 即回到普通 pn 结的机制.

当加上反向偏压 V_r 时, n 型区电子能级下降 eV_r, 如图 7.7.6(b)所示. p 型区价带中的电子很容易以隧道穿透方式进入 n 型区的导带形成反向电流. 而且 V_r 越大, 对应 n 型区的空位越多, 穿透概率越大, 因而反向电流也就越大. 因此反向电流随反向偏压的增大而增大.

pn 结是半导体器件的基本单元, 也是最常用的半导体器件, 称之为二极管. 显然, 二极管可用来整流、检波. 由简并半导体构成的 pn 结称为隧道二极管, 利用隧道二极管的负阻区, 可进行微波振荡和微波放大.

7.7.4　pn 结的光生伏特效应

当 $h\nu > E_g$ 的光子透入半导体时，价带中的电子可以吸收光子能量而跃迁到导带，形成电子-空穴对. 电子的这种由价带到导带的激发，称为本征激发，对光子而言称为本征吸收. 在简单情况下，沿光传播方向的光子流密度在半导体内以指数 $\exp(-\alpha x)$ 衰减，α 称为本征吸收系数，$1/\alpha$ 表示光子透入半导体的深度.

如果 pn 结受到光照而产生电子-空穴对，则这些电子、空穴将会被空间电荷区的强电场分别扫向结的两侧，而且在距空间电荷区边界约一个扩散长度范围内的光生少子也将被电场抽取到另一侧，从而形成光致电流. 显然，光致电流 I_L 与 pn 结反向电流的方向一致. 在 pn 结开路的情况下，将在 pn 结两端形成一定的光致电压（光致电动势），使 pn 结正向偏置；若加上负载而形成回路，光生电动势将对负载有一定的功率输出. 这种现象称为光生伏特效应，如图 7.7.7 所示.

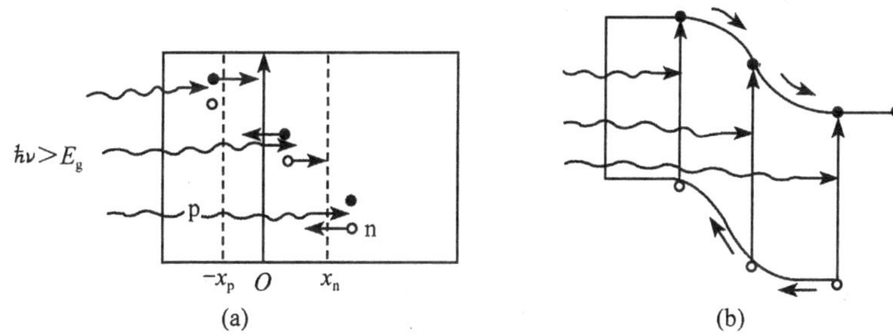

图 7.7.7　光生伏特效应示意图

对理想的 pn 结，I-V 特性为

$$I = I_0\{\exp[-eV/(k_B T)] - 1\} - I_L \tag{7.7.16}$$

令上式，$I=0$，则可得到开路光致电压

$$V_{ep} = (k_B T/e)\ln(1 + I_L/I_0) \tag{7.7.17}$$

利用二极管的光生伏特效应，可以制成太阳能电池和红外探测器或光电二极管. 太阳能电池要在宽广的太阳光谱范围内有较高的光谱响应，以提高光-电能量转换效率，并尽可能做成大面积器件或组件，以提高电功率. 而作为光探测器的光电二极管，则要求在以光信号波长为中心的狭窄波段内有较高的响应，以提高信噪比和探测率. 另外，为了提高响应速度，必须尽可能的降低结电容，因而器件的面积要很小.

7.8　半导体超晶格

半导体超晶格由于其独特性质而引人注目，从 1973 年以来，已经成为半导体新理论和新应用的生长点.

7.8.1 半导体超晶格

超晶格是相对晶态固体材料中原来的晶格周期而言的,它是指晶态固体材料中的原胞要比构成超晶格材料的原胞小得多.因此该材料在实空间以原周期的若干倍形成新的周期结构.半导体超晶格不存在于自然界中,它是一种人工制造的结构材料.采用分子束外延(MBE)、金属有机物气相沉淀(MOCVD)和化学束外延(CBE)等生长技术,可使半导体超晶格得以实现.半导体超晶格不是一种均匀的单一合金成分晶体,而是由两种极薄的不同合金成分的、半导体单晶薄膜周期性地交替生长的多层异质结构.每层薄膜的厚度一般为 10Å～10^2Å(1Å=0.1nm=10^{-10}m).图 7.8.1(b)给出了这种结构的示意图,它是由 GaAs 和 AlAs 交替叠合而成的.在每周期内 GaAs 的厚度为 45Å,AlAs 的厚度为 40Å.每个周期共含有 50 个晶格周期.为了比较,图 7.8.1(a)还给出了 GaAs 化合物的晶格结构示意图.

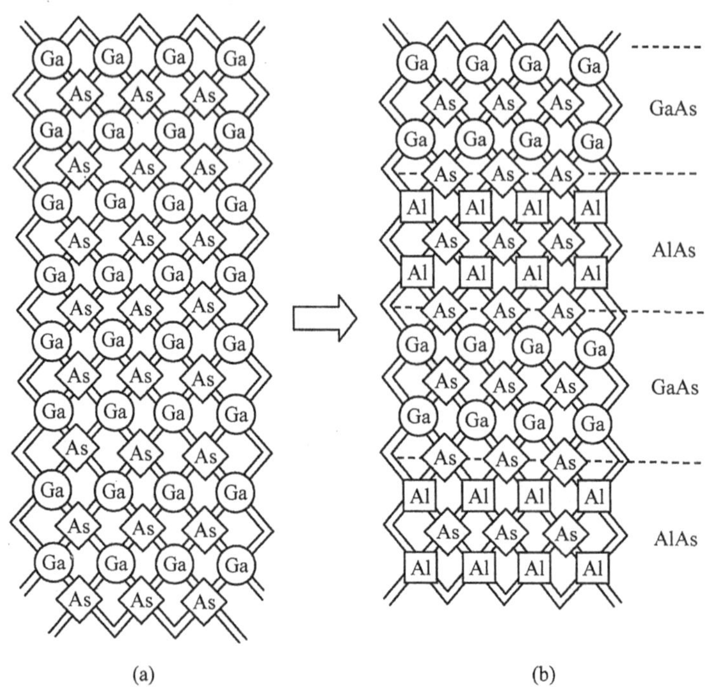

图 7.8.1 通常化合物半导体晶体结构和超晶格结构实例

一般来说,组成超晶格的两种材料具有相同类型的能带结构.由于两种材料的导带边和价带边的能量不相同,故在两种材料的交界处,带边发生不连续的变化.

图 7.8.2 为 GaAs-AlAs 超晶格在垂直两种材料界面方向上的导带和价带势场分布的示意图. E_{g1}、E_{g2} 分别为 AlAs、GaAs 的能隙宽度.

由 7.8.2 图可见,超晶格晶体中除原有的两种材料的晶体周期场外,还在垂直于两种材料界面的方向叠加了一个附加的一维周期势场.

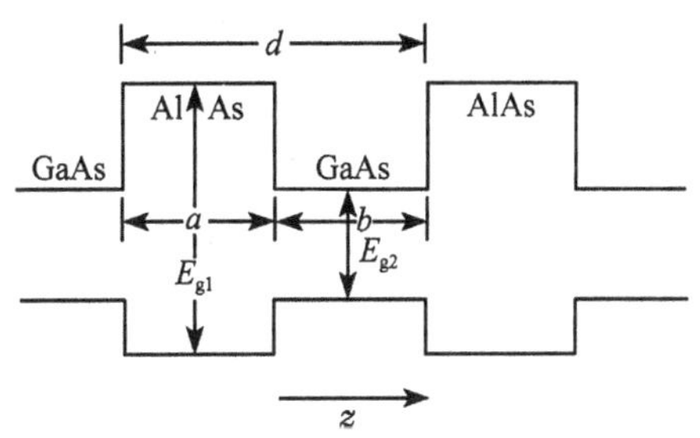

图 7.8.2 半导体超晶格中的势分布

7.8.2 量子阱和附加量子化

若将垂直于界面的方向取作 z 轴,从图 7.8.2 可以看到在 z 方向出现周期为 d 的势阱阵列,称之为多重量子阱. 超晶格中的电子(空穴)将被势阱束缚. 但在平行于 xy 平面内的运动并不受影响. 于是对于导带中的电子,其能量可表示为

$$E(k) = E(k_z) + \frac{\hbar^2}{2m^*}(k_x^2 + k_y^2) \tag{7.8.1}$$

上式表明,在 xy 平面内,电子的动能仍是准连续的,而在垂直于界面的 z 方向,电子的能量取决于附加的一维周期势.

我们知道,如果原来晶体的晶格常数为 a,则其周期性势场可表示为

$$V(z) = V(z + na)$$

与此相对应的,电子能量在 K 空间也具有周期性,即有

$$E(k_z) = E\left(k_z + \frac{2\pi}{a}n\right)$$

类似地,在超晶格晶体中,由于合金成分的周期性变化所引起的周期性势场为

$$V'(z) = V'(z + nd)$$

因而,电子能量 E 在 K 空间内除去周期性 $2\pi/a$ 外,还应具有周期性 $2\pi/d$,即

$$E(k_z) = E\left(k_z + \frac{2\pi}{d}n\right)$$

由于 $d \gg a$,因此能量 $E(k_z)$ 所具有的周期 $2\pi/d$ 要比 $2\pi/a$ 小得多. 换句话说,在原有的布里渊区内又可分成许多小区,这些小区的宽度比原有的布里渊区要小得多. 在每个小区的边界产生能量的突变,如图 7.8.3 所示. 与原先的能带相比,超晶格能带的宽度要窄得多. 允许带和禁止带的宽

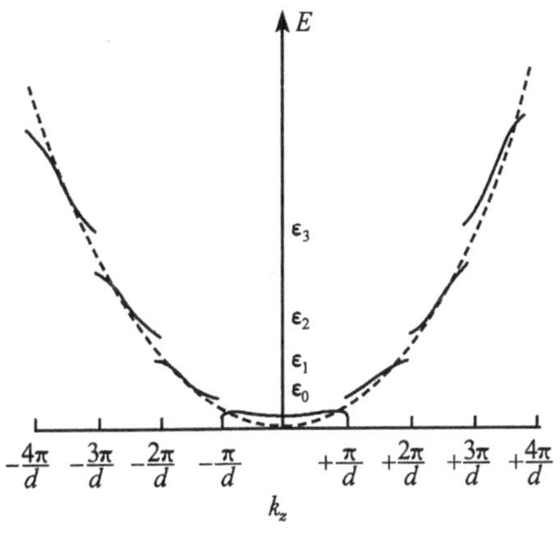

图 7.8.3 超晶格中 E-k 关系

度以及具体的 E-k 关系取决于势的变化情况及超晶格常数. 通过适当选择组成超晶格的材料和改变层的厚度,便可改变 k_z 方向的 E-k 关系.

由此可见,由于在超晶格晶体中引入了附加的一维周期势场,其中电子的能量将呈现新的量子化现象,原来晶格周期势场中的能带分裂成一系列子能带.

7.8.3 超晶格的负阻效应及其应用

这种附加量子化效应使得超晶格晶体产生了许许多多新的物理现象和物理性质,如量子霍尔效应、负阻效应等. 下面简单介绍负阻效应极其应用.

研究表明,当在不同的温度下测量超晶格晶体的电阻时,将会发现样品的电阻随外加电压变化而变化. 当外加电压增加到某一阈值时,微分电阻的数值将会发生突变,在某些温度下会出现负阻现象. 过了突变值以后,随着外加电压的增加,电阻的数值会出现忽大忽小的变化. 电阻的这种异常变化是块状的 GaAs、AlAs 单晶样品所没有的. 关于超晶格晶体的负阻效应可作如下的定性讨论.

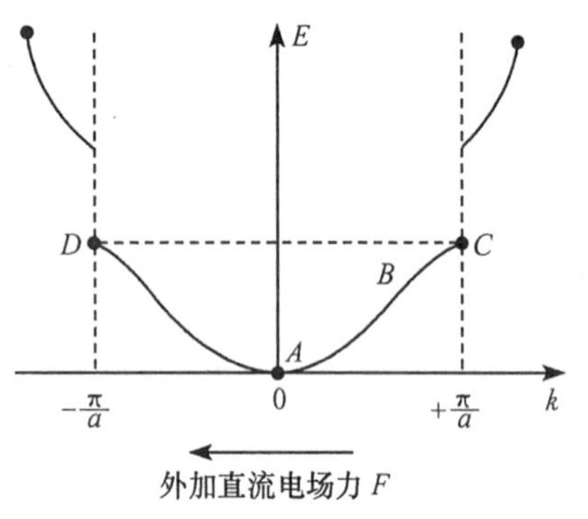

图 7.8.4 在周期性晶体场中外加直流电场以后电子的行为

图 7.8.4 给出了电子在直流电场中受到加速作用以后运动的情况. 假定无外电场时,电子处于 A 点. 当加上直流电场以后,电子被外电场加速并沿 $\overrightarrow{AB}$ 移动到了转折点 B 后,电子的速度就慢慢地减下来,于是晶体进入负阻区域.

然而尽管理论上可以预计在直流电场的作用下晶体可以出现负阻现象,但实际上在通常的半导体晶体中实现是不可能的. 因为此时必须把电子的能量加速到很高,但由于电子被加速过程中受到的散射作用,电子要想得到很高的能量事实上是相当困难的.

但是,在超晶格晶体中,由于附加的周期势的周期 d 要比母晶体中的晶格常数 a 大得多,因此在 K 空间每个子能带所占据的宽度比原有布里渊区的宽度要小得多. 由于小区中的能量和准动量都很小,所以在外电场作用下,电子有可能被加速到越过 E-k 曲线中的 B 点,此时,$\frac{\mathrm{d}^2E}{\mathrm{d}k^2}$ 变号,电子从正有效质量变成负有效质量,从而可以获得负阻效应.

超晶格半导体材料诞生后不久,便由于其独特的物理性质而在技术上显示出它的重要性. 用超晶格材料研制的一些微电子和光电子器件具有常规材料所不具备的许多优异性能,并使电子器件的设计思想发生了革命性的变化. 使半导体器件的设计和制造由原先的所谓"杂质工程"发展到"能带工程",并可对其物理特性进行有效控制.综合超晶格器件的应用前景可以列成表 7.8.1.

表 7.8.1 超晶格器件的可能应用

主要分支	实 例
超高频器件	超高速传真,超高速数据通信,超高速图像传输,超高速多路电话系统
超低功耗器件	非线性变换器,高效率能量变换器,隧道晶体管,高温超导器件
光双稳态器件	光逻辑集成电路
超高密度存储器	大容量光存储器,大容量磁存磁器
高效率发光器件	高输出可见光激光器,高效率多色发光器件
控制器件	紫外线控制器,X 射线控制器
传感器	高灵敏度磁传感器,高带域光传感器,高性能音响设备,高灵敏度超声波器件

图 7.8.5 示出了超晶格器件的一个例子——横向超晶格器件.在这种超晶格结构中,电子是互相平行地通过超晶格晶体的.开始,电子存在于高迁移率的 GaAs 导带的底部,由于电场加速作用,电子能量不断增大,于是进入 AlGaAs 的导带.但在 AlGaAs 中电子迁移率较之在 GaAs 中要低.这样,从高电子迁移率到低电子迁移率的突变,将预示着可能存在负阻特性.

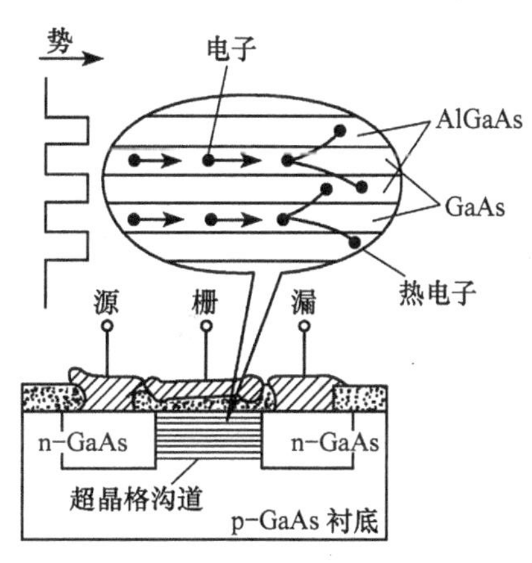

图 7.8.5 横向超晶格器件

7.8.4 二维电子气的能态密度与量子霍尔效应

1. 二维电子气能态密度

如前所述,超晶格半导体附加的周期性引起电子能谱的附加量子化,即在 z 方向形成一系列量子能级 $E_1(z)$,$E_2(z)$,…,由式(7.8.1)可知,由于$[\hbar^2/(2m^*)](k_x^2+k_y^2)$形成准连续谱,则相应 z 方向的每一个能级 $E_i(z)$,电子的二维运动形成一个子能带.子能带的态密度可由第 4 章的方法求得,只不过这里是二维问题.由在 $k_{/\!/}(k_x,k_y)$空间 K 标度下单位体积的态密度为 $1/(2\pi)^2$ 可知,以 $k_{/\!/}=\sqrt{k_x^2+k_y^2}$ 为半径的 $k_{/\!/}$ 空间圆内所包含的允许的 $k_{/\!/}$ 的数目为

$$N=\frac{1}{(2\pi)^2}\pi k_{/\!/}^2=\frac{k_{/\!/}^2}{4\pi} \tag{7.8.2}$$

若改用能量标度

$$N(\varepsilon_{/\!/})=\frac{1}{4\pi}\times\frac{2m^*}{\hbar^2}\frac{\hbar^2k_{/\!/}^2}{2m^*}=\frac{m^*}{2\pi\hbar^2}\varepsilon_{/\!/}$$

则能态密度

$$g(\varepsilon) = 2\frac{\partial N}{\partial \varepsilon} = \frac{m^*}{\pi\hbar^2} \tag{7.8.3}$$

2. 量子霍尔效应

普通物理中介绍过，霍尔电压 V_H 与外磁场 B、电流强度的关系为(已设霍尔片的厚度为 1)

$$V_H = R_H I B \tag{7.8.4}$$

式中，$R_H = 1/(ne)$ 为霍尔系数. 类似欧姆定律，把

$$\rho_H = \frac{V_H}{I} = R_H B = \frac{B}{ne} \tag{7.8.5}$$

称为霍尔电阻，显然，若保持导体中的电子数密度 n 不变，则 ρ_H 与 B 成线性关系.

所谓**量子霍尔效应**是指在超晶格半导体中，ρ_H 并非总是与 B 成正比关系. 当改变磁场，测量霍尔电阻时，发现在某些范围的 B 值出现平台，即随着 B 的增大，ρ_H 并不增加，如图 7.8.6 所示，而且平台值是量子化的，精确地等于 h/e^2 的 $1/i$ 倍，i 是正整数.

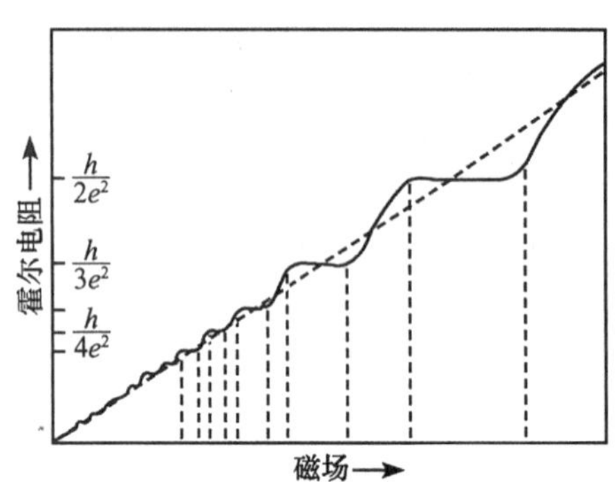

图 7.8.6　霍尔电阻 ρ_{xy} 与磁场 B 的关系，ρ_{xy} 出现平台区，在平台区上，当磁场改变时，霍尔电阻不变

量子霍尔效应是超晶格附加量子化的宏观表现. 当在 z 方向加上磁场 B 后，原在 xy 平面内自由运动的准连续能谱，将量子化为 5.3 节讲述过的朗道能级

$$E_i(z) = \left(i + \frac{1}{2}\right)\hbar\omega_c, \qquad i \text{ 为正整数}$$

式中，$\omega_c = eB/m^*$ 为回旋共振频率.

与 5.3 节类似，每一个朗道能级包含的量子态数目等于原来连续谱中能量间隔 $\hbar\omega_c$ 内的态数目. 这样就可由原来二维自由电子气的能态密度式(7.8.3)，得到朗道能级的简并度为

$$g(E)\hbar\omega_c = \frac{m^*}{\pi\hbar^2}\hbar\frac{eB}{m^*} = \frac{Be}{\pi\hbar} \tag{7.8.6}$$

如果考虑到电子自旋在磁场中的分裂，朗道能级的简并度为

$$\frac{1}{2}g(E)\hbar\omega_c = \frac{Be}{2\pi\hbar} \tag{7.8.7}$$

如果电子刚好填满到第 i 个朗道能级,那么电子数为 $n=ieB/h$,代入式(7.8.5)中得霍尔电阻为

$$\rho_{\mathrm{H}}=\frac{h}{ie^{2}},\qquad i \text{为正整数} \tag{7.8.8}$$

由此可知 ρ_{H} 与 B 无关,即出现霍尔电阻平台,且平台值是量子化.显然,平台本身相当于填满的朗道能级.国际计量委员会已经决定,从 1990 年元月起用量子霍尔电阻标准替代原来的标准电阻的实物基准.但是,要在实验上观察到量子霍尔效应,还需要满足其他一些具体条件,这里不再继续讨论.

习　题

7.1　设一维半导体,晶格常数为 a,导带底及价带顶附近的能谱可分别表示为

$$E_{\mathrm{C}}(k)=\frac{\hbar^{2}k^{2}}{3m_{0}}+\frac{\hbar^{2}(k-k_{1})^{2}}{m_{0}}\quad \text{及}\quad E_{\mathrm{V}}(k)=\frac{\hbar^{2}k_{1}^{2}}{6m_{0}}-\frac{3\hbar^{2}k^{2}}{m_{0}}$$

式中,m_0 为电子质量,$k_1=2\pi/a$,试求:

(1) 禁带宽度;

(2) 导带底与价带顶的电子有效质量;

(3) 价带顶电子跃迁到导带底时准动量的变化;

(4) 如 $a=0.314\times10^{-9}\mathrm{m}$,试写出以上各量在 SI 制中的数值.

7.2　硅的样品提纯直到每立方米只含有 10^{18} 的施主原子,在什么温度下它将不再表现出原来的行为?($E_{\mathrm{g}}=1.1\mathrm{eV}$,$T=300\mathrm{K}$ 时,载流子浓度为 $2\times10^{16}\mathrm{m}^{-3}$)

7.3　锑化铟的介电系数 $\varepsilon=\leqslant17$,电子有效质量为 $m_{\mathrm{e}}^{*}=0.014m_{\mathrm{e}}$.计算:

(1) 施主电离能;

(2) 基态轨道半径;

(3) 在相邻杂质的轨道开始重叠时的施主浓度;在这个浓度下,什么效应会发生,为什么?

7.4　已知 $T=300\mathrm{K}$ 时,硅的本征载流子浓度 $n_{\mathrm{I}}=1.5\times10^{10}\mathrm{cm}^{-3}$,如费米能级在禁带中央 E_{i} 以上 0.26eV 处,试计算此处时电子与空穴的数密度.

7.5　某半导体中掺入浓度为 $N_{\mathrm{D}}=10^{13}\mathrm{cm}^{-3}$ 的施主杂质,施主电离能 $E_{\mathrm{I}}=1\mathrm{meV}$,有效质量为 $0.01m_{\mathrm{e}}$,m_{e} 为自由电子质量.试估算 $T=4\mathrm{K}$ 时的导带电子的数密度及霍尔系数.已知 $k_{\mathrm{B}}T\leqslant E_{\mathrm{g}}$.

7.6　已知 n 型硅 $E_{\mathrm{g}}=1.10\mathrm{eV}$,施主电离能为 0.05eV,掺杂浓度 $N_{\mathrm{D}}=10^{15}\mathrm{cm}^{-3}$,当 $T=300\mathrm{K}$ 时 E_{F} 位于禁带中央以上 0.29eV 处,试计算此时施主能级上的电子数密度.

7.7　300K 时锗的本征电阻率为 $0.47\Omega\cdot\mathrm{m}$.如果电子和空穴的迁移率分别为 $\mu_{\mathrm{n}}=0.36\mathrm{m}^{2}\cdot\mathrm{V}^{-1}\cdot\mathrm{s}^{-1}$ 及 $\mu_{\mathrm{p}}=0.17\mathrm{m}^{2}\cdot\mathrm{V}^{-1}\cdot\mathrm{s}^{-1}$,试计算锗的本征载流子数密度.

7.8　已知 GaAs 的 $E_{\mathrm{g}}=1.42\mathrm{eV}$,$m_{\mathrm{e}}^{*}=0.068m_{\mathrm{e}}$.$m_{\mathrm{h}}$ 可取 $0.5m_{\mathrm{e}}$,m_{e} 为自由电子质量,试求其 300K 时的导带底与价带顶的有效状态密度 N_{C} 和 N_{V} 以及本征载流子浓度.

7.9　如 300K 时硅的电子与空穴的迁移率分别为 $\mu_{\mathrm{n}}=1350\mathrm{cm}^{2}\cdot\mathrm{V}^{-1}\cdot\mathrm{s}^{-1}$ 与 $\mu_{\mathrm{p}}=$

$500cm^2 \cdot V^{-1} \cdot s^{-1}$,试计算其本征电导率.

7.10 已知硅样品为长方体形,几何尺寸为沿 x 方向长 2.5mm,y 方向宽 0.25mm,z 方向高 50μm.若现沿 x 方向通以 2mA 的电流,沿 z 方向施以 $0.5Wb/m^2$ 的磁场,y 方向测得的电压为 1.25mV,x 方向样品两端的外加电压为 85mV,试计算载流子的数密度及迁移率.假设样品中只有一种载流子.

第 8 章 固体磁性

固体磁性来源于固体内部荷电粒子(电子及核子)的运动,包括轨道运动和自旋运动.固体磁性是人类最早发现的物理现象之一,也是今天最为活跃的研究领域之一.它丰富的内涵一直驱动着人们探索热情.通过对固体磁性研究和新现象的发现,可以获取很多有关固体结构和带电微观粒子运动和相互作用的信息,为进一步认识、开发和利用奠定基础.本章首先介绍固体磁性的实验现象,然后对固体不同的磁学性质的来源和理论分析作扼要论述.

8.1 固体磁性的基本实验现象

1. 固体的磁化率

在电磁学中我们已经知道,把一固体介质放在磁感应强度为 $\boldsymbol{B}_0$ 的外磁场中,固体中将产生感应磁矩 $\boldsymbol{P}_{\mathrm{m}}$,如果我们定义单位固体体积的感应磁矩为固体的磁化强度

$$\boldsymbol{M}=\frac{\mathrm{d}\boldsymbol{P}_{\mathrm{m}}}{\mathrm{d}V} \tag{8.1.1}$$

实验发现 $\boldsymbol{M}$ 与磁场强度 $\boldsymbol{H}\left(=\dfrac{\boldsymbol{B}_0}{\mu_0}\right)$ 成正比关系

$$\boldsymbol{M}=\chi\boldsymbol{H} \tag{8.1.2}$$

其比例系数 χ 称为磁化率,磁化率 χ 是表示固体被磁化的难易程度的物理量,它是一个无量纲的物理量.

根据磁化率的大小及正负,可把固体分成三类:抗磁体、顺磁体和铁磁体(包括反铁磁体和亚铁磁体).

2. 顺磁性

磁化率 χ 为很小正值的磁体称为顺磁体,大多数金属,如 Na、Al、V、Pb 等具有顺磁性.产生顺磁场的本质是固体材料中,含有具有固有磁矩的原子或离子.如电子的轨道磁矩和自旋磁矩、原子核的自旋磁矩等.

当无外磁场时,这些磁矩在空间的指向是完全杂乱无规的,各磁矩的矢量和为零,固体不显磁性.当加上外磁场后,固有磁矩受到磁力矩的作用,会产生向外磁场方向转动,使得各固磁矩倾向于与外磁场一致的方向排列,表现出顺磁性.实验证明,顺磁磁化率与温度的关系为

$$\chi \propto T^{-1}$$

3. 抗磁性

当磁化率 χ 为一小的负数的物体称为抗磁体. 抗磁性的来源可以这样解释：围绕原子核的电子轨道可看作是环形电流，加上磁场后，根据电磁感应的楞次定律，环形电路中将会产生感应电流. 这种感应电流的磁矩方向与外磁场的方向相反，因此其磁化率 χ 是负的，实验表观 χ 绝对值很小，而且与温度无关. 实际上，所有物质都具有抗磁性，但往往被比它大一到两个数数量级的正的顺磁化率所掩盖. 只有在那些无固有磁矩，或很小固有磁矩的固体，抗磁性才能显示出来.

4. 铁磁性

铁磁性磁化率 χ 量是很大的正数，比顺磁体的磁化率大 5～6 个数量级，且与外磁场 $\boldsymbol{H}$ 有关. 典型的铁磁材料有铁、钴、镍等. 铁磁性只有温度低于铁磁居里温度 T_C 时才存在，当温度高于 T_C 时，铁磁体转变为顺磁体. 其磁化率满足居里-外斯定律，有

$$\chi = \alpha (T - T_C)^{-1} \tag{8.1.3}$$

铁磁性来源于铁、钴、镍时过渡金属的非满 3d 层产生的固有磁矩，以及原子之间的相互作用. 这些量子相互作用使固有磁矩“自发”平行取向而产生铁磁性.

5. 反铁磁性

在反铁磁体中，原子间的量子相互作用使相邻原子的磁矩方向排列相反，结果不显示磁性. 在外磁场作用下，通常表现出顺磁性，这也可以用磁矩受到磁场的作用而偏转来解释，但与顺磁体不同，反铁磁体有显著的各向异性，常见的反铁磁体都是过渡金属的化合物，如 $CrCl_2$、MnO、NiO、CoO、FeF_2、VCl_3、V_2O_4 等，其磁化率像铁磁体一样遵守居里-外斯定律.

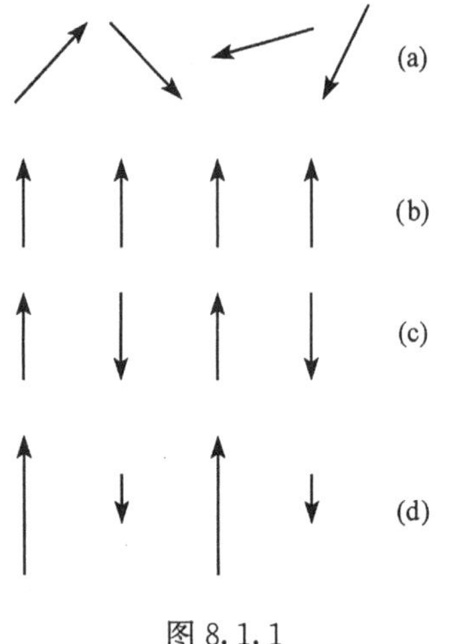

图 8.1.1

6. 亚铁磁性

如果在上述反铁磁体中，相邻原子指向相反的固有磁矩大小不等，结果相抵后还存在一定的磁性，称之为亚铁磁性. 通常的亚铁磁体非金属，如铁氧体 Fe_3O_4 等. 由于铁氧体是绝缘体，而且有铁磁性的某些行为，因而受到应用领域的重视.

图 8.1.1 中的(a)、(b)、(c)、(d)分别表示出了

顺磁体、铁磁体、反铁磁体及亚铁磁体中原子(离子)磁矩的排列情况.

在此应该指出,顺磁性与抗磁性代表了独立磁矩集合的性质,而铁磁性、反铁磁、亚铁磁性反映了大量电子轨道磁矩、自旋磁矩、核磁矩相互作用(交换作用)产生的合作现象. 两者的物理内涵和理论方式是完全不同的.

8.2 固体的顺磁性

顺磁性的根源在于存在固有磁矩,包括组成固体的原子(离子)磁矩,自由电子的自旋磁矩. 本节先讨论原子(离子)的磁矩及其在外磁场中偏转的统计理论,导出顺磁磁化率的表示式,然后讨论自由电子的顺磁性.

1. 原子(离子)的磁矩

原子(离子)的磁矩由原子中电子绕核运动产生的轨道磁矩和电子自旋磁矩两部分组成.

由原子物理知,电子轨道运动产生的轨道磁矩 $\boldsymbol{\mu}_L$ 与电子的轨道角动量 $\boldsymbol{L}$ 方向的关系为

$$\boldsymbol{\mu}_L = -\frac{e}{2m}\boldsymbol{L} = \gamma\boldsymbol{L} \tag{8.2.1}$$

γ 是旋磁比,由量力学知,轨道角动量 $\boldsymbol{L}$ 及其在外场方向的投影 L_z 只能取以下分立值

$$\begin{aligned} L &= \hbar\sqrt{l(l+1)} \\ L_z &= m_l\hbar \end{aligned} \tag{8.2.2}$$

式中

$$l = 0,1,2,\cdots,n-1$$
$$m_l = 0,\pm 1,\cdots,\pm l$$

式中,n 是主量子数,l 为角量子数,m_l 为轨道磁量子数. 因此 μ_L 也只能取分立值.

$$\mu_L = -\frac{e\hbar}{2m}\sqrt{l(l+1)} = -\mu_B\sqrt{l(l+1)} \tag{8.2.3}$$

$$\mu_{L_z} = -\frac{e}{2m}L_z = -\frac{e\hbar}{2m}m_l = m_l\mu_B$$

式中

$$\mu_B = \frac{e\hbar}{2m} = 9.27\times 10^{-23}\,\mathrm{m}^2 A$$

称 μ_B 为玻尔磁子,是磁矩量子的最小变化单元.

除了轨道运动外,电子还有自旋运动,实验发现磁矩与自旋角动量的关系为

$$\boldsymbol{\mu}_S = -\frac{e}{m}\boldsymbol{S} = 2\gamma\boldsymbol{S} \tag{8.2.4}$$

$$\mu_{S_z} = -\frac{e}{m}S_z \tag{8.2.5}$$

式中，S_z 只能取 $+\frac{\hbar}{2}$ 和 $-\frac{\hbar}{2}$ 两个值.

现在我们来讨论原子的总磁矩.

通常原子中包含有多个电子，如果分别为 $\boldsymbol{L}_i$ 和 $\boldsymbol{S}_i$ 表示第 i 个电的轨道及自旋角动量，则原子总的角动量 $\boldsymbol{J}$ 应是

$$\boldsymbol{J} = \boldsymbol{L} + \boldsymbol{S} \tag{8.2.6}$$

式中

$$\boldsymbol{L} = \sum_i \boldsymbol{L}_i, \quad \boldsymbol{S} = \sum_i \boldsymbol{S}_i \tag{8.2.7}$$

因而，原子的总磁矩则为

$$\boldsymbol{\mu} = -\gamma\boldsymbol{L} - 2\gamma\boldsymbol{S} = -\gamma(\boldsymbol{L} + 2\boldsymbol{S}) \tag{8.2.8}$$

实际上，原子的总磁矩 $\boldsymbol{\mu}$ 在 $\boldsymbol{J}$ 上的投影 μ_J 与总角动量 $\boldsymbol{J}$ 之间的关系仍然满足线性关系即

$$\boldsymbol{\mu}_J = g\gamma\boldsymbol{J} \tag{8.2.9}$$

$$\mu_{Jz} = g\gamma J_z$$

式中，g 是一个无量纲的系数，称为朗德因子(Landeg-factor). 这是因为在耦合表象中 $\boldsymbol{J}$ 是守恒量，而 $\boldsymbol{L}$、$\boldsymbol{S}$ 不再是守恒量，可以认为 $\boldsymbol{\mu}$ 围绕 $\boldsymbol{J}$ 进动，其垂直于 $\boldsymbol{J}$ 的分量，相互抵消为零. 现在计算 g 的取值.

式(8.2.9)两边点乘 $\boldsymbol{J}$ 后，并考虑到式(8.2.8)和式(8.2.6)，得

$$g = \frac{\boldsymbol{\mu}_j \cdot \boldsymbol{J}}{\gamma J^2} = 1 + \frac{2\boldsymbol{S} \cdot \boldsymbol{J}}{J^2} \tag{8.2.10}$$

由于

$$\boldsymbol{L} = \boldsymbol{J} - \boldsymbol{S}$$

有

$$\boldsymbol{J} \cdot \boldsymbol{S} = \frac{1}{2}(J^2 - L^2 + S^2)$$

因此

$$g = 1 + \frac{1}{2J^2}(J^2 + S^2 + L^2)$$

由于

$$J^2 = J(J+1)\hbar^2$$
$$L^2 = L(L+1)\hbar^2$$
$$S^2 = S(S+1)\hbar^2$$

所以兰德系数

$$g = 1 + \frac{J(J+1) + S(S+1) - L(L+1)}{2J(J+1)} \tag{8.2.11}$$

由此可计算原子不同状态(由 J、S、L 描述)的总磁矩.

2. 洪德定则

怎样确定原子处于基态时 L、S、J 等量子数的取值呢,洪德根据原子光谱的分析,归纳总结出以下 3 条经验规律,称之为洪德定则:

(1) 原子的自旋量子数 S 数取泡利不相容原理所允许的最大值.

(2) 原子的轨道角动量量子数 L 也取泡利不相容原理允许的,并与 S 的取值相容的最大值.

(3) 若壳层内电子数不到半满取 $J=|L-S|$,若壳层内电子数等于或超过半满取 $J=L+S$.

根据洪德定则,表 8.2.1 显示了过渡金属 V^{3+} 和 Fe^{2+} 离子处于基态时 L、S 和 J 量子数的值,表 8.2.2 和表 8.2.3 给出了稀土和过渡离子由洪德定则确定的 L、S、J 值.需要指出的是:洪德定则的(1)、(2)确定了 L 和 S 的取值,这是与电子之间的库仑作用相联系的,因为库仑作用远比外加磁场的磁力大得多,磁力对 S、L 的取值的产生的影响可以忽略.定则(3)决定了 J 的取值,这是与自旋一轨道相互作用相联系的;由于电子在原子中运动产生的磁场约为 10T 量级,因此此项规则有可能在同样强度的外磁场中失效.另外也要注意,当不同 J 产生的能级分裂与室温下的 $K_B T$ 相近时,激发态的能级(而不是基态)在热平衡下可以被占据,此时由于邻近离子产生的电场作用,洪德定则的第三条也将失效.

表 8.2.1

	V^{3+}	Fe^{2+}
3d 电子数	2	6
洪德定则给出的占据态	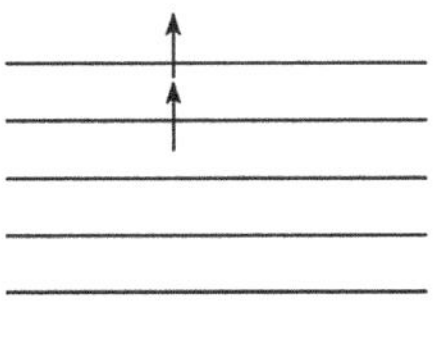	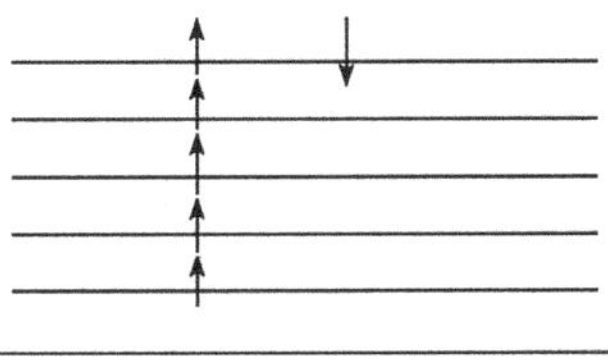
洪德定则(1)确定自旋及可能最大值	$S=\frac{1}{2}+\frac{1}{2}=1$	$S=\frac{1}{2}+\frac{1}{2}+\frac{1}{2}+\frac{1}{2}+\frac{1}{2}-\frac{1}{2}=2$
洪德定则(2)确定的轨道角量子数,及可能最大值	$L=\sum L_i=2+1=3$ 壳层少于半满	$L=2+1+0-1-2+2=2$ 壳层大于半满
洪德定则(3)确定的 J	$J=1L-S1=2$	$J=L+S=4$
谱项标记	$^3F_2$	$^5D_4$

表 8.2.2 某些稀土金属离子的有效磁子数 $P=g\sqrt{j(j+1)}$

离　子	4f 电子数	洪德定则基态	P(实验)	P(计算)
La^{3+}	0	$^1S_0$	0	0
Pr^{3+}	2	$^3H_4$	3.5	3.58
Nd^{3+}	3	$4I_{9/2}$	3.5	3.62
Sm^{3+}	5	$^6H_{5/2}$	1.5	0.84
Eu^{3+}	6	$^7F_0$	3.4	0.00
Dy^{3+}	9	$^6H_{15/2}$	10.6	10.63
Ho^{3+}	11	$^4I_{15/2}$	9.5	9.59
Tm^{3+}	12	$^3H_6$	7.3	7.54
Yb^{3+}	13	$^2F_{7/2}$	4.5	4.54
Lu^{3+}	14	$^1S_0$	0	0

表 8.2.3 某些过渡金属离子的有效磁子数

离　子	3d 电子数	洪德定则基态	g(实验)	计算 $g\sqrt{j(j+1)}$	计算 $2\sqrt{s(s+1)}$
K^+	0	$^1S_0$	0	0	0
V^{4+}	1	$^2D_{3/2}$	1.8	1.55	1.73
V^{3+}	2	$^3F_2$	2.8	1.63	2.83
V^{2+}	3	$^4F_{3/2}$	3.8	0.77	3.87
Cr^{3+}	3	$^4F_{3/2}$	3.7	0.77	3.87
Mn^{4+}	3	$^4F_{3/2}$	4.0	0.77	3.87
Cr^{2+}	4	$^3D_0$	4.8	0	4.90
Mn^{3+}	4	$^5D_0$	5.0	0	4.90
Mn^{2+}	5	$^6S_{5/2}$	5.9	5.92	5.92
Fe^{3+}	5	$^6S_{5/2}$	5.9	5.92	5.92
Fe^{2+}	6	$^5D_4$	5.4	6.70	4.90
Co^{2+}	7	$^4F_{9/2}$	4.8	6.54	3.87
Ni^{2+}	8	$^3F_4$	3.2	5.59	2.83
Cu^{2+}	9	$^2D_{5/2}$	1.9	3.55	1.73

表 8.2.1 用洪德定则计算 V^{3+} 和 Fe^{2+} 基态离子的 S、L 和 J 取值. 3d 壳层有 $l=2$，因而有 $2l+1$ 次壳层相应为 $L_z=-2,-1,0,+1,+2$，谱项标记中 L 的值为 0,1,2,3,4,5,6,…，分别被标记为 S,P,D,F,G,H,L.

3. 顺磁介质的磁化率

把具有固有磁矩 $\boldsymbol{\mu}$ 的原子放在 z 轴取向的外磁场 $\boldsymbol{B}=B\boldsymbol{z}$，则顺磁原子(离子)获得附加能量为

$$E=-\boldsymbol{\mu}\cdot\boldsymbol{B}=-\mu_z B_z=-g\gamma J_z B \tag{8.2.12}$$

这里已用了式(8.2.9)和式(8.2.10). 由于

$$J_z=m_j\hbar \tag{8.2.13}$$

式中

$$m_j = -j, -j+1, -j+2, \cdots, j-1, j \tag{8.2.14}$$

把式(8.2.14)代入式(8.2.12)，则

$$E = g\mu_B B m_j \tag{8.2.15}$$

所以总角动量量子数为 j 的离子能级在外磁场中分裂成 $2j+1$ 个子能级(称为塞曼效应).

如果顺磁体各个原子(离子)的磁矩是相互独立的，那么在温度 T 下，离子按玻尔兹曼分布

$$\exp[-E/(K_B T)] = \exp[-g\mu_B B J_z/(K_B T)]$$

占据这些能级.因此在温度 T 下，由外磁场引起的净磁矩在外磁场方向的分量的平均值为

$$\bar{\mu}_z = \frac{\sum_{J_z=-j}^{j} -g\mu_B J_z \exp[-g\mu_B B J_z/(K_B T)]}{\sum_{J_z=-j}^{j} \exp[-g\mu_B B J_z/(K_B T)]} \tag{8.2.16}$$

由此可得

$$\bar{\mu}_z = -\frac{K_B T^2}{B}\frac{1}{2}\left(\frac{\partial z}{\partial T}\right)_B = -\frac{K_B T^2}{B}\left(\frac{\partial \ln z}{\partial T}\right)_B \tag{8.2.17}$$

式中

$$z = \sum_{J_z=-j}^{j} \exp[-g\mu_B B J_z/(K_B T)] \tag{8.2.18}$$

为子系配分函数，它是一个等比级数，因此

$$\begin{aligned} z &= \frac{e^x[1-e^{-(2j+1)x/j}]}{1-e^{x/j}} \\ &= \sinh\left(\frac{2j+1}{2j}x\right)\Big/\sinh\frac{x}{2j} \end{aligned} \tag{8.2.19}$$

式中

$$x = g\mu_B Bj/K_B T$$

把式(8.2.19)代入到式(8.2.17)，经过简单运算得

$$\bar{\mu}_z = -\frac{K_B T^2}{B}\left(\frac{d\ln 2}{dx}\right)\left(\frac{\partial x}{\partial T}\right)_B = g\mu_B j B_J(x) \tag{8.2.20}$$

式中

$$B_J(x) = \frac{2j+1}{2j}\coth\left(\frac{2j+1}{2j}x\right) - \frac{1}{2j}\coth\frac{x}{2j} \tag{8.2.21}$$

称为布里渊函数.

假设顺磁体中顺磁原子数密度为 n，则可得到磁化强度

$$M = n\bar{\mu}_z = ng\mu_B j B_J\left(\frac{g\mu_B Bj}{K_B T}\right) \tag{8.2.22}$$

图 8.2.1 给出了某些顺磁离子在磁场方向平均磁矩 $\bar{\mu}_z$ 随磁场与温度B/T的变化关系，理论值与实验曲线相符很好. 图中，Ⅰ为钾铬矾(Cr^{3+})，Ⅱ为铁铵矾(Fe^{3+})，Ⅲ为硫化钆八水化合物(Cd^{3+})，S 表示顺磁离子总自旋角动量量子数，对过渡金属粒子 $j=s$.

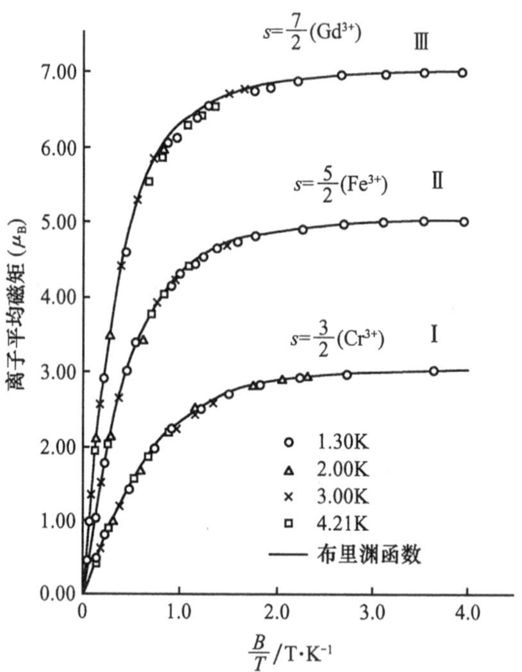

图 8.2.1　某些顺磁离子磁化经强度与 B/T 的变化关系

从式(8.1.2)，可得磁化率

$$\chi=\frac{M}{H}=\frac{n\mu_0 g\mu_B^j B_J[g\mu_B Bj/(K_B T)]}{B} \tag{8.2.23}$$

在室温区且磁场不太强情况下，$K_B T \gg g\mu_B Bj$. 此时，布里渊函数 $B_J(g\mu_B Bj/K_B T)$可近似表示为

$$B_J[g\mu_B Bj/(K_B T)]\approx\frac{j+1}{3j}\frac{g\mu_B Bj}{K_B T} \tag{8.2.24}$$

这样，就得到室温低场下的顺磁磁化率

$$\chi=\mu_0\frac{nj(j+1)g^2\mu_B^2}{3K_B T}=\frac{np^2\mu_B^2\mu_0}{3K_B T}=\frac{C}{T} \tag{8.2.25}$$

这里 $p=g[j(j+1)]^{1/2}$称为有效量子数. 式(8.2.25)给出了顺磁体磁化率与温度 T 成反比的规律，称之为居里定律，其系数

$$C=\frac{np^2\mu_B^2\mu_0}{3K_B}$$

称之为居里系数. 居里定律是根据大量实验事实总结出来的经验规律,后朗之万用经典统计方法证明了这一点. 所以顺磁磁化率也称之为朗之万磁化率.

利用式(8.2.25)所表示的居里定律,由实验则得 χ 和 T,就可确定有效量子数 p. 表 8.2.2 和表 8.2.3 分别给出部份稀土金属离子和过渡金属离子的 p 值.

从表 8.2.2 可以看出,对大部分稀土金属离子,其 p 的理论计算值与实验值很好吻合. 但对稀土离子 Sm^{3+} 及铕 Eu^{3+} 两值却相差较大.

为了解释这一现象,范·弗莱克(Van Vleck)及弗朗克(Frank)作了如下分析:朗之万磁化率是在只考虑到各离子基态的基础推导出来的,实际上在外磁场作用下,可引起电子由基态向激发态的跃迁,磁偶极跃迁距阵元 $|M_{ij}|$ 与能级间距成反比. 朗之万磁化率没有考虑这种跃迁对磁化率的影响. 实际上,对大多数稀土元素离子,激发态都远离基态,跃迁概率很小. 从而跃迁的影响可以忽略不计. 但对 Sm^{3+} 和 Eu^{3+},它们基态能级与激发级能态相距较近,磁偶极跃迁引起的磁化率的变化较大,不能忽略. 这种由磁偶极跃迁所引起的顺磁性常称之为范弗莱克顺磁性.

另外,必须指出,在朗之万磁化率的推导过程中假定离子是相互独立的,且除了外磁场外不受其他因素的影响,但实际上在固体内,由于近邻离子产生的电场(称为晶体场)不可避免的影响电子轨道的形状(或者说电子波函数),从而引起磁化率的改变. 对过渡族金属离子来说,晶体场影响相对自旋-轨道作用占主导地位,3d 电子轨道被晶体场破坏,导致过渡金属离子轨道对称性满足 $\langle L_x\rangle=\langle L_y\rangle=\langle L_z\rangle=0$,因此引起 $L=0$. 这种现象称之为轨道角动量猝熄. 这也就是为什么在过渡族离子 V^{3+}、Cr^{3+}、M^{3+} 用 s 替代 j 得到的有效磁子数与实验值更符合.

4. 传导电子的顺磁性

朗之万顺磁性没有涉及金属固体中传导电子自旋角动量对磁化率的贡献. 这是因为传导电子的不可分辨性,因而服从泡利不相容原理. 而顺磁离子由于定域在格点上可认为是可分辨的经典粒子,服从经典玻尔兹曼分布. 泡利不相容原理限制了传导电子能够占据的态并且限制了自旋的排列,因而在居里温度以下传导电子的存在降低了磁化率.

下面讨论绝对零度下传导电子的自旋磁矩转向引起的顺磁性. 通常也称为泡利顺磁性.

每个自由传导电子都具有自旋角动量 $\boldsymbol{S}$,其自旋量子数 $s=\dfrac{1}{2}$,由式(8.2.4)、式(8.2.5)可知,每个自由电子的磁矩

$$|\mu_S|=\frac{e\hbar}{2m}=\mu_B \tag{8.2.26}$$

在外磁场 $\boldsymbol{B}$ 的作用下,自由电子的自旋只可能取两个方向,沿外磁方向或者相反.

自旋磁矩方向与 **B** 一致的自由电子在外磁场中的能量为

$$E_{\uparrow} = -\mu_B B$$

而相反的为

$$E_{\downarrow} = \mu_B B$$

显然按照最小能量原理，在绝对零度下，所有自由电子的磁矩都应与外磁场 **B** 一致. 但是由于受泡利不相容原理的限制，自由电子的磁矩并不能全部转向. 其物理图像如图 8.2.2 所示.

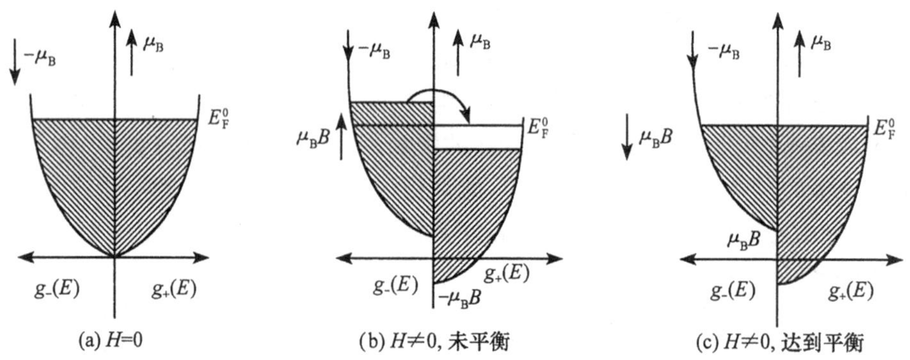

图 8.2.2　绝对零度时，金属中自由电子能量分布在磁场中的变化

↑表示自旋与外磁场方向相同. 无外磁场时，自由电子只能逐级向上填充到费米能级，每个能级只能被自旋相反的两个电子占据，因此自旋↑和自旋↓的电子对称分布如图 8.2.2(a)所示. 当加上磁场 **B** 后，自旋磁矩与 **B** 一致的电子能量下降 $\mu_B B$，如图 8.2.2(b)所示. 这时能量较高的自旋方向与 **B** 相反的部分电子↓将发生自旋转向. 从与 **B** 相反的方向转到与 **B** 一致的方向. 图 8.2.2(c)表示在外磁场作用下达到平衡的情况. 从图中可以看到，在外磁场作用下能够发生自旋转向的电子，只是在费米能 E_F^0 附近 $\mu_B B$ 范围内的电子. 发生转向的电子数可近似表示为

$$N = \frac{1}{2} g(E_F^0)\mu_B BV \tag{8.2.27}$$

式中，V 是晶体的体积，$g(E_F^0)$ 是 E_F^0 处的状态密度，由于转向只限于自旋与磁场相反的电子，因此其密度是 $g(E_F^0)$ 的一半.

每个电子磁矩的转向都使晶体的磁矩改变 $2\mu_B = \mu_B - (-\mu_B)$，因此，由于自由电子在外磁场中转向在晶体中产生的磁化强度

$$M = \frac{p}{V} = \frac{N 2\mu_B}{V} = g(E_F^0)\mu_B^2 B \tag{8.2.28}$$

由此可得绝对零度下的泡利磁化率为

$$\chi_p = \frac{\boldsymbol{M}}{\boldsymbol{H}} = \frac{\mu_0 \boldsymbol{M}}{\boldsymbol{B}} = \mu_0 g(E_F^0)\mu_B^2 \tag{8.2.29}$$

对自由电子,其状态密度与电子数密度有下面关系

$$g(E_F^0) = \frac{3}{2}\frac{n}{E_F^0} \tag{8.2.30}$$

因此泡利顺磁磁化率也可写成

$$\chi_P = \frac{3}{2}\mu_0 n\mu_B^2/E_F^0 \tag{8.2.31}$$

如果温度不是绝对零度,上述推导应稍加修正.此时,电子在能级上的分布满足费米分布

$$f(E) = \frac{1}{e^{(E-E_F)/K_B T}+1} \tag{8.2.32}$$

参照图 8.2.2(b)金属的磁化强度应由下式给出

$$\boldsymbol{M} = \mu_B\int_{-\mu_B B}^{\infty} f(E)\,\frac{1}{2}g(E+\mu_0 B)\mathrm{d}E - \mu_B\int_{\mu_B B}^{\infty} f(E)\,\frac{1}{2}g(E-\mu_0 B)\mathrm{d}E \tag{8.2.33}$$

由此可计算出金属中的泡利顺磁磁化率为

$$\chi_P = \mu_0\mu_B^2 g(E_F^0)\left[1-\frac{\pi^2}{12}\left(\frac{K_B T}{E_F^0}\right)^2\right] = \frac{3}{2E_F^0}\mu_0 n\mu_B^2\left[1-\frac{\pi^2}{12}\left(\frac{K_B T}{E_F^0}\right)^2\right] \tag{8.2.34}$$

上式的推导过程与 5.1 节类同.对金属来说一般 $E_F^0 \gg K_B T$,因此在一般温度下,式(8.2.34)括号内的第二项也是个小量.所以金属的泡利顺磁磁化率基本不随温度变化.

最后,简单讨论一下半导体的泡利顺磁性.在绝对零度下,半导体没有传导电子,所以也不存在泡利顺磁性.在有限温度下,半导体中由于热激发开始出现传导电子,因而也应有顺磁性.由于半导体中传导电子很少,导带中每个能级的占据数远小于 1,因而泡利不相容原理对半导体的传导电子实际上不起作用.即在外磁场作用下半导体中的自由电子的自旋磁矩可以自由转向,其情况类似于顺磁离子的离子磁矩.因此半导体中传导电子所引起的顺磁性与顺磁离子所引起的顺磁性相似.因而可采用朗之万磁化率表式(8.2.25)计算,只要记住在自由(传导)电子情况下 $l=0, j=s=\frac{1}{2}$,因而 $g=2$ 就可以给出半导体传导电子的顺磁磁化率

$$\chi_P = n\mu_0\mu_B^2/K_B T \tag{8.2.35}$$

8.3 抗 磁 性

我们已经简略描述了抗磁性的起因是由于外磁场引进诱发的感应电流产生的.按照经典物理学,感应电流将被其所产生的热效应所毁灭,不可能在正常态金

属中长时间存在. 然而,量子力学理论给出一个稳定的分子感应电流,结果对所有在外磁场中的金属产生了抗磁性. 无论是价电子或芯电子的运动都会引发抗磁性,下面分别予以说明.

8.3.1 芯电子抗磁性

现在用半经典理论说明芯电子的抗磁性. 假想芯电子绕原子核作圆周运动,设电子的质量为 m,运动速度为 v,运动轨道半径为 r. 因此电子绕核旋转的频率,$f=v/2\pi r$,电子轨道运动产生的电流为

$$I=-fe=-\frac{ev}{2\pi r} \tag{8.3.1}$$

此圆形电流产生的磁矩的大小为

$$M=IA=I\pi r^2=-\frac{1}{2}evr \tag{8.3.2}$$

式中,A 是电子轨道的面积.

现在如果施加一垂直于轨道平面的随时间变化的均匀磁场 $B(t)$,则通过电子轨道面积的磁通量

$$\Phi=BA=\pi r^2 B(t)$$

根据法拉弟电磁感应定律、电流回路中的感应电动势

$$\varepsilon_i=-\frac{\mathrm{d}\Phi}{\mathrm{d}t}=-\pi r^2\frac{\mathrm{d}B}{\mathrm{d}t} \tag{8.3.3}$$

此感应电动势与轨道内涡旋电场 E_i 有以下关系

$$\varepsilon_i=\oint \boldsymbol{E}_i\cdot\mathrm{d}\boldsymbol{l}=E_i 2\pi r$$

所以

$$E_i=\frac{\varepsilon_i}{2\pi r}=-\frac{r}{2}\frac{\mathrm{d}B}{\mathrm{d}t} \tag{8.3.4}$$

在此电场作用下,电子的加速度

$$a=\frac{\mathrm{d}v}{\mathrm{d}t}=\frac{-eE_i}{m}=\frac{-er}{2m}\frac{\mathrm{d}B}{\mathrm{d}t} \tag{8.3.5}$$

上式对时间积分,可得

$$\Delta v=\frac{er}{2m}\Delta B \tag{8.3.6}$$

此式表明,外磁场的作用使电子的运动速率发生了变化,而由式(8.3.2)可知这将会引起电子轨道磁矩的变化为

$$\Delta M=-\frac{er}{2}\Delta v \tag{8.3.7}$$

把(8.3.6)代入式(8.3.7),可得

$$\Delta M = -\frac{e^2 r^2}{4m}\Delta B = -\frac{\mu_0 e^2 r^2}{4m}\Delta H \tag{8.3.8}$$

因此按定义式(8.1.2)，每个芯电子对磁化率的贡献为

$$\chi_{电子} = -\frac{\mu_0 e^2}{4m} r^2 \tag{8.3.9}$$

如果一个原子有 z 个芯电子，假设各电子轨道半径为 r_i，则该原子的磁化率为

$$\chi_{原子} = -\frac{\mu_0 e^2}{4m}\sum_i^z r_i^2$$

如果单位体积固体包含 n 个相同的原子，则总磁化率

$$\chi_c = -\frac{n\mu_0 e^2}{4m}\sum_{i=1}^z r_i^2 \tag{8.3.10}$$

由此可见，原子所包含的芯电子数 z 越多，则此种原子组成的固体的抗磁化率也越大.

8.3.2 传导电子的抗磁性

前面介绍了传导电子在外磁场中磁矩转向产生的顺磁性. 实际上，外磁场除了影响电子的自旋取向外，还会影响电子的空间波函数(轨道状态). 如 5.3 节所述，外磁场中的电子将产生磁子能带，形成朗道能级. 在这种情况下，传导电子体系的能量整体上看是随 $\boldsymbol{B}$ 的增大而增加的. 磁化强度为 $\boldsymbol{M}$ 时，单位体积物体在外磁场中的附加能量为

$$\Delta E = -\boldsymbol{M}\cdot\boldsymbol{B}$$

即如果 $\boldsymbol{M}$ 与 $\boldsymbol{B}$ 同向，则系统的能量随 $\boldsymbol{B}$ 的增加而减少，与 5.3 节的结论矛盾，这说明处于朗道能态的电子体系的磁化强度 $\boldsymbol{M}$ 与 $\boldsymbol{B}$ 反向，由式(8.1.2)可知，此时磁化率 $\chi_L<0$，这就是说朗道能态电子表现出抗磁性，通常称为朗道抗磁性.

基于 5.3 节的论述可以导出金属和半导体的朗道能级的磁化率分别为

$$\chi_{L金属} = -\frac{1}{2}\left(\frac{m}{m^*}\right)^2 n\mu_0\mu_B^2/E_F^0 \tag{8.3.11}$$

$$\chi_{L半导体} = -\frac{1}{3}\left(\frac{m}{m^*}\right)^2 n\mu_0\mu_B^2/K_B T \tag{8.3.12}$$

式中，n 是金属或半导体的传导电子密度. 从式(8.3.11)和式(8.3.12)可以看出，χ_L 与传导电子的有效质量 m^* 有关，对多数半导体，$m^* \ll m$，因此半导体具有较大的朗道抗磁性. 而一般金属的 m^* 较大，因而抗磁性较小.

综上所述，金属及半导体中的传导电子，既有顺磁性又有抗磁性. 哪一种磁性质占主导地位主要取决于电子的能带结构，一般来说，大部份半导体是抗磁性的，而金属表现出顺磁性.

8.4 磁有序与局域磁矩理论

前面所介绍的顺磁性、抗磁性，代表了组成固体的原子(离子)相互独立磁矩的集合的性质，本节介绍铁磁性、反铁磁性和亚铁磁性的特征和本质. 与顺磁体、抗磁体不同，这些性质体现了组成固体的原子(离子)磁矩相互作用的合作现象.

8.4.1 磁有序

在较低温度下($T<T_C$)，实验观察到很多顺磁体，即使没有外磁场诱导，也显现一定的磁性，即磁化强度 $\boldsymbol{M}\neq 0$. 显然这种自发磁化现象是由于固体内部原子固有磁矩的空间排列有关，每个固有磁矩都有意与邻近固有磁矩的指向一致. 这种一致性来源于固有磁矩间的相互作用. 由于原子固有磁矩的自发同向排列，固体的有序度增加，熵减小，我们称之为“磁有序”. 铁磁体是最简单的磁有序固体，在铁磁体中所有固有磁矩对自发磁化的贡献相等. 在反铁磁体中的磁有序是这样的，一半固有磁矩指向一个方向，而另一半指向相反，因而自发磁化强度为零，但是它与完全无序是不同的. 按照指向相同磁矩的排列成线、面等，可把反铁磁性分为 A、C、G 三类，如图 8.4.1 所示. 在亚铁磁体中，固有磁矩有如反铁磁体的排列，只是相反方向的磁矩大小不等不能相互抵消.

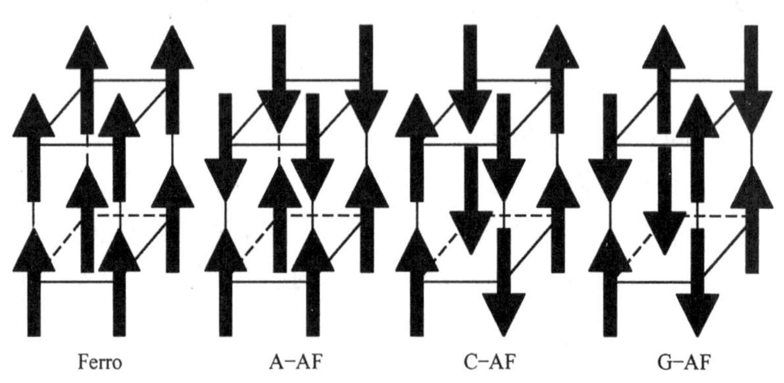

图 8.4.1 反铁磁分类，三种次结构类型示意图

是什么“作用”使得固有磁矩之间“合作”产生磁有序呢？首先想到得是磁矩之间的磁相互作用力. 我们现在来估算一下固有磁矩之间的作用力有多大：假定两个固有磁矩均有玻尔磁子 μ_B 的磁矩，相距 $r=3\text{Å}$ 的间距，一个磁矩在另一磁矩处产生的磁感应强度 B 具有 $\mu_0\mu_B/4\pi r^3$ 的量级，这样相互作用磁能可以估计为

$$\Delta E\sim\mu_B B\sim\frac{\mu_0\mu_B^2}{4\pi r^3}\sim\frac{10^{-7}\times 10^{-46}}{3\times 10^{-29}}\sim 3\times 10^{-25}\sim 2\times 10^{-6}\,\text{eV}$$

这个能量相当于 $T=0.03\mathrm{K}$ 时平均热能. 也就是说，当 $T>0.03\mathrm{K}$ 时，随机热无序会破坏由磁相作用产生的固有磁矩有序排列. 但实际上很多铁磁体在 1000K 时仍然有自发磁化现象. 这就表明磁相互作用力不是固有磁矩合作现象的内因，有更强的相互作用力，这个作用力最有可能的候选者就是固体中电子之间以及电子与核之间的电子态相互作用，这个相互作用完全是一种量子效应，我们称之为交换作用.

8.4.2 交换作用

交换作用是一种量子效应，它是与泡利不相容原理直接相关的.

对一个二电子系统(如氢分子)，我们将证明虽然电子间的库仑相互作用不明显的依赖于电子的自旋自由度，但二电子系统的能量却明显依赖于它们的自旋态.

根据泡利不相容原理，多电子体系的波函数必须是反对称的，如果我们忽略轨道——自旋之间的相互作用，二电子体系的波函数可写成空间部份与自旋部份的乘积，有

$$\psi(r_1 r_2 s_1 s_2) = \varphi(r_1 r_2)\chi(s_1 s_2)$$

这样就存在着两种不同的状态：

(1) 两个电子自旋相互平行，这时自旋波函数 $\chi(s_1 s_2)$ 是交换对称的，而轨道波函数是交换反对称的，有

$$\varphi^A(r_1 r_2) = \frac{1}{\sqrt{2}}[\varphi_a(r_1)\varphi_b(r_2) - \varphi_a(r_2)\varphi_b(r_1)]$$

式中，$\varphi_a(r_2)$、$\varphi_b(r_1)$ 是两个电子轨道波函数，此态是三重态.

(2) 两个电子自旋反平行，自旋波函数反对称，轨道波函数对称，有

$$\varphi^s(r_1, r_2) = \sqrt{\frac{1}{2}}[\varphi_a(r_1)\varphi_b(r_2) + \varphi_a(r_2)\varphi_b(r_1)]$$

此态为单态.

由微扰论计算得到两个电子之间的库仑相互作用能可统一表示为

$$E = E_1 - \frac{J}{2} - 2J\boldsymbol{s}_1 \cdot \boldsymbol{s}_2/\hbar^2 \tag{8.4.1}$$

式中

$$E_1 = \int \mathrm{d}r_1 \int \mathrm{d}r_2 \mid \varphi_a(r_1) \mid^2 \frac{e^2}{4\pi\varepsilon_0 \mid r_1 - r_2 \mid} \mid \varphi_b(r_2) \mid^2 \tag{8.4.2}$$

显然是来自一个密度为 $-e|\varphi_a(r_1)|^2$ 的电荷与另一密度为 $-e|\varphi_b(r_2)|^2$ 的电荷之间的相互作用能——库仑能，而

$$J = \int dr_1 \int dr_2 \psi_a^*(r_1)\psi_b(r_1) \frac{e^2}{4\pi\varepsilon_0 \mid r_1 - r_2 \mid} \psi_b^*(r_2)\psi_a(r_2) \tag{8.4.3}$$

称为交换项. 是由于泡利不相容原理所出现的量子效应项，称作直接交换作用.

由式(8.4.1)很容易看出，对三重态和单态，两电子之间的库仑相互作用能量是不同的. 对三重态，二电子自旋平行有

$$2\boldsymbol{s}_1\cdot\boldsymbol{s}_2=\boldsymbol{s}^2-\boldsymbol{s}_1^2-\boldsymbol{s}_2^2=[s(s+1)-s_1(s_1+1)-s_2(s_2+1)]\hbar^2=\frac{\hbar^2}{2}$$

所以

$$E=E_1-J$$

而单态时，两电子反平行，$\boldsymbol{s}=\boldsymbol{s}_1+\boldsymbol{s}_2=0$

$$2\boldsymbol{s}_1\cdot\boldsymbol{s}_2=(\boldsymbol{s}^2-\boldsymbol{s}_1^2-\boldsymbol{s}_2^2)=-\frac{3}{2}\hbar^2$$

所以

$$E=E_1+J$$

由上面的讨论可见，电子之间的库仑相互作用能量与电子自旋状态有关.

现在我们来讨论交换项的正负. 由式(8.4.3)可以看出，当 $\boldsymbol{r}_1\approx\boldsymbol{r}_2$ 时交换积分 J 为正. 实际上 J 的正页与电子之间的距离有关. 斯莱特(J. C. Slater)提出固体中 J 的正页可以用原子间距 r 和原子壳层中的电子轨道半径 r_B 的比值 r/r_B 来确定. 当 $r/r_B\geqslant 3$ 时，$J>0$，此时电子自旋一致的状态(三重态)能量较低因而表现了自发磁化的铁磁性. Fe、Co、Ni 等即属于此类. 当 $r/r_B<3$ 时，$J<0$，应具有反铁磁态，Ma、Cr 等属于反铁磁类. J 与 r/r_B 的关系曲线，如图 8.4.2 所示.

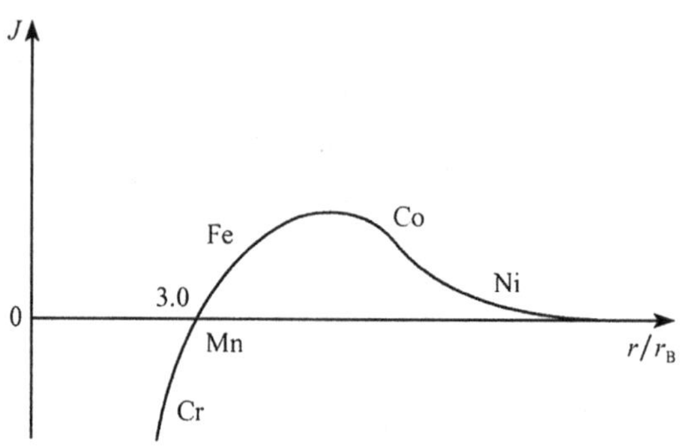

图 8.4.2　交换能 J 与 r/r_B 的关系

8.4.3　Heisenbery Hamilton 量及其平均场近似

从上面的讨论看出，决定两电子间是铁磁性作用还是反铁磁性作用关键是(8.4.1)式中与自旋有关的项

$$H_s=-2J\boldsymbol{s}_1\cdot\boldsymbol{s}_2/\hbar^2 \tag{8.4.4}$$

对于晶体，式(8.4.4)可写成

$$H_{S_i}=-2J\sum_j\boldsymbol{s}_i\cdot\boldsymbol{s}_j/\hbar^2 \tag{8.4.5}$$

式中，$\sum_j$ 表示对 i 近邻自旋磁矩求和，H_{s_i} 表示第 i 个自旋磁矩与固围其他磁矩的交换作用，称作 Heisenberg Hamilton 量.

下面我们用平均场近似处理 H_{s_i}，可推导出与磁有序实验规律相符合的结果.

为简单计只考虑最近邻近似，有

$$H_{s_i} = -2J\boldsymbol{s}_i \cdot \sum_{j=1}^{z} \boldsymbol{s}_j/\hbar^2 \tag{8.4.6}$$

式中，z 是最近邻磁矩数. 式(8.4.6)可以看成第 i 个磁矩在其周围磁矩产生的磁场

$$2J\sum_{j=1}^{z} \boldsymbol{s}_j/\hbar^2$$

中的磁能. 平均场近似认为近邻磁矩产生的磁场可写成 $2Jz\langle \boldsymbol{s}_j/\hbar^2\rangle$，$\langle s_j\rangle$是 s_j 的平均值.

受原子的顺磁性的讨论式(8.2.12)的启发，引入平均场近以后，H_{s_i} 可写成

$$H_{s_i} = -\boldsymbol{s}_i \cdot 2Jz\langle \boldsymbol{s}_j/\hbar^2\rangle = -\boldsymbol{s}_i \cdot g\mu_B\mu_0 \frac{2Jz\langle \boldsymbol{s}_j\rangle}{g\mu_B\mu_0\hbar^2} \tag{8.4.7}$$

定义有效磁场

$$H_{eff} = \frac{2Jz\langle \boldsymbol{s}_j\rangle}{g\mu_B\mu_0\hbar^2} \tag{8.4.8}$$

(8.4.7)式可写成与顺磁原子在外磁场中相同的形式

$$H_{s_i} = -g\mu_B\mu_0\boldsymbol{s}_i \cdot \boldsymbol{H}_{eff} \tag{8.4.9}$$

式中，g 是朗德(lande)因子，μ_B 是玻尔磁子. H_{eff}也称为分子场(由 P. E. Weiss 提出). 下来的讨论与原子顺磁性的讨论相似，因为磁化强度通常定义为

$$\boldsymbol{M} = ng\mu_B\langle \boldsymbol{s}_j\rangle$$

式中，n 是单位体的磁偶极子数. 故有效磁场可写为

$$\boldsymbol{H}_{eff} = \frac{2Jz}{g\mu_0\mu_B\hbar^2}\langle \boldsymbol{s}_j\rangle = \frac{2zJ}{ng^2\mu_B^2\mu_0\hbar^2}\boldsymbol{M} = \gamma_e\boldsymbol{M} \tag{8.4.10}$$

式中

$$\gamma_e = 2zJ/(ng^2\mu_B^2\mu_0\hbar^2) \tag{8.4.11}$$

称为有效场系数.

引入分子有效磁场后($\boldsymbol{B}_{eff}=\mu_0\boldsymbol{H}_{eff}$)，下面的讨论完全类似 8.2 节. 作用在磁矩上的磁场应为外场 $\boldsymbol{B}$ 与分子有效场之和，即

$$\boldsymbol{B}_e = \boldsymbol{B} + \mu_0\gamma_e\boldsymbol{M} \tag{8.4.12}$$

根据式(8.2.22)磁化强度

$$M = ng\mu_B sB_j\left(\frac{g\mu_B B_{eff}s}{K_B T}\right) = ng\mu_B sB_j(x) \tag{8.4.13}$$

注意，上式已用 s 替代了 j. $B_j(x)$是布里渊函数，只需将式(8.2.21)中 J 换 S 即可，此时

$$x=\frac{g\mu_B(\boldsymbol{B}+\mu_0\gamma_e\boldsymbol{M})S}{K_BT} \tag{8.4.14}$$

通过解式(8.4.13)和式(8.4.14)可得 $\boldsymbol{M}$ 与磁感应强度 $\boldsymbol{B}$ 之间的关系.

我们这里最关心的是外磁场 $B=0$ 时的自发磁化强度. 由式(8.4.14)可知 $B=0$时，有

$$M=\frac{K_BT}{\gamma\mu_0 g\mu_B S}x \tag{8.4.15}$$

对式(8.4.15)和式(8.4.13)联立求解，可得到自发磁化强度. 此超越方程组可用作图法求解，如图 8.4.3 所示，从图可以解得磁化强度和温度的关系. 式(8.4.13)是图中曲线，式(8.4.15)是随着温度不同而斜率不同的直线. 在直线与曲线的交点处，就是自发磁化的强度. 由图 8.4.3 可见，并非对所有的温度 T 都有自发磁化强度，存在一临界温度 T_C，可用式(8.4.13)曲线在原点处的斜率表示. 只有当 $T<T_C$ 时才会产生自发磁化. 另外从图可以看出，当 $x\to\infty$，$B_J(x)\to 1$，磁化强度 $\boldsymbol{M}$ 趋向于饱和值

$$M_{S0}=nSg\mu_B \tag{8.4.16}$$

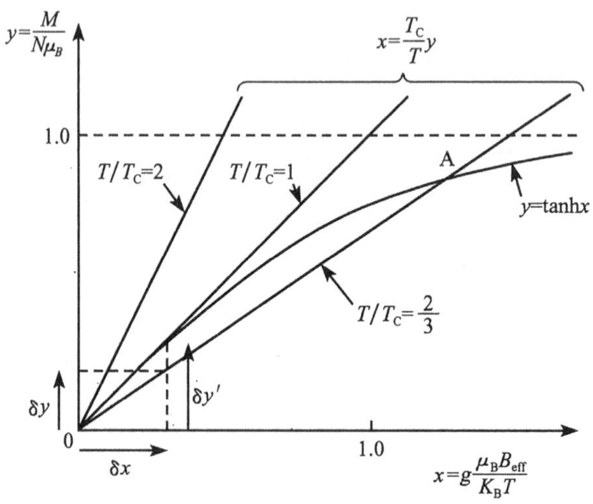

图 8.4.3　式(8.4.13)和式(8.4.15)在图中的表示

因此，当温度很低时，自发磁化强度趋向饱和值.

现在求临界温度 T_C 的表示式. 在原点处 $x=0$，此时布里渊函数可近似写成

$$B_j(x)\approx\frac{s+1}{3s}x \tag{8.4.17}$$

这样式(8.4.13)可以写成

$$M \approx ng\mu_B \frac{s+1}{3}x \tag{8.4.18}$$

显然上式为图 8.4.2 中曲线在 $y=0$ 处的切线方程,此较式(8.4.18)与式(8.4.15),可得

$$\frac{K_B T_C}{\mu_0 g\mu_B rS} = \frac{ng\mu_B(s+1)}{3} \tag{8.4.19}$$

由此,得

$$T_C = ng^2\mu_B^2 s(s+1)\gamma/(3K_B) = np^2\mu_B^2\gamma_e/(3K_B) \tag{8.4.20}$$

式中,p 为有效量子数. 由此可见,居里温度 T_C 直接与分子场系数 γ_e 成正比. 当 $T>T_C$ 时,热涨落大于磁矩之间的相互作用能 $K_B T_C = np^2\mu_B^2\gamma/3$,破坏了分子磁场,从而铁磁性消失变成顺磁性. 而 γ 直接与直接交换能 J 有关. 直接交换能越大,T_C 越高. 把分子场系数 $\gamma=2zJ/(ng^2\mu_B^2h^2)$ 代入式(8.4.20),T_C 可写为

$$T_C = \frac{2z}{3K_B\hbar^2}[s(s+1)]J \tag{8.4.21}$$

根据 $T_C=1000\text{K}$ 计算,可以估算出交换能约为 0.1eV.

由式(8.4.15)和式(8.4.18)并考虑到式(8.4.21),联立消去 x 可解出 $T<T_C$ 时自发磁化强度满足的超越方程

$$M = B_j\left(\frac{3s}{s+1}\frac{T_C}{T}M\right) \tag{8.4.22}$$

在 T_C 附近,将布里渊函数 B_j 展到三级项,得

$$M^2 = \frac{10}{3}\frac{(s+1)^2}{(s+1)^2+s^2}\frac{T_C-T}{T_C} \tag{8.4.23}$$

得到 $\boldsymbol{M}$ 与温度大致关系为

$$M \sim (T_C - T)^{1/2} \tag{8.4.24}$$

8.4.4 间接交换作用与超交换作用

由前面的讨论知,可由直接交换作用 J 的正负来直接决定固体的磁有序性质. 但是由 J 的表示式(8.4.3)可以看出,只有当两个电子波函数相互交叠时 J 才不为零. 这对过渡金属的 3d 电子是满足的. 但对稀土金属中处于内壳层的 4f 电子来说,两相邻稀土金属离子的 4f 电子波函数相互交叠甚微,因而很难给用直接交换作用解释其磁有序现象. 为此人们提出间接交换,超交换和双交换等模型.

间接交换认为两个内层壳层磁矩是通过传导电子(5s,5p 电子)为中介而发生相互作用的. 一磁性离子的 4f 电子先与 s 传导电子发生交换作用,使 s 电子的自旋与 4f 电子的自旋平行或反平行. 然后,此 s 电子再与邻近离子的 4f 电子发生交换作用,使 4f 电子自旋与 s 电子自旋平行或反平. 结果,通过中间 s 电子,使相邻的 4f 电子处于自旋平行或反平行状态. 除了这种 s-f 电子间接交换外,也可有 s-d

及 d-d 电子间的间接交换作用. 对 d-d 间接交换是指对某些固体的 d 电子有局域和扩展(传导电子)两种状态. 局域的 d 电子通过扩展 d 电子的中介而发生的交换.

超交换作用是指具有铁磁性,反铁磁性的绝缘体过渡金属氧化物,如 MnO 等,其相邻的锰离子通过氧离子为中介而发生交换作用. 通过超交换作用也可形反铁性或铁磁性,图 8.4.4 是 MnO 中电子超交换作用示意图.

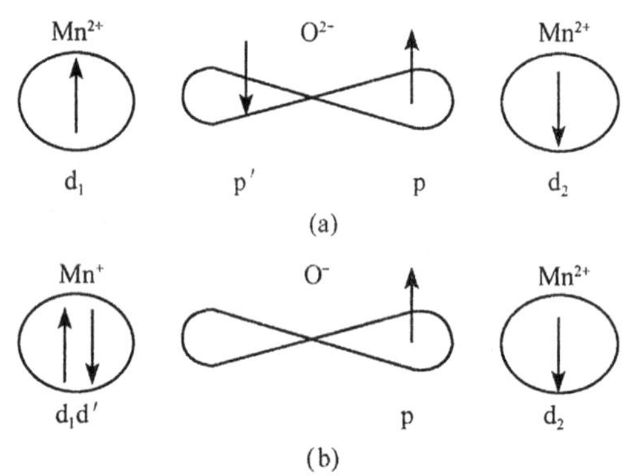

图 8.4.4　MnO 中电子超交换作用示意图

其中图 8.4.4(a)为基态,交换作用为零. 图 8.4.4(b)为激发态,氧离子的一个 p 电子跃到相邻的锰中成为 d′电子,形成 Mn^{+}-O^{-}-Mn^{2+}. 由于洪德定则,Mn^{+} 中的 d′电子与原子的 5 个 d 电子处于低能自旋反平行态. O^{-} 中剩余一个不成对的 p 电子与另一侧 Mn^{2+} 的直接交换作用为负,总的结果是锰离子自旋反平行时能量最低,或者说总的交换作用 $J<0$,为反铁磁材料.

双交换作用是为解释钙钛矿结构的混合价锰氧化合物中的反铁磁——铁磁相变引进的. 这类氧化物,如 $La_{1-x}Ca_xMnO_3$ 在 T_C 温度附近还伴随出现金属-半导相变和超巨磁电阻(colossal magnetoresistance)效应. 由于此种材料奇特的物理性质及潜在的应用前景,引起了人们极大的研究热情. De Gennes 用一个纯自旋模型描述了这种转变. 由于 Ca 的掺杂,原来 La_2MnO_3 中的 Mn^{3+} 离子变成了在格点上随机分布的 Mn^{3+} 和 Mn^{4+} 离子,相邻 Mn^{3+} 与 Mn^{4+} 之间既有前面提到的超交换作用,也存在另一种交换作用称为双交换作用. 双交换作用可以用图 8.4.5 示意描述. Mn^{+} 的 3 价离子和 4 价离子具有 $Mn^{3+}(t_{2g}^3e_g^1)$ 和 $Mn^{4+}(t_g^3e_g^0)$ 电子组态. 根据洪德定则,3d 轨道电子自旋平行排列,t_{2g} 态的三个电子形局域自旋,e_g 电子则是巡游的. 由于强的洪德耦合,如果邻近两个离的自旋反平行,此时 e_g 电子的跃迁需要克服很大的库仑势. 因此,此时的跃迁是禁止的,只有当相邻两个离子的自旋平行,电子才能通过 O^{2-} 跳跃到另一离子上,而电子的跳跃导致了局域自旋之间的铁磁交换相互作用——双交换作用. 同时电子的跳跃形成了跃迁电导. 因此双交换作用既导致铁磁耦合,同时又使电导增加,很好的解释了此类材料在 $T<T_C$ 时呈铁磁性

及金属电导性，而且这个电导为自旋极化电子的电导，$T>T_C$ 呈顺磁性和半导体电导性.

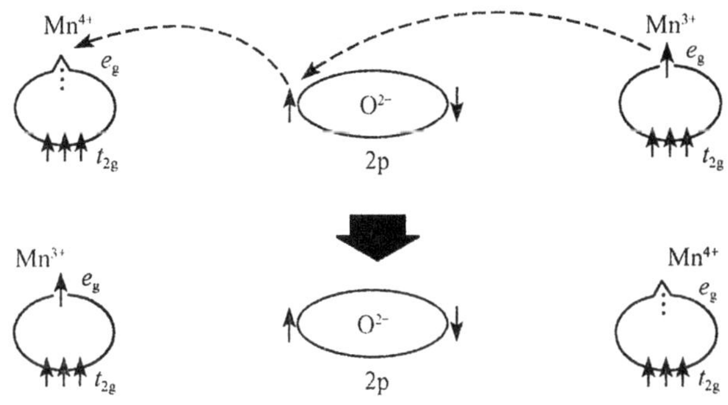

图 8.4.5 锰氧化物中双交换作用示意图

8.4.5 巡游电子模型

固体磁有序的局域磁矩理论给出了自发磁性的定性解释，特别是在绝缘体磁性方面是成功的. 但是对磁性金属，局域磁矩理论与实验结果的定量对比存在严重的不足. 这是因为磁性金属的 d 壳层中有一部分能够较自由运动的电子，称为巡游电子，这些电子对金属的磁性贡献不容忽视. 下面以过渡金属为例，说明巡游电子模型.

巡游电子理论实际上是能带理论在磁有序方面的延伸. 按照能带理论，过渡金属的能带结构和能态密度如图 8.4.6 所示. 3d 能量宽度小于 4s 能带，而 3d 带的态密度大于 4s 带. 3d 和 4s 能带交叠，具体地说 3d 壳层还未填满，但 3d 壳层外有两个 4s 电子，在固体中，这两个 4s 电子常被电离与其他原子形成共价键，由于 4s 是满壳层，对离子磁矩无贡献. 过渡金属的磁性只决定于未满的 3d 壳层中的电子.

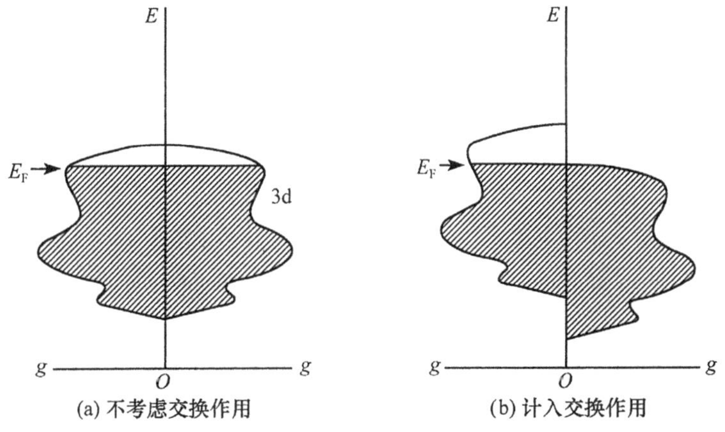

图 8.4.6 自旋不同的 3d 电子态密度与能量的关系

由于两个 4s 电子常被电离与其他原子形成共价键，未满的 3d 壳层将暴露在最外面，直接受到晶体中周围离子的作用，称为晶体场作用. 对过渡金属离子来说，3d 电子受的晶体场作用远比自旋-轨道相互作用大(约 100 倍)，因此在晶体场的作用下，电子的轨道运动常被破坏，使电子的轨道角动量 $\boldsymbol{L}$ 被猝灭，只剩下自旋角动量，即处在晶体场中的过渡金属离子的总角动量 $\boldsymbol{j}=\boldsymbol{s}$. 因此 3d 电子有独立的自旋自由度，能态密度应该与自旋自由度有关. 图 8.4.5 画出自旋不同的 3d 电子态密度与能量的关系.

当不考虑电子之间交换作用时，两种自旋电子都具有相同的能量，自旋向上与自旋向下的能态密度相等，两种自旋不同的电子都填充到费米能级，如图 8.4.6(a)所示. 电子间的交换作用使不同自旋的电子具有不同的能量，如假定交换作用使自旋向上的电子能量低于自旋向下的电子能量，则计入交换作用将使自旋向上的子带下移，而使自旋向下的子带上移，如图 8.4.6(b)所示. 这时，有一部份电子的自旋将从向下的状态变成向上的状态，从而产生净"自发"磁化强度 M_S. 由此可知，M_S 取决于自旋相关子带的相对移动，而子带的移动又取决于交换作用的强弱及能带结构.

下面估算一下发生自发铁磁性的条件. 由于交换作用 J，使晶体中一个电子自旋转向，引起磁化强度的改变量 $\Delta\boldsymbol{M}=2\mu_B$，同时有效磁场 $\boldsymbol{B}_W=\gamma\boldsymbol{M}$(见式 8.4.10)，则磁化强度变化 $\Delta\boldsymbol{M}$ 引起的系统能量变化为

$$\begin{aligned}\Delta E_1 &= -\int_0^{\Delta M}\boldsymbol{B}_W\cdot \mathrm{d}\boldsymbol{M} = -\int_0^{\Delta M}\gamma\boldsymbol{M}\cdot \mathrm{d}\boldsymbol{M} \\ &= \frac{1}{2}\gamma(\Delta M)^2 = -2\gamma\mu_B^2\end{aligned} \tag{8.4.25}$$

另一方面，电子自旋的转向使电子从一个自旋取向子带向另一个相反取向的子带转移，由于泡利不相容原理，只能填在费米面以上的空态上，引起系统能量增加 ΔE_2，增加的能量可由下式

$$n=\frac{1}{2}g(E_F)\Delta E_2 \tag{8.4.26}$$

求得. 这里 $g(E_F)$是费米能状态密度，n 是增加的电子数密度，$\frac{1}{2}$因子是因为只考虑一种自旋态密度. 又因只考虑一个电子的转移，故 $n=1$. 由此求可得

$$\Delta E_2=\frac{2}{g(E_F)}$$

显然，自旋反转引起的两项能量变化之和如果小于零，即

$$\Delta E_1+\Delta E_2<0 \tag{8.4.27}$$

即

$$2r\mu_B^2>\frac{2}{g(E_F)} \tag{8.4.28}$$

则电子转向，这里自旋由向下变成向上的过程在能量上是优先的，从而形成铁磁性. 因而式(8.4.28)可看成是能否形成铁磁性的判据. 按照前面讨论的有效场系数 γ 与交换能 J 的关系式(8.4.11)，可把判据式(8.4.28)写成

$$\frac{4Jz}{n\hbar^2 g^2} > \frac{2}{g(E_F)} \tag{8.4.29}$$

从此式看到，交换能 J 及态密度 $g(E_F)$ 越大越易形成铁磁性. 由图 8.4.2 可以看出 $J>0$ 时 $r/r_B>3$，即要求原子壳层中电子的半径 r_B 小于原子间距 r，这样两电子波函数的重叠较小，因而能带较窄，而能态密度较大，Fe、Co、Ni 中的 3d 能带以及 Cd、Dy 中的 4f 能带都满足这些要求，都表观出铁磁性.

另外需要指出的是，实验表明铁磁体中每个原子的磁矩并不是玻尔磁子 μ_B 的整数倍，要解释这一现象必须考虑能带的具体结构. 以 Ni 为例，Ni 原子的外层电子组态是 $3d^8 4s^2$，但在 Ni 晶体的能带中，平均每个原子有 0.54 个电子处于 4s 态，而处于自旋向上 3d 子带有 5 个电子，其中 4.46 个处于自旋向下的 3d 子带内. 由于 4s 带内的电子自旋向上和向下的分布数目相等，因此 4s 能带电子对铁磁性无贡献，铁磁性仅来自 3d 子带上的电子，每个 Ni 原子的净自旋磁矩应为 $(5-4.46)\mu_B=0.54\mu_B$，而不是 μ_B 的整数倍.

8.5 低温磁有序与自旋波

由 8.4.3 节的讨论可知，平均场近似很好的解释了在温度不太低情况下自发铁磁性的实验现象. 但是在温度很低时，实验表明自发磁化强度 $\boldsymbol{M}_S$ 与温度 T 的关系满足

$$\boldsymbol{M}_S = M_{SC} - \alpha T^{3/2} \tag{8.5.1}$$

α 这里是一常数，这与平均场理论得到的关系不相符. 也就是说平均场理论在极低温度下在解释自发磁性方面失效了. 为了说明极低温下铁磁性的实验规律，布洛赫等提出了自旋波理论.

在低温下平均场理论失效，表明平均场理并没有正确描述晶体处于低激发时的情况. 为此我们考虑如图8.5.1(a)所示的一维铁磁排列的自旋链. 如果一个端

(a) 方向完全一致的自旋链

(b) 自旋链的低能激发态不能用平均场理论，虽然它对高温情况是很好的近似方法。真实晶体的各向异性为磁化提供了一个“容易”进行的方向，而且自旋链的低激发态相应于对于方向完全一致的自旋链的一个扰动

图 8.5.1

点的自旋转动 360°,由于自旋之间的作用,其他自旋将弛豫重排以维持交换能的最小值. 因为相邻自旋是接近平行的,这是一个低能激发态,如单用平均场来处理,对图 8.5.1(b)的情况,平均磁化强度将为零. 因而分子场也为零. 显然和实际情况不符. 问题的关键是自旋相互作用能应该是依赖于一个自旋与其相邻的自旋之间的相互取向而不是样品的平均磁化强度. 这就是平均场理论失效的原因.

8.5.1 一维晶体中的自旋波及其色散关系

对铁磁体在 $T=0$K 时,所有的自旋均沿同一方向排列并形成饱和磁化强度 M_{S0} 的状态,如图 8.5.1a 所示. 在有限温度下,一些自旋磁矩的方向可发生涨落而与 $\boldsymbol{M}_{S0}$ 方向发生偏离. 自旋磁矩方向一旦偏离了磁化强度的方向. 就会受到后者的作用产生绕磁化强度方向的进动. 由于自旋磁矩之间的交换相互作用,这种进动状态将以格波形式在晶体中传播. 这种自旋磁矩绕磁化强度方向进动的状态在晶体中的传播,称为自旋波,如图 8.5.2 所示.

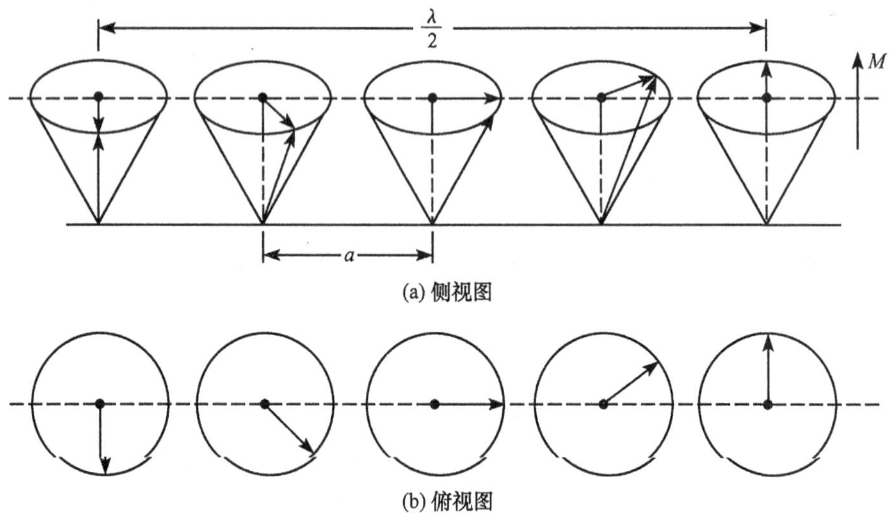

图 8.5.2 波长 $\lambda=8a$ 的一维自旋波的形态(a 为原子间距)

同第 3 章一样,自旋波的色散关系是非常重要的问题. 下面我们用类似第 3 章的方法讨论这个问题. 同样为简单计,我们只限讨论一维自旋链,并且采用最近邻近似和简指近似.

由式(8.4.4),第 n 个自旋磁矩受到左右最近邻自旋的交换作用能为

$$E_n = -2J\boldsymbol{S}_n \cdot (\boldsymbol{S}_{n-1} + \boldsymbol{S}_{n+1})/\hbar^2 \tag{8.5.2}$$

由于第 n 个自旋的磁矩 $\boldsymbol{\mu}_n = -g\gamma\boldsymbol{S}_n$,我们可以写成 $-\boldsymbol{\mu}_n \cdot \boldsymbol{B}_n$ 的形式,这里

$$\boldsymbol{B}_n = -\frac{2J}{g\mu_B\hbar}(\boldsymbol{S}_{n-1} + \boldsymbol{S}_{n+1}) \tag{8.5.3}$$

$\boldsymbol{B}_n$ 是由于交换作用施加在第 n 个自旋上的有效场. 第 n 个自旋的动力学运动方程可以通过其角动量的时间变化率 $\hbar\dfrac{\mathrm{d}\boldsymbol{S}_n}{\mathrm{d}t}$ 等于其所受的力矩 $\boldsymbol{\mu}_n\times\boldsymbol{B}_n$ 得到

$$\frac{\mathrm{d}\boldsymbol{S}_n}{\mathrm{d}t}=\boldsymbol{\mu}_n\times\boldsymbol{B}_n=2J\boldsymbol{S}_n\times(\boldsymbol{S}_{n-1}+\boldsymbol{S}_{n+1})/\hbar^2 \tag{8.5.4}$$

这里一个有关自旋的非线性方程,如果不作进一步的假定,非常难解. 考虑到我们所研究的是低激发态,各个方旋方向对自旋完全一致的排列方向($\boldsymbol{M}$ 的方向,假定为 z 轴)仅有微小偏离. 因此,可以写成

$$\boldsymbol{S}_n=-Sz_n+\boldsymbol{\sigma}_n \tag{8.5.5}$$

这里 $-Sz_n$ 是 $\boldsymbol{S}_n$ 在 z 轴方向的分量,$\boldsymbol{\sigma}_n$ 是 $\boldsymbol{S}_n$ 在与 z 轴垂直的 x-y 平面内的分量,是一个很小的矢量. 如图 8.5.3 所示. 把式(8.5.5)代入式(8.5.4)并只保留一次项,可得到下面角动量时间变化率线性方程

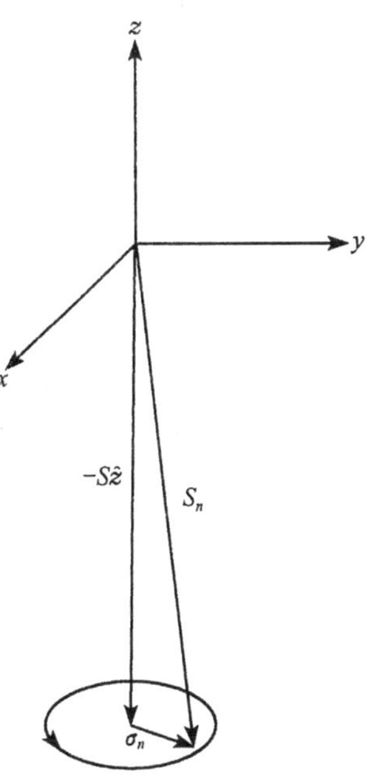

图 8.5.3 局域自旋的近似图示

$$\begin{aligned}\hbar^2\frac{\mathrm{d}\boldsymbol{S}_n}{\mathrm{d}t}&=-2JS\boldsymbol{z}\times(\boldsymbol{\sigma}_{n-1}+\boldsymbol{\sigma}_{n+1})-4Js\boldsymbol{\sigma}_n\times\boldsymbol{z}\\&=-2JS\boldsymbol{z}\times(\boldsymbol{\sigma}_{n-1}-2\boldsymbol{\sigma}_n+\boldsymbol{\sigma}_{n+1})\end{aligned} \tag{8.5.6}$$

写成分量形式

$$\begin{aligned}\hbar^2\frac{\mathrm{d}\sigma_{nx}}{\mathrm{d}t}&=2JS(\sigma_{n-1}-2\sigma_n+\sigma_{n+1})_y\\\hbar^2\frac{\mathrm{d}\sigma_{ny}}{\mathrm{d}t}&=-2JS(\sigma_{n-1}-2\sigma_n+\sigma_{n+1})_x\\\hbar^2\frac{\mathrm{d}\sigma_{nz}}{\mathrm{d}t}&=0\end{aligned} \tag{8.5.7}$$

从式(8.5.7)的第三式可以看出 σ_{nz} 为一常数,类似式(3.1.10)(动量时间变化率所满足的方程),式(8.5.7)具有波动形式的解,设

$$\begin{aligned}\sigma_{nx}&=A\mathrm{e}^{\mathrm{i}(qna-\omega t)}\\\sigma_{ny}&=B\mathrm{e}^{\mathrm{i}(qna-\omega t)}\end{aligned} \tag{8.5.8}$$

A、B 分别是 x、y 方向的振幅,a 是一维晶体的晶格常数,q 和 ω 分别为波矢和固有频率. 把式(8.5.8)代入式(8.5.7),可得

$$\begin{aligned}&\mathrm{i}\omega A+\frac{4JS}{\hbar^2}[1-\cos(qa)]B=0\\&-\left\{\frac{4JS}{\hbar^2}[1-\cos(qa)]\right\}A+\mathrm{i}\omega B=0\end{aligned} \tag{8.5.9}$$

上式是以 A、B 为变量的线性齐次方程,若要得到非零解,系数行列必须等于零,由此得到自旋波的色散关系

$$\omega(q) = \frac{4JS}{\hbar^2}[1-\cos(qa)] \tag{8.5.10}$$

把式(8.5.10)式代回式(8.5.9),可得

$$B = -\mathrm{i}A \tag{8.5.11}$$

代上式到式(8.5.8),并只取其实部,得

$$\begin{aligned} \sigma_{nx} &= A\cos(qna-\omega t) \\ \sigma_{ny} &= A\sin(qna-\omega t) \end{aligned} \tag{8.5.12}$$

上式清楚表明每个自旋绕 z 轴(磁化强度方向)作周围运动,而且这种进动在晶体中传播.

8.5.2 低温下的磁化强度和热容

按照量子力学,以谐波传播的自旋波的能量应该是量子化的,一个振动模式(ω,q)的能量为

$$E(q) = \left(l_q+\frac{1}{2}\right)\hbar\omega(q), \qquad l_q = 0,1,2,3,\cdots \tag{8.5.13}$$

其最小能量变化为 $\hbar\omega(q)$,像声子的引入一样,这里称其为磁波子.晶体中每增加或减少一个磁波子,其角运动的 z 分量增加或减少一个 $\hbar$,相应其磁化强度增加或减少 $g\mu_B$[式(8.2.9)],能量变化 $\hbar\omega(q)$.

现在我们来讨论三维自旋波系统的磁化强度和热容.

类似第 3 章的讨论,模式密度可由下式得出

$$g(\omega)\mathrm{d}\omega = \frac{2V}{(2\pi)^3}\mathrm{d}V_q \tag{8.5.14}$$

$\mathrm{d}V_q$ 为动量空间的体积.我们只考虑长波近似(低温下主要激发态是长波模式),即 $q\to 0$.这样色散关系式(8.5.10)变成

$$\omega(q) = \left(\frac{zJSa^2}{\hbar^2}\right)q^2 \tag{8.5.15}$$

式中的 z 是三维情况格点最近邻数,而

$$\mathrm{d}V_q = 4\pi q^2\mathrm{d}q \tag{8.5.16}$$

把式(8.5.16)代入式(8.5.14)

$$g(\omega)\mathrm{d}\omega = \frac{2V}{(2\pi)^3}4\pi q^2\mathrm{d}q = \frac{Vq^2}{\pi^2}\mathrm{d}q \tag{8.5.17}$$

即

$$g(\omega) = \frac{Vq^2}{2\pi^2}\frac{\mathrm{d}q}{\mathrm{d}\omega} \tag{8.5.18}$$

考虑到式(8.5.15),可得

$$g(\omega) = \frac{V}{4\pi^2}\left(\frac{\hbar}{zJSa^2}\right)^{\frac{3}{2}}\omega^{\frac{1}{2}} \tag{8.5.19}$$

每个模式的能量为$\left(n_q+\frac{1}{2}\right)\hbar\omega(q)$，温度 T 时，单个模式的平均磁波子数 n_q 由玻色-爱因斯坦分布式(3.3.14)给出

$$n_q = \frac{1}{e^{\hbar\omega(q)/(K_B T)} - 1}$$

因此整个磁波子体系的能量

$$\begin{aligned} E &= \int_0^{w_D} \hbar\omega(q)\left(\frac{1}{2}+n_q\right)g(\omega)\mathrm{d}\omega \\ &= E_0 + \int_0^{w_D} \hbar\omega n_q g(\omega)\mathrm{d}\omega \\ &= E_0 + \frac{V}{4\pi^2}\left(\frac{\hbar}{zJSa^2}\right)^{\frac{3}{2}}\left(\frac{K_B T}{\hbar}\right)^{\frac{5}{2}}\int_0^{\infty}\frac{x^{\frac{3}{3}}}{e^x-1}\mathrm{d}x \end{aligned} \tag{8.5.20}$$

这里 E_0 是零点能，与温度无关. $x=\hbar\omega/K_B T$，低温下 $\hbar\omega_D/K_B T\to\infty$. 式(8.5.20)积分上限最后已用到此极限. 式(8.5.20)中的积分仅是一个数(=1.78). 这样我们可得到自旋波对比热容的贡献为

$$C_V = \left(\frac{\partial E}{\partial T}\right)_V = \frac{5\times 1.78}{2\times 4\pi^2\hbar}\left(\frac{K_B}{zJSa^2}\right)^{\frac{3}{2}}K_B T^{\frac{3}{2}} \tag{8.5.21}$$

下面我们讨论自旋波的磁化强度. 根据量子力学，自旋在 z 轴(饱和磁化强度方向)方向的投影只能有两个取向，不是与 z 轴平行，就是相反. 激发一个磁波子就表示有一个自旋磁矩的方向由与饱和磁化强度方向相同变成相反，因此激发一个磁波子就意味着饱和磁化强度减小 $g\mu_B$[见式(8.2.9)，只需把 J_z 换成 S_z].

$$\Delta\mu_z = g\gamma(S\uparrow - S\downarrow) = g\mu_B\left(\frac{1}{2}+\frac{1}{2}\right) = g\mu_B$$

因此，低温下体系的的磁化强度是

$$\boldsymbol{M} = \boldsymbol{M}_S - g\boldsymbol{\mu}_B N_m \tag{8.5.22}$$

这里 $\boldsymbol{M}_S = Ng\boldsymbol{\mu}_B\boldsymbol{S}$ 是饱和磁化强度，而

$$N_m = \frac{1}{V}\int_0^{\infty} n(q)g(\omega)\mathrm{d}\omega$$

是单位体积内磁波子数目，因此，类似比热的推导，我们得到

$$\boldsymbol{M} = \boldsymbol{M}_S\left[1-\frac{1}{NS4\pi^2}\left(\frac{K_B T}{zJSa^2}\right)^{\frac{3}{2}}\int_0^{\alpha}\frac{x^{\frac{1}{2}}}{e^x-1}\mathrm{d}x\right] \tag{8.5.23}$$

式中积分值为 2.23，即

$$\boldsymbol{M} = \boldsymbol{M}_S\left[1-\frac{2.23}{NS4\pi^2}\left(\frac{K_B}{zJSa^2}\right)^{\frac{3}{2}}T^{\frac{3}{2}}\right] \tag{8.5.24}$$

与式(8.5.1)的实验规律一致，通常称此为布洛赫 $T^{\frac{3}{2}}$ 定律.

像 3.4 节叙述的晶格振动谱的实验测定一样，磁波子也可以通过中子的非弹性散射进行实验研究. 因为中子具有自旋磁矩，入射到铁磁晶体中可以激发起磁波子，并将自身的能量和动量转化为磁波子的能量和动量，因此测出散射前后中子的能量及动量(包括角动量)，就可获有关磁波子的重要信息.

8.6　反铁磁性与亚铁磁性

虽然前面已经指出，反铁磁性和亚铁磁性也是一种磁有序态. 但它们还有本身特点，本节将对它们的性质特点作进一步的讨论.

8.6.1　反铁磁性

反铁磁性的典型代表是 MnO_2 晶体. 图 8.6.1 给出了 MnO 中锰离子磁矩的自旋反平行排列情况. 从图 8.6.1 可见在 Mn^{2+} 离子所构成的面心立方子晶格的(MnO 具有 NaCl 结构，如图 8.6.1 所示)(111)晶面族中，同一晶面内磁矩相互平行，相邻晶面上的磁矩反平行.

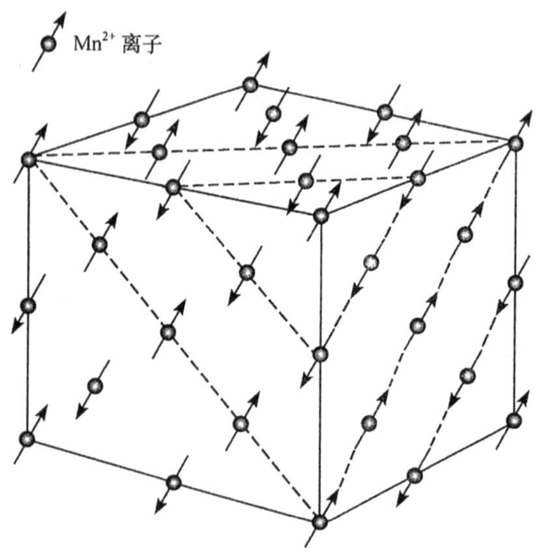

图 8.6.1　MnO 中 Mn^{2+} 离子磁矩的排列

与铁磁体一样，在转变温度 T_N，称为奈尔温度，将发生反铁磁相——顺磁相转变，转变成顺磁相后，磁化率随温度的变化类似于居里-外斯定律

$$\chi = \frac{\mu_0 C}{T - T_N'} \tag{8.6.1}$$

式中，T_N'是与奈尔温度 T_N 相近的常数. 图 8.6.2 给出反铁磁体 MnF_2 的磁化率 χ 随温度的变化曲线.

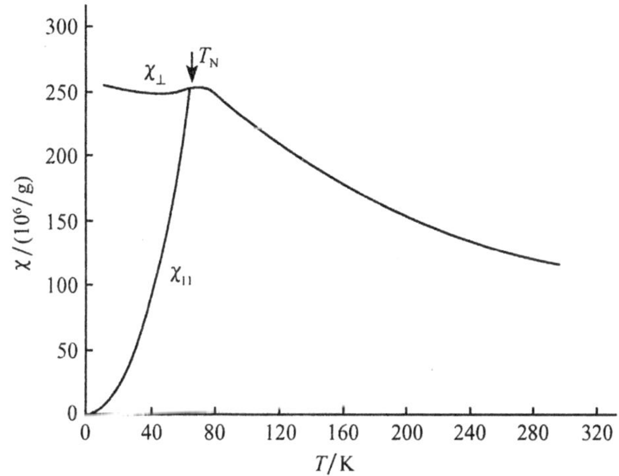

图 8.6.2 反铁磁体 MnF_2 的磁化率 χ 与温度 T 的关系

由图 8.6.2 看出，在 $T<T_N$ 时，χ 表现出明显的各向异性，这里 χ_{11}、$\chi_\perp$ 表示外磁场 $\boldsymbol{B}$ 分别平行及垂直于原子磁矩时测量到的磁化率. 为了解释反铁磁现象，我们把磁矩平行与反平行的离子看作各自构成一子晶格 A 和 B. 相应的磁化强度分别用 $\boldsymbol{M}_A$ 和 $\boldsymbol{M}_B$ 表示，数值相等，方向相反. 如果沿垂直 $\boldsymbol{M}_A$ 和 $\boldsymbol{M}_B$ 的方向施加磁场，$\boldsymbol{M}_A$ 和 $\boldsymbol{M}_B$ 都将受到磁矩原作面转向 $\boldsymbol{B}$ 的方向，此时总的磁化强度 $\boldsymbol{M}=\boldsymbol{M}_A+\boldsymbol{M}_B$，不再为零，并随 $\boldsymbol{B}$ 的增大而很快增大，表现出较大的磁化率 $\chi_\perp$. 相反，如果沿 $\boldsymbol{M}_A$ 或 $\boldsymbol{M}_B$ 的方向施加一外磁场 $\boldsymbol{B}$，$\boldsymbol{M}_A$、$\boldsymbol{M}_B$ 所受的磁矩为零，所以总磁化强度 $\boldsymbol{M}=\boldsymbol{M}_A+\boldsymbol{M}_B$ 仍为零，即 χ_{11} 为零. 但是由于热运动 $\boldsymbol{M}_A$ 和 $\boldsymbol{M}_B$ 不会严格与外场 $\boldsymbol{B}$ 平行或反平行，因而它们在外场 $\boldsymbol{B}$ 作用下转向. 因此实际不为零，但值很小. 显然温度越高，χ_{11} 也越大，如图 8.6.2 所示.

对于反铁磁体也可像铁磁体那样引入分子磁场的概念，只是这里应引入两个分子场系数 γ_1 和 γ_2，$\gamma_1\boldsymbol{M}_A$ 及 $\gamma_1\boldsymbol{M}_B$ 分别表示同一子晶格 A 和 B 内原子间的交换相互作用而产生的分子场. 而两子晶格原子之间的交换作用倾向于使彼此的磁矩相反平行. 所以子晶格 A(或 B)在另一个子晶格 B(或 A)的分子场为$-\gamma_2\boldsymbol{M}_A$($-\gamma_2\boldsymbol{M}_B$). 相邻子晶格原子间的交换作用所产生的分子场 $\gamma_2 M_A$($\gamma_2 M_B$)大于同一子晶格中原子间的分子场 $\gamma_1 M_A$($\gamma_1 M_B$)，即 $\gamma_2>\gamma_1$. 在外磁场作用下，反铁磁体中子晶格 A、B 中的原子磁矩受到的有效磁场分别可表示为

$$\begin{aligned}\boldsymbol{B}_{\mathrm{eff}}^{A} &= \boldsymbol{B}-\gamma_1\boldsymbol{M}_A-\gamma_2\boldsymbol{M}_B \\ \boldsymbol{B}_{\mathrm{eff}}^{B} &= \boldsymbol{B}-\gamma_2\boldsymbol{M}_A-\gamma_1\boldsymbol{M}_B\end{aligned} \tag{8.6.2}$$

与铁磁性的平均场理论的讨论类似,可把子晶格 A 和 B 的磁化强度 $\boldsymbol{M}_A$ 和 $\boldsymbol{M}_B$ 写成

$$M_A = n_A g\mu_B J B_J(g\mu_B J B_{\text{eff}}^A / K_B T) \tag{8.6.3}$$

$$M_B = n_B g\mu_B J B_J(g\mu_B J B_{\text{eff}}^B / K_B T) \tag{8.6.4}$$

式中 n_A、n_B 分别是子晶格 A 和 B 的原子数密度. 在较高温度下,$T > T_N$,有

$$g\mu_B J B_{\text{eff}}^A / K_B T \ll 1$$

$$g\mu_B J B_{\text{eff}}^B / K_B T \ll 1$$

因此采用布里渊函数 B_J 的近似表达式(8.2.24),式(8.6.3)和式(8.6.4)可写为

$$M_A = \frac{n_A \mu_B^2 g^2 J(J+1)}{3K_B T} B_{\text{eff}}^A \tag{8.6.5}$$

$$M_B = \frac{n_B \mu_B^2 g^2 J(J+1)}{3K_B T} B_{\text{eff}}^B \tag{8.6.6}$$

若令 $n_A = n_B = n$,则反铁磁体的强化强度

$$M = M_A + M_B = \frac{ng^2 \mu_B^2 J(J+1)}{3K_B T}(B_{\text{eff}}^A + B_{\text{eff}}^B)$$

把式(8.6.2)代入上式,得

$$M = \frac{ng^2 \mu_B^2 J(J+1)}{3K_B T}[2B - (\gamma_1 + \gamma_2)M] \tag{8.6.7}$$

由上式可计算出

$$M = \frac{B2ng^2 J(J+1)\mu_B^2 / 3K_B}{T + \dfrac{(\gamma_1 + \gamma_2)ng^2 J(J+1)\mu_B^2}{3K_B}} \tag{8.6.8}$$

从上式可导出反铁磁体的居里-外斯定律

$$\chi = \frac{\mu_0 M}{B} = \frac{2\mu_0 ng^2 J(J+1)\mu_B^2 / 3K_B}{T + \dfrac{(\gamma_1 + \gamma_2)ng^2 J(J+1)\mu_B^2}{3K_B}} = \frac{\mu_0 C}{T + T_N'} \tag{8.6.9}$$

式中,C 即居里常量

$$C = \frac{2ng^2 J(J+1)\mu_B^2}{3K_B}$$

常量 T_N' 为

$$T_N' = \frac{C}{2}(\gamma_1 + \gamma_2) \tag{8.6.10}$$

当外磁场 $\boldsymbol{B} = 0$,且温度 $T \to T_N$ 时,由式(8.6.5)和式(8.6.6),可得

$$M_A = -\frac{C}{2T_N}(\gamma_1 M_A + \gamma_2 M_B) \tag{8.6.11}$$

$$M_B = -\frac{C}{2T_N}(\gamma_2 M_A + \gamma_1 M_B) \tag{8.6.12}$$

这里已经假设式(8.6.5)和式(8.6.6)仍成立. 由式(8.6.11)及式(8.6.12)可得关于 M_A 和 M_B 的齐次线性方程组

$$\left(1-\frac{C\gamma_1}{2T_N}\right)M_A + \frac{C\gamma_2}{2T_N}M_B = 0 \tag{8.6.13}$$

$$\frac{C\gamma_2}{2T_N}M_A + \left(1-\frac{C\gamma_1}{2T_N}\right)M_B = 0 \tag{8.6.14}$$

要使 M_A、M_B 有非零解,其系数行列式应等于零,由此可求得奈尔温度为

$$T_N = \frac{C}{2}(\gamma_2 - \gamma_1) \tag{8.6.15}$$

由上式也可看出,要使奈尔温度 $T_N>0$,不同子晶格原子之间的交换作用所诱发的分子场系数 γ_2 必须大于同一子晶格中不同原子间的分子场系数 γ_1.

表 8.6.1 给出了部份反铁磁体的奈尔温度 T_N 及特征温度 T_N'的实验值,根据这些数据,由式(8.6.12)和式(8.6.15)可估算出各反铁磁体的分子场系数 γ_1 和 γ_2.

表 8.6.1 部分反铁磁体奈尔温度 T_N 及特征温度 T_N'

	MnO	FeO	CoO	NiO	MnS	MnTe	MnF_2	Cr_2O_3
T_N	116	291	291	525	160	307	67	307
T_N'	610	570	330	2000	528	609	82	485

8.6.2 亚铁磁性

亚铁磁有序是介于铁磁与反铁磁之间的一种磁有序. 典型亚铁磁体是铁和其他金属离子的混合氧化物(也称铁氧体). 一般具有 MFe_2O_3 的形式,这里 M 是二阶正离子,如 Ni、Mn 或 Fe 等. 最常见的晶体结构有以下三类,反尖晶石结构、石榴石结构和磁铅石结构. 这里仅以磁铁矿 FeO、Fe_2O_3 为例来说明亚铁磁有序. 磁铁矿和其他铁氧体都有类似尖晶石晶体结构:立方晶胞包含有 32 个氧离子以类似于立方密集堆积排列. 氧离子的某些间隙被 8 个 Fe^{2+} 和 16 个 Fe^{3+} 离子填充. 在每个晶胞有 8 个 Fe^{3+} 位于氧四面体中心(A 座),每个 Fe^{3+} 被 4 个 O^{2-} 离子所围绕. 其余的 Fe^{3+} 离子和 8 个晶 Fe^{2+} 离子位于八面体位座中心(B),每个此位座被 8 个氧离子所包围.

邻近磁性离子间的交换作用都被认为是反铁磁的,但是仅 A、B 座之间的交换作用是起主导作用的. 这样的结果是所有的 A 位磁矩是平行的,而且与所有的 B 位磁矩反平行. 由于 Fe^{3+} 离子属于 A 位和 B 位的数目相等,所以对磁化强度无贡献. 而 Fe^{2+} 离子全部位于 B 位,因此而产生自发磁化强度. 在低温极限下自发磁化强度的实验证实了这个图像:正二阶离子的磁化强度 M 相当于每个元胞有 $32\mu_B$,

正好为 8 个 Fe^{2+} 离子的总自旋磁矩($J=S=2,g=2$),这是因为轨道磁矩在晶体场作用下被猝灭,$l=0$. 铁氧体由于既有较高的电阻,又有与自发磁化强度相联系的高磁导率,因而在应用方面有着独特优势.

8.7 磁有序与自旋相关电导

电子既是电荷载体,又是自旋载体,因此在一个磁有序的介质中,电子的输运必然要受到固体磁性序的影响,从而产生不同寻常输运性质,本节主要讨论与电子自旋有关的电子输运-自旋相关电导.

8.7.1 磁电阻与巨磁电阻

磁电阻是指外加磁场使固体电阻发现变化的现象,通常用

$$\Delta R/R_0 = (R - R_0)/R_0$$

表示磁场对固体电阻影响程度的大小,称为磁电阻,这里 ΔR 表示磁场中的电阻 R 与无磁场时的电阻 R_0 之差.

对一般固体,磁电阻来源于电子受到洛伦兹力,使电子在垂直于磁场方向作螺旋运动,增长了电子运动的路程,因而受散射的次数增长,导致电阻增加,即 $\Delta R/R>0$,这种磁电阻称之为正常磁电阻(OR). 显然由于外磁场一般较小,因而 $\Delta R/R$ 很小,且无饱和.

但是在一些磁有序固体中,发现了与上述正常磁电阻完全不同的电导现象,表现在:

(1) 铁磁体中磁电阻是各向异性的.

(2) 磁电阻可以为负值,即 $\Delta R/R<0$.

(3) 磁电阻值可以比正常磁电阻大几个数量级,称为巨磁电阻(GMR),甚至十几个数量级,称为超巨磁电阻(CMR),而且存在饱和极限. 这些现象显然不能够用洛仑兹力来解释. 其蕴含的丰富物理内容和应用前景引起人们极大的研究兴趣.

8.7.2 自旋相关散射与巨磁电阻效应

如何解释 GMR 和 CMR 现象呢? 与正常磁电阻不同的是,GMR 和 CMR 都是发生在磁有序固体中,这就使人们想到磁电阻应该与固体电子的自旋有关,从而提出和发展了与自旋相关的导电理论.

在第 5 章我们用自由电子气体模型讨论了非磁性金属电子的输运特性. 其电阻率由式(5.4.8)有

$$\rho = \frac{1}{\sigma} = m^* /(ne^2 \tau_F) \tag{8.7.1}$$

式中，m^* 为有效质量，n 为电子数密度，τ_F 为费米面处电子的散射弛豫时间，与平均自由程 l 正比

$$\tau_f \sim l \sim [|V|^2 g(E_F)]^{-1} \tag{8.7.2}$$

式中，V 为散射矩阵元，$g(E_F)$ 为费米面能态密度. 上述各参量与电子的自旋状态无关，所以不同自旋的电子导电性能并无区别. 但是对于磁有序固体则不同，如对于铁磁体 Fe、Ni、Co，在温度低于 T_C 时，由于交换作用，使自旋向上的 d 能带能量下降，引起 d 电子不同自旋的子能带劈裂. 于是，不同自旋态的电子气体的电阻率和弛豫时间 τ_F 写为

$$\rho_\sigma = m_\sigma^* / (n_\sigma e^2 \tau_{Fs}) \tag{8.7.3}$$

$$\tau_{F\sigma} \sim l_\sigma \sim 1/[|V_n|^2 g_\sigma(E_F)] \tag{8.7.4}$$

σ 代表自旋向上 ↑ 或向下 ↓ ，上式中各参量都与电子的自旋取向有关，因而电阻成为与自旋有关的量. 在铁磁金属中，传导电子因碰撞而不断改变自旋方向. 自旋方向保持不变的平均距离，即平均自由程 l_σ 为几十纳米量级. 而自旋扩散长度更大，约为微米量级. 这些表明，在铁磁体中，电子自旋转向的概率很小，自旋弛豫时间很长. 因此在此尺度内，可以认为传导电子在输运过程中自旋保持不变. 故可将电导分解成自旋向上 ↑ 和自旋向下 ↓ 两个并联的导电通道，其电阻率分别为 $\rho_\uparrow$ 和 $\rho_\downarrow$，总电阻率为

$$\frac{1}{\rho} = \frac{1}{\rho_\uparrow} + \frac{1}{\rho_\downarrow} = \rho_\uparrow \rho_\downarrow / (\rho_\uparrow + \rho_\downarrow) \tag{8.7.5}$$

这就是 N. F. Mott 提出的双电流模型.

由式(8.7.4)可知，如果由于交换作用使自旋向下电子的子能带在费米面的能态密度 $g_\downarrow(E)$ 大(小)于自旋向上的 $g_\uparrow(E_F)$，则自旋向下电子受散射的弛豫时间减小(增大)，因而受的散射增大(减小)(电阻增大(减小))，即 $\rho_\downarrow > (<) \rho_\uparrow$，就是自旋相关散射. 据此我们对具有铁磁-非铁磁-铁磁(FM-NM-FM)三层产结构的纳米器件的巨磁电阻效应进行说明，如图 8.7.1 所示.

电流与界面平行(CIP)，当两铁磁层的磁矩反平行时，自旋向上的电子在下 FM/NM 界面，受到与自旋相反 $\boldsymbol{M}$ 的强散射，而在上界面不受散射. 而自旋向下的电子正好与自旋向上电子的散射情况相反. 此时两种自旋电子通道的电阻相同. 总电阻为两通道电阻的并联，呈现高阻态. 当施加一外磁场使两 FM 的 $\boldsymbol{M}$ 方向平行. 此时自旋朝上的电子受到的散射加倍，而自旋朝下的电子受到界面的散射极小，起短路作用，因而总电阻急剧下降. 表现出巨磁电阻效应且 $\Delta R/R<0$. 同样，我们也可以解释当电流垂直于 FM/MM 界面(CPP)时 FMM-NM-FM 的巨磁电阻效应以及铁磁绝缘体-铁磁隧道结巨磁电阻效应(TMR)，在此不再赘述.

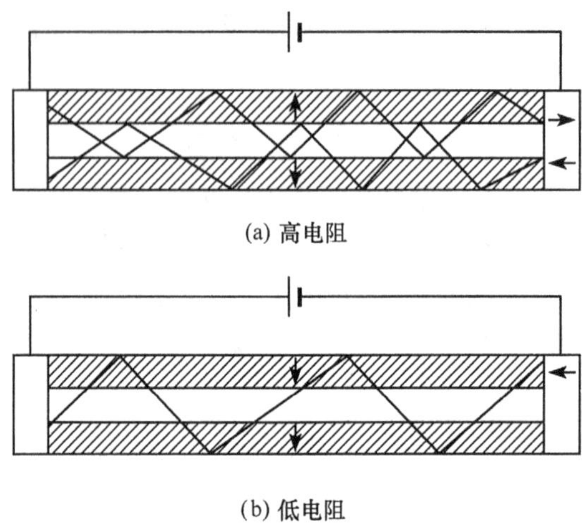

(a) 高电阻

(b) 低电阻

图 8.7.1　三层膜的 GMR 示意图

如前所述，显然在铁磁体中的传导电流是自旋极化的. 电流的自旋极化度 P 定义为

$$P=\frac{n\downarrow - n\uparrow}{n\downarrow + n\uparrow} \tag{8.7.6}$$

这里 $n\uparrow$ 和 $n\downarrow$ 分别为电流中自旋向上和自旋向下两种电子的浓度. 如果能够控制电流的极化程度，我们就不仅可以操控电子的电荷，也可以操控电子的自旋. 有关电子自旋的操控，正在形成一门新的研究方向——自旋电子学[8.1].

8.7.3　混合价锰氧化合物及其超巨磁电阻效应

1993 年，Helmot 等人发现 $La_{2/3}Ba_{1/3}MnO_3$ 铁磁薄膜在室温下，外磁场为 5T 时其磁电阻 $\Delta R/R$ 可达 150%，从此揭开了锰氧化物电子输运特性的研究热潮. 稍后 S. Liu 等发现掺杂的锰氧物 $La_{1-x}Ca_xMnO_3$ 薄膜在 77K，外磁场为 6T 时的磁电阻 $\Delta R/R$ 约为 $1.27\times10^5\%$，称此为超巨磁电阻效应(colossal Magnetoresistance，简称 CMR 效应). 近年来研究发现，很多锰氧化物 $Re_{1-x}T_xMnO_3$ 都具有 CMR 效应，这里 Re 为 La、Pr、Nd 等三价稀土元素，T 为 Ca、Sr、Ba 等二价碱土元素. 这类材料为什么会出超巨磁电阻效应？是我们必须回答的问题.

掺杂锰氧化物的母体 $LaMnO_3$ 具有钙钛矿结构，一般情况下是非导体，并具有反铁磁性. 当稀土元素 Re 被二价碱土元素所部份代替代后，人们注意到两个实验现象：一是当掺杂浓度到达 0.2～0.5 时，这类氧化物变成导体和铁磁体. 二是对每一确定浓度的掺杂锰氧化物，都有一个绝缘体-导体转变温度，在转变温度附近，超巨磁电阻效应最为强烈. 由于以上两个实验事实，似乎二价碱土元素的掺杂是 CMR 效应的重要起因，人们提出了如下解释：

当未掺杂时，$LaMnO_3$ 是一种电子强关联的电荷转移型 Mott 绝缘体(见第 10 章). 锰离子磁矩之间通过超交换作用，形成反铁磁结构的绝缘体. 随着二价碱土元素的部分替代三价元素，晶体中出现了 M_n^{3+} 和 M_n^{4+} 离子共存的情况，从而出现前面所述的双交换作用. 双交换作用使锰离子磁矩趋向平行排列，材料由反铁磁性变成铁磁性. 又由于 d 带巡游电子可以通过氧原子由 M_n^{3+} 跳跃到 M_n^{4+}，从而使材料同时也变成导体.

Anderson 和 Hesegawa 在 Zner 双交换模型的基础上，对其导电机制进行了细致的研究. 在半经典近似下，证实了 M_n^{3+} 与 M_n^{4+} 之间的双交换作用导致一个铁磁耦合能

$$E \sim \pm t\cos\frac{\theta}{2} \tag{8.7.7}$$

式中，t 是跃迁积分，θ 是 M_n^{3+} 与 M_n^{4+} 离子磁矩的夹角. 随着二阶碱土金属元素的掺杂，锰离子的磁矩逐渐由反平行转变为平行，而磁矩间的夹角 θ 依赖于掺杂程度. De Gemes 用一个纯自旋模型描述了这种转变，从超交换作用与双交换作用共同作用的最小能量条件，得到 θ 角与掺杂程度的关系

$$\cos\frac{\theta}{2} = \frac{tx}{2J} \tag{8.7.8}$$

这里 J 是交换积分. 由式(8.7.8)可看出，当 $x=0$ 未掺杂，$\theta=\pi$，是反铁磁态. 在 $x\leqslant 1$，$\theta\approx\pi-tx/J$，是倾斜排列的反铁磁态，在 $x_c=2J/t$ 时，$\theta=0$ 为铁磁态. 当然真实过程可能更复杂，因为掺杂使晶体结构发生改变.

CMR 材料是一种强电子关联体系，其电荷、自旋、晶格和轨道之间的相互作用与关联使此种材料表现多种奇特性质，特别是它的能带结构对外场的高度敏感性和电流的极化性，使其可以作为磁、光、电等敏感材料，信息存储材料和自旋电子材料. 在开发新型磁存读，飞行器导航器、传感器、自旋晶体管以及新概念光电器方面有着诱人的潜在前景，值得进一步研究探讨.

参考文献

[8.1] Zutic I, Fabian J, Sarma S D. Spintronics: Fundamentals and Applications, Rev. Mod. Phys. ,2004(76):323

习　题

8.1　应用 Hund 规则于包括 n 个电子的 4f 壳层，证明可表示如下：

$$S-\begin{cases}\dfrac{n}{2}, & n\leqslant 7\\[2ex] \dfrac{14-n}{2}, & n\geqslant 7\end{cases};\qquad L-\begin{cases}\dfrac{n(7-n)}{2}, & n\leqslant 7\\[2ex] \dfrac{(14-n)(n-7)}{2}, & n\geqslant 7\end{cases}$$

$$J=\begin{cases}\dfrac{n(6-n)}{2}, & n\leqslant 6\\ \dfrac{(14-n)(n-6)}{2}, & n\geqslant 6\end{cases}$$

8.2　$CuSO_4$ 的顺磁性的最主要的贡献来自 Cu^{2+} 离子，其磁矩起源于一个单个的不成对的自旋($L=0,J=S=\dfrac{1}{2},g=2$). 写出在温度 T 时，磁矩平行和反平行的概率. 由此，把在磁场 B 区域内每单位容积 N 离子的磁矩写为 $M=N\mu_B\tanh\dfrac{\mu_B B}{k_B T}$. 写出内能然后计算离子在永磁区域 B 内的磁热容 C_B，推导在高温和低温时确切热量的有限形式. 把 C_B 描述为温度的函数. 如果 $B=0.5T$，则高温为多少?

8.3　在金属中对于自由电子泡利自旋磁化率我们假设 $\mu_B B\ll\varepsilon_F$.

(1) 证明在 0K 时，自由电子气体的自旋磁矩 M 和区域 B 的确切关系可写为

$$\frac{2\mu_B B}{\varepsilon_F}=(1+M/M_s)^{2/3}-(1-M/M_s)^{2/3}$$

式中，ε_F 是费米能，M_s 是饱和磁矩，假设 $M<M_s$. 你需要在图 8.2.3(c)中选择最大占据能级的能量($\neq\varepsilon_F$)，以使阴暗区域等于电子数.

(2) 估计对于钾($N=1.4\times10^{28}\,m^{-3}$)，要达到饱和自旋磁矩所需要的磁场.

8.4　在苯中碳原子形成一个边长为 1.4Å 的规则六边形，每个原子外层都有电子，形成一个围绕整个苯环的波函数.(每个原子的其他三个电子都是在 sp^2 原子轨道上). 粗略估计液苯中这些电子对于抗磁磁化率的贡献.(密度为 $880kg\cdot m^{-3}$)分子量为 78(C_6H_6). 苯的磁化率实验值$\chi=-7.7\times10^{-6}$.

8.5　已知铜为面心立方结构，点阵常数 $a=0.3608nm$. 如果铜的原子半径为 0.1nm，并设仅有一个芯电子对铜的抗磁性有贡献，试估算铜的芯电子抗磁磁化率.

8.6　在低于奈尔温度下，根据奈尔模型计算其平行和垂直于磁场的抗铁磁性的磁化系数.

8.7　设有一顺磁体，它所含顺磁离子的浓度为 $N(m^{-3})$. 已知顺磁离子的轨道角动量量子数 $l=0$，自旋角动量量子数 $s=1/2$，请求该顺磁离子的 g 因子，并请证明在温度 T 及磁感应强度为 B 的磁场中，顺磁体的磁化强度可表示成 $M=N\mu_B\tanh\dfrac{\mu_B B}{k_B T}$

8.8　已知在温度 T 下，处在 $2T$ 磁场中的电子自旋系统中，自旋与磁场的方向相平行的电子数正好是反平行的电子数的 2 倍，求温度 $T=$?

8.9　已知 Cu^{2+} 中有 9 个 d 电子，请根据洪德定则决定 Cu^{2+} 的轨道角动量量子数 l、自旋角动量量子数 s 及总角动量量子数 j. 如果在 1K 下，施加 3.4T 磁场，试问这时离子将分裂成几个能级? 有百分之几的 Cu^{2+} 处在最低的能级上?

8.10　对掺有 As 杂质的 Ge 晶体作顺磁共振实验时，由于 As 原子的核磁矩与被它束缚的电子的自旋磁矩的相互作用，在实验中常能测到多个共振吸收峰. 现已知 As 核的角动量量子数 $I=3/2$，问实验能测到几条共振吸收峰? 当半导体 Ge 中的掺杂浓度增加到 $10^{18}/cm^3$ 以上时，杂质能级扩展成杂质能带，杂质电子可在杂质原子间运动，因此电子在核处的出现概率减少，超精细互作用消失. 这时，实验只能测到一个共振峰. 实验时，采用的微波频率 $v=2\times10^4\,MHz$，共振峰的位置处在磁场强度 $H=7.24\times10^5\,A/m$，试求被 As 束缚的电子的 g 因子.

8.11 铁晶体具有体心立方结构，晶格常数 $a=0.286\text{nm}$. 铁晶体的居里温度 $T_C=1034\text{K}$. 由实验测得的饱和磁化强度 M_{S0} 计算得每个铁原子的平均磁矩 $\frac{M_{S0}}{N}=2.22\mu_B$（$N$ 为铁原子数密度）. 因为铁磁性来源于原子间的交换作用，仅与它们的自旋有关，因此，$j=s$，由此可得 $g=2$. 并由实验测得的 $M_s \sim T$ 关系可知 $j=s=1/2$. 请根据分子场理论估算以下数值：

（1）铁晶体的饱和磁化强度 M_{S0}；

（2）居里常数 C；

（3）分子场系数 λ；

（4）分子场的磁感应强度 λM_{S0}.

8.12 铁磁体 EuO 的居里温度 $T_C=70\text{K}$，Eu 离子的总角动量量子数 $j=7/2$，$g=2$. 采用分子场理论估算在 0.01T 的磁场作用下，300K 时的磁化强度与 0K 时的磁化强度之比 $M(T)/M(0)$.

第9章 超导电性

超导电性自1911年以来，由于它奇特的现象和诱人的应用前景，一直是固体物理学最活跃的领域之一. 经过科学家们八十多年的努力，无论是在超导材料的研制还是在超导机制的理论探索上，都取得了长足的进展，但是至今人们对超导电性的认识仍不完善，对超导电性的认识过程远未完结.

本章首先介绍超导电性的基本实验现象；然后介绍人们为解释这些现象所作的种种努力；最后介绍与超导电性相关的现象及其应用.

9.1 超导电性的实验现象

9.1.1 零电阻

1911年，荷兰物理学家奥涅斯(H. K. Onnes)在研究各种金属在低温下电阻率的变化时，发现当汞的温度降低到4.2K左右时，汞的电阻陡然下降；低于这个温度时，汞的电阻完全消失. 从开始下降到完全消失是在0.05K的温度间隔内完成的，如图9.1.1(a)所示.

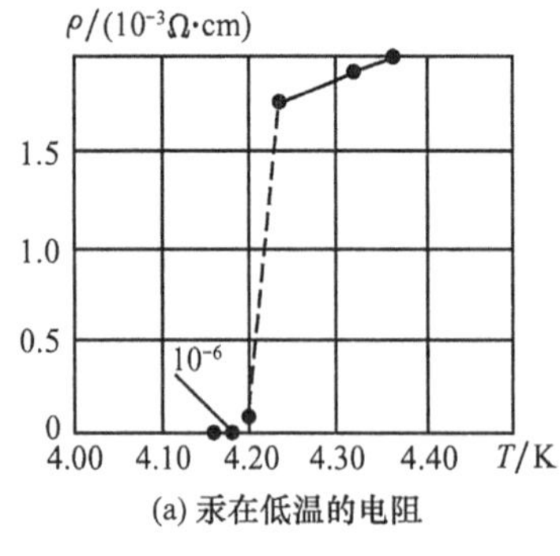

(a) 汞在低温的电阻

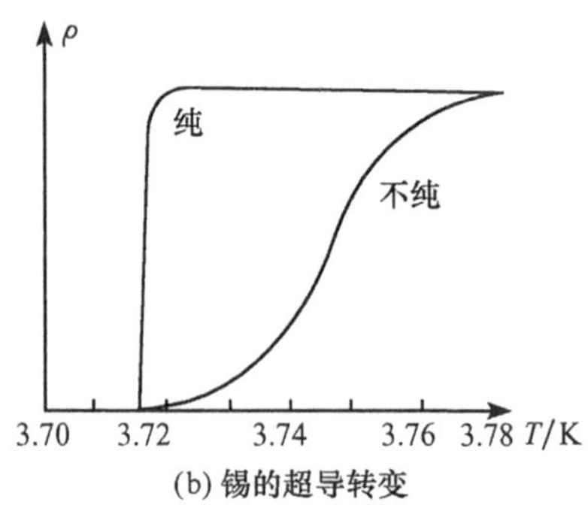

(b) 锡的超导转变

图9.1.1

这种在低温下发生的零电阻现象，被称为物质的超导电性，具有超导电性的材料称为**超导体**.

实验发现，这种现象是可逆的，即当温度回升到4.2K以上时，汞的电阻又恢复为正常值. 即电阻仅是温度的函数，与过程无关. 根据以上事实，奥涅斯认为：在一定温度下电阻消失，表明材料进入了一种新的状态，称之为**超导态**. 发生电阻消失的温度，称为超导转变温度或**临界温度** T_C. 温度高于 T_C 时，材料处于人们所熟悉的正常态；而低于 T_C 时，材料进入一种新的完全不同的状态，可把这种转变看成是一种相变.

临界温度 T_C 是物质常数，同一种材料在相同的条件下有确定的值，如汞 $T_C=4.15$K，铅 $T_C=7.201$K，与材料的杂质无关. 但杂质的存在将使转变温度区域增宽，如图 9.1.1(b)所示.

常用的观察超导电现象的方法是：在用超导材料制成的环形回路里激发一电流，并通过测量电流的磁场以确定电流的变化. 正常情况下，电流将在 10^{-12}s 内衰减掉. 但在超导态，电流可以长期持续下去而无衰减. 最长的实践持续了 3 年，尚未发现电流的任何衰减. 由此可求得电阻率的上限小于 $10^{-26}\Omega\cdot$cm，所以实际上可看成是零电阻. 很自然可把超导体看成是电导率无限大的理想导体，其内部电场为零，是一个等势体.

9.1.2 完全抗磁体——迈斯纳效应

迈斯纳(Meissner)和奥斯费尔德(Ochsenfeld)1933 年在研究处于超导态样品体内的磁场时发现；无论是先降温使样品进入超导态再加外磁场，还是先加磁场再降温，当样品处于超导态时，体内的磁感应强度 $\boldsymbol{B}$ 均为零，磁感应线完全被排出体外. 超导体总有

$$\boldsymbol{B}=\mu_0(\boldsymbol{H}+\boldsymbol{M})=0 \text{ 或者 } \boldsymbol{M}=-\boldsymbol{H} \tag{9.1.1}$$

也就是说超导体具有完全抗磁体，其磁化率 $\chi=-1$. 这称之为迈斯纳效应，如图 9.1.2所示.

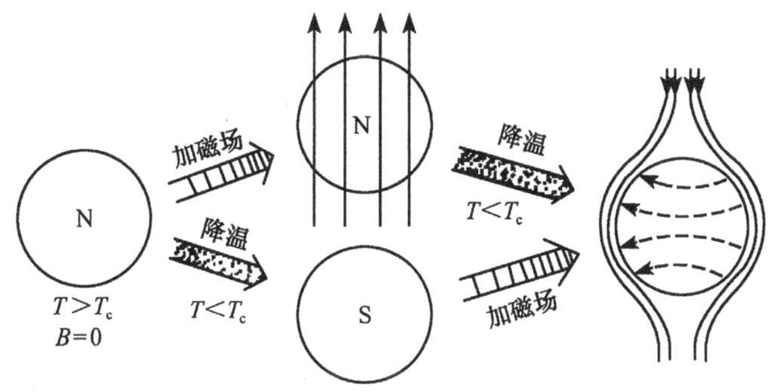

图 9.1.2 迈斯纳效应

由迈斯纳效应，可对超导电现象得出两个有意义的结论：

(1) 由于超导态的完全抗磁性与怎样进入超导态的历程无关，因而超导态是一热力学平衡态.

(2) 超导态的完全抗磁性是独立于零电阻特性的另一特性，不可能从零电

阻特性派生出完全抗磁性. 这是因为若把超导态看成理想导体,其电导率 $\sigma=\infty$,由欧姆定律 $j=\sigma \boldsymbol{E}$ 知,要保持电流密度 j 有限制,必须 $\boldsymbol{E}=0$,根据麦克斯韦方程

$$-\frac{\partial \boldsymbol{B}}{\partial t}=\nabla\times \boldsymbol{E}=0 \tag{9.1.2}$$

可知,在超导体内应有

$$\frac{\partial \boldsymbol{B}}{\partial t}=0 \tag{9.1.3}$$

即 $\boldsymbol{B}$ 不随时间变化,$\boldsymbol{B}$ 取决于初始状态,也就是说,“理想导体”在磁场中由正常态变成超导态后,导体内应继续保持磁场不变. 但迈斯纳效应否定了这一推断,因此超导态不是普通意义下的理想导体. 完全抗磁体和零电阻是超导态两个相互独立的基本特征.

9.1.3 临界参量

实验发现,超导电现象除了临界温度参量外,还有两个临界参量,分述如下.

1. 临界磁场

实验表明,磁场可以破坏超导电性. 把处于超导态($T<T_C$)的样品置于磁场中,当磁场大于某一临界值 $H_C(T)$时,样品将恢复到正常态. 称这个保持超导态的最小磁场 $H_C(T)$为**临界磁场**. 也就是说在磁场中要保持超导态,必须同时满足($T<T_C$)及 $H<H_C(T)$. 实验表明 $H_C(T)$与温度有关,其函数关系可由如下经验公式描述:

$$H_C=H_C(0)[1-(T/T_C)^2] \tag{9.1.4}$$

式中,$H_C(0)$是 $T=0$ 时临界磁场,显然有 $H_C(T_C)=0$. 图 9.1.3 给出了 H_C 值随温度的变化曲线. 一些材料的 $H_C(0)$值在表 9.1.1 中列出.

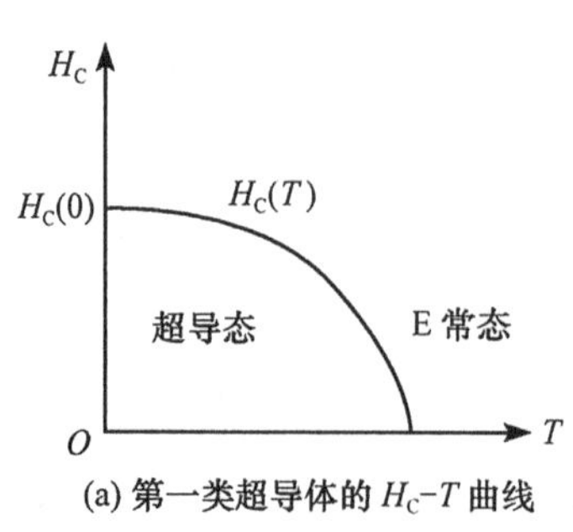

(a) 第一类超导体的 H_C-T 曲线

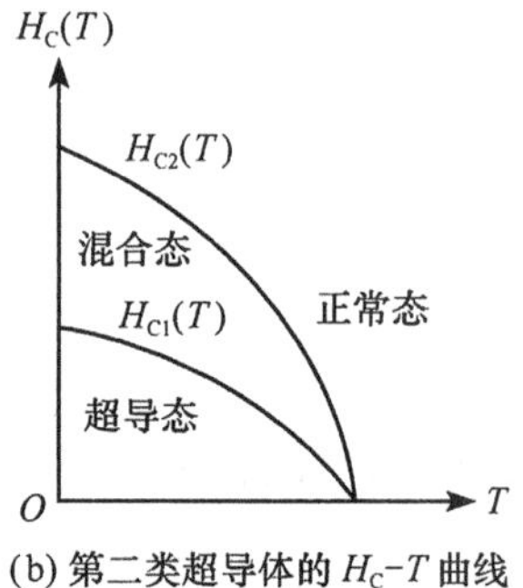

(b) 第二类超导体的 H_C-T 曲线

图 9.1.3

表 9.1.1 部分超导元素的 $H_C(0)$

元　素	$H_C/\times10^{-4}$T	元　素	$H_C/\times10^{-4}$T
Al	99	Pb	803
Cd	30	Ta	830
Ga	51	Sn	306
In	276	W	1.2
Ir	16	Zn	53

有些超导体存在着两个临界磁场 $H_{C1}(T)$、$H_{C2}(T)$. 这两个 $H_C(T)$ 随温度变化的关系都遵从式(9.1.4)，只是其热力学温度为零度的临界磁场有两个不同的值 $H_{C1}(0)$ 和 $H_{C2}(0)$. 按照临界磁场 $H_C(T)$ 的数目，可把超导体分为两类：①只有一个临界磁场的，称为**第一类超导体**. 第一类超导体在超导态具有完全抗磁性和零电阻性. ②有两个临界磁场的，称为**第二类超导体**. 对第二类超导体，当 $T<T_C$，$H<H_{C1}(T)$ 时，处于超导态，当 $H>H_{C2}(T)$ 时，处于正常态；当 $H_{C1}(T)<H<H_{C2}(T)$ 时，处于一种混合状态，在此态中具有零电阻特性，但不具备完全抗磁性，如图 9.1.3(b) 所示. 由于第二类超导体有较高的 $H_{C2}(T)$，故有更高的实用价值.

2. 临界电流

临界磁场并不要求一定是外加磁场. 超导电流本身产生的磁场也会破坏超导电态. 当超导电流足够大，以致它所产生的磁场超过 $H_C(T)$ 时，也要导致体系回到正常态. 因此超导体中的允许电流也是有一个极限，称之为**临界电流** $J_C(T)$，其温度的关系也是

$$J_C(T) = J_C(0)[1-(T/T_C)^2] \tag{9.1.5}$$

式中，$T_C(0)$ 与材料的组成、形状和大小有关.

3. 临界温度的同位素效应

前面已说过临界温度是物质参量，取决于材料的组成. 但实验进一步发现：同一种超导元素的各种同位素的 T_C 各不相同(图 9.1.4)，T_C 与同位素相对原子质量之间存在下述关系：

$$T_C M^{\alpha} = \text{常数(对某种物质而言)} \tag{9.1.6}$$

称为同位素效应. 对一般元素，$\alpha \approx \frac{1}{2}$，因此

$$T_C \approx M^{-\frac{1}{2}} \tag{9.1.7}$$

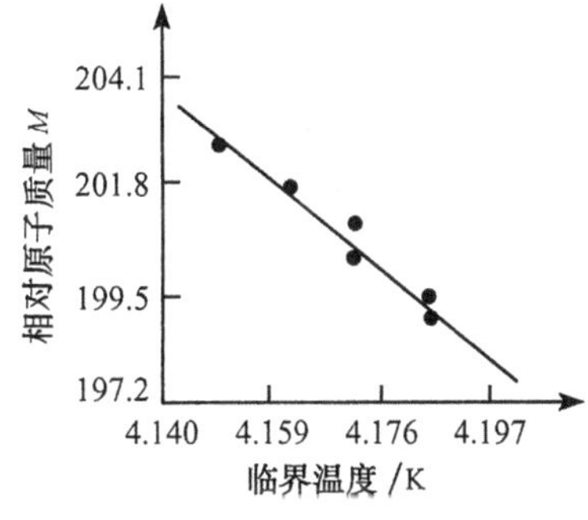

图 9.1.4 汞的同位素效应

当 $M\to\infty$ 时，$T_C\to0$，即无超导电性. 原子的质量趋于无穷大，晶格原子就不可能运动，当然也不

会晶格振动，且晶格振动频率 ω 也有下述关系：

$$\omega \approx M^{-\frac{1}{2}}$$

因此，同位素效应告诉我们，电子、声子之间的相互作用也许是超导电性的根源.

9.1.4 比热容突变与能隙

实验发现，在没有磁场的情况下，样品在临界温度进入超导态时，没有潜热的吸收和放出，但样品的比热容发生突变. 在 T_C 处，超导态比热容 C_S 大于正常比热容 C_N，如图 9.1.5(b)所示. 金属的比热容包括晶格比热容和电子比热容两部分. 当金属有正常态进入超导态时，由 X 射线衍射发现晶体结构并无变化. 所以，超导态的晶体比热容仍与正常态一样，超导态和正常态比热容之差主要是来自电子比热容的变化.

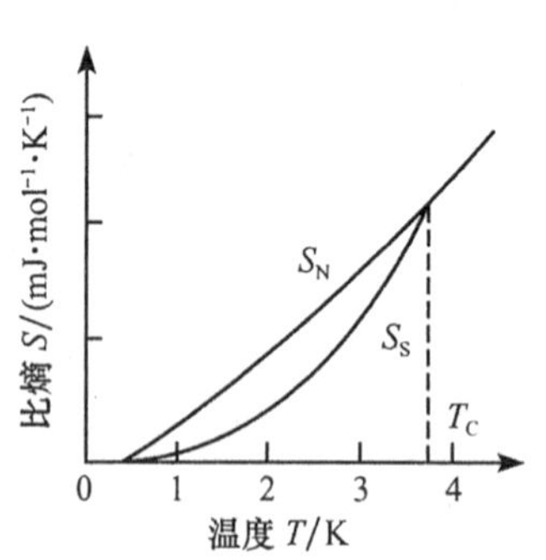

(a) 1 摩尔超导态锡在不同温度下的比熵

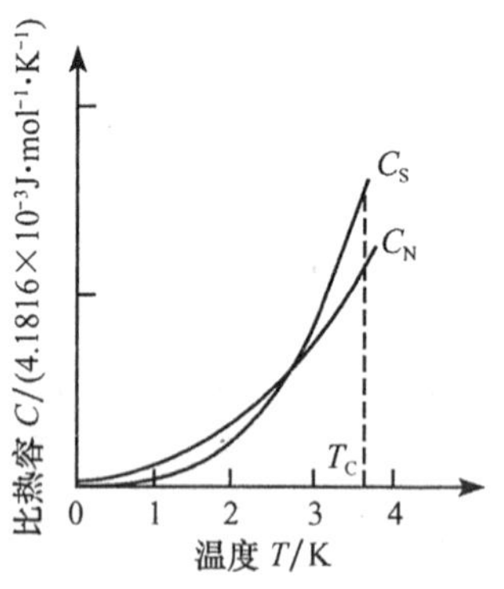

(b) 锡的电子比热容随温度的变化

图 9.1.5

由比热容公式 $C=T\left(\frac{\partial S}{\partial T}\right)$可知，在 T_C 处，$C_S>C_N$ 表明，在 T_C 处超导态电子的比熵比它处在正常态随温度降低而更迅速地下降. 所以，超导态电子比正常态有序度更高[图 9.1.5(a)].

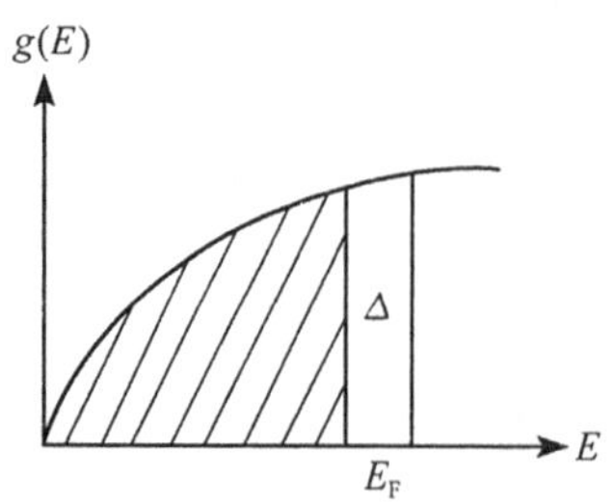

图 9.1.6 超导态密度 $g(E)$ 与 E 的关系曲线

阴影线区域表示在 $T=0$K 时电子填充区域，Δ 为位于费米能级处的超导能隙

实验结果表明，在超导态温度区域，电子比热容按指数形式随温度变化(此时晶格的比热容 $C_q \sim T^3$)为

$$C_S \sim e^{-\Delta/(k_B T)} \tag{9.1.8}$$

这种指数行为意味着超导电子的能谱中存在能隙，此能隙位于费米能级处(图 9.1.6)，它使电子不易被激发，导致非常小的比热容. 只要那些获得 Δ 能量的电子，才能进入激发态而对比热容有贡献，按玻尔兹曼统计，这种电子的数目正是正比于

$e^{-\Delta/(k_B T)}$. 能隙的宽度 Δ 约为 $k_B T_C$ 量级，这是因为温度上升到 T_C 时，电子进入正常态. 以一个典型值 $T_C=5K$ 计算，$\Delta \approx 10^{-4} eV$，比正常电子的带隙小得多. 正因为如此，金属的超导电性只能在极低温度下出现.

9.1.5 磁通量冻结及其量子化

把环形超导样品在 $T>T_C$ 的温度下放入垂直于其平面的磁场中，如图 9.1.7 所示. 然后冷却到 T_C 以下，使之处于超导态. 再后撤掉磁场. 此时超导环所围面积的磁通量依然不变，它由超导环表面的超导电流维持着. 这种现象称为**磁通量冻结**. 而且冻结磁通量的取值是量子化的，有

$$\phi_L = n\phi_0, \qquad n = 0,1,2,\cdots \tag{9.1.9}$$

式中，最小单位 $\phi_0 = h/(2e) = 2.06785 \times 10^{-15}$ Wb.

除了上述的几种有关超导电态的实验现象外，还有一些其他现象，例如超导态温差电势为零等，这里不一一列举. 这些现象是研究超导电性的出发点，是建立超导理论的实验基础.

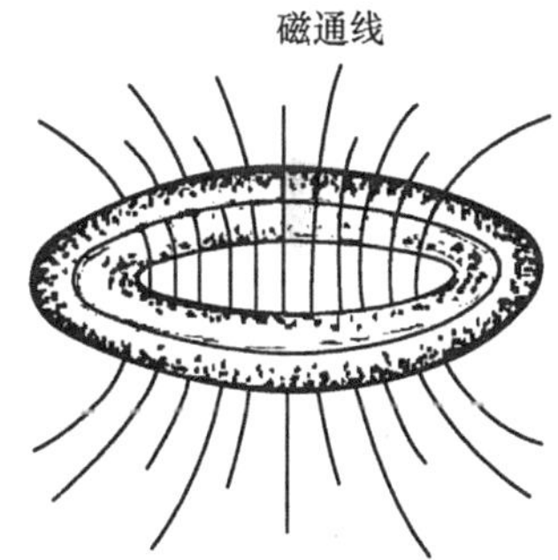

图 9.1.7 超导环中的磁通线

9.2 超导转变热力学

迈斯纳效应以及其他实验现象都表明超导电性是一个热力学平衡态. 有正常态进入超导态或者相反过程都可以看成是一个相变过程. 如图 9.1.3(a)所示，曲线 $H_C(T)$把 H-T 图划分成超导态和正常态两个区域，$H_C(T)$曲线上两相平衡共存，体系跨越 $H_C(T)$线时将发生正常态和超导态的可逆相变. 本节从相变角度，用热力学的方法讨论超导转变. 其目的在于把超导的一些实验现象联系起来，为认识超导转变的本质提供某些有启发性的线索.

9.2.1 超导态的凝聚能密度

像在通常情况下的固体热力学一样，可认为超导转变是在恒定压力下是进行的. 因此，选择吉布斯自由能作为热力学特性函数. 由于在超导转变中，体积的变化 ΔV 极微，可忽略不计，但必须考虑外磁场对超导体磁化所做的功，因此，热力学参变量可选为 T、$\boldsymbol{H}$，其吉布斯自由能密度为

$$g = u - Ts - \mu_0 \boldsymbol{M} \cdot \boldsymbol{H} \tag{9.2.1}$$

式中，$u=E/V$ 是内能密度，$s=S/V$ 是熵密度，M 为磁化强度，H 为磁场强度，μ_0 为真空磁导率. 其微分形式为

$$\mathrm{d}g = -s\mathrm{d}T - \mu_0 \boldsymbol{M} \cdot \mathrm{d}\boldsymbol{H} \tag{9.2.2}$$

若用 $g_N(T,\boldsymbol{H})$表示正常态的自由能密度，因超导材料都不是铁磁体，在通常情况

下 $\boldsymbol{M}=0$，所以正常态的自由能可认为与磁场无关，即

$$g_N(T,\boldsymbol{H}) = g_N(T,0) = g_N(T) \tag{9.2.3}$$

对超导态，若用 $g_s(T,0)$ 表示无磁场时的自由能密度，由式(9.2.2)，有

$$\left(\frac{\partial g}{\partial \boldsymbol{H}}\right)_T = -\mu_0 \boldsymbol{M}$$

所以，有磁场时超导态自由能密度 $g_s(T,H)$ 可表示为

$$g_s(T,H) = g_s(T,0) + \int_0^H (-\mu_0 M) \cdot \mathrm{d}H \tag{9.2.4}$$

由迈纳斯效应，有 $\boldsymbol{M}=-\boldsymbol{H}$，代入式(9.2.4)，得

$$g_s(T,H) = g_s(T,0) + \frac{1}{2}\mu_0 H^2 \tag{9.2.5}$$

在 $H=H_C(T)$ 相变线上，两相的自由能相等，有

$$g_N(T,H_C) = g_s(T,H_C) = g_s(T,0) + \frac{1}{2}\mu_0 H_C^2 \tag{9.2.6}$$

图 9.2.1 给出了 $T<T_C$ 时，超导态和正常态的吉布斯自由能密度与外磁场的关系. 比较式(9.2.3)、(9.2.5)和(9.2.6)，可以看出，在给定温度 $T(<T_C)$ 情况下，存在着以下 3 种情况：

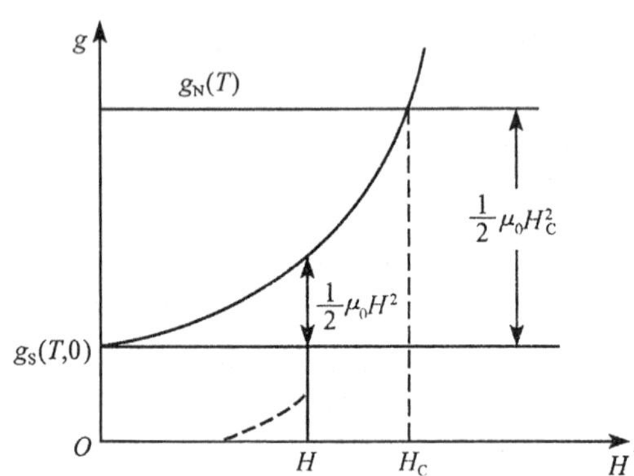

图 9.2.1　$T<T_C$ 时超导态和正常态的自由能与外磁场的关系

(1) 如果 $H<H_C$，则 $g_N(T)>g_s(T,H)$，超导态自由能小于正常态自由能，体系处于超导态.

(2) 如果 $H>H_C$，则 $g_N(T)<g_s(T,H)$，体系处于正常态.

(3) 如果 $H=H_C$，则 $g_N(T)=g_s(T,H)$，体系处于两相共存与转变过程.

定义在相同温度下正常态与零磁场下超导态的吉布斯自由能之差

$$\Delta g = g_N(T) - g_s(T,0) = \frac{1}{2}\mu_0 H_C^2(T) \tag{9.2.7}$$

为超导态的凝聚能密度. Δg 可看成是把超导体等温地从磁场为零处移到磁场为

$H_c(T)$处，变为正常态过程中，外磁场对单位体积超导体所做的功. 当 $T\to 0$ 时，有

$$\Delta g \to \Delta g_{\max} = \frac{1}{2}\mu_0 H_C^2(0)$$

若取典型值 $H_C(0)=500\text{G}$，则 $\Delta g_{\max}\approx 10^3\text{J/m}^3$. 这表明超导态的自由能比正常态的低，超导电子以某种方式更紧密地聚集在一起. 超导态的凝聚能密度很小，以金属铝为例，在临界场中每个电子的平均凝聚能为 1.5×10^{-9}cV，而电子之间的库仑相互作用能为 1eV. 由此看来，电子之间的库仑作用能不可能成为金属超导电性的根源.

9.2.2 熵变与比热容

根据热力学，单位体积的熵可由

$$S=-\left(\frac{\partial g}{\partial T}\right)_H$$

求得. 把式(9.2.3)、式(9.2.5)代入上式，可求得正常态和超导态的熵密度之差

$$S_N - S_S = -\mu_0 H_c \frac{\mathrm{d}H_C(T)}{\mathrm{d}T} \tag{9.2.8}$$

当 $T=T_C$ 时，$H_C(T_C)=0$[式(9.1.4)]，所以 $S_N=S_S$

当 $T\to 0\text{K}$ 时，$\left(\frac{\mathrm{d}H_C(T)}{\mathrm{d}T}\right)_{T=0}=0$，所以也有 $S_N=S_S$.

当 $0\text{K}<T<T_C$ 时，$\frac{\mathrm{d}H_C}{\mathrm{d}T}<0$，故有 $S_N>S_S$.

由此可知，超导态的熵总不会大于正常态的熵，这表明超导态比正常态更加有序.

单位样品由超导态转变为正常态所吸收的热量——相变潜热 L 可表示为

$$L = T(S_N - S_S) = -\mu_0 T H_C \frac{\mathrm{d}H_C(T)}{\mathrm{d}T} \tag{9.2.9}$$

由此可知，在 $0\text{K}<T<T_C$ 范围内，$L>0$，从超导态到正常态是吸热的；相反从正常态到超导态是放热的. 因此这是一级相变. 在 $T=T_C$ 时，$H_C=0$，因而 $L=0$；在 $T=0\text{K}$ 时，$\frac{\mathrm{d}H_C}{\mathrm{d}T}=0$，因而也有 $L=0$. 因此在这两种情况下超导转变是一个二级相变.

根据热力学，体系的比热容为

$$C = T\frac{\mathrm{d}S}{\mathrm{d}T}$$

把式(9.2.8)代入上式，可得正常态与超导态比热容的差

$$C_N - C_S = T\left(\frac{\mathrm{d}S_N}{\mathrm{d}T} - \frac{\mathrm{d}S_S}{\mathrm{d}T}\right) = -T\mu_0\left[H_C\frac{\mathrm{d}^2H_C}{\mathrm{d}T^2} + \left(\frac{\mathrm{d}H_C}{\mathrm{d}T}\right)^2\right] \tag{9.2.10}$$

把 $T=T_C$，$H_C=0$，代入上式，可得在临界温度下的比热容差

$$C_N(T_C)-C_S(T_C)=-T_C\mu_0\left(\frac{dH_C(T)}{dT}\right)^2_{T_C} \tag{9.2.11}$$

由于在 $T=T_C$ 时，$\left(\frac{dH_C}{dT}\right)_{T_C}<0$，所以在相变中，比热容有一个突变. 这与其前面所述的实验事实一致，说明把超导转变看做热力学平衡相变是合理的.

9.3　超导电现象的唯象理论

为了解释超导电性的实验现象，除了上述热力学方法外，曾经提出许多进一步的假定和模型，称之为**超导电现象的唯象理论**. 其中最富有成果的是二流体模型、伦敦(London)方程、朗道-金兹勃格(Ladau-Ginzburg)方程等. 简要介绍如下.

9.3.1　二流体模型

二流体模型是超导电现象最简单的图像，该模型假定：

(1) 在超导状态下，超导体内有两种传导电子，一种为正常电子，浓度为 n_N；另一种为超导电子，浓度为 n_S. 传导电子的总浓度$n=n_N+n_S$. 在超导体内两类电子共存，但互相独立的运动.

(2) 正常电子与通常金属中的自由电子气的性质相同，它们受晶格散射，有不等于零的熵. 而超导电子具有与正常电子不同的特殊性质：它们不受晶格散射，它们处于一种特殊的状态，都被冻结在一最低能态上，因而有无限大的电导率和等于零的熵. 超导电子有很大的相干长度，约为 10^3nm 数量级，相干长度可以看做超导电子波函数的空间分布范围.

(3) 超导电子数目与温度有关，为了与实验拟合，假设超导电子浓度

$$n_S=n\left[1-\left(\frac{T}{T_C}\right)^4\right] \tag{9.3.1}$$

$T=0$K 时，$n_S=n$，全部都是超导电子；随着温度的升高，超导电子减少；当 $T=T_C$ 时，全部为正常电子.

很容易利用二流体模型说明前面提到的能隙，把一个超导电子转变为正常电子，相当于把它从冻结能级激发到正常能级，需要吸收额外的能量(凝聚能 Δg)，这个能量就是能隙.

二流体模型对零电阻现象的解释是：当 $T<T_C$ 时，超导体内存在有超导电子，其电导率为无穷大，由于它们的短路作用，使整个超导体的电阻变为零.

根据超导电子的模型，若超导电子的有效电荷为$-e^*$，有效质量为 m^*，在电场 ε 作用下，由于无散射作用，其运动方程为

$$m^*\cdot\frac{d\boldsymbol{v}}{dt}=-e^*\boldsymbol{\varepsilon} \tag{9.3.2}$$

又因超导电子的电流密度为

$$\boldsymbol{j} = -n_S e^* \boldsymbol{v} \tag{9.3.3}$$

从而得到显示零电阻特性的方程

$$\frac{\mathrm{d}\boldsymbol{j}}{\mathrm{d}t} = \frac{n_S e^{*2}}{m^*}\boldsymbol{\varepsilon} \tag{9.3.4}$$

上式取旋度,代入麦克斯韦方程式

$$\nabla\times\boldsymbol{\varepsilon} = -\frac{\partial \boldsymbol{B}}{\partial t} \tag{9.3.5}$$

中,并利用 $\boldsymbol{B}=\nabla\times\boldsymbol{A}$,$\boldsymbol{A}$ 为矢势,得

$$\frac{\partial}{\partial t}\left[\frac{m^*}{n_S e^{*2}}\nabla\times\boldsymbol{j} + \boldsymbol{B}\right] = 0 \tag{9.3.6}$$

至此,二流体模型并未能说明迈斯纳效应.

9.3.2 伦敦方程

为了说明迈斯纳效应,伦敦认为持续不衰的超导电流是一种宏观量子效应,就像原子中电子绕原子核运动的永恒电流一样. 由于超导电子都处在同一状态,故可用相同的波函数描述. 假定超导电子浓度

$$n_S(\boldsymbol{r}) = \psi^*(\boldsymbol{r})\psi(\boldsymbol{r}) = |\psi|^2 \tag{9.3.7}$$

由此可把超导电子波函数写成

$$\psi(\boldsymbol{r}) = [n_S(\boldsymbol{r})]^{\frac{1}{2}}\mathrm{e}^{\mathrm{i}\varphi(\boldsymbol{r})} \tag{9.3.8}$$

$\varphi(r)$为相因子. 按照量子力学,超导电流密度

$$j_S(r) = \frac{ie^*\hbar}{2m^*}(\psi\nabla\psi^* - \psi^*\nabla\psi) - \frac{e^{*2}}{m^*}A\psi\psi^* \tag{9.3.9}$$

把式(9.3.8)代入上式,并假定 $n(r)$是均匀的,得

$$j_S(r) = -n_S\frac{e^{*2}}{m^*}\left[\frac{\hbar}{e^*}\nabla\varphi - \boldsymbol{A}(\boldsymbol{r})\right] \tag{9.3.10}$$

上式两边取旋度,并注意到$\nabla\times(\nabla\varphi)=0$,得

$$\frac{m^*}{n_S e^{*2}}\nabla\times\boldsymbol{j}_S = -\boldsymbol{B} \quad 或 \quad \boldsymbol{B} = -\frac{m^*}{n_S e^{*2}}\nabla\times\boldsymbol{j} \tag{9.3.11}$$

伦敦把上式和表示零电阻特性的式(9.3.4)一起作为决定超导态电磁性质的基本方程,称之为**伦敦方程**.

把麦克斯韦方程

$$\nabla\times\boldsymbol{B} = \mu_0\boldsymbol{j} \tag{9.3.12}$$

两边取旋度,得到

$$\nabla\times(\nabla\times\boldsymbol{B}) - \boldsymbol{\mu}_0\nabla\times\boldsymbol{j} \tag{9.3.13}$$

并考虑到矢量微分公式$\nabla\times(\nabla\times\boldsymbol{B})=\nabla(\nabla\cdot\boldsymbol{B})-\nabla^2\boldsymbol{B}$以及磁场的无散性$\nabla\cdot\boldsymbol{B}=0$,并

并把式(9.3.11)代入式(9.3.13)，得

$$\nabla^2 \boldsymbol{B} = \frac{\mu_0 n_S e^*}{m^*}\boldsymbol{B} = \frac{1}{\lambda_L{}^2}\boldsymbol{B} \tag{9.3.14}$$

式中，$\lambda_L = [m^*/(\mu_0 n_S e^{*2})]^{1/2}$称为超导体的穿透深度. 对于大多数具有超导电性的金属元素，λ_L 为$10^{-6} \sim 10^{-7}$m. 式(9.3.14)是超导态样品体内磁场分布所满足的方程. 下面以一维情况为例说明由此方程所能得到的重要结果.

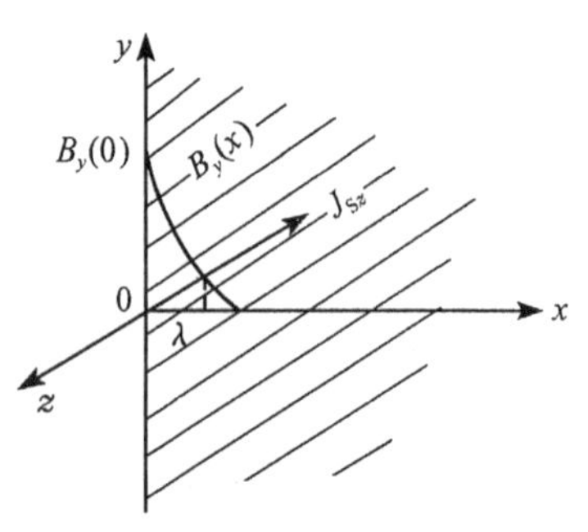

图 9.3.1　磁场的穿透

设一半无限超导体，位于 $x \geqslant 0$ 的空间，并设磁场 $\boldsymbol{B}$ 沿 y 方向，即 $B = B_y$，如图 9.3.1 所示. 此时方程(9.3.14)变为

$$\frac{\partial^2 B_y}{\partial x^2} = \frac{1}{\lambda_L^2} B_y \tag{9.3.15}$$

其解为

$$B_y(x) = B_y(0) e^{-x/\lambda_L} \tag{9.3.16}$$

$B_y(0)$是超导体表明 $x = 0$ 处的磁感应强度. 式(9.3.16)表明，超导体内的磁感应强度以指数规律迅速衰减. 当 $x \gg \lambda_L$ 时，$B_y(x) \to 0$；在 $0 < x < \lambda_L$ 时，超导体内有较强的磁场. 由此，可得到以下两个重要的结果：

(1) 磁场将透入超导体内，透入体内的深度为

$$\lambda_L = \left(\frac{m^*}{\mu_0 n_S e^{*2}}\right)^{1/2} = \lambda(0)\left[1 - \left(\frac{T}{T_C}\right)^4\right]^{-1/2} \tag{9.3.17}$$

式中，$\lambda(0) = \left(\frac{m^*}{\mu_0 n_S e^{*2}}\right)^{1/2}$为 $T = 0$K 时的穿透深度[已用到式(9.3.1)]. 取适当的值可计算 $\lambda = 10^2$nm 的量级，所以磁场穿透深度很小. 在超导体内部 B 实际为 0，呈完全抗磁性. 因此伦敦理论不仅解释了迈斯纳效应，还预言了穿透深度，此预言后来被实验所证实，它是伦敦理论的一个巨大成就.

(2) 在超导体表明有超导电流. 把式(9.3.16)代入麦克斯韦方程$\nabla \times \boldsymbol{B} = \mu_0 \boldsymbol{j}$，得

$$j_{S_z} = \frac{1}{\mu_0 \lambda_L} B_y(0) e^{-x/\lambda_L} \tag{9.3.18}$$

表明在表面很薄一层内产生沿 z 方向的表面电流. 正是这个表面电流的磁场抵消了外磁场，使超导体内的 $B = 0$. 因而也称之为抗磁电流或屏蔽电流. 由此又一次看到，不能把处于超导态的超导体看做正常的理想导体. 因为正常导体的电流是均匀通过整个样品的.

9.3.3　磁通量子化现象

由于在外磁场中，超导体表面存在电流，这就不难解释磁通量冻结现象. 下面说明磁通量的量子化现象，仍以式(8.3.8)为讨论的出发点.

根据伦敦理论的结论,超导体内的 $\boldsymbol{B}$ 和 $\boldsymbol{j}$ 都为零.所以,由式(9.3.10)可得

$$-\hbar\nabla\varphi(\boldsymbol{r})=e^{*}A(\boldsymbol{r}) \tag{9.3.19}$$

把上式两边沿超导环体内围绕磁场任一闭合曲线积分,如图 9.1.7 所示,有

$$\oint\nabla\varphi(\boldsymbol{r})\cdot\mathrm{d}\boldsymbol{l}=\varphi_2-\varphi_1 \tag{9.3.20}$$

由于 $n_S=\psi\psi^*$ 是可观测量,因此 ψ 必须使单值得,即

$$\varphi_2-\varphi_1=2\pi n,\qquad n=0,\pm1,\pm2,\cdots \tag{9.3.21}$$

利用斯托克斯定理

$$\oint\boldsymbol{A}\cdot\mathrm{d}l=\iint_s\nabla\times\boldsymbol{A}\cdot\mathrm{d}\boldsymbol{S}=\iint\boldsymbol{B}_S\cdot\mathbf{ds}=\phi_L \tag{9.3.22}$$

由式(9.3.21)、式(9.3.22)及式(9.3.20),得

$$\phi_L=\frac{2\pi\hbar}{e^*}n=n\phi_0 \tag{9.3.23}$$

$$\phi_0=\frac{h}{e^*} \tag{9.3.24}$$

把式(9.3.23)与实验、公式(9.1.9)比较,只需认为超导电子的有效电量 $e^*=2e$,两者就完全一致.这不仅解释了磁通量子化现象,也给我们以重要启示:超导电子并不是普通电子,由于它的有电质量为 $2e$,因而可看成是由某方程结合在一起的电子对.这成为后面将要阐述的 BCS 理论的基础.

9.3.4 朗道-金兹勃格理论

朗道-金兹勃格理论也是以二流体模型为基础的,其超导电子浓度 n_S 及超导电子波函数仍为式(9.3.7)和式(9.3.8)所描述.但认为电子波函数不是直接由薛定谔方程决定的,而是由热力学平衡条件,即吉布斯自由能取极小值来确定 $\psi(\boldsymbol{r})$ 所满足的方程决定的.下面我们仅予以简略介绍.

1. 超导体的吉布斯自由能密度

在临界温度附近($T<T_C$),外磁场 B 中的超导体吉布斯自由能密度应由三部分组成:无外磁场的自由能密度 $g_S(0)$,磁场能量密度 $B^2/(2\mu_0)$,以及超导电子的动能能密度 $n_S\times\frac{1}{2}m^*v^2$,即

$$g_S(B)=g_S(0)+\frac{B^2}{2\mu_0}+\frac{1}{2}n_Sm^*v^2 \tag{9.3.25}$$

式中的第三项可写成 $n_S(m^*v)^2/(2m^*)=|P\psi|^2/(2m^*)$,$\boldsymbol{P}$ 为超导电子的机械动量.若磁场的矢势为 $\boldsymbol{A}$,则 $\boldsymbol{B}=\nabla\times\boldsymbol{A}$,则电子的正则动量

$$\boldsymbol{P}'=\boldsymbol{P}+(-e^*\boldsymbol{A})=\boldsymbol{P}-e^*\boldsymbol{A}$$

变上式为算符形式,则

$$\hat{\boldsymbol{P}}=-\mathrm{i}\hbar\nabla+e^{*}A$$

所以式(9.3.25)右边第三项可写成

$$n_{\mathrm{S}}\times\frac{1}{2}m^{*}v^{2}=\frac{1}{2m^{*}}\mid(-\mathrm{i}\hbar\nabla+e^{*}\boldsymbol{A})\psi\mid^{2}\tag{9.3.26}$$

上式已用到 $n_{\mathrm{S}}=|\psi|^{2}$.

由于在临界温度附近,超导电子浓度很小,因而超导体在无外磁场情况下的吉布斯自由能密度 $g_{\mathrm{S}}(0)$可在临界温度附近用$|\psi|^{2}$ 展开,即

$$g_{\mathrm{S}}(0)=g_{\mathrm{N}}(0)+\alpha\mid\psi\mid^{2}+\frac{\beta}{2}\mid\psi\mid^{4}\tag{9.3.27}$$

式中,$g_{\mathrm{N}}(0)$是正常态的自由能密度,α、β 为展开系数,可从经验考虑予以确定. 由于 $n_{\mathrm{S}}=|\psi|^{2}$ 很小,式(9.3.27)中高次项已经略去. 把式(9.3.26)和式(9.3.27)代入式(9.3.25)中,得

$$g_{\mathrm{S}}(B)=g_{\mathrm{N}}(0)+\alpha\mid\psi\mid^{2}+\frac{\beta}{2}\mid\psi\mid^{4}+\frac{1}{2m^{*}}\mid(-\mathrm{i}\hbar\nabla+e^{*}A)\psi\mid^{2}+\frac{B^{2}}{2\mu_{0}}\tag{9.3.28}$$

2. 朗道-金兹勃格方程

由式(9.3.28)看出,$g_{\mathrm{S}}(B)$是 ψ 和 A 的函数. 由于 $n_{\mathrm{S}}=|\psi|^{2}$ 是否为 0 是正常态与超导态的判别标准,称 n_{S} 为超导态的序参量,朗道-金兹勃格理论认为 $\psi(r)$本身就是序参量,因此可认为 $g_{\mathrm{S}}(B)$直接是 ψ 的函数.

在热力学平衡态,$g_{\mathrm{S}}(B)$应取极小值,即须满足

$$\frac{\delta g_{\mathrm{S}}(B)}{\delta\psi}=0\quad\text{及}\quad\frac{\delta g_{\mathrm{S}}(B)}{\delta A}=0\tag{9.3.29}$$

把式(9.3.28)代入式(9.3.29),可得

$$\frac{1}{2m^{*}}(-\mathrm{i}\hbar\nabla+e^{*}A)^{2}\psi+\alpha\psi+\beta\mid\psi\mid^{2}\psi=0\tag{9.3.30}$$

$$j_{S}=-\frac{\mathrm{i}\hbar e^{*}}{2m^{*}}(\psi^{*}\nabla\psi-\psi\nabla\psi^{*})-\frac{(e^{*})^{2}}{m^{*}}\mid\psi\mid^{2}A\tag{9.3.31}$$

以上两式称为**朗道-金兹勃格方程**. 由于这两个方程是相互耦合的非线性方程,要严格求解是相当困难的. 下面仅就一些简单情形,说明从朗道-金兹勃格方程所能得到的重要结果.

3. 相干长度

对磁场和 ψ 的梯度很小的情形,可略去式(9.3.30)中的第一项,即

$$\alpha\psi+\beta\mid\psi\mid^{2}\psi=0\tag{9.3.32}$$

由此得

$$|\psi|^2 = -\frac{\alpha}{\beta} = |\psi_0|^2 \tag{9.3.33}$$

这说明在若磁场条件下,“有效波函数”所表示的 n_S 不随 r 变化,称之为 ψ 是刚性的. 同时,式(9.3.31)简化成为伦敦方程 $j_S = -\frac{e^{*2}}{m^*}|\psi_0|^2\mathbf{A}$,再与麦克斯韦方程联立求解,得到伦敦磁场穿透深度

$$\lambda_L = \left(\frac{m^*}{\mu_0|\psi_0|^2 e^{*2}}\right)^{1/2}$$

对序参量 $\psi(r)$ 随空间的变化不可忽略,但无外磁场的情况,一维问题式(9.3.30)可写为

$$-\frac{\hbar^2}{2m^*}\frac{\mathrm{d}^2\psi}{\mathrm{d}x^2} + \alpha\psi + \beta|\psi|^2\psi = 0 \tag{9.3.34}$$

令

$$\psi(x) = \psi_0 + f(x)$$

并注意到 $\beta = -\alpha/|\psi_0|^2$,可得关于 $f(x)$ 的微分方程

$$\frac{\mathrm{d}^2 f}{\mathrm{d}x^2} - \frac{4m^*|\alpha|}{\hbar^2}f = 0 \tag{9.3.35}$$

令

$$\xi^2 = \frac{\hbar^2}{4m^*|\alpha|} \tag{9.3.36}$$

得

$$f = \psi - \psi_0 = Ce^{-x/\xi} \tag{9.3.37}$$

上式描述了“有效波函数”随空间变化的那一部分. 显然超导电子浓度有显著变化的范围约为 ξ,这个范围就是**相干长度**,通常 $\xi \sim 10^{-6}\,\mathrm{m}$,大于穿透浓度 $\lambda_L(\lambda_L) = 10^{-8}\,\mathrm{m}$. 这在超导理论中是一个相当重要的概念.

4. 上临界磁场 第二类超导体

在 $B > B_C$ 的情况下,对于位于 $x \geqslant 0$ 的半无限大超导体,若在下述条件下:

$$B = B_0, \qquad A(x) = B_0 x$$

且令 $\psi = \psi_0 + f(x)$,则式(9.3.30)可写成

$$\frac{\mathrm{d}^2 f}{\mathrm{d}x^2} = -\frac{1}{\xi^2}\left(1 - \frac{B_0^2 x^2}{2H_C\lambda^2\mu_0^2}\right)f \tag{9.3.38}$$

由数理方程得知,此方程仅当 B_0 满足条件

$$B_0 = \mu_0 H_C \frac{\lambda_L}{\xi}\frac{\sqrt{2}}{(2n+1)}, \qquad n = 0, \pm 1, \pm 2, \cdots \tag{9.3.39}$$

时才有解. 否则当 $x\to\infty$时,f 将发散.

由式(9.3.39)可看出,当 $\lambda_L/\xi>(2n+1)/\sqrt{2}$时,超导体内的磁场 $H_0=B_0/\mu_0$ 将超过临界磁场 H_C. 外磁场的最大允许值($n=0$ 所对应的值),就是上临界磁场

$$H_{C2}=H_C\frac{\lambda_L}{\xi}\times\sqrt{2}$$

具有上临界磁场的材料就是前面讲过的**第二类超导材料**,这是朗道-金兹勃格超导理论的重要成果之一.

9.4　超导电性的微观理论

前述的宏观唯象理论虽然可以解释超导电性的一些现象,但不能说明超导电性的本质起因. 真正试图从微观本质上说明超导电性,并被人们所接受的超导电性是 1975 年由巴丁(Bardeen)、库柏(Cooper)和施里弗(Schriffer)提出的,称 BCS 理论. 详细介绍 BCS 理论需要较多量子力学基础和复杂计算,为了简明,本节仅就其基本假定、基本机制和所得到的基本要点作简要介绍.

9.4.1　库柏对及其形成机制

任何一种有效理论必须以实验事实为依据,BCS 理论也不例外,它是在实验和唯象研究的基础上提出的. 二流体模型认为超导态中存在一种特殊载流子——超导电子. 由磁通量量子化的伦敦理论可知,超导电子的有效电量是正常电子的 2 倍. BCS 理论以这个事实作为其实验基础,认为材料处于超导态时,电子处在一种特殊的状态:费米面附近的电子形式电子配对,每个电子对的能量比两个独立电子的能量和小,并把这种电子对状态称为**库柏对**,它是 BCS 理论的基础.

但是库柏对的概念是与电子基本性质相矛盾的. 由于库仑排斥力,两个电子是不能形成束缚态的. 那么超导态中的库柏对究竟是怎样形成的呢? 同位素效应为此提供了有益线索:既然同位素晶体之间差别仅在于组成晶格的原子质量不同,从而引起晶格振动频率的不同,那么同位素材料的临界温度 T_C 仅与原子质量有关的事实正说明超导电性与晶格振动有关. 通过对大量元素的考察也说明了这一点:良导体都不是超导体,临界温度较高的超导体在正常情况下都是电阻率较高的不良导体. 由于电阻率的大小反映了电子-声子相互作用的大小,这就告诉我们 T_C 高的超导体是电子-声子作用较强的材料. 这些都启示我们,晶格振动(声子)与电子的相互作用是超导电性根源的探讨方向.

在这些实验事实的启发下,BCS 理论提出,电子是通过晶格振动,或者说通过交换声子克服库仑排斥力,产生相互作用吸引,结合成超导电子对——库柏对的. 对此可以这样理解:设想处在费米面附近的两个电子 1 和 2,彼此在某一时刻相距

很近，由于电子 1 对处于格点位置的正离子有吸引作用，使得它周围的正电子向它靠拢，从而电子 1 周围在某一瞬间呈现正电子性，从而对电子 2 产生吸引作用. 这就表现为电子 1 通过晶格离子的偏移而间接地吸引电子 2. 由于晶格离子的偏移必然引起格波，所以也可以说电子 1 和 2 之间的相互吸引是通过交换声子实现的. 波矢为 $\boldsymbol{k}_1$ 的电子与晶格作用发射矢波为 $\boldsymbol{q}$ 的声子而跃迁到波矢 $\boldsymbol{k}_1'=\boldsymbol{k}_1-\boldsymbol{q}$ 态，波矢为 $\boldsymbol{k}_2$ 的电子吸引这个声子跃迁到 $\boldsymbol{k}_2'=\boldsymbol{k}_2+\boldsymbol{q}$，这个过程如图 9.4.1 所示. 若这个两个电子的能量分别为 $E(\boldsymbol{k}_1)$ 和 $E(\boldsymbol{k}_2)$，根据量子力学跃迁理论的计算分析表明，当满足条件

$$|E(\boldsymbol{k}_1)-E(\boldsymbol{k}_2)|<\hbar\omega_q \tag{9.4.1}$$

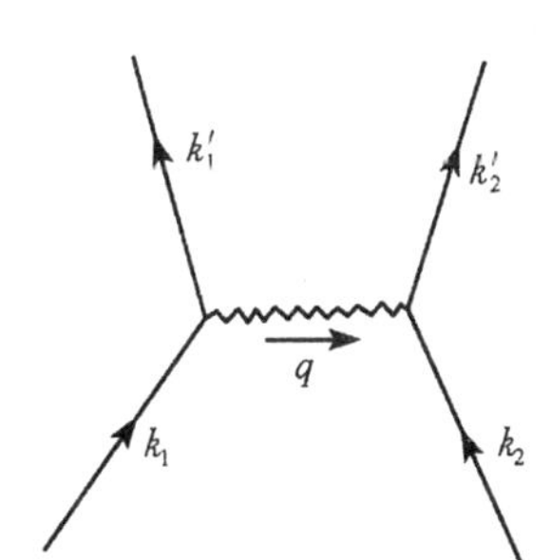

(a) 由声子传递的电子-电子相互作用

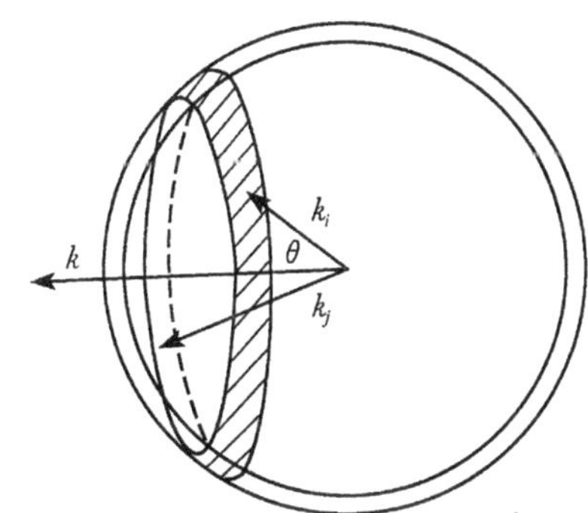

(b) 形成总的波矢量为 k 的电子对

图 9.4.1

时，两个电子通过交换声子将产生净吸引，这就是电子-声子相互作用产生库柏对的微观机制.

下面我们分析库柏对中的电子处于什么状态. 由于泡利不相容原理，费米面能级以下的深能态已被电子所填满，它们难以通过吸收或发射声子与其他能级相近的电子发生作用，只有费米面附近的电子才可能通过声子产生相互作用. 但是能够产生净吸引作用的过程必须满足式(9.4.1)，因而只有费米面附近约 $\pm\hbar\omega_D$(ω_D 为德拜频率，是 ω_q 的最大值)范围内的电子才有可能产生间接相互吸引作用. 如前所述，费米面附近 $\boldsymbol{k}_1$、$\boldsymbol{k}_2$ 处两电子通过交换声子跃迁到 $\boldsymbol{k}_1'$ 和 $\boldsymbol{k}_2'$，如图 9.4.2(a)所示，并形成库柏对. 在这个过程中除了必须满足动量守恒

$$\boldsymbol{k}_1+\boldsymbol{k}_2=\boldsymbol{k}_1'+\boldsymbol{k}_2'=\boldsymbol{k} \tag{9.4.2}$$

外，$\boldsymbol{k}_1$、$\boldsymbol{k}_2$、$\boldsymbol{k}_1'$ 和 $\boldsymbol{k}_2'$ 还必须在 $\boldsymbol{k}_F$ 外厚度为 $\Delta k=m\omega_D/(\hbar k_F)$ 的球壳内. 这可用图9.4.2(b)形象地表示出来. 图中两个球的半径均为 $\boldsymbol{k}_F$，两球心距离为 $|\boldsymbol{k}_1+\boldsymbol{k}_2|=\boldsymbol{k}$. 由图可知，只有在两个球壳相交的阴影区内的两个电子能同时满足式(9.4.1)和(9.4.2)所表示的条件. 显然，此体积越大，参与交换声子的电子越多，产生净吸引可能性越大. 当然体系的能量也就越低. 当 $\boldsymbol{k}=0$ 时，两球壳重合，产生净吸引可能

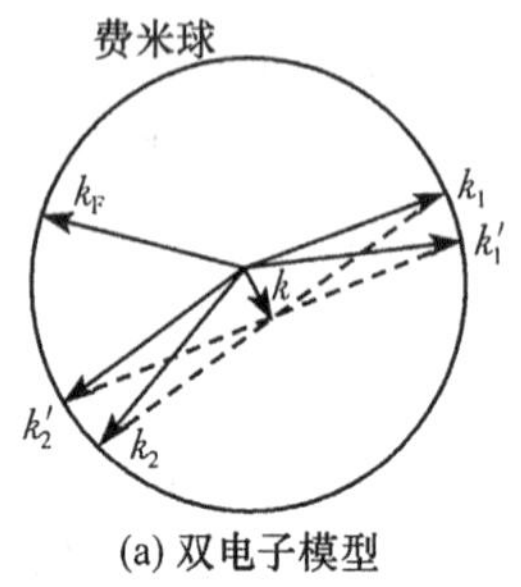

(a) 双电子模型

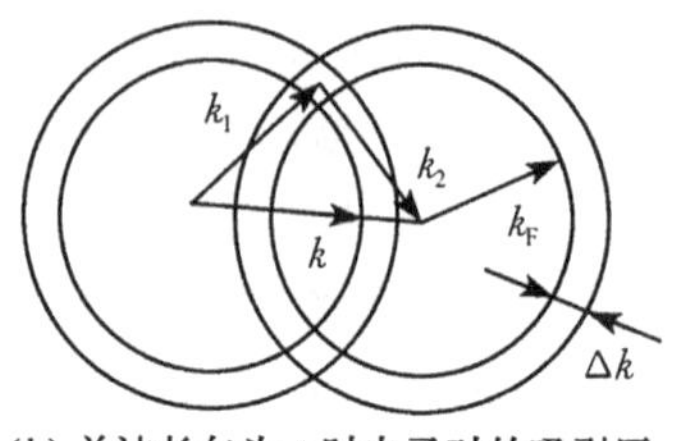

(b) 总波长矢为 k 时电子对的吸引区

图 9.4.2

性最大,体系的能量也最低. 此时,形成库柏对的两个电子的波矢 $\boldsymbol{k}_1=-\boldsymbol{k}_2$,即两个电子的动量之和为零. 由泡利不相容原理知,这两个电子自旋相反. 因此,库柏对内最可能出现的电子状态是:两个电子波矢相反,自旋相反,可用($\boldsymbol{k}_1\uparrow,\boldsymbol{k}_2\downarrow$)表示. 因此库柏对是一个动量为零,自旋为零的玻色子.

库柏对的线度,可用库柏对电子之间的平均距离 ξ_0(相干长度)表示,ξ_0 可用测不准关系得到

$$\xi_0=\Delta x\sim\frac{1}{\Delta k}=\frac{\hbar k_F}{m\omega_D}=\frac{E_F}{\hbar\omega_D}\frac{1}{k_F}\sim10^4\times10^{-10}\mathrm{m}=10^{-6}\mathrm{m}$$

与朗道-金兹勃格理论的结果一致.

9.4.2 BCS 理论要点

以库柏对为基础的 BCS 理论,其解释超导电性的主要论点是:

(1) 超导电子就是那些库柏电子对. 在 $T=0\mathrm{K}$ 时,所有费米面附近的电子都形成库柏对:每个库柏对可看成是遵守玻色-爱因斯坦统计的复合粒子;并且所有的库柏对都处在具有相同能量的同一量子态中,可用同一波函数进行描述. 并称这种状态为**超导基态**.

由于库柏对的线度是 $10^{-6}\,\mathrm{m}$,为晶格常数的几千倍,库柏对之间必然交叉重叠,因而库柏对在运动中是高度相关的.

(2) 超导能谱中存在能隙. 在 $T\neq0\mathrm{K}$ 时,晶格的热振动可以把一些库柏对拆开变成正常电子. 温度越高,库柏对越少,正常电子越多. 当 $T=T_C$ 时,所有的库柏对都变成正常电子. 破坏库柏对需要一定的能量,这表明在超导能谱中存在能隙,它把超导基态与激发态分开. 能隙与温度有关. 在 $T=0\mathrm{K}$ 时,BCS 理论求得能隙 $\Delta(0)$ 为

$$\Delta(0)=2\hbar\omega_D e^{-1/[g(E_F)V]} \tag{9.4.3}$$

式中,ω_D 是德拜频率,$g(E_F)$是正常金属在费米能级处的能态密度,V 为电子之间的有效相互作用矩阵元,它是代表电子-声子耦合强弱的系数. 随着温度升高,能隙

$\Delta(T)$将减小，在 $T=T_C$ 时，能隙消失. BCS 理论得出，能隙与温度之间的关系可表示为

$$\Delta(T) = 1.74\Delta(0)\left(1-\frac{T}{T_C}\right)^{1/2} \tag{9.4.4}$$

超导能隙可通过红外光吸收测定. 实验结果与上述结论很相符.

(3) 临界温度及其上限. BCS 理论导出临界温度可表示成

$$k_B T_C = 1.13\hbar\omega_D e^{-1/[g(E_F)V]} \tag{9.4.5}$$

由于 $\omega_D \sim M^{1/2}$，因而式(9.4.5)可说明同位素效应. 另外式(8.4.5)表明 $g(E_F)V$ 越大，T_C 越高. 这意味着电子、声子耦合作用越强，越容易形成超导态. 但 V 大也意味着在正常态下的金属的电阻大，所以不良导体更容易出现超导态. 这与前面提到的实验事实完全一致.

由式(9.4.3)和式(9.4.5)可得

$$2\Delta(0) = 3.53k_B T_C \tag{9.4.6}$$

式(9.4.5)表明，T_C 有一上限. 后虽经多次修正，但许多科学家认为，在声子机制框架内，T_C 最多只能达到 40K.

(4) 超导电流是靠库柏对传输的. 在超导基态，所有库柏对的动量为零，没有电流. 当超导体处于**载流超导态**时，每个库柏对的总动量不再为零，所有的库柏对都获得一附加动量 $P=\hbar k$，表示成$[(\boldsymbol{k}_i+\boldsymbol{k}/2)\uparrow, (-\boldsymbol{k}_i+\boldsymbol{k}/2)\downarrow]$，即在载流态，超导体中的电子在 $\boldsymbol{k}$ 空间分布整体地移动了$\frac{\boldsymbol{k}}{2}$. 在 $0\text{K}<T<T_C$ 时，作为载流子的库柏对也会不断的受到晶格振动的散射. 但由于库柏对集合在运动中的高度相关性，且各库柏对的能量相等，散射作用只能使一个库柏对$[(\boldsymbol{k}_i+\boldsymbol{k}/2)\uparrow, (-\boldsymbol{k}_i+\boldsymbol{k}/2)\downarrow]$变成另一个库柏对$[(\boldsymbol{k}_j+\boldsymbol{k}/2)\uparrow, (-\boldsymbol{k}_j+\boldsymbol{k}/2)\downarrow]$，整个集合并无变化，集合总动量保持不变，所以电流没有变化. 这就是零电阻现象. 若散射破坏了库柏对，就会使电流减少，不过这种破坏库柏对的散射过程所需能量至少为 $2\Delta(T)$，因此常将超导态的能隙写成 $E_g=2\Delta(T)$. 在电流密度很低时，电流本身无法给库柏对提供这样多的能量，但这也意味着存在临界电流密度 I_C，超过 I_C 就会出现电阻.

根据 BCS 理论的上述要点，其他超导现象，如迈斯纳效应、比热容突变、磁通量子化等现象也可以得到解释.

9.5 隧道效应和约瑟夫森效应

本节讨论与超导体界面有关的电子运输现象，这些现象构成了超导电子学这一新型分支学科的基础，并在实际中得到广泛应用.

9.5.1　单电子隧道效应

当金属被一极薄的绝缘层隔开，构成金属-绝缘-金属的结型结构时，电子可以一定的概率穿透绝缘层而进入另一边金属的现象，成为**隧道现象**.

根据泡利不相容原理，电子能过穿越绝缘层进入对面金属的条件是，进入金属中有与离出金属电子能级相同的空态(空穴).

1. N-I-N 结

两层正常金属被很薄的绝缘氧化层隔开，就构成正常金属-绝缘层-正常金属型结，简写为 N-I-N. 显然，当两金属的费米能级相等，且不加外电压时，结中无电流通过. 当加上外电压 V 时，两层金属费米能级相差 $-eV$，在这个能量范围内的电子隧道穿透形成净电流，电流 I 与 V 成正比. 如图 9.5.1 所示.

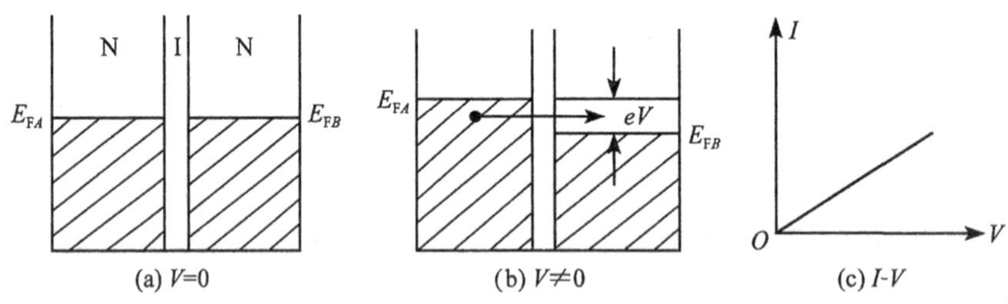

图 9.5.1　正常金属之间隧道效应

2. S-I-N 结

如果 N-I-N 结中的一个金属变为超导态时，就构成了**超导体-绝缘体-正常金属结**，称为 S-I-N 结. 其电流-电压曲线可用超导电子能谱中存在以费米能级为中心、宽度为 2Δ 的能隙来解释. 根据 BCS 理论，超导态单电子能态密度为

$$g_S(E)=\begin{cases} g_N(E)\left|\dfrac{E}{\sqrt{E^2-\Delta^2}}\right|, & |E|>\Delta \\ 0, & |E|<\Delta \end{cases} \tag{9.5.1}$$

式中，$g_N(E)$为正常态的能态密度，E 为单电子激发态能量，这里已取费米能级为零点能. 由于 $g(E)$总是正的，所以加上绝对值符号. 当$|E|<\Delta$ 时，电子的能级处于能隙中，不存在电子态，所以 $g_S(E)$为 0，在$|E|\gg\Delta$ 时，$g_S(E)\approx g_N(E)$；当然$|E|\sim\Delta$ 时，$g_S(E)\to\infty$. 图 9.5.3 显示了超导态和正常态单电子能态密度的分布. 由图可知，在超导态时在费米能级附近 2Δ 能隙之内不存在电子态，与半导体能带中的带隙相类似. 当 $T=0$K 时，在 2Δ 能隙之下全部填满电子，在 2Δ 能隙之上全部为空态. 当 $T\neq0$K 时，出现电子的激发，即在能隙之上出现少量电子，与此对应，

在能隙之下出现少量空态. 图 9.5.3 中阴影线代表有电子占据.

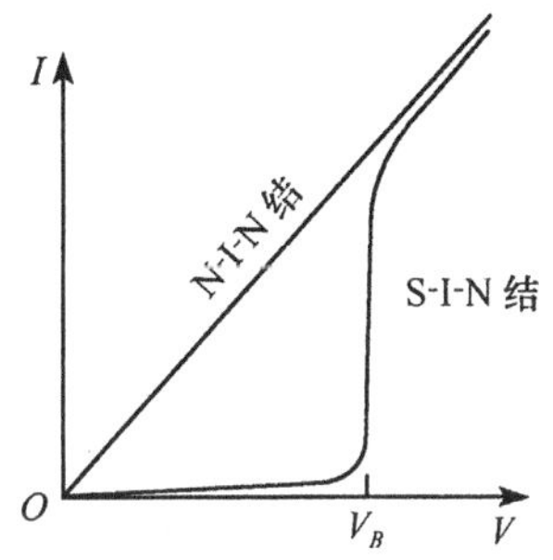

图 9.5.2 单粒子隧道效应的电流-电压关系

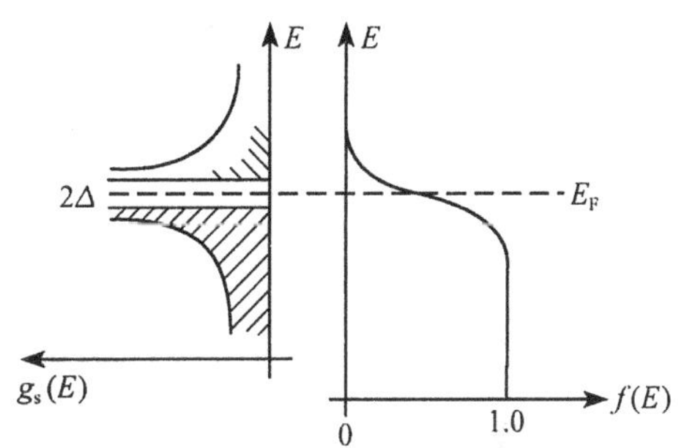

图 9.5.3 超导态的单粒子能态密度，以及在 $T\neq 0$K 时，电子的分布

在 $T=0$K 时，S-I-N 结的能隙密度分布如图图 9.5.4 所示. 由图可看出，在零偏压下，由于在超导态对应能量无空的能态，因而结中无电流. 外加电压 V 使正常态电子能量增加、超导态电子能量下降. 只有当 $V\geqslant\Delta/e$ 时，才有与正常态电子能量相应的超导态电子空态，才能产生隧道电流. 在 V 刚达到 $V_B=\Delta/e$ 时，由于超导态的态密度很大，故电流 I 急剧上升；当 V 的数值超过 Δ/e 一段之后，由于 $|E|\gg\Delta$ 时，$g_s(E)\approx g_N(E)$，因此 I-V 曲线与 N-I-N 结的结果一致. 这就是图 9.5.2 中 S-I-N结的 I-V 曲线所示的结果.

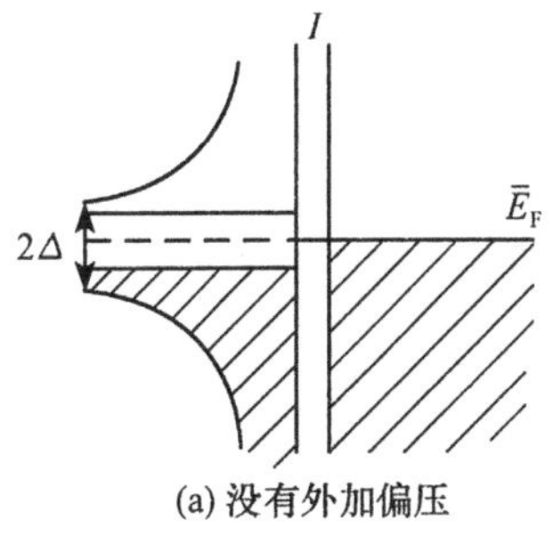

(a) 没有外加偏压

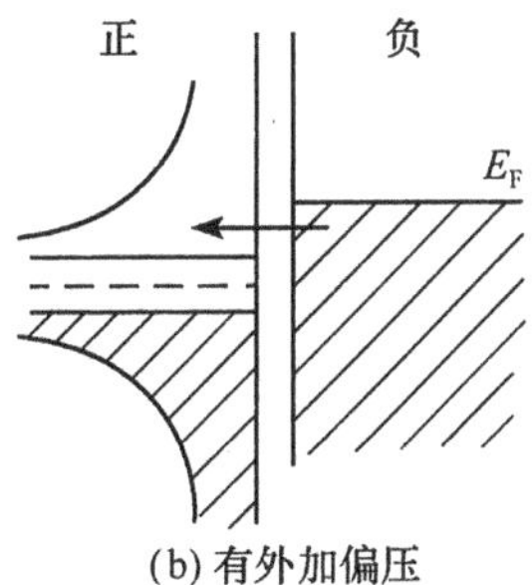

(b) 有外加偏压

图 9.5.4 S-I-N 结单粒子隧道电流

在 $T\neq 0$K 时，由于超导态能隙之上有少量电子，能隙之下有少量空态，故当 $0<V<\Delta/e$时，会有一定的隧道电流，不过这种隧道电流是很小的.

3. S-I-S 结

当上述结型结构中的金属都进入超导态时，就构成 S-I-S 结.

对有两种相同金属形成的 S-I-S 结，如在 $T=1.2$K 以下，Al-Al_2O_3-Al 中的 Al 已转变成超导体，而 Al_2O_3 仍为绝缘体. 在零压下，其能态分布如图 9.5.5(a)所

示. 由于热激发，它们都有少量正常电子存在. 因对侧能态大部分空着，这些电子可能向对面一侧隧道穿透. 但由于 $V=0$，两侧互相穿透的几率相等，因而结中无净电流出现. 若加上一偏电压 V 时，比如左侧电位高于右侧，则左侧能级相对右侧将下降 eV. 在 $0<V<\Delta/e$ 范围内，处在激发态的少数正常电子就会从右向左穿透，形成很小的净隧道电流[图 9.5.5(b)]且电流随电压增加而增加. 这里要指出，在 $T=0\text{K}$ 情况下，由于激发态无电子，在 $0<V<2\Delta/e$ 内，$I=0$. 当 $V\geqslant 2\Delta/e$ 时，无论是 $T=0\text{K}$ 还是 $T>0\text{K}$，都会产生较强的隧道电流. 特别是在 $V\geqslant 2\Delta/e$ 时，右侧超导态的电子密度很高，左侧空态密度也很高，隧道电流将急剧增大. 当 V 的数值增大到 $V\gg 2\Delta/e$ 时，由于 $|E|\gg\Delta$ 时，$g_S(E)\approx g_N(E)$，故电流 I 随 V 的变化与 N-I-N 结的情况相同，即相同金属构成的 S-I-S 结隧道电流的 I-V 关系曲线与图 9.5.2 所示的 S-I-N 结的相同.

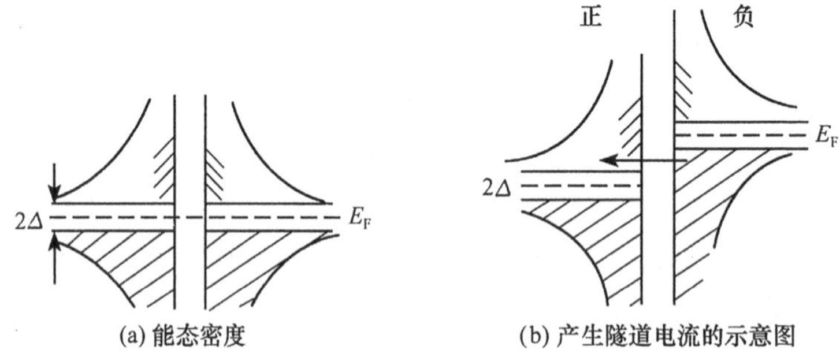

(a) 能态密度　　(b) 产生隧道电流的示意图

图 9.5.5　同种金属 S-I-N 结的隧道电流

利用 $V=2\Delta/e$ 时，电流 I 的急剧增加，可用来实验测定超导体的能隙. 这已经成为研究超导体的重要手段. 对两种不同金属构成的 S-I-S 结，分析方法是类似的，不同的只是 I-V 曲线稍微复杂，电流急剧上升发生在 $V=(\Delta_1+\Delta_2)/e$ 时，Δ_1、Δ_2 分别为两种金属的能隙，如图 9.5.6 所示.

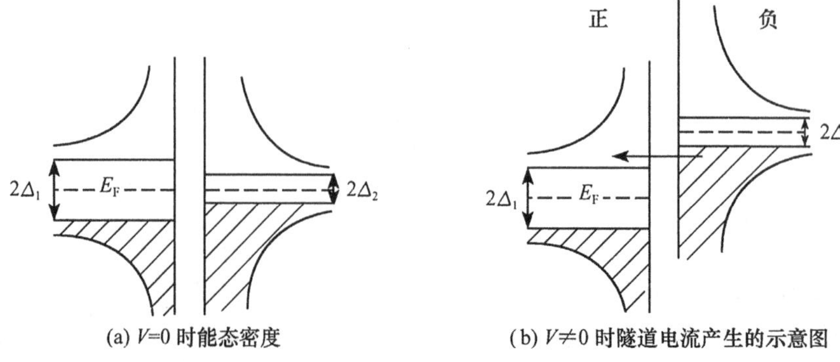

(a) $V=0$ 时能态密度　　(b) $V\neq 0$ 时隧道电流产生的示意图

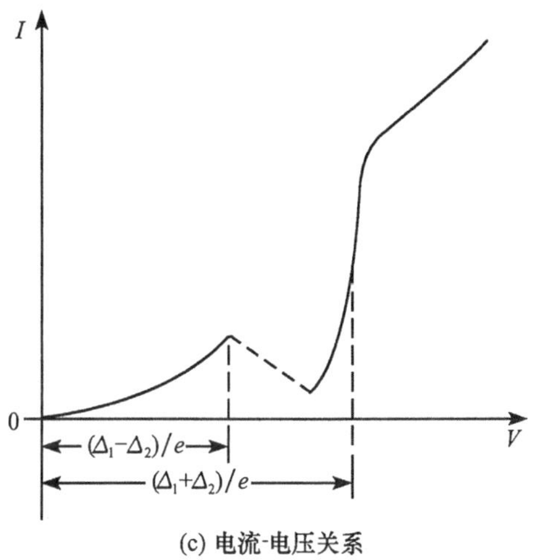

(c) 电流-电压关系

图 9.5.6 不同金属的 S-I-S 结的单粒子隧道电流

9.5.2 约瑟夫森效应

当 S-I-S 结的绝缘层小于 1.5～2nm 时，除了有前面所述的正常电子的隧道电流外，还存在有一种与库柏对相联系的隧道电流，这种库柏对穿越势垒后，仍保持其配对的形式. 这种不同于单电子隧道效应的新现象，称为**约瑟夫森效应**.

约瑟夫森效应是一种宏观量子效应. 下面采用费曼(Feynaman)提出的简化推导方法，说明其微观图像.

1. 约瑟夫森方程

由于超导电子对的长程相关性，当绝缘层厚度小于超导电子的相干长度 ξ 时，两侧库柏对波函数将发生耦合，绝缘层的作用是使两侧波函数之间产生位相差. 设绝缘层两侧的库柏对的波函数分别为

$$\psi_1 = \sqrt{n_{S1}}\,e^{i\varphi_1}, \qquad \psi_2 = \sqrt{n_{S2}}\,e^{i\varphi_2} \tag{9.5.2}$$

如果绝缘层太厚，则两侧波函数相互独立，在各自区域分别满足薛定谔方程

$$\left.\begin{aligned} i\hbar\frac{\partial\psi_1}{\partial t} &= \hat{H}_1\psi_1 \\ i\hbar\frac{\partial\psi_2}{\partial t} &= \hat{H}_2\psi_2 \end{aligned}\right\} \tag{9.5.3}$$

绝缘层厚度足够小时，两侧波函数就不再是相互独立的了. 此时，ψ_1、ψ_2 满足的薛定谔方程应为

$$\left.\begin{aligned} i\hbar\frac{\partial\psi_1}{\partial t} &= \hat{H}_1\psi_1 + k\psi_2 \\ i\hbar\frac{\partial\psi_2}{\partial t} &= \hat{H}_2\psi_2 + k\psi_1 \end{aligned}\right\} \tag{9.5.4}$$

H_1、H_2 分别为左右两侧库柏对的哈密顿，k 为耦合系数，表征两侧超导体弱耦合的程度. 把式(9.5.2)代入式(9.5.4)，并将实部和虚部分开，得

$$\left.\begin{aligned} \hbar\frac{\partial n_{S1}}{\partial t} &= 2k(n_{S1}n_{S2})^{1/2}\sin(\varphi_2-\varphi_1) \\ \hbar\frac{\partial n_{S2}}{\partial t} &= -2k(n_{S1}n_{S2})^{1/2}\sin(\varphi_2-\varphi_1) \\ \hbar\frac{\partial \varphi_1}{\partial t} &= -H_1-k(n_{S1}/n_{S2})^{1/2}\cos(\varphi_2-\varphi_1) \\ \hbar\frac{\partial \varphi_2}{\partial t} &= -H_2-k(n_{S1}/n_{S2})^{1/2}\cos(\varphi_2-\varphi_1) \end{aligned}\right\} \tag{9.5.5}$$

由式(9.5.5)的前两式看出，$\partial n_{S1}/\partial t=-\partial n_{S2}/\partial t$，其物理意义是一侧失去库柏对的速率正好等于另一侧库柏增加的速率，于是约瑟夫森电流密度

$$\begin{aligned} j_S &= 2e\frac{\partial n_{S1}}{\partial t} = j_{0S}\sin(\varphi_2-\varphi_1) \\ j_{0S} &= \frac{4ek}{\hbar}(n_{S1}n_{S2})^{1/2} \end{aligned} \tag{9.5.6}$$

由式(9.5.5)的后两式，可得

$$\frac{\partial(\varphi_2-\varphi_1)}{\partial t} = \frac{1}{\hbar}(H_1-H_2) = \frac{2e}{\hbar}\left(\frac{H_1-H_2}{2e}\right) = \frac{2e}{\hbar}(V_1-V_2) = \frac{2e}{\hbar}V \tag{9.5.7}$$

式中，V 为约瑟夫森结两侧的电位差. 方程(9.5.6)和方程(9.5.7)是约瑟夫森效应的基本方程.

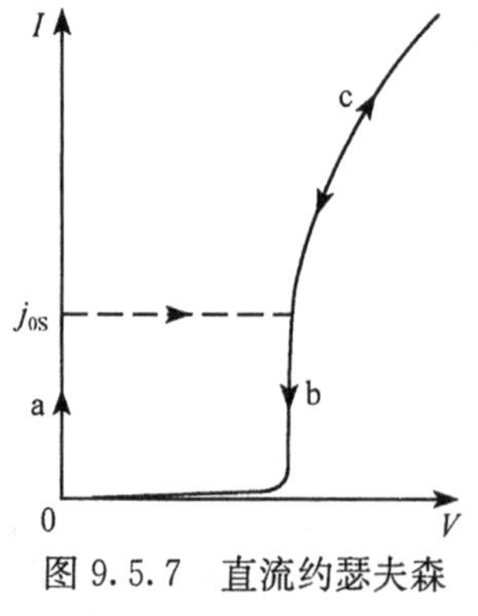

图 9.5.7　直流约瑟夫森效应的电流-电压关系

2. 直流约瑟夫森效应

当结两侧的电压 $V=0$ 时，由式(9.5.7)可知 $\varphi_2-\varphi_1$ 是与时间无关的常数. 此时通过结的电流是直流超导电流，电流的数值在 j_{0S} 和 $-j_{0S}$ 之间. 这表明在流过结的超导电流小于 j_{0S} 时，在绝缘层上无电压降，绝缘层好像也具有超导性，整个结好像一个完整的超导体. 这个现象称为**直流约瑟夫森效应**.

约瑟夫森的这一理论预言很快就由安德森等人通过测量约瑟夫森结的 V-I 特性而得到证实. 如图 9.5.7

所示.假定结是由理想电流源供电,只要电流不超过临界电流 j_{0S},结两端就没有电压降(曲线 a).当电流大于 j_{0S}时,结两端就出现直流电压 $V=2\Delta/e$,此时电子所获得的能量足以拆散库柏对,将形成正常电子隧道电流(曲线 c).此后若降低电压,电流将按正常电子隧道效应的曲线 b 下降.

9.5.3 交流约瑟夫森效应

如果把直流电压 V 加到结上,由式(9.5.7)有

$$\frac{\partial(\varphi_2-\varphi_1)}{\partial t}=\frac{2e}{\hbar}V \tag{9.5.8}$$

其解为

$$\varphi_2-\varphi_1=(\varphi_2-\varphi_1)_0+\frac{2e}{\hbar}Vt \tag{9.5.9}$$

把式(9.5.9)代入式(9.5.6),得到通过结的电流密度

$$j_S=j_{0S}\sin\left[(\varphi_2-\varphi_1)_0+\frac{2eV}{\hbar}t\right] \tag{9.5.10}$$

上式表明,把直流偏压 V 加到结两侧时得到的是频率为 $\omega=2eV/\hbar$ 的交流电,这个现象叫**交流约瑟夫森效应**.当 $V=10^{-6}\text{V}$ 时,$\omega\approx483.6\times10^6\text{Hz}$,是在微波范围内.如此高的交变电流通过结必然产生相同频率的电磁辐射,称为约瑟夫森辐射.其物理机制是库柏对穿过结势垒时以光子 $\hbar\omega$ 发射形式放出 2eV 的能量.

如果在结两端加一直流电压的同时,用频率为 ω_0 的微波辐射照于结上,此时两端的电压为

$$V+V_0\cos\omega_0 t \tag{9.5.11}$$

代入式(9.5.7),其解为

$$\varphi_2-\varphi_1=(\varphi_2-\varphi_1)_0+\frac{2e}{\hbar}Vt+\frac{2eV_0}{\hbar\omega_0}\sin\omega_0 t \tag{9.5.12}$$

约瑟夫森电流为

$$j_S=j_0\sin\left[(\varphi_2-\varphi_1)_0+\frac{2eV}{\hbar}t+\frac{2eV_0}{\hbar\omega_0}\sin\omega_0 t\right] \tag{9.5.13}$$

上式表示交流偏压部分对约瑟夫森电流起频率调制作用.把式(9.5.13)做傅里叶展开,可证明当满足

$$\frac{2eV}{\hbar}=n\omega_0,\qquad n=0,1,2,3,\cdots \tag{9.5.14}$$

时,j_S 存在有直流分量.在关系式(9.5.14)满足时,I-V 特性曲线上会出现电流平台,称为微波感应台阶.利用它可以非常精确地测定基本常数 $\hbar/e$.

9.5.4 超导量子干涉效应

把两个相同的约瑟夫森结 a、b 用超导通路并联起来,形成如图 9.5.8 所示的

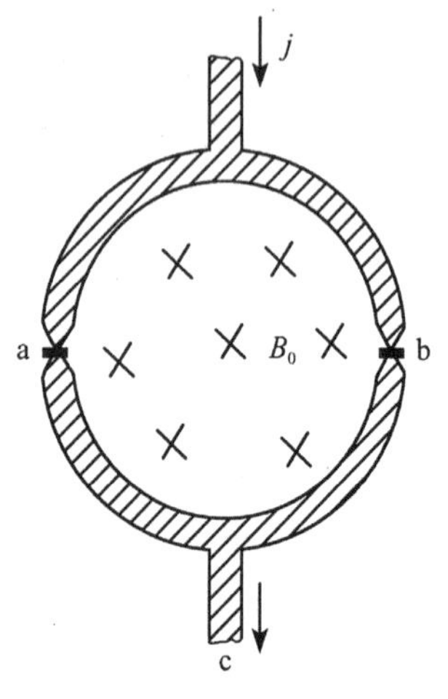

图 9.5.8　实现量子干涉效应的实验装置

环状结构. 现分析磁场垂直于环所在的平面时，磁场对约瑟夫森电流 j_S 的影响.

若用 φ_a、φ_b 分别表示结 a 和结 b 两侧的相位差，则 $\varphi_a=\varphi_{a2}-\varphi_{a1}$；$\varphi_b=\varphi_{b2}-\varphi_{b1}$. 当外磁场为零时，$\varphi_a=\varphi_b=\varphi$，并联通路中的电流为两结电流的并联，

$$j_S = j_{Sa} + j_{Sb} = j_0\sin\varphi_a + j_0\sin\varphi_b = 2j_0\sin\varphi$$

若外磁场不为零时，由于穿过超导环所围面积的磁通量

$$\Phi = \oint \boldsymbol{A}\cdot \mathrm{d}\boldsymbol{l} \neq 0$$

由式(9.3.22)和式(9.3.23)可知，磁场的存在会沿环路方向产生一相位差

$$\varphi_H = \varphi_2 - \varphi_1 = \frac{2e}{\hbar}\oint \boldsymbol{A}\cdot \mathrm{d}\boldsymbol{l} = \frac{2e}{\hbar}\Phi = 2\pi\frac{\Phi}{\Phi_0} \tag{9.5.15}$$

式中，$\Phi_0=h/(2e)$为磁通量子. 此时，φ_a 与 φ_b 将不再相等，它们的差值就是磁场产生的 φ_H. 考虑到相位差可相差 2π 的整数倍，所以有

$$\varphi_b - \varphi_a = \varphi_H + 2\pi n = 2\pi(\Phi/\Phi_0 + n),\qquad n = 0, \pm 1, \pm 2, \cdots \tag{9.5.16}$$

设

$$\begin{aligned}\varphi_b &= \varphi_0 + \pi(\Phi/\Phi_0 + n)\\ \varphi_a &= \varphi_0 - \pi(\Phi/\Phi_0 + n)\end{aligned} \tag{9.5.17}$$

则通过两个结的电流为

$$\left.\begin{aligned}j_{Sa} &= j_0\sin\varphi_a = j_0\sin(\varphi_0 - \pi\Phi/\Phi_0)\\ j_{Sb} &= j_0\sin\varphi_b = j_0\sin(\varphi_0 + \pi\Phi/\Phi_0)\end{aligned}\right\} \tag{9.5.18}$$

总电流

$$j_S = j_{Sa} + j_{Sb} = 2j_0\sin\varphi_0\cos(\pi\Phi/\Phi_0) \tag{9.5.19}$$

可见电流随磁通 Φ 周期性变化，当 Φ 为 Φ_0 的整数倍时，电流出现极大，图 9.5.9 显示一具体实验结果. 式(9.5.19)所表现出的关系与物理光学中双缝干涉的光强分布公式十分一致. 这说明超导电流 j_a 和 j_b 具有相干性，叠加之后可产生干涉，称其为**量子干涉效应**. 利用这个效应可探测磁场的微小变化. 由于超导环内的磁通量只需要改变 $2\Phi_0$，电流就变化一次，而 Φ_0 仅有 20×10^{-15} Wb，因此分辨率可达 $10^{-11}\sim10^{-12}$ T. 图 9.5.8 所示的装置称为超导量子干涉仪，简称 SQUID，是目前灵敏度最高的磁场强度测量仪器.

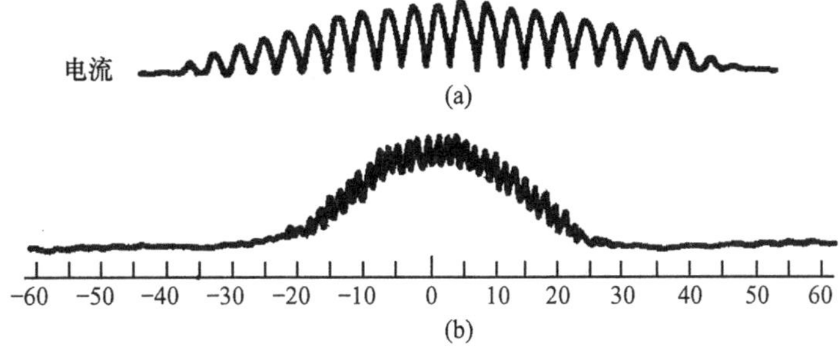

图 9.5.9 约瑟夫森电流与磁场强度关系的实验曲线，表现出图 9.5.8 中两个结的干涉和衍射效应

9.6 高临界温度超导体

制约超导材料实际应用的障碍，一是临界温度太低，二是临界磁场和临界电流太小. 但第二个障碍由于第二类超导体合金的发现，以及朗道-金兹勃格理论的提出得到了克服，如 Nb_3Sn 和 V_3Ca 等的 H_C 已达到 10～25T；高磁场下的临界电流密度已达到 $10^5 A/cm^2$ 以上，完全满足实用要求. 但常规的超导材料，包括上述第二类超导合金，其临界温度依然很低，只能在液氦下工作. 由于自然界氦资源稀少，获得液氦的设备和技术复杂，且制冷效率很低，使获得液氦温度的成本昂贵，严重地限制了超导体的应用. 寻求更高转变温度的超导材料一直是科学家们探索的课题.

9.6.1 氧化物超导体

目前研究最多、转变温度最高的超导体是氧化物超导体. 1986 年缪勒(Müller)和柏诺兹(Bednorz)首先发现了 La-Ba-Cu-O 化合物陶瓷具有 35K 的转变温度. 随后 Ushida 重复观测到 La-Ba-Cu-O 化合物的 $T_C=30K$，并确定了其 T_C 相 $(LaBa)_2CuO_{4-\delta}$ 为 K_2NiF_4 型结构. 1987 年，朱经武和赵忠贤几乎同时在 $(LaBa)_2CuO_{4-\delta}$ 体系基础上，采用元素替代方法分别合成了 $T_C=98K$ 和 $T_C=100K$ 的 Y-Ba-Cu-O 氧化物超导体，转变温度超过了液氮温度. 以后又相继发现了 $T_C=110K$ 的 Bi-Sr-Ca-Cu-O 系统及 $T_C=125K$ 的 Ti-Ba-Ca-Cu-O 系统，显示了诱人的前景. 大量实验表明，高 T_C 氧化物超导体都是通过替代 Y-Ba-Cu-O 中的 Y 元素形式的. 这些替代元素除了 Sc 外都是稀土元素，所以可将这类氧化物超导体统一缩写为 R-Ba-Cu-O，其中 R 代表 Sc、Y 和稀土元素.

在氧化物超导体中研究最多的是 $YBa_2Cu_3O_{7-\delta}$ 化合物，经过对单晶样品的 X 射线分析，其晶体结构似于钙钛矿结构，如图 9.6.1 所示. 铜位于氧八面体中心，并

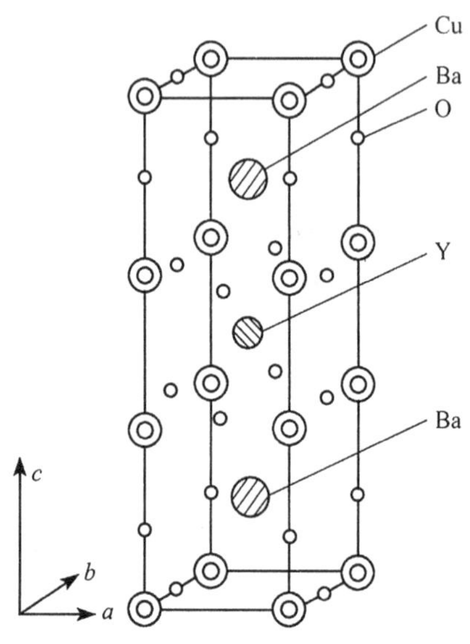

图 9.6.1　$YBa_2Cu_3O_{7-\delta}$的晶体结构

构成简单立方格子；Y 和 Ba 位于立方格子的体心，并沿 c 轴构成 Ba-Y-Ba 有序排列，使 c 轴方向的晶格常数为理想钙钛矿结构的 3 倍. 晶格中存在着大量的氧空位，且氧空位的排列也是有规律的；在通过 Y 垂直于 c 轴的平面上的氧几乎全部失去，在通过 Cu-O 平面上的氧在 a 轴方向上少于 b 轴方向，所以这两个方向的晶格常数略有差异，构成正交晶系. 许多研究研究发现：这种正交晶体结构是真正的高温超导相，由于沿 c 轴不同的 Cu-O 平面间的距离较大，故平面之间的耦合弱. 夹在 Ba 和 Y 层中间的 Cu-O 平面对超导电性起着决定性的作用. 在正常状态下，这种材料的能带结构的初步研究结果为：Cu 的 3d 电子和氧的 2P 电子所构成的反键态恰好落在费米能级附近，因此估计是处在该带上的电子或空穴对超导电性有重要贡献. 但有关机制还无一致公认的理论，尚在进一步研究之中.

9.6.2　非常规超导体及其高 T_C 机制探索

根据原始 BCS 理论，临界温度有一上限 T_C 难以超过 30～40K，即所谓 McMillan 极限. 大量实验事实表明：金属、合金和金属化合物等传统的超导材料的 T_C 都远小于 40K，这些材料通常称为**常规超导体**. 除此而外，还有一些超导体，其超导电难以用 BCS 理论解释，这些超导体称为**非常规超导体**. 除了氧化物超导体外，目前发现的非常规超导体还有：重费米子超导体、低维无机超导体、有机超导体、非晶态超导体和颗粒超导体等. 这些非常规超导体往往呈现出一些未曾预料到的性质和现象. 这些新现象在理论上提出一些列的新问题，如像重费米子、电荷密度波、自旋密度波、超导和磁有序共存、低维特性等凝聚态物理中的前沿课题. 这些问题立即引起物理学家们的特别关注，因为解决这些问题可能会导致创建新的超导机制和理论. 这一令人神往的前景，使不同的超导理论应运而生，正如莫特(Motte)所说，有多少个理论物理学家，就会有多少种高 T_C 超导理论. 这段话既反映了理论物理学家的创新精神，也反映了超导理论莫衷一是、众说纷纭的现状.

影响较大的超导理论观点有以下几种：一种理论方案是在原 BCS 超导机制中寻找突破 McMillan 极限的特殊缘由，诸如高的德拜温度、特别的声子谱耦合情况、特殊的态密度、特殊的软模和低维效应等. 另一种理论方案是保持 BCS 的理论模式,但是放弃电子-声子机制,采用其他的波色子作为耦合的中介,如激子、等离激元及反铁磁性涨落等.还有一种理论,认为应采用实空间的电子局域对来代替BCS理论的库柏对.双极化子理论即为一例,即近局域电子对(自旋相反,两电子间距与两近邻原子间距量级相同)内的两个电子有负的相关能,近局域电子对内的电子间也有类似于库柏对的净吸引作用,形成所谓同座配对;而不同近局域电子对中两个电子有正的相关能时,也可引起净吸引作用,形成所谓坐间配对.按照这种理论,T_C 为双极化子波色凝聚温度.另外还有一种理论,认为纯 La_2CuO_4 的绝缘态是处于共振价状态,或者说是量子自旋液体,即该态中存在有最近邻自旋单态配对,由于"掺杂"了少量的二价离子 Ba^{2+}、Sr^{2+} 使系统金属化了,所以它们就变成了对超导起作用的电子对.

总的来说,高 T_C 超导体的物理现象丰富、多彩而且异常复杂,目前还没有一个理论能够完满地全面地解释这些现象,而且各类化合物超导体的行为也不尽一致,更增加了理论的难度.最终的理论图像是什么,迄今尚无定论.不过,尽管如此,人类对超导体本质的认识已经深化了.现在普遍认为,高温超导体的特殊性质是由于组成材料的微观粒子之间的强关联作用引起的,高温超导体是一个强关联体系,这将在下一章介绍.

9.6.3 高温超导体的应用

新型高温超导材料的出现,开辟了超导电性更多应用的可能途径,主要有以下几种应用的希望.

1. 超导磁体的应用

超导磁体目前是超导的主要应用.超导磁体重量轻、耗电少,具有常规电磁铁不可达到的强磁场等优点,一个5T的中型超导磁体只有几公斤.现有的商业应用有:医用磁共振成像,用于物理、高能物理的大型加速器的强磁体等.另外尚未商业化的应用有:磁约束核聚变、旋转机械(即涡轮或单极发电机)、能量储存、磁悬浮列车、磁屏蔽和磁发射器等.限制这些应用的商业化因素并非超导磁体本身,而是其冷却费用和运行价格.高温超导体的出现,使这些应用更具有商业化的竞争力,如用氧化物高温超导体制成的医用磁共振成像仪,运行时的全部冷却费用可为常规超导体的1/10以下.

2. 超导输电线

另一个可能的大规模应用是电力输送.与超导磁体应用不同的是,超导磁体没有真正的非超导竞争者.而在输电方法只有超导体相对于现有技术有足够的价格优势和充分的稳定性时才有应用价值.

3. 超导隧道效应的应用

除了前述的基于超导隧道效应的超导量子干涉已以商品进入市场外，超导器件在电子学应用的广阔范围内提供了更高速、更高灵敏度和更高精度的可能性，如毫米波探测、高速数字和逻辑电路、极低噪声低频测量装置和支流标准电压装置等.

另外，还有其他一些可能的潜在应用，如计算机的内连接、红外敏感元件等. 由于目前的超导材料，包括高温氧化物超导体性质的限制，大规模的商业应用也许还需要长时间的努力.

习　题

9.1　超导材料锡(Sn)的临界温度 $T_C=3.7$K，在 $T=0$K 时的临界磁场为 $H_C=30.6$mT. 计算直径为 1mm 的锡导线在 $T=2$K 时的临界电流，如果要载流 100A，此导线的直径要是多少?

9.2　按照自由电子模型，Sn 的电子浓度为 $n_{Sn}=14.48\times10^{22}\text{cm}^{-3}$，Al 的 $n_{Al}=18.06\times10^{22}\text{cm}^{-3}$，求这两种材料在超导态时的穿透深度 λ_{Sn} 和 λ_{Al}.

9.3　在 BCS 理论中，超导转变温度和有效吸引势能 V 的关系为 $T_C=1.13\Theta_D\exp\{-1/[g(E_F)V]\}$，已知 Hg 的 $T_C=4.16$K，$\Theta_D=70$K，Pb 的 $T_C=7.22$K，$\Theta_D=96$K. 再由低温电子比热 $\gamma=\frac{1}{3}\pi^2 g(E_F)k_B^2$ 的数据 $\gamma_{Hg}=1.79\text{mJ}\cdot\text{mol}^{-1}\text{K}^{-2}$，$\gamma_{Pb}=2.98\text{mJ}\cdot\text{mol}^{-1}\text{K}^{-2}$，求 $V_{Pb}/V_{Hg}=?$

9.4　金属在正常态的自由能密度 $G_n=G_0-\gamma T^2/2$，在超导态自由能密度 $G_S=G_0-\frac{B_C^2(0)}{2\mu_0}\omega\,\frac{1}{2}\gamma T^2(1-\omega)^{1/2}$，其中 $\omega=n_S/n$ 是序参量. 试由条件 $(\partial G_S/\partial\omega)_T=0$，求在温度 T 时，$\omega(T)=1-\left(\frac{T}{T_C}\right)^4$.

9.5　什么是超导转变材料比热的不连续性. 由热力学理论 $C_S-C_N=\mu_0 T\left[\left(\frac{dH_C}{dT}\right)^2+H_C\frac{d^2H_C}{dT^2}\right]$，设 $H_C(T)=H_0\left(1-\frac{T^2}{T_C^2}\right)$，求：

(1) $C_S-C_N=?$

(2) 对于 Al，$H_0=9.9\times10^{-3}T$，$T_C=1.18$K，$\gamma=1.35\times10^{-3}\text{J}\cdot\text{mol}^{-1}\cdot\text{K}^{-2}$，求其 $\frac{C_S-C_N}{C_N}$.

9.6　利用朗道方程证明穿入超导体内厚度为 d 的薄层中 xy 平面内(平行于磁场)，B 的表示式为

$$B=B_c\cosh(z/\lambda)\cosh[d/(2\lambda)]$$

这里 B_c 是外加磁场，薄膜的中心位置在 $z=0$ 处. 并计算当薄膜的超导态与正常态的基布斯自由能相等时磁场的大小.

9.7 隧穿效应. Pb-I-Al 约瑟夫森结的 $I \sim V$ 特性曲线，在电位 $V_1 = 11.8 \times 10^{-4}$ V 时，电流 I 为极大；在电位 $V_1 = 15.2 \times 10^{-4}$ V 时，电流极小，过 V_2 电流急剧上升，求 Al 和 Pb 的超导能隙.

9.8 超导薄板的磁场穿透. 设均匀磁场 H_0 沿 y 轴、z 轴与薄板垂直，薄板上下两个平面为 $z = \pm d$，求证超导板内磁通密度为 $B(z) = \mu_0 H_0 \dfrac{\cosh(z/\lambda)}{\cosh(d/\lambda)}$.

第 10 章　固体中的电子关联

在第 4 章固体电子论的讨论中，我们面对的是一个由大量的，相互作用着的多粒子体系. 为了求解这个复杂多粒子系统的薛定谔方程，不得不作了绝热近似和平均场近似，得到了以单电子近似为基础的能带理论，并成功地解释了很多固体现象，成为认识固体电子结构和有关电现象的有力武器. 但是随着对固体研究的不断深入，发现能带理论并不能解释所有固体材料的实验现象，如在第 8 章讨论的掺杂锰氧化物的超巨磁电阻效应和第 9 章的掺杂铜氧化物的高温超导现象. 这是因为在平均场近似中，我们假定一个电子处于其他所有电子产生的作用势的平均势场中，该电子的势能只与该电子的位置有关，而与其他电子的位置无关. 而这一假定不总是正确的，通常电子势能与其他电子位置也是有关的，即固体中的电子是相互关联的. 如果关联较弱，能带理论是很好的近似. 如果关联较强，能带理论失效. 本章我们先讨对中等程度关联电子体系的有效的密度泛函理论，然后介绍对强电子关联体系一些描述.

10.1　电子状态的密度泛函理论和局域密度近似

10.1.1　哈特理-福克(Hartree-Fock)近似

1. 哈特理方程

在 4.1 节，我们用绝热近似和平均场近似，得到单电子近似的薛定谔方程，这种建立在平均场近似下的理论，不总是有效的. 一般来说每个电子受到的其他电子的作用不仅与该电子位置有关，而且还与其他电子的位置有关，即电子之间是关联的，这正好与平均场近似的假定相矛盾.

为了解决这一问题，哈特理提出了自恰场的方法：假定电子系统波函数仍有单电子近似下的的形式，即

$$\varphi(r_1, r_2, \cdots r_n) = \prod_i^n \varphi_i(r_i)$$

应用薛定谔方程的变分原理(变分原理有两种描述形式，一种是已知薛定谔方程求本征函数，另一种是已知波函数求本征方程，这是用第二种形式)，对能量平均值

$$E = \langle \varphi(r_1, \cdots r_i, \cdots) \mid \hat{H} \mid \varphi(r_1, \cdots r_i, \cdots) \rangle \qquad (10.1.1)$$

式中，H 为方程(4.1.2)中的哈密顿算符，作变分

$$\delta\left[\bar{E}-\sum_{i}\varepsilon_{i}(\langle\mid\varphi_{i}\mid\varphi_{i}\rangle-1)\right]=0 \tag{10.1.2}$$

式中，ε_i 为拉格朗日乘子，可得到一组方程

$$\left[-\frac{\hbar^{2}}{2m}\nabla_{i}^{2}+u_{i}(r)+\frac{e^{2}}{4\pi\varepsilon_{0}}\sum_{j}{}'\int\frac{\varphi_{j}^{*}(r')\varphi_{j}(r')}{\mid r_{j}'-r_{i}\mid}\mathrm{d}r'\right]\varphi_{i}(r_{i})=\varepsilon_{i}\varphi_{i}(r_{i}) \tag{10.1.3}$$

式中，求和符号在上面的撇号表示不包括 $i=j$ 的项，如果定义有效势场

$$V_{\mathrm{eff}}(r)=u(r)+\frac{e^{2}}{4\pi\varepsilon_{0}}\sum_{j}\int\frac{\varphi_{i}^{*}(r_{i}')\varphi_{i}(r_{j}')}{\mid r_{i}-r_{j}'\mid}\mathrm{d}r_{j}'$$

则式(10.1.3)等价于式(4.1.11). 但是这里必须注意，式(10.1.3)中的 ε_i 并非真正的单电子能量，这一点可从

$$\begin{aligned}\bar{E}&=\langle\varphi(r_{1},\cdots r_{i},\cdots)\mid\hat{H}\mid\varphi(r_{1},\cdots r_{i},\cdots)\rangle\\&=\sum_{i}\varepsilon_{i}-\frac{e^{2}}{8\pi\varepsilon_{0}}\sum_{i\neq j}e^{2}\int\frac{\varphi_{j}^{*}(r')\varphi_{i}^{*}(r)\varphi_{i}(r)\varphi_{j}(r')}{\mid r-r'\mid}\mathrm{d}r\mathrm{d}r'\end{aligned} \tag{10.1.4}$$

清楚看出. 系统总的能量并不等于各个单电子能量 ε_i 之和，必须减去一项. 实际上可以证明，ε_i 的物理意义是：在 N 个电子体系中，取走一个状态为 φ_i 的电子而同时保持其他 $N-1$ 个电子的状态不变时，系统能量的改变.

由于哈特理方程(10.1.3)中包含有其他电子波函数 $\varphi_j(r')$ 项，只能通过迭代自洽求解. 首先，我们假设电子处于一组特殊的本征态，用此假设态计算有效势场 V_{eff}，再把有效势 V_{eff} 代入哈特理方程计算本征函数，反复进行这个过程，直到状态和有效势场自恰，如图 10.1.1 所示.

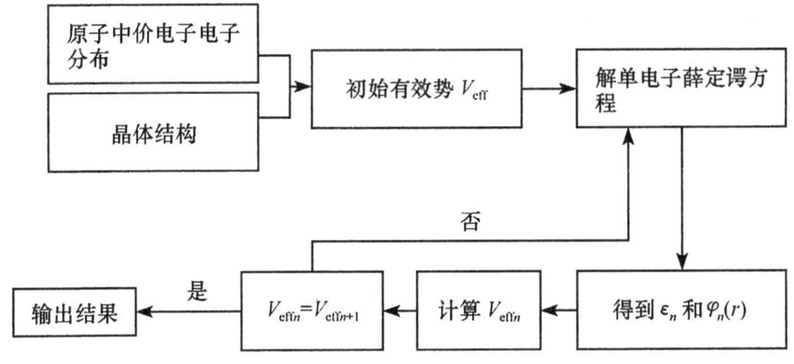

图 10.1.1 自洽迭代计算能带过程示意图

2. 哈特理-福克(Hartree-Fock)方程

哈特理虽然考虑到了泡利不相容原理，但忽略了多电子体系波函数的交换反对称性，基于这一点，福克假定晶体电子体系的波函数为

$$\Psi(r_1\cdots r_i\cdots r_N) = \frac{1}{\sqrt{N_1'}}\begin{vmatrix} \phi_1(q_1)\varphi_1(q_2) & \cdots & \phi_1(q_N) \\ & \vdots & \\ \phi_N(q_1) & \cdots & \phi_N(q_N) \end{vmatrix} \tag{10.1.5}$$

式中，q_i 包括空间坐标和自旋坐标. 把式(10.1.5)代入(10.1.1)，得系统的总能

$$\begin{aligned} E = & \sum_i \phi_i^*(q_i)\left[-\frac{\hbar^2}{2m}\nabla_i^2 + u_i(r_i)\right]\phi_i(q_i) \\ & + \frac{1}{2}\sum_{i,j}\frac{e^2}{4\pi\varepsilon_0}\int |\phi_i(r)|^2 \frac{1}{|r_i - r_j'|} |\phi_j(r')|^2 \mathrm{d}r\mathrm{d}r' \\ & - \frac{1}{2}\sum_{i,j}\frac{e^2}{4\pi\varepsilon_0}\int |\phi_i^*(r)\phi_j(r')| \frac{1}{|r_i - r_j'|}\phi_j^*(r')\phi_i(r')\mathrm{d}r\mathrm{d}r' \end{aligned} \tag{10.1.6}$$

上式中积分包括对自旋变量的求和. 求和中取消了对 $i\neq j$ 的限制，因为 $i=j$ 时，右边后两项相互抵消. 与式(10.1.2)类似的变分运算，可得到哈特理-福克方程组

$$\begin{aligned} & \left[-\frac{\hbar^2}{2m}\nabla_i^2 + u_i(r) + \frac{e^2}{4\pi\varepsilon_0}\sum_j\int \frac{\varphi_j^*(r')\varphi_j(r')}{|r - r'|}\mathrm{d}r'\right]\varphi_i(r) \\ & - \left[\frac{e^2}{4\pi\varepsilon_0}\sum_{j,/\!/}\int \frac{\varphi_j^*(r')\varphi_i(r')\mathrm{d}r'}{|r - r'|}\right]\varphi_j(r) = \varepsilon_i\varphi_i(r) \end{aligned} \tag{10.1.7}$$

与方程(10.1.3)相比，首先多了第四项，称为交换势能 $V_{ex}(r)$ 项，$V_{ex}(r)$ 是电子波函数具有反对称性必然结果，来源于泡利全同原理. “//”表示求和只对自旋平行情况进行. 这是由于自旋波函数的正交性，如果 $\varphi_i^*(q)$ 和 $\varphi_j(q)$ 的自旋相反，对自旋的求和为零. 其次在第三项(库仑项)中，单电子感受到的是“所有”电子产生的平均库仑场，而不是哈特理近似中“其他”电子所产生的，因而此时的库仑场与所讨论的电子的状态有关.

与哈特理方程类似，方程(10.1.7)中 ε_i 表示取走一个状态为 φ_i 的电子，并保持剩下 $N-1$ 个电子的状态不发生变化时体系能量的变化. 证明如下：

设 $\varphi(N-1)$ 为取走一个 φ_i 态电子后系统的波函数，$j\neq i$ 的电子状态不变. 则 $\varphi(N-1)$ 可由式(10.1.5)中去掉第 i 行、第 i 列得到. 系统能量的改变

$$\Delta E = \langle\varphi(N-1)\mid \hat{H}\mid \varphi(N-1)\rangle - \langle\varphi(N)\mid \hat{H}\mid \varphi(N)\rangle$$

由式(10.1.6)可知，只有 $j=i$ 的第一项和 j 不等于 i 的第二、三项仍保留，于是系统能量的改变

$$\begin{aligned} \Delta E = & \int \varphi_i^*(r)\left(-\frac{\hbar^2}{2m}\nabla_i^2 + u_i(r)\right)\varphi_i(r)\mathrm{d}r \\ & + \frac{1}{4\pi\varepsilon_0}\sum_{j(\neq i)}\int |\varphi_i(r)|^2 \frac{e^2}{|r - r'|} |\varphi_j(r')|^2 \mathrm{d}r\mathrm{d}r' \\ & - \frac{1}{4\pi\varepsilon_0}\sum_{j(\neq i)}\int \varphi_i^*(r)\varphi_j^*(r') \frac{e^2}{|r - r'|}\varphi_j(r)\varphi_i(r')\mathrm{d}r\mathrm{d}r' = \varepsilon_i \end{aligned}$$

在上式求和中(一重求和)两电子之间的相互用并未重复计算,所以求和前不存在$\frac{1}{2}$因子.

为了形式上把 H-F 方程式(10.1.7)写成单电子方程的形式,把式(10.1.7)中的交换项写成

$$V_{ex}(r)\varphi_i(r)=-\left[\frac{1}{4\pi\varepsilon_0}\sum_{j,/\!/}\int dr'\frac{\varphi_j^*(r')\varphi_i(r')\varphi_i^*(r)\varphi_j(r)}{|r'-r||\varphi_i(r)|^2}\right]\varphi_i(r) \tag{10.1.8}$$

这样使式(10.1.7)成为

$$\left[-\frac{\hbar^2}{2m}\nabla_i^2+V(r)+V_c-V_{ex}\right]\varphi_i(r)=\varepsilon_i\varphi_i(r) \tag{10.1.9}$$

式中,$V(r)$是晶格周期势. V_c 是电子之间的库仑势,V_{ex}是交换势. 哈特理-福克方程(10.1.9)由于交换项的存在,比哈特理方程更为难解,这是因为交换项与所考虑的电子状态 $\varphi_i(r')$有关,是一个以赖于两个变量的非定域的积分算符,一般也要用前面所述的自恰方法求解. 而且在交换项中还涉及其他的电子态 $\varphi_j(r)$,使得求解 $\varphi_i(r)$时必须处理 N 个电子的联立方程组. 只有知道正确的交换势 V_{ex},才能得到正确的单电子方程,因此确定体系的交换势是问题的关键.

3. 自由电子体系的交换势能

现在讨论自由电子气体(固体凝胶模型)的交换势能. 用 HF 近似处理自由电子体系,可选择 φ_i 为一组正交平面波,其空间部分为

$$\varphi_i(r)=\frac{1}{\sqrt{V}}e^{ik_i\cdot r} \tag{10.1.10}$$

由于电子气在均匀分布的正电荷背景中运动,电荷密度相同的正负电荷与电子的相互作用($V(r)$与 V_c 项)相互抵消. 需要计算的仅为交换项.

将式(10.1.7)中的交换项写成

$$V_{ex}(r)\varphi_i(r)=\left[-\frac{1}{4\pi\varepsilon_0}\sum_{j,/\!/}\int dr'\frac{\varphi_j^*(r')\varphi_i(r')\varphi_i^*(r)}{|r'-r||\varphi_i(r)|^2}\varphi_j(r)\right]\varphi_i(r) \tag{10.1.11}$$

把平面波 φ_i 的表达式(10.1.10)代入式(10.1.11),得

$$V_{ex}(r)=-\frac{1}{4\pi\varepsilon_0 V}\sum_{j,/\!/}\int dr'\frac{-e^2}{|r'-r|}e^{i(k_i-k_j)\cdot(r-r')} \tag{10.1.12}$$

式中，积分部分正好是$\frac{1}{r-r'}$的傅里叶变换，令 $r_{12}=r-r'$，其值等于

$$\int \mathrm{d}r_{12}\,\frac{\mathrm{e}^{\mathrm{i}(k_i-k_j)\cdot(r-r')}}{|r-r'|}=\frac{4\pi}{|k_i-k_j|^2} \tag{10.1.13}$$

于是 H-F 方程变成

$$\left[-\frac{\hbar^2}{2m}\nabla^2-\frac{1}{4\pi\varepsilon_0 V}\sum_{j,/\!/}\frac{4\pi}{|k_i-k_j|^2}\right]\varphi_i(r)=\varepsilon_i\varphi_i(r) \tag{10.1.14}$$

成为单电子方程，其能量本征值

$$\varepsilon_i=\frac{\hbar^2k_i^2}{2m}-\sum_{j,/\!/}\frac{1}{\varepsilon_0 V}\frac{1}{|k_i-k_j|^2} \tag{10.1.15}$$

上式第二项为交换势能 V_{ex}.

因为 k_j 的数目很多，可用积分求出：

$$\begin{aligned}V_{\mathrm{ex}}^i&=-\frac{V}{(2\pi)^3}\int \mathrm{d}k_j\,\frac{1}{\varepsilon_0 V}\frac{1}{|k_i-k_j|^2}\\&=-\frac{1}{8\pi^3\varepsilon_0}\int_0^{k_{\mathrm{F}}}k_j\,\mathrm{d}k_j\int_0^{2\pi}\mathrm{d}\varphi\int_0^{\pi}\sin\theta\mathrm{d}\theta\,\frac{1}{|k_i-k_j|^2}\\&=-\frac{e^2k_{\mathrm{f}}}{4\pi^2\varepsilon_0}\left(1+\frac{k_{\mathrm{F}}^2-k_i^2}{2k_ik_{\mathrm{F}}}\ln\left|\frac{k_i+k_{\mathrm{F}}}{k_i-k_{\mathrm{F}}}\right|\right)\end{aligned} \tag{10.1.16}$$

式中，$k_{\mathrm{F}}=(3\pi^2n)^{1/3}$为费米波矢，$n(r)$为电子数局域密度. 把式(10.1.16)代入式(10.1.15)，即可得到单电子能谱

$$\varepsilon(k)=\frac{\hbar^2k^2}{2m}-\frac{e^2k_{\mathrm{F}}}{4\pi^2\varepsilon_0}\left(1+\frac{k_{\mathrm{F}}^2-K^2}{2kk_{\mathrm{F}}}\ln\left|\frac{k+k_{\mathrm{F}}}{k-k_{\mathrm{F}}}\right|\right) \tag{10.1.17}$$

式(10.1.17)的 V_{ex}对 k 在费米球内求平均即可得电子的平均交换能量

$$\bar{\varepsilon}_{\mathrm{ex}}=\int_0^{E_{\mathrm{F}}}V_{\mathrm{ex}}(k)\,\frac{4\pi K^2\mathrm{d}k}{\frac{4}{3}\pi k_{\mathrm{F}}^3}\mathrm{d}k=-\frac{3e^2}{8\pi^2\varepsilon_0}k_{\mathrm{F}}=-\frac{3e^2}{4\pi\varepsilon_0}(3\pi^2n(r))^{\frac{1}{3}} \tag{10.1.18}$$

这样 H-F 方程中的交换项可以被一个正比于$[n(r)]^{\frac{1}{3}}$的势场代替.

但是，把上述结果应用于金属自由电子气体性质的描述却是不成功的. 这可从式(10.1.17)看出. 如果把式(10.1.17)的第二项写成$-\frac{e^2k_{\mathrm{F}}}{4\pi^2\varepsilon_0}F\left(\frac{k}{k_{\mathrm{F}}}\right)$的形式，则

$$F\left(\frac{k}{k_{\mathrm{F}}}\right)=F(x)=\frac{1}{2}+\frac{1-x^2}{4x}\ln\left|\frac{1+x}{1-x}\right| \tag{10.1.19}$$

$F(x)$随 x 的变化如图 10.1.2 所示.

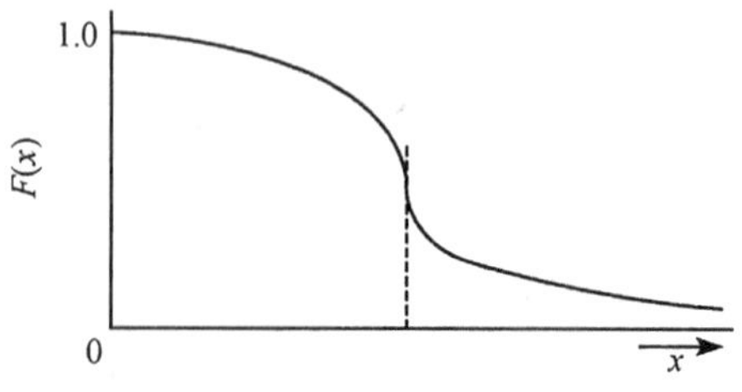

图 10.1.2　$F(x)$随 x 的变化

从图 10.1.2 可知 $F(1)=\frac{1}{2}$，且在 $x=1$ 处斜率为无穷. 这样 k_F 处的费米速度 $\left(\frac{1}{\hbar}\frac{\partial\varepsilon}{\partial k}\right)_{k=k_F}=\infty$. 能态密度比例于 $\left(\frac{\partial\varepsilon}{\partial k}\right)^{-1}$，趋于零，从而使对费米面态密度非常敏感的金属的物理性质发生巨大变化，这是不符合实际情况的. 产生这些非物理结果的根源在于长程的库仑相互作用（$\sim 1/r$），其傅里叶变换 $\frac{4\pi e^2}{k^2}$ 在 $k=0$ 时发散. 实际上，如 5.6 节所述，金属中电子由于屏蔽作用，其库仑势变成短程形式

$$\Phi(r)=\frac{Q}{4\pi\varepsilon r}e^{-k_s r}$$

相应两电子之间的库仑相互作用为 $\frac{e^2}{4\pi\varepsilon_0 r}e^{-k_s\cdot r}$，其傅里叶变换为 $\frac{4\pi e^2}{\varepsilon_0(k^2+k_s^2)}$，就可以排除 $k=0$ 时发散.

产生以上问题原因是，HF 近似虽然包含了电子与电子的交换相互作用（自旋平行），但自旋反平行电子之间的排斥相互作用被忽略. 如果在 r 处占据了一个电子，那么在 r 周围的电子的密度 $\rho(r')$ 将不再保持，由于电子之间的排斥作用，$\rho(r')$ 应该减少，暴露出正电背景，或者说出现相等相反电荷的空穴，称为关联空穴（corralation bole）. 必须考虑电子相互排斥引起的关联相互作用. 实际上，由于屏蔽作用，大大降低了电子之间相互吸引作用的重要性. 对非自由电子体系，交换作用将更加复杂，因此 HF 存在着本质性的欠缺.

10.1.2 密度泛函及其局域密度近似

1. Kohn-Sham(KS) 方程

严格的单电子近似的近代理论是密度泛函理论. 到目前为止，波函数一直是薛定谔方程所求解的基本变量. 对固体电子态问题，从波函数 $\varphi(r)$ 我们可得到固体中电子密度分布 $n(r)$. 那么反过来，在计算固体的电子态时，是否可以把 $n(r)$ 看作基本变量呢？答案是肯定的，对自由电子气体，可以从 HF 近似处理结果式 (10.1.18) 得到验证. HF 方程中的交换项被一与电子局域密度 $n^{1/3}(r)$ 相关的势能代替. 对固体的非均匀电子系统，Hobenberg 和 Kohn 在 1964 年证明了如下规律：原子、分子和固体的基态物理性质可用粒子数密度的函数来描述，可归结为两个定理：

(1) 不计自旋的全同费米子系统的基态能量是由电子数密度 $n(r)$ 唯一确定.

(2) 基态能量可以通过对能量泛函 $E[n(r)]$ 在粒子数不变的条件下，对电子数密度 $n(r)$ 求极小值而得到，定律的证明可查阅本章末参考文献[10.1].

根据上述的**密度泛函理论**（density functional theory，DFT）可建立固体电子

系统一组有效的单电子薛定谔方程.

为简单计,假定基态能量是非简并的,并不计自旋相互作用,电子系统的哈密顿量可写成 $n(r)$的泛函数

$$H[n(r)] = T[n] + \frac{e^2}{8\pi\varepsilon_r}\int \frac{n(r)n(r')}{|r-r'|}\mathrm{d}r\mathrm{d}r' - \int V(r)n(r)\mathrm{d}r + E_{\mathrm{xc}}[n] \tag{10.1.20}$$

式中

$$n(r) = \sum_i \varphi_i^*(r)\varphi_i(r) \tag{10.1.21}$$

为电子数密度,$T[n]$为动能项,第二项为库仑相互作用项,第三项为外场项,$V(r)$表示外场局域势,$E_{\mathrm{xc}}[n]$为交换与关联能. 虽然我们并不能精确的知道 $T[n]$和 $E_{\mathrm{xc}}[n]$,但这不影响对 $H[n(r)]$变分运算.

在 $\int n(r)\mathrm{d}r = N$ 条件下,引进拉格朗日乘子 ε,对 $n(r)$ 求泛函 $H[n(r)]$的条件极值,即

$$\int \delta n(r)\left[\frac{\delta T[n(r)]}{\delta n(r)} + V(r) + \frac{e^2}{4\pi\varepsilon}\int \frac{n(r')}{|r-r'|}\mathrm{d}r' + \frac{\delta E_{\mathrm{xc}}[n(r)]}{\delta n(r)} - \varepsilon\right]\mathrm{d}r = 0$$

得

$$\frac{\delta T[n(r)]}{\delta n(r)} + V(r) + \frac{1}{4\pi\varepsilon_0}\int \frac{e^2}{|r-r'|}n(r')\mathrm{d}r' + \frac{\delta E_{\mathrm{xc}}[n(r)]}{\delta n(r)} = \varepsilon \tag{10.1.22}$$

可定义一个有效势

$$V_{\mathrm{eff}}(r) = V(r) + \frac{e^2}{4\pi\varepsilon_0}\int \frac{n(r')}{|r-r'|}\mathrm{d}r' + V_{\mathrm{xc}}(r) \tag{10.1.23}$$

式中

$$V_{\mathrm{xc}}(r) = \frac{\delta E_{\mathrm{xc}}[n(r)]}{\delta n(r)} \tag{10.1.24}$$

为关联-交换势

现在关键的问题给出动能项 $T[n(r)]$的具体形式,虽然对相互作用粒子的动能项一无所知,但我们总可以用一个无相互作用粒子体系的动能泛函数

$$\begin{aligned} T_{\mathrm{s}}[n(r)] &= \frac{\hbar^2}{2m}\sum_i \int \nabla\varphi_i^* \cdot \nabla\varphi_i(r)\mathrm{d}r \\ &= \frac{\hbar^2}{2m}\sum_i \int \varphi_i^*(r)\cdot(-\nabla^2)\varphi_i(r)\mathrm{d}r \end{aligned} \tag{10.1.25}$$

来替代,而把 $T[n]$与 $T_{\mathrm{s}}[n]$的差别中无法转换的复杂成分归到 $E_{\mathrm{xc}}[n(r)]$中去,因为 $E_{\mathrm{xc}}[n(r)]$仍是未知的,这样就可得到单电子的薛定谔方程,称为 Kohn-Sham

(KS)方程.

$$\left[-\frac{\hbar^2}{2m}\nabla^2+V_{\text{eff}}(r)\right]\varphi_i(r)=\varepsilon_i\varphi_i(r) \tag{10.1.26}$$

原则上 KS 方程(10.1.26)只是一种形式上的确切化,所有的未知的多体效应都被包含进了 V_{xc} 中,DFT 理论的有效性完全依赖于 $E_{xc}[n(r)]$是否能够准确的、并且足够简单的给出.

2. 局域密度近似(local density approximation)

在解决实际问题时,对 $E_{xc}[n(r)]$必须采用一些近似,最成功的近似就是局域密度近似.对自由电子系统,由于屏蔽效应,在半径为 $\lambda_F(r)$的球形区域($\lambda_F(r)=[3\pi^2n(r)]^{-\frac{1}{3}}$)内的电子对这个区域以外势场的变化并不敏感,因此电子感受到的是局域场,即 $E_{xc}[n(r)]$对 $n(r)$的依赖是局域的.而一般的非均匀系统,$E_{xc}[n(r)]$对 $n(r)$的依赖是非局域的,即对于空间 r'处电子密度 $n(r')$的任意微小改变,它不仅引起 r'处能量密度的改变,同时也改变整个相互作用体系中各处能量密度的改变,就是说 $E_{xc}[n(r)]$依赖于整个的密度分布.只有当电子密度在空间改变足够缓慢时(如自由电子气体),$E_{xc}[n(r)]$对 $n(r)$的依赖才是局域的或准局域的.

把 $E_{xc}[n(r)]$写成单个电子交换关联能量密度 $\varepsilon_{xc}[n(r)]$的积分形式

$$E_{xc}[n(r)]=\int\varepsilon_{xc}[n(r)]n(r)\mathrm{d}r \tag{10.1.27}$$

对一个电子密度缓变的系统,可对 $\varepsilon_{xc}[n(r)]$展成级数

$$\varepsilon_{xc}[n(r)]=\varepsilon_{xc0}[n(r)]+\varepsilon_{ex1}[n(r)]\nabla n(r)+\cdots \tag{10.1.28}$$

这里 $\varepsilon_{xc0}[n(r)]$,ε_{xc1},…是电子数密度 $n(r)$的局域函数,不再是泛函数.

当仅取首项时,就是局域密度近似,这样,交换-关联能式(10.1.27)为

$$E_{xc}=\int\varepsilon_{xc0}[n(r)]n(r)\mathrm{d}r \tag{10.1.29}$$

相应的有效势式(10.1.23)改写为

$$\begin{aligned}V_{\text{eff}}(r)&=V(r)+\frac{e^2}{4\pi\varepsilon_0}\int\frac{n(r')}{|r-r'|}\mathrm{d}r'+\frac{\mathrm{d}\int\varepsilon_{xc0}[n(r)]n(r)\mathrm{d}r}{\mathrm{d}n(r)}\\&=V(r)+\frac{e^2}{4\pi\varepsilon_0}\int\frac{n(r')}{|r-r'|}\mathrm{d}r'+\int\varepsilon_{xc0}[n(r)]\mathrm{d}r+\int n(r)\frac{\mathrm{d}\varepsilon_{xc0}[n(r)]}{\mathrm{d}n(r)}\mathrm{d}r\end{aligned}$$

引入单电子有效交换势 $V_{ex}[n(r)]$

$$V_{ex}[n(r)]=\int\varepsilon_{xco}[n(r)]\mathrm{d}r$$

和关联势

$$V_{cdrr}[n(r)]=\int n(r)\frac{\mathrm{d}\varepsilon_{xc0}[n(r)]}{\mathrm{d}n(r)}\mathrm{d}r$$

并令

$$V(r)=-\frac{1}{4\pi\varepsilon_0}\sum_{R_n}\frac{e^2}{|r-R_n|}$$

则晶体中相互作用电子系统的等价单电子薛定谔方程为

$$\left[-\frac{\hbar^2}{2m}\nabla^2-\frac{1}{4\pi\varepsilon_0}\sum_{R_n}\frac{e^2}{|r-R_n|}+\frac{1}{4\pi\varepsilon}\int\frac{e^2}{|r-r'|}n(r')\mathrm{d}r'\right.$$
$$\left.+V_{\mathrm{ex}}(r)+V_{\mathrm{corr}}(r)\right]\varphi_i(r)=\varepsilon_i\varphi(r)$$

密度泛函理论替代电子体系波函数把电子密度作为求解多电子系统的出发点，简化了处理难度，特别是局域密度近似下的密度泛函理论对电子密度较缓慢的复杂结构固体极为有用，已经成为广泛应用于磁有序固体，超导体等的电子结构研究的有力工具. 理论本身和近似方法在应用中也得到很多新的发展，可参阅文献[10.1].

对强关联体系，DFT 理论只是对关联势 $V_{\mathrm{corr}}[n(r)]$作了合理假设的结果，从而回避了从第一性原理对它进行计算. 而实际上 DFT 只是在电子是均匀关联或中等程度关联系统中才是适用的.

10.2 强关联体系

10.2.1 Mott 转变与电子强关联

在能带理论和密度泛函理论中，单电子或准单电子近似是最主要的理论基础. 对弱和中等相作用体系是有效的，但对强关联体系，能带理论和密度泛函理论是失败的，如对金属单氧化物 CoO、MnO 等. 以 CoO 为例说明这一点，该物质基元包含一个 Co 原子和一个 O 原子，其在空间形成轻微畸变的 NaCl 结构，Co、O 原子的外壳层电子组态分别是 $3d^74s^2$ 及 $2s^22p^4$. 每个基元的最外层电子数为 $9+6=15$，为奇数，根据能带理论，CoO 包含奇数个电子，应该是金属，但实验上发现这个判断是错误的，实际上 CoO 是有很大能隙的绝缘体. 这个失败的原因在于忽略了电子之间的关联.

如前 4.4 节所述，Mott 考虑了单价金属，如 Na，在改变原子间距时发生的理想化的金属-绝缘体转变.

由于 Na 晶体具有体心立方结构，每个原胞中有一个 Na 原子，每个 Na 原子提供一个 s 态价电子，因此，相应的 s 带是半满的，价电子是非定域化的，Na 晶体为金属.

如果保持原有的晶体结构，但增大晶格常数，s 带的带宽将减小. 当晶格常数增加到相邻 s 态电子波函数已无交叠时，s 能带过渡到孤立原子的分立的 s 能级，每个原子拥有一个定域在它周围的价电子.此时,尽管按照能带理论,体系仍有平移对称性,单电子的波函数仍为布洛赫波函数,能带仍为半满,但是实际上材料已成为绝缘体.能带理论失效的原因可以从图 10.2.1 中得到理解.按照单电子近似,图 10.2.1(a)、(b)两种价电子的位形能量相同.这是由于按照能带理论单电子势 $V(r)$ 具有的平移对称性,价电子移到另一原胞中等价的位置上不会改变体系的能量.但实际上由于电子之间有强的库仑排斥作用,位形(b)的能量要比位形(a)的能量高得多.当晶格常数增大,能带变窄,电子的可动性变差时,电子之间的屏蔽作用减弱,从而使得它们之间的相互作用变得重要,结果使每个原子只有一个 s 态价电子体系能量最低.一个原子的 s 轨道被两个电子同时占据时,体系的能量要增加

$$U=-\frac{1}{4\pi\varepsilon}\left\langle\frac{e^2}{r_{12}}\right\rangle$$

式中,r_{12} 是同一原子上两个价电子之间的距离,⟨ ⟩表示库仑能的平均值.

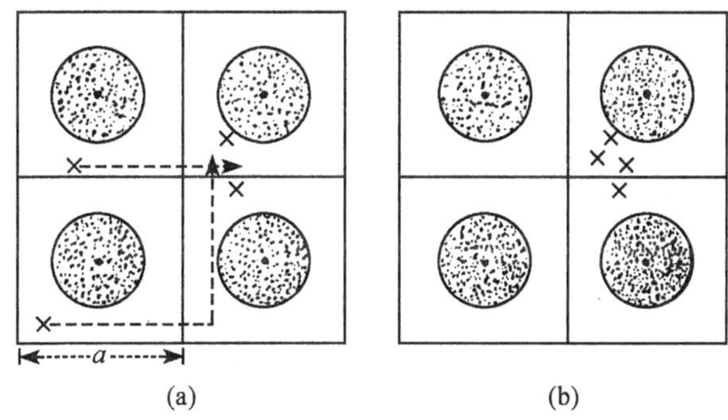

图 10.2.1　晶体中 4 个原胞内电子的两种位形

阴影圆表示离子实,×表示价电子的位置

在孤立原子极限下,这相当于两原子间的电子转移,即

$$\mathrm{Na}+\mathrm{Na}——\mathrm{Na}^{+}+\mathrm{Na}^{-}$$

这时在 Na^- 格座产生了同一格座轨道双占据,因为在该格座上已经有了一个电子,第二个电子若占据同一格座,必须克服巨大的库仑排斥力,而一个电子脱离原来格座,也需要克服电子与离子实的库仑吸引力.因而,完成这样的转变所需要的能量是

$$U=I-A \tag{10.2.1}$$

这里 I 为 $\mathrm{Na}——\mathrm{Na}^{+}+\mathrm{e}^{-}$ 电离能,A 为 $\mathrm{Na}+\mathrm{e}^{-}=\mathrm{Na}^{-}$ 亲和能,分别为 5.14eV 和 0.55eV,A 远小于 I.原子极限下体系的基态和第一激发态如图 10.2.2 所示.

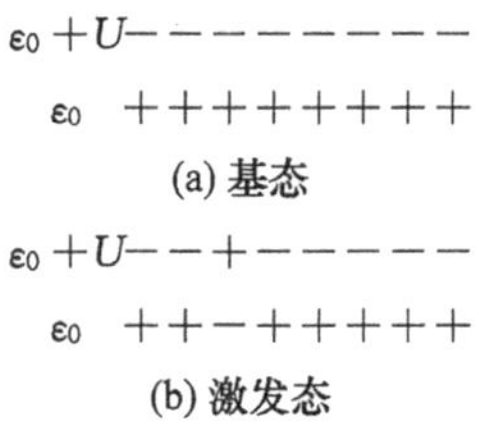

ε_0+U − − − − − − − −

ε_0 + + + + + + + +

(a) 基态

ε_0+U − − + − − − − −

ε_0 + + − + + + + +

(b) 激发态

图 10.2.2　原子极限下体系的基态和第一激发态

10.2.2 窄能带的 Hubbard 模型

Hubbard 首先研究了过渡金属窄 d 能带中电子关联问题. 从紧束缚近似出发提出一个模型哈密顿量(Hubbard Hamilton),其中包含相互竞争的两项,其一是由于形成能带引起的电子动能的降低,另一项是局域化引起的库仑(Coulomb)关联能的降低. Hubbard 认为,对于窄带紧束缚系统在最低阶近似下,短程库仑相互作用能可用格座能 U 代替. 对 S 带,可得到如下用二次量子化形式写出的哈密顿量

$$\hat{H} = -\sum_{i,j\sigma} t_{ij} C_{i\sigma}^{+} C_{j\sigma} + U \sum_{i} \hat{n}_{i\sigma} n_{i-\sigma} \tag{10.2.2}$$

式中,$n_{i\sigma}=C_{i\sigma}^{+}C_{i\sigma}$ 为粒子数算符,$C_{i\sigma}^{+}$ 及 $C_{i\sigma}$ 分别是原子 i 中电子产生算符和消灭算符,σ 为自旋标记. t_{ij} 表示最近邻格座之间的电子跃迁能量. U 表示由于两个电子在同一格座上,由于库仑排斥导致的能量增加. 如果只考虑最近邻近似,该哈密顿量包括三个参数 $t_0=t_{ii}$,$t=t_{ij}$ 及 U. 下面将看到 t_0 为能带的平均能量,t 对应的是紧束缚近似中交叠积分,U 表示由于两个电子在同一格座上,由于库仑排斥导致的能量增加. 如果在格点 i 上只有一个自旋为的电子,即 $n_{i\sigma}=1$,$n_{i-\sigma}=0$,则第二项为零. 如果有两个电子占据格点 i,则 $n_{i\sigma}=1$,$n_{i-\sigma}=1$,对于第二项就为 U.

在式(10.2.2)中,如果取 $U=0$,则回到了周期场中单电子情形. 在窄能带中,用瓦尼尔表示较为方便,瓦尼尔函数如式(4.4.27),定义为

$$\alpha_m(r-R_m) = \frac{1}{\sqrt{N}} \sum_{k} \mathrm{e}^{-\mathrm{i}k\cdot R_m} \psi_k(r) \tag{10.2.3}$$

这里省去了能量指标 n,t_{ij} 按定义为

$$\begin{aligned} t_{ij} &= \int a^*(r-R_i)\left[-\frac{\hbar}{2m}\nabla^2 + V(r)\right]\alpha(r-R_i)\mathrm{d}r \\ &= \frac{1}{N}\sum_{k} \mathrm{e}^{\mathrm{i}k\cdot(R_i-R_j)} \varepsilon(k) \end{aligned} \tag{10.2.4}$$

$\varepsilon(k)$为波矢 k 的单电子态能量,即紧束缚能谱式(4.4.16),有

$$\varepsilon(k) = \varepsilon^{at} - \beta - \sum_{nn} \gamma(R_n) \mathrm{e}^{\mathrm{i}k\cdot R_n}$$

这样

$$t_{ij} = \frac{1}{N}\left\{ \sum_{k} \left[\varepsilon^{at} - \beta - \sum_{nn}\gamma(R_n)\mathrm{e}^{\mathrm{i}k\cdot R_n}\right] \mathrm{e}^{\mathrm{i}k(R_i-R_j)} \right\} \tag{10.2.5}$$

由于$\frac{1}{N}\sum_{k} \mathrm{e}^{\mathrm{i}k\cdot R_n} = \delta_{R_n,0}$所以式(10.2.5) 为

$$t_{ij} = (\varepsilon^{at} - \beta)\delta_{ij} - \sum_{nn}\gamma(R_n)\delta_{i+n,j} \tag{10.2.6}$$

由式(10.2.6)可知

$$t_0 \equiv t_{ii} = \varepsilon^{at} - \beta \tag{10.2.7}$$

是能带平均能量值. 而

$$t = t_{ij} = -\sum_{nn} r'(R_n)\delta_{i+n,j} \tag{10.2.8}$$

在最近邻近似下,对于晶格常数为 a 的立方格子,$t=-r(a)z$,z 为最近格点数,即 t 与交叠积分 $\gamma(a)$ 的比例,等于能带半宽度. 如式(4.4.21)所示.

如果 $t=0$,即原子之间无交叠,参量 U 的含义为晶格常数无穷大时原子能级双占据能. 此时,式(10.2.2)所示的哈密顿量对角化,体系的能量为

$$E = \sum t_0(n_{i\sigma} + n_{i-\bar{\sigma}} + Un_{i\sigma}n_{i-\sigma}) = N_1 t_0 + N_2(t_0 + U) \tag{10.2.9}$$

对于孤立原子系统,每个格点上电子有两个能级 t_0 和 t_0+U,如图 10.2.3 所示. 其中 N_1 个格点只被一个电子占据,N_2 个格点为两个电子占据. 第二个自旋相反的电子占据时,能量增加 t_0+U. 因此,U 是位于同一格 $\boldsymbol{R}_i$ 上的同一轨道上的两个电子的 Coulomb 相互作用能量,即

$$U = \frac{1}{4\pi\varepsilon_0}\int \mathrm{d}\boldsymbol{r}_1 \int \mathrm{d}\boldsymbol{r}_2 \mid a(r_1 - R_i) \mid^2 \frac{e^2}{\mid \boldsymbol{r}_1 - \boldsymbol{r}_2 \mid} \mid a(r_2 - R_i) \mid^2 \tag{10.2.10}$$

体系处于基态时,每个格点上只有一个电子即 $N_1=N$,$N_2=0$. 在这种极限下,电子是严格定域化的.

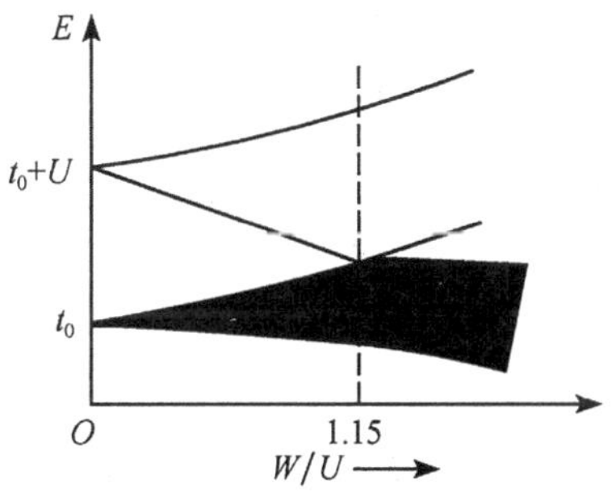

图 10.2.3 Hubbard 模型半满能带中,从定域态到扩展态的转变
t_0 是一个电子附着于自由离子的能量,t_0+U 是第二个电子附着于同一离子的能量

当 $t\neq 0$ 时,相邻格点原子轨道波函数有交叠,$\gamma(\alpha)\neq 0$,形成了分别以 t_0 和 t_0+U 为中心的两个能带. 对于所讨论的半满 S 带,其带宽 $W=2t=2z\gamma(a)$. Hubbard 模型得到能带随 W/U 的增大逐渐展宽的趋势,如图 10.2.3 所示. 当 $W/U<1.15$ 时,半满带分成能量较低的(以 t_0 为中心)的满带,称为下 Hubbard 带,以及能量较高(以 t_0+U 为中心)的空带,称为上 Hubbard 带,体系为绝缘态;在 $W/U>1.15$ 时,能带不分裂,体系具有金属性. 图 10.2.4 给出几个不同的 W/U 值时,能带密度的示意图. 因为能带宽度 W 依赖于原子间距,但 Hubbard 能 U 对原子间距并不敏感,所以改变原子间距时,会引起从金属到绝缘体的转变,也就是说电子关联导致所有电子的集体定域化,这就是 **Mott 转变**实质.

通常把电子之间的有效库仑能远大于其能带宽度的体系,即 $U>W$ 的体系称为强关联体系. 这时,如果仍用单电子模型,而只把电子之间的相互作用简单地当作平均场或微扰,就无法解释体系主要物理性质.

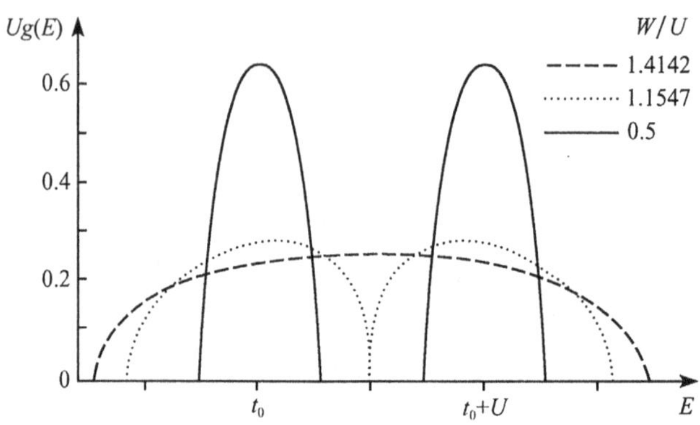

图 10.2.4　态密度 $g(E)$ 展示了由于 Hubbard 模型中电子与电子相互作用而导致的能带分裂

10.2.3　Mott 绝缘体的分类

能带模型因强关联而失效最明显的是反映在含有半满 d 带的过渡族金属氧化物中，如 NiO、CoO、MnO 等晶体．由于 $U>W$，半满的 d 带被分成 Hubbard 子带，这些子带处于 4S 和 2p 带之间，它们之间的相对位置决定了材料的绝缘行为．根据 Hubbard 能 U 与电荷转移能（能隙）Δ 的相对大小，可把 Mott 绝缘体分别两类，如果 $\Delta>U$，称为 MH（Mott-Hubbard）型；如果 $U>\Delta$，称为 CT（charge transfer 电荷转移）型，如图 10.2.5 所示．

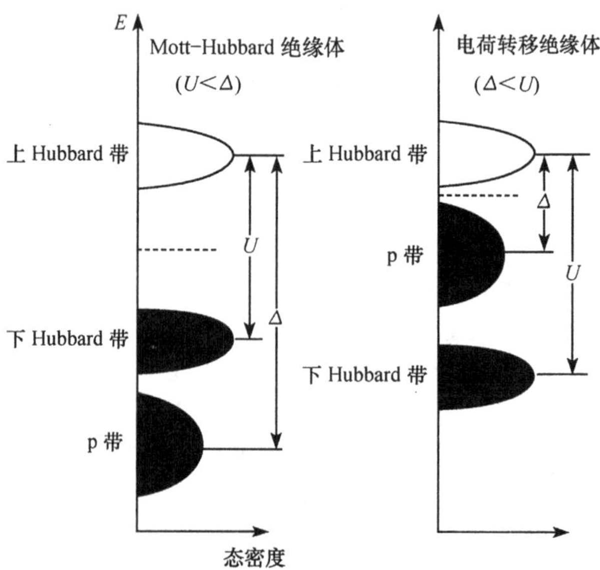

图 10.2.5　Hubbard 子带与氧 2p 带的相对位置

对 $LaMO_3$ 型化合物(这里 M 是过渡金属)是形成 MH 型绝缘体还是 CT 电荷转移型绝缘体,取决于 3d 电子数目以及过渡金属 3d 电子与氧离子的 p 电子之间的杂化强度 t_{pd},详细论述可查阅章末参考文献[10. 2].

10. 2. 4 金属-绝缘体相变及电荷序

金属-绝缘体相变及电荷有序现象是强关联体系的典型特性. 由图 10. 2. 5 可看出,MH 型绝缘体在热激发下可产生 d 电子和 d 空穴,但对 CT 型绝缘体由于 2p 带高于下 Hubboad 带,这时在热激发下产生的是 d 电子和 p 空穴. 这些热激发电子和相应的空穴由于库仑作用 $V=-e^2/4\pi\varepsilon r$ 而形成束缚态,称为激子(exciton). 随着温度的升高,将在上 Hubboad 带产生更多的电子,增加了电子之间的屏蔽作用,此时电子-空穴之间的相互作用[见式(5. 6. 11)]将成为

$$V=-\frac{e^2}{4\pi\varepsilon r}\mathrm{e}^{-k_s r} \tag{10.2.11}$$

降低了电子-空穴对的结合能. 当电子浓度达到一定程度时,屏蔽长度 $1/k_s$ 小于电子-空穴的尺度 a_0,即

$$a_0 k_s > 1 \tag{10.2.12}$$

时. 极化子解体,束缚解除,电导率急剧增加,出现由绝缘体到金属态的转变,称之为 **Mott 金属-绝缘体相变**(Mott metal-insulator transition).

由式(5. 6. 10)可知,体系处于金属态的条件式(10. 2. 12)等价于

$$n^{\frac{1}{3}}a_0 > \frac{1}{4}\left(\frac{\pi}{3}\right)^{\frac{1}{3}} \approx \frac{1}{4} \tag{10.2.13}$$

式中,n 是电子密度,若把电子看成是半径为 r_e 的球体,则$\frac{1}{n}=\frac{V}{N}=\frac{4\pi r_e^3}{3}$由此得到电子的半径为 $r_e=\left(\frac{3}{4n\pi}\right)^{\frac{1}{3}}$,则式(12. 2. 13)用电子半径写出为

$$\frac{r_e}{a_0} < 2.5 \tag{10.2.14}$$

即要求电子的密度超过一定的临界值,才可发生 Mott M-I 相变.

由式(5. 1. 13)和式(10. 1. 18)可知,自由电子的平均动能和平均交换能分别为

$$\varepsilon_k = \frac{3\hbar^2(3\pi^2 n)^{\frac{2}{3}}}{10m} \sim r_e^2 \tag{10.2.15}$$

$$\varepsilon_{ex} = -\frac{3e^2(3\pi^2 n(r))^{\frac{1}{3}}}{4\pi\varepsilon} \sim r_e \tag{10.2.16}$$

因此电子密度大时,动能项占主导地位,电子处在波函数平滑的扩展态,这也就是为什么在极高压下可以产生金属氢的原因. 相反,当电子密度低时(此时 r_e/a_0

大)，势能项占主导地位. 当势能项大到可以忽略动能项时，电子的空间分布的位置就由库仑排斥势取极小而确定. 电子形成规则的晶格格子以降低由于无序排列形成的相对较高的势能，电子就从扩展态向定域化转变而结晶，这就是由 Wigner 首先提出的电子结晶化. 它造成电荷在空间的有序分布——电荷序. Wigner 估计这种转变发生在 r_e/a_0 为 40～100 的情况下. 另一方面，令电子的平均动能与势能相等，可以得到

$$\frac{r_e}{a_0} \approx 2.4$$

这与式(10.2.14)十分接近. 这样我们可以更一般的理解关联作用的影响：在高电子密度下，动能占主导地位，关联可以忽略. 在低电子密度下，关联能影响重大，导致电子定域. 对掺杂的 Mott 绝缘体，如锰氧化物 $La_{0.5}Ca_{0.5}MnO_3$，在低于临界温度 T_C=160K 时，发现了稳定的电荷有序的 AFM 态，Mn^{3+} 和 Mn^{4+} 离子像棋盘那样排列，Mn 离子的周期排列不仅降低排斥能和交换作用能，也减少了由于 Mn^{3+} 格座的存在引起的格子畸变能 Jahn-Teller——畸变能[10.3]. 值得提及的是，表现出超巨磁电阻效应的正是那些电荷有序的锰氧化物.

作为强关联体系的掺杂 Mott 绝缘体，由于其丰富的物理内涵和巨大的应用潜力，已成为当前固体物理学研究的热点，前面提到过的超巨磁电阻材料和高温超导材料都是这一类强关联材料，特别是对包含有 4 或 5 种元素的过渡族金属化合物的研究才刚刚开始，进一步研究这类高科技材料不仅具有重大的科学意义，而且应用前景非常巨大，这就是大量科学家从事此项研究的科学原动力. 从以前的经验看，强关联体系与具有未满的 d 壳和 f 壳的元素的窄能带密切相关. 一些具有奇异性质的材料，如超巨磁电阻的锰氧化物和超导体铜氧化物都是这类元素的化合物. 因此发掘和研究具有优异或奇异性能的新型复杂化合物将是 21 世纪凝聚态物理的主要课题之一.

参 考 文 献

[10.1] Dreizler R M, Cross E K U. 1990. Density Functional Theory. Berlin: Springer

[10.2] Arima T et al. Variation of optical gaps in perovskite-type 3d transition metal oxides. Phy. Rev. B, 48(1993): 17006

[10.3] Zokawa T M, Fujimori A. Spin, charge and orbital ordering in Mn perovskite oxides studied by model Hartree-Fock calculation. Phys. Rev. B, 56(1997): 493

习　　题

10.1　从波函数取斯莱特行列式(10.1.1)出发，用变分方法推导决定晶体中单电子能量的

哈特理福克方程式(10.1.7).

10.2　若一个电子受到的净库仑作用为零,则单电子薛定谔方程可写成

$$\left[-\frac{\hbar^2}{2m}\nabla^2+V_{\mathrm{ex}}(r)\right]\varphi(r)=E\varphi(r)$$

式中,$V_{\mathrm{ex}}(r)$为电子-电子交换能.若电子的波函数可取作平面波 $\varphi_j(r)=\frac{1}{\sqrt{V}}\mathrm{e}^{\mathrm{i}\boldsymbol{k}\cdot\boldsymbol{r}}$.

证明电子气交换能具有的形式为:$V_{\mathrm{ex}}(r)=-\frac{e^2}{8\pi^2\varepsilon_0}\int\mathrm{d}\boldsymbol{k}_j\frac{1}{|\boldsymbol{k}_i-\boldsymbol{k}_j|^2}$.这里 $\boldsymbol{k}_i$、$\boldsymbol{k}_j$ 都是处于费米球中的电子波矢.

10.3　将交换能式(10.1.8)第一式写成 $V_{\mathrm{ex}}=-\frac{1}{4\pi\varepsilon_0}\int\frac{e^2}{R}n_{\mathrm{ex},k}(R)\mathrm{d}R$ 的形式,这相当于原点($R=0$)处,处于κ、σ态的电子感受到的交换势数值大小等于电子与密度为$n_{\mathrm{ex},k}(R)$的电子云的库仑相互作用.求出 $n_{\mathrm{ex},k}(R)$ 的解析表达式.

10.4　对于二维体系中能量ε随动量p线性变化的准粒子体系,证明其低温比热比例于T^2变化.

第 11 章　非晶态固体与无序体系

至今的讨论都是对晶体而言的. 除晶体之外, 固体还有另一大类——非晶态固体. 非晶态物理学是固体物理学的一个极为重要、十分活跃的前沿, 其巨大的潜在应用前景、丰富的物理现象已引起人们的广泛重视.

与晶体相比, 非晶态固体的显著特点是原子在空间的排列完全不具有周期性, 或者说是长程无序的, 它是一种强无序体系. 因此, 不能把描述和研究晶体的概念和理论直接搬用到非晶态固体. 例如, 布拉维格子、布里渊区、格波、布洛赫波等概念对非晶态固体已不再适用, 不能像处理晶体中的杂质, 缺陷那样作为微扰对待, 必须寻找和发展一套新的描述方法和理论. 经过几十年的努力, 非晶态物理学的研究虽然已经取得了很大进展, 但与古老的、已基本成熟的晶体物理学相比, 还是处于初创阶段, 还没建立完整、连贯的理论体系; 无论是在基础理论, 还是在微观结构、宏观性能以及新型非晶态材料的探索等方面, 都有大量的课题待以研究.

本章将对非晶态物理学中公认成熟的理论和方法予以简单介绍, 主要包括非晶态固体的结构、电子态以及电学、光学性质等.

11.1　非晶态固体的结构

11.1.1　非晶态固体的短程序

若系统中的粒子(原子、分子)的排列和分布遵从一定的规律, 称为有序; 若系统中的粒子排列和分布处于随机的混乱状态, 则称为无序. 按有序在空间的延续范围大小, 又可分为长程有序(大约在大于上千个原子的间距上)和短程有序(几个原子间距).

大量实验事实表明, 虽然**非晶态固体**原子的排列是不具有长程序, 即没有平移周期性(这是与晶体的根本区别), 但另一方面, 非晶态固体原子的排列并非像冻结的气体分子的排列那样绝对混乱. 非晶态固体是由大量的无规取向的**有序畴**构成的, 这些有序畴的线度大约在几个原子间距(1.0～1.5nm)范围内. 在这些小的有序畴内, 原子排序仍保持着形貌和组分的某些特征. 图 11.1.1(a)、(b)、(c)分别给出了晶体、非晶态固体和气体分子的排列示意图. 在非晶态固体中, 原子排列具有一种高度的局域关联性, 如图(b)所示, 每个原子都有 3 个与其距离几乎相等的最近邻, 且键角也是几乎相等的原子. 因此从结构上说, 非晶态固体虽不具有晶体的长程序, 但具有与晶体相近的短程序, 这是由组成原子之间的相互关联决定的. 研究表明, 对完整类别的固体来说, 长程序是非本质的, 短程序才是决定材料物理性质的本质因素.实验已经证明,如果一种晶态材料是半导体,如果把它变成非晶态固体时,只要保持与晶体同样的短程序,则它仍为半导体.

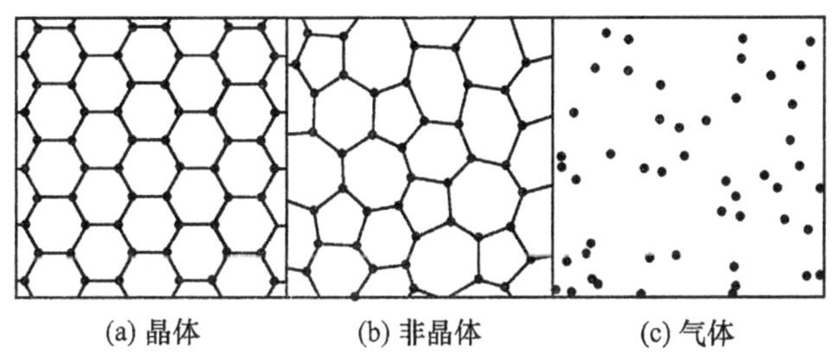

图 11.1.1 分子排列示意图

这里需要指出,并非所有的长程无序系统都是非晶态.非晶态的长程无序是指原子在空间位置排列上的无规性,称为**几何(位形)无序或拓扑无序**.在多元系固体中,还有另外两类无序,称为化学(成分)无序和自旋无序,它们是指不同元素或不同自旋的原子相互替位而产生的无序,例如合金,化合物中不同元素原子的相互置换.这种无序还保持着晶格结构的特征,因而可当做晶体中的点缺陷处理.而几何无序使固体完全失去晶格结构特征,这才是非晶态在结构上与晶态的本质区别.当然对多元系非晶体来说,几何位置的无序,一般也包含着化学无序在内.

11.1.2 非晶态结构的描述方法

1. 短程序参量

由于非晶态的长程无序性质,使得描述晶体结构的一套方法如原胞,布喇菲格子等对非晶体失效.但非晶体仍保持着高度的短程有序,而且这种短程序在决定材料性质方面往往起着决定性的作用.正确描述这种短程序是研究非晶态的基础.非晶态短程序可用以下参量描述:

(1) 近邻原子间距 r_i.以任何一个参考原子为球心,将其周围的原子划为不同的配位球层 i,r_i 表示参考原子与第 i 个配位层上原子的平均间距.

(2) 配位数 N_i.N_i 表示第 i 个配位球层上的原子数.

(3) 近邻原子间的夹角 α.α 为配位层原子分别与中心原子连线之间的夹角;它表示任一个原子的两个近邻原子之间的夹角.

(4) 近邻原子的类别.对多元系,必须指出近邻原子的类别,并对每一类原子分别给出上述 3 个参量的平均值.

这些参量包含了固体材料最有价值的信息,如化学键、拓扑结构等.

2. 径向分布函数

上述短程序参量固然重要,但在实验上很难直接观察.通常用 个可以由 X

射线、电子、中子衍射实验直接测定的、描述非晶态固体中原子相对分布的物理量——**径向分布函数**(radial distribution function, RDF)来描述短程序参量.它给出非晶态固体中原子分布具有统计平均性和概括性的图像.

径向分布函数的定义是:以某参考原子为球心,半径为 r 的单位厚度球形壳层中所包含的平均原子数.若用 $\rho(r)$ 表示 r 处的平均原子密度,则径向分布函数可写成

$$\mathrm{RDF}(r) = 4\pi r^2 \rho(r) \tag{11.1.1}$$

RDF(r)所表示的仅是原子在三维空间分布沿半径 r 方向(一维)的投影,并且是对所有原子求统计平均的结果.因此,它非但不能给出非晶态原子分布的全貌,而且在统计平均过程中还丢失了一些结构信息.尽管如此,它是目前能由实验获得的有关非晶态结构的唯一解析函数,因此径向分布函数仍是描述和研究非晶态结构中应用最广和最重要的物理量.图 11.1.2(a)、(b)、(c)分别给出了晶体的配位层图,以及非晶体和气体的径向分布函数.它们的差别是一目了然的.

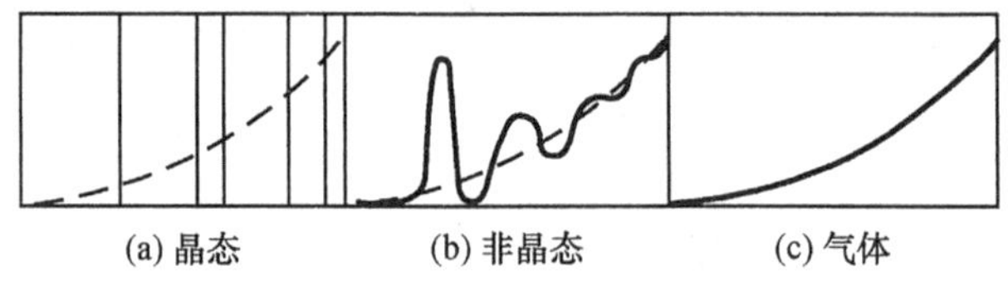

图 11.1.2　径向分布函数

由图可知,RDF(r)-r 曲线一般都具有与配位层相对应的若干个峰;与峰值所对应的 r 值依次给出最近邻、次近邻、第三近邻……等平均距离;峰的面积表示相应配位层的平均原子数.随着 r 的增大,曲线的起伏很快消失而变得比较平滑,与气体的曲线走向趋于一致,如图 11.1.2(b)所示.这直接显示了非晶态固体中仅存在短程序,即有确定的最近邻及次近邻配位层,而不存在长程序的特点.对于完全无规分布,单位体积的平均原子数为常量 ρ_0,此时 $\mathrm{RDF}(r)=4\pi r^2\rho_0$.非晶态固体的 RDF($r$)随 r 的变化曲线是叠加在此本底上的起伏. r 越大,由于非晶态的长程无序,其 RDF(r)相对起伏越小.为了描述非晶态固体与完全无规则系统的差别,现引入**约化径向分布函数** $G(r)$和**双体相关函数**(双体概率函数)$g(r)$.定义分别为

$$G(r)= 4\pi r^2[\rho(r) - \rho_0] \tag{11.1.2}$$

$$g(r)= \rho(r)/\rho_0 \tag{11.1.3}$$

式中,$G(r)$表示与完全无规系统的相对起伏;$g(r)$表示距任何一个原子为 r 处原子分布概率,r 较小时,$g(r)$会明显偏离 1,这是短程序的标志.

11.1.3　径向分布函数的实验测定

X 射线、电子、中子的大角散射可用来测定**径向分布函数** RDF 及 $G(r)$. 我们以 X 射线为例说明实验测量原理.与晶体中 X 射线的几何结构因子[式(1.7.15)]

类似,把非晶态固体整个样品当做一元胞,其结构因子

$$F(\boldsymbol{k}) = \sum_i f_i \mathrm{e}^{\mathrm{i}(\boldsymbol{k}-\boldsymbol{k}_0)\cdot \boldsymbol{r}_i} = \sum^{i} f_i \mathrm{e}^{\mathrm{i}\boldsymbol{K}\cdot \boldsymbol{r}_i} \tag{11.1.4}$$

式中,$\boldsymbol{K}=\boldsymbol{k}-\boldsymbol{k}_0$,$\boldsymbol{k}_0$ 为入射 X 射线的波矢,$\boldsymbol{k}$ 为散射波的波矢,假定散射是弹性的,则 $k=k_0$,f_i是第 i 个原子的散射因子,r_i 是 i 第个原子的位矢. 衍射强度

$$\begin{aligned} I &= |F(\boldsymbol{k})|^2 = F^*(\boldsymbol{k})F(\boldsymbol{k}) = \sum_i f_i \mathrm{e}^{\mathrm{i}\boldsymbol{K}\cdot \boldsymbol{r}_i} \sum_j f_j^* \mathrm{e}^{-\boldsymbol{K}\cdot \boldsymbol{r}_j} \\ &= \sum_i |f_i|^2 + \sum_i \sum_{j(\neq i)} f_i f_j^* \mathrm{e}^{\mathrm{i}\boldsymbol{K}\cdot(\boldsymbol{r}_i-\boldsymbol{r}_j)} \\ &= \sum_i |f_i|^2 + \sum_i \sum_{j(j\neq i)} f_i f_j^* \mathrm{e}^{\mathrm{i}\boldsymbol{K}\cdot \boldsymbol{r}_{ij}} \end{aligned} \tag{11.1.5}$$

式中,$\boldsymbol{r}_{ij}=\boldsymbol{r}_i-\boldsymbol{r}_j$. 如果设原子之间的相对取向是任意的,则 $\boldsymbol{r}_{ij}$ 在任意取向的取值概率相等,就是说相对于某一衍射波 $\boldsymbol{k}$,$\boldsymbol{r}_{ij}$ 的末端在以 $\boldsymbol{K}$ 的起始点为球心、$\boldsymbol{r}_{ij}$ 为半径的球面上的任一点出现的概率相等,如图 11.1.3 所示. 因此,式(11.1.5)中指数项的平均值为

$$\langle \mathrm{e}^{\mathrm{i}\boldsymbol{K}\cdot \boldsymbol{r}_{ij}} \rangle = \frac{1}{4\pi r^2}\int_0^{\pi}\int_0^{2\pi} \mathrm{e}^{\mathrm{i}Kr_{ij}\cos\varphi} r_{ij}^2 \sin\theta\, \mathrm{d}\theta \mathrm{d}\varphi = \frac{\sin(Kr_{ij})}{Kr_{ij}} \tag{11.1.6}$$

式中,$r_{ij}=|\boldsymbol{r}_{ij}|$. 把式(11.1.6)代入式(11.1.5)得

$$I(\boldsymbol{K}) = \sum_i |f_i|^2 + \sum_i \sum_{j(\neq i)} f_i f_j^* \frac{\sin(Kr_{ij})}{Kr_{ij}} \tag{11.1.7}$$

上式称为德拜方程. 根据此方程可计算原子分布一定的体系对单色 X 射线散射时,相应散射波($\boldsymbol{k}$)的强度.

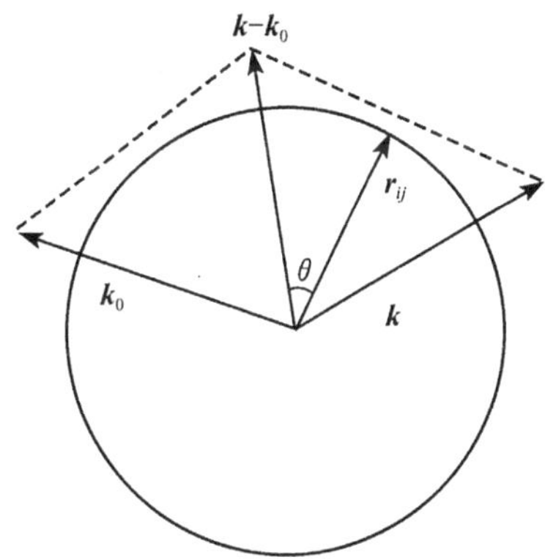

图 11.1.3 位矢 $\boldsymbol{r}_{ij}$可在空间任意取向,其末端的球面上各点的分布及率相等

为了方便,把式(11.1.7)中对 j 的求和用积分表示. 为此引入相对原子密度函数 $\rho_m(r_i)$,它表示距第 i 个原子距离为 r_i 处第 m 种原子的密度. 则式(11.1.7)可表示为

$$I(K) = \sum_i |f_i|^2 + \sum_i \sum_m f_i f_m^* \int_0^{\infty} \frac{4\pi r^2 \rho_m(r_i)\sin(Kr)}{Kr}\mathrm{d}r \tag{11.1.8}$$

式中,$\sum\limits_m$ 是对元素种类求和. 若令 $\bar{\rho}_m$ 表示第 m 种原子的平均密度,式(11.1.8)也可写成

$$I(K) = \sum_i |f_i|^2 + \sum_i \sum_m f_i f_m^* \int_0^{\infty} \frac{4\pi r^2[\rho_m(r_i) - \bar{\rho}_m]\sin(Kr)}{Kr}\mathrm{d}r$$

$$+\sum_{i}\sum_{m}f_if_m^*\int_0^\infty \frac{4\pi r^2\bar{\rho}_m\sin(Kr)}{Kr}\mathrm{d}r \tag{11.1.9}$$

上式,右边第二项表示原子分布偏离平均密度对衍射强度的贡献;第三项表示平均密度产生的本底值.

为简单计,只考虑单元系非晶体情况.若非晶体是由 N 个单一原子组成的,则式(11.1.9)为

$$I(K)=Nf^2+Nf^2\int\frac{4\pi r^2[\rho(r)-\rho_0]\sin(Kr)}{Kr}\mathrm{d}r+Nf^2\int\frac{4\pi r^2\rho_0\sin(Kr)}{Kr}\mathrm{d}r \tag{11.1.10}$$

可以证明,式(11.1.10)右边第三项只在小角散射范围 $\theta<3°$ 时,才有一定的强度.在通常大角散射测量的角范围 $3°<\theta<120°$ 内,其强度与第一、二项比较足够小,可以忽略不计.因此,大角散射时,平均一个原子的弹性散射强度 $I_\alpha(K)$ 为

$$I_\alpha(K)=\frac{I(K)}{N}=f^2+f^2\int_0^\infty 4\pi r^2[\rho(r)-\rho_0]\frac{\sin(Kr)}{Kr}\mathrm{d}r \tag{11.1.11}$$

定义**干涉函数**(又称相干函数)

$$i(k)=\frac{I_\alpha(k)-f^2}{f^2} \tag{11.1.12}$$

它是可以通过测定散射强度而由实验确定的物理量.对单元系,它仅由原子的类型及其分布状态决定.由式(11.1.11)可知

$$i(k)=4\pi\int r[\rho(r)-\rho_0]\frac{\sin kr}{k}\mathrm{d}r \tag{11.1.13}$$

利用 δ 函数的定义

$$\delta(x)=2\times\frac{1}{2\pi}\int_0^\infty \mathrm{e}^{ikx}\mathrm{d}k \tag{11.1.14}$$

根据傅里叶变换,很容易求得

$$\begin{aligned}\int_0^\infty 2i(k)\frac{1}{\pi}kr'\sin kr'\mathrm{d}k&=\int_0^\infty 4\pi r^2[\rho(r)-\rho_0]\frac{4r'}{r}\times\frac{1}{2\pi}\int_0^\infty \sin kr\sin(kr')\mathrm{d}r\mathrm{d}k\\&=\int_0^\infty 4\pi r[\rho(r)-\rho_0]\frac{r'}{r}\delta(r-r')\mathrm{d}r=4\pi r'^2[\rho(r')-\rho_0]\end{aligned} \tag{11.1.15}$$

于是

$$4\pi r^2\rho(r)=4\pi r^2\rho_0+\frac{2r}{\pi}\int_0^\infty i(k)k\sin(kr)\mathrm{d}k \tag{11.1.16}$$

上式表示,从实验测得衍射强度 $I(k)$ 后,再由平均原子密度和已知的原子散射因子,就可通过上述傅里叶变换求得非晶体的径向分布函数 $4\pi r^2\rho(r)$.同时其配位数 $N(r)$ 也可大略地由积分 $\int_{r_1}^{r_2}4\pi r^2\rho(r)\mathrm{d}r$ 求得.

这里需要指出，一个实验观察到的径向分布函数并不能和一个确定的结构模型唯一对应. 也就是说，在相当范围内的拓扑上有区别的结构，都有相同的实验观测径向分布函数. 这是由于径向分布函数的统计平均性质造成的，这种平均的图像漏掉了一些有关化学序以及化学键方面有价值的信息. 尽管如此，径向分布函数的使用大大地缩小了可能结构的范围，因此在非晶态固体的研究中仍得到广泛应用.

11.1.4 扩展X射线吸收精细结构谱(EXAFS)

如前所述，通常的X射线散射实验所测得的径向分布函数所描述的是固体中原子的平均周围环境. 对单元系固体，这也许是相当满意的，但对多种原子组成的固体，这种平均丢失了固体化学键方面的重要信息. 例如，对典型的共价硫系玻璃 As_2S_3，其实际的短程序最近邻配位数为 $N(As)=3$ 和 $N(S)=2$，但从X射线散射实验测定得出的RDF的第一峰下面积看，得到的是 $N=2.4$，相当于加权平均. 它无法区分As与S原子各自的贡献. 我们希望能够对每一种原子，不仅能直接确定最近邻数及其径向位置，而且还能够确定它们化学上同一性. EXAFS技术提出了研究多元系非晶态固体的重要实验方法. 用这种方法可以得到每个组分的偏RDF，如As原子和S原子分别所处的几何环境 $\rho_{As}(r)$ 和 $\rho_S(r)$.

EXAFS是凝聚态材料X射线吸收谱中存在的一个重要现象. 当X射线进入凝聚态材料时，材料物质中处于低能态的电子，通过与X射线的作用，吸收光子后跃迁到费米能级以上的空态，这个过程表现为X射线在材料中强度不断衰减，称为X射线的吸收. 各种元素的吸收系数 μ 随X射线波长(能量)的变化，一般情况下满足Victoreen公式

$$\mu = C\lambda^3 + D\lambda^4 = a\frac{1}{E^3} + b\frac{1}{E^4} \tag{11.1.17}$$

即吸收系数随着X射线能量的增大而缓慢减小. 但是，每一种元素在某些特定能量处出现吸收系数的突变. 吸收突变所对应的能量(波长)称为吸收边，如图9.1.4所示. 吸收边的产生是由于当X射线光子能量较大，使得原子内层电子被X射线激发而跃迁到类自由电子状态，成为光电效应中的光电子. 这时，X射线就被大量吸收而产生吸收突变，于是在吸收谱中出现吸收边. 除此之外，EXAFS是指在吸收边高能侧一定的能量间隔内，将出现吸收系数随X射线能量的增大而振荡变化的现象，这种振荡可延伸到高于吸收边 10^3eV处，如图11.1.4所示. 正是这个特殊的精细结构包含着材料的结构信息，其作用类似于前面在结构的大角散射实验中讨论过的干涉函数. 由于不同元素原子的X射线吸收边的谱位是各不相同的，因此EXAFS技术可用于分别探测固体中不同种类原子的环境. 于是近年来用EXAFS研究非晶结构受到极大重视.

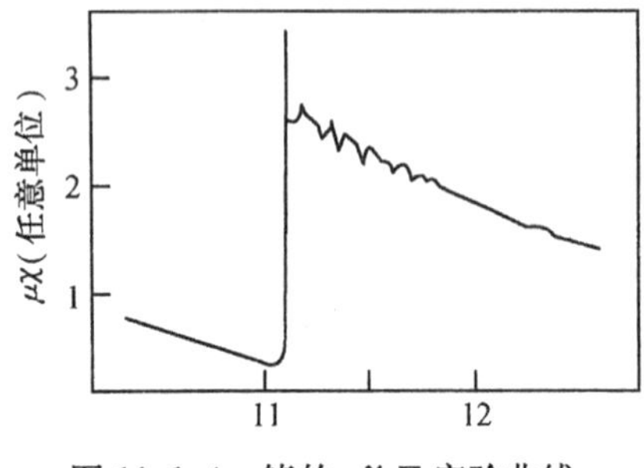

图 11.1.4　锗的 $\mu\chi$-E 实验曲线，吸收限处取为能量零点

早在 1929 年就已发现 EXAFS 现象，但其正确的理论在 70 年代以后才逐步建立和完善起来. 目前公认的是短程作用理论，它的物理图像简介如下：

对单原子气体，原子间距比光电子的平均自由程大得多，光电子所对应的德布罗意波可自由地向外传播，这时吸收系数满足式(11.1.17)，即从吸收边开始，吸收系数随着能量增加而单调下降，如图 11.1.5 所示. 但对凝聚态物质来说，由于吸收原子周围存在其他原子，它所射出的光电子被邻近原子散射，形成背散射波，如图 11.1.6 所示. 出射波与背散射波在吸收原子处发生干涉. 随着 X 射线能量的增大，出射的光电子德布罗意波长 λ 值减小，从而使出射和背散射波的相位差发生变化. 当两束波的相位相同时，相干波加强；相位相反时相干波减弱. 这样吸收原子的末态波函数将发生振荡变化，从而使跃迁概率距阵元 $\boldsymbol{M}_{fi}$ 也具有振荡变化的性质，于是导致吸收系数随入射 X 光子能量的增大而振荡变化的特性，这就是X射线吸收谱的精细结构. 由于只有同种原子的散射波才能

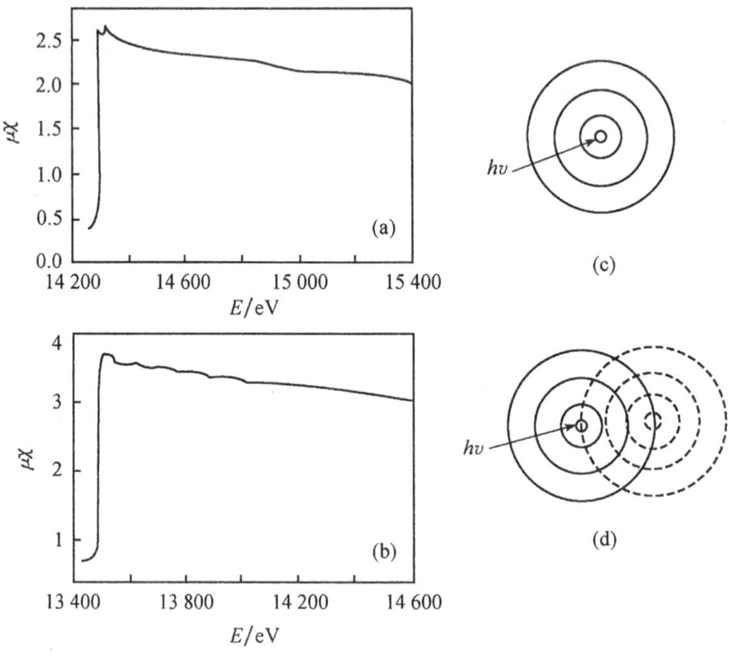

图 11.1.5

(a)单原子气体氪；(b)双原子气体 Br_2 的 $\mu\chi$-E 曲线；
(c)和(d)分别示出相应的 X 射线吸收过程

与出射波发生干涉，因此 EXAFS 的特性与吸收原子周围近邻同种原子的排列情况密切相关. 这就是它可以用作短程结构分析的原因所在.

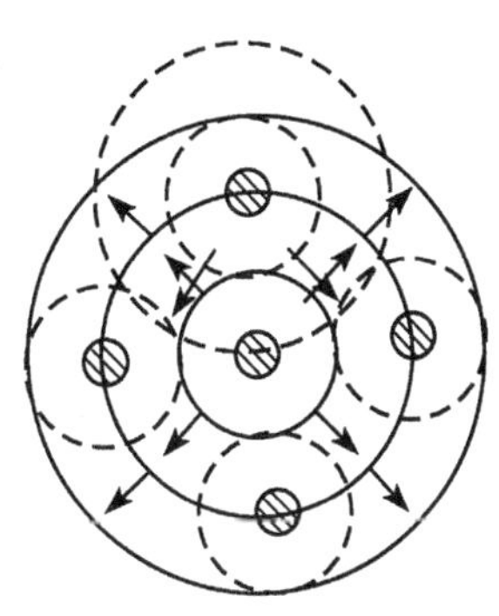

图 11.1.6 EXAFX 产生原理示意图

如果 μ 为凝聚态物质中某组元的 X 射线(单能)线吸收系数，μ_0 为该组元在处于自由原子态时线吸收系数，μ_0' 为凝聚态物质中不考虑周围原子散射作用时的线吸收系数，且有 $\mu_0'=\mu_0(1+\Delta\mu^s)$，其中 $\Delta\mu^s$ 表示由于物质中吸收原子周围原子的位场作用对自由原子态线吸收系数的修正作用. 定义 EXAFS 函数 $x(k)$ 为

$$x(k)=\frac{\mu-\mu_0'}{\mu_0} \qquad (11.1.18)$$

在单电子、单次散射近似下，通过理论推导，对 K 吸收(1s 电离吸收)谱和 L(2s)吸收谱，其 EXAFS 函数为

$$x(k)=\sum_j \frac{N_j F_j(k)}{kr_j^2}\mathrm{e}^{-2r_j/l}\mathrm{e}^{-2k^2\sigma_j^2}\sin[2kr_j+2\varphi_j(k)] \qquad (11.1.19)$$

式中，j 是配位层序号；k 为光电子的德布罗意波，$k=2\pi/\lambda_e$；r_j 为以吸收原子为球心的第 j 层配位球层的半径；N_j 是第 j 配位层的配位数；$F_j(k)$是第 j 配位层内每个原子的背散射振幅；$\mathrm{e}^{-2r_j/l}$是由于近邻原子的非弹性散射作用而引入的振幅衰减因子；l 是光电子的平均自由程，表示光电子波保持能量不变时可以传播的平均距离；$\mathrm{e}^{-2k^2\sigma_j^2}$ 称为 j 配位层的 Debye-Waller 因子，σ_j^2 表示相对于吸收原子 j 配位层原子偏离平均位置的方均值. 由于吸收原子和近邻原子之间的这种相对位移，使出射波与背散射波之间的位相关系发生变化，导致 EXAFS 振幅衰减，$\mathrm{e}^{-2k^2\sigma_j^2}$ 因子表示这种效应；$\varphi_j(k)$称为相移因子，$2\varphi_j(k)$表示由于吸收原子和 j 配位层原子的势场作用，引起出射波和背散射波在吸收原子处形成的相干波的相移.

由式(11.1.19)可明显看出：$x(k)$是一系列正振荡的叠加，每一个振荡是不同配位层的贡献. 如果某配位层上有几种原子时，每一种原子均独立作为一个配位层处理. 由于电子的平均自由程 l 有限，而高层的 σ_j^2 很大，因而一般只有前一、二层的贡献是主要的，求和可只对一、二层进行. 原则上由 $x(k)$可得到非晶结构的重要信息，如从振荡频率可得到有关吸收原子近邻距离 r_j 的信息；从振荡振幅就得到有关配位数 N_j、原子类型及其分布的信息. 这些信息可通过对 $x(k)$的傅里叶变换得出：

$$\varphi(r)=\frac{1}{\sqrt{2\pi}}\int_{k_{\min}}^{k_{\max}} k^n x(k)\mathrm{e}^{\mathrm{i}2pkr}\,\mathrm{d}k \qquad (11.1.20)$$

式中，$\varphi(r)$称为径向结构函数(RSF)，它实际是吸收原子周围原子的径向分布函数;$n=1,2$,或 3,是由经验选定的参数,在多数情况下 $n=3$ 最为适宜. 例如,在忽略各种衰减和附加相移情况下,式(11.1.19)为

$$x(k)=\frac{1}{k}\sum_{j}\frac{N_j}{r_j^2}\sin(2kr_j) \tag{11.1.21}$$

上式代入式(11.1.20)可得出一系列的 δ 函数,δ 函数异于零之处给出距离 r_j,δ 函数的权重可以给出配位数 N_j.

总之,EXAFS 可以测定出复杂的非晶态固体中不同种类原子的最近邻和次近邻环境,给研究无定形短程结构提供了普通 X 射线衍射所不能替代的方法;而且它的原理对晶体也同样有效,也可用于晶体短程结构研究.

最后指出,在式(11.1.19)的推导过程中曾作了一系列的理论近似,包括忽略多重散射的单散射近似和平面电子德布罗意波近似. 这种近似只能在大于吸收边 80eV 以上的能量范围才适用,而在 30～80eV 之间需对平面波进行修正. 在靠近吸收边 30eV 范围以内,多重散射十分重要,此时称为 X 散射吸收近边结构(XANES),EXAFS 理论不再适用.

11.2 非晶态的结构模型

11.2.1 非晶态结构模型

结构模型方法是固体物理学重要的研究方法. 由于现有实验技术的局限,至今尚不能对非晶态固体内部的原子排列结构进行精确的测定和描述,因而结构模型方法在非晶态结构研究上就显得更为重要.

结构模型是人们对非晶态固体原子在三维空间分布的一种猜想,其正确与否必须由根据实验测定的物理量进行判定. 当根据模型结构计算出的物理量与实物的实验测量结构达到一致时,该结构就被认为是所研究物质的一种可能结构. 径向分布函数是检验结构模型最重要的实验判据.

结构模型可以是实物,也可以是计算机中的数据. 由于计算机模拟方便、快速,较容易地控制一些参量,故以成为模拟非晶态结构的主要手段.

由于短程结构是由原子间键合的性质和特点所决定的,因此对具有明显方向性的共价键结合的非晶态半导体和无方向性的金属键结合的非晶态金属及合金,必显示出不同的结构特征,因而必须采用不同的模型. 下面仅介绍两种与实验适配较好的模型.

1. 刚球无规密堆(DRPHS)模型

DRPHS 模型是目前公认较好的非晶态金属和合金的结构模型. 这是由于刚

球高度的对称性与金属键的无方向性质及原子具有密堆积趋势的特点相一致所致.设想把金属原子看成不可压缩的刚性球,把大量等大的刚性小球做无序的,尽可能密集的堆积.通常是把刚球放入有伸缩性的形状不规则的容器——如橡皮袋内,通过挤、压、揉、搓等使刚球尽可能地紧密堆积,然后设想固定刚球位置,例如用石蜡封固,即获得 DRPHS 模型.在此模型中,不存在可容纳一个球的间隙,同时刚球是无规则排列的;当任何两球之间的间距大于直径的 5 倍时,它们位置之间的相关性很弱,不出现规则性周期排列的有序区.

通过对模型中各球球心坐标的记录,可确定堆积密度及计算径向分布函数.根据 DRPHS 模型计算获得的结果与实验的径向分布函数基本符合,特别是对过渡族金属非晶态合金,两者符合较好.因而 DRPHS 被公认为是描述非晶态合金结构较成功的模型.

Finney 曾经建造了一个包含有 793 个硬球的模型.发现其无规密堆有一个明确的堆积密度上限 0.6366,比密堆晶体的最紧密堆积密度值 0.7405 低.实验表明,企图通过增加密度而连续地从无规密堆积过渡到晶态密堆积是不可能的,要实现这种从非晶态到晶态的转变,必须先拆散原来的结构,然后重排.这种转变是一个重构过程,需要拓扑上的变化.

另外,DRPHS 模型结构并非粒子的完全混乱无序状态,它具有一些不同类型的局域短程序.如果以某原子为中心作其最近邻原子的连心线,以这些连线为棱边所构成的多面体,称为 Bernal 空洞,则可以用来描述这些短程序.实验发现,DRPHS 只可以,且仅仅有 5 种不同的 Bernal 多面体,它们是:①四面体;②八面体;③有三个半八面体的三角棱柱;④带有三个半八面体的阿基米德反棱柱;⑤四角十二面体.如图 11.2.1 所示.这 5 种多面体以一定的概率在 DRPHS 模型中出现.把非晶态结构中的这些局域结构单元与晶体中的情况比较,两者的差别是显尔易见的.例如,在密排结构晶体中,这种结构单元仅有两种:占 66.7%的正四面体和占 33.3%的正八面体.由此说明,非晶态结构虽是短程有序,而且最近邻结构与相应的晶体很相似,但表征其近邻几何状态的多面体与密排晶体的情况之间有重大差别,这正是其长程无序性的必然反映.

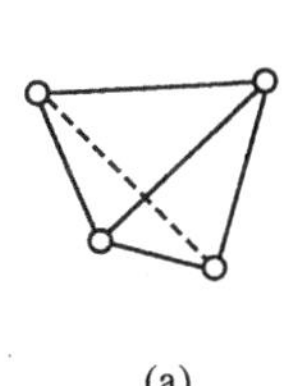
(a)
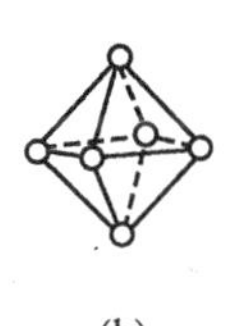
(b)
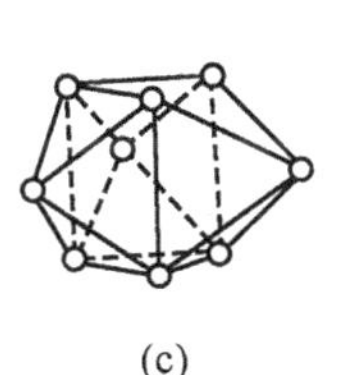
(c)
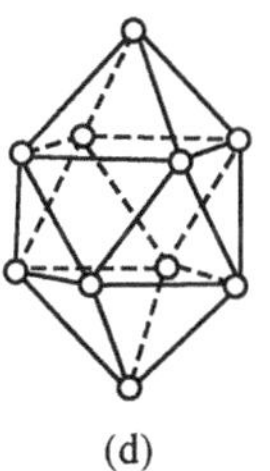
(d)
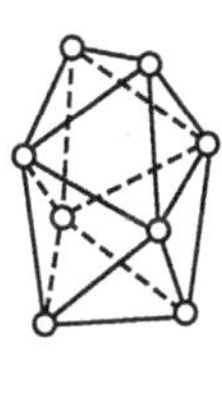
(e)

图 11.2.1 理想的 Bernal 多面体

2. 连续无规网络(CRN)模型

对以共价结合的非晶态固体,由于共价键的方向性,原子排列只能在一定的方向上形成. 例如,对非晶态锗、硅薄膜进行电子和 X 射线散射研究表明,它们的最近邻四面体结构单元仍然存在. 但是,与晶体相比,键长可有百分之几范围内的变化,四面体的键角可有±10°以内的畸变. 基于这些实验结果,Polk 首先提出了非晶态半导体结构的无规网络模型. 模型假设每个原子仍满足 $8-N$ 定则所要求的配位数,但共价键的键长和键角允许在一定范围内发生畸变. 这样,原子最近邻的键长、键角与晶体相比变化不大,有类似的短程结构. 但是由于从一个结构单元到另一个结构单元无固定位形上的联系,而且是随机性的连接,因而无长程序. 如果用球代表原子位置,线段代表键的大小,线段间的夹角代表键角,则所有球和线段组成的网络即为非晶态的**无规网络模型**.

为了对非晶态无规网络模型有一个具体的认识,现以 Polk 在 1972 年建立的四价元素 Si、Ge 等的非晶态模型为例予以说明. 我们知道,金刚石晶体中,每个原子周围有 4 个最近邻原子,构成正四面体结构单元. 其在(110)面上的原子排列构成图 11.2.2(a)所示的正六边环状蜂窝结构. Polk 建立了一个 440 个原子的无规网络结构,要求键长的变化限制在 1%范围内,键角的变化不超过 10°;并要求每个原子有 4 个最近邻配位,不出现悬空键;连接时产生的应力尽可能小,密度尽可能大,同时应能连续扩展充满整个空间. 此模型在相应(110)面的原子排列,如图 11.2.2(b)所示. 与图 11.2.2(a)比较可见,其中不仅有六原子环,也有五原子环、七原子环出现,也就是说晶格的拓扑性质被搅乱了. 虽然最近邻配位数和配位位形与相应晶体相差很小,但是长程拓扑却是无序的.

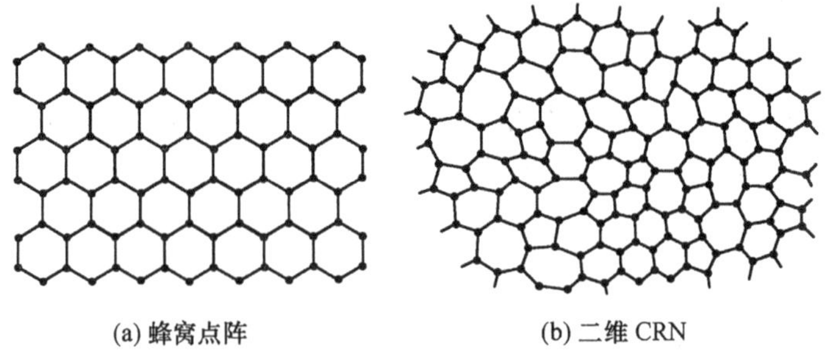

(a) 蜂窝点阵　　(b) 二维 CRN

图 11.2.2

实验结果表明,由 CRN 模型所计算得到的径向分布函数与实验基本符合,如图 11.2.3 所示. 其他非晶态固体,如 As、SiO_2 等的 CRN 网络模型在径向分布函数、密度等方面也都获得与实验较好符合的结构. 因而 CRN 模型对非晶态半导体是有效的.

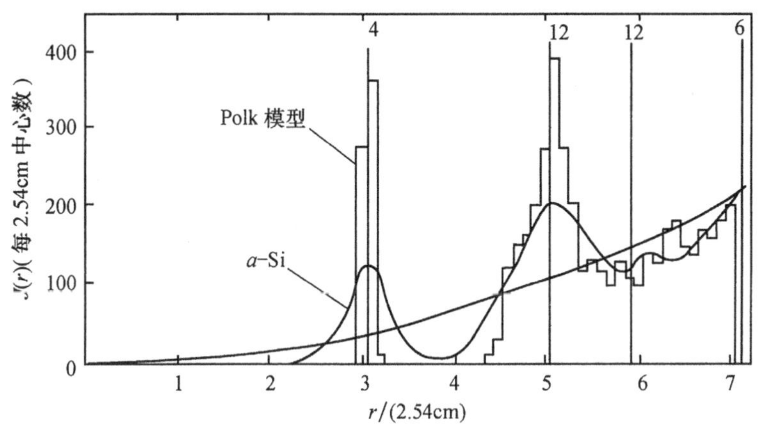

图 11.2.3 由 Polk 模型所得到的径向分布函数与非晶 Si 的径向分布函数的比较

11.2.2 非晶态材料中的缺陷

晶体的缺陷定义为对理想晶格周期性结构的偏离. 由于理想晶格本身非常明确,因而对各种偏离(缺陷)的描述也就非常清楚. 然而,对非晶体,各种偏离(缺陷)就变得难以判别和描述了. 这是因为非晶体是高度无序的,不存在适用于各类非晶态材料的统一微结构模型,即非晶体结构的理想结构本身就是不确定和不明晰的,不存在判断是否为缺陷的参照样本. 但是对非晶态半导体,倒可以把对理想连续无规网络的偏离,定义为半导体中的缺陷. 典型的缺陷有以下几种:

(1) 悬挂键. **悬挂键**即缺少配对电子的共价键. 在 Si 等四度配位的非晶态半导体中,悬挂键是一种密度很高的缺陷. 由于在悬挂键上只有一个未成对的电子,它可在半导体能隙中产生缺陷能级,成为施主能级(释放掉未成键电子,成为正电中心)或受主能级(接受第二个电子成为负电中心),因而可改变材料的性质.

(2) 空位. 如图 11.2.4 所示,显然**空位**与非晶态固体内部的悬挂键的存在相联系.

(3) 微孔. 当空位相互聚合时,将在固体中形成**微孔**,显然微孔表面会出现悬挂键.

(4) 杂质. 非晶态半导体中的杂质与晶体中杂质定义完全相同. 原则上说,出现在结构中的杂质都应看成是缺陷,但通常人们只注重那些电学上具有活性的杂质. 有些杂质并不强调它们作为缺陷的作用. 例如,Si 中的 H 具有使悬挂键

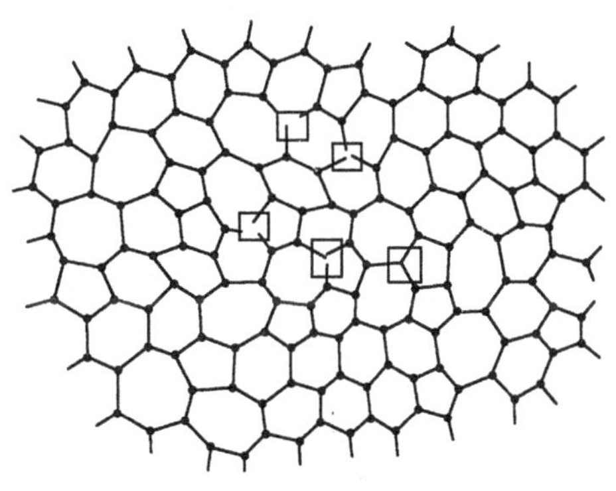

图 11.2.4 非晶体中的悬挂键与空位

饱和的作用，从而可清除悬挂键在能隙中产生的能级，使 Si 中的缺陷局域态密度降低几个数量级.

此外，在Ⅲ-Ⅴ化合物非晶态半导体中，可能存在同类原子键缺陷等. 非晶态材料通常具有很高的缺陷态密度，由于这些缺陷态的存在，使得非晶体一般具有两个特点：一是材料的掺杂效应极不明显，二是费米能级被钉扎在能隙中央. 对此我们不再进行讨论，感兴趣者可参阅有关书籍.

11.3　非晶态固体中的定域态-非定域态转变

晶态固体物理学中所处理的各种问题，尽管千变万化、丰富多彩，但还是有共性存在的，其理论的核心概念是周期结构中波的传播，不论是纵波还是横波，是弹性波还是电磁波、德布罗意波，都统一在波的运动这种共同点上. 晶格动力学所讨论的问题是弹性波或晶格波的传播，X 射线这种电磁波在晶体中的传播构成 X 射线动力学. 德布罗意波，即电子在晶格中的传播导致能带理论. 理论的共同点在于充分利用了晶体的平移对称性(周期性)，把一个极端复杂的多粒子系统进行富有成效的简化处理. 采用量子力学的绝热近似，将离子和电子分为两个子系统处理，分别形成了晶格动力学和能带论两个理论支柱.

在周期结构中波都是非局域(或称非定域)的，即它扩展到整个晶体样品中，或称为**扩展波**. 只有在偏离理想周期性的缺陷周围才会产生**局域波(定域波)**. 那么在长程无序的非晶态固体中，波的传播形态如何呢？这是固体物理学近年来的一个重要发展方向. 由于研究的对象极其复杂，理论处理难度很高，以及许多问题尚无定论，迄今为止，尚未能揭示出可以与布洛赫定理等相比拟的，带有普遍意义、威力强大的基本原理. 但是通过多年的努力，已经建立了一些重要的基本概念，如局域化、掺流、标度不变性等，且日益受到重视.

自 1958 年安德森(Andersen)提出电子局域化以来，关于非晶态固体中波的传播问题，可得出以下粗略图像：

(1) 由于非晶态无周期性，从而标志平移不变性的色散关系 $\omega(q)$，能带结构 $E(k)$不再存在，波矢 q(声子)、k(电子)量子数不再有意义. 但不论是晶态还是非晶态，体系的总自由度不变，因而模式密度、能态密度的概念依然有效，如对粒子振动来说，仍有 $3N$ 个简并正坐标，因而有 $3N$ 个本征振动模式，振动模式按频率有一定的分布，即模密度 $\rho(\omega)$概念仍然有效.

(2) 在非晶态固体中，无序结构的势函数的无规分布起到重要作用. 如果无序度足够强，非晶固体中一些电子的德布罗意波、光波和弹性波被局域化，处在局域态的电子或声子、光子在空间上被限制在晶体中几个原子线度的区域内，而在其他处的振幅很小，可以忽略. 其波函数可用指数型空间局域化函数 $e^{-\frac{r-r_0}{\xi}}$ 表示，这里 r_0 为一指定的中心位置，ξ为定域化长度.

(3) 波的态与非晶体的无序程度有关. 当无序程度超过某一临界值时，全部态都是局域态；当无序程度低于某临界值时，可出现部分是局域态，另一部分是扩展态的两态共存图像. 即无序程度可导致局域态到扩展态的相互转化. 图 11.3.1 显示了存在化学无序的三维声子系统 $\rho(\omega)$-ω 的曲线. 无序程度的增大，导致带顶区的局域化. 由图 11.3.1 可知，在低频端($\omega\to 0$)，对应于波长 $\lambda\to\infty$，即对应整体的均匀位移，不论无序程度如何，状态总是扩展的. 但随着 ω 的增大，当 $\omega>\omega_c$ 时，将出现扩展态到局域态的转变.

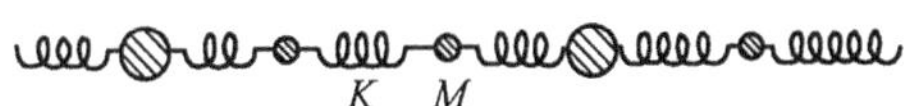

(a) 无序的弹簧－质量系统示意图

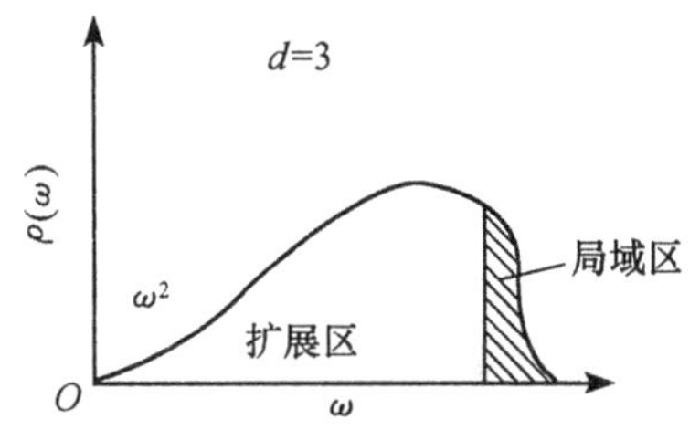

(b) 三维无序系统的声子态密度－频率曲线 无序程度的增大导致顶区的局域化，而 $\omega\to 0$ 的能态总是扩展的

图 11.3.1 无序系统的声子局域化

目前处理局域-非局域互相转变的系统的理论方法甚少，最常使用的方法是逾渗模型. 逾渗理论处理的是无序系统中由于相互联结程度的变化所引起的效应. 可把非晶态中局域-非局域转变与逾渗理论中的长程相互联结性对应起来，而这种长程联结性是由于某些参量，如某种密度、占据数、浓度等的增加而突然发生. 下面将以非晶态半导体的电子状态为例介绍局域-非局域转变及用逾渗模型的解释.

11.4 非晶态固体(强无序系统)的电子理论

非晶态固体的电子理论仍在发展之中，本节以非晶态半导体电子理论为例说明非晶态固体作为强无序系统电子理论的现状和要点.

一种材料的基本性质主要取决于短程序而不是长程序. 如 11.3 节所述，非晶态硅的近邻仍有 4 个原子，基本上呈四面体配置，形成连续无规网络，相邻原子形成共价键，因而也是典型的半导体材料，而且与晶体硅有大体相同的能带结构：导带、价带和带隙. 但熔融状态的硅具有 6 个近邻原子，其短程序与固态硅完全不同，因而其电子结构也完全不同. 基于这种考虑，目前非晶态固体电子理论仍以能带模型为其主要理论模型，它在解释非晶态半导体的电学、光学以及光电性质上取得了相当的成功. 但是，它也存在着很多困难，如不能解释 Hall 效应的实验结果等. 因此还有人提出了一些其他模型，如 Einin 的小极化子模型和 Cohen 等人的双极化子模型等，但这些模型都存在着一些不可克服的矛盾，因此像晶体能带理论那样较完整的非晶态电子理论仍处于初创阶段. 本节只介绍非晶能带理论——强无序系统单电子定域化及其带来的一些物理效应.

11.4.1　非晶态半导体能带理论要点

把 11.3 节关于非晶体中波的特点，直接用于非晶电子态，可得到非晶能带理论的要点是：

(1) 能带. 虽然非晶态材料缺少长程周期性，但从本质上说电子状态取决于原子之间的成键方式，即取决于短程序. 因此当原子结合成非晶态半导体时，根据紧束缚近似——原子轨道线性组合法，非晶态固体中电子的波函数是各个原子电子波函数的线性组合，原子的能级分裂成一个能带. 晶态与非晶态的差别在于线性组合的系数不同，能级分裂成能带后能级分布的细节不同.

(2) 定域态. 非晶态半导体中离子势场 $V(r)$ 不是周期函数，不存在量子数 $\boldsymbol{k}$ 及能谱结构 $E_n(k)$. 但能态密度 $g(E)=\lim\limits_{\Delta E\to 0}(\Delta N/\Delta E)$ 的概念仍然存在，也就是说对于非晶态半导体，可采用能态密度函数的办法来表示能带. 图 11.4.1 给出了晶态半导体与非晶态半导体的能态密度曲线. 对于半导体，人们最关心的是价带顶和导带底. 对晶态，价带顶和导带底的能态密度呈抛物线变化. 对非晶态，由于成分或拓扑学上的无序，势场的无序起伏在价带顶和导带底引起定域的“尾巴态”，既允许

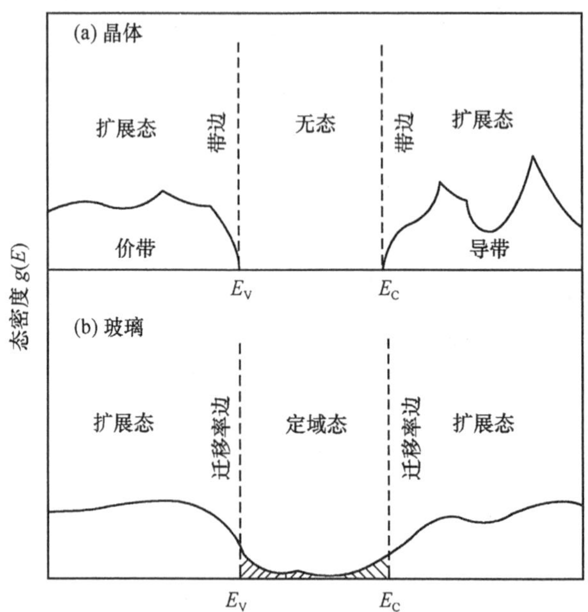

图 11.4.1　对晶态与非晶态半导体电子态密度的示意图
示意图所示的是最高占据态与最低空态附近的行为. $g(E)\mathrm{d}E$ 代表单位体积内能量处于 E 到 $E+\mathrm{d}E$ 内的电子态数. 对于许多电学性质而言，非晶态固体中迁移率边所起的作用类似于晶体中带边所起的作用

态向带隙中延伸形成“带尾”. 对于小的无序度,只有带尾的态是局域的. 定域态的能态对应于价带带顶或导带底的尾巴区域. 在每个能带的主要部分内,态都是扩展的. 如图 11.4.1 所示. 对于小于临界值的中等无序度,如图 11.4.3 所示那样,有两个能量 E_C 和 E_V 把定域态与扩展态分离开来.

(3) 迁移率边. 非晶态半导体中电子的本征函数不再是布洛赫波,其电子态本征函数如 11.3 节所述可分为扩展态和定域态两种:**扩展态**电子波函数遍及整个材料,而**定域态**电子波函数仅局限在某一局域范围之内,随着与此区域中心距离的增大而以指数衰减. 图 11.4.2(a)、(b)分别示意了两类波函数的差别. 它们之间的分界 E_C 和 E_V 称为迁移率边,即导带中 $E>E_C$,价带中 $E<E_V$ 是扩展态,反之为定域态. 两个迁移率边之间的能量间距叫做**迁移率隙**,这是晶态半导体能隙概念的直接延伸. 通过改变无序度,特别是掺杂半导体的杂质浓度,Fermi 能级的扩展态可以被定域化,这一过程可以改变电导,从而使材料出现金属—绝缘体转变,这就是 **Anderson 转变**.

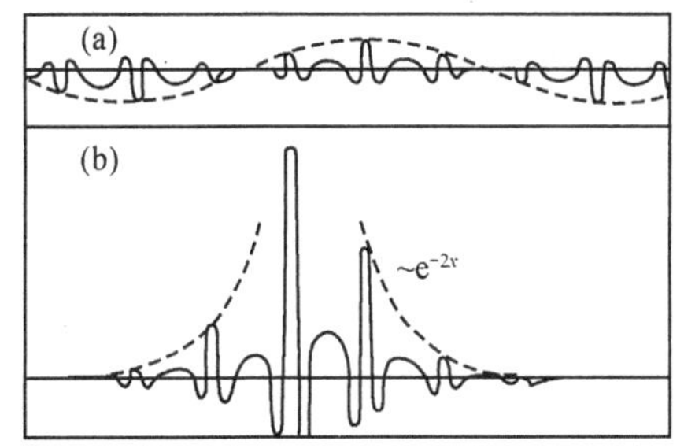

图 11.4.2 扩展与定域的电子态之间的区别
(a) 显示了布洛赫型扩展态波函数;
(b) 给出了定域态波函数

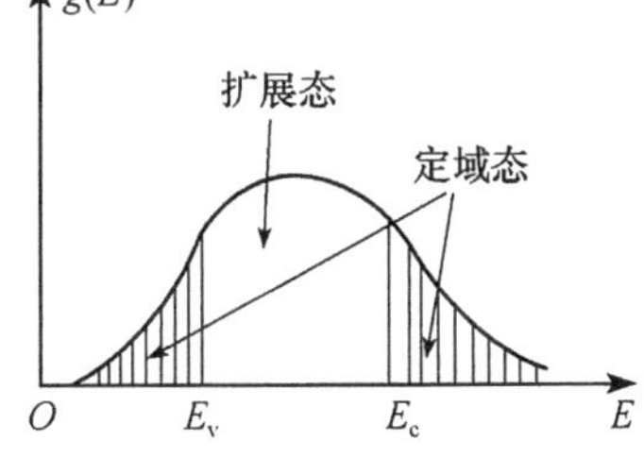

图 11.4.3 非晶态材料的能态密度示意图

(4) 迁移率隙及迁移率突变. 非晶态结构相当于理想周期结构的畸变和缺陷,因而使得离子实对电子的散射加剧,电子的平均自由程减小. 当平均自由程接近原子间距的数量级时,关于电子在晶态半导体中的漂移运动图像 $\boldsymbol{f}=\hbar\boldsymbol{k}$ 已变得无意义. 莫特认为,迁移率边就对应于电子平均自由程接近原子间距的情况. 扩展态中电子的平均自由程大于原子的平均间距,它们的运动规律类似于晶体中的电子,但迁移率要小得多,这是由散射加剧使平均自由程减少所致. 对于定域态电子,它们被束缚在某一范围内,电子由一个定域态跳到另一个定域态需要声子协助,形成跳跃式导电,这种跳跃式导电的迁移率很低,在室温下仅有 $10^{-2}\mathrm{cm}^2(\mathrm{s}\cdot\mathrm{V})^{-1}$ 的数量级,当温度 $T\to 0\mathrm{K}$ 时,迁移率趋于零. 这就是说在扩展态和定域态分界处有一迁移率突变,这就是为什么称其为迁移率边的原因. 导带、价带迁移率边之间的距离 E_C-E_V 称为迁移率隙宽度,在这个范围内只有定域态存在,它的作用犹如晶态半导体中的禁带宽度，或称为电子禁带宽度，以区别于状态的禁带 E_A-E_B，如图 11.4.4(b)所示.

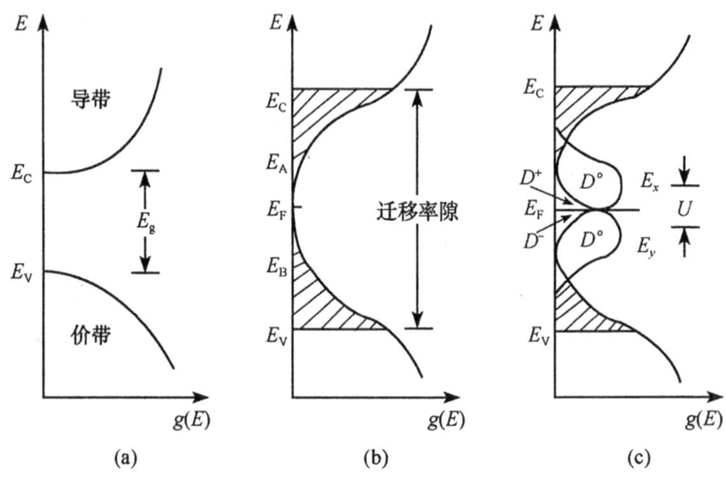

图 11.4.4　晶态和非晶态半导体的能态密度分布模型

11.4.2　Anderson 定域化模型

Anderson 在 1958 年首次提出了把无规势场和电子定域化相联系的思想. 他在紧束缚近似的基础上研究了一个三维无序系统. 假定格点的几何排列仍是规则的，但每个格点的势场是无规变化的，即实际为一化学无序系统，如图 11.4.5 所示. Anderson 的数学推导极其严格且极其困难，这里只给予定性说明：若用 W 表示势场起伏幅度，V 表示对应晶体在紧束缚近似下的能带宽度. Anderson 证明了

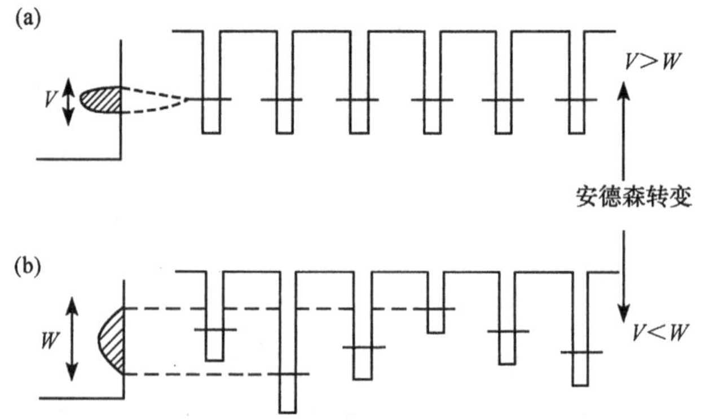

图 11.4.5　*Anderson* 转变的单电子紧束缚图像，当无序的宽度 W 超过带宽 V 时，无序引起的定域发生

当无量纲的无序参量 W/V 足够大时,能带中所有的电子态都是定域的,称为 Anderson 转变. Anderson 指出,存在一个临界值$(W/V)_c$,当 $W/V>(W/V)_c$ 时,就发生 **Anderson 转变**.

无序引起的定域化概念后来被莫脱(Mott)等人扩展,他们指出,当 $W/V<(W/V)_c$ 时,能态中的状态函数将是部分定域化的. 每个能带中心的态是扩展态,带顶和带底是定域态. 这是由长程无序引起的允许带内的状态向禁带中的延伸,即带尾所致. 从能带中心到带尾有一个临界能量,称为迁移率边,如图 11.4.1 所示. 迁移率边的位置依赖于无序程度(即 W/V 的值). 无序程度越大,带尾的区域越宽. 当一个带的带顶和带底的迁移率边相重时,就意味着全部是定域态. 这就是 Anderson 研究的情况. 由此可见,对于一个给定的能量,其对应的波函数只能是定域态或扩展态两者之中的一个.

顺便指出,对非晶态金属来说,如果由于成分、压强、外电场等的改变,使费米能级 E_F 进入带尾定域态范围,则发生金属到绝缘体的转变. 这是由于此时费米能附近的电子不再是自由的之故. 此时的材料称为费米玻璃.

11.4.3 非晶体中缺陷对能态的影响

莫脱和戴维斯认为,对于无缺陷的理想无序网络,即所有的键都是饱和的,此时局域的带尾很窄,只伸展到禁带中十分之几的电子伏,在带隙中无电子态. 如果材料中有悬挂键,则能隙中就会有状态存在,它们既可以作为深施主态,也可以作为深受主态,即在能隙中部可以存在一个施主带和一个受主带;它们可以重叠,也可以不重叠,如图 11.4.6 所示,此时费米能级就在这两个态之间,即把 E_F"钉扎"在禁带的中部.

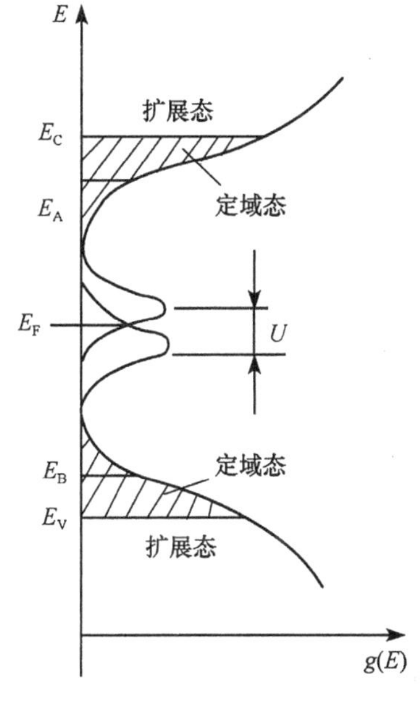

图 11.4.6 缺陷能态

Choen、Fritzche、Ovshinsky 等人认为,对存在缺陷的非理想无规网络,其无序程度大于理想无规网络. 这种附加的无序使带顶和带底的带尾深入延伸到禁带之中,以至彼此相交. 这时导带底的态来源于导带,当不被电子占据时是电中性的. 而价带顶的态则起源于价带,当有电子占据时是电中性的. 由于两种定域的尾巴态在能隙中的交叠,价带带顶的电子将向导带带底转移,因此在费米能级之上有带正电的状态,而在费米能级之下则有带负电的状态,两者的相互补偿作用使费米能级被"钉扎"在带隙中间. 所谓"钉扎",即费米能级的位置不因少量的浅施主和浅受主杂质的引入而发生变化，因而表现为非晶态半导体对掺杂的低敏感性.

上述关于非晶态半导体的能带模型统称为 Mott-CFO 模型.

11.4.4　非晶态电子态的经典模型——逾渗理论模型

无序系统电子能态的理论研究引起很多科学家的兴趣，提出了很多理论方法.其中由 Frich 和 Ziman 提出，由 Eggatet 和 Cohen 等发展的**逾渗理论**，物理图像清晰，可看成是 Anderson 转变的经典极限. 下面作简单介绍：

把电子看做处于无序系统势场 $V(\boldsymbol{r})$ 中运动的经典粒子；二维无序势场 $V(\boldsymbol{r})$ 可表示成图 11.4.7 所示的地形图线；其某一断面如图 11.4.8 所示；等高线代表的 $V(\boldsymbol{r})$ 等势线，对于能量为 E 的电子，$V(\boldsymbol{r})>E$ 的区域对电子是完全禁止的，电子只允许在 $E>V(\boldsymbol{r})$ 的谷区中运动，在图 11.4.7 和图 11.4.8 中用阴影线表示. 显然，E 越高，允许区域所占的比例越大，禁止区所占的比例越小. 存在一临界能量 E_C，按电子能量 E 与 E_C 的大小关系，可出现以下 3 种典型情况：

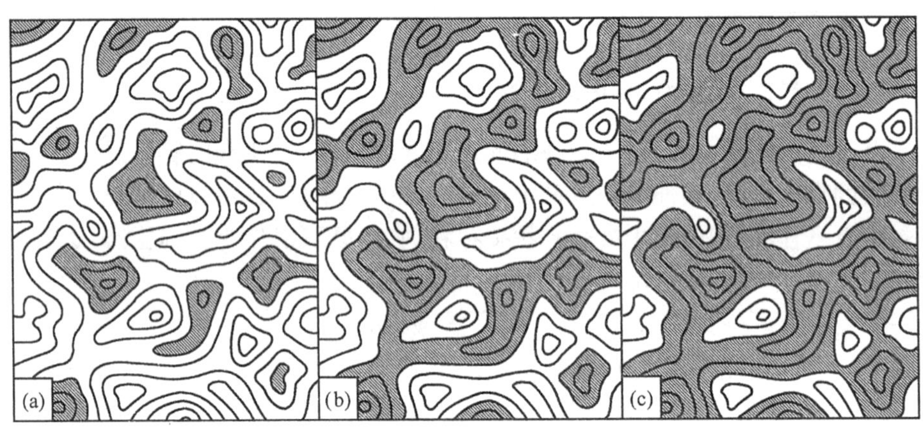

图 11.4.7　二维无规势场中一个经典粒子的逾渗（Zallen 与 Scher，1971）
其等值线代表 $V(\boldsymbol{r})$ 的等势线；(a)、(b) 和 (c) 中的阴影区分别代表能量 E 相继增加下的允许区（$V<E$）. 根据正文的“大洪水”类比，湖向洋的转变（Anderson 转变的一个经典类比）用圣经故事中在 40 天里水面的上升来表示

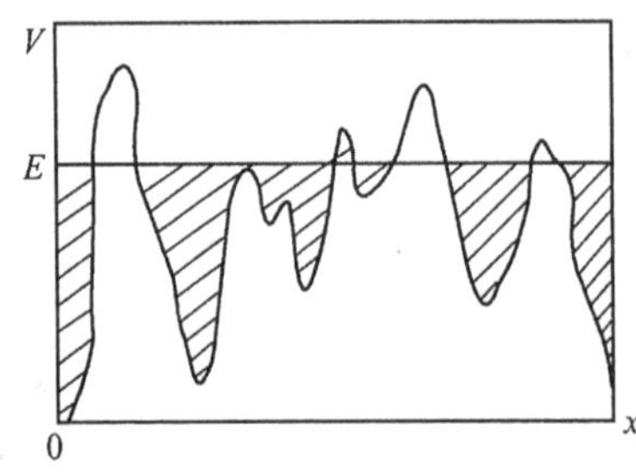

图 11.4.8　图 11.4.7 的某一断面图

当 $E<E_C$ 时，允许区占的比例小，允许区彼此间由禁止区相互分开，如图 11.4.7(a) 所示. 这时电子被四周的势垒包围，而只能局限在某一区域中，相当于电子处于定域态.

当 $E\geqslant E_C$ 时，禁止区范围缩小，允许区之间开始连通形成沟道，如图 11.4.7(b) 所示. 这时电子虽然不能到达所有的地方，但它的运动在任何方向上可无限制地扩展，相当于进入扩展态.

当 $E \geqslant E_C$ 时,允许区占有很大比例,相反,禁止区的比例变得很小,如图11.4.7(c)所示,这时电子在空间的运动可看成是自由的.

因此,临界值 E_C 就是定域态与扩展态的分界,称为逾渗阈值.想像一群被山峰分割的湖,就可具体、生动地理解逾渗模型的几个性质:第一,逾渗阈值与湖的数目有关,当水面很低时,几乎没有湖存在;随着水面的上升,湖的数目增加.但是 $E > E_C$ 时,湖合并成更大的湖或者连成扩展的洋时,湖的数目反而减少了.所以逾渗阈值相应于湖的数目减少速度最快时的水面.这时湖合并成洋而使湖的数目迅速减少.第二,在逾渗阈值处海岸线(湖的边界线)最长,这时大湖的边线形状具有**统计自相似性**.所谓自相似性.就是缩放对称性,即不管对结构作怎样的放大与缩小,结构看上去仍是相同的.这种存在自相似性的几何对象被称之为**分形**.图11.4.9给出了几种典型的分形结构.它们的显著标志是具有不一定是整数的维数,称之为分维.分维的引入是欧几里得维数 d 的一个推广.对一个规则的 d 维物体,保持其形状不变,而放大其线形尺寸 l 倍,这时其体积增大 l^d 倍.如果放大前的体积取为1,放大后 $V(l)$ 那么一定有

$$V(l) = l^d$$

则欧几里得维数 $d = \ln V(l)/\ln l$.在普通实空间取正整数1、2、3.现在把上述维数定义推广到分形结构,可得到分维的定义为

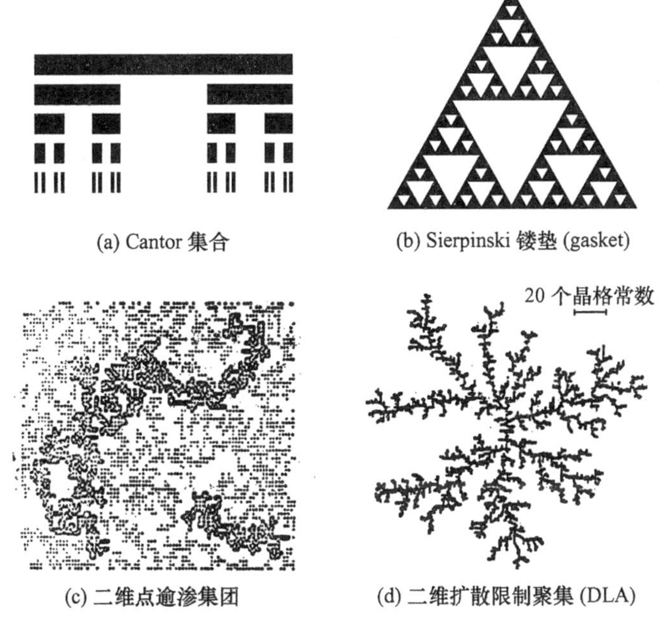

(a) Cantor 集合　(b) Sierpinski 镂垫 (gasket)

(c) 二维点逾渗集团　(d) 二维扩散限制聚集 (DLA)

图 11.4.9　4 个典型的分形结构

$$D=\frac{\ln V(l)}{\ln l}$$

由此可求得：①Cantor 集合 $D=\ln2/\ln3$；②Sierpinski 镂垫 $D=\ln3/\ln2$；③二维点逾渗集团 $D=91/48$；④二维扩散限制聚集(DLA)$D=1.71$. 对逾渗模型，当连通沟道刚刚形成时，湖的边界是如此弯曲复杂，以至于其湖岸线与湖面积之比是一个大于 1 的值，按照 1977 年 Mandelbrot 的说法，这些湖的外观特征是"全是皮，没有肉". 这种湖的精细特征可用分形维数 $D=91/48\approx1.9$ 来表征. 它比所研究的逾渗过程本身的空间维数 $d=2$ 稍低. 这一分形维数与控制临界点 E_C 附近逾渗系统性质的临界指数有关，对此不再介绍.

由逾渗模型可看出：对二维三维无序系统，都可出现定域—扩展态之间的转变，但一维体系，由于无法像在较高维空间那样绕过 $V(\boldsymbol{r})$ 的山峰，因而一维无序系统都是定域态.

以上用经典物理讨论了逾渗模型. 若考虑到量子效应，有很多地方需作修正. 首先是由于隧道效应，电子能透入 $V(r)>E_c$ 的区域，因而上述绝对清晰的允许区和禁止区的分界线消失了. 但这种半经典近似，在 $V(\boldsymbol{r})$"湖"的特征长度尺寸(可定义为湖的跨越长度的平均值)比典型的德布罗意波长大的多的情况下，仍是合适的.

最后，对非晶态半导体的经典处理(连续区逾渗)和量子力学的处理作一对比. 第一，在经典处理中，当 $E>E_C$ 时，孤立的湖与连通的洋共存，即在扩展态存在的相同能量上定域态也存在. 而量子力学的结论与此相反，由于定域态的波函数不可避免地要与相同能量的包围着它的扩展态相混合，而成为扩展态，即 $E>E_C$ 时，不存在定域态. 因此在能谱上定域态与扩展态是由迁移率边清楚分开的，迁移率边就是 E_C. 第二，两种图像对维数的依赖关系不同. 在一维情况下无论是逾渗处理还是量子力学处理，无序导致所有的态都是定域的. 在高维情况下，经典处理的逾渗转变发生在二维以上的无序系统，即对 $d\geqslant2$ 维的无序系统存在着逾渗转变. 而 Andersen 转变发生在 $d=2.001$ 维以上($d\geqslant2.001$)的无序系统. 由于无序系统定域—扩展态转变的理论仍在发展之中. 故这里不作进一步介绍.

11.5　非晶态半导体的直流电导与电光性质

11.5.1　直流电导

分析非晶态半导体的电导率时，必须考虑非晶态能带结构的以下特点：①在非晶态半导体中存在着两类电子态，一类是价带和导带中的扩展态，另一类是尾带和带隙中的局域态. 处于这两类不同态上的载流子，其导电机理是不同的. ②非晶态半导体的费米能级被“钉扎”在禁带中，基本上不随温度变化. 这些特点使非晶态半导体的电导机理较晶态半导体更为复杂. 处在扩展态的电子，其导电机理类似于晶体的行为. 而局域态中的电子，则要依靠热激发及隧道效应实现从一个中心到另一个中心的跃迁而形成跳跃导电. 在不同温度下，他们对电导的贡献是不同的，因此在不同温度下，电导率的公式也是不同的. 下面从半导体电导率的基本公式 $\sigma=en\mu$ 出发，分别对不同的导电机制进行讨论，为简单计，假设只有一种载流子控制着电荷的输运.

1. 带隙中的缺陷定域态的电导

在低温下，费米能级以下的电子只能被激发到费米能级附近的缺陷定域态上，这些电子只能通过热助隧穿机制产生电导. 由于电子从一个定域态中心迁移到另一个中心必须借助于晶格振动对电子的作用，即吸收一个或几个声子，这是一个热激活过程. 若用 W_I 表示缺陷定域态之间跳跃的平均激活能，则跳跃概率正比于 $\exp[-W_1/(k_B T)]$；而电子浓度 n 就是费米能级 E_F 附近的能态密度，非晶态半导体的费米能级通常被“钉扎”在带隙中. 基本不随温度变化，所以由 $\sigma=ne\mu$ 可知，局域态之间的**跳跃电导** σ_1 为

$$\sigma_1 = \sigma_0 \exp[-W/(k_B T)] \tag{11.5.1}$$

但是，在极低温度下，声子数及声子能量都很小，因而靠热激活是很困难的. 这时，电子跳跃到最近邻的较高能态的方式就不一定是最可取的；相反，电子可通过跳跃较远的距离而遇到能量相近的空态的概率增加，从而对电导有贡献. 这种电子在带隙缺陷定域态之间做距离不等的跳跃引起的电导，称为**变程跳跃电导**，其电导率公式为

$$\sigma_1' = \sigma_{01}' \exp(-A/T^{1/4}) \tag{11.5.2}$$

式中，σ_{01}和 A 为于温度无关的常量，这个结果是通过比较简单的模型得到的，不少试验结果比理论值要高几个数量级. 当跳跃距离和样品的厚度可以比拟时，理论分析认为 $\sigma\propto\exp[-(1/T)^{1/3}]$. 实验还发现有些非晶态材料没有变程跃迁电导，因此有关变程跳跃的实验和理论研究仍在进行之中.

2. 带尾定域态电导

当温度稍高时，热能足以把载流子激发到接近迁移率边的定域态，然后通过热助隧道效应由一个定域态中心跳到另一个定域态中心，这种电导机制产生的电导率为

$$\sigma_2 = \sigma_{02} \exp\left(-\frac{E_A - E_F + W_1}{k_B T}\right) \tag{11.5.3}$$

式中，W_1 为隧道跳跃过程所需的激活能，迁移概率与 $\exp[-W_1/(k_B T)]$成正比.

$E_A - E_F$ 是把电子激发到导带带边能量 E_A 所需的能量. 因为电子浓度 n 与 $e^{-(E_A-E_F)/(k_BT)}$ 成正比,故带尾域定态对电导率的贡献可写为式(11.5.3)的形式.

3. 扩展态的电导

当温度足够高时,热能有可能把电子激发到迁移率边以上的状态,此时电导率可表示为

$$\sigma_3 = \sigma_{min} \exp \frac{-(E_C - E_F)}{k_B T} \tag{11.5.4}$$

式中,E_C 是迁移率边的能量,σ_{min} 是迁移率边附近的电导率,其值随无序模型的不同而不同,式(11.5.4)所表示的形式与晶态半导体的电导公式相同,这是因为非晶态半导体的 E_F 基本上不随温度变化,迁移率随温度的变化较小,而激发到导带扩展态的电子浓度正比于 $\exp[-(E_C - E_F)/(k_B T)]$,所以具有式(11.5.4)所表示的结果.

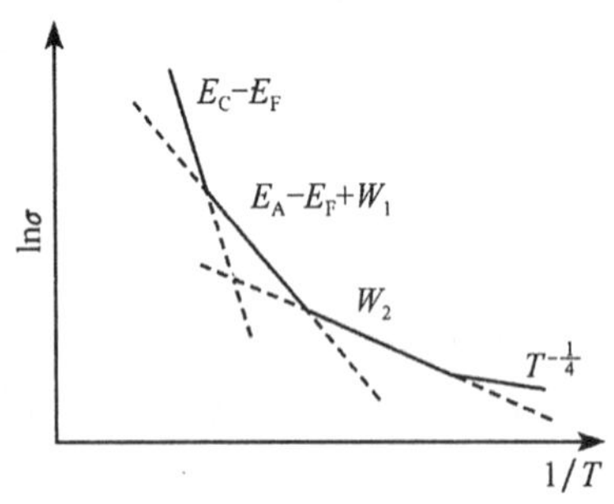

图 11.5.1 非晶态半导体的 $\ln\sigma$-$1/T$ 的关系示意图

综合以上不同机制对电导率的贡献,非晶态半导体的直流电导率 σ 与温度 T 的关系可表示为

$$\begin{aligned}\sigma = \sigma_1 + \sigma_2 + \sigma_3 = & \sigma_{01}\exp[-W/(k_B T)] \\ & + \sigma_{02}\exp[-(E_A - E_F + W_1)/(k_B T)] \\ & + \sigma_{min}\exp[-(E_C - E_F)/(k_B T)]\end{aligned} \tag{11.5.5}$$

在不同的温度区间,上述 3 种导电机制分别只有一种起主要作用. 图 11.5.1 给出了非晶态半导体的 $\ln\sigma$-$1/T$ 关系曲线.

11.5.2 非晶态半导体的光电性质

非晶态半导体的光吸收、光致发光、光电子学等光电性质,不仅仅是技术应用上的需要(如太阳能电池、光敏器件等的制作),而且由于这些光电性质紧密依赖于其电子的能带结构、杂质缺陷和原子振动情况等,因此通过对上述性质的研究,可以获得关于非晶态半导体电子态和原子振动的重要信息. 下面先由对固体的光吸收和光辐射作一般介绍,然后介绍非晶态半导体的光电性质.

1. 晶体的光吸收和光辐射过程

当光波进入固体内部时,将会被固体吸收. 不同固体对不同光谱区段的吸收强弱及吸收机制是不同的. 半导体具有一般绝缘体介质和金属的全部光学性质,它的

吸收谱如图 11.5.2 所示，其光谱各区段的吸收机制是不同的. 按照光子能量从大到小的顺序其吸收谱段可分为：

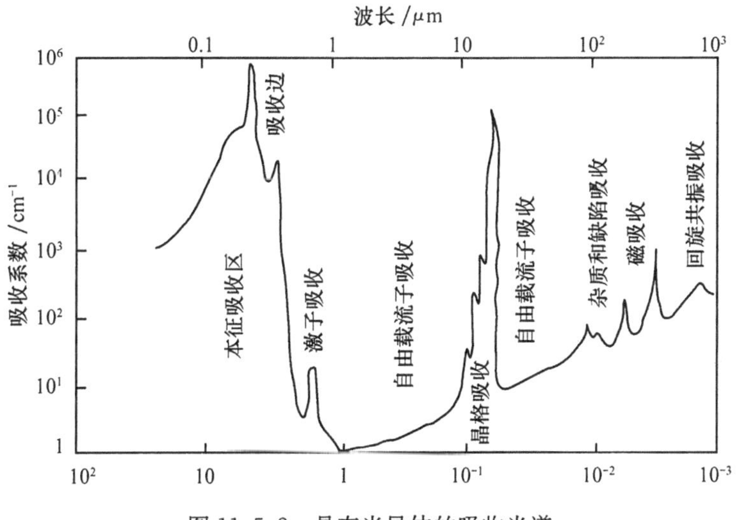

图 11.5.2 晶态半导体的吸收光谱

(1) 本征吸收. 这是相应于价带电子吸收光子跃迁到导带的吸收，也称为带间吸收或带间跃迁. 当电子吸收光子从价带跃迁到导带时，同时产生电子空穴对，从而出现本征导电. 由于各类材料能带结构的差别，吸收区可处于紫外、可见光，以至近红外区. 其特点是吸收系数很高，可达 $10^5 \sim 10^6 cm^{-1}$. 吸收区的低能端吸收系数下降很快，低能端的边界位置与能隙宽度相对应，称为**本征吸收**.

(2) 激子吸收. 在吸收边附近，常可看到一些吸收光谱的精细结构谱线，这是因为价电子吸收光子能量后不足以跃迁到导带，而处于导带下方不远的禁带中，形成电子-空穴束缚激发态，称为**激子**. 若这种电子空穴对束缚较弱，即电子与空穴平均距离较大(小于晶格常数)，则称为 Wannier 激子；反之，则称之为紧束缚或 Frenkel 激子. 前者出现在半导体中，后者出现在离子晶体中.

(3) 自由载流子吸收. 当入射光波长超过激子吸收区段后，吸收系数缓慢单调上升. 这是由导带中的电子和价带中空穴吸收光子后在同一带中的内跃迁引起的. 其吸收谱段包括整个红外波段和微波波段. 吸收系数的大小是载流子浓度的函数. 对金属，自由载流子浓度很高，自由载流子吸收很强以致可掩盖所有其他吸收光谱的特征.

(4) 晶格吸收. 由于长光学横波声子和红外光子耦合，形成称为极化激元的激发态，从而引起的光吸收称为晶格吸收. 因为光电场使正负离子发生位移极化，导致电偶矩从光场中吸收能量. 当光频率与晶格振动频率发生共振时，吸收达到最大. 在二元离子晶体中，这种吸收特别显著，吸收系数可达 $10^5 cm^{-1}$. 这种与晶格振动有关的吸收峰对所有的固体都出现在红外区段.

(5) 杂质和缺陷吸收. 与杂质、缺陷有关的吸收是多种多样的. 如杂质半导体中施主能级上的电子和受主能级上的空穴，在低温下因吸收光子而激发成为自由载流子，从而产生杂质电导. 又如，离子晶体中正负空位形成的各种吸收中心——色心(见 6.3 节)等.

(6) 磁吸收和回旋共振吸收. 由于光吸收可以造成电子自旋的反转，自旋波量子的激发等. 在交变磁场中运动的电子吸收电磁场能量后将发生在磁次能级间的跃迁. 这些与磁有关的光吸收谱线如图 11.5.2 最右边的曲线所示.

2. 固体发光

固体发光过程是光吸收的逆过程. 在光照、外加磁场或电子轰击下，若不发生化学变化，其电子被激发到不稳定的高能态，当电子返回到原态时，可以以电磁辐射和热的形式将多余的能量放出，前者称为光发射或发光. 外部作用去掉后，发光有一个持续过程. 发光持续时间短于 10^{-8}s 的发光称为**荧光**，大于 10^{-8}s 的称为**磷光**. 有些发光可持续达数小时. 这些说明受激与发光之间存在着一系列的中间过程. 与光吸收对应，发光可分为带间跃迁发光、激子复合、能带和杂质能级之间的跃迁，以及离子晶体中各种色心等.

这里需要指出，发光过程除满足能量守恒外，也必须满足动量守恒. 对Ⅱ-Ⅵ族化合物和大多数Ⅲ-Ⅴ族化合物等直接能隙材料，发光过程中动量守恒. 但对Ⅳ族元素半导体等间接能隙材料，在发射光子时，还必须伴随着发射或吸收一个声子，以满足动量守恒. 另外，固体中电子-空穴复合，也可以仅发射声子而不发光，这种无辐射复合过程更为常见，称为**声发射**.

研究固体的发光过程，不仅有助于掌握它的机制和规律，了解杂质和缺陷的作用，了解载流子在固体中的运动以及能量传递和转换等问题，而且有助于制备和发展新型光学材料和器件，如光源、显示、显像、光电器件等.

3. 非晶态半导体的光吸收和光致发光

由于非晶态半导体和晶态半导体有几乎完全相同的短程序，这使两者的基本能带结构相似，从而两者也有大致相同的本征吸收谱，并且都存在本征吸收边. 但是，由于非晶态半导体不具备长程序使其出现晶态所没有的带尾定域态，而且导带和价带中的扩展态不能用波矢 $\boldsymbol{k}$ 描述，即处于这些扩展态的电子不具有动量 $\hbar\boldsymbol{k}$. 此外，非晶态半导体在带隙中有密度相当高的缺陷定域态，且其原子振动情况也不同于晶态. 因此，非晶态半导体与晶态半导体光吸收谱和发光有着重要差别，主要表现在：

(1) 对非晶态半导体的本征吸收，由于非晶态半导体不能引入波矢 $\boldsymbol{k}$，因而不再有竖直跃迁与非竖直跃迁之分，从而电子跃迁不再受选择定则的限制. 这就使得非晶态半导体的吸收边附近 1～3eV 能量范围内的吸收远比晶体的吸收强，如图 11.5.3 所示. 此区间正在太阳光光谱的能量范围，所示非晶态半导体更适合于制作太阳能电池.

(2) 在非晶态半导体的吸收边附近，吸收系数 α 与光子 $\hbar\omega$ 的 $\ln\alpha$-$\hbar\omega$ 关系一般呈现如图 11.5.4 所示的曲线. 该曲线分为 3 个不同的区域：区域 A 为高吸收区，对应于电子从价带到导带扩展态之间的跃迁；区域 B 为指数区，对应于电子由价带扩展态到导带带尾定域态，或由价带带尾定域态到导带扩展态之间的跃迁；区域 C 为弱吸收区，与杂质和缺陷态有关.

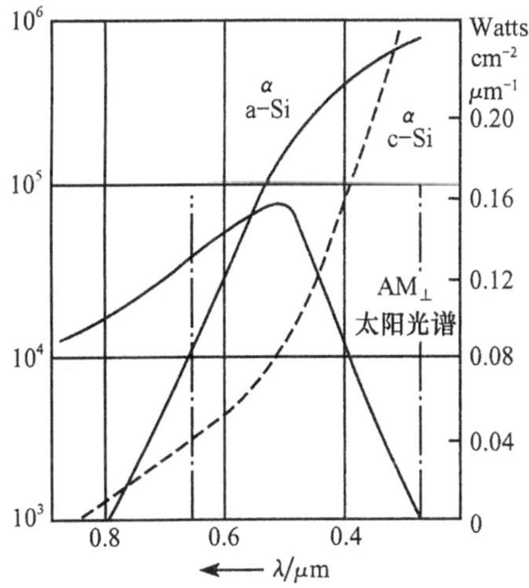

图 11.5.3 晶体硅与非晶硅(a-Si:H)光吸收系数的比较

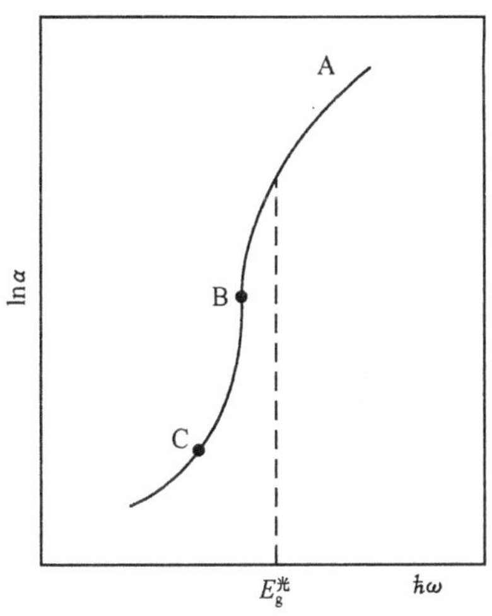

图 11.5.4 非晶态半导体典型 $\ln\alpha$-$\hbar\omega$ 关系曲线

(3) 在非晶态半导体中，原子振动与光相互作用时，由于不受准动量守恒关系的限制，原则上在整个频率范围所有的振动模都有贡献，因而其红外吸收光谱和拉曼光谱比晶态吸收谱线变的弥散、光滑.

(4) 对高吸收区 A，理论分析和实验观测结果表明：光吸收系数 $\alpha(\omega)$ 和光子能量 $\hbar\omega$ 之积的平方根 $\sqrt{\hbar\omega\alpha(\omega)}$ 与 $\hbar\omega$ 之间有线性关系，如图 11.5.5(a)所示；由该曲线外推到 $\hbar\omega$ 轴上的截距所确定的 $E_g^{光}$，通常称为光学禁带宽度(光学隙)，它一般比迁移率边间隙 E_g 小，如图 11.5.5(b).

(5) 在非晶态半导体，特别是硫系非晶态半导体中，存在着发射光子的频率低于吸收光子频率的现象，称之为**斯托克斯**(Stokers)**效应**. 黄昆认为，这种现象是因为强的电子-声子相互作用，使定域态上的电子在处于基态和激发态时，原子的平衡位置不同. 图 11.5.6 中的曲线 1 和曲线 2 分别表示基态和激发态时原子的平衡

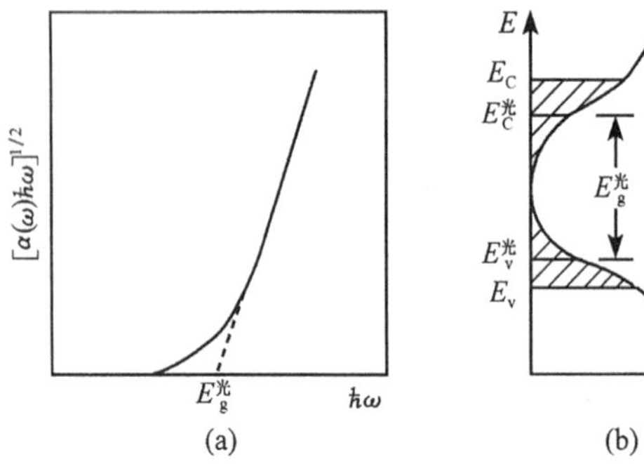

图 11.5.5　非晶态半导体的光学禁带宽度

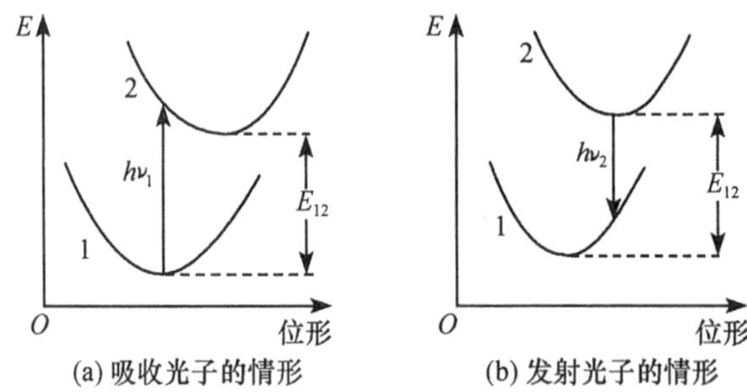

图 11.5.6　存在强电子-声子耦合作用时的位形示意图

位置不同时的能量与原子位形坐标的关系. 曲线极小值对应平衡值. 两基态能量差为 E_{12}. 电子基态与激发态之间的跃迁进行得非常迅速，以至可以认为在电子跃迁过程中原子的相对位置不变. 在图 11.5.6 中用一条竖线表示电子跃迁过程. 图 11.5.6(a)表示吸收光子的情形. 由于电子从基态跃迁到激发态后的瞬间，原子并不处于激发态的平衡位置，因而所吸收光子的能量 $h\nu_1$ 大于跃迁中电子获得的能量 E_{12}，其差额成为与原子相对位置有关的势能. 此势能使原子的激发态平衡位置移动，并转化为原子的振动，即多余的能量以发射声子的形式传递给出原子网格. 图 11.5.6(b)表示发射光子的情形，由于与前类似的原因，所发射光子的能量 $h\nu_2$ 小于跃迁中电子的能量 E_{12}，其差额也以发射声子的形式传递给原子网格. 实际上，原子总是围绕平衡位置作热振动，电子跃迁的瞬间，原子可以处在各种不同的位置上，因而吸收光谱和发射光谱都存在较大的带宽. 图 11.5.7 定性地说明原子热振动对光吸收谱宽度的影响.

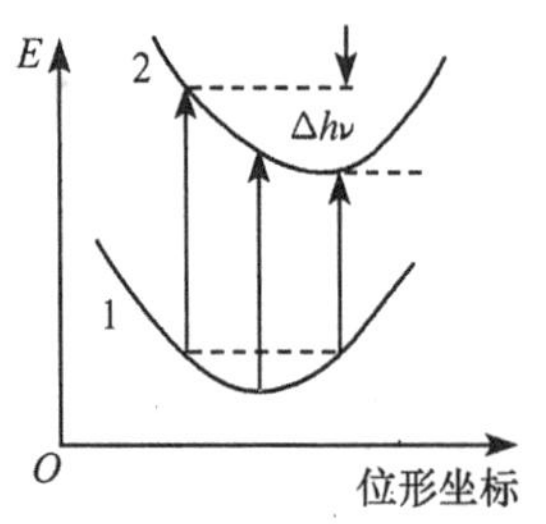

图 11.5.7　原子振动对光吸收谱宽度的影响的示意图

4. 非晶态半导体的应用

(1) 非晶态硅太阳能电池. 1975 年,Spear 用辉光放电方法制成的非晶态薄膜中,含有大量氢原子(H 浓度约为 $10^{12}\mathrm{cm}^{-3}$或约为原子数的 10%~35%,实际是硅氢合金). 这些类氢原子使非晶态硅中的悬挂键饱和,从而大大降低了隙态密度,解除了费米能在带隙中的"钉扎",从而可通过掺杂制成 pn 结,使制造非晶态硅太阳能电池成为现实. 与晶态硅相比,由于非晶态硅的本征吸收不受动量守恒关系的限制,无需声子参与,这使在太阳光谱范围内的吸收系数提高一个数量级以上. 有人估算,1μm 厚的非晶态硅氧化膜可以吸收太阳光的 90%以上,而 10μm 厚的晶态硅薄膜只能吸收太阳光的 80%,因而可大大降低造价. 另外,非晶态硅薄膜的制备工艺较单晶硅简单,成本较低,可大面积生产,因而日益受到人们的重视.

(2) 非晶态光电器件. 利用非晶态半导体的光电导性质,可制成一些有用的器件. 例如用作静电复印机中的感光器件,是用在 $A1$ 衬底上蒸发形成 10~50μm 厚的非晶态硒膜制成的. 非晶态硒膜的暗电阻率很高,复印时,首先使膜表面相对于衬底并使其具有正电压,电晕放电使非晶态硒薄膜表面上均匀带正电荷. 然后将所印资料的图成像在非晶态硒表面,光照部分产生的光电导使该区域表面上的电荷通过非晶态膜放电,电位随之降到与衬底相同. 未受光照的部分,电荷及电压不变,即非晶态硒膜表面出现所复印图文的静电"潜像". 随后在非晶态硒膜表面撒上增色剂,使静电图像变为增色图像,再复印到纸上,并通过加热"定影",即完成一次复印过程. 最后清扫膜表面,通过光照清除表面残留电荷,已备下次复印.

(3) 非晶态半导体的信息记忆器件. 非晶态硫系半导体在电、热、光的作用下,可从非晶态转变为多晶态,或从一种非晶态转变为另一种非晶态. 转变前后两种状态的光透射、反射、二次电子发射等性质相差很大,而且这种转化是可逆的. 利用硫系非晶态半导体的这种在外界作用下的结构响应性质,可作为信息记忆材料. 1970 年美国 IMB 公司利用非晶态的光致结构变化效应制成光信息存储盘(简称光盘). 现在,只读存储和可擦重写的电视光盘已经商品化. 在存储信息时,用调制激光脉冲,通过光致结构变化将要存储的信息刻录到非晶态的记录介质上,使非晶态介质盘上出现亚微米级的非晶态-晶态交替变化的区域,称之为信息轨道. 提取信息时,采用功率较低的激光扫描信息轨道,利用非晶态和晶态对光反射性质的差异,可由反射光经光电探测器检测并解调,取出存入的信息. 光盘比磁盘可存储的信息量大得多,而且价格低廉,成像质量好.

11.6 弱无序系统的量子相干效应

从上面的讨论,我们已经知道强无序会导致波从扩展态向定域态转变. 这是因为无序系统中，波在无规分布的散射体中会经过多次无规散射，散射过程导致了波的定域化.

本节讨论弱无序效应，它介于周期结构中单一杂质或缺陷的散射和大量无规杂质相干散射(强无序)这两种情形之间. 此时，结构虽然并非周期性的，但依然存在大量处于扩展态的能量本征态. 这时我们将会发现作为强定域化前兆的弱定域化效应.

11.6.1　特征长度与特征时间

为了区别固体介质的无序程度，需要定义四个特征长度：第一个是在固体中传播的波的波长 λ，通常与本征波矢及本征能量有关. 第二个是弹性碰撞平均自由程 l(电子与杂质的碰撞)，可用来表征无序，按照气体动力学理论，$l\approx(n\cdot\sigma)^{-1}$，这里 σ 是一个散射体的典型弹性散射截面，n 是单位体积中散射体的数目. 第三个非弹性碰撞自由程 l_{in}(如电子和声子之间的碰撞)，是温度的函数. 第四个是样品的尺寸 L.

这四个特征长度的相对值决定了波在介质中的传播性质：①当 $l_{in}>l>L>\lambda$ 时，该介质是均匀的，如对缺陷、杂质很少的理想周期结构，以及处于低温下的介质对电子来说都满足这一条件. 可以证明，此时除了入射波，只有一个反射波，因而是传播态情形. ②当 $\lambda<l<l_{in}<L$ 时，如高温下，此时存在足够多的非弹性散射，使得波丧失了对其初始方向的记忆，电子运动可看成是扩散过程，可用多重散射来描述. 但是由于仍存在着弹性散射，产生附加的相干效应，即起源于背散射波的干涉效应而导致的弱定域化；③当 $l\leqslant\lambda<L$ 时，系统满足 $\dfrac{l}{\lambda}<1$，即波长大于平均自由程，散射消失从而导致扩散过程消失，此称为 Ioffe-Regel 判据. 平均自由程是电子波保持相位相干的尺度，波长是相位变化 2π 的距离，显然此时物理上应有本质的区别，实际上正是强无序情形. 当样品尺寸 L 足够大时，波将不会透过该体系，这就是被称为 Anderson 定域化的情形.

我们可以用 $l=v\tau$ 来定义一个碰撞时间 τ，这里 v 是特征速度. 对电子而言即费米速度 v_F，τ 表示两次连续弹性散射的平均时间间隔，这两次散射属于能量简并，但动量不同的本征态之间的跃迁.

11.6.2　弹性散射与非弹性散射

在 5.4 节中讨论金属电导率中，我们知道电子会经受两种类型的散射，一类是电子和静态杂质(广义的是杂质原子和晶体中的各种缺陷)的弹性散射，它不改变电子的能量，只改变其晶格动量，使电子从波矢 $\boldsymbol{k}$ 标记的布洛赫态散射到 $\boldsymbol{k}'$ 态，设 τ 是相应的碰撞时间(弛豫时间). 另一类是电子、声子之间非弹性散射，电子吸收或放出声子,导致能量改变,引起不同能量本征态之间的跃迁,τ_{in}是相应的非弹性碰撞时间,通常条件下,$\tau_{in}>\tau$,这意味着在两个连续的非弹性散射之间会发生多次弹性散射. 尽管两类散射有不同的来源,不同的随温度变化的关系,但在产生电阻方面,认为它们的作用是一样的. 但是,到 20 世纪 70 年代末,人们认识到两类散射更为深刻的差别:弹性散射的散射波和入射波的相位之间有确定的关系,通常称为相位"记忆",这种相位记忆使散射波保持相位相干性. 而电子与声子的散射,实际上是电子受到振动晶格的散射,如果散射中心随时间无规运动,散射波和入射波间的相位关系也随着时间无规变化,最终失去了相位的记忆,从而破坏散射波的相干性.

一个非常重要的量是非弹性散射长度,用以描述这种破坏相干性的散射,也称退相干长度,定义为

$$l_{in}=v\tau_{in}$$

实际上非弹性散射率$\dfrac{1}{\tau_{in}}$会随温度的增加以指数规律 T^P 的形式增加,这里 P 是一个常数. 作为例子,我们对电子 τ_{in}作出估计:室温下,声子的振动频率 $\nu\approx\dfrac{k_BT}{h}\approx 10^{13}\,s^{-1}$,电子受到声子的非弹性散射,故 $\tau_{in}=\dfrac{1}{\nu}=10^{-13}\,s$,因为电子的费米速度 $v_F\approx10^8\,cm\cdot s^{-1}$,故有 $l_{in}=v_F\tau_{in}\approx100nm$,而金属电子的费米波长约为 0.1nm 量级,平均弹性自由程 10nm 量级,所以对于一般尺寸为 L 的宏观样品,电子失去相位记忆,可被处理为经典粒子.

11.6.3 相干背散射

特征尺寸满足 $\lambda<l<l_{in}<L$ 的系统为微弱无序系统. 如前所述,对金属电子采用经典描述方法,即把电子看作一个粒子. 由于杂质的散射,其轨道为经典的无规行走路径. 但是应该强调指出,由于电子的波动性,电子等微观粒子从不同路径达到某点的概率应该是各路径概率幅迭加的模方,而并非是各波的强度之和. 另外,微观粒子的量子力学特性体现在有一个随时间和路程变化的相因子.

现在我们讨论波在无序介质中的扩散行为. 设想波从原点 O 到某一点 O' 扩散过程,如图 11.6.1 所示. 因为从 O 到 O' 的输运可以沿着不同的路径,对每一个路径 i 有一个输运概率幅 A_i,于是从 O 点到 O' 点总的输运概率就是所有路径概率幅之和的绝对值的平方,即

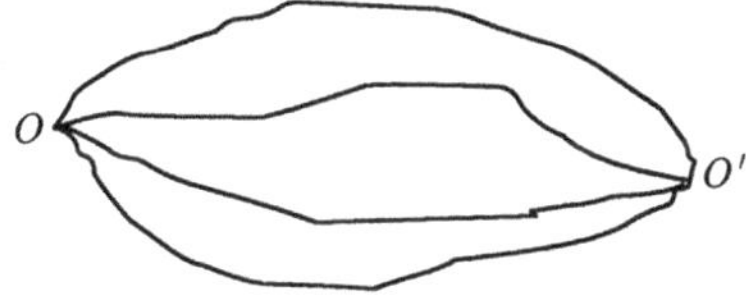

图 11.6.1 电子达到 O' 点的概率应是各路径概率幅叠加的模方

$$P = \Big| \sum_i A_i \Big|^2 = \sum_i |A_i|^2 + \sum_{i=j} A_i A_j^* \tag{11.6.1}$$

式中，A_i 可表示为

$$A_i = |A_i| e^{i\varphi_i} \tag{11.6.2}$$

φ_i 是与第 i 条路径相关的相位因子. 式(11.6.1)右边第一项是经典扩散概率，而第二项描述了源于不同路径方向的干涉效应. 在很多情况下干涉项是可以忽略不计的，这是因为在宏观体系中，许可的路径数目很多，各路径的长度明显不同，因而各概率幅 A_i 有明显不同的相位，平均来说，这导致相消干涉. 因而图 11.6.1 所示的情形中量子干涉通常并不重要. 这也是讨论输运问题时，如自由电子电导、经典扩散理论等略去相干性的原因.

但是，在无规行走路径中可能形成一种自相交路径，如图 11.6.2(a) 所示 O 点的闭合路径. 它相当于图 11.6.1 中 O 与 O' 点是同一点，起点与终点相同. 两点之间的中间路径就有顺时针和反时针两个不同的方向，其反时针的路径相当于在 k 空间处于 $\boldsymbol{k}$ 态的电子经过时间反演，对称的多次散射到 $-\boldsymbol{k}$ 的背散射. 由于顺时针路径与反时针路径是全同的，相应的概率幅 A_1 和 A_2 在相位上是相同的. 又因为过程的随机性，概率幅应有相同的绝对值 $|A_1| = |A_2| = A$. 这样由式(11.6.1)给出的自相交路径的输运概率，即在 O 点找到电子的概率

$$P(O) = |A_1|^2 + |A_2|^2 + 2A_1A_2^* = 4|A|^2 \tag{11.6.3}$$

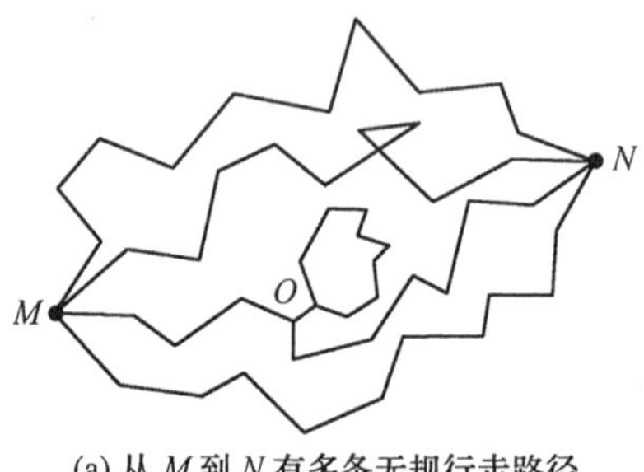

(a) 从 M 到 N 有多条无规行走路径

(b) 从 O 点出发的闭合路径

图 11.6.2

是经典值 $2|A|^2$ 的二倍，这是相干涉的结果. 上述结果说明，电子在原点出现的概率增大，意味着在观察点[如图 11.6.2(a)中的 N 点]电子出现的概率下降，导致电导率减少. 这就是弱定域化的物理图像：由于量子力学波函数的叠加原理导致具有波动性微观粒子，如电子在无序介质中比经典粒子活动性差、扩散较慢，这一现象称为相干背散射效应. 显然，光在无序介质中传播的相干背散射效应可用同样的机制来说明.

11.6.4 电导的背相干修正

背相干散射导致的电导率减小，与无规行走中的自相交路径发生的概率成正比，现在我们来计算这个概率.

在 6.2 节中所讨论的经典一维扩散问题，其解为式(6.2.3). t 时刻在 x 处发现粒子概率密度

$$\frac{n(x,t)}{N}=\frac{1}{2\sqrt{\pi Dt}}\mathrm{e}^{-\frac{x^2}{4Dt}}$$

(注意，这里是双边扩散，而不是 6.2 节所述的单边扩散). 若令 $x=0$，则在 t 时刻粒子回到出发点的概率为

$$P(x=0,t)=\frac{1}{(4\pi Dt)^{\frac{1}{2}}} \tag{11.6.4}$$

推广到 d 维情形，为

$$P(\boldsymbol{r}=0,t)=\frac{1}{(4\pi Dt)^{\frac{d}{2}}} \tag{11.6.5}$$

式中，D 是扩散系数. 在三维情形，熟知的结果是

$$D=\frac{1}{3}v_{\mathrm{F}}l=\frac{1}{3}v_{\mathrm{F}}^2\tau_{\mathrm{F}}$$

对于 d 维体系

$$D=\frac{1}{d}v_{\mathrm{F}}^2\tau_{\mathrm{F}} \tag{11.6.6}$$

这里的 v_{F} 是电子的费米速度，τ_{F} 是一次弹性碰撞时间.

电子的特征波长是费米波长 $\lambda_{\mathrm{F}}=\frac{2\pi}{k_{\mathrm{F}}}$，电子无规行走的路径实际上应该是直径为 λ_{F} 的折线，考虑一个 d 维，其截面积为 $\lambda_{\mathrm{F}}^{d-1}$，如图 11.6.3 所示. 在 $\mathrm{d}t$ 时间内电子移动 $\mathrm{d}l=v_{\mathrm{F}}\mathrm{d}t$ 距离，在此 $\mathrm{d}t$ 时间内电子出现自相交路径的概率是与 $P(0,t)$ 和电子走过路径的体积 $\lambda_{\mathrm{F}}^{d-1}v_{\mathrm{F}}\mathrm{d}t$ 的乘积成正比，即

$$\mathrm{d}P=P(0,t)\mathrm{d}V_{\mathrm{d}}=P(0,t)\lambda_{\mathrm{F}}^{d-1}v_{\mathrm{F}}\mathrm{d}t \tag{11.6.7}$$

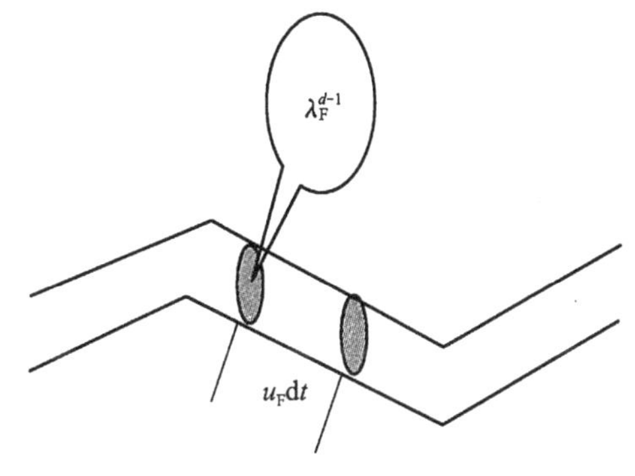

图 11.6.3 电子在 d 维空间走过路径的体积

如果用 τ_{in}表示非弹性散射时间，由于非弹性散射导致相位记忆丧失，称为退相位时间(dephasing time)，是可能发生相

干的最大时间，那么从第一次弹性散射起到非弹性散射发生时间 τ_{in} 内，电子出现自相交路径的概率为

$$P=\int_{\tau}^{\tau_{in}}\mathrm{d}P=\int_{\tau}^{\tau_{in}}P(0,t)\lambda_F^{d-1}v_F\,\mathrm{d}t=\lambda_F^{d-1}v_F\int_{\tau}^{\tau_{in}}\frac{\mathrm{d}t}{(4\pi Dt)^{\frac{d}{2}}} \tag{11.6.8}$$

因此相干背散射对金属电导率 σ 的修正(减小)$-\delta\sigma$ 与 P 成正比，即

$$\frac{\delta\sigma}{\sigma}\propto -P=-v_F\lambda_F^{d-1}\int_{\tau}^{\tau_{in}}\frac{\mathrm{d}t}{(4\pi Dt)^{\frac{d}{2}}} \tag{11.6.9}$$

对于不同维度的系统，电导率修正值可表示为

$$\frac{\delta\sigma}{\sigma}\propto -k\times\begin{cases}\left(\dfrac{\tau_{in}}{\tau}\right)^{\frac{1}{2}}, & d=1\\[2ex] \hbar\ln\left(\dfrac{\tau_{in}}{\tau}\right), & d=2\\[2ex] \hbar^2\left(\dfrac{\tau_{in}}{\tau}\right)^{-\frac{1}{2}}, & d=3\end{cases} \tag{11.6.10}$$

这里 k 是系统的无序参量. 由于 $\tau_{in}\propto T^{-P}$，P 为正常数，P 的大小与散射机制、维度等有关，于是式(11.6.10)成为

$$\frac{\delta\sigma}{\sigma}\propto -k\times\begin{cases}T^{-\frac{P}{2}}, & d=1\\[1ex] \hbar P\ln\dfrac{1}{T}, & d=2\\[1ex] \hbar^2T^{\frac{P}{2}}, & d=3\end{cases} \tag{11.6.11}$$

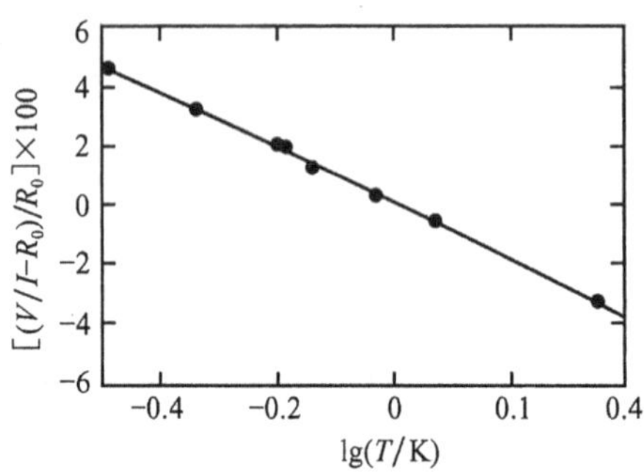

图 11.6.4　无序 Au-Pd 薄膜的电阻与温度的依赖关系

给出了电导率修正的温度依赖性. 对二维和三维情形，修正来源于量子力学效应. 当 $\hbar$ 可看作零时，修正将消失. 但对一维情形，因为只允许出现正向和背向散射，所有路径一定闭合，因此与经典处理一致. 图 11.6.4 给出了实验测量得到的无序合金薄膜的电阻-温度关系，验证了式(11.6.11)中二维的结果.

习　　题

11.1　习题 11.1 图示为 10nm 厚 Si 膜 50keV 电子衍射的结果，粗曲线是在非晶态 Si 膜上得到的，细曲线是同一膜经 600℃退火部分晶化后得到的. 请指认衍射峰所属晶面，并讨论两曲线的异同.

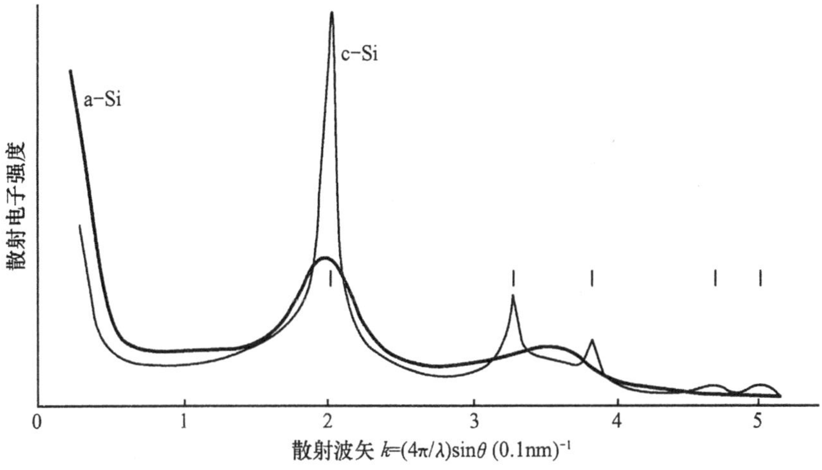

习题 11.1 图

11.2 对于无序体系,假定单电子波函数为 $\phi(r)=\sum_i a_i\varphi(r-R_i)$,这里 $\varphi(r-R_i)$ 为格点 i 的原子轨道波函数,证明薛定谔方程可写为 $(E_j-E)a_j+\sum_{i\neq j}T_{ij}a_i=0$,试说明 E_j 和 T_{ij} 的意义.(提示,用紧束缚近似)

11.3 金属的电导率 $\sigma=ne^2\tau/m$,若电子自由程 l 小到晶格常数 a 时,被认为电子态定域化了,试估算此时的电导率 σ.

11.4 证明磁场中粒子的薛定谔方程

$$\left[\frac{1}{2m}(-i\hbar\nabla-q\boldsymbol{A})^2+V\right]\psi(r)=\varepsilon\psi(r)$$

的解可写成

$$\psi(r)=\psi^0(r)\exp\left[\frac{iq}{\hbar}\int_{C(r)}\boldsymbol{A}(\boldsymbol{r}')\cdot\mathrm{d}\boldsymbol{r}'\right]$$

的形式. 其中 $\boldsymbol{A}(r)$磁场的矢势,$\boldsymbol{B}=\nabla\times\boldsymbol{A}(r)$,线积分沿端点在 $\boldsymbol{r}$ 的任一路径 $C(r)$进行,$\psi^0(r)$是零磁场情况下薛定谔方程的解.

11.5 在强定域区,从跳跃电导机制出发,给出电流密度 J 和外加电场强度 E 的关系,并由此得到跳跃电导率的表达式.

第 12 章 介观体系与纳米固体

在第 11 章中介绍了有关固体的三个特征长度，分别是波长 λ、特征相干长度 l_φ（即 11.6 节中的 l）和固态物体的线度 L. 在此之前，我们所讨论的固体都是由大量粒子组成宏观固体，其线度都远大于另外两个特征长度，即 $L>l_\varphi$，$L>\lambda$. 因此边界效应的影响可以忽略不计，故可采用周期性边界条件；同时，系统的物理性质可采用热力学极限方法求得，即认为所得到的结果应是体积 $V\to\infty$ 和粒子数 $N\to\infty$，而 $\frac{N}{V}$ 保持有限的体系的统计平均行为.

随着微加工技术的发展，如分子束外延及光学、电子蚀刻技术，特别是大规模集成电路的成熟，人们可以制备出尺寸 L 小于 $1\mu\text{m}$ 的半导体或金属样品，如前面所提到的一维半导体超晶格等. 对于这样大小尺度的样品，在温度 $T<1\text{K}$ 时，其相干长度 l_φ 大于样品尺寸，即 $l_\varphi>L$. 此时，样品中的微观粒子，如电子等的德布罗意波的相干性等量子力学效应该充分显现. 样品的性质与宏观样品相比出现很大的区别，热力学极限条件下的统计平均行为不再成立，样品体系进入了新的研究层次，我们称之为**介观体系**. 由于在常温下，l_φ 具有纳米量级，故也把 $l_\varphi>L$ 的体系称为**纳米固体**.

在介观体系或纳米固体中，只存在弹性杂质散射，因而电子相位是相干的，于是出现了很多与此相关的量子现象，包括 Aharonov-Bohm（AB）效应、量子化电导、磁指纹、量子限制效应以及前面提到的弱定域化等现象.

介观体系是处于宏观与微观体系之间的一个新的研究领域. 对宏观（经典物质体系）和微观（原子分子）体系，人们已经有了较多的研究，相继建立起了经典物理学和量子物理学的理论方法. 相对而言，对处于这两者之间的介观体系，目前了解还是较少. 但是由于其广阔的应用前景，以及技术的发展为制备和测量这样微小样品提供的实验支撑，认识和利用介观体系都不是遥远的梦想.

12.1 介观体系中的量子相干效应

在 $l_\varphi>L$ 的介观体系内，由于弹性散射占主导地位，电子将在整个散射过程保持相位记忆，量子相干效应是介观体系与一般体系的最显著的区别之一. 量子相干效应除了第 11 章叙述的由背相干散射引起弱局域化外，还表现为介观体系在外磁场中出现的 AB 效应（Aharonov-Bohm effect）及 ASS 效应（Altshuler-Sharvin-Spivak effect）.

12.1.1　AB 效应

在 5.3 节和 7.2 节讨论过磁场中电子状态和输运，作为延伸和扩充，现在我们考虑介观体系中电子在磁场中的输运现象.

我们知道在矢势为 $\boldsymbol{A}$ 的外磁场中运动电子的正则动量 $\boldsymbol{p}=m\boldsymbol{v}-e\boldsymbol{A}(r)$，用算符表示即

$$\hat{\boldsymbol{p}}=-i\hbar\,\nabla=m\boldsymbol{v}-e\boldsymbol{A}(r) \tag{12.1.1}$$

设有磁场时，自由电子的波函数

$$\psi(r)=A\mathrm{e}^{\frac{\mathrm{i}}{\hbar}\boldsymbol{p}\cdot\boldsymbol{r}}=A\mathrm{e}^{\mathrm{i}\boldsymbol{k}\cdot\boldsymbol{r}}=A\mathrm{e}^{\mathrm{i}\frac{p}{\hbar}\boldsymbol{k}_0\cdot\boldsymbol{r}} \tag{12.1.2}$$

式中，$k=\dfrac{p}{\hbar}=\dfrac{2\pi}{\lambda}$，$\boldsymbol{k}_0=\dfrac{\boldsymbol{k}}{k}$为单位矢量，如果电子波传播 $\Delta\boldsymbol{r}$ 距离，则波函数的相位增加 $\Delta\varphi(r)=\dfrac{\boldsymbol{k}}{k}\cdot\Delta\boldsymbol{r}$. 因此可以把动量算符的本征函数一般地写成

$$\psi(r)=C\mathrm{e}^{\mathrm{i}\varphi(r)}$$

有

$$\hat{\boldsymbol{p}}\psi(r)=-i\hbar\,\nabla\psi(r)=\hbar\psi(r)\,\nabla\varphi(r)=\hbar\,\nabla\varphi(r)\psi(r)=\boldsymbol{p}\psi(r)$$

所以有 $\hat{\boldsymbol{p}}=\hbar\,\nabla\varphi(r)$，即

$$\hbar\,\nabla\varphi(r)=m\boldsymbol{v}-e\boldsymbol{A}(r) \tag{12.1.3}$$

或者

$$\nabla\varphi(r)=\frac{1}{\hbar}[m\boldsymbol{v}-e\boldsymbol{A}(r)]$$

此式表明，与没有外场情况相比，波函数的相位梯度增加了一项$\dfrac{e\boldsymbol{A}(r)}{\hbar}$. 若我们选定一个原点 o，则当波传播到某一点 p 时，因磁场的存在而附加了一个相位

$$(\Delta\varphi)_{磁}=\frac{e}{\hbar}\int_o^p\boldsymbol{A}(r)\cdot\mathrm{d}\boldsymbol{r} \tag{12.1.4}$$

一般说来这个积分与路径无关.

有了以上的准备，我们就可以叙述 AB 效应了. 如图 12.1.1 所示，电子束在 o 点分成 1、2 两束分别通过螺线管的两侧，然后会聚到右边的 p 点上. 由于磁通量完全限制在在无限长的螺线管内，电子束通路上没有磁场，因而没有磁力作用在电子上. 但是，如果我们用式(12.1.4)来计算 1、2 两束电子在 p 点会聚后的相位差，有

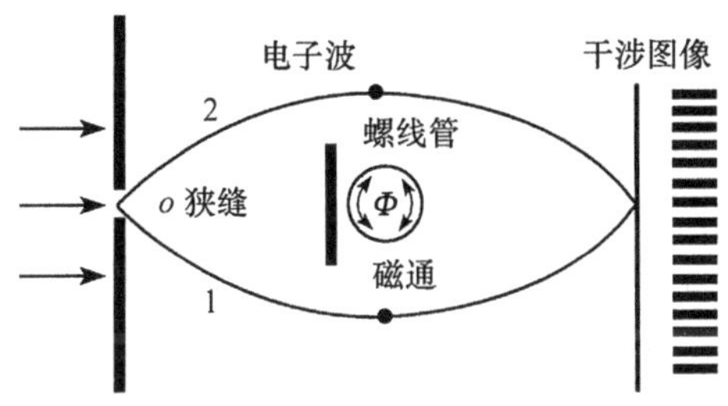

图 12.1.1　AB 效应示意

$$\Delta\varphi(r)\mid_p=\frac{e}{\hbar}\left[\int_{o\,1}^{p}\boldsymbol{A}\cdot\mathrm{d}\boldsymbol{l}-\int_{o\,2}^{p}\boldsymbol{A}\cdot\mathrm{d}\boldsymbol{l}\right]=\frac{e}{\hbar}\oint\boldsymbol{A}\cdot\mathrm{d}\boldsymbol{l}=\frac{e}{\hbar}\Phi_{\mathrm{B}} \tag{12.1.5}$$

Φ_B 为 1、2 两束电子束所围面积内的磁通量.

由于两束电子相遇后，电子有恒定（与 Φ_B 有关）的相位差，因而将在 $\boldsymbol{p}$ 点产生干涉现象. 这一理论预言已被精心设计的实验完美的证实. 这些清楚表明矢势不仅仅是经典电动力学中为计算方便而引进的辅助工具，而且矢势也有实在的物理效应，确实能产生一些用“力”的表述不能解释的物理结果.

12.1.2 弱定域化磁致电阻

在 11.6 节中我们已经讨论了在弱无序固体中由于弹性背散射导致电导率减小的**弱定域化**物理图像. 同样，在磁场中运动的电子，由于矢势 $\boldsymbol{A}$ 引起的位相差由式(12.1.4)决定，对于一个闭合路径，顺时针运动一周的波函数为

$$A\exp \frac{i}{\hbar}\oint_{C_r}\boldsymbol{A}\cdot \mathrm{d}\boldsymbol{l} = A\exp\left(-\frac{ie}{\hbar}\iint \boldsymbol{B}\cdot \mathrm{d}\boldsymbol{S}\right) \tag{12.1.6}$$

而逆时针运动的波函数为

$$A\exp \frac{i}{\hbar}\oint_{C_l}\boldsymbol{A}\cdot \mathrm{d}\boldsymbol{l} = A\exp\left(\frac{ie}{\hbar}\iint \boldsymbol{B}\cdot \mathrm{d}\boldsymbol{S}\right) \tag{12.1.7}$$

式中，$\iint \boldsymbol{B}\cdot \mathrm{d}\boldsymbol{S} = \Phi$ 是闭合路径包围的磁通量. 由式(11.6.1)知，在 o 点找到电子的概率为

$$\rho(o) = 2\mid A\mid^2\left[1+\cos\left(\frac{2\pi\Phi}{\phi_0/2}\right)\right] \tag{12.1.8}$$

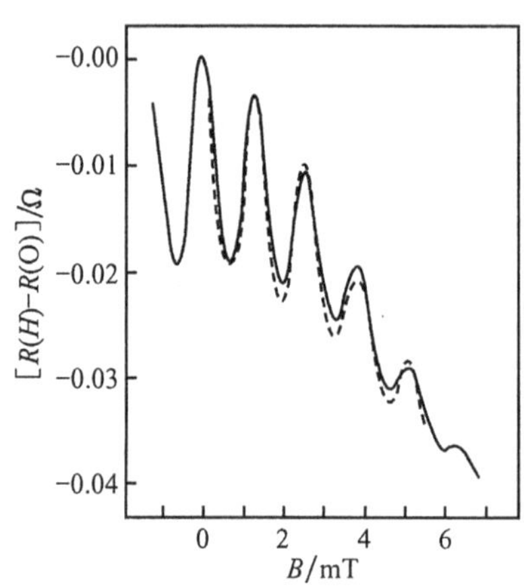

图 12.1.2 Li 圆筒的磁阻

圆筒长 1cm，直径 1.1μm，厚 0.12μm，实线为实验曲线，虚线为理论曲线（取自 B. L. Altshuler et. al. JETP Lett., 35(1982), 588）

式中，$\phi_0 = \frac{h}{e}$ 是普通的磁通量子.

与无磁场情况 $\rho_0 = 4|A|^2$ 相比，附加的因子 $1+\cos\frac{2\pi\Phi}{\frac{\phi_0}{2}}(\leqslant 2)$ 表明：由于磁场的存在破坏了相反走向回路的时间反演对称性，导致电子回到闭合路径始点的概率有所下降，并呈现随磁场变化而振荡. 振荡周期为 $\frac{h}{2e}$. 这就是**弱定域化磁致电阻**的物理机制.

1982 年，Sharvin 父子从实验证实了以上推测，他们在细石英丝上蒸镀镁膜，形成直径约为 1μm 的导体圆筒，沿圆筒轴线上加一磁场，清晰的观察到周期为 $\frac{h}{2e}$ 的磁阻振荡，如图 12.1.2 所

示. 由于 Altshuler 和 Sharvin 父子相继推出和实验证实了这一现象，故被称为 ASS 效应.

从上述可以看到，当样品的线度小到介观尺度($<l_\varphi$)时，量子力学的相位呈现出不可忽视的重要性，这时如图 12.1.1 所示的样品结构，不能简单看成是两半圆形电路的并联. 经典电导相加法则失效了.

12.2 电导涨落与非定域效应

对宏观体系，欧姆定律成功地描述了电流和电压之间的线性关系曲线 $V=RI$. 但是当体系的尺度小到介观尺度时，即 $L<l_\varphi$ 时，理论和实践都发现，电压和电流的线性关系不再成立，出现了不同于欧姆定律的非线性效应和具有普遍性的涨落现象，反映出了与宏观体系本质上的差别.

12.2.1 非定域效应

当 $L<l_\varphi$ 时，电子的波函数扩展到整个样品，在某个点的任何扰动将会影响到整个波函数，特别是将调整样品里各点的相位. 所以，两极之间的电导与电极之外的整个样品的弹性散射(杂质分布)有关，电导的局域性失去了意义，欧姆定律不再成立. 图 12.2.1 所示的是用四引线法测量介观体系电导所表现出来的非定域的涨落. 对图 12.2.1 所示的介观样品，让稳恒电流通过样品，虽然 V_1、V_2 是从电流通路的同一点引出的，但 V_1-V_2 并不等于零. 测得的电压涨落的方均值与不同点引出的 V_3、V_4 之间的测量值相同，只要 V_3、V_4 的间距小于 l_φ.

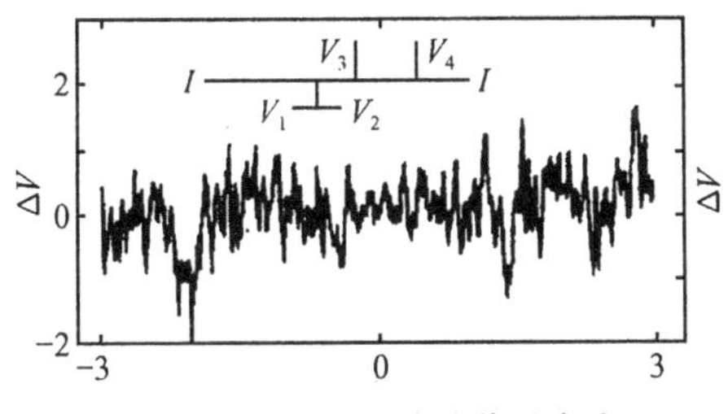

图 12.2.1 非定域涨落示意中 $\Delta V=V_1-V_2$

另一个显示电导非定域性的实验如图 12.2.2 所示. 当样品的尺寸 L 大于 l_φ 时，在 2、3 端可测出一确定的电压，此时电压与 2、3 间距离 L 成正比，平均电阻 V_{23}/I_{14}线性的依赖于 L，这就是我们经常看到的经典情况. 当 2 和 3 之间的距离 L 小于 l_φ 时，电压及电压涨落 ΔV 与 L 无关，ΔV 是个常数，即使 $L\to 0$ 电压涨落也不消失. 如图 12.2.2 所示. 这种与长度无关的原因是，在介观体系中，ΔV 并不依赖于样品尺寸，而是决定于相干长度. 当 $L<l_\varphi$ 时，2 和 3 间的电压不仅

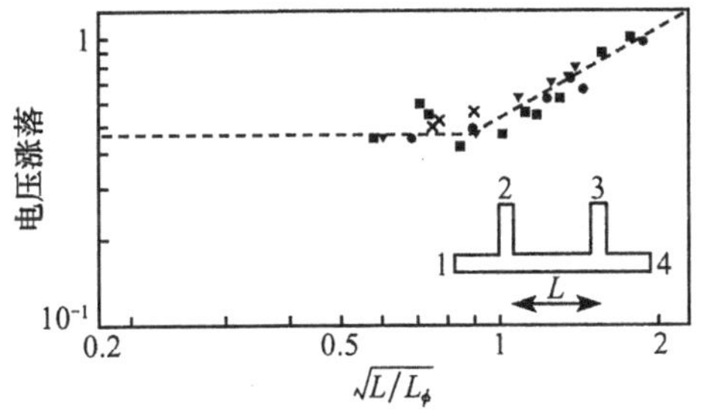

图 12.2.2 电压涨落振幅的长度依赖关系

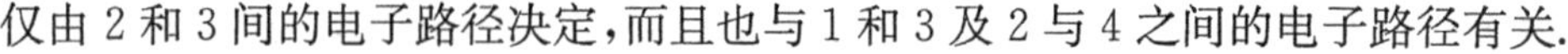
仅由 2 和 3 间的电子路径决定，而且也与 1 和 3 及 2 与 4 之间的电子路径有关.

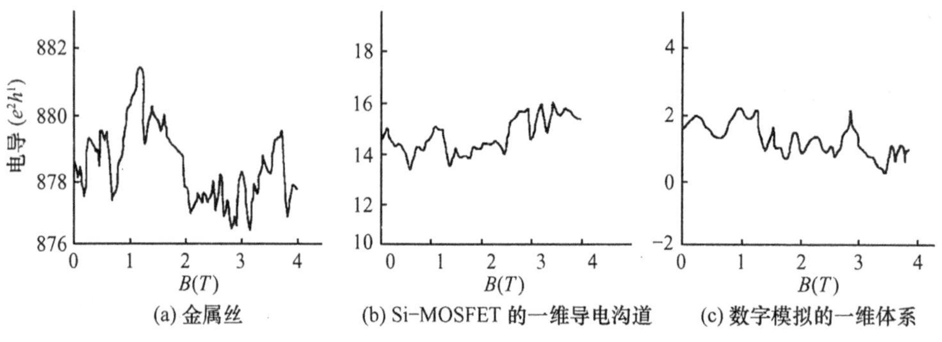

(a) 金属丝　(b) Si-MOSFET 的一维导电沟道　(c) 数字模拟的一维体系

图 12.2.3　三个不同体系中的非周期磁电导涨落

12.2.2　普适电导涨落

介观体系导电性另一不同于宏观体系的是所谓的普适电导涨落. 由于宏观体系电导是在热力学极限下的系综平均值，因此导电性可用扣除了形状和尺度因素的电导率和电阻率描述. 但对于一个介观体系，它相当于宏观统计系综的一个样本，甚至即是杂质浓度也相同，但由于各个样本的杂质分布组态不同，电子在不同样本中无规行走其波函数的相位不同，由于量子相干性，导致因干涉项的不同. 因而各个样本有各自特有的电导涨落模式，这可称为是样本的“指纹”. 而按照定义，电导涨落

$$\langle \delta G^2 \rangle = \langle G^2 \rangle - \langle G \rangle^2 \qquad (12.2.1)$$

式中，$\langle G \rangle$ 为杂质系综平均值，实验与理论都表明：对 $L<l_\varphi$ 的介观体系，在 $T=0\text{K}$ 时，其电导涨落

$$\delta G = \langle \delta G^2 \rangle^{\frac{1}{2}} \approx \frac{e^2}{h} \qquad (12.2.2)$$

即 δG 具有量级为 $\frac{e^2}{h}$ 的普适量，与样品的材料、尺寸、无序程度无关，因此被叫做**普适电导涨落**(universal conductance fluctuation).

由于磁场会改变电子的相位，因此它可等价于样品中杂质粒子位形的变化. 在实验中，常用同一样品在不同磁场中的电导涨落的变化，替代研究宏观参数相同的而杂质位形不同样本. 图 12.2.3 是三个不同的一维样品的电导涨落随磁场的变化关系. 显然它们的电导本身有着巨大差异，但它们在磁场中的电导涨落的幅度都是 $\frac{e^2}{h}$ 的量级.

对 d 维立方材料，若电导率为 σ，依据欧姆定律电导 G 应为

$$G = \sigma L^{d-2} \qquad (12.2.3)$$

而电导率 $\sigma \approx e^2$(见第五章),所以相对电导涨落为

$$\frac{\langle(\delta G)^2\rangle}{\langle G^2\rangle} \approx L^{4-2d} \tag{12.2.4}$$

上式说明相对电导涨落对不同维度的体系其与材料线度的依赖关系是不同的. 可以看出,对二维体系,相对电导涨落与 L 无关,而当 $d=1$ 时,相对电导涨落与 L 成线性关系.

现在从介观体系电子扩散的内在过程来说明普适电导涨落现象. 因为电导涨落行为对杂质位形非常敏感,如果移动一个杂质原子,与这个杂质原子散射有关的路径的相位将随之发生变化. 若涉及该杂质原子的无规行走路径在总路径中占有比例为 f,再假设这些路径是相互独立的,则与该杂质有关的路径对电导涨落的贡献正比于 f,为

$$(\delta G_{\mathrm{I}})^2 \approx \left(\frac{e^2}{\hbar}\right)^2 f \tag{12.2.5}$$

与该杂质有关的路径占总路径数的比例也就是一条路径遇到的杂质数占总杂质数的比例. 假定样品的边长为 L,电子无规散射 N_e 次后通过样品,则

$$L = (dDN_{\mathrm{e}}\tau)^{\frac{1}{2}} \tag{12.2.6}$$

式中,τ 为弹性散射弛豫时间,d 为体系维度. 设 $l=v_{\mathrm{F}}\tau$ 为弹性散射平均自由程,考虑到扩散系数 $D=\frac{v_{\mathrm{F}}l}{d}$,代入式(12.2.6),得

$$N_e = \frac{L^2}{l^2} \tag{12.2.7}$$

如果把电子路径看成是一条圆形折线管道,截面积为 $\lambda_{\mathrm{F}}^{d-1}$,步长为 l,因而一条路径管道所占有的体积为

$$V_1 \approx N_{\mathrm{e}} \cdot l \cdot \lambda_{\mathrm{F}}^{d-1} = N_{\mathrm{e}} \cdot l \frac{1}{k_{\mathrm{F}}^{d-1}}$$

于是

$$f = \frac{V_1}{L^d} \approx \frac{1}{(k_{\mathrm{F}}l)^{d-1}}\left(\frac{l}{L}\right)^{d-2} \tag{12.2.8}$$

代入式(12.2.5),得

$$\delta G_1 \approx \left(\frac{e^2}{h}\right)^2 \frac{1}{(k_{\mathrm{F}}l)^{\frac{d-1}{2}}}\left(\frac{l}{L}\right)^{\frac{d-2}{2}} \tag{12.2.9}$$

由式(12.2.9)可以看出,对于二维体系,移动一个杂质引起的电导变化与体系的尺寸无关,因而也与体系中的总杂质数无关. 尤其是在 $K_f l \approx 1$ 时,移动一个杂质引起的电导分布与所有杂质重新分布的效果是一样的. 这是一个令人吃惊的结果,但也是可以理解的. 因为 $k_{\mathrm{F}}l \approx 1$,相当于 $l \approx \lambda_{\mathrm{F}} \approx \frac{1}{n^{\frac{1}{3}}}$,与晶格常数相当. 弹性散射自由程如此短小,

相应于电子被强定域化，电导处于最小值. 因而与杂质总数没有关联，电导涨落对单位杂质位形变化的极端灵敏性，可用以研究与此有关的物理现象，如无序金属中的$\frac{1}{f}$噪声、自旋玻璃中的杂质弛豫、金属玻璃中的隧穿过程等.

12.2.3 Landauer 电导模型

由于介观体系电导行为表现出与宏观体系完全不同的特点，因此在第五章中采取的半经典方法失效. 朗道尔(R. Landauer)提出了一个考虑到路径之间相干的电导模型，可以用来描述介观体系的电导行为. 如图 12.2.4(a)所示，1 和 2 是两个理想的电子库，可以毫不散射地吸收流向它的任何电子，连接两电子库的是理想导体 A 和 B 及夹在 AB 中间的杂质体 C，假设杂质体 C 的反射率和透射率分别是 R 和 T，$R+T=1$，因此电子库 1 发射的电子将有 T 部分进入电子库 2. 设 A，B 是一维的，由于垂直方向的量子尺寸限制，A，B 中电子被分裂成一系列一维子带(参见 7.8 节)

$$\varepsilon_n(k) = \varepsilon_n + \frac{\hbar^2 k^2}{2m^*}, \quad n = 1,2,3,\cdots \tag{12.2.10}$$

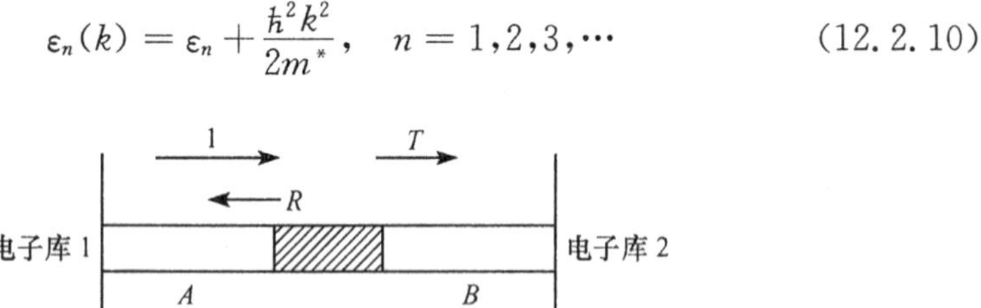

(a) 与电子库相连的两端导体示意图

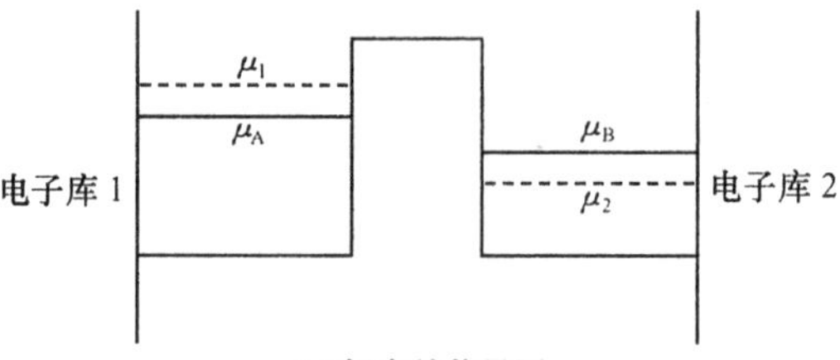

(b) 相应的能量图

图 12.2.4

为简单计，只考虑一个传播模式或只有一个通道，即式(12.2.10)中 $n=1$，设两个电子库的化学势分别为 μ_1 和 μ_2，外加电压 V 使 μ_1 比 μ_2 高出 eV[如图 12.2.4(b)所示]，即

$$\mu_1 = \mu_2 + eV \tag{12.2.11}$$

使电子库 1、2 之间维持一稳恒电流. 在 0K 下把中间散射体看成一个散射壁垒，净的向右的电流为

$$I = \frac{2eT}{2\pi}\int v_k \mathrm{d}k = \frac{2eT}{2\pi}\int_{\mu_1}^{\mu^2} v_k \frac{\mathrm{d}k}{\mathrm{d}\varepsilon}\mathrm{d}\varepsilon = \frac{2e}{h}T(\mu_1 - \mu_2) = \frac{2e^2}{h}VT \tag{12.2.12}$$

这里 T 为透射系数,因子 2 来源于每个 k 态有自旋相反的两个电子,并且在推导中用到了 $v_k = \hbar^{-1}\frac{\mathrm{d}\varepsilon_k}{\mathrm{d}k}$,这样两库单通道电导为

$$G = \frac{I}{V} = \frac{2e^2}{h}T \tag{12.2.13}$$

此式称为 Büttiker 公式.

考虑到实际上电子库 1 的化学势并不等于导体 A 的化学势 μ_A,它们之间有接触电阻. 导体 B 和电子库 2 之间也是一样,接触电阻的效应可以用反射率 R 代表,此时电导公式应为

$$G_c = \frac{2e^2}{h}\frac{T}{R} = \frac{2e^2}{h}\frac{T}{1-T} \tag{12.2.14}$$

此式称为 Landaucr 电导公式. 与 Büttiker 公式相比较,有

$$G_c^{-1} = G^{-1} + \frac{h}{2e^2} \tag{12.2.15}$$

此式可理解为两段体系的总电阻是势垒电阻 G^{-1} 和接触电阻 $\frac{h}{2e^2}$ 之和,而每个接触电阻是 $\frac{h}{4e^2}$. 而且这个接触电阻是普适的,这可以从接触电阻与透射率 T 的取值无关得出. 比如 $T=1$ 时,没有势垒电阻而只有接触电阻,由 Büttiker 公式得出 $T=1$ 时 $G_c \to \frac{2e^2}{h}$.

对多通道电导,可由上述单通道电导的结论推广而得到

$$G = \frac{2e^2}{h}\sum_{i,j=1}^{N_c} T_{ij} \tag{12.2.16}$$

这里 T_{ij} 为电子库 1 的第 i 通道与电子库 2 第 j 通道的透射率,N_c 为总通道数,其量级为 Sk_F^2,S 为理想导线截面积.

12.3 纳米微粒与纳米固体

本节讨论纳米微粒及由纳米微粒组成的固体.

纳米微粒线度约为 1～100nm,是一种介于原子尺度与宏观尺度(微米)之间的微小微粒,属于介观物理研究的范畴. 在纳米微粒中,电子波函数的相干长度与体系的尺寸相当. 此时电子不能被看作是处于外场中运动的经典粒子,在这一尺度内电子的波动性在输运过程中得到充分体现. 另外,纳米微粒在维度上的限制,也

小,表面原子占总原子数的比例很大,因此表面原子的状态对体系性质的影响不可忽略. 这些都说明纳米微粒不同于通常的固体材料. 本节主要说明纳米微粒的量子尺寸效应和表面效应.

12.3.1　量子尺寸效应

由第 4 章的讨论可知,大块金属一个能带中电子能谱 $E(k)$是准连续的,这主要是因为大块金属电子总数 $N=10^{24}$量级,导致相邻波矢 $\boldsymbol{k}$ 之间的间距 $\Delta k\sim k_F/N^{\frac{1}{2}}=10^{-8}k_F$,非常之小.

按照自由电子近似,有

$$E_F=\frac{\hbar^2k_F^2}{2m}=\frac{\hbar^2}{2m}(3\pi^2n)^{\frac{2}{3}} \tag{12.3.1}$$

即费米能 E_F 与微粒尺寸无关. 另外从态密度定义,可由式(4.7.10)与式(5.1.11)联立求得自由电子费米能附近的态密度为

$$g(E_F)=\frac{3N}{2E_F} \tag{12.3.2}$$

若用 Δ 表示 E_F 处的能级间隔,则由一个能级有两个自旋态,即

$$2=g(E_F)\Delta \tag{12.3.3}$$

得

$$\Delta=\frac{2}{g(E_F)}=\frac{4}{3}\frac{E_F}{N} \tag{12.3.4}$$

可知能级间隔与体系的总电子数成反比. 显然在保持电子密度不变的情况下,颗粒线度越小,能级间间隔越大. 纳米材料中电子能级显现出明显的分立现象. 图12.3.1是

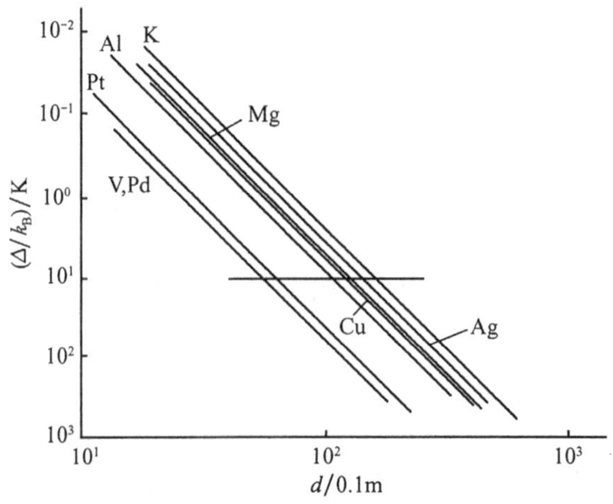

图 12.3.1　δ 随 d 的变化

Δ:银等微粒平均能级间隔;d:微粒直径

银等纳米微粒电子能级间的平均间距 Δ 与线度 $\boldsymbol{d}$ 的关系曲线. 当温度足够低时，能级间距 Δ 大于 $k_B T$,此时费米能级处在最高占据态和空态之间的能隙中，属于绝缘体类能带结构. 这时量子效应显现出来，将导致纳米微粒宏观特性明显不同. 有人估计在 1K 时，20nm 微粒银将变绝缘体.

12.3.2 比热和磁化率

由于纳米颗粒线度的 d 很小，因此在颗粒上增加或减少一个电子，需要静电能有相应的变化为

$$V = \frac{e^2}{4\pi\varepsilon_0 d} \tag{12.3.5}$$

当 d 很小时，V 远大于 $k_B T$,热涨落很难使电子逃离或进入颗粒. 因此，电子数 N 是固定的，是一个正则统计系综. 但是由于微粒的电子总数较少，只能分布在很窄范围的能级上.

如果把含有偶数个电子的颗粒如 Zn、Sn、Cd 等放在一磁场 $\boldsymbol{B}$ 中，其电子在能级中的分布如图 12.3.2(a)所示，图中 Δ、Δ'分别为第一、二激发态的能级间隔，$2\mu_B B$ 为能级在磁场中的赛曼分裂. 最左边是基态，随着温度升高，向右为一些能量渐增的激发态. 因为在低温下，基态和第一激发态对微粒物性比较重要，若只考虑三能级模型，则体系的配分函数为

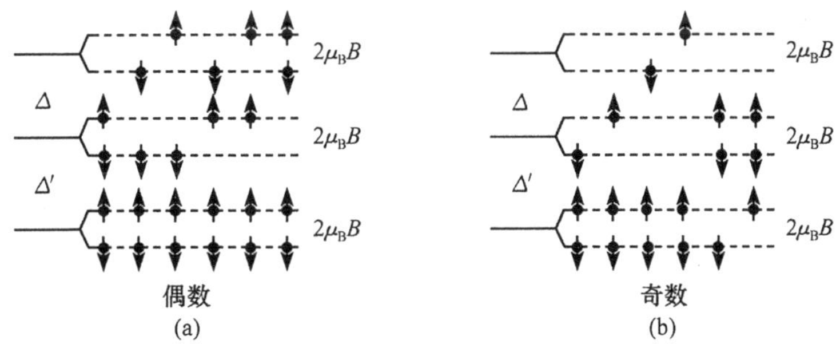

图 12.3.2 微粒中含电子数为偶数、奇数情形的电子能级结构示意
左边为基态，向右为能量逐次增加的激发态

$$Z_{偶} = \sum_i e^{-\beta E_i} \approx 1 + 2[1 + \cosh(2\beta\mu_B B)]e^{-\beta\Delta} + e^{-2\beta\Delta} \tag{12.3.6}$$

式中，$\beta = (k_B T)^{-1}$,由此得出比热

$$C_{偶} = K_B \beta^2 \frac{\partial^2}{\partial\beta^2} \ln Z_{偶} = 4K_B \beta^2 \Delta^2 \frac{e^{-\beta\Delta} + e^{-2\beta\Delta} + e^{-3\beta\Delta}}{(1 + 4e^{-\beta\Delta} + e^{-2\beta})^2} \tag{12.3.7}$$

磁化率

$$\chi_{偶} = \mu_0 \beta^{-1} \frac{\partial^2}{\partial B} \ln Z_{偶} = 8\mu_0 \mu_B^2 \beta \frac{e^{-\beta\Delta}}{1 + 4e^{-\beta\Delta} + e^{-2\beta\Delta}} \tag{12.3.8}$$

同理，对含有奇数电子的颗粒，如 Cu、Ag、Au 等，其电子在能级中的分布如图 12.3.2(b)所示. 同样激发二个电子，这时配分函数

$$Z_{奇} \approx 2\cosh(\beta\mu_B B)\cdot(1+e^{-\beta\Delta}+e^{-\beta\Delta'}) \tag{12.3.9}$$

涉及了 Δ 和 Δ' 两个能级间隔，比热为

$$C_{奇} = K_B\beta\frac{\Delta^2 e^{-\beta\Delta}+\Delta'^2 e^{-\beta\Delta'}+(\Delta-\Delta')^2 e^{-\beta(\Delta-\Delta')}}{(1+e^{-\beta\Delta}+e^{-\beta\Delta'})^2} \tag{12.3.10}$$

磁化率为

$$\chi_{奇} = \mu_0\mu_B^2\beta \tag{12.3.11}$$

从以上的讨论可以看出，纳米金属颗粒中电子数目的奇偶性导致物性行为的差别. 为简化计算，只考虑能量最低的激发态(在极端低温下)，前面的计算结果变为

$$C_{偶} = 4K_B\beta^2\Delta^2 e^{-\beta\Delta},\qquad C_{奇} = K_B\beta^2\Delta^2 e^{-\beta\Delta} \tag{12.3.12}$$

$$\chi_{偶} = \Delta\mu_0\mu_B^2\beta e^{-\beta\Delta},\qquad \chi_{奇} = \mu_0\mu_B^2\beta \tag{12.3.13}$$

由此可知，极端低温下，比热随温度按指数形式变化，含偶数电子的微粒的磁化率遵从指数规律，而含奇数电子的微粒服从居里定律.

但是，实际上单个纳米微粒的物性量是无法测量的. 实际样品大约含有10^{15}个微粒，微粒的线度也不一样，各种线度的微粒且按一定的比率分布，实际样品的物性应该由这些不同微粒组成的统计系综得出.

设物性量为 $F(\Delta)$，在实际样品中 $F(\Delta)$ 出现的概率记为 $w(\Delta)$，所以对实际样品有

$$F = \int_0^\infty F(\Delta)w(\Delta)\mathrm{d}\Delta \tag{12.3.14}$$

当温度趋于绝对零度时，$e^{-\beta}$也趋于零，而且 $T\to 0$K 时，由于能级简并的解除，$\Delta\to 0$ 时分布系数 $w(\Delta)\to 0$，因此参照式(12.3.12)和式(12.3.13)，$w(\Delta)$可简单假定为

$$w(\Delta) = a_n\Delta^n \tag{12.3.15}$$

由式(12.3.14)计算，可得比热

$$C = r_n T^{n+1} \tag{12.3.16}$$

r_n 对奇偶电子数是不同的.

同样可以计算磁化率，对偶数电子实际样品的磁化率

$$\chi_{偶} = \alpha_n T^n$$

而奇数电子数样品的磁化率与式(12.3.13)相同，仍与 Δ 无关，为一常数

$$\chi_{奇} = \mu_0\mu_B^2\beta$$

12.3.3　表面效应

随着微粒直径的减小，表面原子所占比例迅速增加，如对 Cu，微粒直径为

20nm 时，表面原子数占总原子数的 10%，当微粒直径减小到 2nm 时，这一比例增加到 80%. 表面层的物理性质和电子态结构可以和体内的非常不同. 同时由于表面增大，和表面有关的过程，如氧化、吸附化学效应也不能忽略. 因此，除了前面讨论的量子效应外，表面效应必须考虑.

实际研究中，常用比表面积来描述表面积的大小，比表面积的定义是每克物质具有的表面积(平方米)数，如 20nm Cu 微粒的比表面积为 $330m^2/g$.

与内部原子不同，表面原子大多都缺少一个或数个近邻原子，原子配位不足，存在大量悬健或不饱和键，因而具有很高的表面活性，极不稳定，易与其他原子结合，发生化学反应. 这使得纳米材料对环境，如对温度、气氛和光照等十分敏感，因而可用作敏感材料或催化剂材料.

由于纳米微粒具有较多的不稳定的能量较高的表面原子，这就大大降低了纳米微粒的熔点，如 20nm 的 Pb 微粒熔点降低到 288K，这低于大块铅的 600K.

另外，由于表面原子的配位不足，使得表面原子的晶格振动，电子状态与内部也不相同，形成晶格振动的表面波和表面电子态，也极大的影响纳米微粒的性质.

实际上，最常遇到的纳米材料是由纳米微粒凝聚成的块体、薄膜等，称为纳米固体. 在纳米固体中，处于微粒之间界面区域的原子数约占总数的 30%～40%. 这些界面原子处于无序到有序的中间状态，具体结构很大程度上取决于材料的制备方法，受温度、压力等因素影响很大，因而使纳米固体与晶态、非晶态固体的物理性质相差甚大. 如热涨系数，300K 时 Cu 晶体材料为 $17\times10^{-6}K^{-1}$，Cu 非晶体为$18\times10^{-6}K^{-1}$，而 Cu 纳米固体为 $38\times10^{-6}K^{-1}$.

12.4 团 簇

团簇(cluster)是尺度在 1nm 以下的微粒聚集体，由几个原子到上千个原子、分子组成. 是从原子、分子向宏观固体过度区域靠近原子、分子一端的新的凝聚态物质层次，代表了凝聚态物质的初始状态. 具有既不同于宏观固体又不同于分子、原子的特殊规律. 对团簇的深入研究有助于人们对分子间相互作用性质和规律的认识，以及对成核和凝固，晶体生长，催化，相变等过程的机制和和规律的认识.

团簇的产生基本上有两种方法，一种是物理制备，另一种是化学合成. 物理方法的基本原理是用加热，溅射，光辐照等方法使固体源物质气化，产生原子气体. 然后通过绝热膨胀使原子气体冷凝，从而使原子相互碰撞聚集，形成中性团簇. 团簇质量探测可用飞行质谱仪或电四极谱仪，电、磁质谱仪进行. 探测时需要用紫外光辐射等方法使团簇电离，成为带电离子. 常用的飞行质谱仪的原理是，用电压为 V

的栅极加速团簇离子，使所有的团簇得到 $\frac{1}{2}mv^2$ 的动能，粒子探测器放在距栅极 L 处，团簇的飞行时间 $t=\frac{L}{v}=L\left(\frac{m}{2V}\right)^{\frac{1}{2}}$，正比于团簇质量 $m^{\frac{1}{2}}$，通过测定飞行时间即可测得团簇质量的大小.

12.4.1　简单金属团簇的幻数

通常简单金属的块材，其晶格为面心立方或体心立方结构，其电子态结构可用自由电子近似描述.

在简单金属团簇的产生过程中通过质谱分析发现，由 2、8、20、40、58 等一定数目的分子和同样数目的电子组成团簇显得特别稳定，称为简单金属的**幻数**. 图 12.4.1 是金属 Na 团簇的丰度谱. 团簇形成类似于化学元素周期表的周期系统，只不过数目很大而已. 由此可以猜到简单金属团簇里的价电子形成有序的量子态，类似于原子中的电子壳层结构，幻数取决于这些团簇中的价电子数目. 由于碱金属和贵金属的原子只有一个价电子，当团簇包含了幻数所表示的原子个数时，团簇的价电子填满了某些壳层，此时团簇的总能量最低，较稳定.

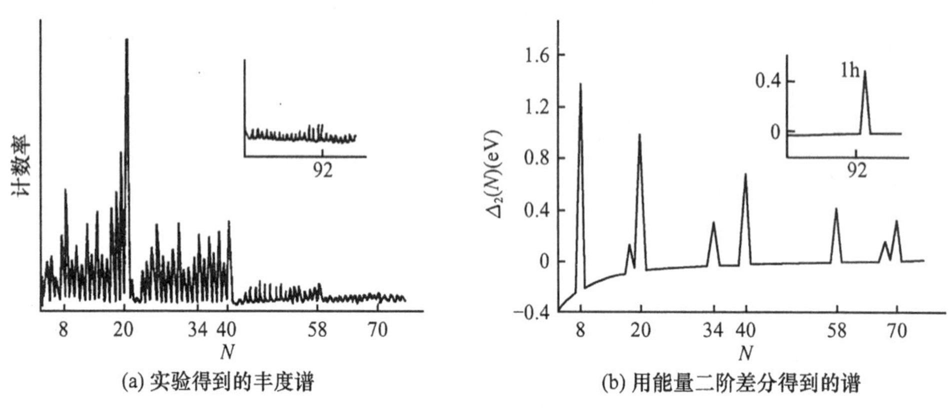

图 12.4.1　Na 原子簇的丰度

团簇幻数实际上是量子尺寸限制效应的表现，如果把团簇看成是有限尺寸的势阱，势阱内电子在原子核的正电背景上自由运动，在这个模型(凝胶模型)下利用局域密度函数计算所得出的结果与实验观察很好符合.

12.4.2　非金属的团簇

由于半导体原子之间的键为非金属键，所以半导体团簇与金属团簇的结构和电子态也不完全相同. 图 12.4.2(a)是 Si_n 或 Ge_n ($n<10$)，(b)是 Ga_nAs_m 的团簇结构.

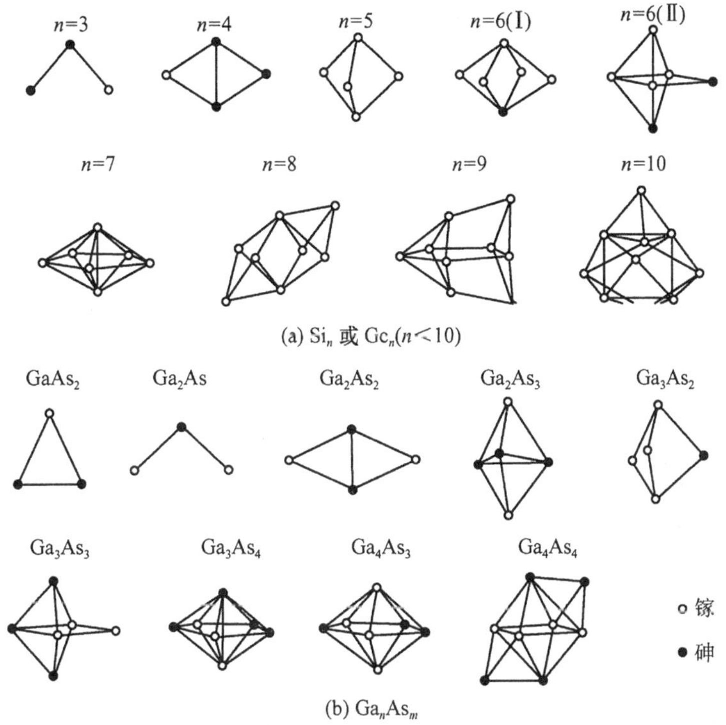

(a) Si_n 或 $Gc_n(n<10)$

(b) Ga_nAs_m

图 12.4.2　半导体团簇结构

除了半导体团簇外，非金属团簇还有 C 团簇，如 C_{60}、C 纳米管等. 1985 年 Smalley、Kroto 等用激光轰击石墨靶、并用苯来收集碳团簇，用质谱仪分析发现有 60 个碳原子组成的 C_{60} 团簇的丰度最高，表明它具有特别的稳定结构. 通常我们知道碳有两种同素异构体，一种是石墨，一种是金刚石，而 C_{60} 是第三种同素异构体. C_{60} 的发现大大丰富了人们对碳的认识，引起了人们极大的研究兴趣. 结果发现 C_{60} 是 60 个碳原子排列于一个截角 20 面体的顶点上构成的足球形状的中空的空球形分子. 具体地说，它是一个 32 面体，其中 20 个六边形、12 个五边形，每个五边形被五个六边形包围，形成共有 60 个顶点的足球，如图 12.4.3 所示. C_{60} 具有二十面体群(I_h)对称性，五边形环由单键构成，边长 0.145nm. 两个六边形的公共边为双键，键长 0.140nm. 这些键并不完全等同于石墨的 SP^2 杂化或金刚石的 SP^3 杂化，而是介于两者之间.

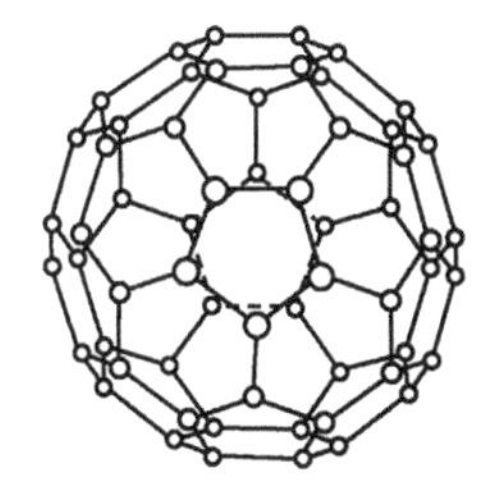

图 12.4.3　C_{60} 分子的结构

由 C_{60} 团簇构成的固体材料中，C_{60} 团簇之间主要靠范德瓦尔斯力结合，属于分子晶体. 室温下 C_{60} 固体具有面心立方结构，晶格常数 $a=1.4198$nm，C_{60} 分子在固体中的取向是无序的，并作高速无规自转，转速可达 10^9 转/s. 当温度降低到 249K

以下时，C_{60}转动停止，取向有序，固体变为简单立方，将此相变称为旋转相变.

C_{60}固体中，C_{60}分子之间波函数交叠很少，为直接带隙半导体，能隙约为1.5eV. 但通过金属掺杂的C_{60}固体，波函数的交叠大大增加，是金属性导电行为，甚至超导性行为. 有兴趣的读者可参阅文献[12.1].

12.5 库仑阻塞

如图 12.5.1(a)所示，把 A 微粒上一个电子移到 B 微粒上，当微粒线度 d 很小，导致微粒静电能的变化$\frac{e_s^2}{d}$，远远超于 $K_B T$，因而此时电荷的移动非常困难. 同理对尺寸非常小的平面电极，单电子从一个极板通过绝缘介质层隧穿到另一极板，由于体系能量改变过大，而在一定温度范围内被禁止，这种现象称为隧穿过程中的库仑阻塞现象.

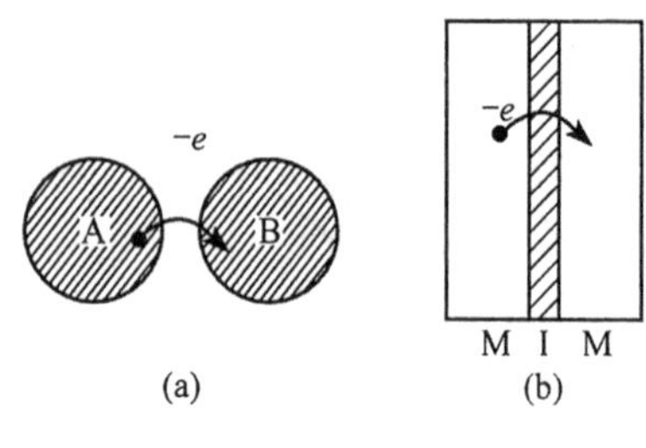

图 12.5.1　电子在微粒间(a)和MIM结中(b)的量子隧穿

12.5.1 隧道结的 *I-V* 特性

为方便定量研究，考虑电子在平行板电容器内的隧穿过程. 当移动一个电子由一个极板到另一个极板，这时由平行板电极和其中介质构成的隧道结的电压改变 $\Delta V=\frac{e}{C}$，静电能增加 $E_c=\frac{e^2}{2C}$. 当极板面积为 0.1mm×0.1mm，厚度为 0.1mm 时，可计算出单电子隧穿引起的结电压的改变 $\Delta V=10^{-9}$V，如此小的变化对宏观电压来说只能看作是散粒噪声而已. 但当极板的线度减小到 0.1μm，且介质层厚度 0.1nm，这时结的电容 $C\approx10^{-15}$F，电压改变约为 $\Delta V=10^2$V，相应静电能改变 $E_c=\frac{e^2}{2C}\approx10^{-23}$J，与 1K 温度时的热涨落能 $E=k_B T$ 相当. 如果实验是在 mK 温区，即 $E_c=\frac{e^2}{2C}\gg k_B T$，静电能 E_c 就会阻止电子在这样的极板之间转移，出现库仑阻塞现象. 即要求结的尺寸足够小，工作温度要足够低才能出现库仑阻塞现象. 另外，电子隧穿通过介质，相当于一个等效电阻 R_T，称为隧穿电阻，它与电容 C 的乘积为电路的时间常数 $\tau_T=R_T C$. 由时间-能量不确定关系可给出该系统的能量涨落 $\Delta E=\frac{h}{\tau_T}=\frac{h}{R_T C}$，显然只有这个能量涨落远小于 E_c 时，$E_c\gg\Delta E$，库仑阻塞才能实现，即

$$R_T\gg\frac{h}{e^2}\approx26\text{k}\Omega$$

由于库仑阻塞效应，微小电容的充放电过程应明显区别于通常的电容器. 现在来讨论这个问题，假设结电容为 C，电阻为 R_T.

给上述微小隧道结加一偏置电流 I，如图 12.5.2 所示，当结的 A 极板上的电荷由 Q 变为 $Q-e$，B 极板上的电荷由 $-Q$ 变为 $-Q+e$ 时，系统静电能的改变为

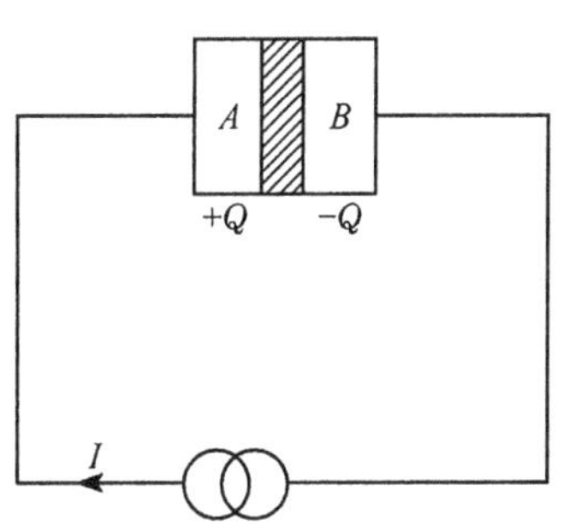

图 12.5.2 电流源驱动的隧道结

$$\Delta E=\frac{(Q-e)^2}{2c}-\frac{Q^2}{2c}=-\frac{e}{c}\left(Q-\frac{e}{2}\right) \tag{12.5.1}$$

如果 A 极板增加 e，则系统能量改变

$$\Delta E'=\frac{(Q+e)^2}{2c}-\frac{Q^2}{2c}=\frac{e}{c}\left(Q+\frac{e}{2}\right) \tag{12.5.2}$$

在绝对零度下，自发隧穿过程必然向着有利于能量降低的方向进行，即 $\Delta E<0$，得 $Q>\frac{e}{2}$；$\Delta E'<0$，得 $Q<-\frac{e}{2}$. 因而在 $\frac{e}{2}<Q<-\frac{e}{2}$ 范围内发生隧穿效应. 而发生库仑阻塞恰与自发隧穿过程相反. 即 $\Delta E>0$，由此可得到发生库仑阻塞的微粒的电荷须满足的条件

$$-\frac{e}{2}<Q<\frac{e}{2} \tag{12.5.3}$$

当电流 I 很小时，极板 A 上的电荷按照 $\frac{\mathrm{d}Q}{\mathrm{d}t}=I$ 的速率线形增加. 当 Q 超过阈值 $\frac{e}{2}$ 时，发生隧穿，Q 突然下降到 $-\frac{e}{2}$，反向充电被阻止，于是开始正向充电. 如此循环变化，隧穿结两端电压呈锯齿波振荡，振幅为 $\frac{e}{2C}$，图 12.5.3 给出了隧穿过程和库仑阻塞交替作用的情景. 图中实线是系统能量降低的过程，虚线为系统能量升高的过程. 显然，这种单电子隧穿的重复频率为

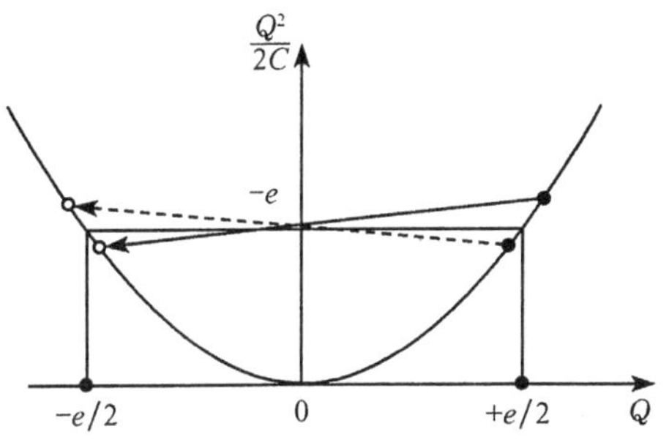

图 12.5.3 隧穿过程库仑阻塞示意实线所示过程使体系能量降低，虚线所示过程使体系能量升高

$$f=\frac{I}{e} \tag{12.5.4}$$

在极低温条件下，静电能引起的变化远大于 k_BT，单电子隧穿概率为电子隧穿时间 τ_T 的倒数即 $P=\frac{1}{\tau_T}$，按不确定关系 $\tau_T\cdot\Delta E=h$，而 $R_T\geqslant\frac{h}{e^2}$ 所以电子隧穿

概率

$$P \approx \frac{\Delta E}{h} \geqslant \frac{\Delta E}{e^2 R_T} \tag{12.5.5}$$

ΔE 是电子隧穿引起静电能的增加. 实际上由于 R_T 远大于$\frac{h}{e^2}$，说明真实系统的单电子隧穿概率远比理想系统的小得多.

单电子隧穿概率也可由隧道结的特征参量表示. 结电压 $V=\frac{Q}{C}$，$\frac{dV}{dt}=\frac{I}{C}$. 隧穿发生时，电压由 V 突然下降到 $V-\frac{e}{C}$，系统相应的静电能变化为

$$\Delta E = \frac{1}{2}C\left[V^2-\left(V-\frac{e}{C}\right)^2\right] \tag{12.5.6}$$

但电子隧穿概率为

$$P(V) = \frac{C}{2e^2 R_T}\left[V^2-\left(V-\frac{e}{C}\right)^2\right] \tag{12.5.7}$$

若 $\bar{V}$ 为平均电压，则电压由$\left(V-\frac{e}{2C}\right)$变化到$\left(V+\frac{e}{2C}\right)$过程中对应的时间

$$T \sim \left(\bar{V}-\frac{e}{2C}\right)-\left(\bar{V}+\frac{e}{2C}\right) \tag{12.5.8}$$

内有一次隧穿吸收发生，即

$$I = \int_0^T P\mathrm{d}t = \int_{V-\frac{e}{2C}}^{V+\frac{e}{2C}} P(V)\,\frac{\mathrm{d}t}{\mathrm{d}V}\mathrm{d}V = \int_{V-\frac{e}{2C}}^{V+\frac{e}{2C}} P(V)\,\frac{C}{I}\mathrm{d}V \tag{12.5.9}$$

把 $P(V)$的表示式(12.5.7)代入，得

$$\bar{V} = IR_T + \frac{e}{2C} \tag{12.5.10}$$

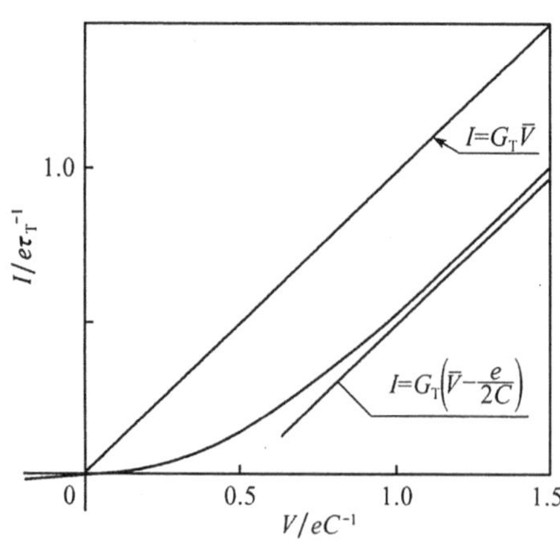

图 12.5.4　电流偏置单结的直流 I-V 特性
图中 $G_T=1/R_T$

式(12.5.10)表示，在电流较大时，伏安特性与通常欧姆定律相近，只是电压平移$\frac{e}{2C}$，如图 12.5.4 所示. $I=0$ 时，I-V 曲线的直线部分延长线交于 V 轴的 $V_G=\frac{e}{2C}$，V_G 称为**库仑能隙**(Coulomb gap)，是库仑阻塞现象存在的特征. 在 $\bar{V}<V_G$ 区域，偏置电流 I 很小，单电子隧穿振荡主要出现在这个区域. 但实际上由于引线间杂散电容远大于结电容，要观察到这种振荡并不容易. 通过更详细的计算可知在这一区域有 I-$\bar{V}^2$ 的关系.

对电压偏置情形，电子隧穿后，结点的电荷由 Q 变为 $Q-e$，偏离了原来的平衡条件 $Q=CV$，体系处于非平衡态. 为了重建平衡，电压源要传输一个电子并使结重新充电到 Q，因而与隧穿过程相联系的体系的能量改变 ΔE 是电压源所做的功 eV，结的静电能并无变化. 所以 $P(V)=\frac{1}{e^2R_{\mathrm{T}}}eV$，故有

$$I = eP(V) = \frac{V}{R_{\mathrm{T}}} \tag{12.5.11}$$

与欧姆定律相同.

12.5.2 单电子岛的库仑阻塞

由于电极引线间的杂散电容远大于隧道结的结间电容，使上述的隧道结库仑阻塞效应不易观察，为此构造一种双结结构——单电子岛.

单电子岛结构是如图 12.5.5 所示的微小晶体管结构，C_1、C_2 之间的微小导体通过电容 C_1、C_2、C_g 与周围环境隔离，从而可以避免像单隧道结那样受电极引线间杂散电容 C_L 的影响，使库仑阻塞效应易于观测到. 只要 C_1、C_2 足够小，通过任一结的单电子隧穿即可引起岛的静电能明显改变，因此两结之间的岛称为**单电子岛**. 调节栅极电压 V_g 可有效控制单电子岛上的电荷. 岛的电容为

$$C = C_1 + C_2 + C_g \tag{12.5.12}$$

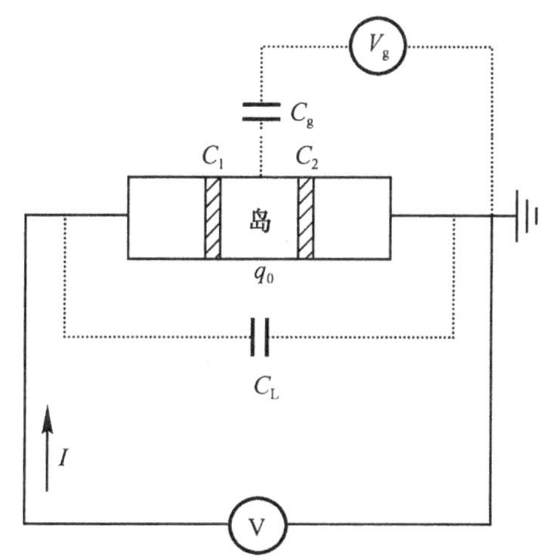

图 12.5.5 由双结构成的单电子三极管线路示意

由于岛的电荷改变以单电子电荷为单位，设岛的净电荷为 Q，则 $Q=-Ne$，栅极电压为 V_g 时，岛的静电势应为

$$V = \frac{Q}{C} + V_g \tag{12.5.13}$$

库仑岛的静电能为

$$E = \int_0^Q V \mathrm{d}Q = \frac{Q^2}{2C} + QV_g = \frac{(Q-Q_0)^2}{2C} - \frac{Q_0^2}{2C} \tag{12.5.14}$$

式中

$$Q_0 = -CV_g \tag{12.5.15}$$

由式(12.5.14)可知，当 $Q=Q_0=-CV_g$ 时，E 取最小值，故称 Q_0 为平衡电荷，由栅极电压 V_g 决定. 正如前面提到的，岛的电荷改变以单电子电荷为单位，即

$$Q = -Ne \tag{12.5.16}$$

式中,N 是岛上的电子数. 如果令 $Q-Q_0=q$,则式(12.5.14)为

$$E = \frac{q^2}{2C} - \frac{Q_0^2}{2C} \tag{12.5.17}$$

如果岛电荷 Q 由于单电子隧穿增加了一个电子变为 $-(N+1)e$,q 相应变为 $q'=q+(-e)$,这时岛的静电能增量为

$$\Delta E = \frac{q'^2 - q^2}{2C} = \frac{e(e-2q)}{2C} \tag{12.5.18}$$

要使隧穿能自发进行,必有 $\Delta E<0$,由式(12.5.18)可得

$$q > \frac{e}{2} \tag{12.5.19}$$

同理,如电子从岛上隧穿而去,Q 由 $-Ne$ 变为 $-(N-1)e$,要求

$$q < -\frac{e}{2} \tag{12.5.20}$$

综上两种情况可知,发生库仑阻塞的条件是

$$-\frac{e}{2} < q < \frac{e}{2} \tag{12.5.21}$$

在此条件下岛上增加或减少一个电子都会导致静电能升高.

由式(12.5.17)可知,$q=\pm\frac{e}{2}$时,静电能是相等的. 由 $q=Q-Q_0$ 的定义,表明岛上电子数为 N 的状态与 $N-1$ 的状态是简并的,并由 $Q_0=CV_g$ 可得

$$\left.\begin{aligned} q &= \frac{e}{2}\text{ 时}, \quad CV_g = \left(N+\frac{1}{2}\right)e \\ q &= -\frac{e}{2}\text{ 时}, \quad CV_g = \left(N-\frac{1}{2}\right)e \end{aligned}\right\} \tag{12.5.22}$$

以及

$$q = 0\text{ 时}, \qquad CV_g = Ne \tag{12.5.23}$$

$q=0$ 对应于平衡电荷 Q_0 等于电子电荷整数倍的情况,此时,库仑岛增加或减少一个电子需增加的能量由式(12.5.17)为

$$\Delta E_0 = \frac{e^2}{2C}$$

由于增加一个电子电荷 V_g 的变化为

$$\Delta V_g = \frac{e}{C}$$

因此控制栅极电压 V_g 的变化,可得到单电子岛中进出一个电子产生的电导周期振荡.

如果库仑岛和左、右两侧的金属都是超导体,以上电导的周期性振荡依然存

在，只不过此时隧穿的最小电荷单位不再是单电子电荷而是库柏对的电荷，因而，控制栅极电压 V_g，岛上的电导以 $2e$ 为周期，峰值发生在 Q_0/e 为奇整数的振荡变化.

实际上图 12.5.5 所示的单电子岛，是一个量子受限结构——量子点，其能级是分立的. 量子点中典型的电子数 $N\approx100$，平均能级间隔 $\Delta\varepsilon\approx0.2\text{neV}$. 温度低于几 K 时，$\Delta\varepsilon$ 超过热能 k_BT. 量子点通过隧穿势垒与外面的电子库相连，其能量图如图 12.5.6 所示. 图中 ε_N 是量子点中第 N 个电子(最高能级)相对于导带底的单电子能量. V_N 是 N 个电子在量子点中的静电势

$$V_N=-\frac{N_e e}{C}+V_g \tag{12.5.24}$$

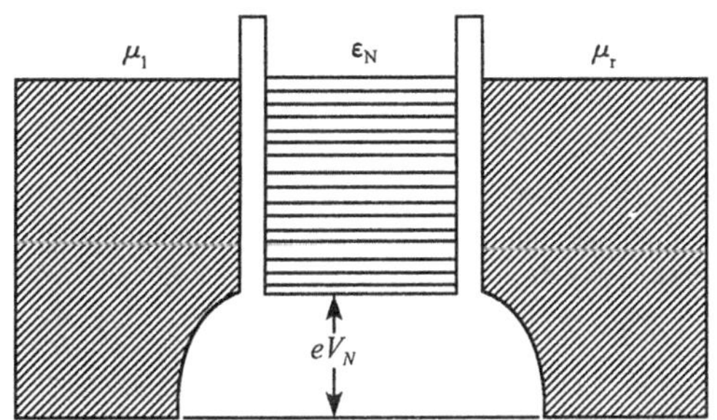

图 12.5.6 半导体量子点能级图

μ_l、μ_r 分别是左右两个电子库的化学势，调整栅极电压 V_g 使 $\mu_l=eV_N+\varepsilon_N=\mu_r$ 时，系统处于平衡状态. 如果要在量子点上增加一个电子，则量子点的能量增加为

$$\Delta E=\varepsilon_{N+1}-\varepsilon_N+(eV_N) \tag{12.5.25}$$

$\varepsilon_{N+1}-\varepsilon_N$ 为多一个电子所增加的单电子能量，eV_N 是多一个电子增加的静电能，或者说量子点的能量(化学势 μ_d)升高了 ΔE，此时

$$\mu_d(N+1)=\mu_d(N)+\Delta E \tag{12.5.26}$$

如图12.5.7(a)所示，此时出现库仑阻塞. 如果外电压V作用下使$\mu_l-\mu_r=1\text{eV}$，左

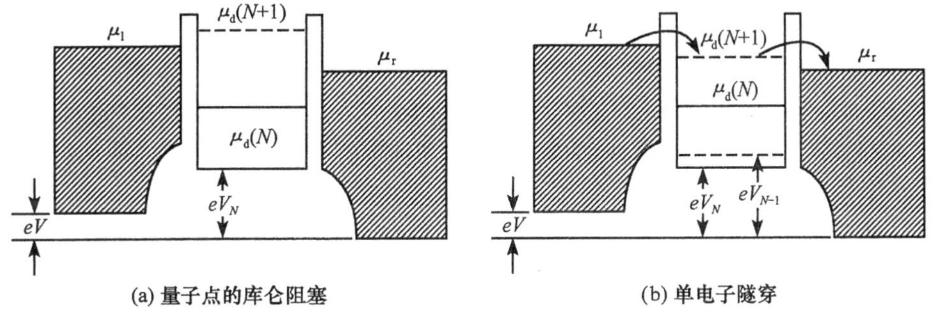

图 12.5.7

边电子库化学势较右边电子库化学势上升了 1eV. 如果 $\mu_l + 1eV > \mu_d(N+1) > \mu_r$，则电子从左边隧穿进入量子点并进入右边电子库，同时量子点化学势又回落到 $\mu_d(N)$，如图 12.5.7(b)所示.

由于 $\mu_d(N)$与 V_g 成线性关系，所以 V_g 改变时，量子点的状态将在库仑阻塞和单电子隧穿间变化，导致电导在零和非零间振荡. 通常称为库仑阻塞振荡或**库仑振荡**.

上述实验要求势能 $k_B T$ 远小于 ΔE，而 ΔE 又要小于静电能$\frac{e^2}{C}$，这样就要求量子点与周围电极间电容总和 C 要很小，温度要在 mK 以下.

利用库仑阻塞，有可能实现人们对单电子输运的控制，其潜在的应用前景不可估量.

参 考 文 献

[12.1] Palstra T T M et al. Superconductivity at 40K in cesium doped C_{60}. Solid State Commun., 1995(93):327

习　　题

12.1 在 ASS 效应中，当薄壁正常金属圆桶的直径 D 与载流子的相位记忆长度 l_φ 大体相等时，圆桶的纵向电阻随筒内磁通量做周期为 $h/2e$ 的振荡. 图 12.1.2 显示出外加磁场增加时电阻振荡的振幅有明显的降低. 试通过简单计算说明这一现象来源于金属膜有一定的厚度.

12.2 一个理想的一维金属圆环，磁通 ϕ 完全限制于环中心，环长 $L=2\pi r$，r 为半径. 取 $\chi=r\theta$ 为沿环长度的坐标，矢势 $A_\chi=\phi/L$，环中电子的能谱由薛定谔方程$-\frac{1}{2m}\left(-i\hbar\frac{\mathrm{d}}{\mathrm{d}\chi}+\frac{e\Phi}{L}\right)^2\phi(\chi)=E\phi(\chi)$决定. 求在满足周期性边界条件下，电子本征能量为 $E_n=\frac{4\pi^2\hbar^2}{2mL^2}\left(n+\frac{\Phi}{\phi_0}\right)^2$，式中 $\phi_0=h/e$ 为磁通量子. 提示：作矢势变换 $A_\chi\to A'_\chi=A_\chi-\frac{\Phi}{L}$，波函数 $\phi\to\phi'$来求解.

12.3 在不考虑电子自旋时，多次散射形成的闭合路径顺时针方向的概率幅为 $A_-=Ae^{i\theta}$，反时针方向的概率幅 $A_+=Ae^{-i\theta}$，这里 A 是实数，这是由于反时针方向散射相当于顺时针方向的反演过程，时间反演算符在无自旋情况相当于取复共轭. 同时注意到自由空间某一点波函数应是单值的，请证明：$|A_+ + A_-|^2=4A^2$.

12.4 Al 微粒体积为 V，电子密度 $n=18.1\times10^{22}\,\mathrm{cm}^{-3}$，$E_F=11.7\mathrm{eV}$. 试求 Al 微粒在 E_F 附近能级间隔 $\delta/k_B=\frac{\alpha}{V}$中的 α 值.

12.5 若一根长度 $L=3\mu\mathrm{m}$ 的金属性纳米管，电子在费米能级的速度为 $v_F=8.1\times$

10^5 m/s. 试说明一维能带因纳米管长度有限而分裂成一系列能级，并求相邻能级间隔 ΔE 是多少meV?

12.6 对于金属 Na 团簇，一种简单的模型是认为每个 Na 原子的 3s 电子在团簇中自由运动，团簇相当于一个深为 V_0，半径为 $r_N = r_0 N^{1/3}$ 的球方势阱. 利用自由电子气体模型中大块金属 Na 的参数，试估算幻数 $N=40$ 时，最高填充的单电子能级的能量.

提示：参阅钱伯初、曾谨言“量子力学习题精选与剖析”中有关三维方势阱的讨论(154 页).

12.7 对图 12.5.5 所示的双结单电子三极管线路，当一正电荷从左向右经第一个结隧穿入单电子岛，计算体系能量的改变. 这是讨论双结体系单电子隧穿的基础.

提示：除单电子岛的能量改变外，还须计入为恢复平衡电源所做的功.

参考书目

黄昆，韩汝奇. 1988. 固体物理学. 北京：高等教育出版社

方俊鑫，陆栋. 1980，1981. 固体物理学(上、下册). 上海：上海科学技术出版社

陈金富. 1986. 固体物理学学习参考书. 北京：高等教育出版社

吴代鸣. 1985. 固体物理学. 长春：吉林大学出版社

Omar M A. 1987. 固体物理学基础. 贾明，张文彬，李振亚，秦大成，吴晓南译. 北京：北京师范大学出版社

马本堃，杨先发，王若桢，孟宪仁. 1992. 固体物理基础. 北京：高等教育出版社

管维炎，蔡建华，李宏成，吴抗生. 1987. 超导电性物理基础. 北京：科学出版社

郭贻成，王震西. 1984. 非晶态物理学. 北京：科学出版社

冯端，金国均. 2003. 凝聚态物理学. 北京：高等教育出版社

方可，胡述楠，张文彬. 1993. 固体物理学. 重庆：重庆大学出版社

阎守胜. 2000. 固体物理基础. 北京：北京大学出版社

冯端，师昌绪，刘治国. 2002. 材料科学导论. 北京：化学工业出版社

陆栋，蒋平，徐至中. 2003. 固体物理学. 上海：上海科学技术出版社

李正中. 2002. 固体理论. 北京：高等教育出版社

Imry Y. 1997. Introduction to Mesoscopic Physics. New York：Oxford

Philip P. 2002. Andvanced Solid State Physics. New York：Westview Press

Zallen R. 1983. The Physics of Amorphous Solids. New York：Wiley-Interscience Publication

Hook J R，Hall H E. 1996. Solid State Physics. Chicheter，New York：John Wiley & Sons Inc

Kitter C. 1996. Introduction to Solid State Physics(7th Ed.). New York：John Wiley & Sons Inc

Kachhave C M. 1990. Solid State Physics. New Delhe：Tata McGraw-Hill Publishing Press

附录　几种常见的物理常数及单位变换

物　理　量	符　　号	数　　值	数值的单位	
			SI 制	CGS 制
真空中的光速	c	2.997925	$10^{8}\mathrm{m\cdot s^{-1}}$	$10^{10}\mathrm{cm\cdot s^{-1}}$
磁导率(真空)	μ_0		$4\pi\times10^{-7}\mathrm{H\cdot m^{-1}}$	1
电容率(真空)	$\varepsilon_0=\dfrac{1}{\mu_0c^2}$		$10^{7}/(4\pi c^{2})\mathrm{F\cdot m^{-1}}$	1
基本电荷	e	1.60219	$10^{-19}\mathrm{C}$	—
电子静止质量	m	9.10956	$10^{-31}\mathrm{kg}$	$10^{-28}\mathrm{g}$
质子静止质量	m_{p}	1.62761	$10^{-27}\mathrm{kg}$	$10^{-24}\mathrm{g}$
中子静止质量	m_{n}	2.81792	$10^{-27}\mathrm{kg}$	$10^{-24}\mathrm{g}$
经典电子半径	$r_{\mathrm{e}}=\dfrac{e^2}{4\pi\varepsilon_0mc^2}$	2.817939	$10^{-15}\mathrm{m}$	$10^{-13}\mathrm{cm}$
质子电子质量比	m_{p}/m	1836.15152	—	—
普朗克常量	h	6.626176	$10^{-34}\mathrm{J\cdot s}$	$10^{-27}\mathrm{erg\cdot s}$
玻尔兹曼常量	k_{B}	1.380662	$10^{-23}\mathrm{J\cdot K^{-1}}$	$10^{-16}\mathrm{erg\cdot K^{-1}}$
阿伏伽德罗常量	N_{A}	$6.02214199\times10^{23}\mathrm{mol^{-1}}$	—	—
普适气体常量	R	8.314472	$\mathrm{JK^{-1}\cdot mol^{-1}}$	$10^{7}\mathrm{erg\cdot mol^{-1}K^{-1}}$
法拉第常数	$F=N_{\mathrm{A}}e$	9.648453	$10^{4}\mathrm{C\cdot mol^{-1}}$	
精细结构常数	a	7.297352×10^{-3}	—	—
里德伯常量	R_∞	2.17991	$10^{-18}\mathrm{J}$	$10^{-11}\mathrm{erg}$
里德伯能量	hcR_∞	13.6058eV	—	—
玻尔半径	a_0	5.29177	$10^{-11}\mathrm{m}$	$10^{-9}\mathrm{cm}$
玻尔磁子	$\mu_{\mathrm{B}}=\dfrac{e\hbar}{2mc}$	9.27410	$10^{-24}\mathrm{J\cdot T^{-1}}$	$10^{-21}\mathrm{erg\cdot G^{-1}}$
电子磁矩	μ_{e}	9.284832	$10^{-24}\mathrm{J\cdot T^{-1}}$	$10^{-21}\mathrm{erg\cdot G^{-1}}$
电子荷质比	e/m	1.75880×10^{11}	$\mathrm{Ck\cdot g^{-1}}$	—

相应于 1 电子伏特的

电磁波波长 $\lambda_0\left(\frac{hc}{\lambda_0}=E\right)$	$1.2398521\times10^{-6}\,m$
电磁波波数 $k_0\,(hk_0c=E)$	$8.065479\times10^{5}\,m$
电磁波频率 $\nu_0\,(h\nu_0=E)$	$2.4179696\times10^{14}\,s^{-1}$
电子速度 $v\left(\frac{1}{2}mv^2=E\right)$	$5.9309435\times10^{5}\,ms^{-1}$
温度 $T(k_BT=E)$	$1.160450\times10^{4}\,K$
相应于 1 里德伯的能量	$2.179907\times10^{-18}\,J$
相应于 1 电子伏特的能量	$1.6021892\times10^{-19}\,J$

索　　引

A

B

C

D

E

F

G

H

J

K

L

M

N

P

Q

R

S

T

W

X

Y

Z

数字及其他